CAD/CAM/CA[illegible]视频讲解大系

中文版 LabVIEW 2020 从入门到精通

（实战案例版）

786 分钟同步微视频讲解　160 个实例案例分析

☑ 测试测量 ☑ 编制控制程序 ☑ 模拟仿真 ☑ 快速开发 ☑ 跨平台编程 ☑ 儿童编程教育

天工在线　编著

· 北京 ·

内容提要

《中文版 LabVIEW 2020 从入门到精通（实战案例版）》以 LabVIEW 2020 版本为基础，详细介绍了图形化编程语言 LabVIEW 的编程知识和应用技巧，是一本 LabVIEW 入门教程，也是一本 LabVIEW 案例视频教程。全书内容包括：虚拟仪器知识，LabVIEW 2020 入门，控件的选择与放置，控件属性设置，前面板界面编辑，LabVIEW 编程，数值与字符串运算，循环与结构，数据图形显示，初等函数，数组、簇与矩阵，VI 内存管理，文件 I/O 操作，文件操作与管理，高等数学，波形运算，信号处理，网络与通信，数据采集，使用 Express VI 生成曲线等内容。重要知识点均配有实例练习，帮助读者巩固并理解相关知识。

《中文版 LabVIEW 2020 从入门到精通（实战案例版）》提供了 160 集配套教学视频，扫描书中二维码即可在线观看学习，也可根据前言中的相关方法下载到计算机中观看。另外，本书还提供了全书实例的源文件和素材，方便读者按照书中实例操作时直接调用。

《中文版 LabVIEW 2020 从入门到精通（实战案例版）》内容丰富，语言通俗易懂，可作为 LabVIEW 初学者的入门教材，也可作为高等院校测量、自动控制、仿真、程序开发等相关专业的教材或参考书，还可作为相关工程技术人员的技术手册。

图书在版编目（CIP）数据

中文版 LabVIEW 2020 从入门到精通 : 实战案例版 / 天工在线编著. -- 北京 : 中国水利水电出版社, 2022.7（2024.7 重印）.
（CAD/CAM/CAE 微视频讲解大系）
ISBN 978-7-5226-0345-2

I. ①中… II. ①天… III. ①软件工具－程序设计
IV. ①TP311.561

中国版本图书馆 CIP 数据核字(2021)第 267067 号

丛书名	CAD/CAM/CAE 微视频讲解大系
书名	中文版 LabVIEW 2020 从入门到精通（实战案例版） ZHONGWENBAN LabVIEW 2020 CONG RUMEN DAO JINGTONG
作者	天工在线　编著
出版发行	中国水利水电出版社 （北京市海淀区玉渊潭南路 1 号 D 座 100038） 网址：www.waterpub.com.cn E-mail：zhiboshangshu@163.com 电话：（010）62572966-2205/2266/2201（营销中心）
经售	北京科水图书销售有限公司 电话：（010）68545874、63202643 全国各地新华书店和相关出版物销售网点
排版	北京智博尚书文化传媒有限公司
印刷	三河市龙大印装有限公司
规格	203mm×260mm　16 开本　28.5 印张　804 千字　2 插页
版次	2022 年 7 月第 1 版　2024 年 7 月第 3 次印刷
印数	7001—10000 册
定价	89.80 元

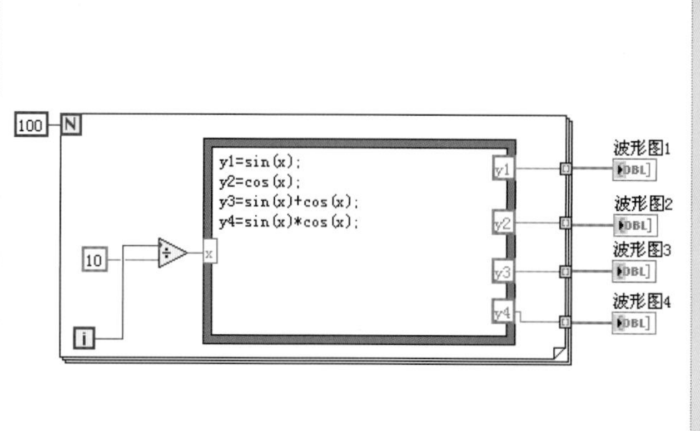

构建波形：程序框图

构建波形：运行结果

对正弦波信号进行测量：程序框图

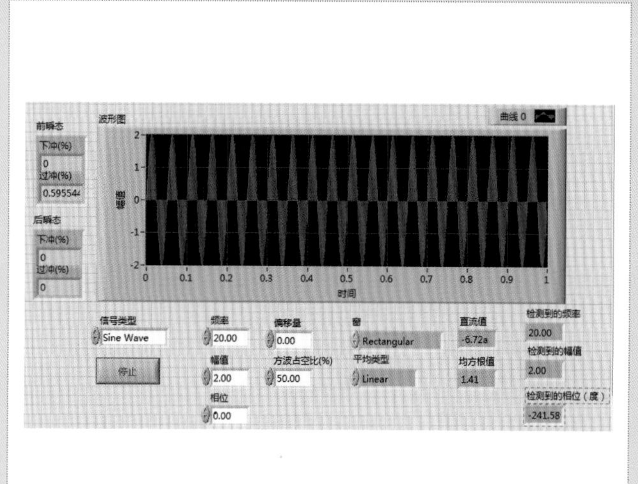

对正弦波信号进行测量：运行结果

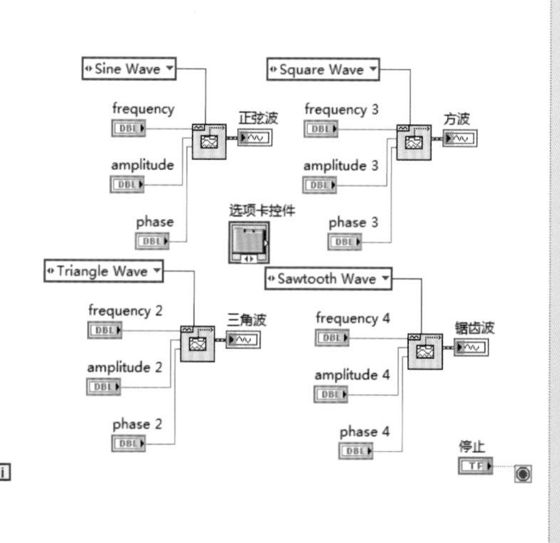

生成基本信号：程序框图

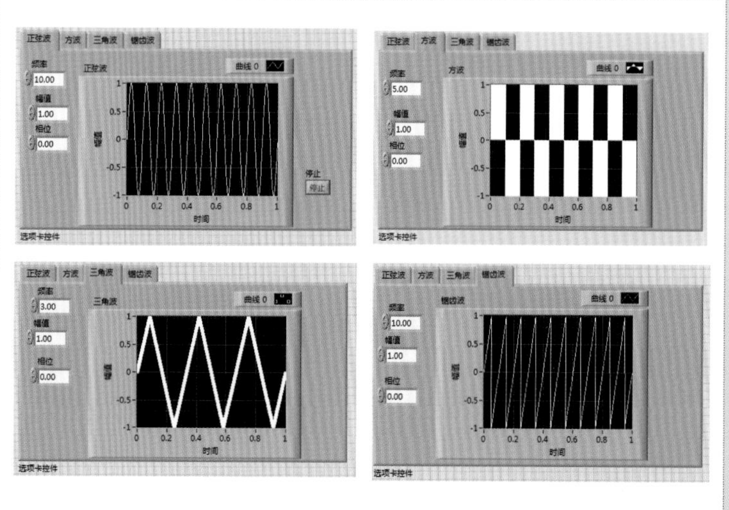

生成基本信号：运行结果

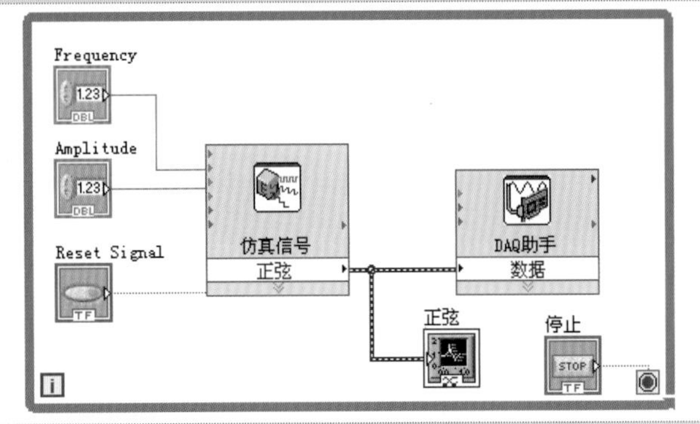

综合演练——DAQ 助手的使用：程序框图

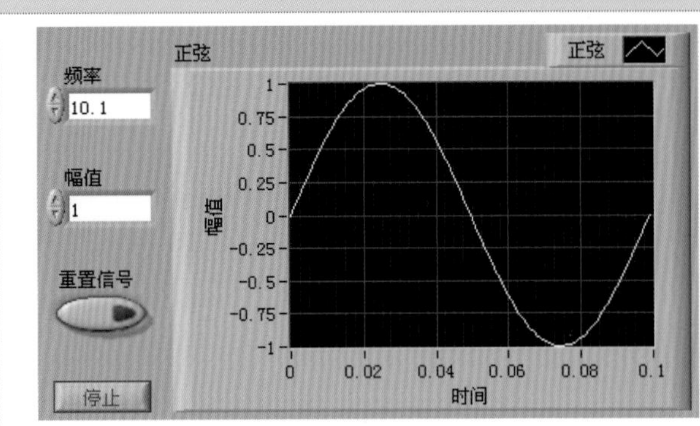

综合演练——DAQ 助手的使用：运行结果

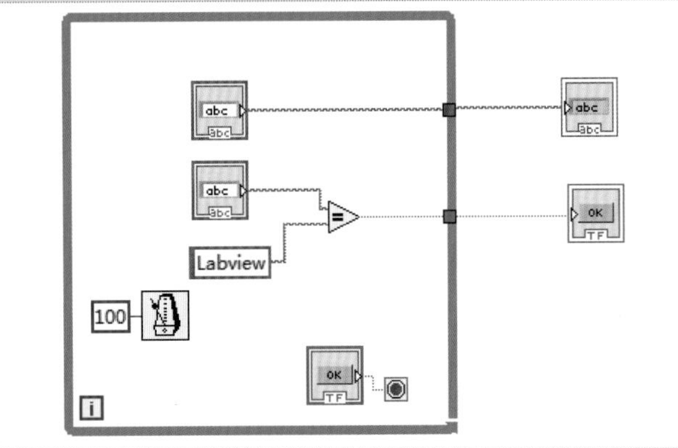

综合演练——公务卡管理系统：程序框图

综合演练—公务卡管理系统：运行结果

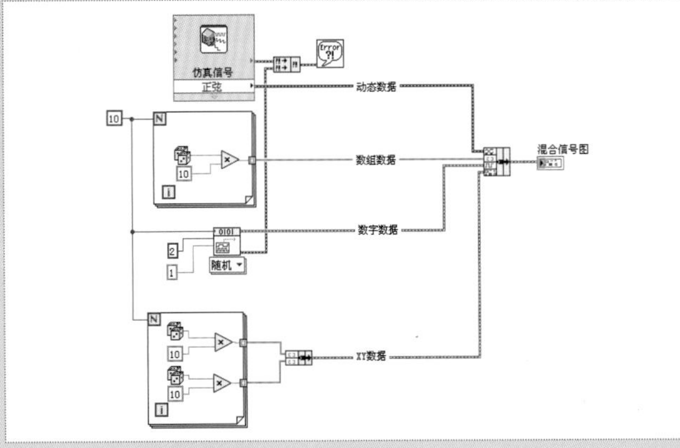

综合演练——混合信号图：程序框图

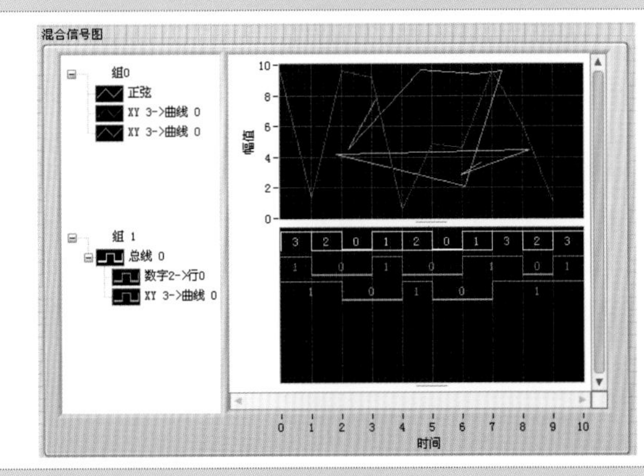

综合演练——混合信号图：运行结果

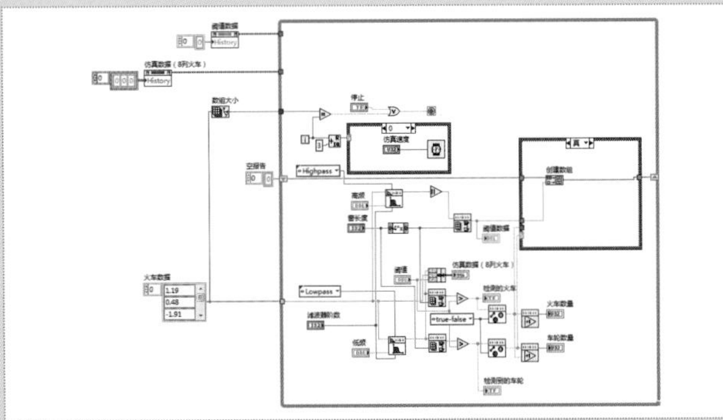

综合演练——火车故障检测系统：程序框图

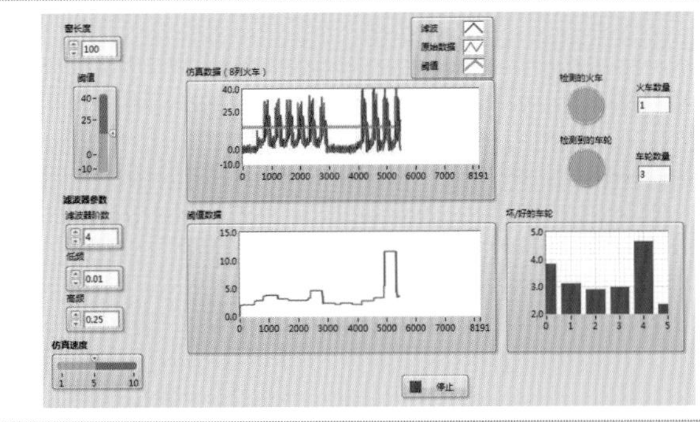

综合演练——火车故障检测系统：运行结果

前　言

Preface

虚拟仪器实际上是一个按照仪器需求而组织起来的数据采集系统，其中涉及的主要内容包括数据采集和数字信号处理，目前在这一领域使用较为广泛的程序开发环境是美国国家仪器有限公司（National Instruments，NI）开发的 LabVIEW 软件。

LabVIEW 是图形化程序开发环境，又称 G 语言，它结合了图形化编程方式的高性能与灵活性，以及专为测试测量与自动化控制应用设计的高性能模块及其配置功能，能为数据采集、仪器控制、测量分析与数据显示等各种应用提供必要的开发模块。

本书以 LabVIEW 2020 简体中文版为基础进行编写，该版本功能强大，为工程师提供了效率与性能俱佳的开发平台，适用于各种测量和自动化领域。

本书特点

➘ 内容合理，适合自学

本书定位以初学者为主，LabVIEW 功能强大，为了帮助初学者快速掌握使用 LabVIEW 进行虚拟仪器设计的方法和技巧，本书从基础着手，详细对 LabVIEW 的相关功能进行介绍，其知识涉及自动控制、测试测量、仿真、快速开发等不同领域。

➘ 视频讲解，通俗易懂

为了提高学习效率，本书中的大部分实例都录制了教学视频。视频录制时采用模仿实际授课的形式，在各知识点的关键处给出解释、提醒和注意事项，专业知识和经验的提炼，让读者在高效学习的同时，更多体会 LabVIEW 功能的强大。

➘ 内容全面，实例丰富

本书在有限的篇幅内，包罗了 LabVIEW 2020 所有常用功能的讲解，包括虚拟仪器和虚拟仪器软件 LabVIEW 的基础知识，LabVIEW 2020 入门，控件的选择与放置，控件属性设置，前面板界面编辑，LabVIEW 编程，数值与字符串运算，循环与结构，数据图形显示，初等函数，数组、簇与矩阵，VI 内存管理，文件 I/O 操作，文件操作与管理，高等数学，波形运算，信号处理，网络与通信，数据采集，使用 Express VI 生成曲线等内容。介绍时重要知识点均配有实例练习，帮助读者巩固并理解相关知识。本书的实例不管是数量还是种类，都非常丰富。从数量上说，本书结合大量的虚拟仪器设计实例详细讲解了 LabVIEW 知识要点，全书包含大小共 160 个实例，让读者在学习的过程中潜移默化地掌握 LabVIEW 软件的操作技巧。

➘ 编排合理，针对性强

就本书而言，我们的目的是编写一本对虚拟仪器设计专业具有针对性的基础应用学习书籍。所以我们在本书中对知识点的讲解有所取舍，对那些虚拟仪器设计工程中经常应用的知识点重点讲述，对那些与虚拟仪器设计专业关系不太紧密的知识点则一笔带过或干脆不讲。对每个知识点而言，不求过于艰深，只要求读者能够掌握一般虚拟仪器设计的知识即可。在语言上尽量做到浅显易懂、言简意赅。

本书特色

➘ **体验好，随时随地学习**

二维码扫一扫，随时随地看视频。书中大部分实例都提供了二维码，读者朋友可以通过手机扫一扫，随时随地观看相关的教学视频，像看电影一样轻松愉悦地学习本书内容（若个别手机不能播放，请参考下面的方法，下载后在计算机上观看）。

➘ **入门易，为初学者着想**

遵循学习规律，入门实战相结合。编写模式采用“基础知识＋实例”的形式，内容由浅入深，循序渐进，入门与实战相结合。

➘ **服务快，学习无后顾之忧**

提供微信公众号、读者交流圈等多渠道贴心服务，随时随地可交流。

注意：

本书配套视频和源文件等资源均需通过下面的方法下载后使用。

（1）扫描下方的二维码，或者在微信公众号中搜索“设计指北”，关注公众号后发送 LBW0345 至公众号后台，获取本书的资源下载链接。

（2）加入本书的微信读者交流圈，与老师交流互动，或者与其他读者在线交流。

设计指北

读者交流圈

关于作者

本书由天工在线组织编写。天工在线是一个 CAD/CAM/CAE/EDA 技术研讨、工程开发、培训咨询和图书创作的工程技术人员协作联盟，包含 40 多位专职和众多兼职工程技术专家。天工在线组织编写的很多教材成为国内具有引导性的旗帜作品，在国内相关专业方向图书创作领域具有举足轻重的地位。

致谢

本书能够顺利出版，是作者、编辑和所有审校人员共同努力的结果，在此深表谢意。同时，祝福所有读者在通往优秀工程师的道路上一帆风顺。

编　者

目　录

Contents

第1章 绪 论

内容简介

本章主要介绍虚拟仪器软件 LabVIEW 的基本概念、组成与特点，LabVIEW 2020 的新功能和新特性，以及如何使用 LabVIEW 的网络资源。

内容要点

- 虚拟仪器系统概述
- 虚拟仪器的特征
- LabVIEW 基础知识
- LabVIEW 的应用

案例效果

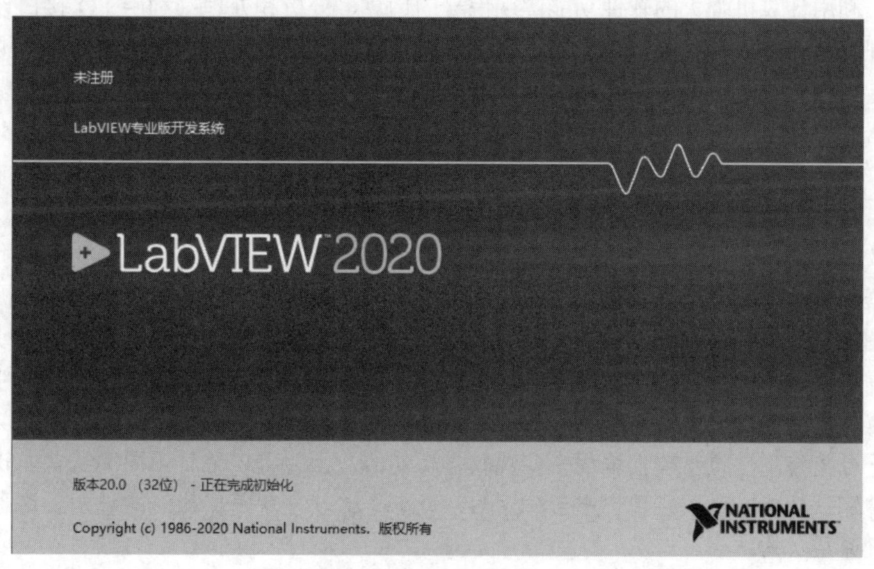

1.1 虚拟仪器系统概述

仪器系统的发展经历了一段很长的历史。在其早期发展阶段，仪器系统指的是“纯粹”的模拟测量设备，如 EEG 记录系统或示波器。作为一种完全封闭的专用系统，它们包括电源、传感器、模拟数字转换器和显示器等，并且需要手动进行设置，将数据显示到标度盘、转换器，或者采取将数据打印在纸张上等各种形式。在那个时候，如果要进一步使用数据，需要操作人员手动地将数据复写到笔记本上。

由于所有的事情都必须人工去操作，所以要对实际采集到的数据进行深入分析，而集成复杂的、自动化的测试步骤很复杂甚至是不可能完成的工作。一直到 20 世纪 80 年代，那些复杂的系统，如化学处理控制应用等，才终于不需要占用多台独立台式仪器一起连接到一个中央控制面板，这个控制面板由一系列物理数据显示设备，如标度盘、转换器等，以及多套开关、旋钮和按键组成，并专用于仪器的控制。

仪器技术领域的各种创新积累使现代测量仪器的性能发生了质的飞跃，使得仪器的概念和形式发生了突破性的变化，出现了一种全新的仪器概念——虚拟仪器。

虚拟仪器将计算机技术、电子技术、传感器技术、信号处理技术、软件技术结合起来，除继承传统仪器的已有功能外，还增加了许多传统仪器所不能及的先进功能。虚拟仪器的最大特点是灵活性，用户在使用过程中可以根据需要添加或删除仪器功能，以满足各种需求和各种环境，并且能充分利用计算机丰富的软硬件资源，突破了传统仪器在数据处理、表达、传送以及存储方面的限制。

1.1.1 虚拟仪器的概念

虚拟仪器（Virtual Instrument）是指通过应用程序将计算机与功能化模块结合起来，用户可以通过友好的图形界面来操作这台计算机，就像在操作自己定义、自己设计的仪器一样，从而完成对被测量内容的采集、分析、处理、显示、存储和打印。

虚拟仪器的实质是利用计算机显示器的显示功能来模拟传统仪器的控制面板，以多种形式表达输出检测结果：利用计算机强大的软件功能实现信号的运算、分析和处理；利用 I/O 接口设备完成信号的采集与调理，从而完成各种测试功能的计算机测试系统。使用者用鼠标或键盘操作虚拟面板，就如同使用一台专用测量仪器一样。因此，虚拟仪器的出现，使测量仪器与计算机的界限变模糊了。

虚拟仪器的“虚拟”两字主要包含以下两方面的含义。

（1）虚拟仪器面板上的各种“图标”与传统仪器面板上的各种“器件”所完成的功能是相同的：由各种开关、按钮、显示器等图标实现仪器电源的“通”“断”，实现被测信号的“输入通道”“放大倍数”等参数的设置，以及实现测量结果的“数值显示”“波形显示”等。

传统仪器面板上的器件都是实物，而且是由手动和触摸进行操作的；虚拟仪器前面板是外形与实物相像的“图标”，每个图标的“通”“断”“放大”等动作通过用户操作计算机鼠标或键盘来完成。因此，设计虚拟仪器前面板就是在前面板设计窗口中摆放所需的图标，然后对图标的属性进行设置。

（2）虚拟仪器测量功能是通过对图形化软件流程图的编程来实现的，虚拟仪器是在以 PC 为核心组成的硬件平台支持下，通过软件编程来实现仪器功能的。因为可以通过不同测试功能软件模块的组合来实现多种测试功能，所以在硬件平台确定后，就有了“软件就是仪器”的说法。这也体现了测试技术与计算机深层次的结合。

1.1.2 虚拟仪器的优势

在所有测试应用软件中，虚拟仪器技术有着无法替代的优势。

1. 虚拟仪器技术性能高

虚拟仪器技术是在 PC 技术的基础上发展起来的，所以完全“继承”了以现成即用的 PC 技术为主导的最新商业技术的优点，包括功能超卓的处理器和文件 I/O，使您在数据高速导入磁盘的同时就能实时地进行复杂的分析。此外，不断发展的因特网和越来越快的计算机网络使得虚拟仪器技术展现其更强大的优势。

2. 虚拟仪器技术扩展性强

这些软硬件工具使得工程师和科学家们不再囿于当前的技术。得益于软件的灵活性，只需更新计算机或测量硬件，就能以最少的硬件投资和极少的甚至无须软件上的升级即可改进您的整个系统。在利用最新科技的时候，可以把它们集成到现有的测量设备，最终以较少的成本加快产品上市的时间。

3. 虚拟仪器技术开发时间少

在驱动和应用两个层面上，美国国家仪器有限公司（National Instruments，NI）开发的高效的软件构架能与计算机、仪器仪表和通信方面的最新技术结合在一起。设计这一软件构架的初衷就是方便用户的操作，同时还提供了灵活性和强大的功能，使您轻松地配置、创建、发布、维护和修改高性能、低成本的测量和控制解决方案。

4. 虚拟仪器技术无缝集成

虚拟仪器技术从本质上说是一个集成的软硬件概念。随着产品在功能上不断地趋于复杂，工程师们通常需要集成多个测量设备来满足完整的测试需求，而连接和集成这些不同设备总是要耗费大量的时间。虚拟仪器软件平台为所有的 I/O 设备提供了标准的接口，帮助用户轻松地将多个测量设备集成到单个系统，减少了任务的复杂性。

1.1.3 虚拟仪器的特点

（1）虚拟仪器的突出优点是不仅可以利用 PC 组建成为灵活的虚拟仪器，更重要的是它可以通过各种不同的接口总线，组建不同规模的自动测试系统。它可以通过与不同的接口总线的通信，将虚拟仪器、带总线接口的各种电子仪器或各种插件单元调配并组建成为中小型甚至大型的自动测试系统。与传统仪器相比，虚拟仪器有以下特点。

① 传统仪器的面板只有一个，其上布置着种类繁多的显示单元与操作元件，容易导致许多识别与操作错误。而虚拟仪器可通过在几个分面板上的操作来实现比较复杂的功能，这样在每个分面板上就实现了功能操作的单纯化与面板布置的简洁化，从而提高操作的正确性与便捷性。同时，虚拟仪器面板上的显示单元和操作元件的种类与形式不受“标准件”和“加工工艺”的限制，它们由编程来实现，设计者可以根据用户的认知要求和操作要求设计仪器面板。

② 在通用硬件平台确定后，由软件取代传统仪器中的硬件来完成仪器的各种功能。

③ 仪器的功能是用户根据需要由软件来定义的，而不是事先由厂家定义好的。

④ 仪器性能的改进和功能扩展只需更新相关软件设计，而不需要购买新的仪器。

⑤ 研制周期较传统仪器大为缩短。

⑥ 虚拟仪器开放、灵活，可与计算机同步发展，与网络及其他周边设备互联。

（2）决定虚拟仪器具有传统仪器不可能具备的特点的根本原因在于“虚拟仪器的关键是软件”。表 1-1 给出了虚拟仪器与传统仪器的比较。

表 1-1　虚拟仪器与传统仪器的比较

虚拟仪器	传统仪器
软件使得开发维护费用降低	开发维护开销大
技术更新周期短	技术更新周期长
关键是软件	关键是硬件
价格低、可复用、可重配置性强	价格昂贵
用户定义仪器功能	厂商定义仪器功能
开放、灵活，可与计算机技术保持同步发展	封闭、固定
与网络及其他周边设备方便互联的面向应用的仪器系统	功能单一、互联有限的独立设备

1.2　虚拟仪器的特征

虚拟仪器技术是测试技术和计算机技术相结合的产物，是两门学科最新技术的结晶，集测试理论、仪器原理和技术、计算机接口技术、高速总线技术以及图形软件编程技术于一体。

1.2.1　虚拟仪器的分类

虚拟仪器的分类方法可以有很多种，但随着计算机技术的发展和采用总线方式的不同，虚拟仪器可以分为 5 种类型。

1．PC-DAQ 插卡式虚拟仪器

这种方式用数据采集卡配以计算机平台和虚拟仪器软件，便可构成各种数据采集和虚拟仪器系统。它充分利用了计算机的总线、机箱、电源以及软件的便利，其关键在于 A/D 转换技术。这种方式受 PC 机箱和总线的限制，存在电源功率不足，机箱内噪声电平较高，无屏蔽，插槽数目不多，尺寸较小等缺点。随着基于 PC 的工业控制计算机技术的发展，PC-DAQ 方式存在的缺点正在被克服。

因 PC 数量非常庞大，插卡式仪器价格最便宜，因此其用途广泛，特别适合于工业测控现场、各种实验室和教学部门使用。

2．并行口式虚拟仪器

最新发展的一系列可连接到计算机并行口的测试装置，其硬件集成在一个采集盒里或探头上，软件装在计算机上，可以完成各种 VI 功能。它最大的好处是可以与笔记本电脑相连，方便野外作业，又可与台式机相连，实现台式和便携式两用，非常方便。由于其价格低廉、用途广泛，特别适合于研发部门和各种教学实验室应用。

3．GPIB 总线方式虚拟仪器

GPIB 技术是 IEEE 488 标准的 VI 早期的发展阶段，它的出现使电子测量由独立的单台手动操作向大规模自动测试系统发展。典型的 GPIB 系统由一台 PC、一块 GPIB 接口卡和若干台 GPIB 仪器通过 GPIB 电缆连接而成。在标准情况下，一块 GPIB 接口卡可带多达 14 台的仪器，电缆长度可达 20m。

GPIB 技术可以用计算机实现对仪器的操作和控制，代替传统的人工操作方式，很方便地把多台仪器组合起来，形成大的自动测试系统。GPIB 测试系统的结构和命令简单，造价较低，主要市场在台式仪器市场，适合于精确度要求高，但对计算机速率和总线控制实时性要求不高的传输场合应用。

4. VXI 总线方式虚拟仪器

VXI 总线是高速计算机总线 VME 在 VI 领域的扩展，它具有稳定的电源、强有力的冷却能力和严格的 RFI/EMI 屏蔽。由于它的标准开放、结构紧凑、数据吞吐能力强、定时和同步精确、模块可重复利用，还有众多仪器厂家支持的优点，很快得到了广泛的应用。

经过多年的发展，VXI 系统的组建和使用越来越方便，有其他仪器无法比拟的优势，适用于组建大中规模自动测量系统以及对速度、精度要求高的场合，但 VXI 总线要求有机箱、插槽管理器及嵌入式控制器，造价比较高。

5. PXI 总线方式虚拟仪器

PXI 这种新型模块化仪器系统是在 PCI 总线内核技术上增加了成熟的技术规范和要求形成的，包括多板同步触发总线技术，增加了用于相邻模块的高速通信的局部总线，并具有高度的可扩展性等优点，适用于大型高精度集成系统。

因此，无论哪种虚拟仪器系统，都是将硬件设备搭载到台式机、工作站或笔记本电脑等各种计算机平台上，加上应用软件而构成的，实现了基于计算机的全数字化的采集测试分析。因此虚拟仪器的发展完全跟计算机的发展同步，显示出虚拟仪器的灵活性。

1.2.2 虚拟仪器的组成

从功能上来说，虚拟仪器通过应用程序将通用计算机与功能化硬件结合起来，完成对被测量内容的采集、分析、处理、显示、存储、打印等功能。因此，与传统仪器一样，虚拟仪器同样划分为数据采集、数据分析、结果表达三大功能模块。图 1-1 所示为其内部功能框图。虚拟仪器以透明的方式把计算机资源和仪器硬件的测试能力结合起来，实现了仪器的功能。

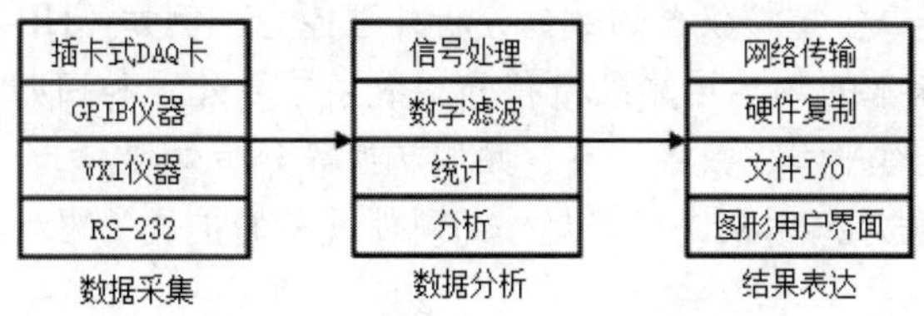

图 1-1 虚拟仪器内部功能框图

在图 1-1 中，数据采集模块主要完成数据的调理采集；数据分析模块对数据进行各种分析处理；结果表达模块则将采集到的数据和分析后的结果表达出来。

虚拟仪器由通用仪器硬件平台（简称“硬件平台”）和应用软件两大部分构成，其结构框图如图 1-2 所示。

1. 硬件平台

虚拟仪器的硬件平台由计算机和 I/O 接口设备组成。

（1）计算机是硬件平台的核心，一般为一台 PC 或者工作站。

（2）I/O 接口设备主要完成被测输入信号的放大、调理、模数转换、数据采集。可根据实际情况采用不同的 I/O 接口硬件设备，如数据采集卡（DAQ）、GPIB 总线仪器、VXI 总线仪器、串口仪器等。虚拟仪器构成方式有 5 种，如图 1-3 所示。无论哪种 VI 系统，都是通过应用软件将仪器硬件与通用计算机相结合。

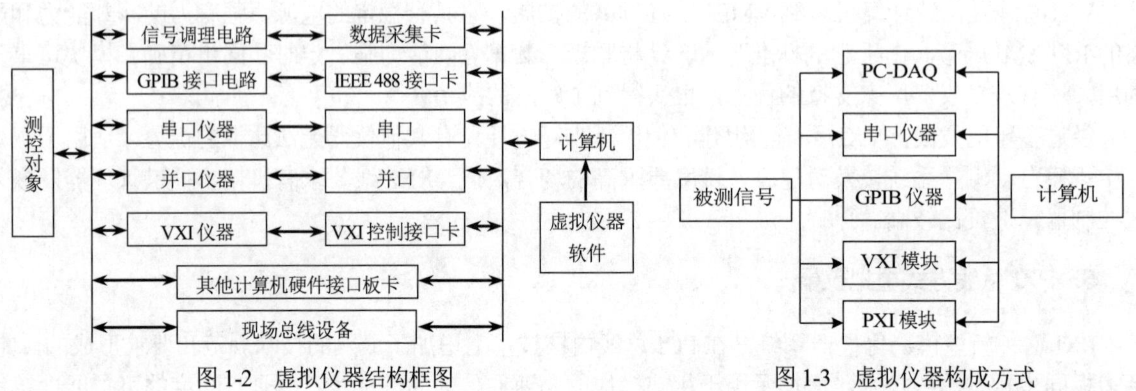

图 1-2 虚拟仪器结构框图　　图 1-3 虚拟仪器构成方式

2. 软件平台

虚拟仪器软件将可选硬件（如 DAQ、GPIB、RS-232、VXI、PXI）和可以重复使用源码库函数的软件结合起来，实现模块间的通信、定时与触发，源码库函数为用户构造自己的虚拟仪器系统提供了基本的软件模块。当测试要求变化时，用户可以方便地增减软件模块，或重新配置现有系统以满足其测试要求。

虚拟仪器软件包括应用程序和 I/O 接口设备驱动程序。

（1）应用程序：① 实现虚拟仪器前面板功能的软件程序，即测试管理层，是用户与仪器之间交流信息的纽带。虚拟仪器在工作时利用软面板去控制系统。与传统仪器前面板相比，虚拟仪器软面板的最大特点是软面板由用户自己定义。因此，不同用户可以根据自己的需要组成灵活多样的虚拟仪器控制面板。② 定义测试功能的流程图软件程序，利用计算机强大的计算能力和虚拟仪器开发软件功能强大的函数库，极大地提高了虚拟仪器的数据分析处理能力。例如，HP-VEE 可提供 200 种以上的数学运算和分析功能，从基本的数学运算到微积分、数字信号处理和回归分析。LabVIEW 的内置分析能力能对采集到的信号进行平滑、数字滤波、频域转换等分析处理。

（2）I/O 接口设备驱动程序：用来完成特定外部硬件设备的扩展、驱动与通信。

1.2.3 虚拟仪器的发展方向

随着计算机、通信、微电子技术的日益完善，以及以因特网为代表的计算机网络时代的到来和信息化要求的不断提高，传统的通信方式突破了时空限制和地域限制，大范围的通信变得越来越容易，对测控系统的组建也产生了越来越大的影响。

工程师眼下面对的挑战与 20 年前截然不同，现在已经不再是单纯的自动化方面的考虑了，而是在于复杂性。系统的复杂性急速增加，越来越多的特性功能集成到单一的设备中，并且每年不断有新技术涌现出来以确保公司在市场上的竞争力。这种复杂性的增加迫使工程师们要去尽快学习和采用新的工具应对挑战。

这里介绍两个典型的例子：多核处理器和 FPGA。

多核处理器解决了传统方式下功耗的限制问题，并遵循摩尔定律继续推进处理器技术的发展。正因为有许多应用能够从并行执行的方式中受益颇多，所以多核技术正在为工业应用带来巨大的机会。

同样地，FPGA 是另一个很好的范例。虽然 FPGA 称不上是一个新兴技术，不过近几年来它在诸多领域得到了快速广泛的采用。究其原因正是因为上文提到的行业挑战，随着产品复杂性的增加，通过编程去快速改变硬件功能的方式让工程师不再需要重新设计硬件，就可以增加额外的特性。

和以 PC 为核心的虚拟仪器相比，网络化将对虚拟仪器的发展产生一次革命，网络化虚拟仪器把单台虚拟仪器实现的三大功能（数据采集、数据分析及图形化显示）分开处理，分别使用独立的基本硬件模块实现传统仪器的三大功能，以网线相连接，实现信息资源的共享。“网络就是仪器”概念的确立，使人们明确了今后仪器仪表的研发战略，促进并加速了现代测量技术手段的发展与更新。

1.3　LabVIEW 基础知识

本节主要介绍图形化编程语言 LabVIEW，并对 LabVIEW 相比其他虚拟软件的优势和工程应用进行介绍。

1.3.1　什么是 LabVIEW

LabVIEW 是实验室虚拟仪器集成环境（Laboratory Virtual Instrument Engineering Workbench）的简称，是 NI 的创新软件产品，也是目前应用最广、发展最快、功能最强的图形化软件开发集成环境，又称为 G 语言。与 Visual Basic、Visual C++、Delphi、Perl 等基于文本型程序代码的编程语言不同，LabVIEW 采用图形模式的结构框图构建程序代码，因而在使用这种语言编程时，基本上不写程序代码，取而代之的是用图标、连线构成的流程图。它尽可能地利用了开发人员、科学家、工程师所熟悉的术语、图标和概念，因此，LabVIEW 是一个面向最终用户的工具。它可以增强用户构建自己的科学和工程系统的能力，提供了实现仪器编程和数据采集系统的便捷途径。使用它进行原理研究、设计、测试并实现仪器系统时，可以大大提高工作效率。

LabVIEW 是一个工业标准的图形化开发环境，它结合了图形化编程方式的高性能与灵活性以及专为测试、测量与自动化控制应用设计的高端性能与配置功能，能为数据采集、仪器控制、测量分析与数据显示等各种应用提供必要的开发工具，因此，LabVIEW 通过降低应用系统开发时间与项目筹建成本帮助科学家与工程师们提高工作效率。

LabVIEW 的功能非常强大，它是可扩展函数库和子程序库的通用程序设计系统，不仅可以用于一般的 Windows 桌面应用程序设计，还提供了用于 GPIB 设备控制、VXI 总线控制、串行口设备控制，以及数据分析、显示和存储等的应用程序模块，其强大的专用函数库使得它非常适合编写用于测试、测量以及工业控制的应用程序。LabVIEW 可方便地调用 Windows 动态链接库和用户自定义的动态链接库中的函数，还提供了 CIN（Code Interface Node）节点使得用户可以使用由 C 或 C++语言，如 ANSI C 等编译的程序模块，使得 LabVIEW 成为一个开放的开发平台。LabVIEW 还直接支持动态数据交换（DDE）、结构化查询语言（SQL）、TCP 和 UDP 网络协议等。此外，LabVIEW 还提供了专门用于程序开发的工具箱，使得用户可以很方便地设置断点、动态执行程序来非常直观形象地观察数据的传输过程，而且可以方便地进行调试。

当我们困惑基于文本模式的编程语言，陷入函数、数组、指针、表达式乃至对象、封装、继承等枯燥的概念和代码中时，我们迫切需要一种代码直观、层次清晰、简单易用却不失功能强大的语言。G 语言就是这样一种语言，而 LabVIEW 则是 G 语言的杰出代表。LabVIEW 基于 G 语言的基本特征——用图标和框图产生块状程序，这对于熟悉仪器结构和硬件电路的硬件工程师、现场工程技术人员及测试技术人员来说，编程就像是设计电路图一样。因此，硬件工程师、现场工程技术人员及测试技术人员们学习 LabVIEW 可以驾轻就熟，在很短的时间内就能够学会并应用 LabVIEW。

从运行机制上看，LabVIEW 这种语言的运行机制就宏观上讲已经不再是传统的冯·诺依曼计算机体系结构的执行方式了。传统的计算机语言（如 C 语言）中的顺序执行结构在 LabVIEW 中被并行机制所代替；从本质上讲，它是一种带有图形控制流结构的数据流模式（Data Flow Mode），这种方式确保了程序中的函数节点（Function Node），只有在获得它的全部数据后才能够被执行。也就是说，在这种数据流程序的概念中，程序的执行是由数据流驱动的，它不受操作系统、计算机等因素的影响。

LabVIEW 的程序是数据流驱动的。数据流程序设计规定，一个目标只有当它的所有输入都有效时才能执行；而目标的输出，只有当它的功能完全时才是有效的。这样，LabVIEW 中被连接的方框图之间的数据流控制着程序的执行次序，而不像文本程序受到行顺序执行的约束。因而，我们可以通过相互连接功能方框图快速简洁地开发应用程序，甚至还可以有多个数据通道同步运行。

1.3.2 LabWindows/CVI 的使用

LabWindows/CVI 是基于 ANSIC 的交互式 C 语言集成开发平台。NI 近日发布了全新 NI LabWindows/CVI 2020，该软件可基于验证过的 ANSI C 测试测量软件平台，提供更高的开发效率，并简化 FPGA 通信的复杂度。此外，NI 还发布了 LabWindows/CVI 2020 Linux Run-Time 模块和 LabWindows/CVI 2020 实时模块，可扩展开发环境至 Linux 和实时操作系统中。LabWindows/CVI 2020 具有以下主要特点。

（1）并行运行引擎功能，通过将应用程序绑定到某特定运行引擎的版本，帮助受限行业的开发者防止已验证的代码免于不需要的更新。

（2）执行评测能够提供运行时每个线程和函数所花费时间的图形化信息，从而找到代码的瓶颈所在。

（3）超过 100 个新的射频应用高级分析函数，包括信号噪声发生、窗口函数、滤波器设计与分析函数、信号运算函数等。

（4）改进的 LabWindows/CVI 实时模块，提高了实时目标的定时和控制功能。

1.4 LabVIEW 的应用

LabVIEW 被广泛应用于各种行业中，包括汽车、半导体、航空航天、交通运输、高效实验室、电信、生物医药与电子等。无论在哪个行业，工程师与科学家们都可以使用 LabVIEW 创建功能强大的测试、测量与自动化控制系统，在产品开发中进行快速原型创建与仿真工作。在产品的生产过程中，工程师们也可以利用 LabVIEW 进行生产测试，监控各个产品的生产过程。总之，LabVIEW 可用于各行各业产品开发的阶段。

LabVIEW 有很多优点，尤其是在某些特殊领域其特点尤其突出。

（1）测试测量：LabVIEW 最初就是为测试测量而设计的，因而测试测量也就是现在 LabVIEW 最广泛的应用领域。经过多年的发展，LabVIEW 在测试测量领域获得了广泛的认可。至今，大多数主流的测试仪器、数据采集设备都拥有专门的 LabVIEW 驱动程序，使用 LabVIEW 可以非常便捷地控制这些硬件设备。

（2）控制：控制与测试是两个相关度非常高的领域，从测试领域起家的 LabVIEW 自然而然地首先拓展至控制领域。LabVIEW 拥有专门用于控制领域的模块——LabVIEWDSC。

（3）仿真：LabVIEW 包含了多种多样的数学运算函数，特别适合进行模拟、仿真、原型设计等工作。在设计机电设备之前，可以先在计算机上用 LabVIEW 搭建仿真原型，验证设计的合理性，找到潜在的问题。

（4）儿童教育：由于图形外观漂亮且容易吸引儿童的注意力，同时图形比文本更容易被儿童接受和理解，所以 LabVIEW 非常受少年儿童的欢迎。除了应用于玩具外，LabVIEW 还有专门供中小学生教学使用的版本。

（5）快速开发：根据笔者参与的一些项目统计，完成一个功能类似的大型应用软件，熟练的 LabVIEW 程序员所需的开发时间，大概只是熟练的 C 程序员所需时间的 1/5。

（6）跨平台：如果同一个程序需要运行于多个硬件设备之上，也可以优先考虑使用 LabVIEW。LabVIEW 具有良好的平台一致性。LabVIEW 的代码不需任何修改就可以运行在常见的三大台式机操作系统上：Windows、Mac OS 及 Linux。除此之外，LabVIEW 还支持各种实时操作系统和嵌入式设备，如常见的 PDA、FPGA 以及运行 VxWorks 和 PharLap 系统的 RT 设备。

1.4.1 LabVIEW 2020 的新功能

LabVIEW 2020 优化了性能，改进了生成优化机器代码的后台编译器，使得执行速度提高了很多。启动速度比之前的版本更快。

与原来的版本相比，新版本的 LabVIEW 有以下改进。

1. LabVIEW Web 服务的改进

LabVIEW 2020 新增了开发 Web 服务并将服务发布至 NI Web 服务器的功能。LabVIEW 2020 还将继续支持应用程序 Web 服务器。NI Web 服务器是生产级的 Web 服务器，可以托管用户授权的 Web 服务。NI Web 服务器保护 Web 应用程序免受常见 Web 安全威胁，为许多企业级数据服务提供良好的扩展性，可以实现设备管理。

2. 环境的改进

LabVIEW 2020 包含以下对 LabVIEW 环境的改进。

（1）选择列表项的改进。在 LabVIEW 2020 中，可使用选择项对话框改变控件、枚举、I/O 控件或常量的列表项的值。右击前面板控件/常量或程序框图上的常量，并选择选择项。该对话框取代了之前的选择项快捷菜单项。

（2）在子程序框图之间切换的改进。在 LabVIEW 2020 中，可使用显示分支对话框改变条件结构、事件结构、条件禁用结构的可见帧。右击结构边框，选择显示分支。该对话框取代了之前的显示分支快捷菜单项。

（3）显示错误的改进。在 LabVIEW 2020 中，VI 或库本身没有错误但是有断开的依赖项，VI 和库报告错误的方式有改进。在 LabVIEW 2019 及更早版本中，错误列表窗口显示 VI 或库的直接依赖项。

双击错误可打开直接依赖项。在 LabVIEW 2020 中，错误列表将显示根本原因：依赖项断开。双击错误，打开导致错误的断开的依赖项。

3. 程序框图的改进

LabVIEW 2020 对程序框图和相关功能进行了以下改进。

（1）清理断线的分支。LabVIEW 的早期版本中，如果一根连线上出现断线分支，则整个连线显示为断开。移除断线的分支会同时移除整个连线。在 LabVIEW 2020 中，只有断线的分支显示为断线。

（2）隐藏事件数据节点。在事件结构中，如果事件数据节点的所有数据项都未使用，可显示或隐藏事件分支的事件数据节点。

（3）在循环中隐藏计数接线端。在 For 循环和 While 循环中，可选择显示或隐藏计数接线端。右击循环边框，然后选择计数接线端，可显示或隐藏计数接线端。如果计数接线端已连线，则无法隐藏该接线端。

（4）仅有一个输入端有连线时调换连线的位置。在早期版本的 LabVIEW 中，可以在具有两个输入且两个输入都已接线的函数上调换连线的位置。在 LabVIEW 2020 中，仅连接函数的一个输入端时，也可以调换连线的位置。单击已连线的输入端的同时按下 Ctrl 键，即可调换连线的位置。

4. 新增和改动的 VI 和函数

LabVIEW 2020 中包含下列新增和更改的 VI 和函数。

（1）Web 服务 VI。Web 服务选板重新排列，新增了下列子选板。

- 应用程序 Web 服务器。包含支持部署至应用程序 Web 服务器的 Web 服务的 VI，用于配置 ESP 脚本、解密/加密数据传输、管理应用程序 Web 服务器上的 HTTP 会话。
- NI Web 服务器。新增了获取 NI Web 服务器认证的详细信息 VI，返回 NI Web 服务器的认证信息。

（2）多个错误 VI。对话框与用户界面选板新增了多个错误子选板。使用多个错误 VI 可将错误簇转换为不同格式或处理错误簇的属性。

（3）更改的 VI 和函数。

- 创建路径函数的名称或相对路径输入端的默认数据类型从字符串更改为路径。从该输入端创建的控件或常量的数据类型为路径。该输入端也接收字符串输入。
- 转换为特定的类和转换为通用的类函数新增了对接口的支持。这些函数用于将一种类或接口转换为另一种类或接口。
- 检查是否为相同类或子孙类 VI 增加了对接口的支持。
- “调用父方法节点”更名为“调用父类方法”。
- 重新设计了 TDMS 文件查看器 VI 和 TDMS 文件查看器对话框，现在更为直观。用户可在同一页面中显示.tdms 文件中的数据及更改显示设置，而不必在多个选项卡之间切换。
- 在早期版本的 LabVIEW 中，合并错误函数始终返回输入错误簇中的第一个错误或警告。LabVIEW 2020 支持将该函数配置为返回包含所有输入错误和警告的错误簇，方法是右击函数并选择保留所有错误。

1.4.2 使用网络资源

LabVIEW 2020 不仅为用户提供了大量的本地帮助资源，还提供了在线学习 LabVIEW 的网络资源，这些资源是学习 LabVIEW 的有力助手和工具。

NI 的官方网站是最权威的学习 LabVIEW 的网络资源，它为 LabVIEW 提供了非常全面的帮助支持，如图 1-4 所示。

图 1-4　网络资源

在 NI 的官方网站 http://www.ni.com/zh-cn/shop.html 上有关于 LabVIEW 2020 非常详细的介绍，从这里也可以找到关于 LabVIEW 编写程序的非常详尽的帮助资料，如图 1-5 所示。

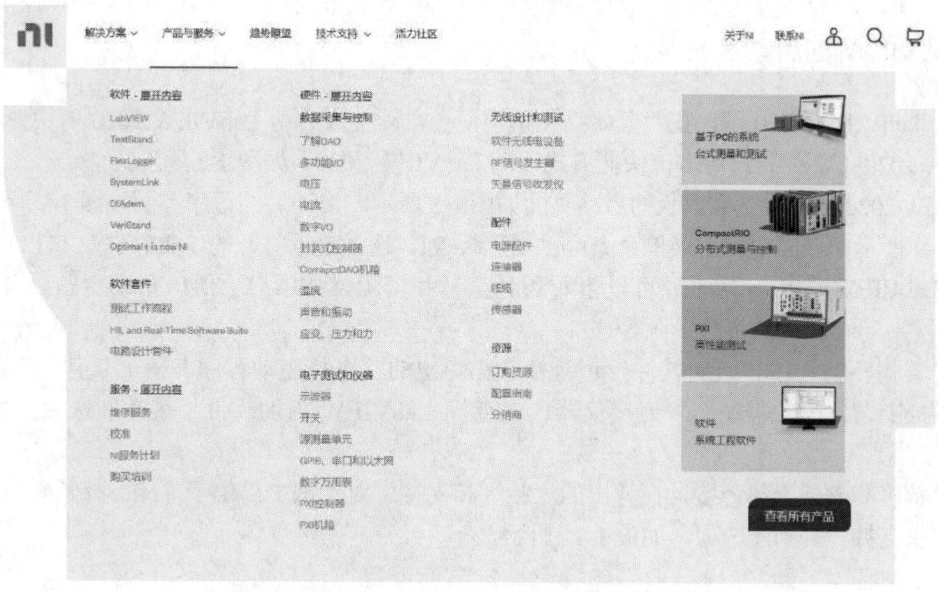

图 1-5　产品与服务

另外，在NI的网站上还有一个专门讨论LabVIEW相关问题的NI社区，如图1-6所示。在这里用户可以找到学习 LabVIEW 的各种资源，并且可以和来自世界各地的 LabVIEW 程序员讨论有关LabVIEW的具体问题。

图1-6　NI在线社区

扫一扫，看视频

动手练——查阅虚拟仪器软件特性

思路点拨

登录NI官方网站，查阅有关LabVIEW的技术支持，了解虚拟仪器软件特性。

1.4.3　LabVIEW 的启动

安装了 LabVIEW 2020 后，在“开始”菜单中便会自动生成启动 LabVIEW 2020 的快捷方式——NI LabVIEW 2020（32位）。单击该快捷方式启动 LabVIEW 2020，如图 1-7 所示。

LabVIEW 2020 简体中文专业版的启动界面如图 1-8 所示。启动后的程序界面如图 1-9 所示。

在图 1-9 所示的界面中利用菜单命令可以创建新 VI、选择最近打开的 LabVIEW 文件、查找范例以及打开 LabVIEW 帮助；同时还可以查看各种信息和资源，如用户手册、帮助主题以及 National Instruments 网站 ni.com 上的各种资源等。

单击“查找驱动程序和附加软件”超链接，在弹出的“查找驱动程序和附加软件”对话框中提供了“查找 NI 设备驱动程序”“连接仪器”“查找 LabVIEW 附加软件”等功能选项，如图 1-10 所示。

单击“社区和支持”超链接，在弹出的“社区和支持”对话框中提供了“NI 论坛”“NI 开发者社区”“请求支持”等功能选项，如图 1-11 所示。

图 1-7 “开始”菜单中的 NI LabVIEW 2020 快捷方式

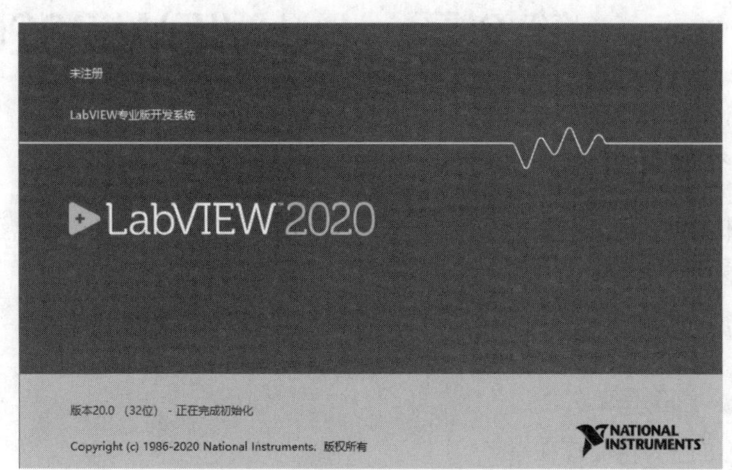

图 1-8 LabVIEW 2020 启动时的界面

图 1-9 LabVIEW 2020 启动后的界面

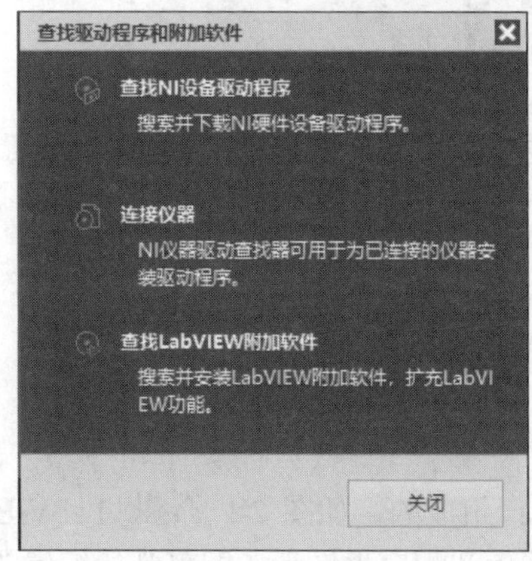

图 1-10 “查找驱动程序和附加软件”对话框

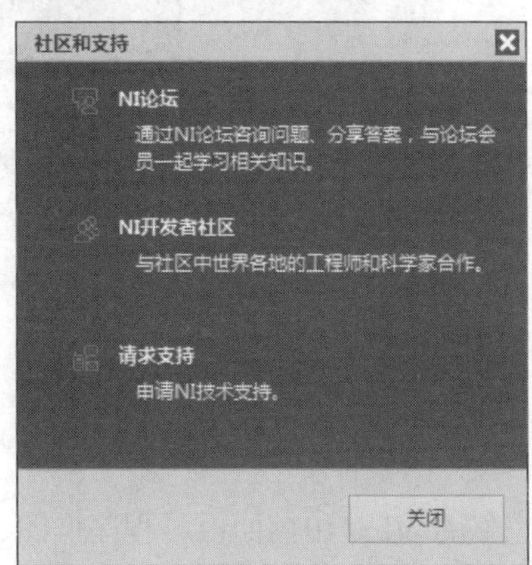

图 1-11 “社区和支持”对话框

第 2 章　LabVIEW 2020 入门

内容简介

本章将介绍一些关于 LabVIEW 2020 简体中文版的基础知识，帮助读者尽快入门，为后面的虚拟程序操作打下基础。

内容要点

- 图形界面
- LabVIEW 操作模板
- 菜单栏
- 文件管理
- 综合演练——实时时间显示系统前面板设置

案例效果

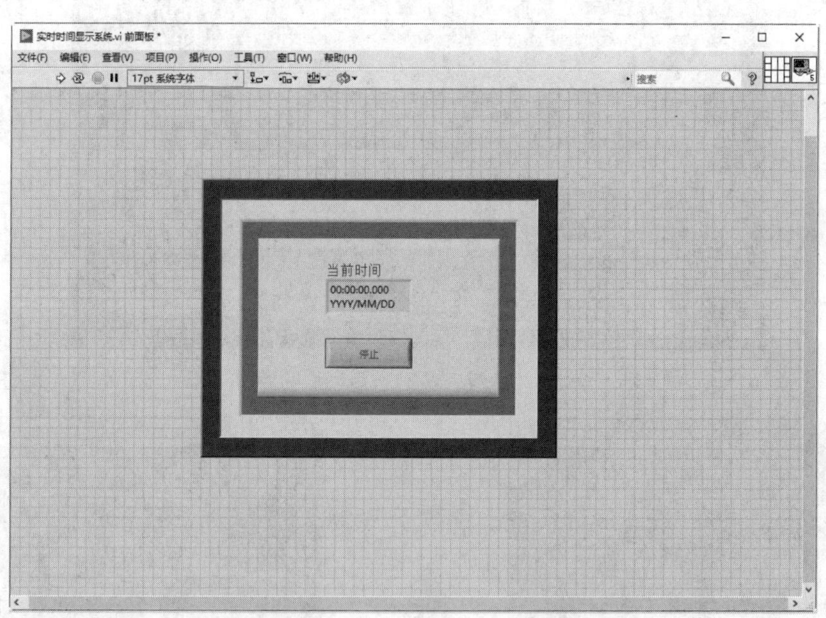

2.1　图形界面

一个完整的 VI 是由前面板、程序框图、图标和连接端口组成的，如图 2-1 所示。LabVIEW 允许前面板对象没有名称，并且允许重命名。了解如何创建前面板和程序框图后，即可开始编辑图标，完成程序的设计。

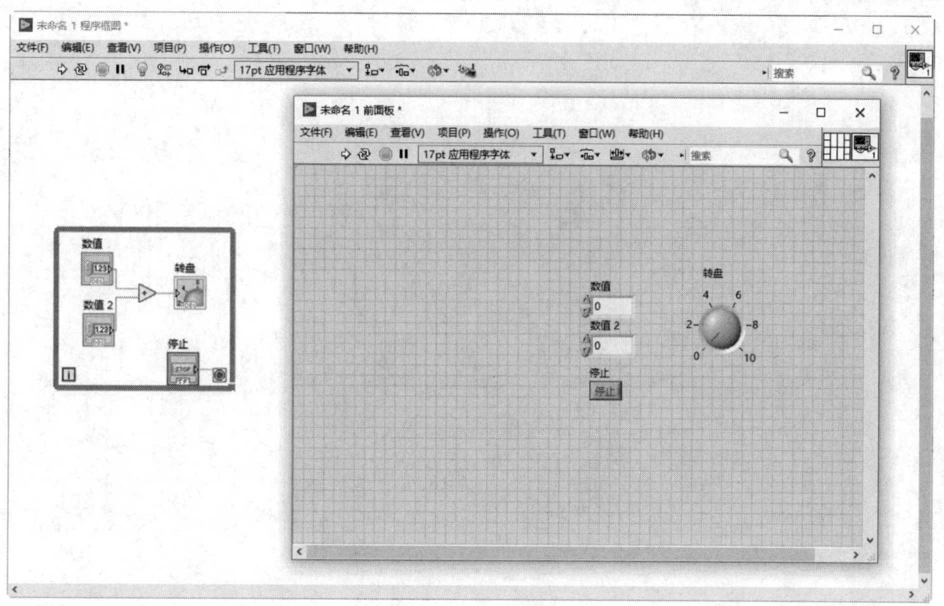

图 2-1　VI 组成

下面介绍 VI 中各种对象的功能。

- 数值 和 数值 2 是数字量输入控件，用户可以将数据输入到这两个控件中。
- 转盘 是数字量输出控件，用于显示运算的结果。
- ▷是算术运算节点，实现两个数的相加。
- i 是程序框图，实现程序的循环操作。
- ——是连线，表示数据流的连接。

2.2　LabVIEW 操作模板

在 LabVIEW 用户界面中，应特别注意它所提供的操作模板，包括“控件”选板、工具选板和“函数”选板。这些选板集中反映了该软件的功能与特征。

2.2.1　“控件”选板

“控件”选板仅位于前面板。“控件”选板由创建前面板所需的输入控件和显示控件等组成。根据不同输入控件和显示控件的类型，将控件归入不同的子选板中。

如需显示“控件”选板，选择菜单栏中的“查看”→“控件选板”命令或在前面板活动窗口中右击。LabVIEW 将记住“控件”选板的位置和大小，因此当 LabVIEW 重启时选板的位置和大小保持不变。在“控件”选板中可以进行内容修改。

“控件”选板中提供了用来创建前面板对象的各种控制量和显示量，是用户设计前面板的工具。LabVIEW 2020 简体中文版的“控件”选板如图 2-2 所示。

在“控件”选板中，按照所属类别，各种控制量和显示量被分门别类地安排在不同的子选板中。

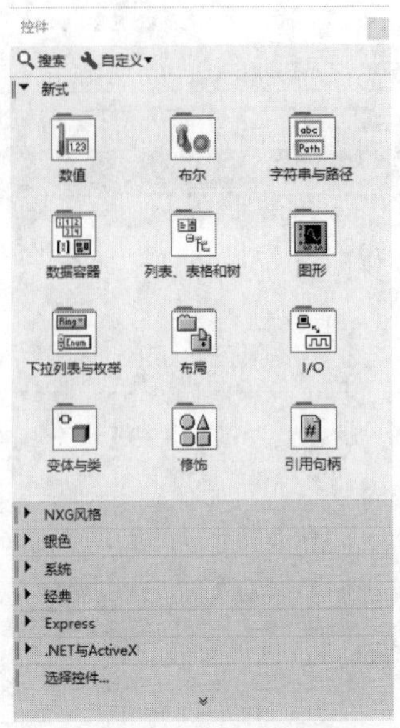

图 2-2 “控件”选板

2.2.2 工具选板

在前面板和程序框图中都可看到工具选板。工具选板上的每一个工具都对应光标的一种操作模式。可选择合适的工具对前面板和程序框图上的对象进行操作与修改。

如果自动选择工具已打开，当移到前面板或程序框图中的对象上时，LabVIEW 将自动从工具选板中选择相应的工具。LabVIEW 将记住工具选板的位置和大小，因此当 LabVIEW 重启时选板的位置和大小保持不变。

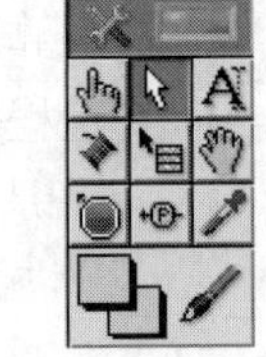

图 2-3 工具选板

LabVIEW 2020 简体中文版的工具选板如图 2-3 所示。利用工具选板可以创建、修改 LabVIEW 中的对象，并对程序进行调试。按住 Shift 键的同时右击，光标所在位置将出现工具选板。

工具选板中各种不同工具的图标及其相应的功能如下。

- 自动选择工具：如已经打开自动选择工具，当光标移到前面板或程序框图中的对象上时，LabVIEW 将从工具选板中自动选择相应的工具。也可禁用自动选择工具，手动选择工具。
- 操作值工具：改变控件值。
- 定位/调整大小/选择工具：定位、选择或改变对象大小。
- 编辑文本工具：用于输入标签文本或者创建标签。
- 进行连线工具：用于在后面板中连接两个对象的数据端口，当用连线工具接近对象时，会显示出其数据端口以供连线之用。如果打开了帮助窗口时，那么当用连线工具置于某连线上时，会在帮助窗口显示其数据类型。
- 对象快捷菜单工具：当用该工具单击某对象时，会弹出该对象的快捷菜单。
- 滚动窗口工具：使用该工具，无须滚动条就可以自由滚动整个图形。
- 设置/清除断点工具：在调试程序过程中设置断点。
- 探针数据工具：在代码中加入探针，用于调试程序过程中监视数据的变化。

- 获取颜色工具：从当前窗口中提取颜色。
- 设置颜色工具：用来设置窗口中对象的前景色和背景色。

扫一扫，看视频

动手学——设置背景颜色

源文件：源文件\第 2 章\设置背景颜色.vi

设置如图 2-4 所示的 VI 前面板背景色。

【操作步骤】

（1）按住 Shift 键的同时右击，光标所在位置将出现工具选板，如图 2-3 所示。

（2）单击“设置颜色工具”，设置窗口中对象的前景色和背景色。在前面板中右击，弹出如图 2-5 所示的颜色面板。

（3）在颜色条中选择绿色，在前面板中单击，则整个前面板变为绿色，结果如图 2-4 所示。

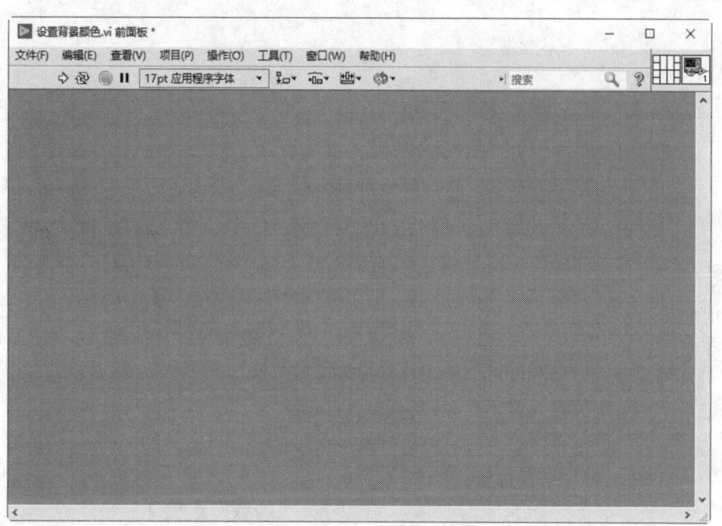

图 2-4 设置绿色 VI 前面板

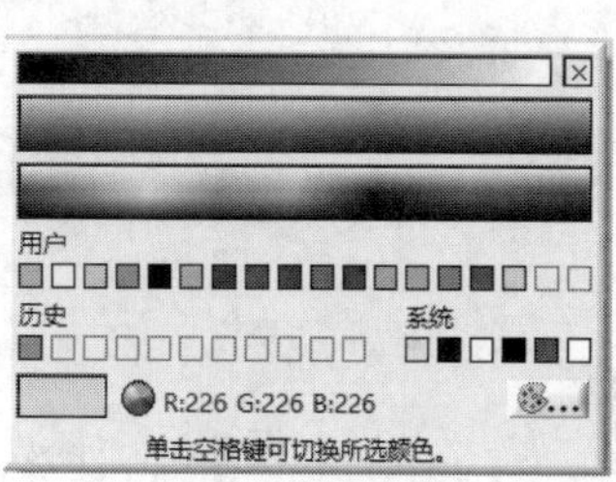

图 2-5 颜色面板

2.2.3 “函数”选板

“函数”选板仅存在于程序框图中。“函数”选板中包含创建程序框图所需的 VI 和函数。按照 VI 和函数的类型，将 VI 和函数归入不同子选板中。

如需显示“函数”选板，选择菜单栏中的“查看”→“函数选板”命令，或在程序框图活动窗口中右击。LabVIEW 将记住“函数”选板的位置和大小，因此当 LabVIEW 重启时选板的位置和大小不变。在“函数”选板中可以进行内容修改。

在“函数”选板中，按照功能分门别类地存放着一些函数、VIs 和 Express VI。

LabVIEW 2020 简体中文版的“函数”选板如图 2-6 所示，在后面的章节中将详细介绍该选板中的各函数。

扫一扫，看视频

动手学——查找三角函数

本实例讲解如何在选板中查找三角函数。

【操作步骤】

（1）在程序框图中右击，弹出“函数”选板，如图 2-7 所示。

（2）打开“数学”→“初等与特殊函数”→“三角函数”，显示如图2-8所示的“函数”选板，选择对应的函数放置到程序框图中。

（3）单击“函数”选板中的“搜索”按钮，在搜索框中输入“三角函数”，在选板上显示搜索结果，如图2-9所示。单击搜索结果，返回“三角函数”所在位置，如图2-8所示。

图2-6 “函数”选板1

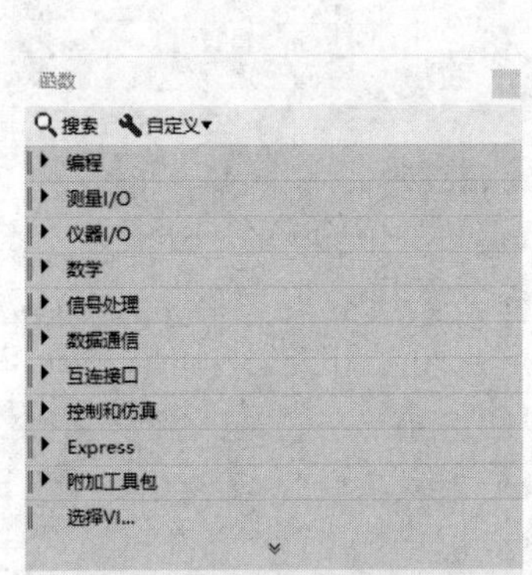

图2-7 “函数”选板2

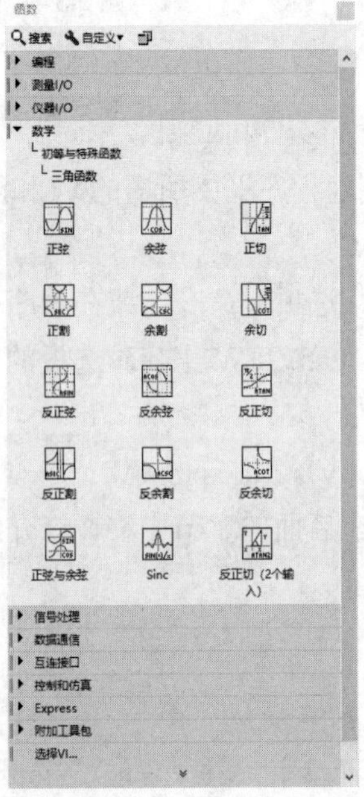

图2-8 “函数”选板3

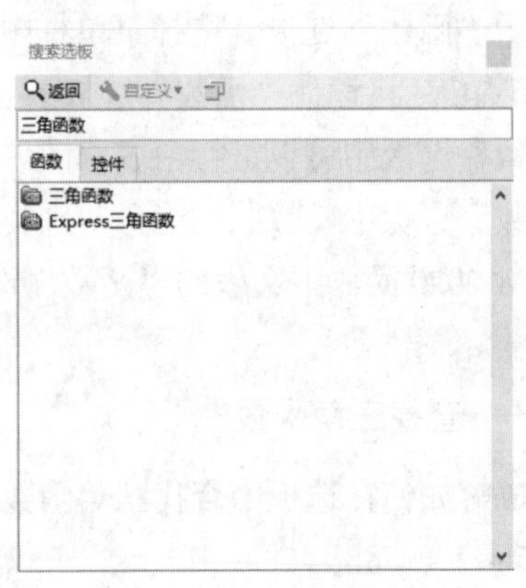

图2-9 显示搜索结果

2.2.4 选板可见性设置

使用“控件”选板和“函数”选板工具栏中的下列按钮，可查看、配置选板，搜索控件、VI 和函数，如图 2-10 所示。

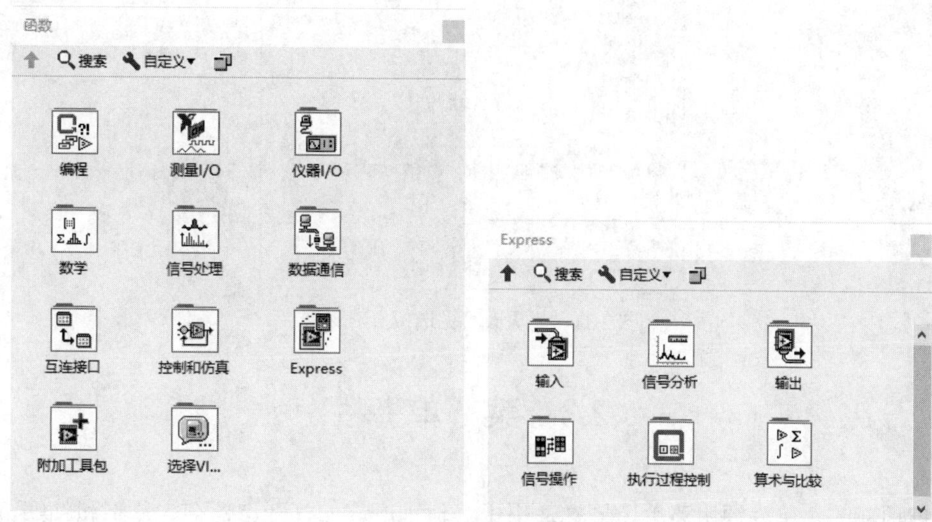

图 2-10 “函数”选板

- 返回所属选板：转到选板的上级目录。单击该按钮并保持光标位置不动，将显示一个快捷菜单，列出当前子选板路径中包含的各个子选板。单击快捷菜单中的子选板名称进入子选板。只有当选板模式设为图标和文本时，才会显示该按钮。
- 搜索 搜索：用于将选板转换至搜索模式，通过文本搜索来查找选板上的控件、VI 或函数。选板处于搜索模式时，单击“返回”按钮将退出搜索模式，显示选板。
- 查看 自定义▾：用于选择当前选板的视图模式，显示或隐藏所有选板目录，在文本和树形模式下按字母顺序对各项排序。在下拉列表中选择“选项”选项，打开“选项”对话框，在左侧“类别”列表框中选择“控件/函数选板”，在右侧可为所有选板选择显示模式。只有单击选板左上方的图钉标识将选板锁定时，才会显示该按钮。
- 恢复选板大小：将选板恢复至默认大小。只有单击选板左上方的图钉标识锁定选板，并调整“控件”选板或“函数”选板的大小后，才会出现该按钮。
- 自定义▾ 下拉列表中的更改可见选板...：用于调整选板大小。选择此项，在弹出的“更改可见选板”对话框中可以更改选板类别可见性，如图 2-11 所示。

动手练——熟悉操作界面

思路点拨

了解操作界面各部分的功能，掌握改变各选板可见性的方法，能够熟练地打开、移动、关闭各选板。

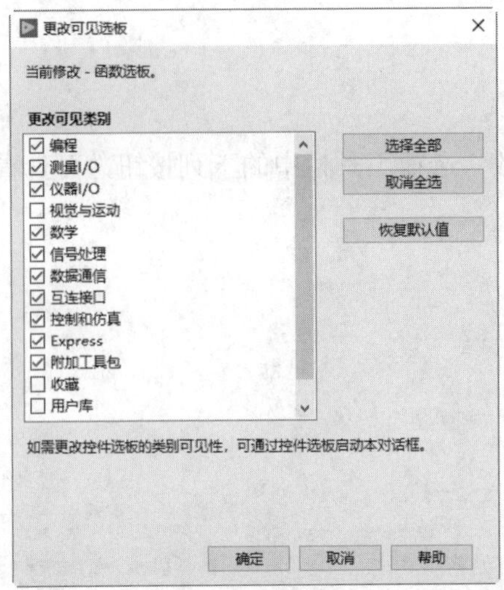

图 2-11 “更改可见选板”对话框

2.3 菜 单 栏

VI 窗口顶部的菜单为通用菜单，同样适用于其他程序，如打开、保存、复制和粘贴，以及其他 LabVIEW 的特殊操作。某些菜单项带有快捷键。

要想熟练使用 LabVIEW 编写程序，了解其编程环境是非常必要的。在 LabVIEW 2020 中，菜单栏是其编程环境的重要组成部分。下面将详细介绍 LabVIEW 2020 的菜单栏。

2.3.1 “文件”菜单

LabVIEW 2020 的“文件”菜单中囊括了对其程序（VI）进行操作的几乎所有命令，如图 2-12 所示。

- 新建 VI：新建一个空白的 VI 程序。
- 新建：打开“新建”对话框，新建空白 VI、根据模板创建 VI 或者创建其他类型的 VI。
- 打开：打开一个 VI。
- 关闭：关闭当前 VI。
- 关闭全部：关闭打开的所有 VI。
- 保存：保存当前编辑过的菜单。
- 另存为：另存为其他 VI。
- 保存全部：保存所有修改过的 VI，包括子 VI。
- 保存为前期版本：为了能在前期版本中打开现在所编写的程序，可以保存为前期版本的 VI。
- 还原：撤销操作到上一次保存。
- 创建项目：新建项目。
- 打开项目：打开项目。

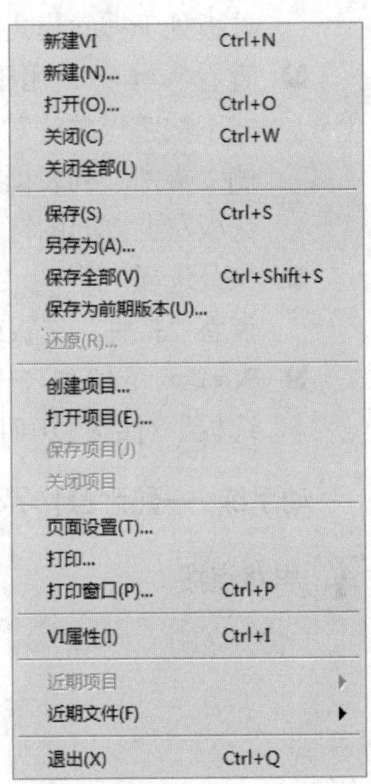

图 2-12 “文件”菜单

- 保存项目：保存项目文件。
- 关闭项目：关闭项目文件。
- 页面设置：用于设置打印当前 VI 的一些参数。
- 打印：打印当前 VI。
- 打印窗口：设置打印属性。
- VI 属性：用来查看和设置当前 VI 的一些属性。
- 近期项目：最近曾经打开过的一些项目，用来快速打开曾经打开过的项目。
- 近期文件：最近曾经打开过的一些文件，用来快速打开曾经打开过的文件。
- 退出：退出 LabVIEW 2020。

2.3.2 “编辑”菜单

“编辑”菜单中列出了几乎所有对 VI 及其组件进行编辑的命令，如图 2-13 所示。

- 撤销 窗口大小：撤销上一步操作，回复到上一次编辑之前的状态。
- 重做：执行和撤销相反的操作，再次执行上一次“撤销”所做的修改。
- 剪切：删除所选定的文本、控件或者其他对象，并将其放到剪贴板中。
- 复制：将选定的文本、控件或者其他对象复制到剪贴板中。
- 粘贴：将剪贴板中的文本、控件或者其他对象从剪贴板中放到当前光标位置。
- 删除：删除当前选定的文本、控件或者其他对象，和剪切不同的是，删除不把这些对象放入剪贴板中。
- 选择全部：选择全部对象。
- 当前值设置为默认值：将前面板设置为默认值，将当前前面板上的对象的取值设置为该对象的默认值，这样当下一次打开该 VI 时，该对象将被赋予该默认值。
- 重新初始化为默认值：将前面板上对象的取值初始化为原来的默认值。
- 自定义控件：定制前面板中的控件。
- 导入图片至剪贴板：从文件中导入图片。
- 设置 Tab 键顺序：设定用 Tab 键切换前面板上对象时的顺序。
- 删除断线：删除 VI 面板中由于连线不当造成的断线。
- 整理程序框图：重新整理对象和信号并调整大小，提高可读性。
- 从层次结构中删除断点：删除程序结构中的断点。

撤消 窗口大小	Ctrl+Z
重做	Ctrl+Shift+Z
剪切(T)	Ctrl+X
复制(C)	Ctrl+C
粘贴(P)	Ctrl+V
删除(D)	
选择全部(A)	Ctrl+A
当前值设置为默认值(M)	
重新初始化为默认值(Z)	
自定义控件(E)...	
导入图片至剪贴板(I)...	
设置Tab键顺序(O)...	
删除断线(B)	Ctrl+B
整理程序框图(U)	Ctrl+U
从层次结构中删除断点(K)	
从所选项创建VI片段(N)	
创建子VI(S)	
启用程序框图网格对齐(G)	Ctrl+#
对齐所选项	Ctrl+Shift+A
分布所选项	Ctrl+D
VI修订历史(Y)...	Ctrl+Y
运行时菜单(R)...	
调整窗格原点	
查找和替换(F)...	Ctrl+F
显示搜索结果(H)	Ctrl+Shift+F

图 2-13 “编辑”菜单

- 从所选项创建 VI 片段：在出现的对话框中，选择要保存 VI 片段的目录。
- 创建子 VI：创建一个子 VI。
- 启用程序框图网格对齐：面板栅格对齐功能失效，禁用前面板上的对齐网格。选择该命令，则其变为“启用前面板网格对齐”；再次选择该命令，将显示面板上的对齐网格。
- 对齐所选项：将所选对象对齐。
- 分布所选项：将所选对象分布。

- VI 修订历史：记录 VI 的修订历史。
- 运行时菜单：设置程序运行时的菜单项。
- 调整窗格原点：将前面板的原点调整到当前窗格的左上角。
- 查找和替换：查找和替换菜单。
- 显示搜索结果：显示搜索到的结果。

2.3.3　“查看”菜单

LabVIEW 2020 的“查看”菜单中包括了程序中所有与显示操作有关的命令，如图 2-14 所示。

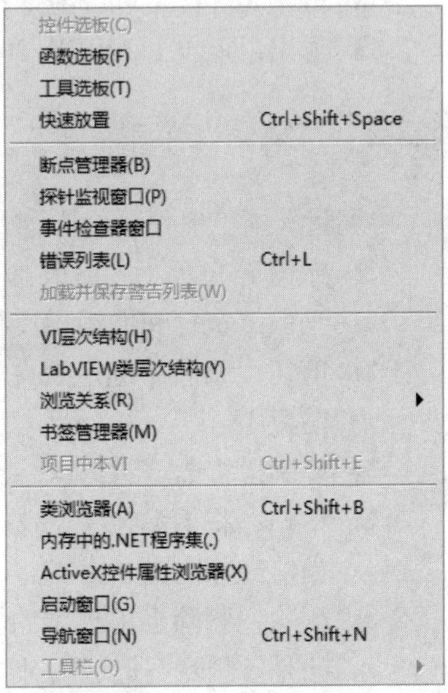

- 控件选板：用来显示 LabVIEW 的控件选板。
- 函数选板：用来显示 LabVIEW 的函数选板。
- 工具选板：用来显示 LabVIEW 的工具选板。
- 快速放置：显示“快速放置”对话框，依据名称指定选板对象，并将对象置于程序框图或前面板。
- 断点管理器：显示“断点管理器”窗口，该窗口用于在 VI 的层次结构中启用、禁用或清除全部断点。
- 探针监视窗口：可打开探针检测窗口。右击连线，从弹出的快捷菜单中选择“探针”或使用探针工具，可显示该窗口。可通过该窗口管理探针。
- 事件检查器窗口：查看运行时队列中的事件。
- 错误列表：打开错误列表，显示 VI 程序的错误。
- 加载并保存警告列表：显示加载并保存警告对话框，通过该对话框可查看要加载或保存的项的警告详细信息。

图 2-14　“查看”菜单

- VI 层次结构：显示 VI 的层次结构，反映该 VI 与其调用的子 VI 之间的层次关系。
- LabVIEW 类层次结构：类浏览器，用于浏览程序中使用的类。
- 浏览关系：浏览 VI 类之间的关系，用来浏览程序中所使用的所有 VI 之间的相对关系。
- 书签管理器：打开书签管理器窗口。
- 项目中本 VI：显示项目浏览器窗口。
- 类浏览器：显示类浏览器窗口，用于选择可用的对象库并查看该库中的类、属性和方法。
- 内存中的 .NET 程序集：显示内存中的 .NET 程序集对话框，该对话框包含了 LabVIEW 在内存中的全部程序集。
- ActiveX 控件属性浏览器：用于浏览 ActiveX 控件的属性。
- 启动窗口：打开启动窗口。
- 导航窗口：显示导航窗口菜单，用于显示 VI 程序的导航窗口。
- 工具栏：工具栏选项。

2.3.4　“项目”菜单

“项目”菜单中包含了所有与项目操作相关的命令，如图 2-15 所示。

- 创建项目：新建一个项目文件。
- 打开项目：打开一个已有的项目文件。
- 保存项目：保存一个项目文件。
- 关闭项目：关闭项目文件。
- 添加至项目：将 VI 或者其他文件添加到现有的项目文件中。
- 筛选视图：比较选择视图。
- 显示项路径：显示现有的项目文件路径。
- 文件信息：当前项目的信息。
- 解决冲突：打开“解决项目冲突”对话框，可通过重命名冲突项，或使冲突项从正确的路径重新调用依赖项解决冲突。
- 属性：显示当前项目属性。

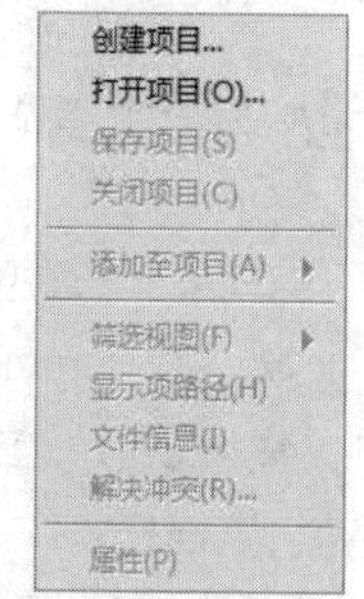

图 2-15 “项目”菜单

2.3.5 “操作”菜单

“操作”菜单中包括了对 VI 操作的基本命令，如图 2-16 所示。

- 运行：运行 VI 程序。
- 停止：终止 VI 程序的运行。
- 单步步入：单步执行进入程序单元。
- 单步步过：单步执行完成程序单元。
- 单步步出：单步执行出程序单元。
- 调用时挂起：当 VI 被调用时，挂起程序。
- 结束时打印：在 VI 运行结束后打印该 VI。
- 结束时记录：在 VI 运行结束后记录运行结果到记录文件。
- 数据记录：单击数据记录菜单可以打开它的下级菜单，设置记录文件的路径等。

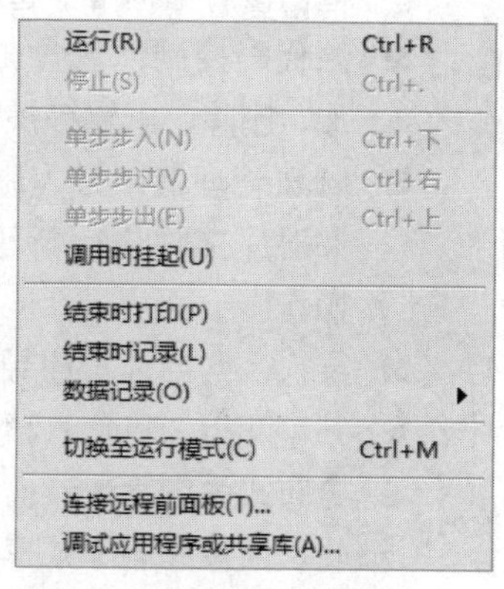

图 2-16 “操作”菜单

- 切换至运行模式：当用户选择该命令时，LabVIEW 将切换为运行模式，同时该命令将变为“切换至编辑模式”；再次选择该命令，则切换至编辑模式。
- 连接远程前面板：与远程前面板连接。选择该命令，将弹出如图 2-17 所示的“连接远程前面板”对话框，可以设置与远程的 VI 连接、通信。
- 调试应用程序或共享库：对应用程序或共享库进行调试。选择该命令会弹出“调试应用程序或共享库”对话框，如图 2-18 所示。

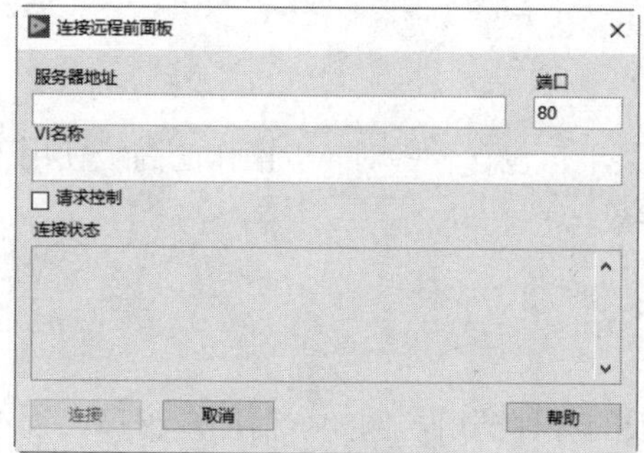

图 2-17 “连接远程前面板”对话框

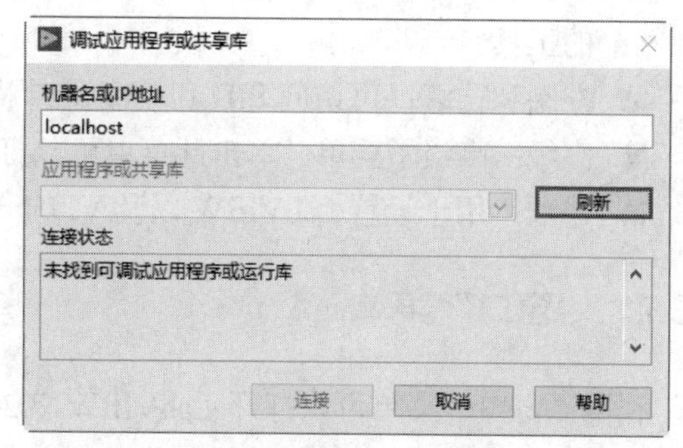

图 2-18 “调试应用程序或共享库”对话框

2.3.6 “工具”菜单

“工具”菜单中包括了编写程序的几乎所有工具，如图2-19所示。

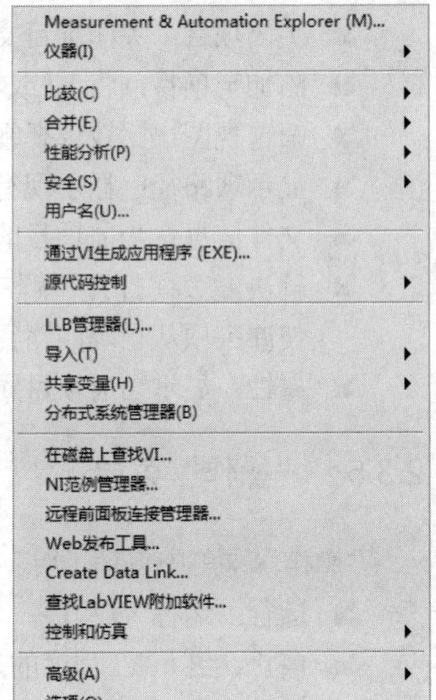

图 2-19 “工具”菜单

- Measurement & Automation Explorer(M)：打开 MAX 程序。
- 仪器：选择连接 NI 的仪器驱动网络或者导入 CVI 仪器驱动程序。
- 比较：包含比较函数，比较 VI 或 LLB 文件的更改。
- 合并：包含合并函数，合并 VI 或 LLB 文件的更改。
- 性能分析：对 VI 的性能即占用资源的情况进行比较。
- 安全：对用户所编写的程序进行保护，如设置密码等。
- 用户名：对用户的姓名进行设置。
- 通过 VI 生成应用程序：弹出“通过 VI 生成应用程序”对话框，该对话框用于通过打开的 VI 生成独立的应用程序。
- 源代码控制：包含源代码控制操作，包括源代码控制的添加、删除、配置等操作。
- LLB 管理器：对 VI 库文件进行管理，打开库文件管理器，并对库文件进行新建、复制、重命名、删除，以及转换等操作。
- 导入：向当前程序导入.NET 控件、ActiveX 控件、共享库等。
- 共享变量：包含共享变量函数。
- 分布式系统管理器：选择该命令，打开 NI 分布式系统管理器，用于在项目环境之外创建、编辑、监控和删除共享变量。
- 在磁盘上查找 VI：查找 VI 菜单，用来搜索磁盘上制定路径下的 VI 程序。
- NI 范例管理器：用于查找 NI 为用户提供的各种范例。
- 远程前面板连接管理器：用于管理远程 VI 程序的远程连接。
- Web 发布工具：网络发布工具菜单，单击此菜单可以打开网络发布工具管理器窗口，设置通过网络访问用户的 VI 程序。
- Create Data Link：用于创建数据连接，执行此命令，打开“数据链接性”对话框，从中可以选择服务器的名称进行连接。
- 查找 LabVIEW 附加软件：显示“附加软件许可证工具”对话框，可用于通过 LabVIEW 创建的工具包。
- 控制和仿真：可访问 PID 和模糊逻辑 VI 工具。
- 高级：高级子菜单，单击此菜单可以打开它的下级菜单，包含一些对 VI 操作的高级使用工具。
- 选项：用于设置 LabVIEW 以及 VI 的一些属性和参数。

2.3.7 “窗口”菜单

利用“窗口”菜单可以打开 LabVIEW 2020 简体中文版的各种窗口，例如，前面板窗口、程序框图窗口以及导航窗口。LabVIEW 2020 简体中文版的“窗口”菜单如图 2-20 所示。

- 左右两栏显示：将 VI 的前面板和程序框图左右（横向）排布。
- 上下两栏显示：将 VI 的前面板和程序框图上下（纵向）排布。

另外，在“窗口”菜单的最下方显示了当前打开的所有 VI 的前面板和程序框图，因此，可以从“窗口”菜单的最下方直接进入那些 VI 的前面板或程序框图。

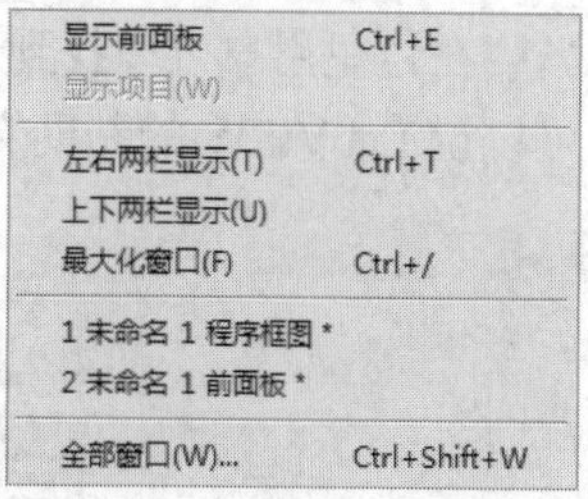

显示前面板 Ctrl+E
显示项目(W)
左右两栏显示(T) Ctrl+T
上下两栏显示(U)
最大化窗口(F) Ctrl+/
1 未命名 1 程序框图 *
2 未命名 1 前面板 *
全部窗口(W)... Ctrl+Shift+W

图 2-20 “窗口”菜单

2.3.8 “帮助”菜单

LabVIEW 2020 简体中文版提供了强大的帮助功能，集中体现在其“帮助”菜单上。LabVIEW 2020 简体中文版的“帮助”菜单如图 2-21 所示。

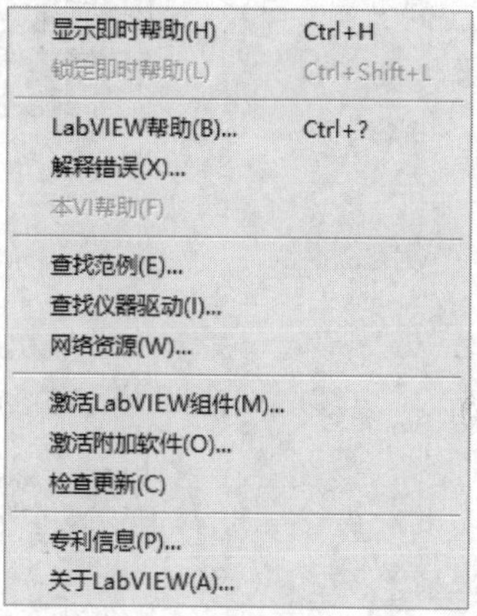

显示即时帮助(H) Ctrl+H
锁定即时帮助(L) Ctrl+Shift+L
LabVIEW帮助(B)... Ctrl+?
解释错误(X)...
本VI帮助(F)
查找范例(E)...
查找仪器驱动(I)...
网络资源(W)...
激活LabVIEW组件(M)...
激活附加软件(O)...
检查更新(C)
专利信息(P)...
关于LabVIEW(A)...

图 2-21 “帮助”菜单

1.“帮助”菜单命令

- 显示即时帮助：选择是否显示即时帮助窗口以获得即时帮助。
- 锁定即时帮助：锁定即时帮助窗口。
- LabVIEW 帮助：打开帮助文档，搜索帮助信息。
- 解释错误：提供关于 VI 错误的完整参考信息。
- 本 VI 帮助：直接查看 LabVIEW 帮助中关于 VI 的完整参考信息。
- 查找范例：用于查找 LabVIEW 中提供的所有范例。
- 查找仪器驱动：显示 NI 仪器驱动查找器，查找和安装 LabVIEW 即插即用仪器驱动。该命令在 Mac OS 上不可用。
- 网络资源：打开 NI 公司的官方网站，在网络上查找 LabVIEW 程序的帮助信息。
- 激活 LabVIEW 组件：显示 NI 激活向导，用于激活 LabVIEW 许可证。该命令仅在 LabVIEW 试用模式下出现。
- 激活附加软件：通过该向导可激活第三方附加软件。可通过自动或手动激活一个或多个附件。
- 检查更新：显示 NI 更新服务窗口，该窗口通过 ni.com 查看可用的更新。
- 专利信息：显示 NI 公司的所有相关专利。
- 关于 LabVIEW：显示 LabVIEW 的相关信息。

为了让用户更快地掌握 LabVIEW，更好地理解 LabVIEW 的编程机制并用 LabVIEW 编写出优秀的应用程序，LabVIEW 的各个版本都提供了丰富、完善的帮助系统。

下面将介绍如何获取 LabVIEW 2020 的帮助，这对于初学者快速掌握 LabVIEW 是非常重要的，对于一些高级用户也是很有好处的。

2. 使用目录和索引查找在线帮助

即时帮助固然方便，并且可以实时显示帮助信息，但是它的帮助信息不够详细，有些时候不能满足编程的需要，这时就需要使用帮助文件的目录和索引来查找在线帮助。

选择“帮助”→“LabVIEW 帮助”命令，打开“LabVIEW 帮助”窗口，如图 2-22 所示。

在这里用户可以根据索引查看某个感兴趣的对象的帮助信息，也可以打开“搜索”选项卡，直接用关键字搜索帮助信息。

在这里用户可以找到最为详尽的关于 LabVIEW 中每个对象的使用说明及其相关对象说明的链接，可以说 LabVIEW 的帮助文件是学习 LabVIEW 的最为有力的工具之一。

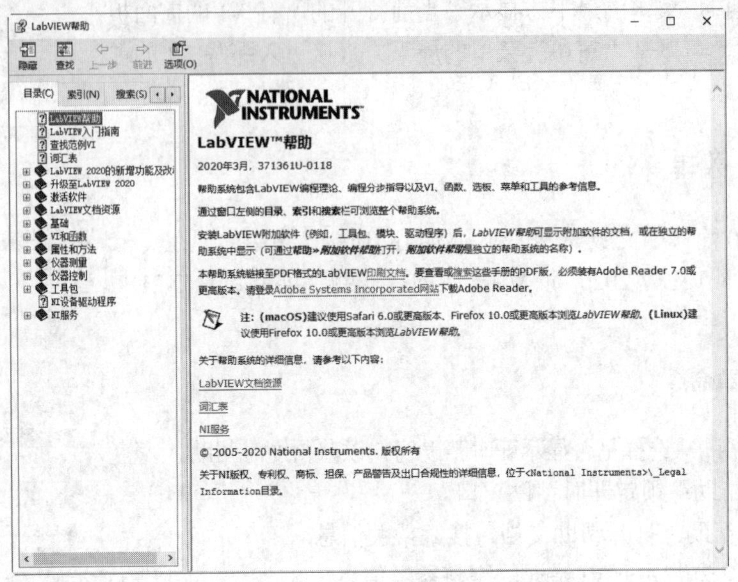

图 2-22　查看 LabVIEW 的帮助文件

3. 查找 LabVIEW 范例

学习和借鉴 LabVIEW 中的例程不失为一种快速、深入学习 LabVIEW 的好方法。选择“帮助”→“查找范例”命令，即可查找 LabVIEW 的范例。范例按照任务和目录结构分门别类地显示出来，方便用户按照各自的需求查找和借鉴，如图 2-23 所示。

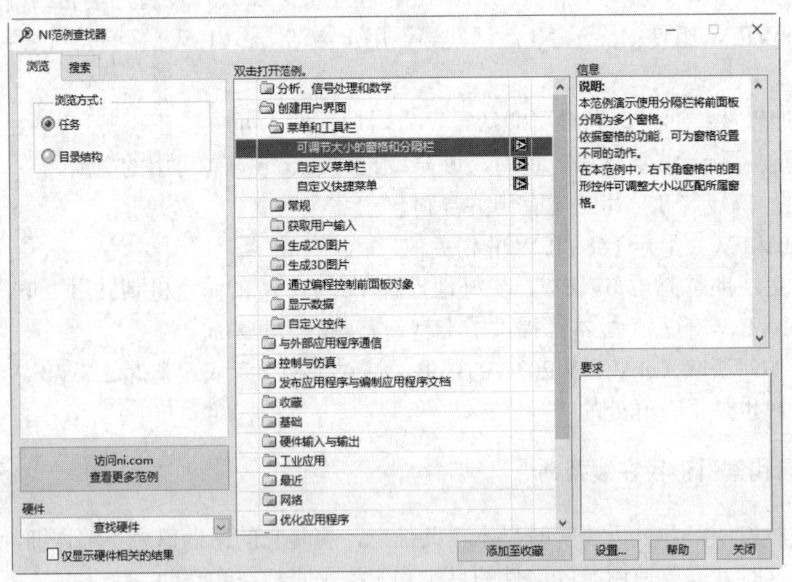

图 2-23　利用“NI 范例查找器”搜索例程

另外，也可以利用搜索功能通过关键字来查找例程，甚至在 LabVIEW 2020 中可以向“NI 在线社区”提交自己编写的程序作为范例。单击“搜索”选项卡，单击“提交范例”按钮即可连接到 NI 的官方网站提交范例。

2.3.9 菜单属性设置

1. 菜单编辑器

菜单是图形用户界面中非常重要和通用的元素，几乎每个具有图形用户界面的程序都包含菜单，流行的图形操作系统也都支持菜单。菜单的主要作用是使程序功能层次化，而且用户在掌握了一个程序菜单的使用方法之后，可以没有任何困难地使用其他程序的菜单。

建立和编辑菜单的工作是通过“菜单编辑器”来完成的。在前面板或程序框图窗口的主菜单中选择“编辑”→“运行时菜单”命令，打开如图 2-24 所示的“菜单编辑器”对话框。

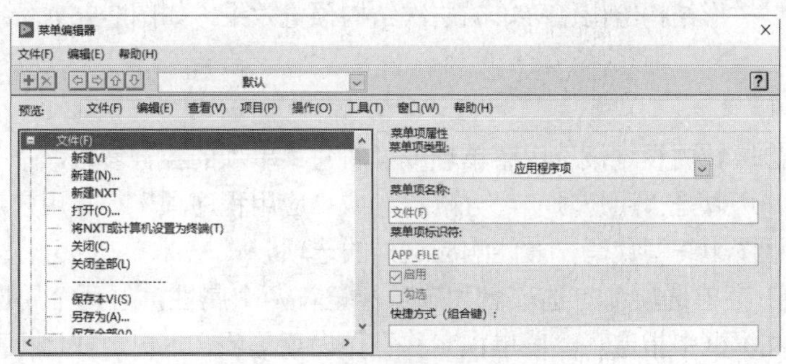

图 2-24 “菜单编辑器”对话框

2. 菜单选项

菜单编辑器本身有“文件”“编辑”和“帮助”3 个菜单项。菜单栏下面是工具栏，在工具栏的左边有 6 个按钮：第 1 个按钮用于在被选中菜单项的后面插入生成一个新的菜单项；第 2 个按钮用于删除被选中的菜单项；第 3 个按钮用于把被选中的菜单项提高一级，使得被选中的菜单项后面的所有同级菜单项成为被选中菜单项的子菜单项；第 4 个按钮用于把被选中的菜单项降低一级，使得被选中的菜单项成为前面最接近的统计菜单项的子菜单项；第 5 个按钮用于把被选中的菜单项向上移动一个位置；第 6 个按钮用于把被选中的菜单项向下移动一个位置。对于第 5 个、第 6 个按钮的移动动作，如果该选项是一个子菜单，则所有子菜单项将随之移动。

扫一扫，看视频

动手学——创建菜单项

将默认的菜单栏显示项修改为图 2-25 所示的格式。

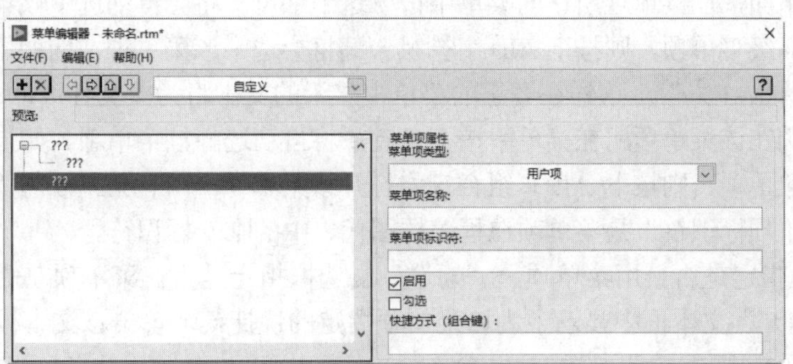

图 2-25 “菜单编辑器”对话框

【操作步骤】

（1）在前面板或程序框图窗口的主菜单中选择“编辑”→“运行时菜单”命令，打开“菜单编辑器”对话框。

在工具栏按钮的右侧是菜单类型下拉列表，包括 3 个选项：“默认”“最小化”和“自定义”，它们决定了与当前 VI 关联的运行时菜单的类型。

- “默认”选项表示使用 LabVIEW 提供的标准默认菜单。
- “最小化”选项是在“默认”菜单的基础上进行简化而得到的。
- “自定义”选项表示完全由程序员生成菜单，这样的菜单保存在扩展名为 .rtm 的文件里。

（2）在菜单类型下拉列表中选择“自定义”，单击⊞按钮，添加 3 个菜单项，单击⇨按钮，降低第 2 个菜单项的层次结构，设置菜单项层次级别。

在“预览”栏中以树形结构给出了菜单的层次结构预览效果，如图 2-25 所示。

3. 菜单项属性

在“菜单项属性”区域内设定被选中菜单项或者新建菜单项的各种参数。“菜单项类型”下拉列表定义菜单项的类型，可以是“用户项”“分隔符”或“应用程序项”。“用户项”表示用户自定义的选项，必须在程序框图中编写代码，才能响应这样的选项。

每一个“用户项”菜单选项都有选项名和选项标记符两个属性，这两个属性在“菜单项名称”和“菜单项标识符”文本框中指定。“菜单项名称”作为菜单项文本出现在运行时的菜单中，“菜单项标识符”作为菜单项的标识出现在程序框图上。在“菜单项名称”文本框中输入菜单项文本时，菜单编辑器会自动把该文本复制到“菜单项标识符”文本框中，即在默认情况下菜单选项的文本和程序框图表示相同。可以修改“菜单项标识符”文本框的内容，使之不同于“菜单项名称”的内容。

“分隔符”选项建立菜单中的分隔线，该分隔线表示不同功能菜单项组合之间的分界。“应用程序项”实际上是一个子菜单，在里面包含了所有系统预定义的菜单项。可以在“应用程序项”菜单中选择单独的菜单项，也可以选中整个子菜单。类型为“应用程序项”的菜单项的“菜单项名称”“菜单项标识符”属性都不能修改，而且不需要在程序框图上对这些菜单项进行响应，因为它们都有定义好的标准动作。

4. 菜单项名称和菜单项标识符

“菜单项名称”和“菜单项标识符”文本框分别定义菜单项文本和菜单项标识。“菜单项名称”中出现的下划线具有特殊的意义，即在真正的菜单中，下划线将显示在“菜单项名称”文本中紧接在下划线后面的字母下面，在菜单项所在的菜单中按下这个字符，将会自动选中该菜单项。如果该菜单项是菜单栏中的最高级菜单项，则按下 Alt+字符组合键将会选中该菜单项。例如，可以自定义某个菜单项的名字为“文件（_F）”，这样在真正的菜单中显示的文本将为“文件（F）”。如果菜单项没有位于菜单栏中，则在该菜单项所在菜单中按下 F 键，将自动选择该菜单项。如果“文件（_F）”是菜单栏中的最高级菜单项，则按下 Alt+F 组合键将打开该菜单项。所有菜单项的“菜单项标识符”必须不同，因为“菜单项标识符”是菜单项在程序框图代码中的唯一标识符。

“启用”复选框指定是否禁用菜单项，“勾选”复选框指定是否在菜单项左侧显示对号确认标记。“快捷方式（组合键）”文本框中显示了为该菜单项指定的快捷键，单击该文本框之后，可以按下适当的按键，定义新的快捷键。

2.4 文件管理

在启动界面利用菜单命令可以创建新 VI、选择最近打开的 LabVIEW 文件、查找范例以及打开 LabVIEW 帮助。同时还可查看各种信息和资源，如用户手册、帮助主题以及 National Instruments 网站 ni.com 上的各种资源等。

2.4.1 新建 VI

创建 VI 是 LabVIEW 编程应用中的基础，下面详细介绍如何创建 VI。

选择菜单栏中的“文件”→“新建 VI”命令，弹出 VI 窗口。前面是 VI 的前面板窗口，后面是 VI 的程序框图窗口，在两个窗口的右上角是默认的 VI 图标/连线板，如图 2-26 所示。

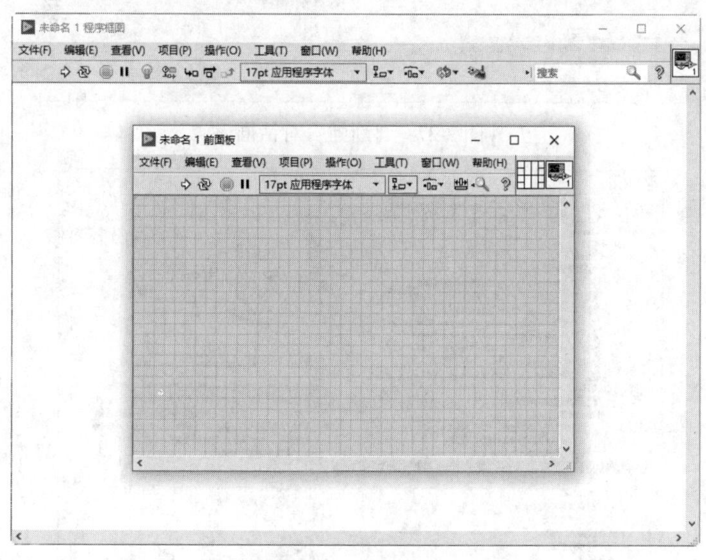

图 2-26 新建 VI 窗口

2.4.2 保存 VI

在前面板窗口或程序框图窗口中选择菜单栏中的“文件”→“保存”命令，然后在弹出的保存文件对话框中选择适当的路径和文件名保存该 VI。如果一个 VI 在修改后没有存盘，那么在 VI 的前面板和程序框图窗口的标题栏中就会出现一个“*”，提示用户注意存盘。

2.4.3 新建文件

在启动后的界面中选择菜单栏中的“文件”→“新建”命令，打开如图 2-27 所示的“新建”对话框，从中可以选择多种方式来新建文件。

利用“新建”对话框可以创建 3 种类型的文件，分别是 VI、项目和其他文件。

其中，新建 VI 是经常使用的功能，包括创建空白 VI、创建多态 VI 以及基于模板创建 VI。如果选择 VI，将创建一个空的 VI，VI 中的所有空间都需要用户自行添加。如果选择基于模板，有很多种程序模板供用户选择，如图 2-28 所示。

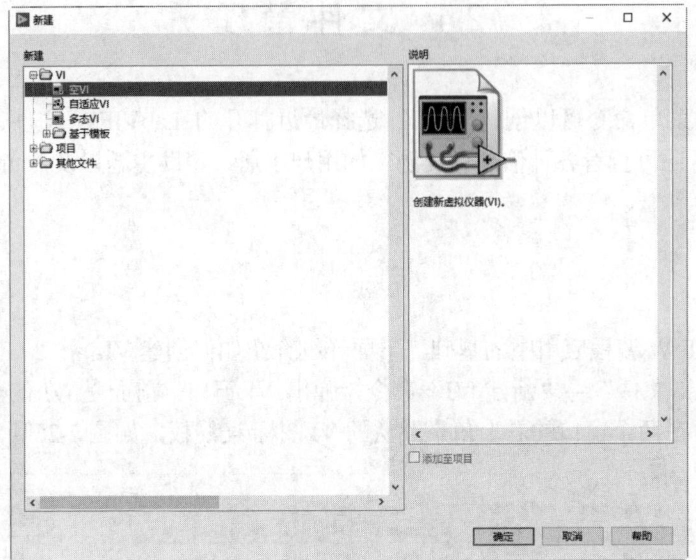

图 2-27 “新建”对话框

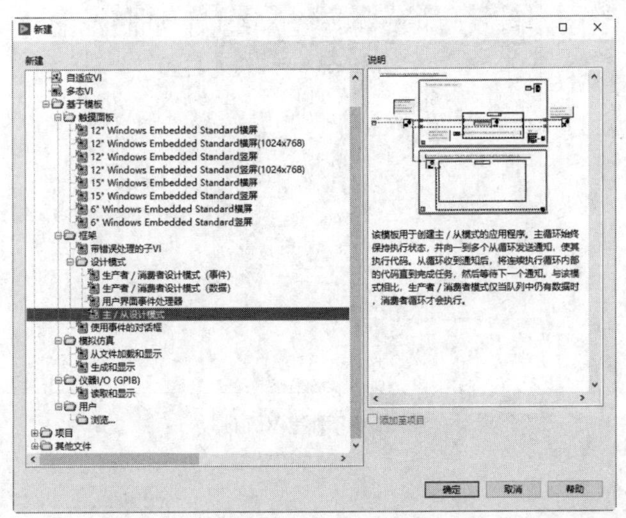

图 2-28 基于模板新建文件

新建项目包括空白项目文件和基于向导的项目。其他文件则包括库、类、全局变量、运行时菜单、自定义控件。

用户可以根据需要选择相应的模板进行程序设计，在各种模板中，LabVIEW 已经预先设置了一些组件构成了应用程序的框架，用户只需对程序进行一定程度的修改和功能上的增减就可以在模板的基础上构建自己的应用程序。

2.4.4 创建项目

在启动后的界面中单击“创建项目”按钮或选择菜单栏中的“文件”→“创建项目”命令，弹出“创建项目”窗口，如图 2-29 所示。

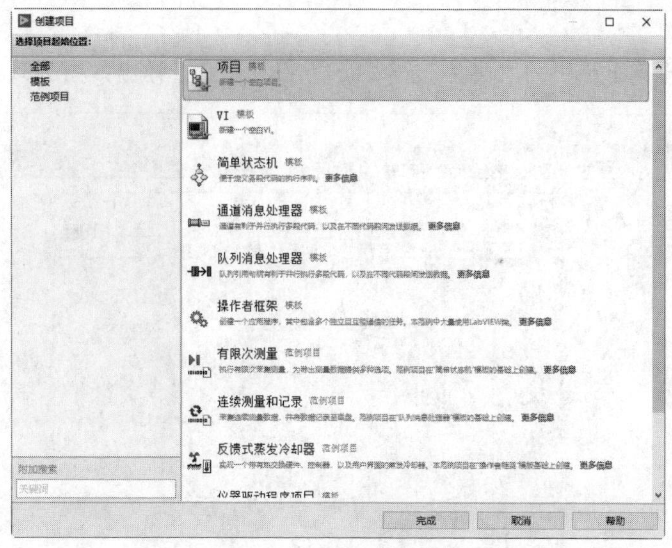

图 2-29 “创建项目”窗口

该窗口主要分为左、右两部分，分别是文件和资源。在该窗口中用户可以选择新建空白 VI、新建空白项目、简单状态机，并且可以打开已有的程序。同时，用户可以从该窗口获得帮助支持。例如，可以查找 LabVIEW 2020 的帮助文件、互联网上的资源以及 LabVIEW 2020 的程序范例等。

2.5 综合演练——实时时间显示系统前面板设置

扫一扫，看视频

源文件：源文件\ 第 2 章\ 实时时间显示系统.vi

本实例演示了 VI 的创建与“控件”选板、工具选板的使用方法，结果如图 2-30 所示。

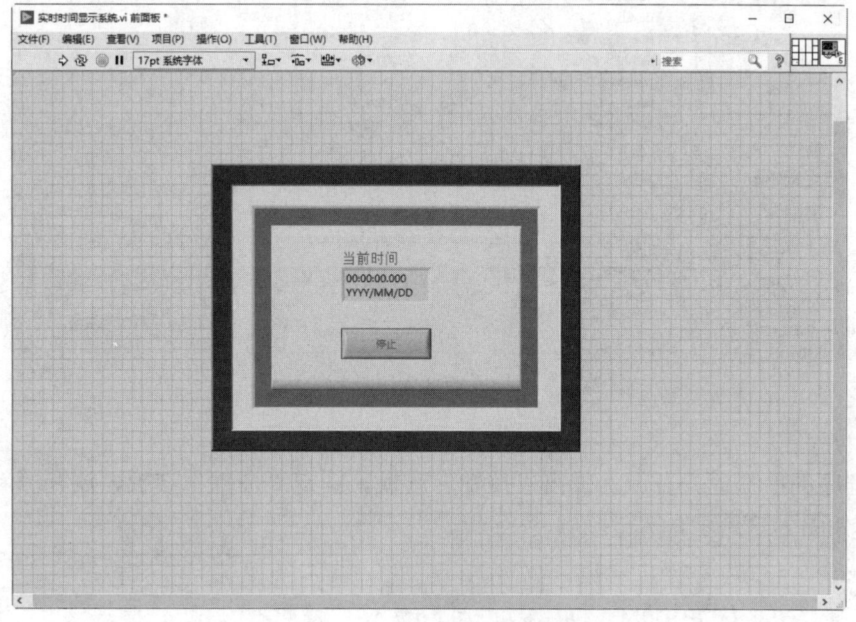

图 2-30 显示“当前时间”程序的前面板

【操作步骤】

（1）新建 VI。选择菜单栏中的“文件”→“新建 VI”命令，弹出如图 2-31 所示的 VI 窗口。

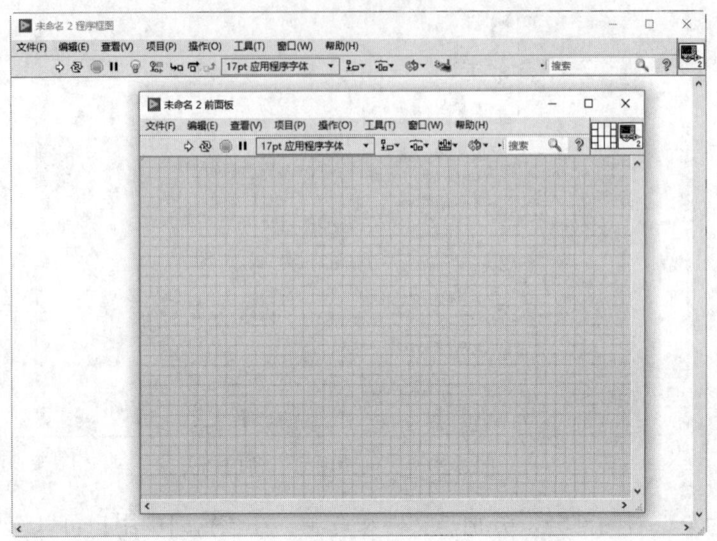

图 2-31　新建 VI 窗口

（2）保存 VI。选择菜单栏中的“文件”→“保存”命令，然后在弹出的“命名 VI（未命名 1）”对话框中选择适当的路径和文件名保存该 VI，如图 2-32 所示。

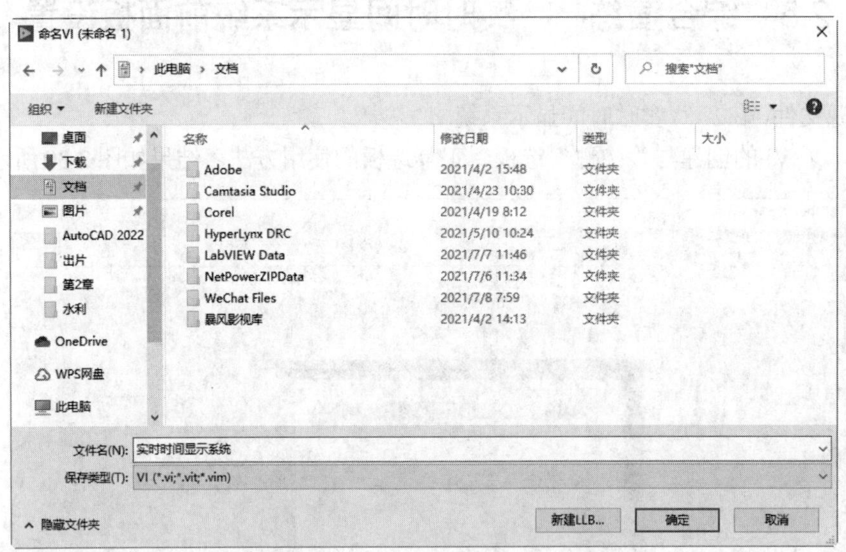

图 2-32　“命名 VI（未命名 1）”对话框

（3）放置控件。

① 打开程序的前面板，右击，弹出“控件”选板。固定“控件”选板，展开“新式”→“修饰”子选板，如图 2-33 所示。

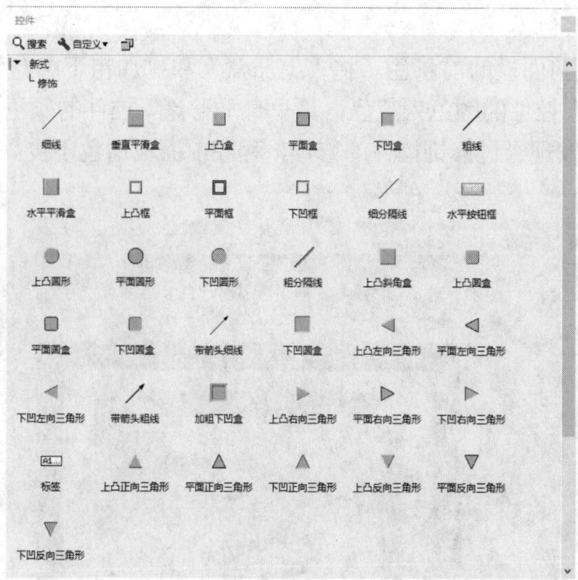

图 2-33 “修饰”子选板

② 选取“上凸盒”控件，拖出一个方框，并放置在前面板的适当位置。

③ 选取“下凹盒”控件，放置在“上凸盒”控件的内部。再选取“加粗下凹盒”控件，放置在“下凹盒”控件的内部。最后选取“垂直平滑盒”控件，放置在“加粗下凹盒”控件的内部。

此时程序前面板如图 2-34 所示。

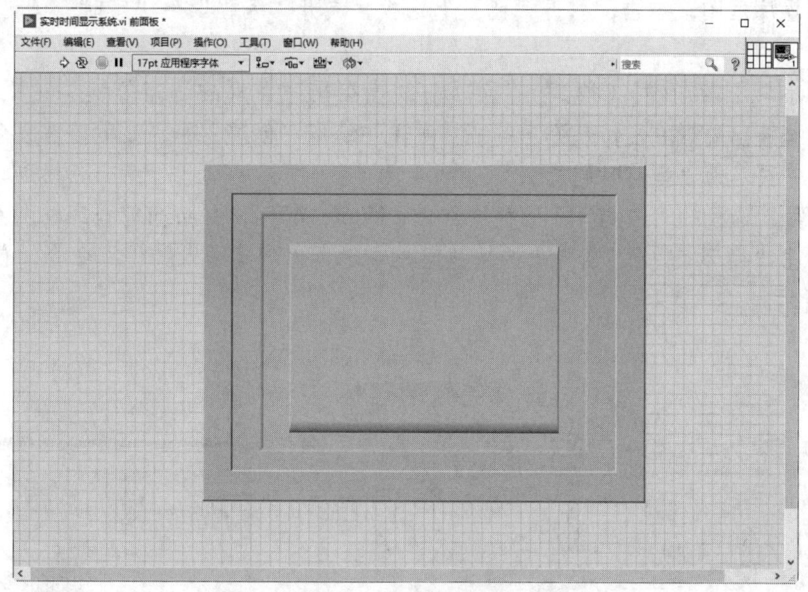

图 2-34 程序前面板

提示：

程序的前面板已经有了一些立体的装饰效果，只是还没有配以颜色，略显不足，下面为前面板的装饰控件设置颜色。

（4）设置前面板颜色。

① 选择工具选板中的设置颜色工具，在需要修饰控件上右击，弹出颜色设置面板，设置颜色。

将前面板的背景色设置为青色。

② 用同样的方法设置前面板的前景色。将“上凸盒”和“加粗下凹盒”控件的颜色设置为蓝色和淡蓝色。设置“下凹盒”控件的颜色为黄色，“垂直平滑盒”控件的颜色为浅蓝色。此时程序的前面板如图 2-35 所示。可以发现经过修饰控件的修饰，程序前面板增色不少。

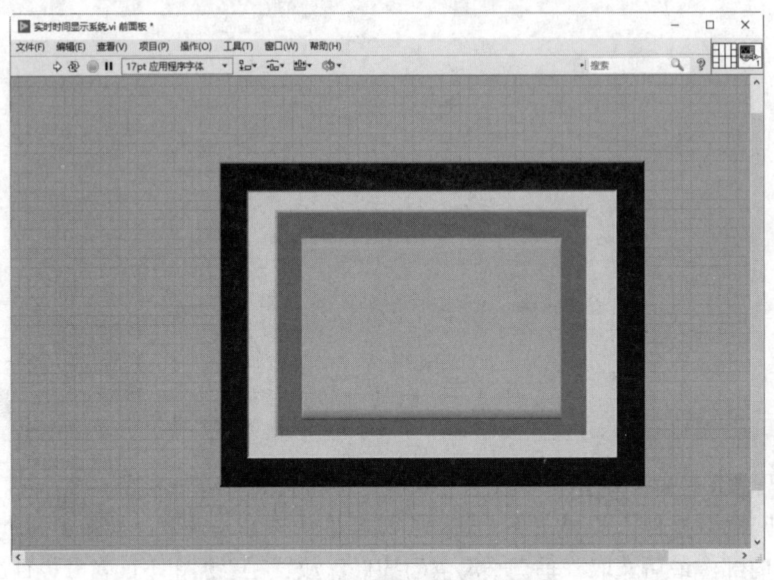

图 2-35　设置颜色后的程序前面板

（5）切换到程序框图，右击，打开“函数”选板，展开“编程”→“定时”子选板，如图 2-36 所示。

（6）选取“获取日期/时间（秒）”节点，并放置在程序面板的适当位置，在“获取日期/时间（秒）”节点的数据输出端口右击，从弹出的快捷菜单中选取“创建”→“显示控件”命令，并将创建的显示控件的标签更名为“当前时间”。

（7）从“函数”选板的“结构”子选板中选择“While 循环”，并将当前程序框图面板中的所有对象置于其中，右击“循环条件”，从弹出的快捷菜单中选择“创建输入控件”命令，创建“停止”按钮，如图 2-37 所示。

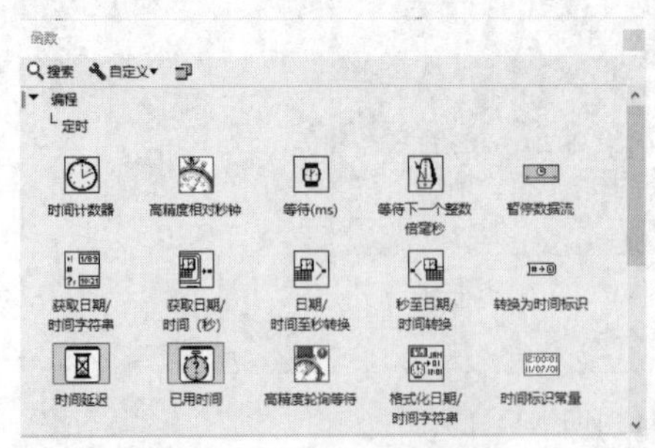

图 2-36　“定时”子选板

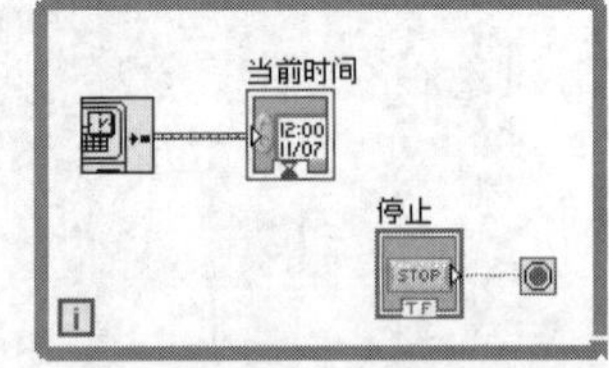

图 2-37　显示“当前时间”程序的程序框图

（8）切换到前面板，将显示控件及其标签文本移动到“垂直平滑盒”控件的中央，并将程序终止按钮“停止”的标签取消。将“当前时间”的文字字体设置为“宋体”，将字体颜色改为红色，最终效果如图 2-30 所示。

第 3 章　控件的选择与放置

内容简介

本章将介绍前面板中的控件，控件是前面板设计的基础。前面板中的控件本身也不是杂乱无章的，而是根据功能需要按照类型分门别类地放置，有一定的规律。只有熟练掌握控件的位置与属性，才能根据不同的系统需求，找到合适的控件来演示程序。

内容要点

- 前面板控件
- 控件样式
- 控件分类
- .NET 与 ActiveX 控件
- 综合演练——数值控件的使用

案例效果

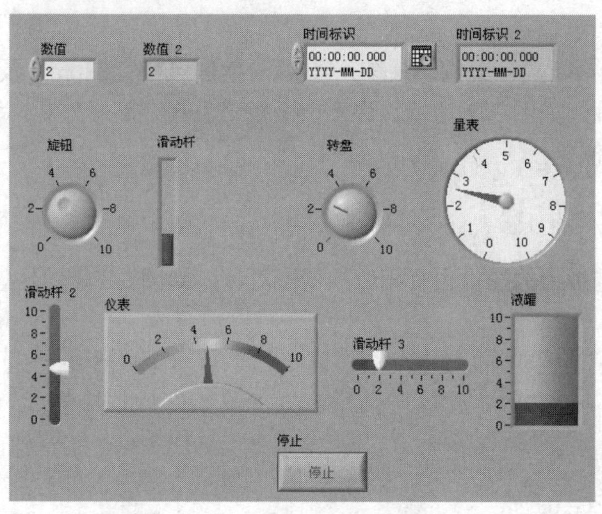

3.1　前面板控件

前面板是 VI 的用户界面，如图 3-1 所示。

前面板由输入控件和显示控件组成，这些控件是 VI 的输入/输出端口。输入控件是指旋钮、按钮、转盘等输入装置；显示控件是指图表、指示灯等显示装置。输入控件模拟仪器的输入装置，为 VI 的程序框图提供数据；显示控件模拟仪器的输出装置，用以显示程序框图获取或生成的数据。

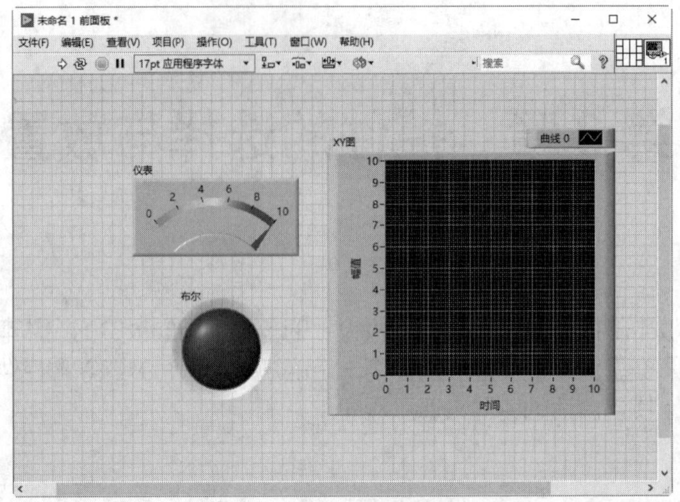

图 3-1　VI 的前面板

3.2　控件样式

控件放置在“控件”选板中，只有打开前面板时才能调用该选板，该选板用来给前面板设置各种所需的输出显示对象和输入控制对象。

3.2.1　控件类型

LabVIEW 2020 中包括新式、银色、系统、经典、NXG 风格、Express 及 .NET 与 ActiveX 等固定控件，还包括自定义控件，如图 3-2 所示。许多前面板对象具有高彩外观。为了获取对象的最佳外观，显示器最低应设置为 16 位色。

1. 新式控件

位于“新式”控件选板上的控件也有相应的低彩对象，如图 3-3 所示。

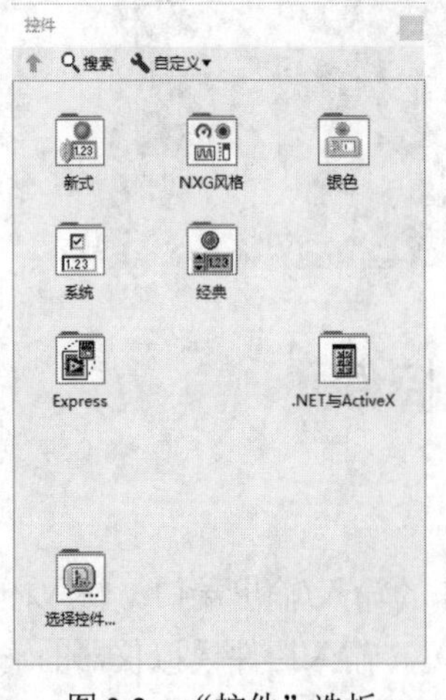

图 3-2　“控件”选板

图 3-3　“新式”控件选板

2．NXG 风格控件

NXG 风格控件包含编程常用的大部分控件，是 LabVIEW 2020 版新增的新型控件，如图 3-4 所示。

3．经典控件

“经典”控件选板上的控件适用于创建在 256 色和 16 色显示器上显示的 VI，如图 3-5 所示。

4．银色控件

“银色”控件选板上的控件外观更为精致，界面更为美观，如图 3-6 所示。

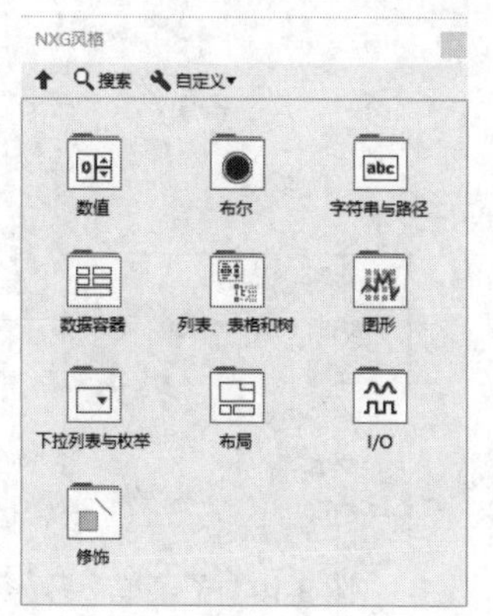

图 3-4　“NXG 风格”控件选板

图 3-5　“经典”控件选板

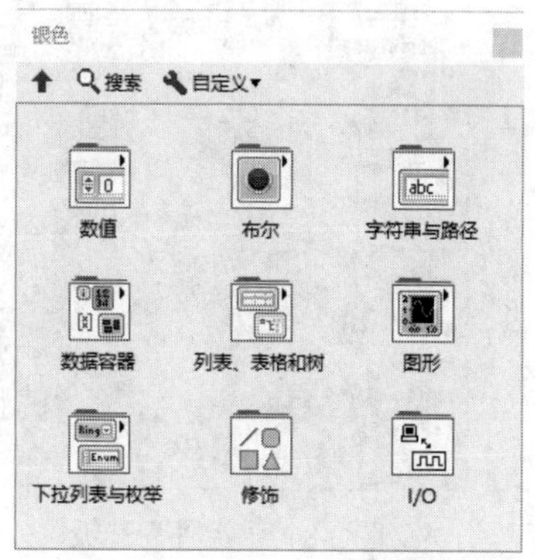

图 3-6　“银色”控件选板

5．系统控件

位于“系统”控件选板上的系统控件可用在用户创建的对话框中。系统控件专为在对话框中使用而特别设计，包括下拉列表与枚举控件、数值滑动杆、进度条、滚动条、列表框、表格、字符串和路径控件、选项卡控件、树形控件、按钮、复选框、单选按钮和自动匹配父对象背景色的不透明标签。这些控件仅在外观上与前面板控件不同，颜色与系统设置的颜色一致，如图 3-7 所示。

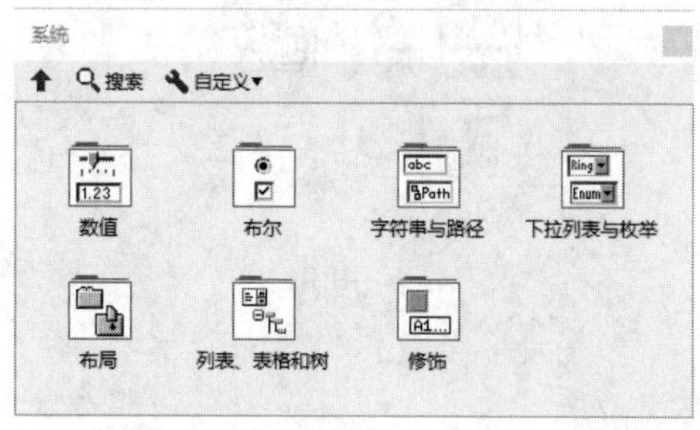

图 3-7　“系统”控件选板

系统控件的外观取决于 VI 运行的平台，因此在 VI 中创建的控件外观应与所有 LabVIEW 平台兼容。在不同的平台上运行 VI 时，系统控件将改变其颜色和外观，与该平台的标准对话框控件相匹配。

3.2.2　控件显示样式

“控件”选板如图 3-8 所示。

单击 按钮，控件变为固定样式，如图 3-9 所示。

选择“自定义”选板下“查看本选板”命令，弹出如图3-10所示的子菜单，默认状态下显示“类别（图标和文本）”，在图 3-11 中分别显示了其余选板样式。

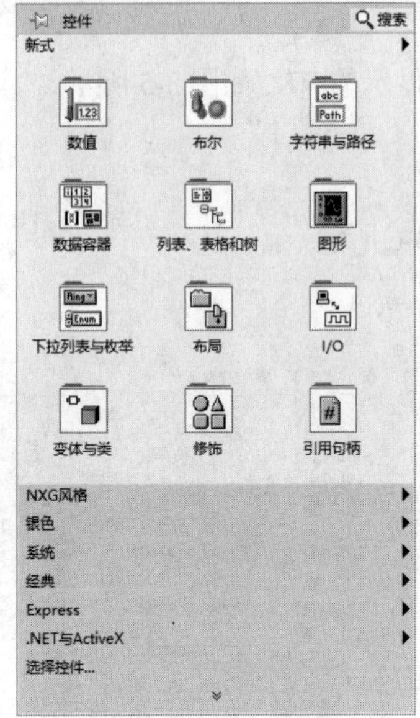

图 3-8 “控件”选板

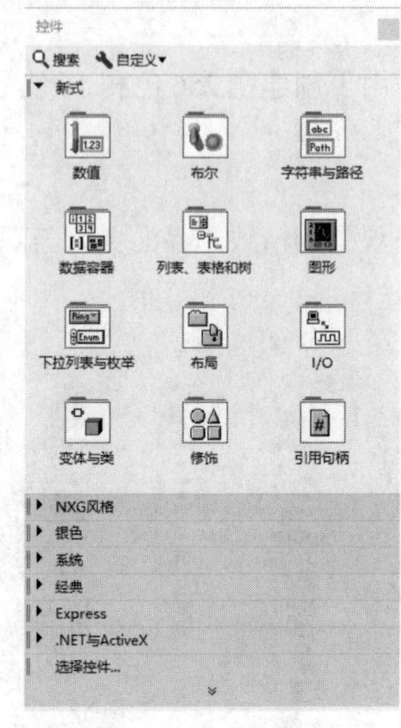

图 3-9 固定“控件”选板

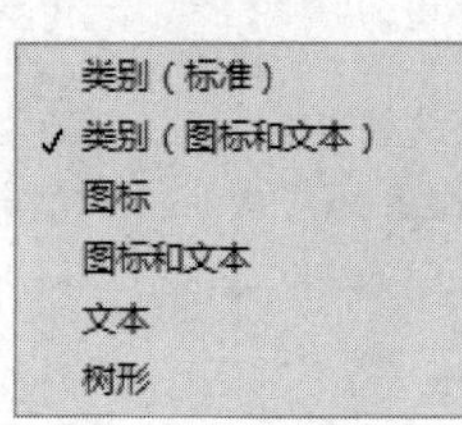

图 3-10 子菜单

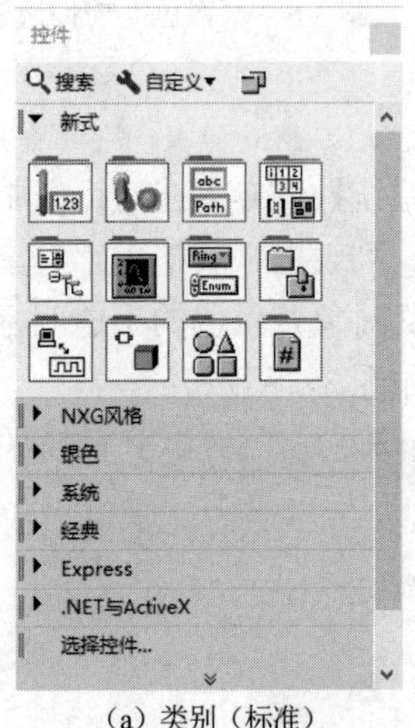

（a）类别（标准）

（b）图标

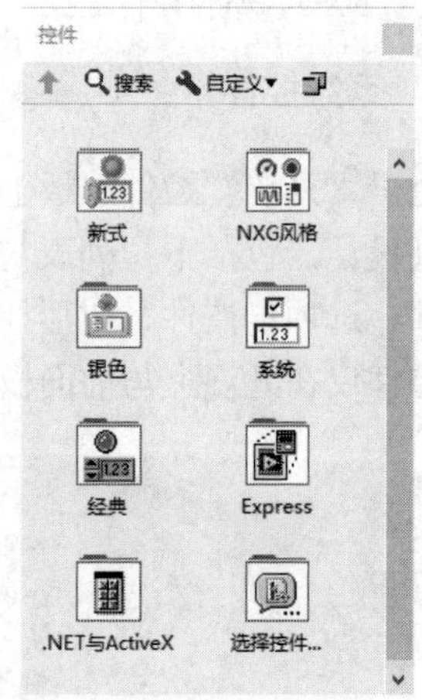

（c）图标和文本

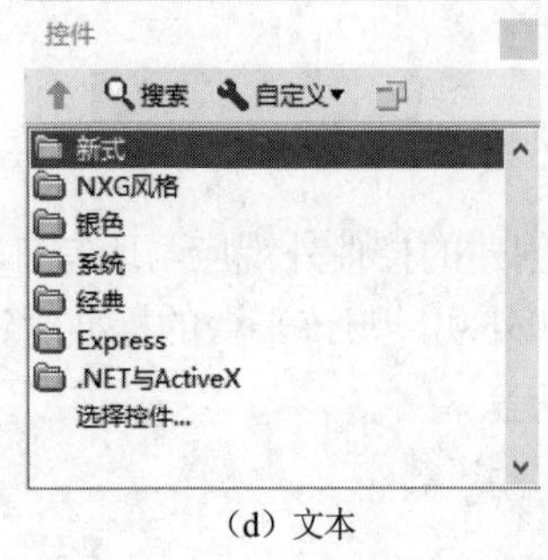

（d）文本

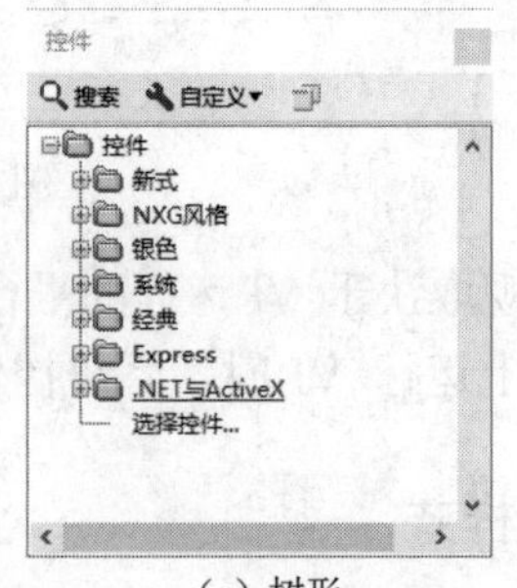

（e）树形

图 3-11 控件显示样式

3.3 控件分类

“控件”选板中的每个图标代表一类子选板。如果“控件”选板没有显示，可以选择菜单栏中的“查看”→“控件选板”命令打开，也可以在前面板的空白处右击，即弹出“控件”选板。该选板中包括一些子选板，本节介绍子选板中包括的对象。

3.3.1 数值型控件

位于新式、经典、银色、系统和 NXG 风格选板上的数值对象可用于创建滑动杆、滚动条、旋钮、转盘和数值显示框。其中，“经典”选板上还有颜色盒和颜色梯度，用于设置颜色值；其余选板上还有时间标识（用于设置时间和日期值）、数值对象（用于输入和显示数值）。LabVIEW 2020 简体中文版的新式、经典、银色、系统及 NXG 风格的“数值”控件选板如图 3-12 所示。

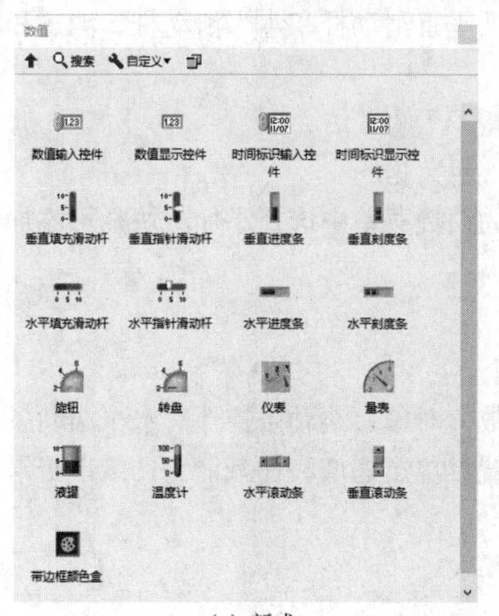

（a）新式

（b）经典

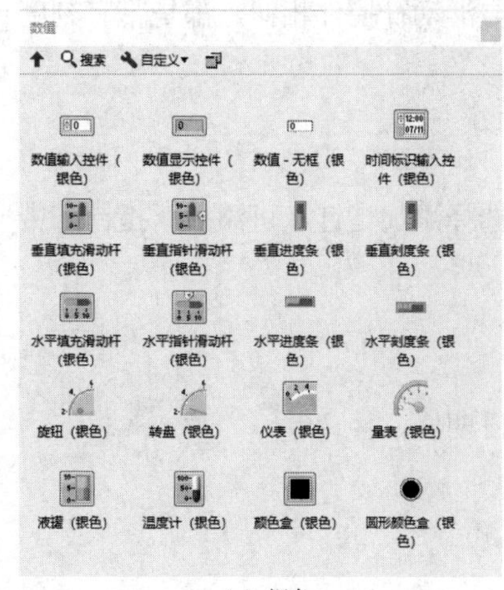

（c）银色

（d）系统

（e）NXG 风格

图 3-12 “数值”控件选板

1. 数值控件

数值控件是输入和显示数值型数据的最简单方式。这些前面板对象可在水平方向上调整大小，以显示更多位数。可使用下列方法改变数值控件的值。

（1）使用操作工具或标签工具单击数字显示框，然后通过键盘输入数字。

（2）使用操作工具单击数值控件的递增或递减箭头。

（3）使用操作工具或标签工具将光标放置于需要改变的数字右边，然后在键盘上按向上或向下箭头键。

（4）默认状态下，LabVIEW 的数字显示和存储与计算器类似。数值控件一般最多显示 6 位数字，超过 6 位自动转换为以科学计数法表示。右击数值对象并从快捷菜单中选择“格式与精度”命令，打开“数值属性”对话框的“格式与精度”选项卡，从中配置 LabVIEW，再切换到科学计数法之前所显示的数字位数。

2. 滑动杆控件

滑动杆控件是带有刻度的数值对象。滑动杆控件包括垂直滑动杆和水平滑动杆、液罐和温度计。可使用下列方法改变滑动杆控件的值。

（1）使用操作工具单击或拖曳滑块至一个新的位置。

（2）与数值控件中的操作类似，在数字显示框中输入新数据。

滑动杆控件可以显示多个值。右击该对象，从弹出的快捷菜单中选择添加滑块，可添加更多滑块。带有多个滑块的控件的数据类型为包含各个数值的簇。

3. 滚动条控件

与滑动杆控件相似，滚动条控件是用于滚动数据的数值对象。滚动条控件有水平滚动条和垂直滚动条两种。使用操作工具单击或拖曳滑块至一个新的位置，单击递增和递减箭头，或单击滑块和箭头之间的控件都可以改变滚动条的值。

4. 旋转型控件

旋转型控件包括旋钮、转盘、量表和仪表。旋转型对象的操作与滑动杆控件相似，都是带有刻度的数值对象。可使用下列方法改变旋转型控件的值。

（1）使用操作工具单击或拖曳指针至一个新的位置。

（2）与数值控件中的操作类似，在数字显示框中输入新数据。

旋转型控件可显示多个值。右击该对象，从弹出的快捷菜单中选择添加指针，可添加新指针。带有多个指针的控件的数据类型为包含各个数值的簇。

5. 时间标识控件

时间标识控件用于向程序框图发送或从程序框图中获取时间和日期值。

扫一扫，看视频

动手学——显示当前时间

源文件：源文件\第 3 章\显示当前时间.vi

演示改变时间标识控件值的方法，结果如图 3-13 所示。

【操作步骤】

（1）新建一个 VI。选择菜单栏中的“文件”→“新建 VI”命令，弹出新建 VI 窗口。

（2）保存 VI。选择菜单栏中的“文件”→“保存”命令，然后在弹出的“命名 VI”对话框中选择适当的路径，输入文件名“显示当前时间”，保存该 VI。

（3）在“控件”选板中选择“新式”→“数值”→“时间标识输入控件”命令，将其放置到前面板中，如图 3-14 所示。

（4）单击“时间/日期浏览”按钮，打开“设置时间和日期”对话框，如图 3-15 所示。单击“设置为当前时间”按钮，控件显示当前时间，如图 3-13 所示。

图 3-13　显示当前时间

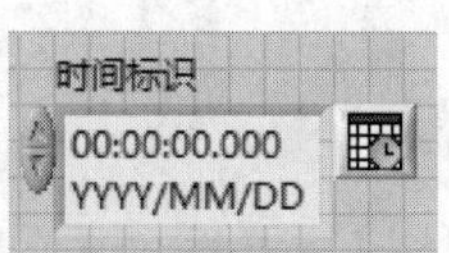

图 3-14　时间标识控件

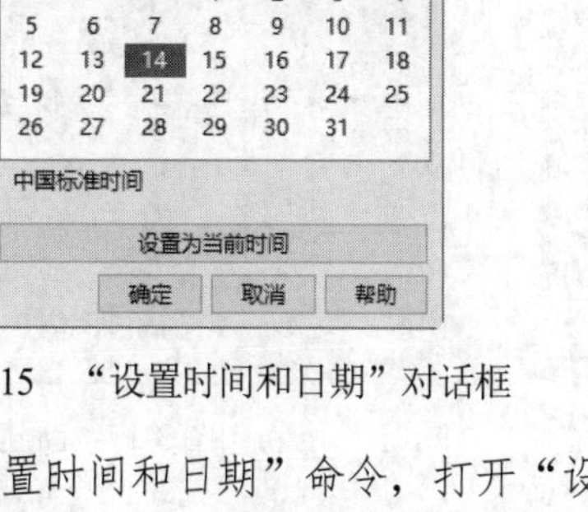

图 3-15　“设置时间和日期”对话框

（5）右击该控件，从弹出的快捷菜单中选择“数据操作”→“设置时间和日期”命令，打开“设置时间和日期”对话框。

（6）右击该控件，从弹出的快捷菜单中选择“数据操作”→“设置为当前时间”命令，显示当前时间。

动手学——测量温度和容积

扫一扫，看视频

源文件：源文件\第 3 章\测量温度和容积.vi

本实例绘制如图 3-16 所示的前面板，用于测量温度和容积。

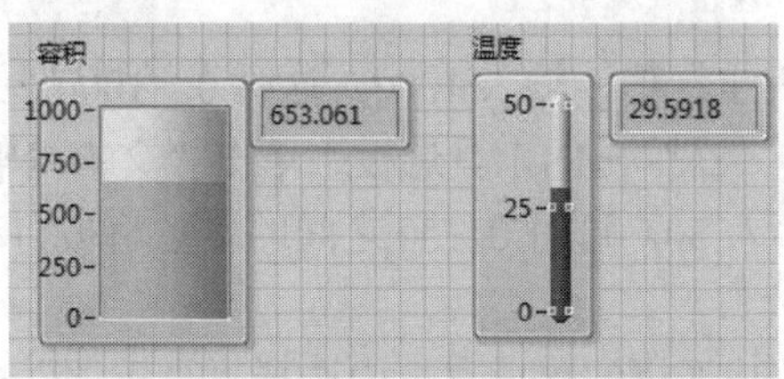

图 3-16　显示测量数据

【操作步骤】

（1）新建一个 VI。选择菜单栏中的“文件”→“新建 VI”命令，弹出如图 3-17 所示的 VI 窗口。

（2）保存 VI。选择菜单栏中的“文件”→“保存”命令，在弹出的“命名 VI”对话框中选择适当的路径，输入文件名“测量温度和容积”，保存该 VI。

（3）放置控件。

① 打开程序的前面板，右击，弹出“控件”选板，固定“控件”选板，并打开“银色”→“数值”子选板，如图 3-18 所示。

② 选择“液罐（银色）”和“温度计（银色）”控件，放置到前面板，如图 3-19 所示。

③ 在“液罐”标签文本框中双击，输入“容积”；在“温度计”标签文本框中双击，输入“温度”，结果如图 3-20 所示。

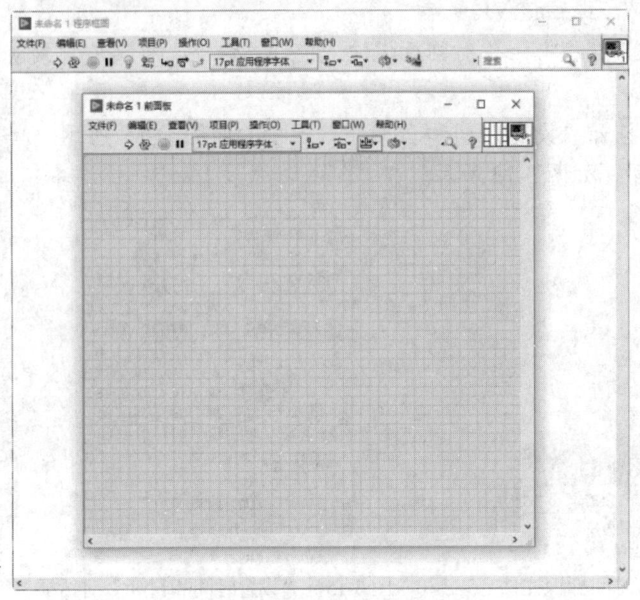

图 3-17　新建 VI 窗口

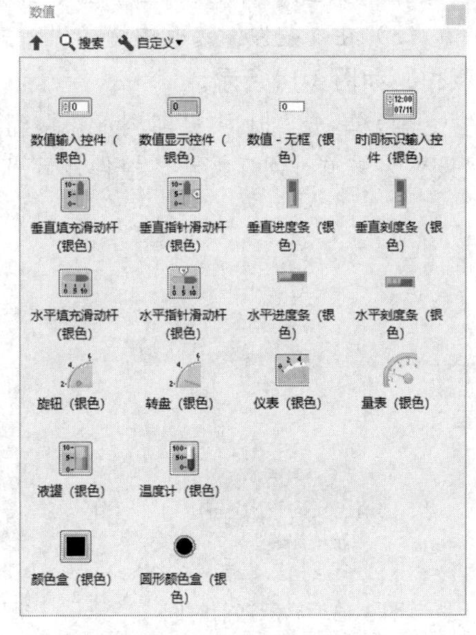

图 3-18　“数值”子选板

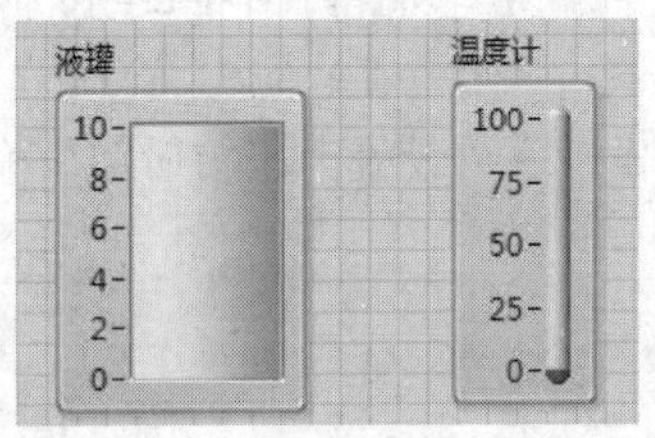

图 3-19　放置控件

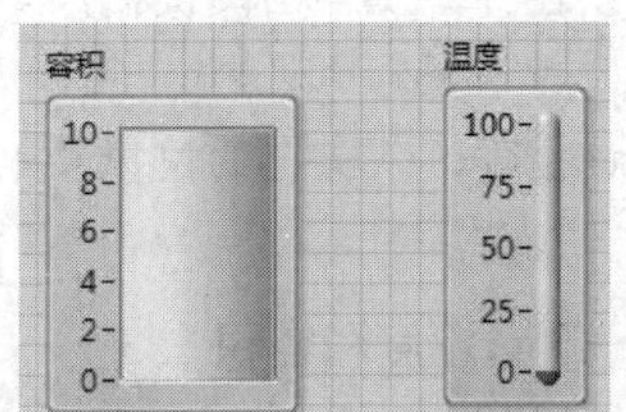

图 3-20　修改控件名称

（4）设置容器显示范围。

① 选中“容积”控件的最大坐标值，输入 1000，这时 0～1000 之间的增量将被自动显示。

② 按住 Shift 键的同时右击，在弹出的工具选板中单击“文本编辑”按钮 A，双击容器坐标的标度，使它高亮显示。在坐标中输入 50，这时 0～50 之间的增量将被自动显示，结果如图 3-21 所示。

（5）在容器旁配数据显示。

将光标移到容器上，右击，从弹出的快捷菜单中选择“显示项”→“数字显示”命令，在“容积”控件右侧添加数值显示标签，如图 3-22 所示。

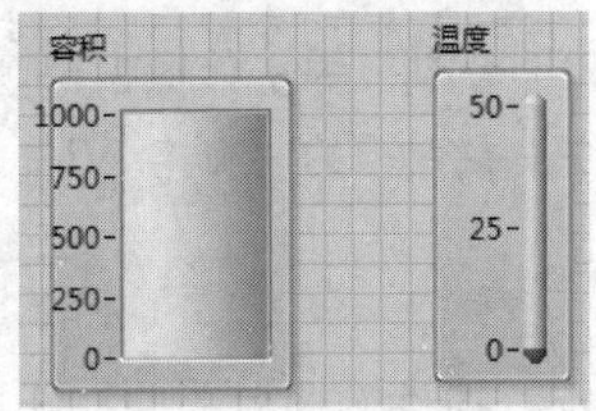

图 3-21　显示数值范围

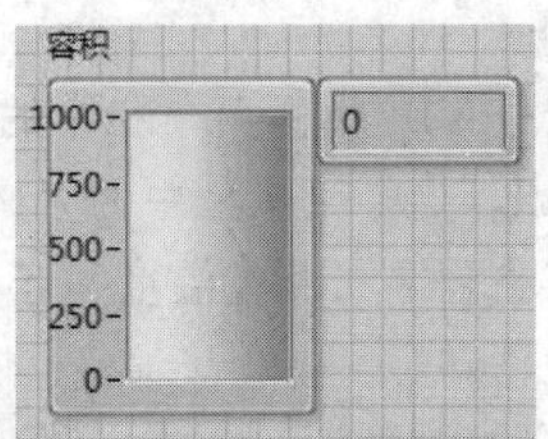

图 3-22　添加数值显示标签

（6）按同样的方法为温度控件添加数值显示标签。利用鼠标在两控件上单击，确定任意初始值，在数值标签上显示对应的值，结果如图 3-16 所示。

3.3.2 布尔型控件和单选按钮

位于新式、经典、银色、系统和 NXG 风格选板上的布尔控件可用于创建按钮、开关和指示灯。LabVIEW 2020 简体中文版的新式、经典、银色、系统及 NXG 风格的“布尔”控件选板如图 3-23 所示。布尔控件用于输入并显示布尔值（TRUE/FALSE）。例如，监控一个实验的温度时，可在前面板上放置一个布尔指示灯，当温度超过一定水平时，即发出警告。

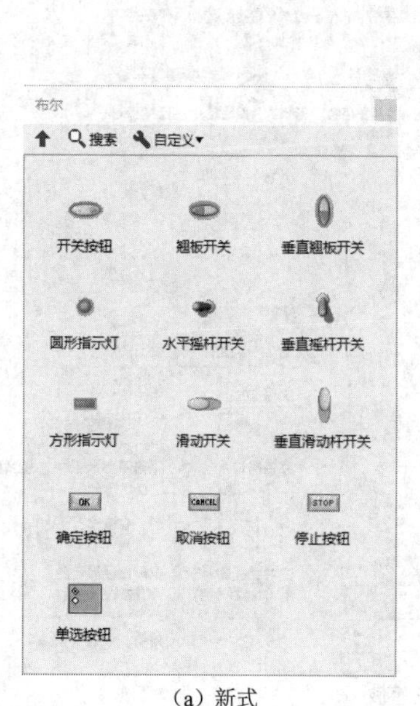

（a）新式

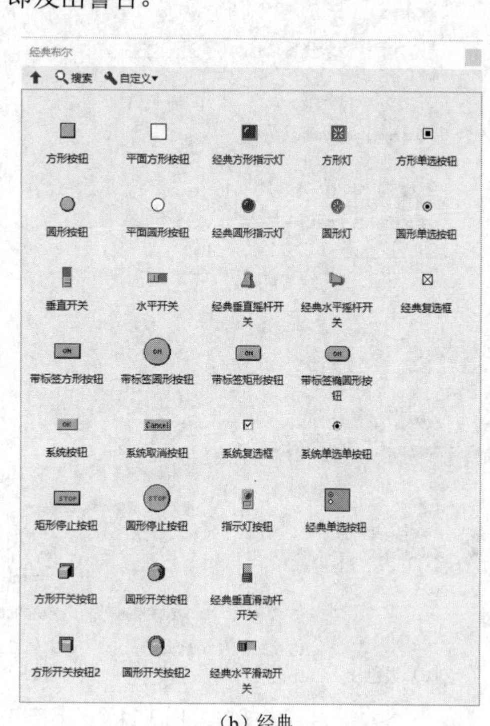

（b）经典

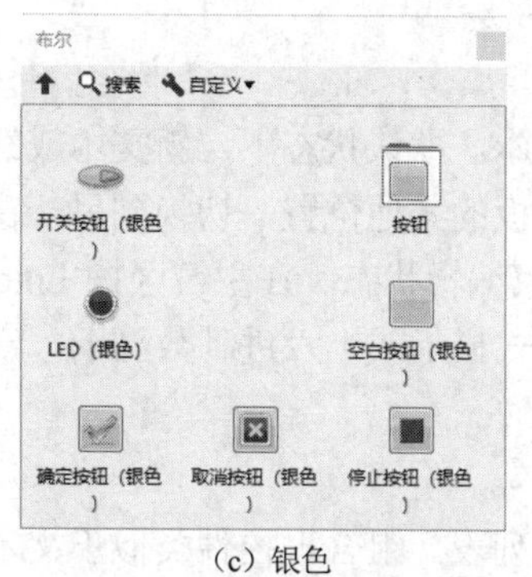

（c）银色

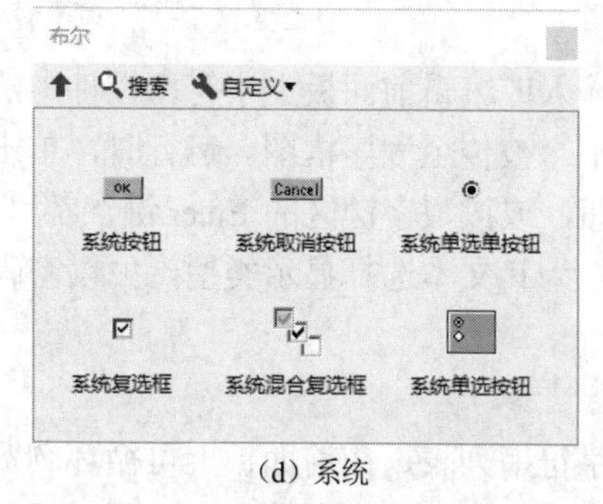

（d）系统

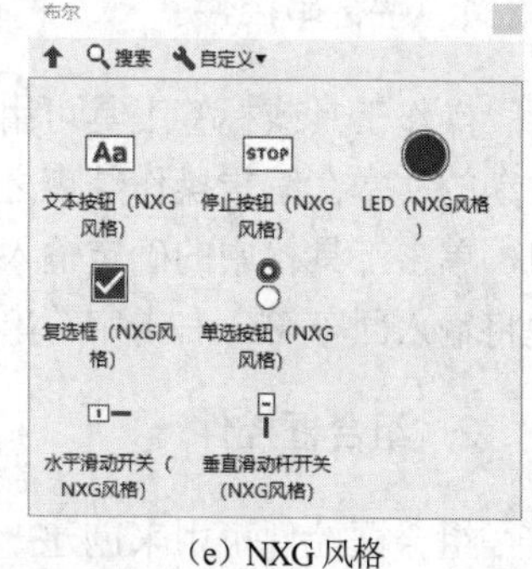

（e）NXG 风格

图 3-23 “布尔”控件选板

布尔控件有 6 种机械动作。自定义布尔对象，可创建运行方式与现实仪器类似的前面板。快捷菜单可用来自定义布尔对象的外观，以及单击这些对象时它们的运行方式。

单选按钮控件向用户提供一个列表，每次只能从中选择一项。如允许不选任何项，右击该控件，然后在快捷菜单中选择允许不选，该项旁边将出现一个勾选标志。单选按钮控件为枚举型，所以可用单选按钮控件选择条件结构中的条件分支。

3.3.3 字符串与路径控件

位于新式、经典、银色、系统和 NXG 风格选板上的字符串和路径控件可用于创建文本输入框和标签、输入或返回文件或目录的地址。LabVIEW 2020 简体中文版的新式、经典、银色、系统及 NXG 风格的“字符串与路径”控件选板如图 3-24 所示。

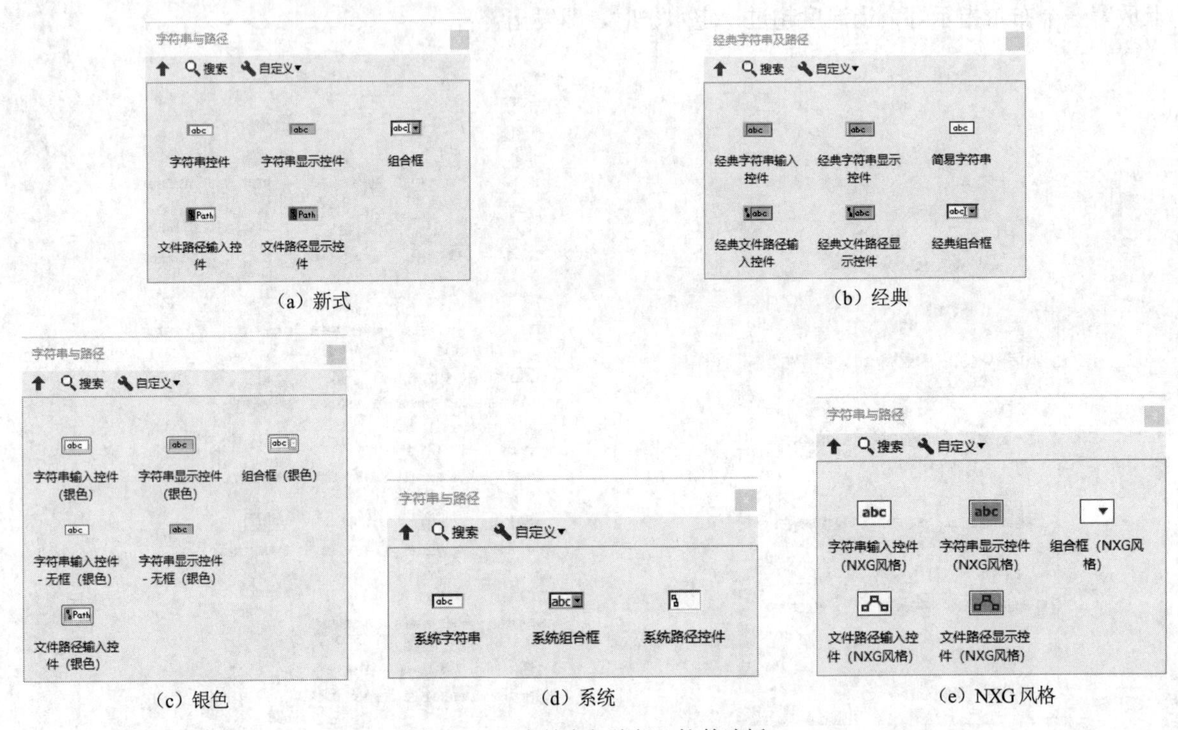

（a）新式　（b）经典　（c）银色　（d）系统　（e）NXG 风格

图 3-24 “字符串与路径”控件选板

1. 字符串控件

操作工具或标签工具可用于输入或编辑前面板上字符串控件中的文本。默认状态下，新文本或经改动的文本在编辑操作结束之前不会被传至程序框图。运行时，单击面板的其他位置，切换到另一窗口，单击工具栏中的确定输入按钮，或按数字键区的 Enter 键，都可结束编辑状态。在主键区按 Enter 键将输入回车符。右击字符串控件为其文本选择显示类型，如以密码形式显示或十六进制数显示。

2. 组合框控件

组合框控件可用来创建一个字符串列表，在前面板上可循环浏览该列表。组合框控件类似于文本型或菜单型下拉列表控件。但是，组合框控件是字符串型数据，而下拉列表控件是数值型数据。

3. 路径控件

路径控件用于输入或返回文件或目录的地址（Windows 和 Mac OS）。如允许运行时拖放，则可从 Windows 浏览器中拖曳一个路径、文件夹或文件放置在路径控件中。

路径控件与字符串控件的工作原理类似，但 LabVIEW 会根据用户使用操作平台的标准句法将路径按一定格式处理。

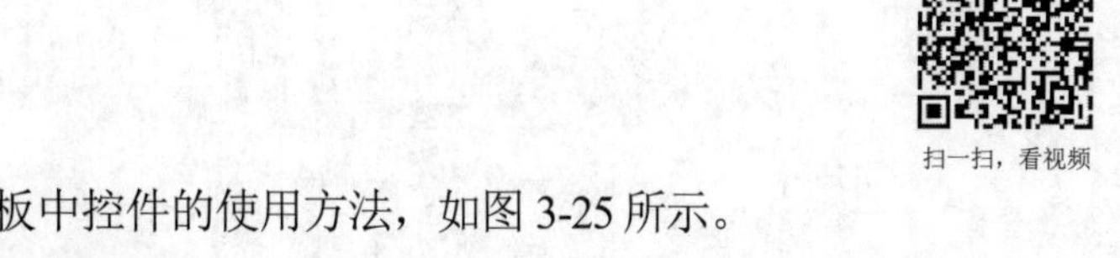

动手学——银色选板的使用

源文件：源文件\ 第 3 章\ 银色选板的使用.vi

银色选板是 2012 版新增的功能，下面演示银色选板中控件的使用方法，如图 3-25 所示。

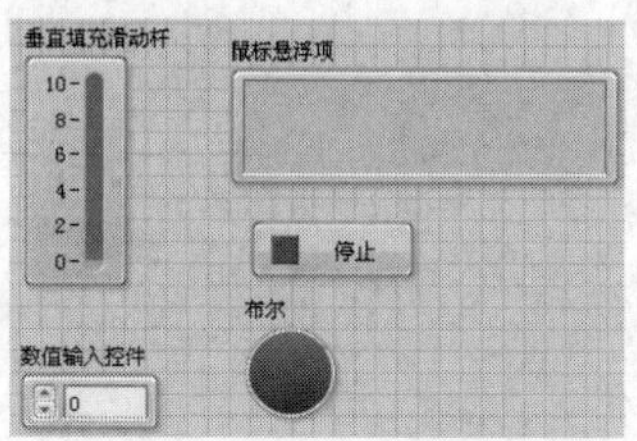

图 3-25　前面板控件

【操作步骤】

（1）新建 VI。选择菜单栏中的“文件”→“新建 VI”命令，弹出如图 3-26 所示的 VI 窗口。

（2）保存 VI。选择菜单栏中的“文件”→“保存”命令，然后在弹出的“命名 VI”对话框中选择适当的路径，输入文件名“银色选板的使用”，保存该 VI。

（3）打开程序的前面板，从“银色”子选板中选择控件，放置控件结果如图 3-27 所示。

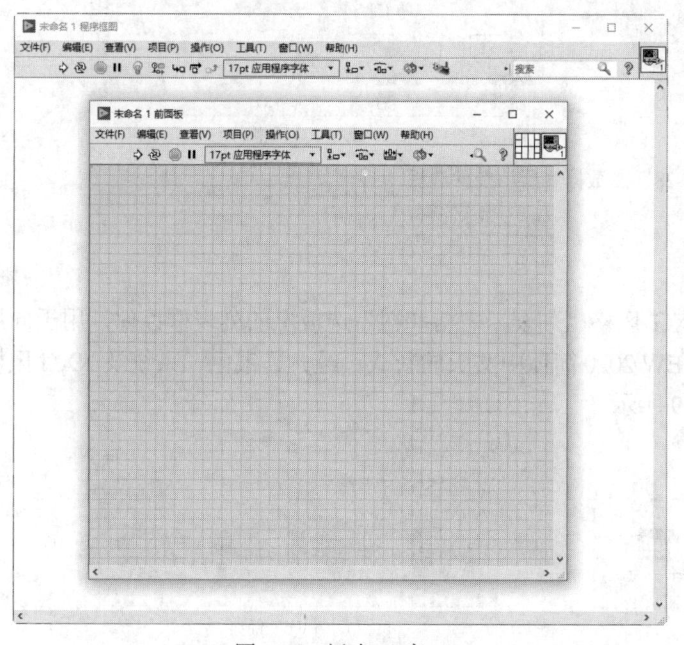

图 3-26　新建 VI 窗口

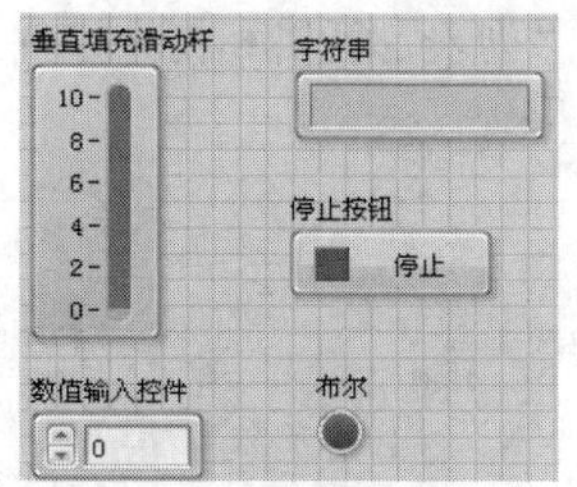

图 3-27　放置控件结果

（4）直接双击控件文本标签，修改控件名称与属性，结果如图 3-25 所示。

3.3.4　数组、矩阵和簇控件

位于新式、经典、银色和 NXG 风格数据容器选板上的数组、矩阵和簇控件可用来创建数组、矩阵和簇。数组是同一类型数据元素的集合。簇将不同类型的数据元素归为一组。矩阵是若干行列实数或复数数据的集合，用于线性代数等数学操作。LabVIEW 2020 的新式、经典、银色及 NXG 风格的“数据容器”控件选板如图 3-28 所示。

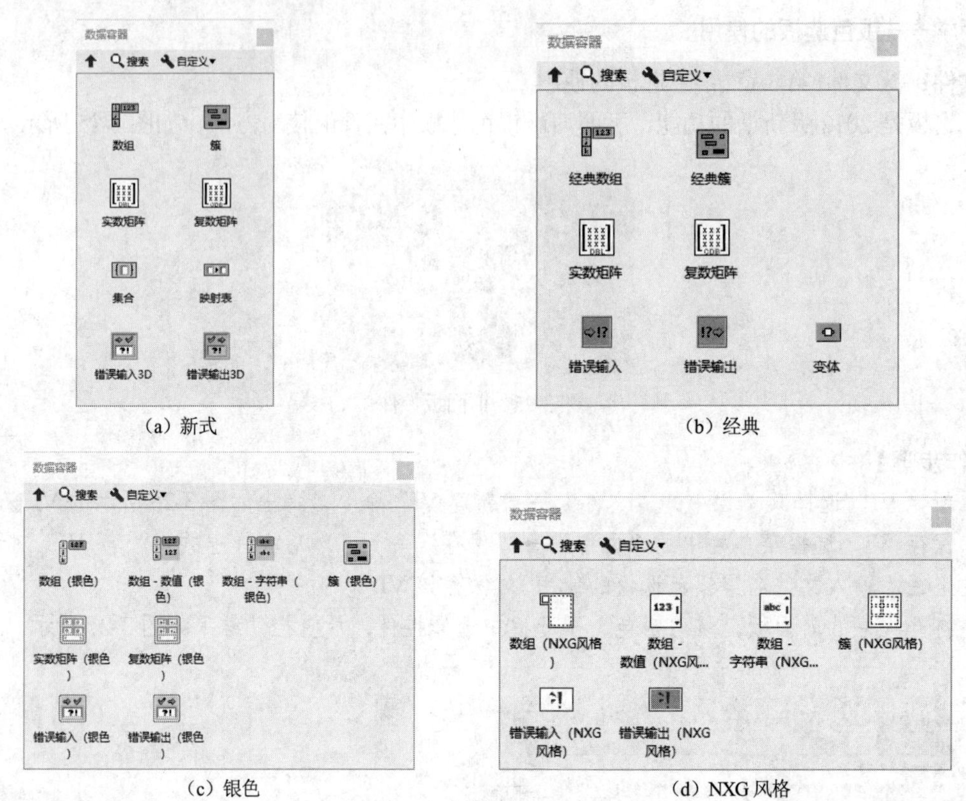

（a）新式　（b）经典　（c）银色　（d）NXG 风格

图 3-28　“数据容器”控件选板

3.3.5　列表框、表格和树形控件

位于新式、经典、银色、系统和 NXG 风格“列表、表格和树”选板上的列表框控件，用于向用户提供一个可供选择的选项列表。LabVIEW 2020 简体中文版的新式、经典、银色、系统及 NXG 风格的“列表、表格和树”控件选板如图 3-29 所示。

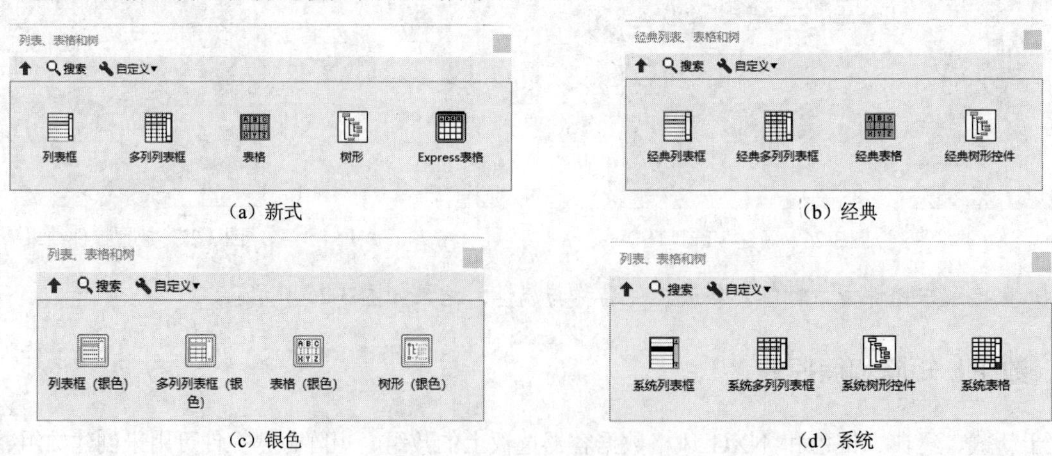

（a）新式　（b）经典　（c）银色　（d）系统

图 3-29　“列表、表格和树”控件选板

（e）NXG 风格

图 3-29　（续）

1. 列表框控件

列表框控件可配置为单选或多选。多选列表可显示更多条信息，如大小和创建日期等。

2. 树形控件

树形控件用于向用户提供一个可供选择的层次化列表。用户将输入树形控件的项组织为若干组项或若干组节点。单击节点旁边的展开符号可展开节点，显示节点中的所有项。单击节点旁边的符号还可折叠节点。

注意：

只有在 LabVIEW 完整版和专业版开发系统中才可创建和编辑树形控件。所有 LabVIEW 软件包均可运行含有树形控件的 VI，但不能在基础软件包中配置树形控件。

3. 表格控件

表格控件可用于在前面板上创建表格。

3.3.6 图形和图表

位于新式、经典、银色和 NXG 风格图形选板上的图形控件可用于以图形和图表的形式绘制数值数据。LabVIEW 2020 简体中文版的新式、经典、银色及 NXG 风格的“图形”控件选板如图 3-30 所示。

（a）新式

（b）经典

图 3-30　“图形”控件选板

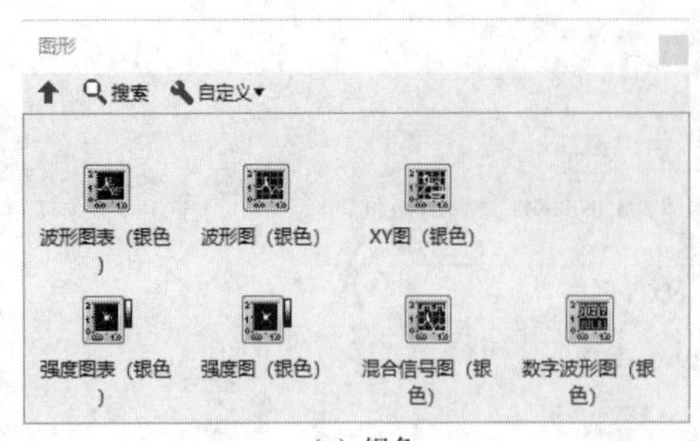

（c）银色

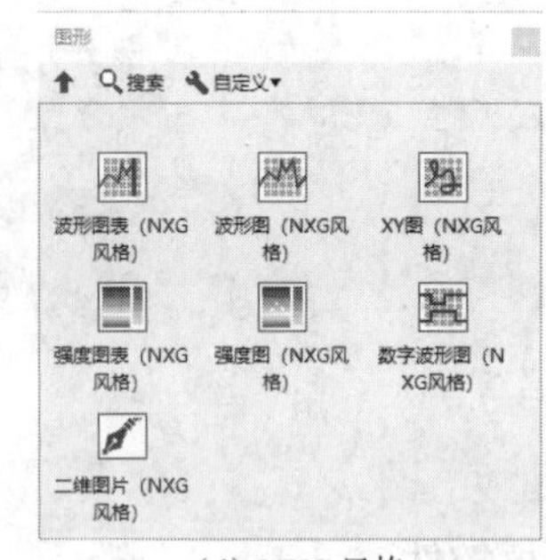

（d）NXG 风格

图 3-30 （续）

扫一扫，看视频

动手学——数字 FIR 滤波器前面板设计

源文件：源文件\第 3 章\数字 FIR 滤波器前面板设计.vi

输出信号通过数字 FIR 滤波器 VI 进行滤波，绘制如图 3-31 所示的前面板。

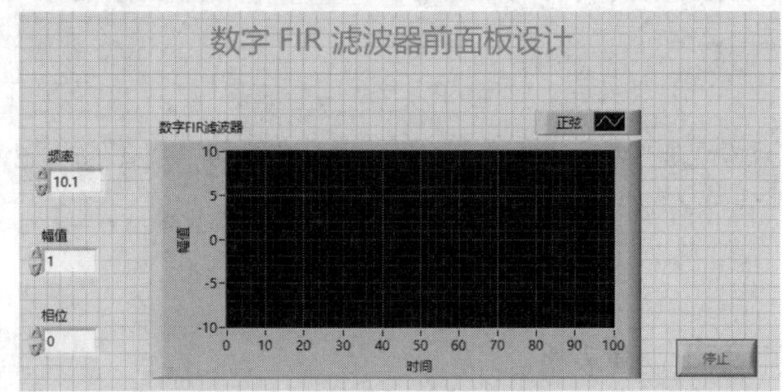

图 3-31 前面板控件

【操作步骤】

（1）新建一个 VI。打开程序的前面板，打开“新式”子选板，如图 3-32 所示。

（2）选择“数值”子选板，放置 3 个“数值”输入控件。

（3）选择“布尔”子选板，放置 1 个“停止”按钮。

（4）选择“图形”子选板，放置 1 个“波形图”。

控件放置结果如图 3-33 所示。

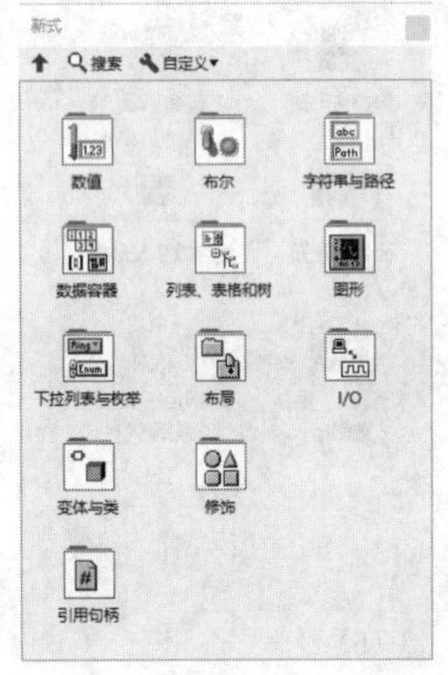

图 3-32 “新式”子选板

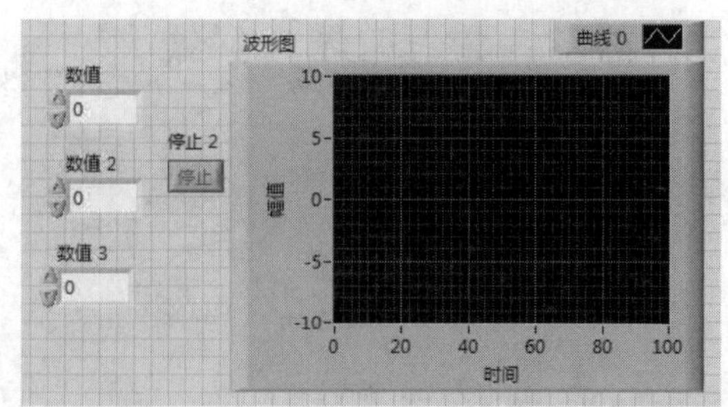

图 3-33 控件放置结果

（5）修改控件名称，利用文本工具输入“数字 FIR 滤波器前面板设计”（图 3-31）。在工具栏的“应用程序字体”下拉列表中选择“大小”为 36，按照图示选择颜色。

3.3.7 下拉列表和枚举控件

位于新式、经典、银色、系统和 NXG 风格的下拉列表与枚举选板上的下拉列表与枚举控件可用来创建可循环浏览的字符串列表。LabVIEW 2020 简体中文版的新式、经典、银色、系统及 NXG 风格的“下拉列表与枚举”控件选板如图 3-34 所示。

1. 下拉列表控件

下拉列表控件是将数值与字符串或图片建立关联的数值对象。下拉列表控件以下拉菜单的形式出现，用户可在循环浏览的过程中作出选择。下拉列表控件可用于选择互斥项，如触发模式。例如，用户可在下拉列表控件中从连续、单次和外部触发中选择一种模式。

2. 枚举控件

枚举控件用于向用户提供一个可供选择的项列表。枚举控件类似于文本或菜单下拉列表控件，但是，枚举控件的数据类型包括控件中所有项的数值和字符串标签的相关信息，下拉列表控件则为数值型控件。

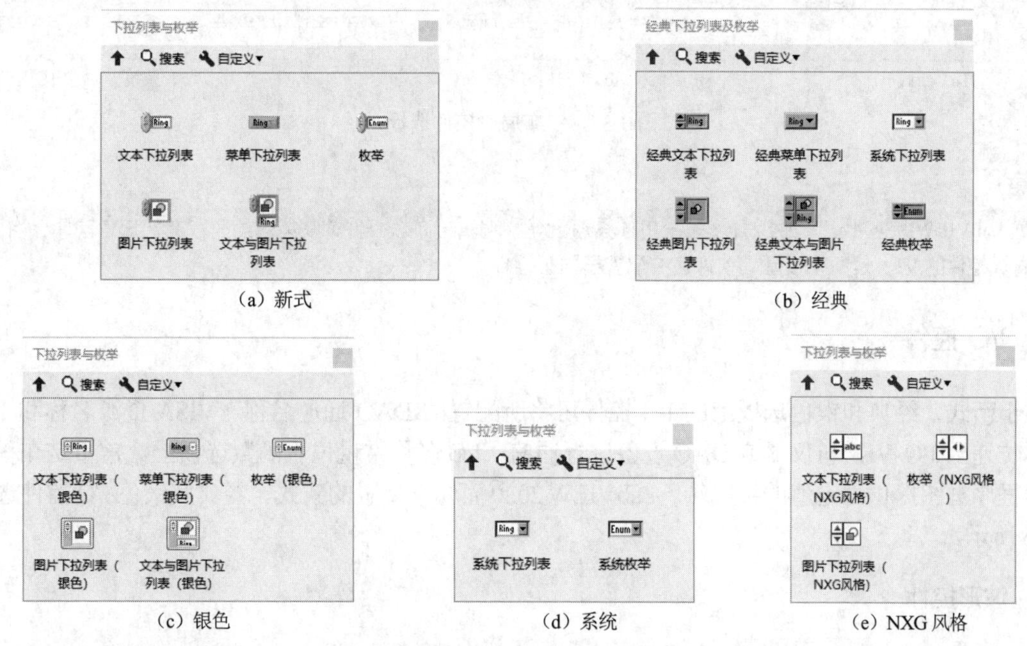

（a）新式　（b）经典　（c）银色　（d）系统　（e）NXG 风格

图 3-34 “下拉列表与枚举”控件选板

3.3.8 布局控件

位于新式、经典和系统布局选板上的布局控件可用于组合控件，或在当前 VI 的前面板上显示另一个 VI 的前面板。布局控件还可用于在前面板上显示.NET 和 ActiveX 对象。LabVIEW 2020 简体中文版的新式、经典及系统“布局”控件选板如图 3-35 所示。

1. 选项卡控件

选项卡控件用于将前面板的输入控件和显示控件重叠放置在一个较小的区域内。选项卡控件由选项卡和选项卡标签组成。可将前面板对象放置在选项卡控件的每一个选项卡中，并将选项卡标签作为显示不同页的选择器。可使用选项卡控件组合操作某一阶段需用到的前面板对象。例如，某 VI 在测试开始前可能要求用户先设置几个选项，然后在测试过程中允许用户修改测试的某些方面，最后允许用户显示和存储相关数据。在程序框图上，选项卡控件默认为枚举控件。选项卡控件中的控件接线端与程序框图上的其他控件接线端在外观上是一致的。

2. 子面板控件

子面板控件用于在当前 VI 的前面板上显示另一个 VI 的前面板。例如，子面板控件可用于设计一个类似向导的用户界面。在顶层 VI 的前面板上放置“上一步”和“下一步”按钮，并用子面板控件加载向导中每一步的前面板。

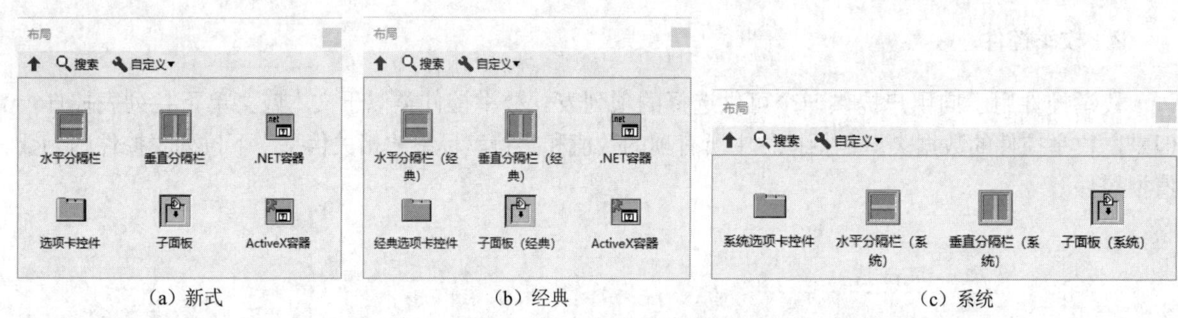

（a）新式　　（b）经典　　（c）系统

图 3-35　“布局”控件选板

注意：

只有 LabVIEW 完整版和专业版开发系统中才具有创建和编辑子面板控件的功能。所有 LabVIEW 软件包均可运行含有子面板控件的 VI，但不能在基础软件包中配置子面板控件。

3.3.9 I/O 控件

位于新式、经典和银色选板上的 I/O 控件可将所配置的 DAQ 通道名称、VISA 资源名称和 IVI 逻辑名称传递至 I/O VI，与仪器或 DAQ 设备进行通信。I/O 名称常量位于函数选板上。常量是在程序框图上向程序框图提供固定值的接线端。LabVIEW 2020 简体中文版的新式、经典及银色 I/O 控件选板如图 3-36 所示。

1. 波形控件

波形控件可用于对波形中的单个数据元素进行操作。波形数据类型包括波形的数据、起始时间和时间间隔（deltat）。

关于波形数据类型的详细信息请参见第 9 章。

2. 数字波形控件

数字波形控件可用于对数字波形中的单个数据元素进行操作。

（a）新式

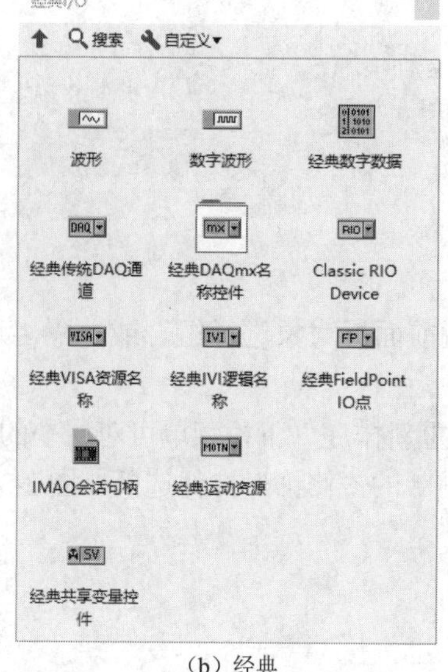

（b）经典

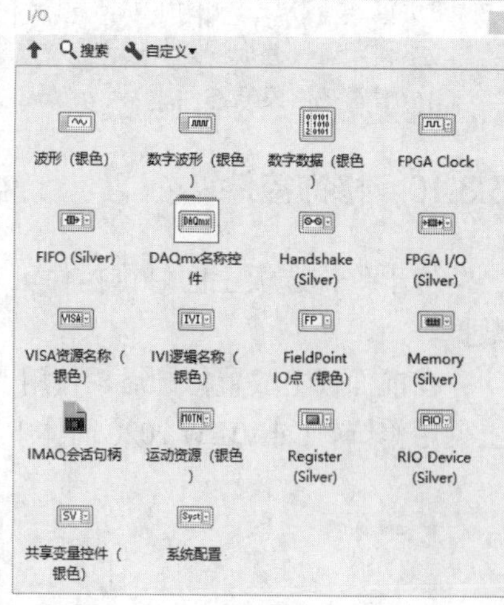

（c）银色

图 3-36　I/O 控件选板

3. 数字数据控件

数字数据控件显示行列排列的数字数据。数字数据控件可用于创建数字波形或显示从数字波形中提取的数字数据。将数字波形数据输入控件连接至数字数据显示控件，可查看数字波形的采样和信号。

动手练——设计数学运算系统前面板

扫一扫，看视频

源文件：源文件\第 3 章\设计数学运算系统前面板.vi

设计如图 3-37 所示的前面板。

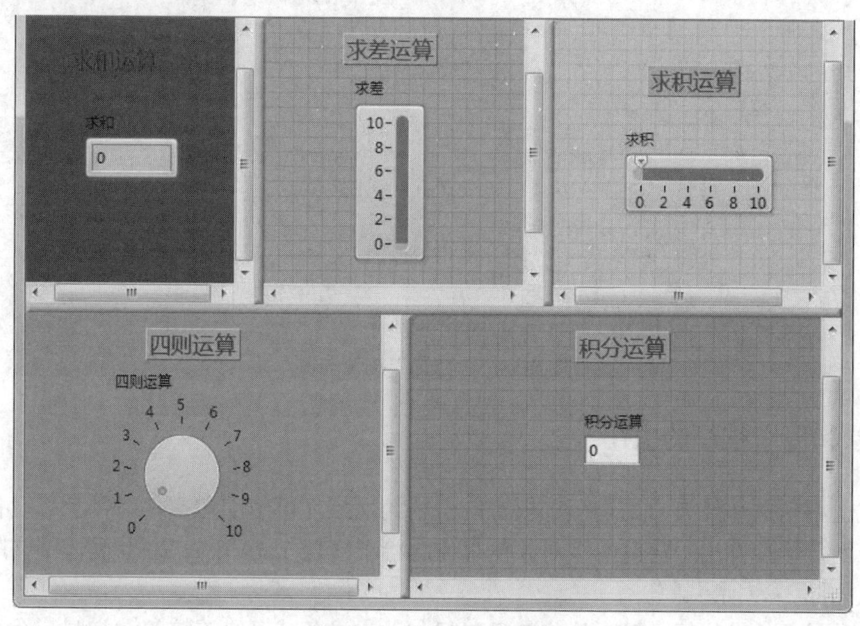

图 3-37　数学运算系统前面板

思路点拨

（1）选择“容器”中的分隔栏控件分隔前面板。
（2）使用工具选板设置背景色与文本注释。
（3）放置数值显示控件。

3.3.10 修饰控件

位于修饰选板上的修饰控件可对前面板对象进行组合或分隔。这些对象仅用于修饰，并不显示数据。

在前面板上放置修饰后，使用“重新排序”下拉菜单可对层叠的对象重新排序，也可在程序框图上使用修饰。LabVIEW 2020 简体中文版的“修饰”控件选板如图 3-38 所示。

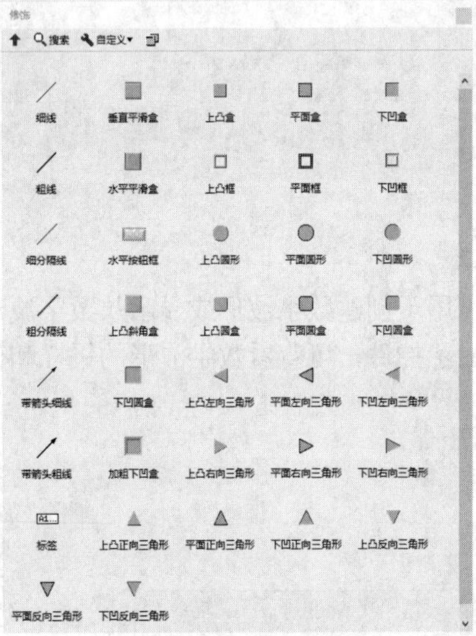

（a）新式

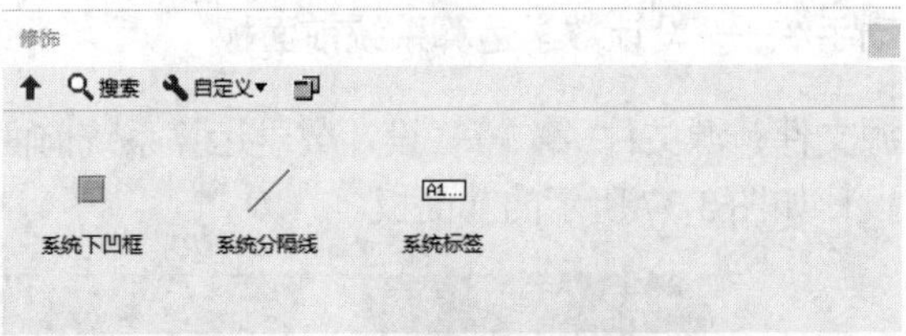

（b）系统

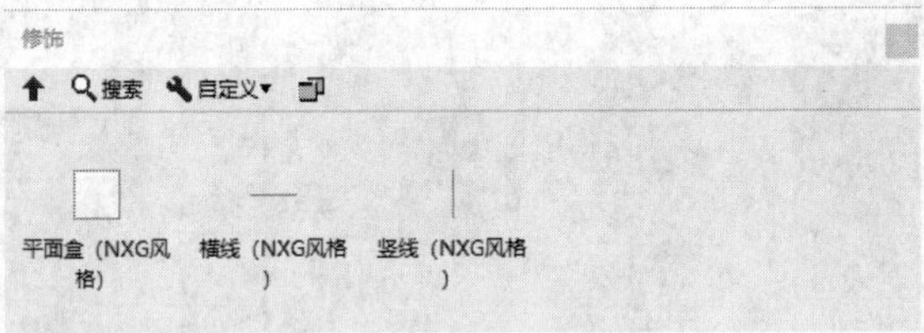

（c）NXG 风格

图 3-38 “修饰”控件选板

3.3.11 对象和应用程序的引用

位于新式引用句柄和经典引用句柄选板上的引用句柄控件可用于对文件、目录、设备和网络连接进行操作。引用句柄控件用于将前面板对象信息传送给子 VI。LabVIEW 2020 简体中文版的“引用句柄”控件选板如图 3-39 所示。

引用句柄是对象的唯一标识符，这些对象包括文件、设备或网络连接等。打开一个文件、设备或网络连接时，LabVIEW 会生成一个指向该文件、设备或网络连接的引用句柄。对打开的文件、设备或网络连接进行的所有操作均使用引用句柄来识别每个对象。引用句柄控件用于将一个引用句柄传进或传出 VI。例如，引用句柄控件可在不关闭或不重新打开文件的情况下修改其指向的文件内容。

由于引用句柄是一个打开对象的临时指针，因此它仅在对象打开期间有效，如关闭对象，LabVIEW 会将引用句柄与对象分开，引用句柄即失效。如果再次打开对象，LabVIEW 将创建一个与第一个引用句柄不同的新引用句柄。LabVIEW 将为引用句柄所指的对象分配内存空间。关闭引用句柄，该对象就会从内存中释放出来。

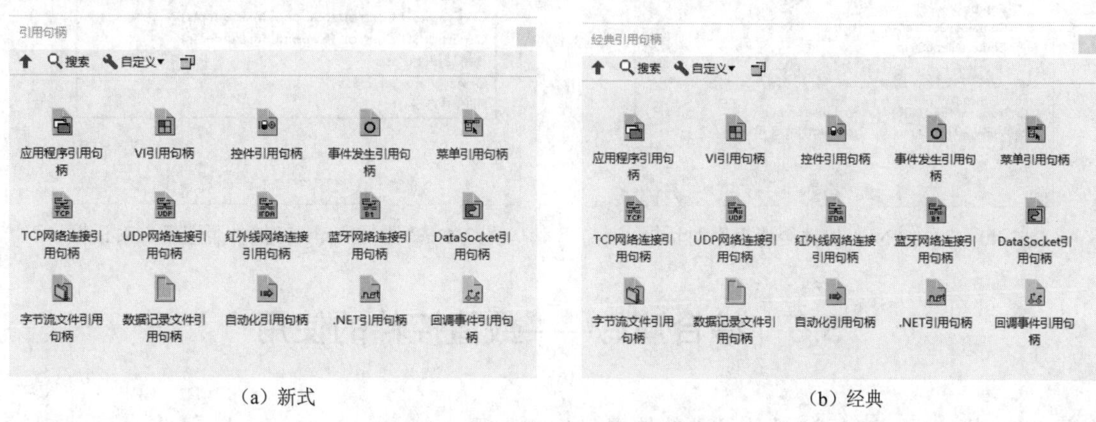

（a）新式　　（b）经典

图 3-39　“引用句柄”控件选板

由于 LabVIEW 可以记住每个引用句柄所指的信息，如读取或写入的对象的当前地址和用户访问情况，因此可以对单一对象执行并行但相互独立的操作。例如，一个 VI 多次打开同一个对象，那么每次的打开操作都将返回一个不同的引用句柄。VI 结束运行时 LabVIEW 会自动关闭引用句柄，但如果用户在结束使用引用句柄时就将其关闭，将可以最有效地利用内存空间和其他资源，这是一个良好的编程习惯。关闭引用句柄的顺序与打开时相反。例如，对象 A 获得了一个引用句柄，然后在对象 A 上调用方法以获得一个指向对象 B 的引用句柄，在关闭时应先关闭对象 B 的引用句柄，然后再关闭对象 A 的引用句柄。

3.4　.NET 与 ActiveX 控件

位于.NET 与 ActiveX 选板上的.NET 和 ActiveX 控件用于对常用的.NET 或 ActiveX 控件进行操作。可添加更多.NET 或 ActiveX 控件至该选板，供之后使用。选择菜单栏中的“工具”→“导入”→“.NET 控件至选板”命令，弹出“添加.NET 控件至选板”对话框，如图 3-40 所示，或选择菜单栏中的“工具”→“导入”→“ActiveX 控件至选板”命令，弹出“添加 ActiveX 控件至选板”对话框，如图 3-41 所示，可分别转换.NET 或 ActiveX 控件集，自定义控件并将这些控件添加至.NET 与 ActiveX 选板。

注意：

创建 .NET 对象并与之通信需安装 .NET Framework 1.1 Service Pack 1 或更高版本。建议只在 LabVIEW 项目中使用 .NET 对象。如装有 Microsoft .NET Framework 2.0 或更高版本，可使用应用程序生成器生成 .NET 互操作程序集。

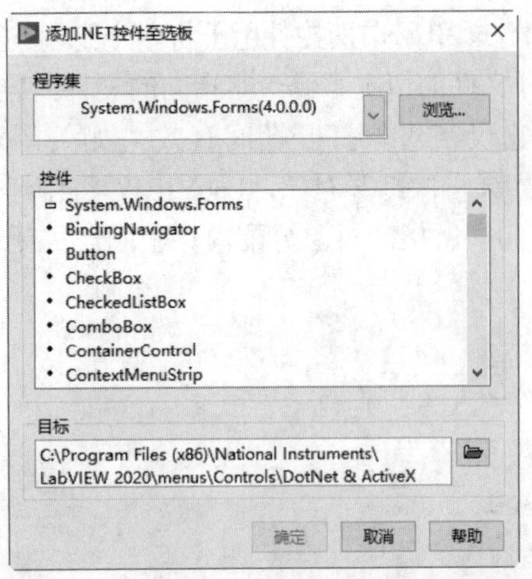

图 3-40 “添加 .NET 控件至选板”对话框

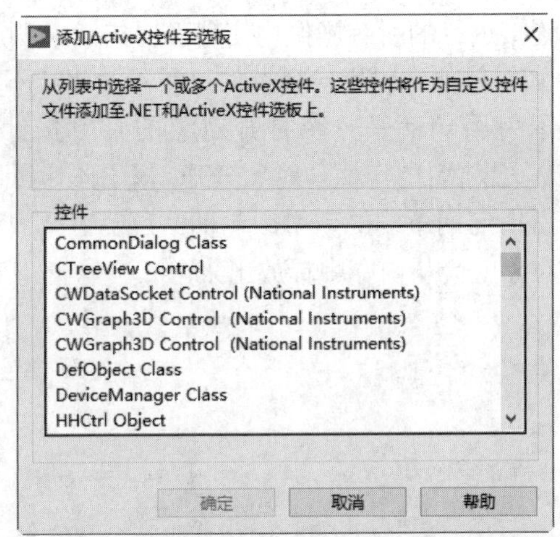

图 3-41 “添加 ActiveX 控件至选板”对话框

3.5 综合演练——数值控件的使用

源文件：源文件\第 3 章\数值控件的使用.vi

通过前面的学习，相信读者对前面板中的基本控件已有了大致的了解，下面利用一个实例进一步加深对不同选板中控件使用方法的理解，如图 3-42 所示。

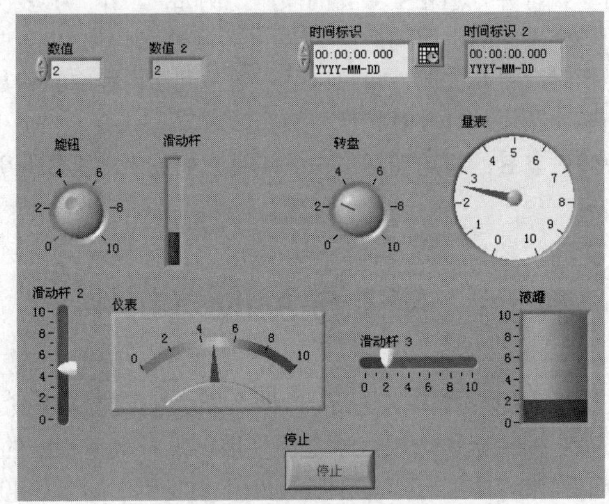

图 3-42 数值型控件演示程序前面板

【操作步骤】

1. 设置工作环境

（1）新建 VI。选择菜单栏中的“文件”→“新建 VI”命令，新建一个 VI。一个空白的 VI 包括前面板及程序框图。

（2）保存 VI。选择菜单栏中的“文件”→“另存为”命令，输入 VI 名称为“数值控件的使用”。

2. 放置控件

（1）打开程序的前面板，并从“控件”选板的“新式”→“数值”子选板中选取控件，并放置在前面板的适当位置，同时进行合理布局，程序前面板如图 3-42 所示。

（2）按同样的方法，在银色选板、经典选板、系统选板和 NXG 风格选板中选择数值控件，练习使用方法，控制面板及程序框图如图 3-43～图 3-47 所示。

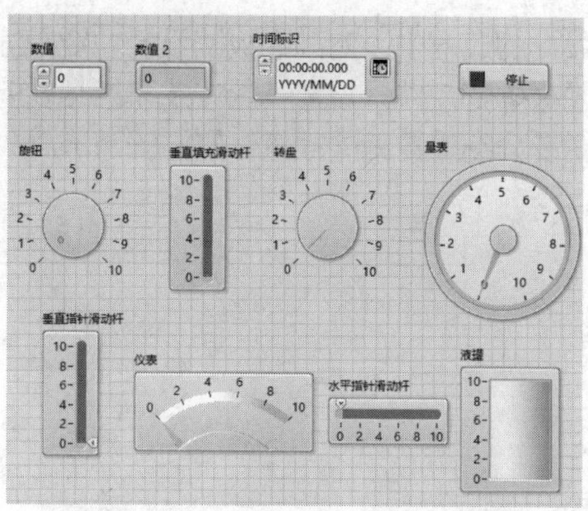

图 3-43 银色选板中的数值控件

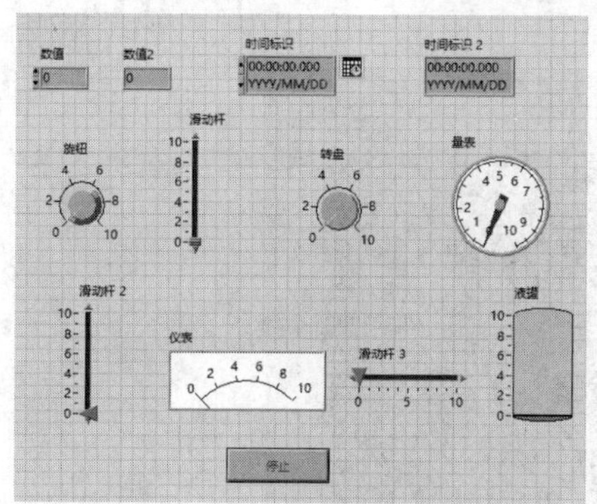

图 3-44 经典选板中的数值控件

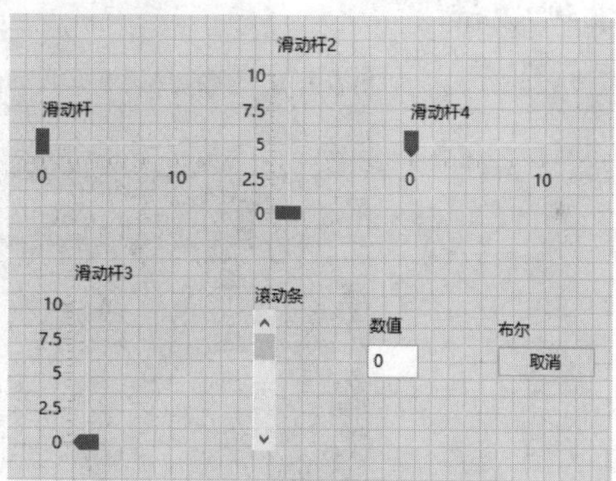

图 3-45 系统选板中的数值控件

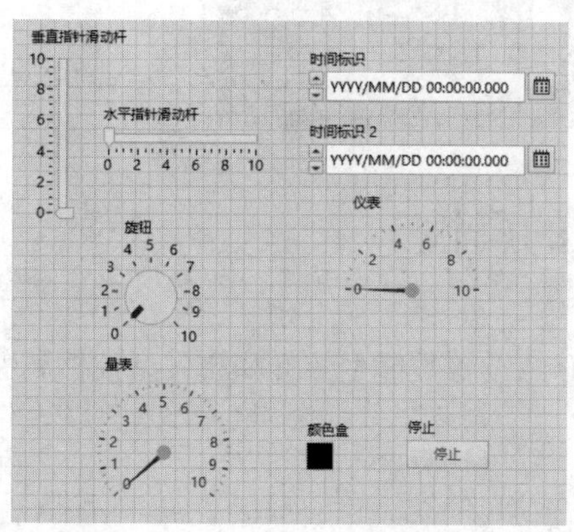

图 3-46 NXG 风格选板中的数值控件

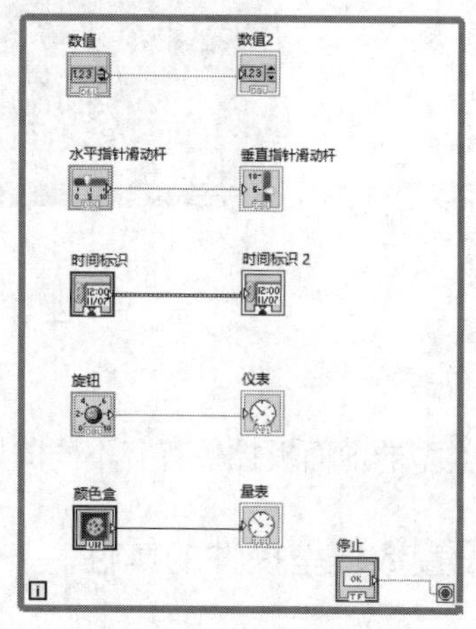

图 3-47 程序框图

第4章　控件属性设置

内容简介

在用 LabVIEW 进行程序设计的过程中，对前面板的设计主要是编辑前面板控件和设置前面板控件的属性。为了更好地操作前面板中的控件，设置其属性是非常必要的。第 3 章主要介绍了设计前面板用到的控件选板，这一章将主要介绍设置前面板控件属性的方法。

内容要点

- 设置对象的属性
- 数据类型
- 设置对象的位置关系
- 综合演练——车速实时记录系统

案例效果

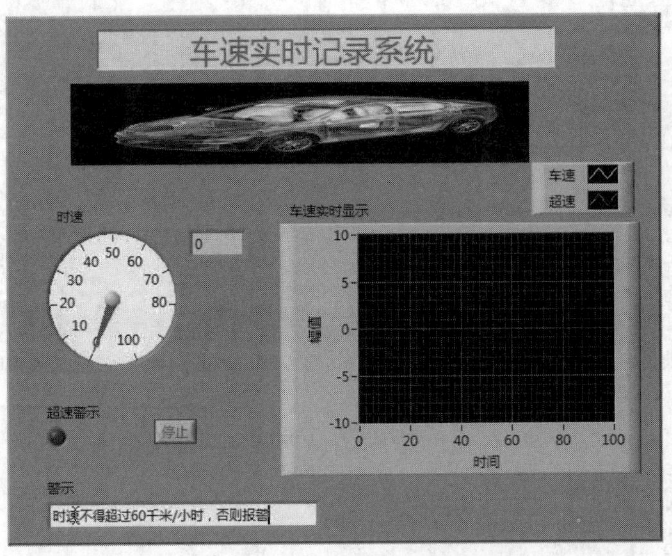

4.1　设置对象的属性

不同类型的前面板控件有着不同的属性，下面分别介绍设置数值型控件和布尔型控件属性的方法。

4.1.1　设置数值型控件的属性

LabVIEW 2020 中的数值型控件（位于“控件”选板中的“数值”子选板中）有着许多共有属性，

而每个控件又有其独特的属性。在此仅对控件的共有属性进行比较详细的介绍。

数值型控件的常用属性包括以下 3 项。

- 标签：用于对控件的类型及名称进行注释。
- 标题：控件的标题，通常和标签相同。
- 数字显示：以数字的形式显示控件所表达的数据。

图 4-1 显示了量表控件的标签、标题、数字显示等属性。

在前面板中的控件图标上右击，在弹出的快捷菜单中选择“显示项”命令，在弹出的子菜单中可以选择“标签”“标题”“数字显示”等命令，如图 4-2 所示，切换是否显示控件的这些属性。另外，还可以通过工具选板中的“编辑文本工具”按钮A来修改标签和标题的内容。

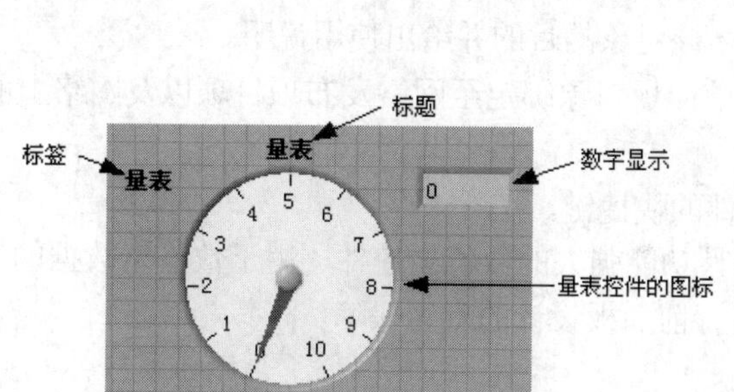

图 4-1　量表控件的基本属性

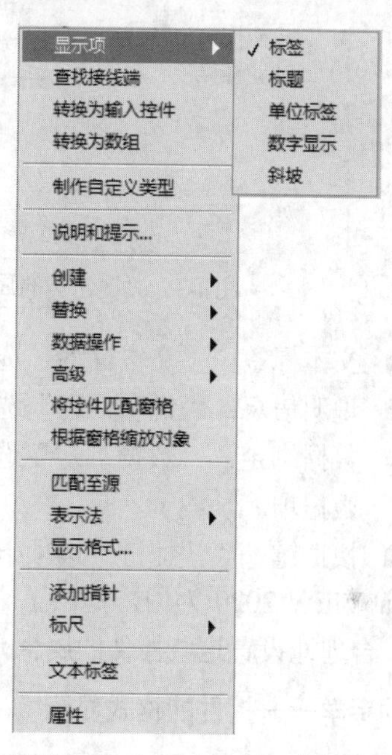

图 4-2　数值型控件（以量表为例）的属性快捷菜单

数值型控件的其他属性可以通过其属性对话框进行设置。例如，在量表控件图标上右击，从弹出的快捷菜单中选择“属性”命令，打开“旋钮类的属性：量表”对话框。该对话框中包括 8 个选项卡，分别是“外观”“数据类型”“标尺”“显示格式”“文本标签”“说明信息”“数据绑定”和“快捷键”，如图 4-3 所示。

- 外观：在“外观”选项卡中用户可以设置与控件外观有关的属性。用户可以修改控件的标签和标题属性以及设置其是否可见；可以设置控件的启用状态，以决定控件是否可以被程序调用；此外，还可以设置控件的颜色和风格。
- 数据类型：可以设置数值型控件的数据范围以及默认值。
- 标尺：在“标尺”选项卡中用户可以设置数值型控件的标尺样式及刻度范围。可以选择的刻度样式如图 4-4 所示。
- 显示格式：与“数据类型”和“标尺”一样，“显示格式”也是数值型控件所特有的属性。在“显示格式”选项卡中，用户可以设置控件的数据显示格式以及精度。其中包含两种编辑模式，分别是默认编辑模式和高级编辑模式。在高级编辑模式下，用户可以对控件的格式与精度进行更为复杂的设置。

图 4-3 “旋钮类的属性：量表”对话框

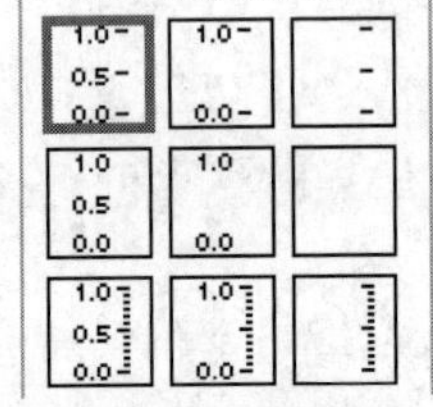

图 4-4 可选的数值型控件刻度样式

- 文本标签：“文本标签”选项卡用于配置带有标尺的数值对象的文本标签。
- 说明信息：“说明信息”选项卡用于描述该对象的目的并给出使用说明。
- 数据绑定：“数据绑定”选项卡用于将前面板对象绑定至网络发布项目项以及网络上的 PSP 数据项。
- 快捷键：“快捷键”选项卡用于设置控件的快捷键。

LabVIEW 2020 为用户提供了丰富、形象而且功能强大的数值型控件，用于数值型数据的控制和显示，合理地设置这些控件的属性是使用它们进行前面板设计的有力保障。

扫一扫，看视频

动手学——控件的格式显示

源文件：源文件\第 4 章\控件的格式显示.vi

通过属性设置来演示图 4-5 所示程序中输出对象显示格式的变化。

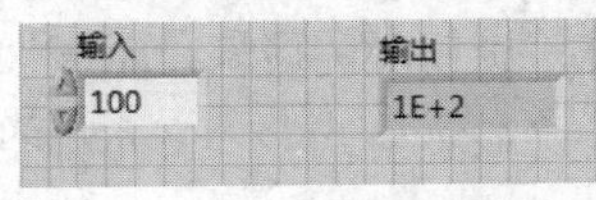

图 4-5 运行结果

【操作步骤】

（1）新建一个 VI，并在前面板中放置如图 4-6 所示的控件，在程序框图中直接连接。

图 4-6 放置控件

（2）右击控件图标，从弹出的快捷菜单中选择“属性”命令，在弹出的“数值类的属性：输入”对话框中分别设置两个控件的显示格式，如图 4-7 所示。

（3）单击“运行”按钮，运行程序，可以在数值输出控件中显示输出结果，如图 4-5 所示。

图 4-7 设置控件属性

4.1.2 设置布尔型控件的属性

布尔型控件是 LabVIEW 中用得相对较多的控件，它一般作为控制程序运行的开关或者检测程序运行状态的显示等。

“布尔类的属性：布尔”对话框中有两个常用的选项卡，分别为“外观”选项卡和“操作”选项卡，如图 4-8 所示。在“外观”选项卡中，用户可以调整开关或按钮的颜色等外观参数。“操作”是布尔型控件所特有的选项卡，在这里用户可以设置按钮或者开关的机械动作类型，对每种动作类型都有相应的说明，并可以预览开关的动作效果以及开关的状态。

布尔型控件可以用文字的方式在控件上显示其状态。例如，没有显示开关状态的按钮为，而显示了开关状态的按钮为。如果要显示开关的状态，只需在对话框中选择“外观”选项卡，勾选“显示布尔文本”复选框，或者右击控件，从弹出的快捷菜单中选择“显示项”→“布尔文本”命令。

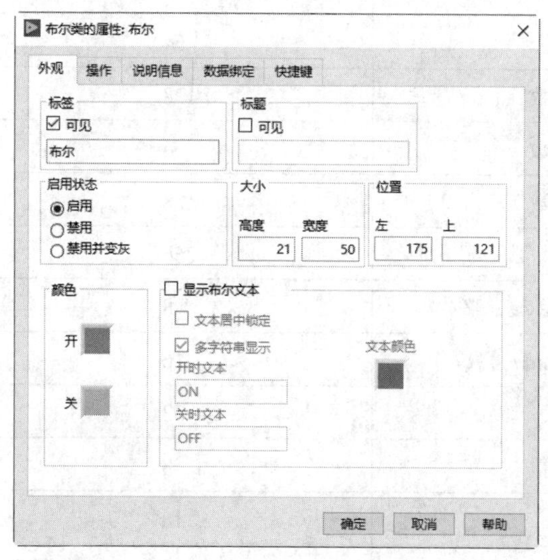

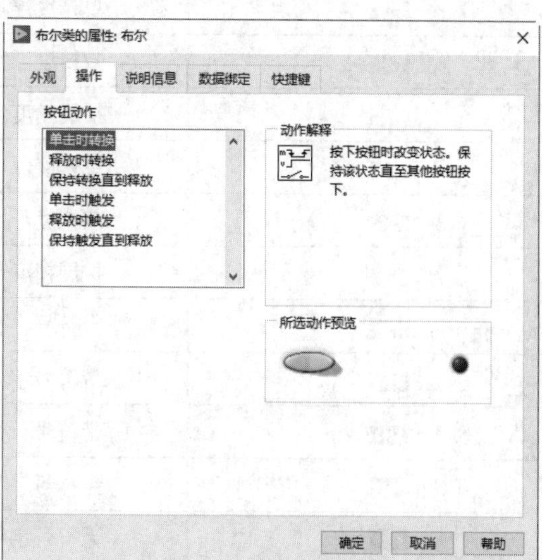

图 4-8 “布尔类的属性：布尔”对话框

4.2 数据类型

数值型控件的数据类型包含 15 种，如图 4-9 所示。不同类型的数值之间是不能进行计算的。因此，在程序设计过程中，要根据不同的需求选择对应的转换函数进行数据转换。

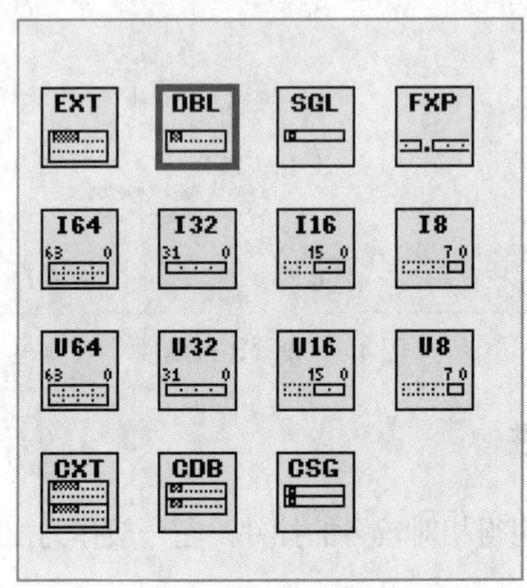

图 4-9　数据类型

选中数值型控件，右击，从弹出的快捷菜单中选择“表示法”命令，弹出如图 4-9 所示的数据类型，可以进行选择切换。表 4-1 中列举了不同的数据类型。

表 4-1　数值数据类型

控件的接线端 （显示为数据类型）	数 据 类 型	存 储 位 数
SGL	单精度浮点数	32
DBL	双精度浮点数	64
EXT	扩展精度浮点数	128
CSG	单精度浮点复数	64
CDB	双精度浮点复数	128
CXT	扩展精度浮点复数	256
I8	带符号字节（Byte）整数	8
I16	带符号字（Word）整数	16
I32	带符号长整数	32
U8	无符号字节整数	8
U16	无符号字整数	16
U32	无符号长整数	32

4.3 设置对象的位置关系

在 LabVIEW 程序中，设置多个对象的相对位置关系是修饰前面板过程中一件非常重要的工作。在 LabVIEW 2020 中提供了专门用于调整多个对象位置关系以及设置对象大小的工具，它们位于 LabVIEW 的工具栏中。

4.3.1 对齐关系

LabVIEW 所提供的用于修改多个对象位置关系的工具如图 4-10 所示。这两种工具分别用于调整多个对象的对齐关系以及调整对象之间的距离。

选中需要对齐的对象，然后在工具栏中单击“对齐对象”按钮，会出现一个图形化的下拉列表。在下拉列表中可以选择各种对齐方式。列表中的图标很直观地表示了各种不同的对齐方式，有左边缘对齐、右边缘对齐、上边缘对齐、下边缘对齐、水平中轴线对齐以及垂直中轴线对齐 6 种方式可选。

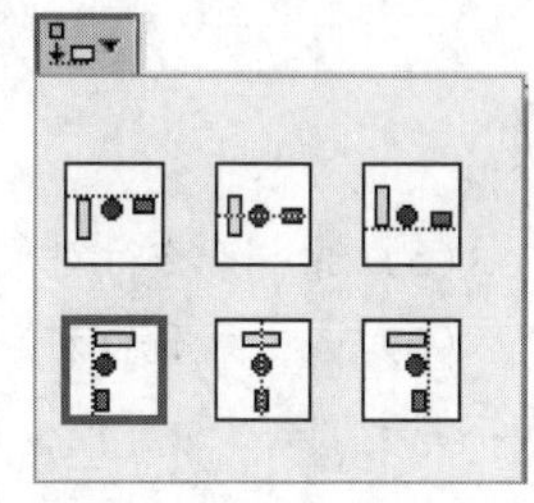

图 4-10 “对齐对象”工具

扫一扫，看视频

动手学——对齐控件

源文件：源文件\第 4 章\对齐控件.vi

本实例演示前面板对象如图 4-11 所示的排布。

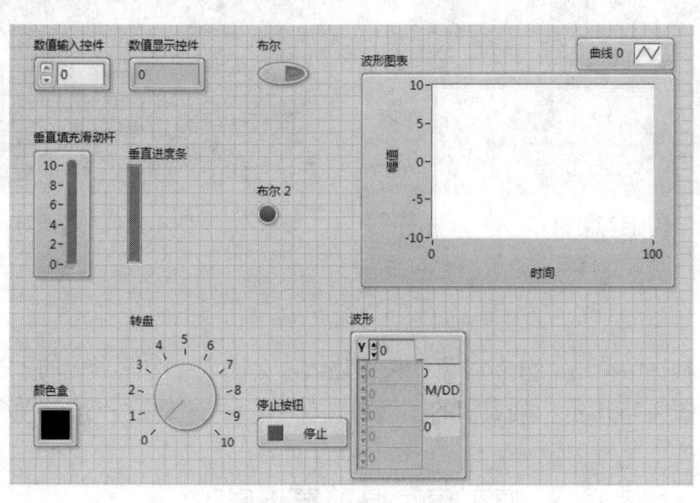

图 4-11 排布结果

【操作步骤】

（1）在“控件”选板中打开“银色”子选板，选择数值控件、布尔控件、图形控件与 I/O 控件，前面板放置结果如图 4-12 所示。

（2）选中左侧竖排 3 个对象，选中的控件周围显示蓝色虚线框，如图 4-13 所示。

（3）在“对齐对象”下拉列表中选择“左边缘”对齐。左边缘对齐后的对象如图 4-14 所示。

（4）选中第 1 行对象，在“对齐对象”下拉列表中选择“上边缘”对齐。

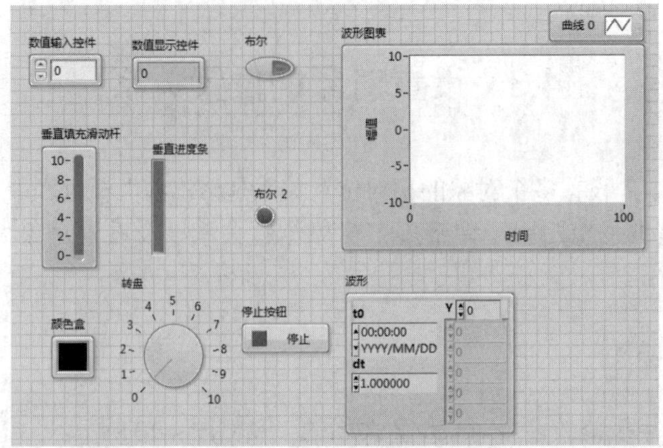

图 4-12　放置控件结果

（5）选中第 2 行对象，在“对齐对象”下拉列表中选择“垂直中心”对齐。

（6）选中第 3 行对象，在“对齐对象”下拉列表中选择“下边缘”对齐。对齐后的对象如图 4-11 所示。

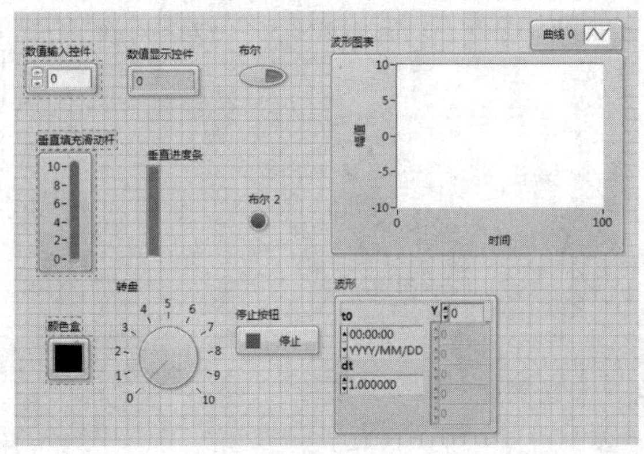

图 4-13　选中目标对象

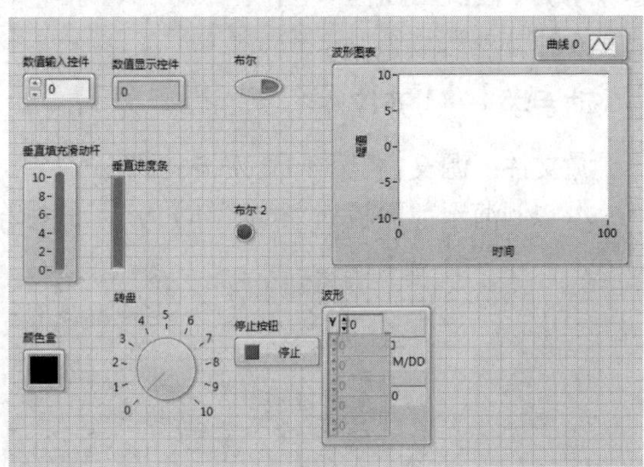

图 4-14　左边缘对齐后的对象

4.3.2　分布对象

选中对象，在工具栏中单击“分布对象”按钮，会出现一个图形化的下拉列表，从中可以选择各种分布方式，如图 4-15 所示，列表中的图标很直观地表示了各种不同的分布方式。

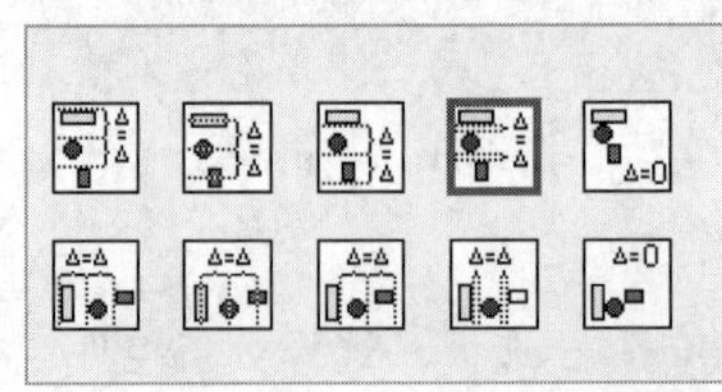

图 4-15　“分布对象”下拉列表

扫一扫，看视频

动手学——分布控件

源文件：源文件\第 4 章\对齐控件.vi、分布控件.vi

将对象按照图 4-16 所示的格式等间隔垂直分布。

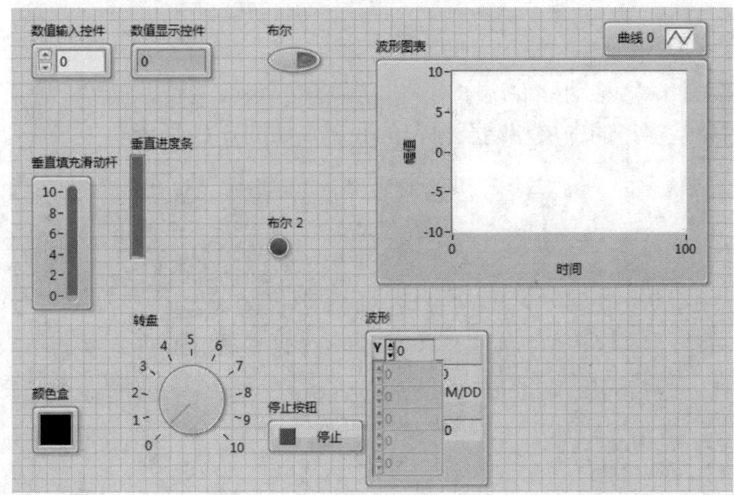

图 4-16 等间隔垂直分布的对象

【操作步骤】

（1）打开“源文件\第 4 章\对齐控件 .vi”文件。

（2）选择第 1 列对象，如图 4-17 所示。

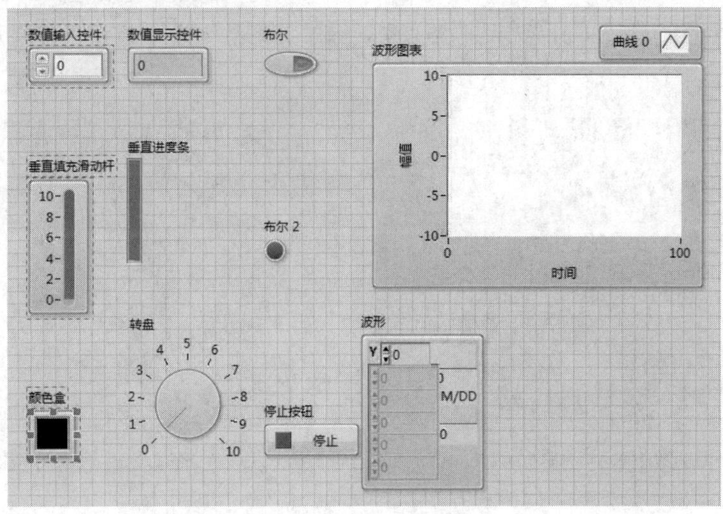

图 4-17 选中目标对象

（3）在“分布对象”下拉列表中选择“垂直间距”。用同样的方法设置第 2 列、第 3 列，等间隔垂直分布后的对象如图 4-16 所示。

4.3.3 改变对象在窗口中的前后次序

选中对象，在工具栏中单击“重新排序”按钮 ，可以在下拉列表中改变对象在窗口中的前后次序。“重新排序”下拉列表如图 4-18 所示。

“向前移动”是将对象向上移动一层；“向后移动”是将对象向下移动一层；“移至前面”是将对象移至窗口的顶层；“移至后面”是将对象移动至窗口的底层。

扫一扫，看视频

动手学——移动控件次序

源文件：源文件\第 4 章\移动控件次序.vi

本实例将一个对象从窗口的顶层移动至窗口的底层，如图 4-19 所示。

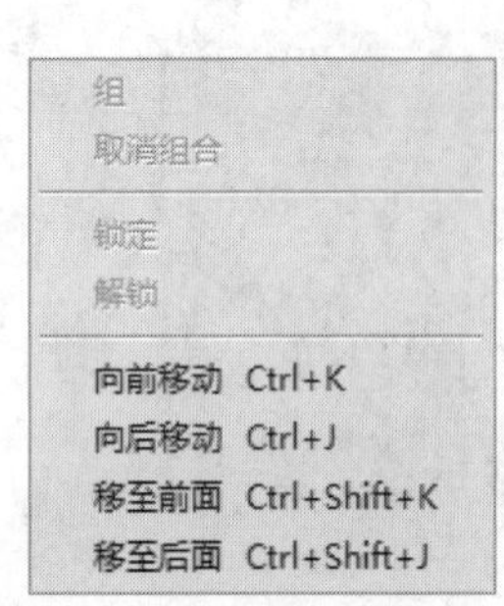

图 4-18 “重新排序”下拉列表

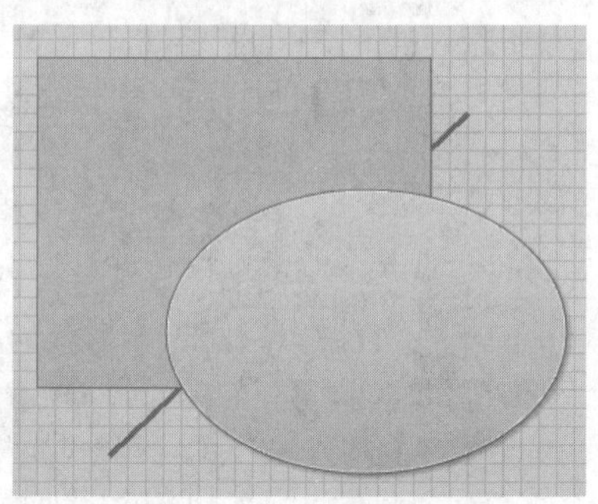
图 4-19 改变次序后的对象

【操作步骤】

（1）在“控件”选板中打开“银色”→“修饰”子选板，选择“平面盒”“圆形”和“粗线”，前面板结果如图 4-20 所示。

（2）选中粗线控件，如图 4-21 所示，在“重新排序”下拉列表中选择“移至后面”。改变次序后的对象如图 4-19 所示。

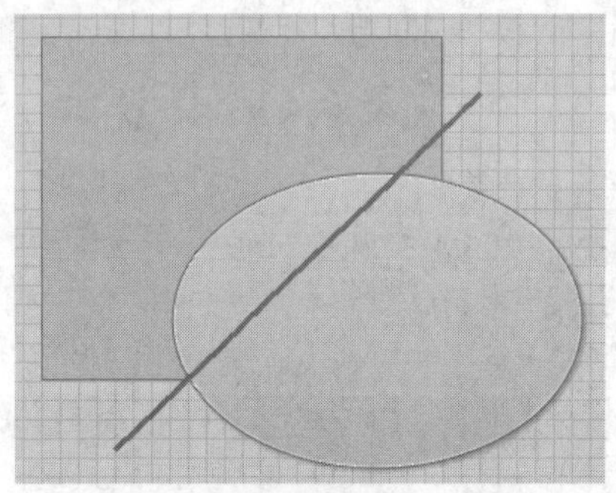
图 4-20 放置控件结果

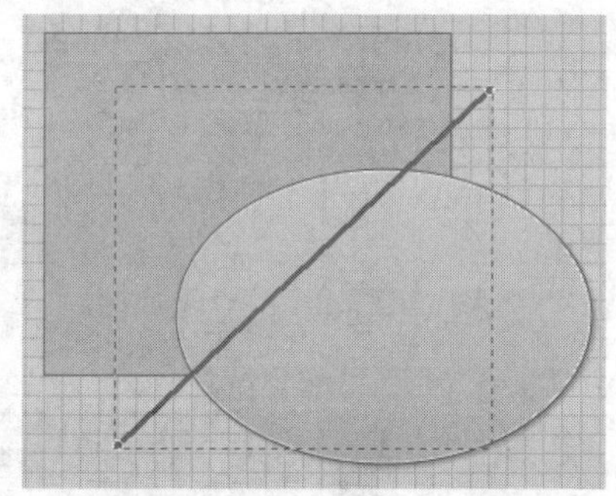
图 4-21 选中目标对象

4.3.4 组合与锁定对象

在“重新排序”下拉列表中还有几个选项，它们分别是“组”和“取消组合”“锁定”和“解锁”。

“组”的功能是将几个选定的对象组合成一个对象组，对象组中的所有对象形成一个整体，它们的相对位置和相对尺寸都相对固定。当移动对象组或改变对象组的尺寸时，对象组中所有的对象同时移动相同的距离或改变相同的尺寸。注意，“组”的功能仅仅是将数个对象按照其位置和尺寸简单组合在一起形成一个整体，并没有在逻辑上将其组合，它们之间在逻辑上的关系并没有因为组合在一起而得到改变。“取消组合”的功能是解除对象组中对象的组合，将其还原为独立的对象。

“锁定”的功能是将几个选定的对象组合成一个对象组，并且锁定该对象组的位置和尺寸，用户不能改变锁定的对象的位置和尺寸。当然，用户也不能删除处于锁定状态的对象。“解锁”的功能是解除对象的锁定状态。

当用户已经编辑好一个 VI 的前面板时，建议用户利用“组”或者“锁定”功能将前面板中的对象组合并锁定，防止由于误操作而改变了前面板对象的布局。

扫一扫，看视频

动手学——组合控件

源文件：源文件\ 第 4 章\ 分布控件.vi、组合控件.vi

本实例演示将前面板中图 4-22 所示的几个对象组合在一起。

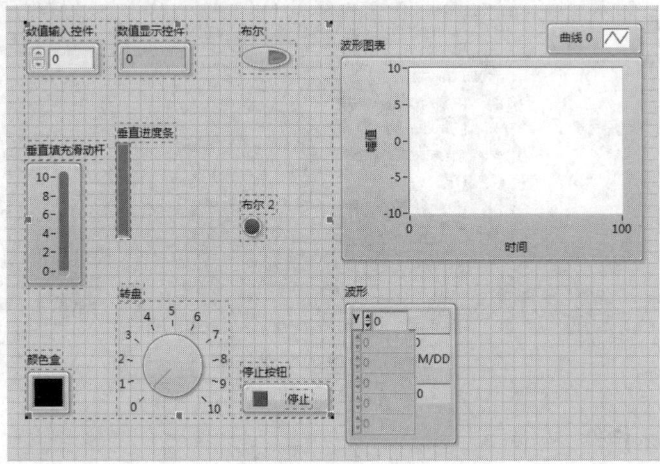

图 4-22　组合后的对象

【操作步骤】

（1）打开“源文件 \ 第 4 章 \ 分布控件 .vi”文件。

（2）按住 Shift 键，依次单击选中的字符串目标对象，如图 4-23 所示。

（3）在“重新排序”下拉列表中选择“组”。组合后的对象如图 4-22 所示。

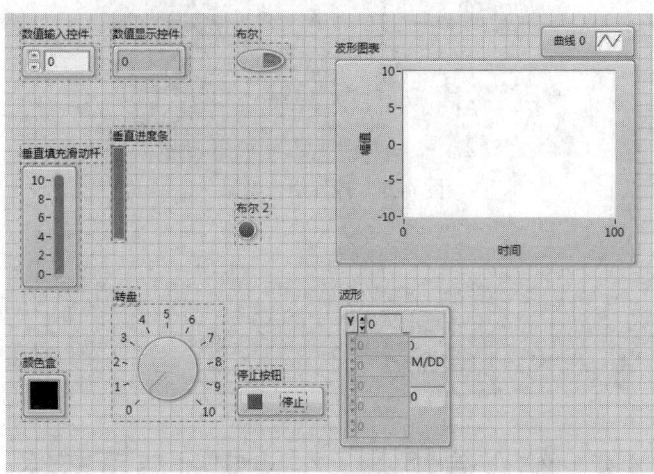

图 4-23　选中目标对象

4.3.5　网格排布

网格可以作为排列控件的参考，显示与隐藏可选择菜单栏中的“工具”→“选项”命令，弹出“选项”对话框，选择“前面板”选项，如图 4-24 所示。

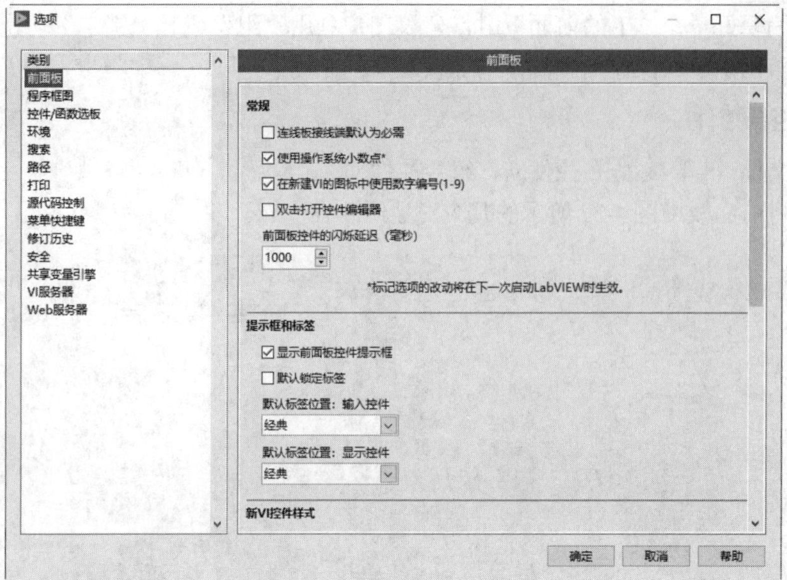

图 4-24　“选项”对话框

扫一扫，看视频

动手练——组合基本控件

源文件：源文件\ 第 4 章\ 组合基本控件.vi

组合如图 4-25 所示的控件。

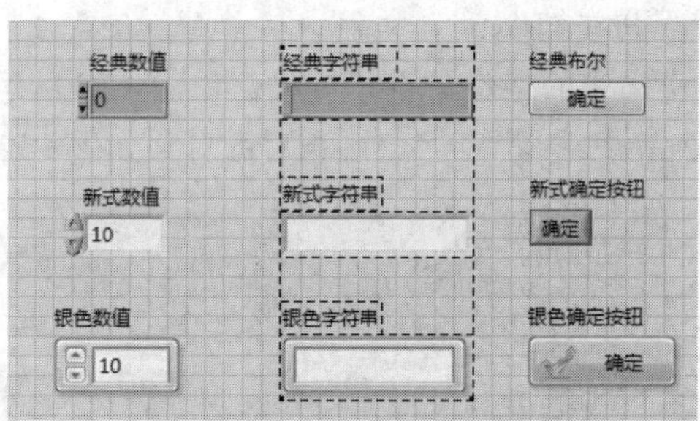

图 4-25　控件组合结果

思路点拨

（1）放置控件。

（2）对齐控件。

（3）组合控件。

扫一扫，看视频

4.4　综合演练——车速实时记录系统

源文件：源文件\ 第 4 章\ 车速实时记录系统.vi

通过本实例测试系统前面板的设计，全面掌握前面板设计技巧，同时熟悉前面板中控件位置，在绘制过程中熟练、快速地找到所需控件。结果如图 4-26 所示。

【操作步骤】

（1）设置工作环境。

① 新建 VI。选择菜单栏中的“文件”→“新建 VI”命令，新建一个 VI，一个空白的 VI 包括前面板及程序框图。

② 保存 VI。选择菜单栏中的“文件”→“另存为”命令，输入 VI 名称为“车速实时记录系统”。

③ 固定“控件”选板。在前面板中右击，打开“控件”选板，单击选板左上角的“固定”按钮 ，将“控件”选板固定在前面板界面。

（2）放置控件。

① 选择“新式”→“数值”→“量表”控件，并放置在前面板的适当位置。

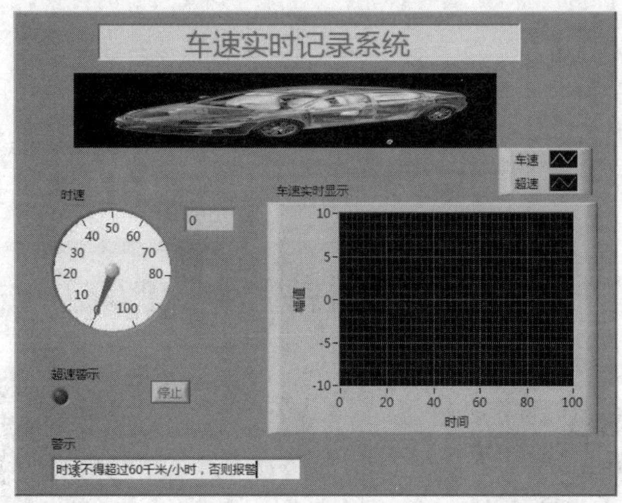

图 4-26　车速实时记录系统界面

② 选择“新式”→“布尔”→“圆形指示灯”控件，并放置在前面板的适当位置。

③ 选择“新式”→“布尔”→“停止按钮”控件，并放置在前面板的适当位置。

④ 选择“新式”→“字符串与路径”→“字符串控件”控件，并放置在前面板的适当位置。

⑤ 选择“新式”→“图形”→“波形图”控件，并放置在前面板的适当位置，结果如图 4-27 所示。

⑥ 按照要求修改控件名称，结果如图 4-28 所示。

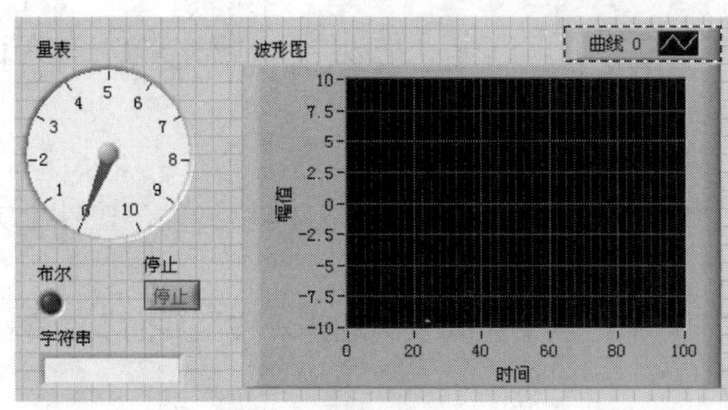

图 4-27　放置控件

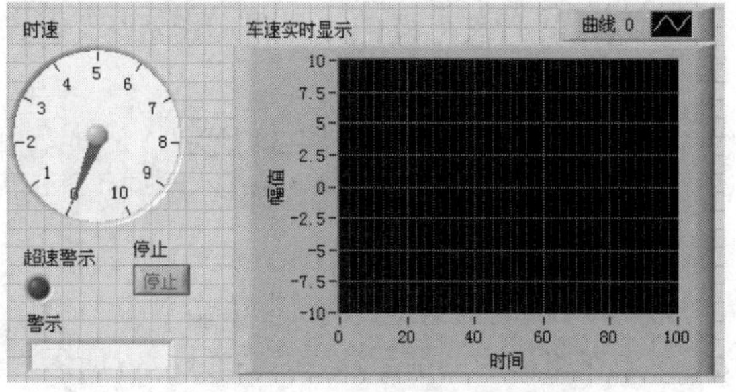

图 4-28　修改控件名称

（3）修改控件属性。

① 选中“量表”控件，修改量表刻度，最大值为 100，其余刻度值自动变更为对应值，右击，选择“显示项”→“数字显示”命令，在量表右侧显示精确数字值，结果如图 4-29 所示。

② 选中“停止按钮”控件，右击，选择“显示项”→“标签”命令，取消该控件标签名的显示，结果如图 4-30 所示。

③ 在“警示”文本框中输入“时速不得超过 60 千米/小时，否则报警”，并按照文本长度调整控件大小，结果如图 4-31 所示。

④ 选择“波形图”控件，右击，选择“属性”命令，弹出属性设置对话框，在“外观”选项卡中设置“曲线数”为 2，在波形图右上角添加曲线，同时修改曲线名称，结果如图 4-32 所示。

（4）前面板设计。

① 利用复制、粘贴命令在前面板中插入图片，拉伸成适当大小放置在对应位置，如图 4-33 所示。

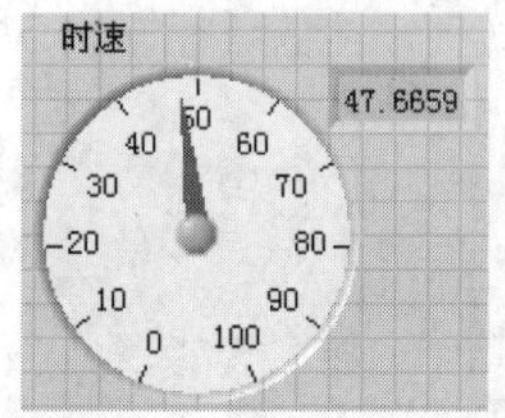

图 4-29　设置量表属性

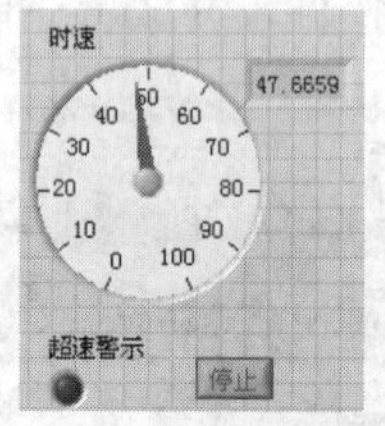

图 4-30　设置布尔按钮

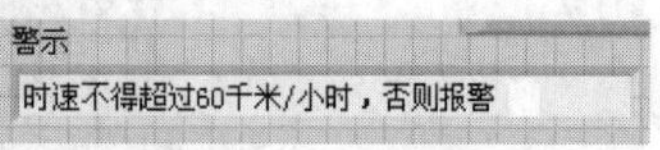

图 4-31　输入文本

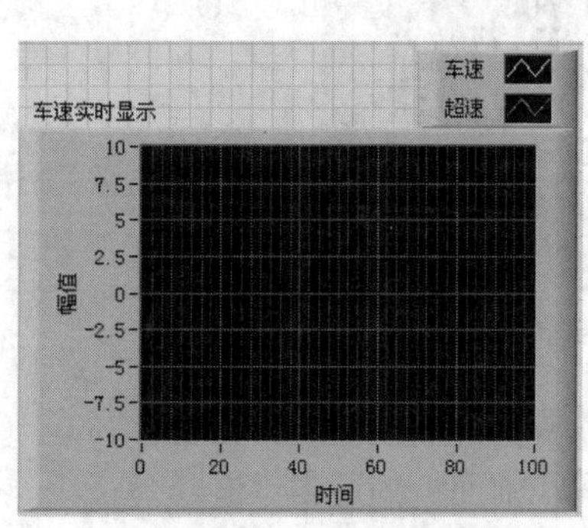

图 4-32　编辑控件

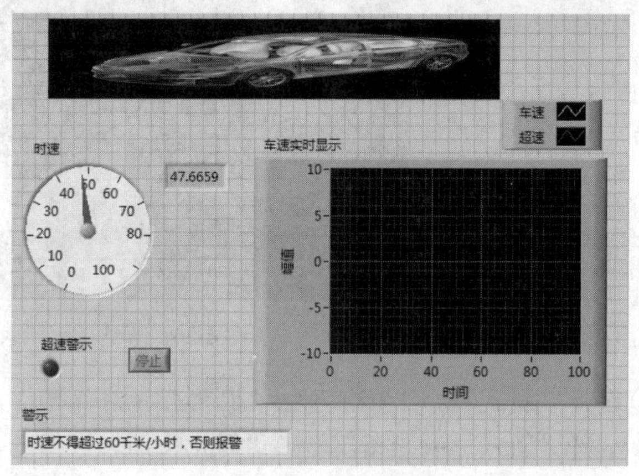

图 4-33　插入图片

② 选中两个布尔控件，在工具栏中单击“对齐对象”按钮，从下拉列表中选择“下边缘”对齐，对齐这两个控件。

③ 选中“量表”控件、“圆形指示灯”控件、文本框控件，选择“左边缘”对齐，向左对齐这 3 个控件。

④ 前面板布局结果如图 4-34 所示。

⑤ 从“控件”选板的“修饰”子选板中选取“上凸盒”控件，拖出一个方框并放置在控件上方，覆盖整个控件组，如图 4-35 所示。

⑥选中上凸盒，在工具栏中单击“重新排序”按钮，从下拉列表中选择“移至后面”命令，改变对象在窗口中的前后次序，如图 4-36 所示。

⑦ 从“控件”选板的“修饰”子选板中选取“下凹盒”控件，拖出一个方框，并放置在控件上方，如图 4-37 所示。

⑧ 选择工具选板中的设置颜色工具，为修饰控件设置颜色。将前面板的前景色设置为黄色和绿色，如图 4-38 所示。

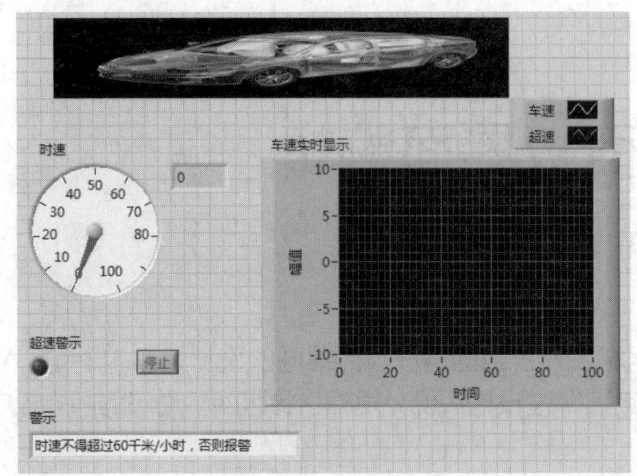

图 4-34　前面板布局结果

图 4-35　放置上凸盒

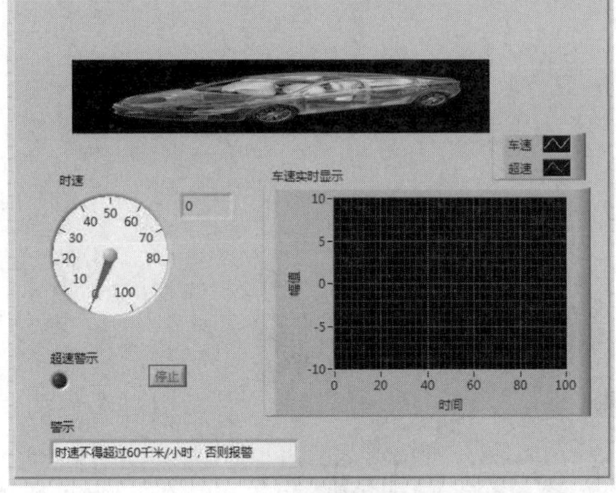

图 4-36　设置对象前后次序

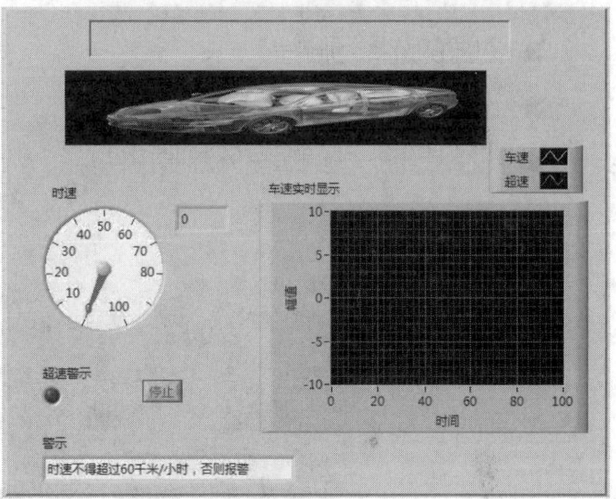

图 4-37　放置下凹盒

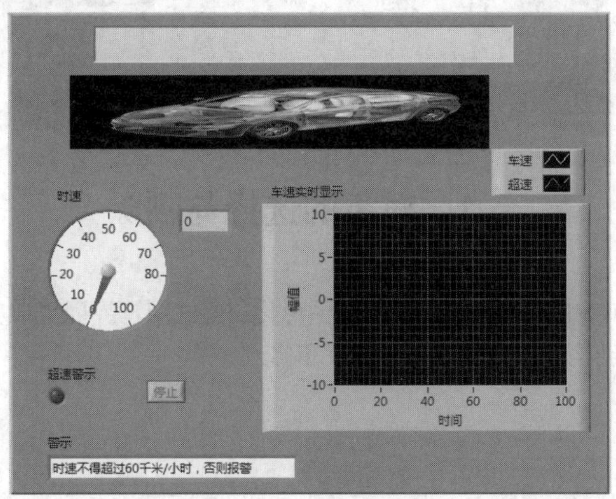

图 4-38　设置前景色

⑨ 单击工具选板中的文本编辑按钮，将鼠标切换至文本编辑工具状态，鼠标变为状态，在修饰控件上单击鼠标，输入系统名称，并修改文字大小、样式，结果如图 4-26 所示。

第 5 章　前面板界面编辑

内容简介

作为图形化语言的软件——LabVIEW，在程序设计正确的情况下，界面的设计是重中之重。VI的编辑有两个优点：在不添加其他函数的情况下通过属性设置实现一定的设计目的；通过对前面板中对象的布置让图形化实至名归。

内容要点

- 对象的选择与删除
- 设置前面板的外观
- 综合演练——编辑室外温度控件

案例效果

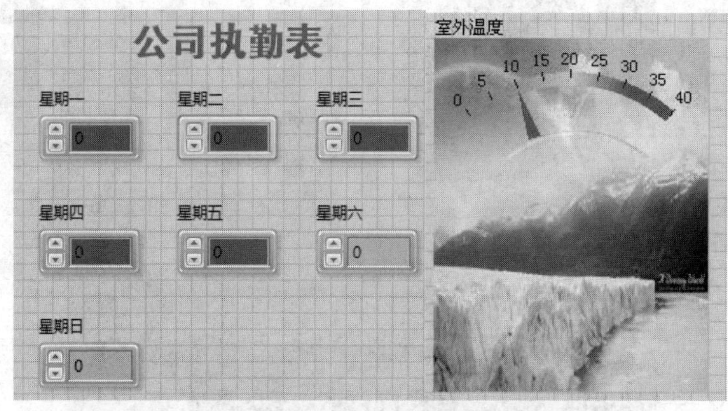

5.1　对象的选择与删除

新建VI后，还需要对VI进行编辑，使VI的图形化交互式用户界面更加美观、友好并易于操作，使VI程序框图的布局和结构更加合理，易于理解和修改。

5.1.1　选择对象

在工具选板中单击“定位/调整大小/选择工具”按钮，然后单击需要选中的对象即可。

扫一扫，看视频

动手学——对齐控件

源文件：源文件\第 5 章\对齐控件.vi

本实例演示如何选择图 5-1 所示的前面板对象。

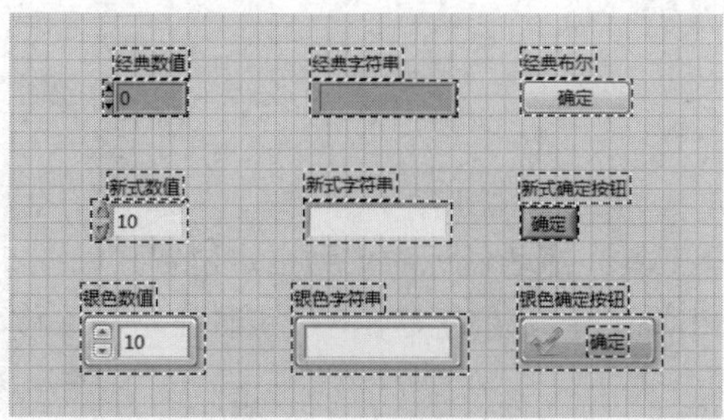

图 5-1 选择对象

【操作步骤】

当选择单个对象时，直接单击需要选中的对象即可，如图 5-2 所示。

如果需要选择多个对象，则要在窗口空白处拖动鼠标，使拖出的虚线框包含要选择的目标对象，如图 5-3 所示；或者按住 Shift 键，单击选择多个目标对象，如图 5-1 所示。

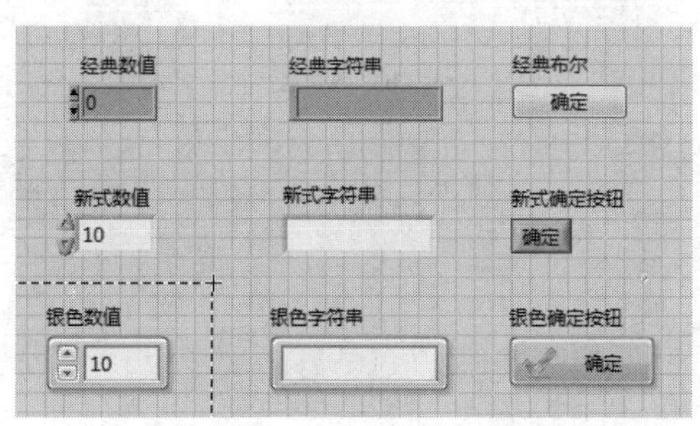

图 5-2 选择单个对象

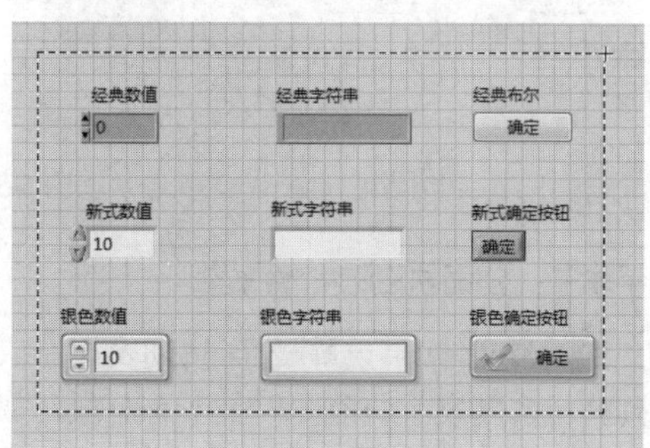

图 5-3 框选多个对象

5.1.2 删除对象

选中对象后按 Delete 键，或在菜单栏中选择“编辑”→“删除”命令，即可删除对象。其结果如图 5-4 所示。

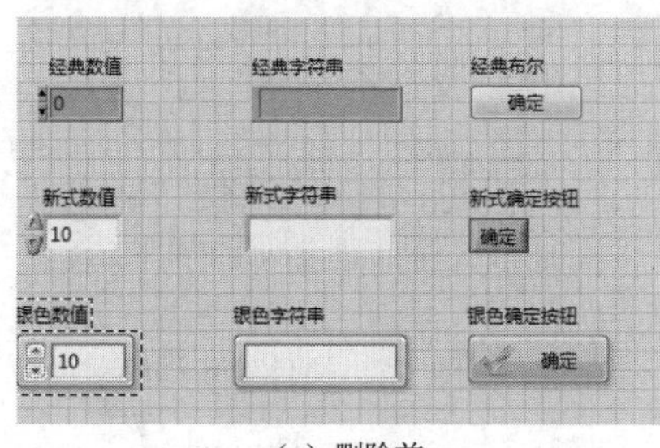

（a）删除前

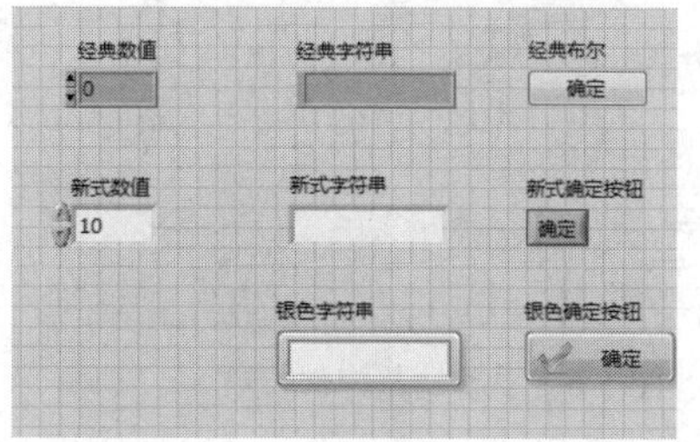

（b）删除后

图 5-4 删除对象

5.2 设置前面板的外观

作为一种基于图形模式的编程语言，LabVIEW 在图形界面的设计上有着得天独厚的优势，可以设计出漂亮、大方而且方便、易用的程序界面。为了更好地进行前面板的设计，LabVIEW 提供了丰富的修饰前面板的方法。

5.2.1 改变对象的位置

使用“定位/调整大小/选择工具”拖动目标对象到指定位置，如图 5-5 所示。

在拖动对象时，窗口中会出现一个红色的文本框，实时显示对象移动的相对坐标。

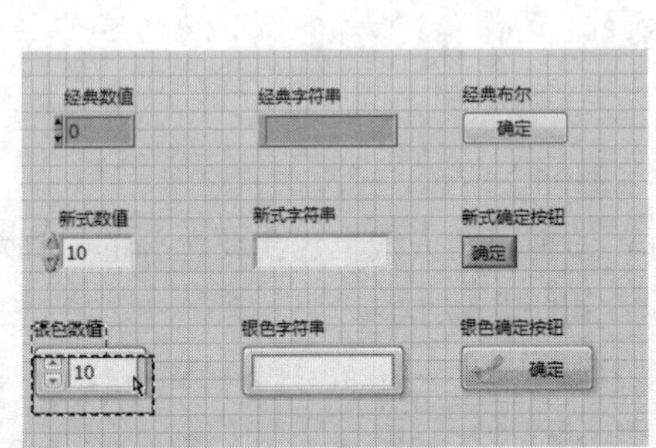

（a）移动前

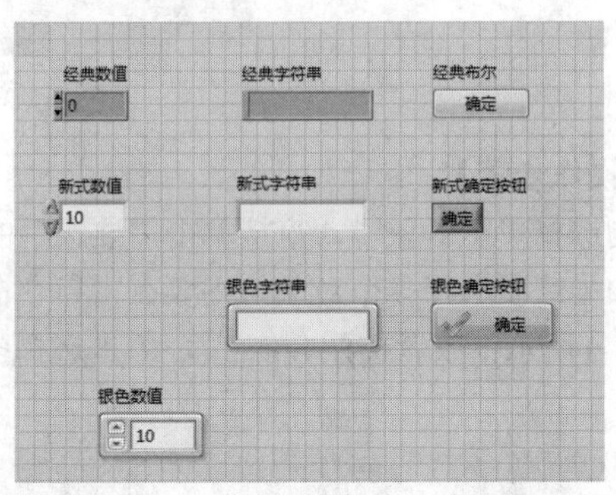

（b）移动后

图 5-5 移动对象

扫一扫，看视频

动手学——公司执勤表控件放置

源文件：源文件\第 5 章\公司执勤表控件放置.vi

排列公司执勤表系统前面板上所有对象，如图 5-6 所示。

【操作步骤】

（1）打开程序的前面板，并从“控件”→“银色”→“数值”子选板中选取“数值输入控件”，并放置在前面板中，如图 5-7 所示。

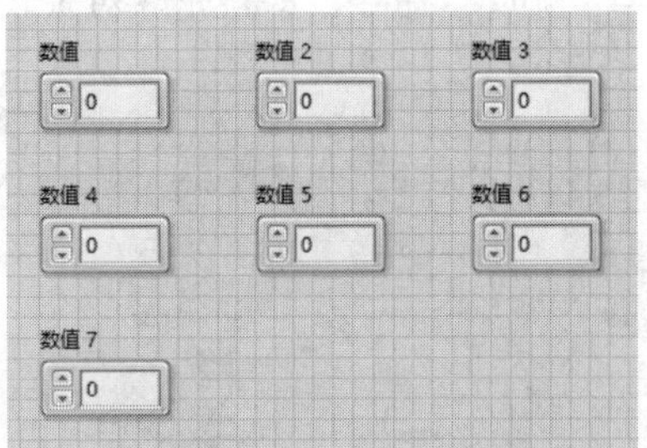

图 5-6 手动调整控件位置

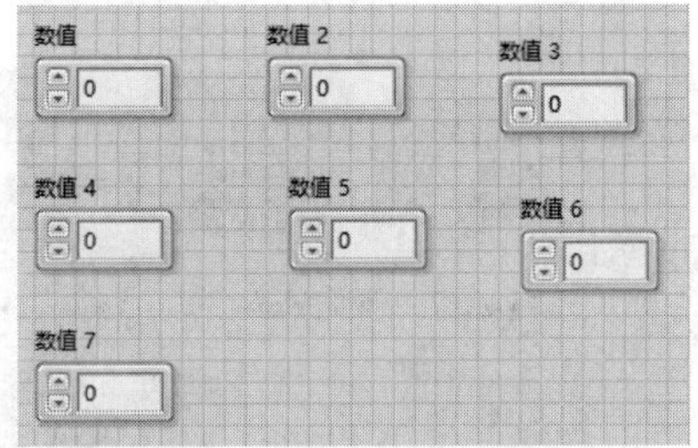

图 5-7 控件演示程序前面板

（2）框选单个控件，控件上显示蓝色虚线框；拖动控件，手动调整控件位置，使前面板整洁、美观，结果如图 5-6 所示。

5.2.2 改变对象的大小

几乎每一个 LabVIEW 对象都有 8 个尺寸控制点，当“定位/调整大小/选择工具”位于对象上时，这 8 个尺寸控制点会显示出来。用“定位/调整大小/选择工具”拖动某个尺寸控制点，可以改变对象在该位置的尺寸，如图 5-8 所示。

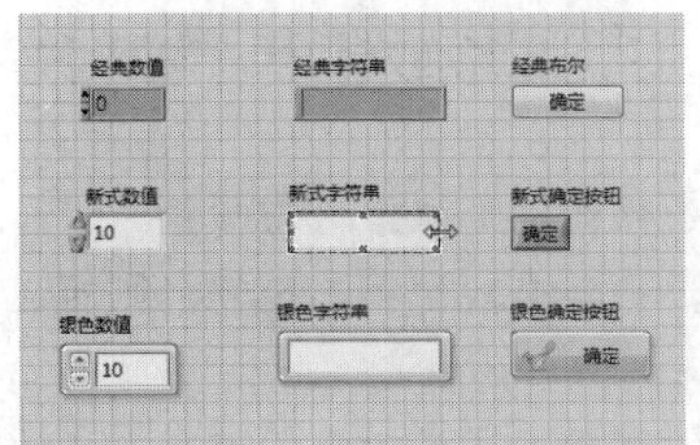

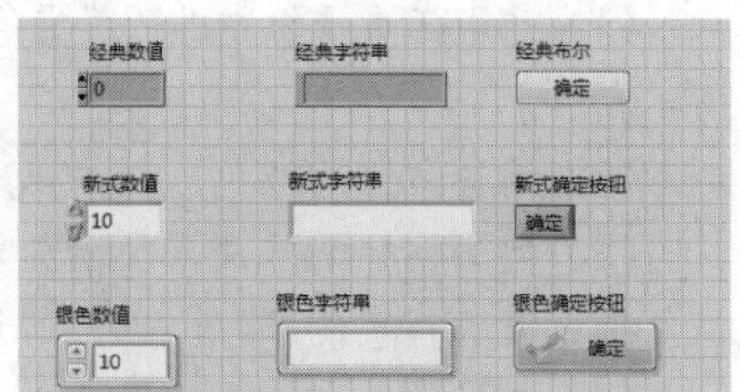

图 5-8　改变对象的大小

注意：

有些对象的大小是不能改变的。例如，程序框图中的输入端口或者输出端口、“函数”选板中的节点图标和子 VI 图标等。

在拖动对象的边框时，窗口中也会出现一个黄色的文本框，实时显示对象的相对坐标。

另外，LabVIEW 的前面板窗口的工具栏中还提供了一个“调整对象大小”按钮，用鼠标单击该按钮，弹出一个图形化下拉列表，如图 5-9 所示。

利用该下拉列表中的工具可以统一设定多个对象的尺寸，包括将所选中的多个对象的尺寸设为这些对象的最大宽度、最小宽度、最大高度、最小高度、最大宽度和高度、最小宽度和高度以及指定的宽度和高度。

图 5-9　“调整对象大小”下拉列表

动手学——设置最大宽度

源文件：源文件\第 5 章\设置最大宽度.vi

将前面板上所有对象的宽度设为这些对象的最大宽度，如图 5-10 所示。

扫一扫，看视频

【操作步骤】

(1) 打开“源文件\第 5 章\对齐控件.vi”文件。

(2) 选中前面板中的目标对象，如图 5-11 所示。

(3) 在“调整对象大小”下拉列表中单击“最大宽度”按钮。

统一宽度后的对象如图 5-10 所示。

若在“调整对象大小”下拉列表中单击“设置高度和宽度”按钮，则会弹出“调整对象大小”对话框，用户可以在该对话框中指定对象的宽度和高度。

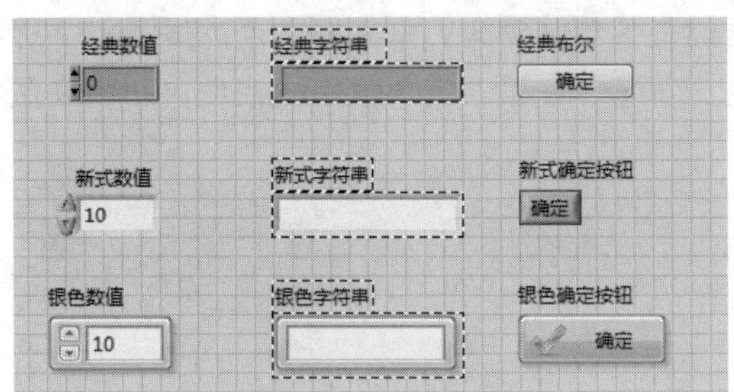

图 5-10　统一宽度后的对象

图 5-11　选中目标对象

5.2.3　改变对象的颜色

前景色和背景色是前面板对象的两个重要属性，合理搭配对象的前景色和背景色会使程序增色不少。下面具体介绍设置程序前面板对象前景色和背景色的方法。

（1）选取工具选板中的“设置颜色工具”，这时在前面板上将出现设置颜色对话框，如图 5-12 所示。

（2）选择适当的颜色，然后单击程序框图，则程序框图窗口的背景色被设定为指定的颜色。

（3）使用同样的方法，在出现设置颜色对话框后选择适当的颜色，并单击前面板的控件，则相应控件被设置为指定的颜色。

（4）在设置颜色工具的图标中，有两个上下重叠的颜色框，上面的颜色框代表对象的前景色或边框色，下面的颜色框代表对象的背景色。单击其中一个颜色框，就可以在弹出的颜色对话框中为其选择需要的颜色。

（5）若设置颜色对话框中没有所需的颜色，可以单击“更多颜色”按钮，打开 Windows 标准颜色对话框。在这个对话框中可以选择预先设定的各种颜色，或者直接设定 RGB 三原色的数值，更加精确地选择颜色。

（6）完成颜色的选择后，用设置颜色工具单击需要改变颜色的对象，即可将对象改为指定的颜色。

扫一扫，看视频

动手学——设置公司执勤表控件颜色

源文件：源文件\第 5 章\设置公司执勤表控件颜色.vi

修改前面板上所有对象的颜色，如图 5-13 所示。

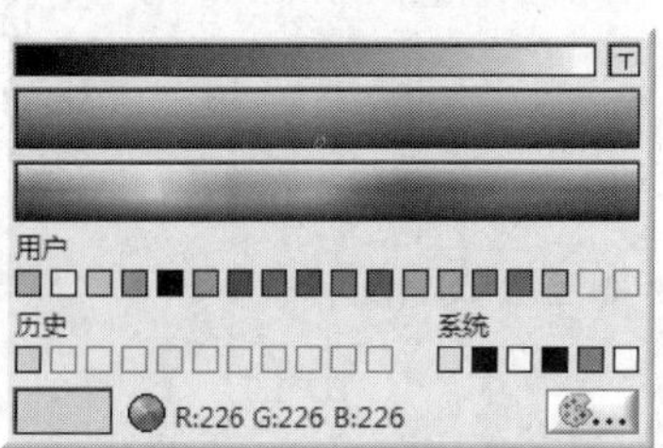

图 5-12　设置颜色对话框

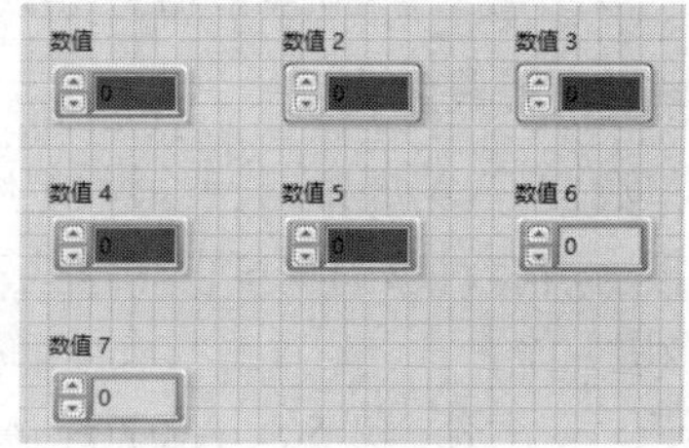

图 5-13　设置控件颜色

【操作步骤】

（1）打开“源文件\第 5 章\公司执勤表控件放置.vi”文件。

（2）按住 Shift 键并右击，打开工具选板，选择“设置颜色工具”。在控件边框上右击，前面板上将出现设置颜色对话框。

（3）选择绿色，然后单击控件边框，则控件边框的背景色被设定为指定的绿色，如图 5-13 所示。

（4）使用同样的方法为控件数字输入处选择红色、黄色，并单击前面板中的控件，则相应控件被设置为指定的颜色。

（5）完成颜色设置后右击，关闭工具选板。

5.2.4　设置对象的字体

选中对象，在工具栏中的 17pt 应用程序字体 下拉列表框中选择“字体对话框”，弹出“前面板默认字体”对话框，从中可设置对象的字体、大小、颜色、风格及对齐方式，如图 5-14 所示。

17pt 应用程序字体 下拉列表框中的其他选项只是将“前面板默认字体”对话框中的内容分别列出，若只改变字体的某一个属性，可以方便地在这些选项中更改，而无须在字体设置对话框中更改。

另外，还可以在“文本设置”下拉列表框中将字体设置为系统默认的字体，包括应用程序字体、系统字体、对话框字体以及当前字体等。

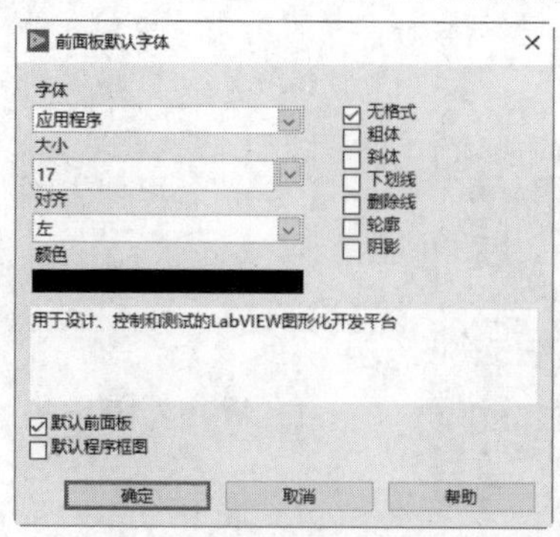

图 5-14　“前面板默认字体”对话框

5.2.5　在窗口中添加标签

选择菜单栏中的“查看”→“工具选板”命令或按住 Shift 键的同时右击，弹出如图 2-3 所示的工具选板。

单击工具选板中的“文本编辑工具”按钮，光标变为形状，在窗口空白处的适当位置单击，就可以在窗口中创建一个标签。

根据需要输入文字，改变其字体和颜色。该工具也可用于改变对象的标签、标题、布尔型控件的文本和数值型控件的刻度值等。

动手学——设置公司执勤表前面板

扫一扫，看视频

源文件：源文件\第 5 章\设置公司执勤表前面板.vi

修改公司执勤表前面板上所有对象的名称并添加标题，如图 5-15 所示。

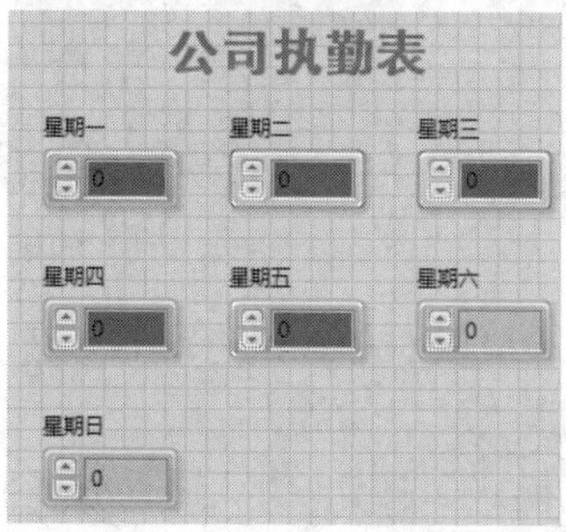

图 5-15　设置标题

【操作步骤】

（1）打开“源文件\第 5 章\设置公司执勤表控件颜色.vi”文件。

（2）打开前面板，按住 Shift 键的同时右击，打开工具选板。

（3）单击工具选板中的“编辑文本工具”按钮，光标变为形状。在控件标签上单击，修改控件名称为“星期一”“星期二”“星期三”“星期四”“星期五”“星期六”和“星期日”，结果如图 5-16 所示。

（4）在窗口空白处的适当位置单击，就可以在窗口中创建一个标签“公司执勤表”，如图 5-17 所示。

（5）选中输入的文字，在“应用程序字体”下拉列表中选择“大小”→36 命令，改变字体大小；选择“样式”→“粗体”命令，设置字体样式；选择“颜色”命令，在弹出的颜色选择框中选择洋红色；选择“字体”为“黑体”，最终设置结果如图 5-15 所示。

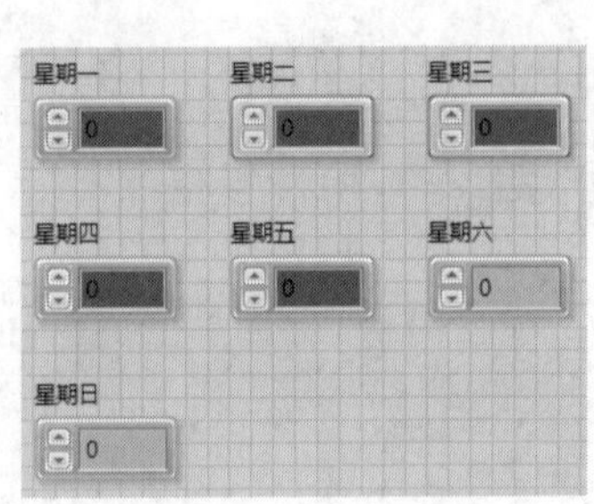

图 5-16　修改控件标签

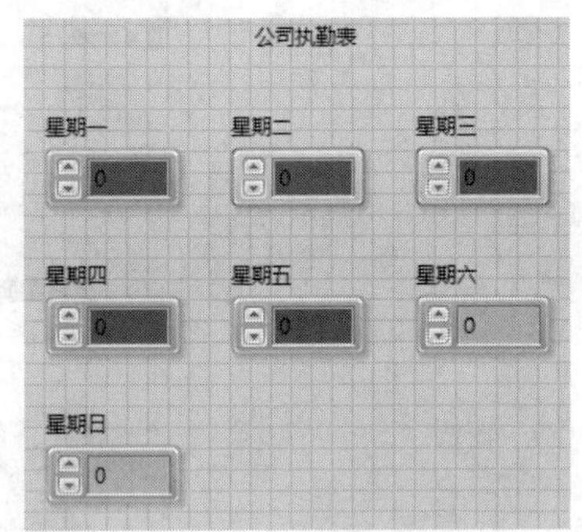

图 5-17　添加标签

5.2.6　对象编辑窗口

为了使控件更真实地演示试验台，可利用自定义控件达到更加逼真的效果，同时也扩大了“控件”选板中控件的种类。

在图 5-18 所示的数值输入控件上右击，从弹出的快捷菜单中选择“高级”→“自定义”命令，即可打开对此控件进行编辑的窗口，如图 5-19 所示。

图 5-18　数值输入控件

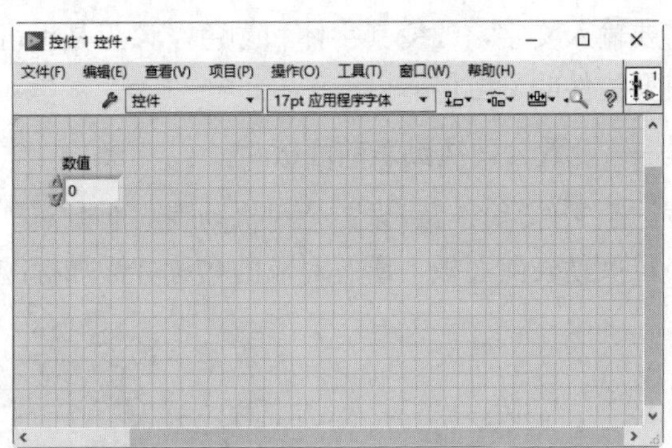

图 5-19　控件编辑窗口

控件编辑窗口与前面板类似，从中可以对控件进行编辑。工具栏稍有差异，不过按照前面介绍的方法同样可以直接修改对象的大小、颜色、字体等。

单击工具栏中的“切换至自定义模式”按钮，进入编辑状态，控件由整体转换为单个的对象，如图 5-20 所示。

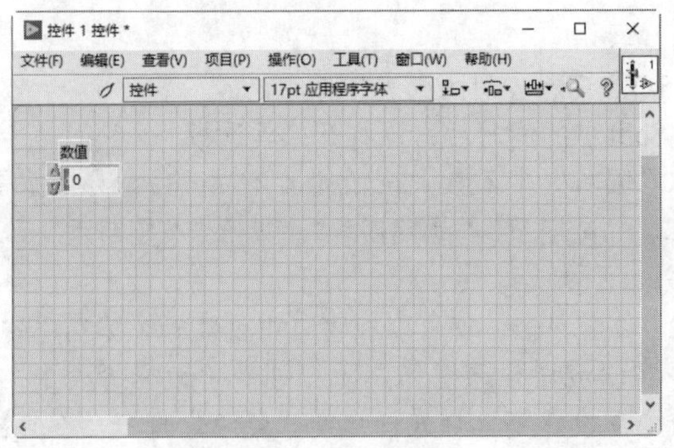

图 5-20　自定义操作

扫一扫，看视频

5.3　综合演练——编辑室外温度控件

源文件：源文件\ 第 5 章\ 编辑室外温度控件 \ 编辑室外温度控件.vi

本实例创建如图 5-21 所示的自定义控件。

【操作步骤】

（1）打开前面板，选择“控件”选板中的“新式”→“数值”→“仪表”控件，如图 5-22 所示；放置到前面板中，如图 5-23 所示。

图 5-21　室外温度控件

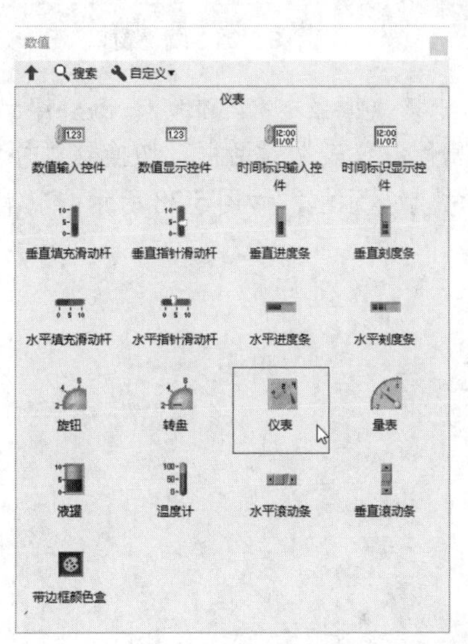

图 5-22　“数值”子选板

（2）选中放置的“仪表”控件，右击，从弹出的快捷菜单中选择“高级”→“自定义”命令（图 5-24），弹出该控件的编辑窗口，如图 5-25 所示。

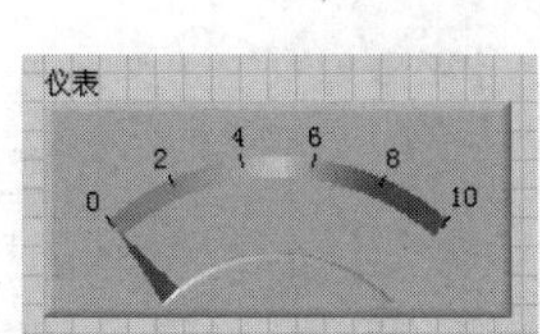

图 5-23　放置控件

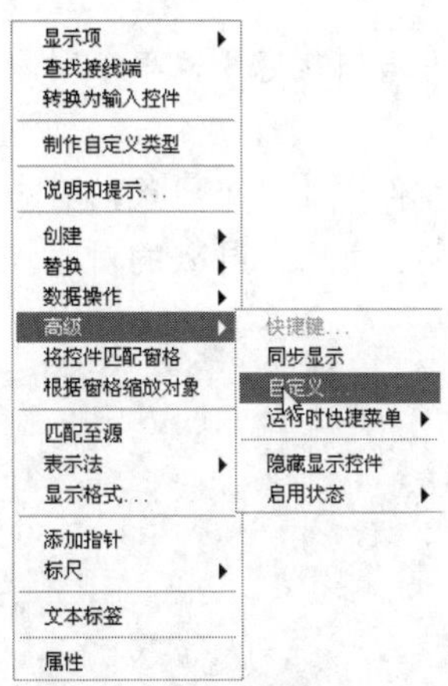

图 5-24　快捷菜单 1

（3）选中编辑窗口中的控件，单击工具栏中的“切换至自定义模式”按钮，进入编辑状态，控件由整体转换为单个的对象，如图 5-26 所示，同时在控件右侧自动添加数值显示文本框。

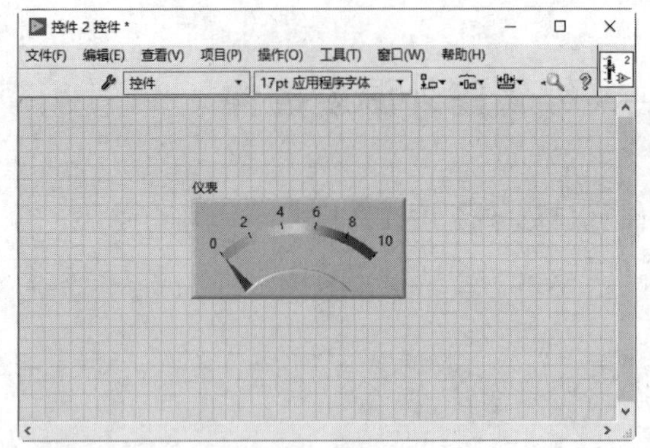

图 5-25 编辑窗口

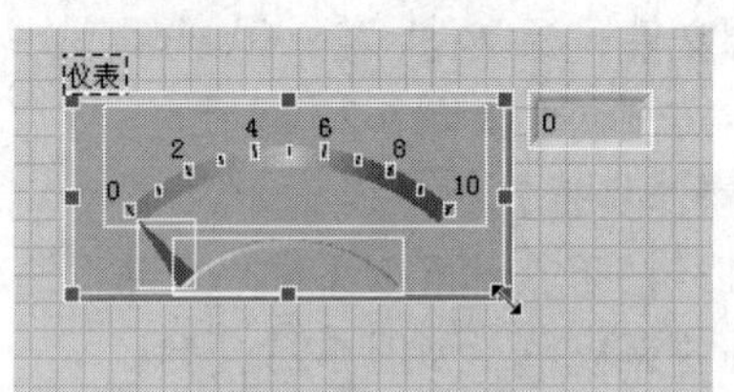

图 5-26 自定义状态

（4）选中该数值显示文本框，右击，弹出如图 5-27 所示的快捷菜单，选择“属性”命令，弹出“旋钮类的属性：仪表”对话框。切换到“外观”选项卡，勾选“显示数字显示框”复选框即可在控件右侧显示数字显示框，如图 5-28 所示；取消该复选框的勾选，则不显示该数字显示框。

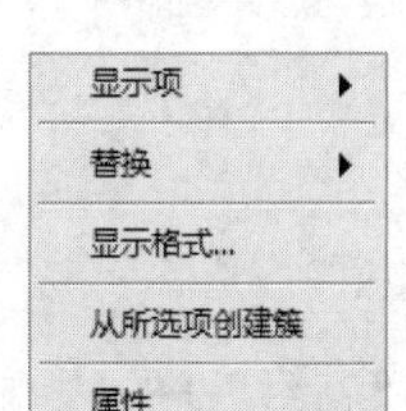

图 5-27 快捷菜单 2

图 5-28 “旋钮类的属性：仪表”对话框

（5）在控件编辑状态下，单个对象可进行移动和调整大小，如图 5-29 和图 5-30 所示，整体修改控件外观。

（6）选中控件中的单个对象，右击，弹出的快捷菜单如图 5-31 所示。利用快捷命令对控件上对象的数量进行调整，并添加导入的对象。

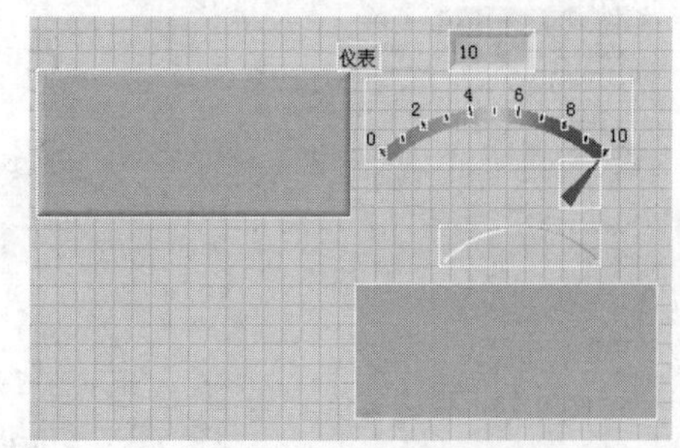

图 5-29 移动控件

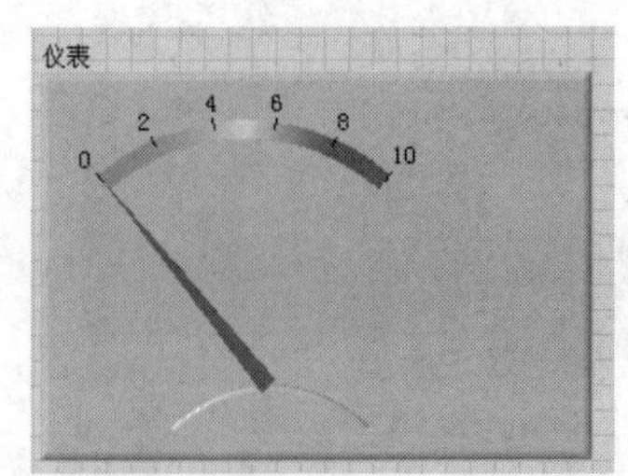

图 5-30 修改控件大小

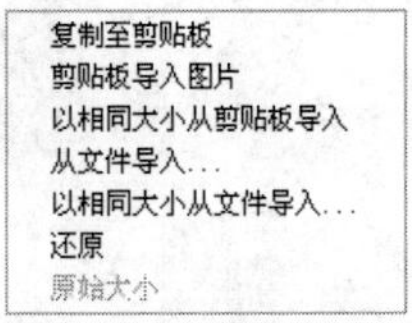

复制至剪贴板
剪贴板导入图片
以相同大小从剪贴板导入
从文件导入...
以相同大小从文件导入...
还原
原始大小

图 5-31 快捷菜单 3

（7）单击工具栏中的“切换至编辑模式”按钮，退出自定义状态，最终结果如图 5-21 所示。

第 6 章　LabVIEW 编程

内容简介

LabVIEW 是图形化编辑软件，使用 LabVIEW 编程的基本流程是 VI 的创建和编辑、运行和调试。本章通过连接编辑程序框图中的函数与控件的相互转换操作，为深入学习编程原理和技巧打下基础。

内容要点

- 程序框图
- 设置连线端口
- 运行和调试 VI
- 编辑子 VI
- 编辑 VI
- 综合演练——符号运算

案例效果

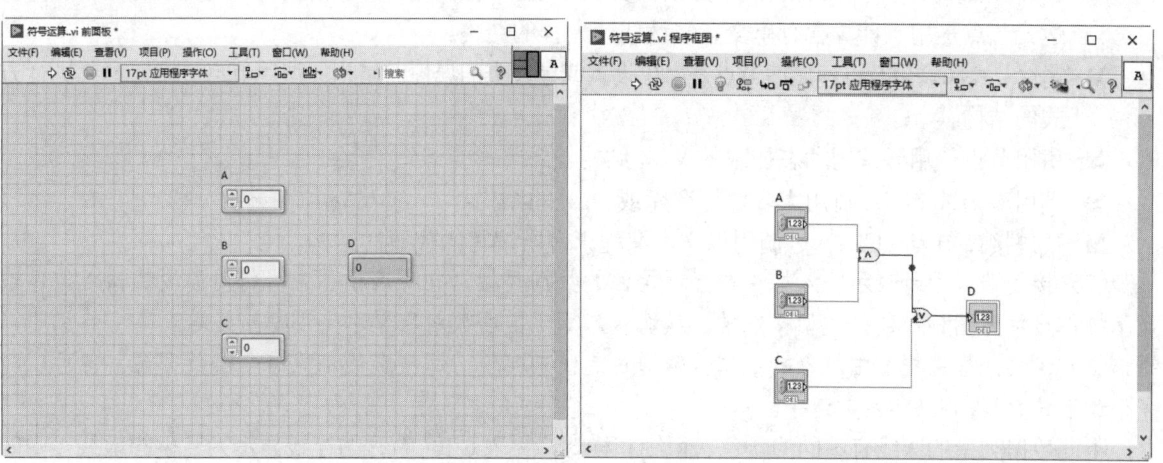

6.1　程序框图

由框图组成的图形对象共同构造出通常所说的源代码。框图（类似于流程图）与文本编程语言中的文本行相对应。事实上，框图是实际可执行的代码。框图是通过将完成特定功能的对象连接在一起构建出来的。

程序框图由下列 3 种组件构建而成，如图 6-1 所示。

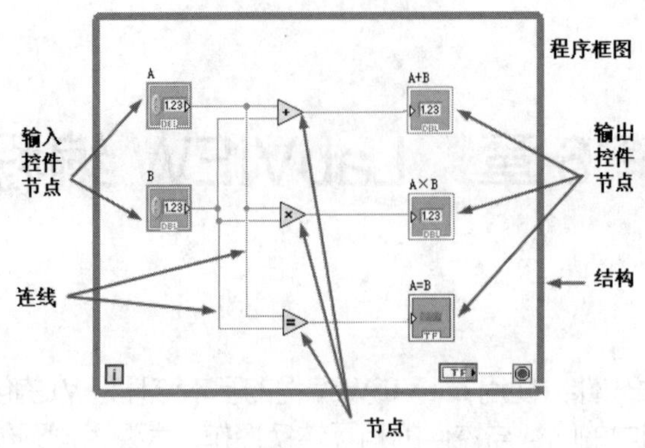

图 6-1　框图演示程序的程序框图

（1）节点：指程序框图中的对象，具有输入/输出端，在 VI 运行时进行运算。节点相当于文本编程语言中的语句、运算符、函数和子程序。

LabVIEW 中包含以下类型的节点。

- 函数：内置的执行元素，相当于操作符、函数或语句。
- 子 VI：用于另一个 VI 程序框图中的 VI，相当于子程序。
- Express VI：协助常规测量任务的子 VI。Express VI 是在配置对话框中配置的。
- 结构：执行控制元素，如 For 循环、While 循环、条件结构、平铺式和层叠式顺序结构、定时结构和事件结构。
- 公式节点和表达式节点：公式节点是可以直接向程序框图输入方程的结构，其大小可以调节；表达式节点是用于计算含有单变量表达式或方程的结构。
- 属性节点和调用节点：属性节点是用于设置或寻找类的属性的结构；调用节点是设置对象执行方式的结构。
- 引用节点：用于调用动态加载的 VI 的结构。
- 调用库函数节点：调用大多数标准库或 DLL 的结构。
- 代码接口节点（CIN）：调用以文本编程语言所编写的代码的结构。

（2）接线端：用于表示输入控件或显示控件的数据类型。在程序框图中可将前面板的输入控件或显示控件显示为图标或数据类型接线端。默认状态下，前面板对象显示为图标接线端。

（3）连线：程序框图中对象的数据传输通过连线来实现。每根连线都只有一个数据源，但可以与多个读取该数据的 VI 和函数连接。

不同数据类型的连线有不同的颜色、粗细和样式，见表 6-1。断开的连线显示为黑色的虚线，中间有个红色的“×”。出现断线的原因有很多，如试图连接数据类型不兼容的两个对象时就会产生断线。

表 6-1　连线类型

类　型	颜　色	标　量	一维数组	二维数组
整型数	蓝色			
浮点数	橙色			
逻辑量	绿色			
字符串	粉色			
文件路径	青色			

动手学——加一运算

源文件：源文件\第 6 章\加一运算.vi

本实例演示如何利用简单的加一函数将前面板中的控件与程序框图中的函数关联起来，结果如图 6-2 所示。

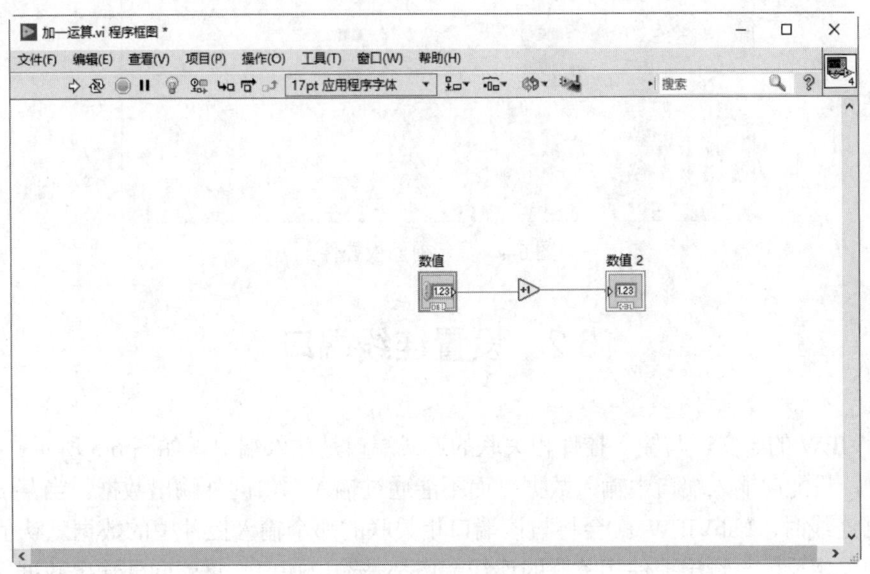

图 6-2　连接程序

【操作步骤】

（1）打开前面板，在“控件”→“新式”子选板中选择数值输入控件，如图 6-3 所示。

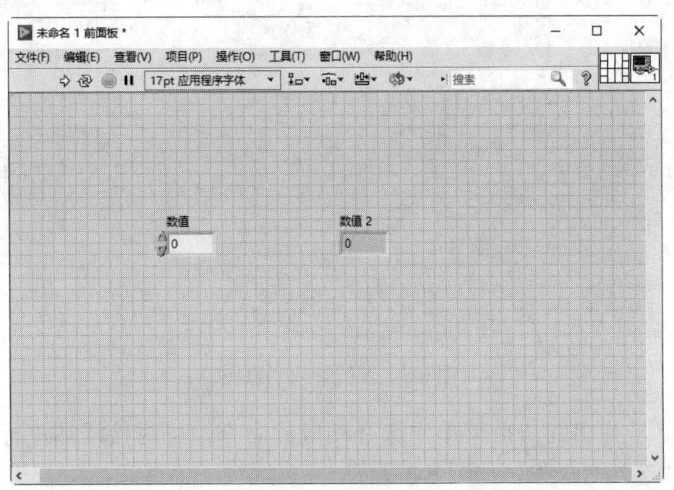

图 6-3　VI 的前面板

（2）打开程序框图，显示与前面板控件相对应的数值，如图 6-4 所示。

（3）右击，在“函数”→“数值”子选板中选择“加 1”函数▷，同时在函数接线端分别连接控件图标的输出端与输入端，结果如图 6-2 所示。

图 6-4　显示前面板控件

6.2　设置连线端口

按照 LabVIEW 的定义，与输入控件相关联的连线端口是输入端口，如图 6-5 所示。在子 VI 被其他 VI 调用时，只能向输入端口中输入数据，而不能通过输入端口向外输出数据。当某一个输入端口没有连接数据连线时，LabVIEW 就会将与该端口相关联的那个输入控件中的数据默认值作为该端口的数据输入值。相反，与输出控件相关联的连线端口都是输出端口，只能向外输出数据，而不能向内输入数据。

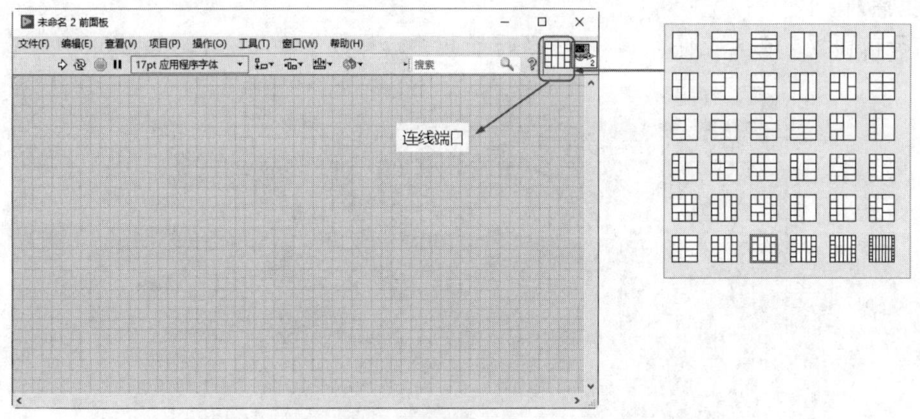

图 6-5　连线端口示意图

在前面板中右击，从弹出的快捷菜单中选择相应的命令，可对接线端进行添加、删除、翻转与模式选择等操作，如图 6-6 所示。

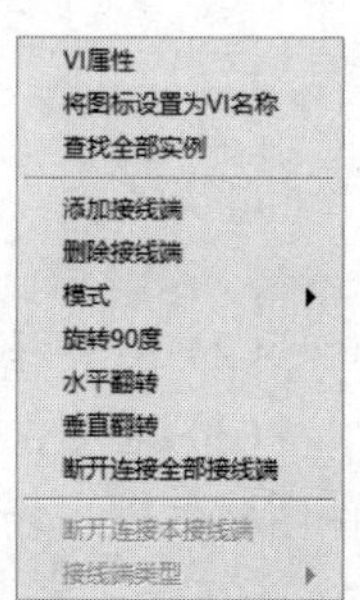

图 6-6　快捷菜单

LabVIEW 提供了以下两种方法来改变端口的个数。

（1）第一种方法是在连线端口右击，从弹出的快捷菜单中选择“添加接线端”或“删除接线端”命令，逐个添加或删除接线端口。这种方法较为灵活，但也比较麻烦。

（2）第二种方法是在连线端口右击，从弹出的快捷菜单中选择“模式”命令，会出现一个图形化下拉菜单，其中列出了 36 种不同的连线端口，一般情况下可以满足用户的需要。这种方法较为简单，但是不够灵活，有时不能满足需要。

通常的做法是，先用第二种方法选择一个与实际需要比较接近的连线端口，然后再用第一种方法对选好的连线端口进行修正。

完成了连线端口的创建以后，接下来的工作就是定义前面板中的输入控件和输出控件与连线端口中各输入/输出端口的关联关系。

扫一扫，看视频

动手学——选择端口模式

源文件：源文件\第 6 章\选择端口模式.vi

本实例标注如图 6-7 所示的程序接线端口模式。

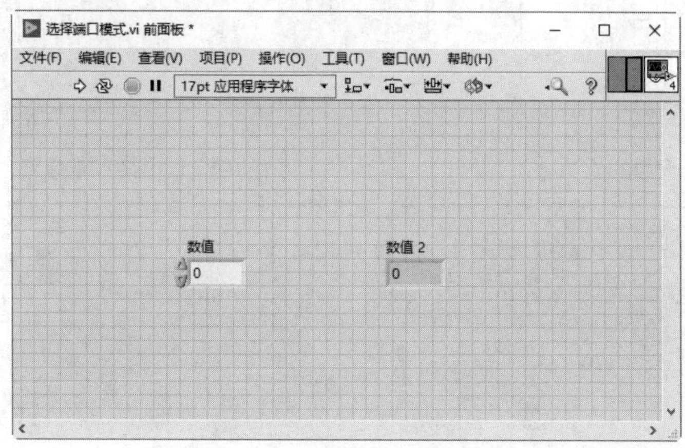

图 6-7 定制好的 VI 连线端口

【操作步骤】

（1）打开“源文件\第 6 章\加一运算.vi”文件。

（2）将前面板置为当前，将光标放置在前面板窗口右上角的连线端口图标上方，使之变为连线工具状态。

（3）右击，从弹出的快捷菜单中选择“模式”命令，在弹出的子菜单中显示了 36 种连线端口模式，在此选择第 1 行第 4 种模式，如图 6-8 所示。

提示：

连线端口位于前面板的右上角，图标位于前面板窗口及程序框图窗口的右上角，连线端口在图标左侧。

（4）对应端口与接线端。

① 将光标移动至连线板左侧上方的端口上，单击这个端口，端口变为黑色，如图 6-9 所示。

② 单击输入控件“数值”，选中输入控件“数值”，此时输入控件“数值”的图标周围会出现一个虚框，同时黑色连线端口变为棕色。此时，这个端口就建立了与输入控件“数值”的关联关系，端口的名称为“数值”，颜色为棕色，如图 6-10 所示。

注意：

当其他 VI 调用这个子 VI 时，从这个连线端口输入的数据就会输入到输入控件“数值”中，然后程序从输入控件“数值”在程序框图中所对应的端口中将数据取出，进行相应的处理。

③ 按同样的方法连接控件“数值 2”并将文件重命名为“选择端口模式”，结果如图 6-7 所示。

图 6-8 “模式”子菜单

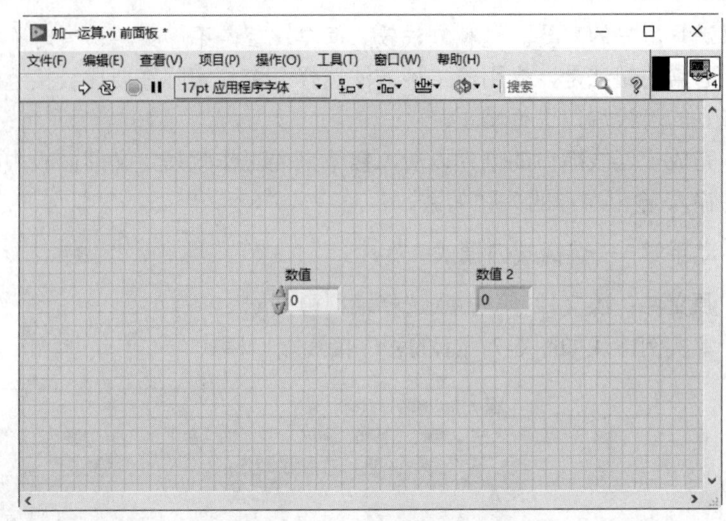

图 6-9 选中输入端口

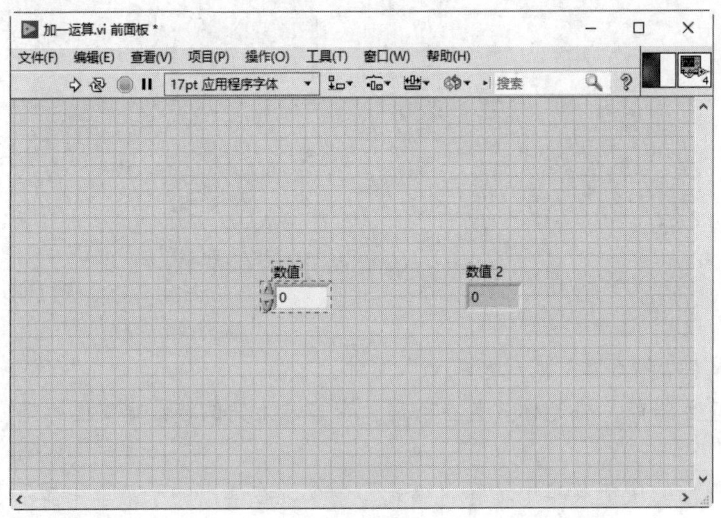

图 6-10 建立连线端口与输入控件“数值”的关联关系

知识拓展：

端口的颜色是由与之关联的前面板对象的数据类型来确定的，不同的数据类型对应不同的颜色。例如，与布尔量相关联的端口的颜色是绿色。

建立前面板中其他输入或输出控件与连线端口关系的方法与之相同。定制好的 VI 连线端口如图 6-7 所示。

在编辑、调试 VI 过程中，用户有时会根据实际需要断开某些端口与前面板对象的关联。具体做法：在需要断开的端口上右击，从弹出的快捷菜单中选择“断开连接本地接线端”命令。

若在快捷菜单中选择“断开连接全部接线端”命令，则会断开所有端口的关联，如图 6-11 所示。

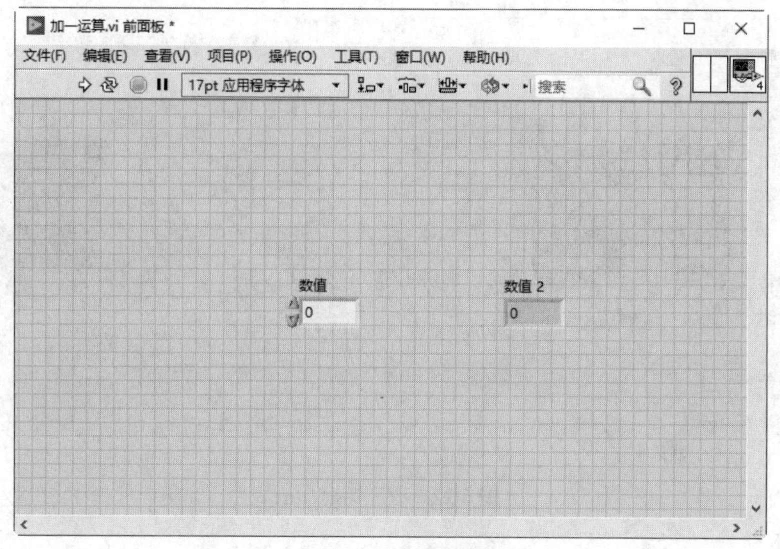

图 6-11 断开接线端

6.3 运行和调试 VI

本节讨论 LabVIEW 的基本调试方法。LabVIEW 提供了有效的编程调试环境，同时提供了许多与优秀的交互式调试环境相关的特性。这些调试特性与图形编程方式保持一致，通过图形方式访问调试功能。通过加亮执行、单步、断点和探针帮助用户跟踪经过 VI 的数据流，从而使调试 VI 更容易。实际上用户可观察 VI 执行时的程序代码。

6.3.1 运行 VI

在 LabVIEW 中，用户可以通过两种方式来运行 VI，即运行和连续运行。下面介绍这两种运行方式的使用方法。

1. 运行 VI

在前面板窗口或程序框图窗口的工具栏中单击“运行”按钮，可以运行 VI。使用这种方式运行 VI，VI 只运行一次，当 VI 正在运行时，“运行”按钮会变为（正在运行）状态，如图 6-12 所示。

动手学——运行加一运算

扫一扫，看视频

源文件：源文件\第 6 章\运行加一运算.vi

本实例运行如图 6-13 所示的加一运算程序。

【操作步骤】

（1）打开“源文件 \ 第 6 章 \ 选择端口模式 .vi”。

（2）在前面板中双击控件标签，修改标签名称为 A、B，数值输入控件显示如图 6-14 所示。

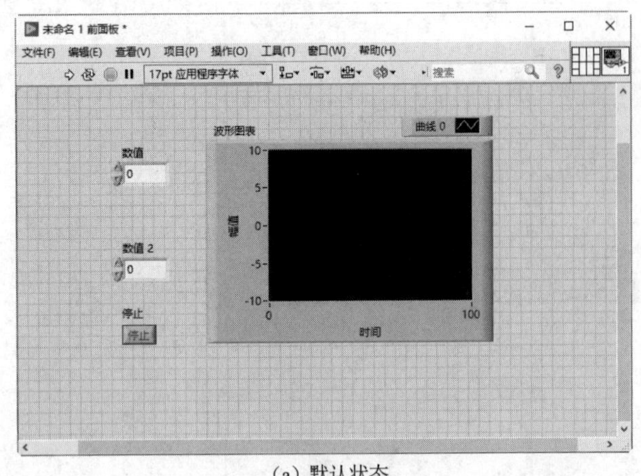

（a）默认状态　　　　（b）运行状态

图 6-12　程序的前面板

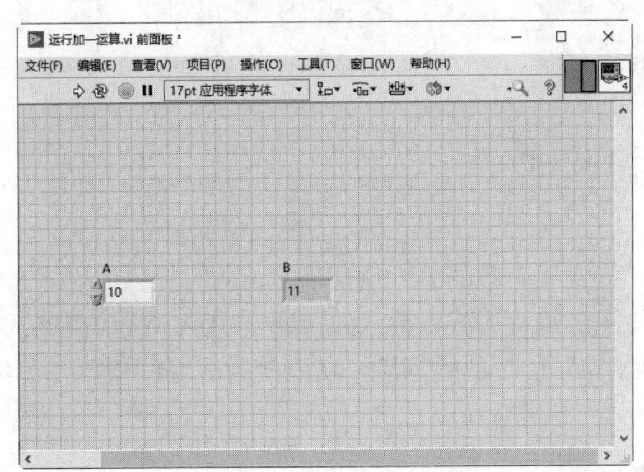

图 6-13　程序运行结果

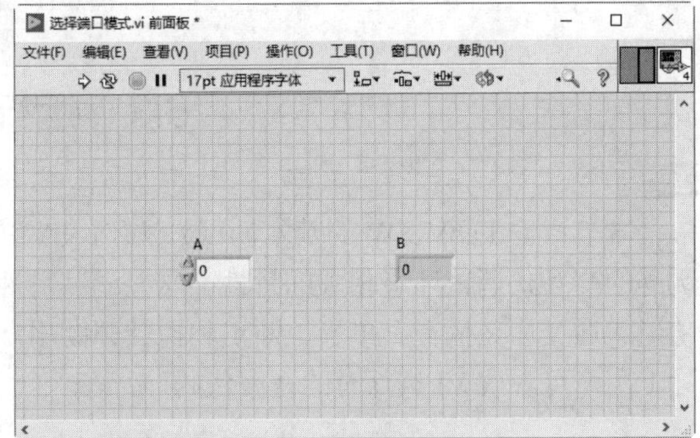

图 6-14　显示控件修改结果

（3）在控件 A 中输入初始值 10，单击“运行”按钮，运行 VI，在控件 B 中显示运行结果，如图 6-13 所示。

2. 连续运行 VI

在工具栏中单击“连续运行”按钮，可以连续运行 VI。连续运行的意思是一次 VI 运行结束后，继续重新运行 VI。当 VI 正在连续运行时，“连续运行”按钮会变为（正在连续运行）状态。单击按钮可以停止 VI 的连续运行。

3. 停止运行 VI

当 VI 处于运行状态时，在工具栏中单击“终止执行”按钮，可强行终止 VI 的运行。这项功能在程序的调试过程中非常有用，当不小心使程序处于死循环状态时，使用该按钮可安全地终止程序的运行。当 VI 处于编辑状态时，“终止执行”按钮处于（不可用）状态，此时的按钮是不可操作的。

4. 暂停运行 VI

在工具栏中单击“暂停”按钮，可暂停 VI 的运行，再次单击该按钮，可恢复 VI 的运行。

6.3.2 纠正 VI 的错误

由于编程错误而使 VI 不能编译或运行时，工具栏中将出现 Broken run 按钮。典型的编程错误出现在 VI 开发和编程阶段，而且一直保留到将框图中的所有对象都正确地连接起来之前。单击 Broken run 按钮可以列出所有的程序错误，列出所有程序错误的信息框称为“错误列表”。具有断线的 VI 的“错误列表”对话框如图 6-15 所示。

当运行 VI 时，警告信息让用户了解潜在的问题，但不会禁止程序运行。如果想知道有哪些警告，可在“错误列表”对话框中勾选“显示警告”复选框，这样，每当出现警告情况时，工具栏中就会出现警告按钮。

如果程序中有阻止程序正确执行的任何错误，通过在错误列表中选择错误项，然后单击“显示错误”按钮，可搜索特定错误的源代码。这个过程会加亮框图上报告错误的对象，如图 6-15 所示。在错误列表中单击错误也将加亮报告错误的对象。

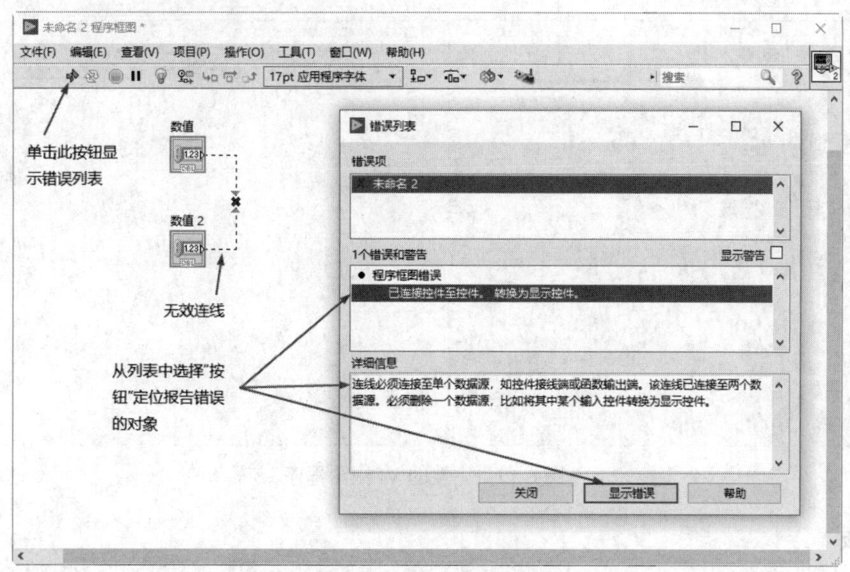

图 6-15 “错误列表”对话框

在编辑期间导致中断 VI 的一些最常见的原因如下。

（1）要求输入的函数端未连接。例如，算术函数的输入端如果未连接，将报告错误。

（2）由于数据类型不匹配或存在散落、未连接的线段，使框图包含断线。

（3）中断子 VI。

6.3.3 高亮显示程序执行过程

通过单击“高亮显示执行过程”按钮，可以动画演示 VI 框图的执行情况，该按钮位于图 6-16 所示的程序框图上方的运行调试工具栏中。

程序框图的高亮执行效果如图 6-15 所示。可以看到 VI 执行过程中的动画演示对于调试是很有帮助的。当单击“高亮显示执行过程”按钮时，该按钮变为闪亮的灯泡，指示当前程序执行时的数据流情况。任何时候单击“高亮显示执行过程”按钮都将返回正常运行模式。

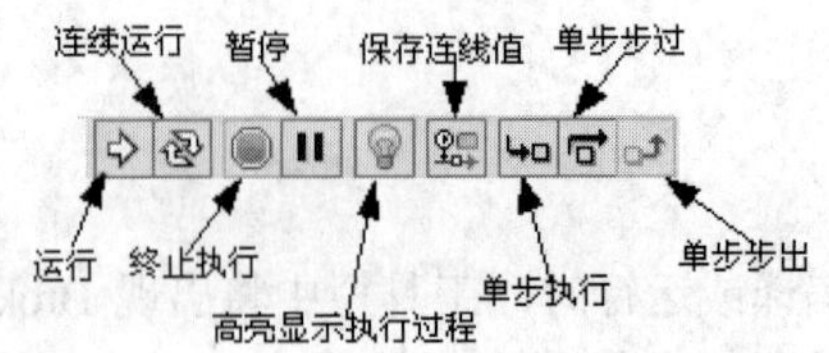

图 6-16　位于程序框图上方的运行调试工具栏

“高亮显示执行过程”功能普遍用于单步执行模式下跟踪框图中数据流的情况，目的是理解数据在框图中是如何流动的。应该注意的是，当使用“高亮显示执行过程”特性时，VI 的执行时间将大大增加。数据流动画用“气泡”来指示沿着连线运动的数据，演示从一个节点到另一个节点的数据运动。另外，在单步模式下，将要执行的下一个节点一直闪烁，直到单击单步按钮为止。

扫一扫，看视频

动手练——演示程序单步运行

源文件：源文件\第 6 章\演示程序单步运行.vi

单步运行如图 6-17 所示的除法运算。

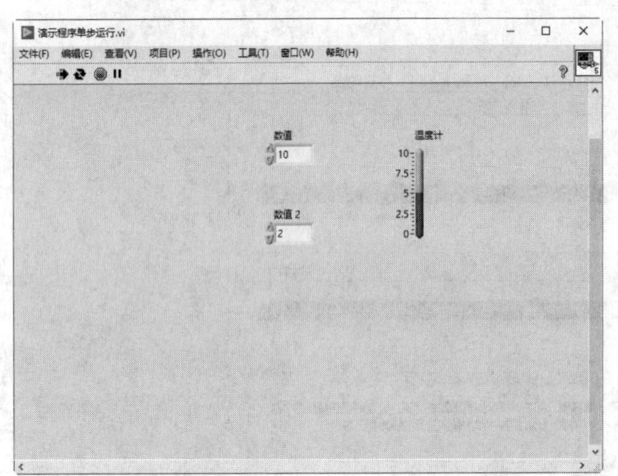

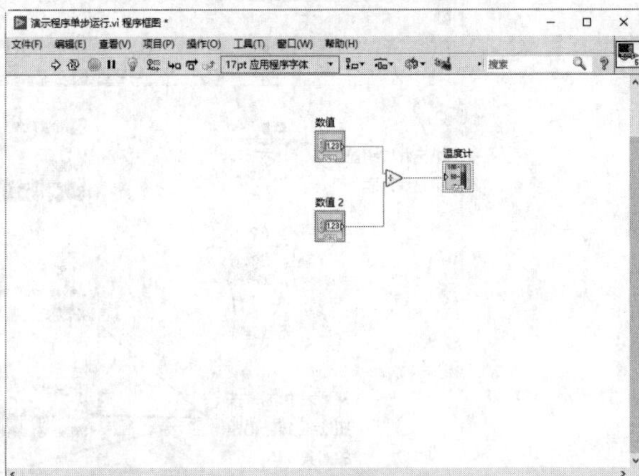

图 6-17　完整的 VI 框图程序

思路点拨

（1）绘制前面板。
（2）绘制程序框图。
（3）输入初始值。
（4）单步运行程序。

6.4　编辑子 VI

子 VI 相当于常规编程语言中的子程序。在 LabVIEW 中，用户可以把任何一个 VI 当作子 VI 来调用。因此，在使用 LabVIEW 编程时，也应与其他编程语言一样，尽量采用模块化编程的思想，有效地利用子 VI，简化 VI 框图程序的结构，使其更加简单、易于理解，以提高 VI 的运行效率。

子 VI 利用连线端口与调用它的 VI 交换数据。实际上，创建完成一个 VI 后，再按照一定的规则定义好 VI 的连线端口，该 VI 就可以作为一个子 VI 来使用了。

6.4.1 创建子 VI

在完成一个 VI 的创建以后，将其作为子 VI 调用的主要工作就是定义 VI 的连线端口。

在 VI 前面板的右上角显示图标与接线端两个小图形，在程序框图中只显示图标。接线端的位置会显示一个连线端口，如图 6-18 所示。

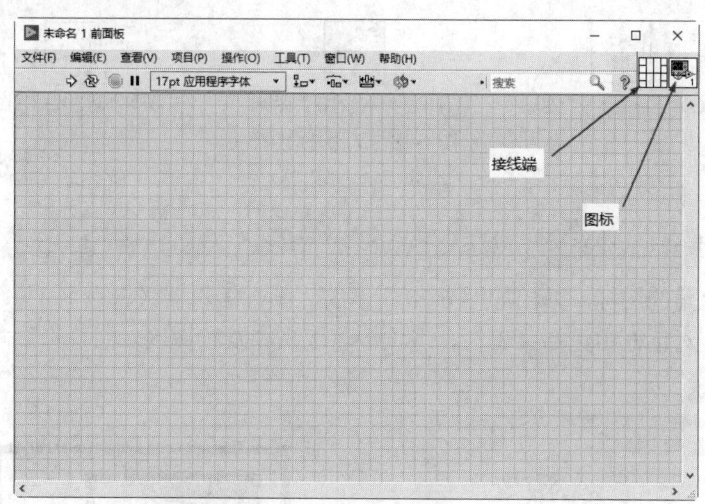

图 6-18　VI 的连线板

第一次打开连线板时，LabVIEW 会自动根据前面板中的输入和输出控件建立相应个数的端口。当然，这些端口并没有与输入或显示控件建立起关联关系，需要用户自己定义。但通常情况下，用户并不需要把所有的输入或输出控件都与一个端口建立关联与外部交换数据，因而需要改变连线端口中端口的个数。

6.4.2 单步通过 VI 及其子 VI

为了进行调试，可能想要一个节点接着一个节点地执行程序框图，这个过程称为单步执行。要在单步模式下运行 VI，首先在工具栏中按任何一个单步调试按钮，然后继续进行下一步。单步按钮显示在图 6-16 所示的工具栏中。所按的单步按钮决定下一步从哪里开始执行。“单步执行”或“单步步出”按钮的功能是执行完当前节点后前进到下一个节点。如果节点是结构（如 While 循环）或子 VI，可选择“单步步过”按钮执行该节点。例如，如果节点是子 VI，单击“单步步过”按钮，则执行子 VI 并前进到下一个节点，但不能看到子 VI 节点内部是如何执行的。要单步通过子 VI，应选择“单步执行”按钮。

单击“单步步出”按钮，完成框图节点的执行。当按任何一个单步按钮时，也按了“暂停”按钮。在任何时候通过释放“暂停”按钮可返回到正常执行的情况。

值得一提的是，如果将光标放置到任何一个单步按钮上，将出现一个提示条，显示下一步如果按该按钮时将要执行的内容描述。

当单步通过 VI 时，可能想要高亮显示执行过程，以便在数据流过时可以跟踪数据。在单步和高亮显示执行过程模式下执行子 VI 时，子 VI 的框图窗口显示在主 VI 程序框图的上面。接着可以单步通过子 VI 或让其自己执行。

6.4.3 设置图标

一个完整的 VI 是由前面板、框图程序、图标和连线端口组成的。图标的设计图案并不是随手涂鸦，而是以最直观的符号或图形让读者明白图标所表示的 VI 的含义。

下面介绍几种常见 VI 的图标，如图 6-19 所示。

（a）“种植系统”图标

（b）“创建对象”图标

（c）“创建锥面”图标

图 6-19 VI 图标样例

注意：

LabVIEW 中允许前面板对象没有名称，并且允许重命名。

双击前面板右上角的图标，弹出如图 6-20 所示的“图标编辑器（未命名 1）”对话框，可在该对话框中编辑图标，该对话框中包括菜单栏、选项卡、工具栏及绘图区。

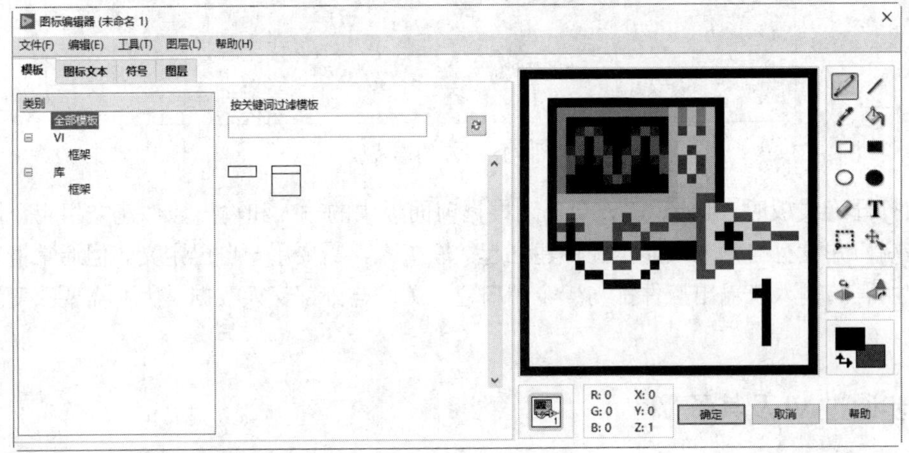

图 6-20 “图标编辑器（未命名 1）”对话框

1. 选项卡说明

图标编辑器的对话框包括 4 个选项卡，介绍如下。

- 模板：可在“模板”选项卡中选择需要的模板，导入绘图区，方便简捷。
- 图标文本：可在“图标文本”选项卡的“设置图标”中设置要输入的文字、符号等，同时可设置输入的文本字体、颜色、样式。
- 符号：可在“符号”选项卡中显示多种图形符号，可作为图标编辑的基础部件，按照要求选择基本图形，装饰图标。
- 图层：可在“图层”选项卡中设置图标的对象的图层。图形或文字的图形前后次序同样影响图标的显示结果。

2. 工具栏功能

工具栏中主要包括绘图、布局和颜色 3 部分，如图 6-21 所示。

（a）绘图　　（b）布局　　（c）颜色

图 6-21　工具栏

- 绘图：包括 12 种工具，可利用这些工具在绘图区绘制图形。
- 布局：包括水平翻转和垂直翻转两种，合理使用该工具，使图形达到所需效果。
- 颜色：可设置绘制的图形颜色。

3. 绘图区设置

绘图区中一般显示系统默认的图形，在设置图标过程中，首先应选择⬚按钮，删除右侧黑色边框内部的图标，如图 6-22 所示。

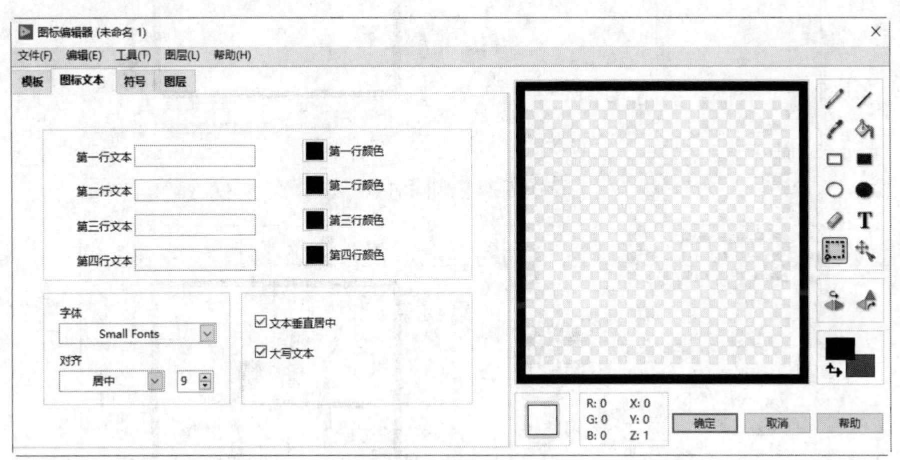

图 6-22　修改图标

在空白黑框中进行图标绘制，如有所需，也可删除黑色边框。

动手学——设置加一运算图标

扫一扫，看视频

源文件：源文件\ 第 6 章\ 设置加一运算图标.vi

本实例绘制如图 6-23 所示的图标。

【操作步骤】

（1）打开“源文件 \ 第 6 章 \ 运行加一运算 .vi”文件。

（2）图标位于前面板窗口及程序框图窗口的右上角，双击图标，弹出“图标编辑器（运行加一运算.vi）”对话框。

（3）单击工具栏中的⬚按钮，框选矩形框内的图标并删除，如图 6-24 所示。

（4）切换到“图标文本”选项卡，在“第一行文本”中输入+1，调整字体大小，同时在右侧图形显示框中显示结果，如图 6-25 所示。

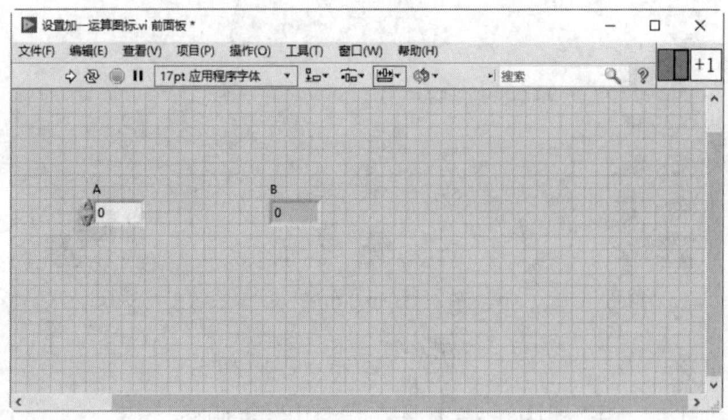

图 6-23　图标设置结果

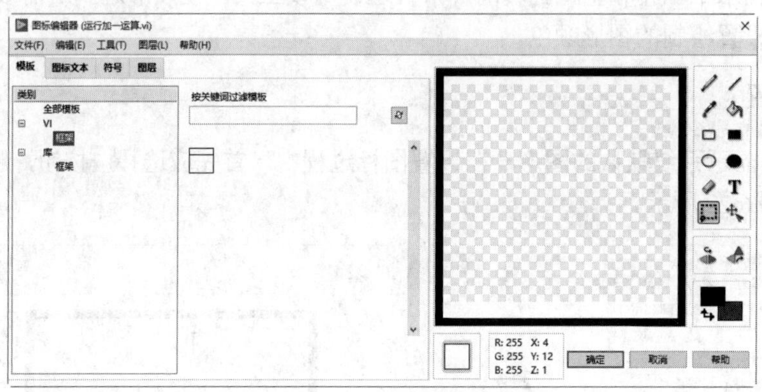

图 6-24　删除对象

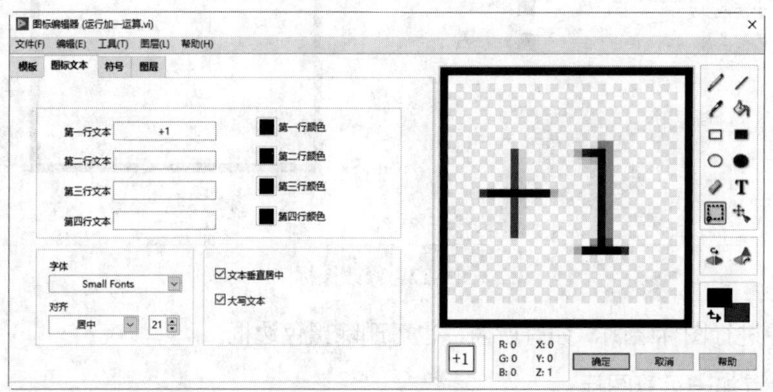

图 6-25　添加文本

（5）单击“确定”按钮，完成图标的设置，将文件重命名为“设置加一运算图标”，观察前面板与程序框图中的图标设置结果，如图 6-23 所示。

6.4.4　调用子 VI

在完成了连线端口的定义之后，这个 VI 就可以当作子 VI 来调用了。下面介绍如何在一个主 VI 中调用子 VI，具体步骤如下。

（1）选择子 VI。在“函数”选板中选择“选择 VI”节点（图 6-26），弹出“选择需打开的 VI”对话框，找到需要调用的子 VI，选中后单击“确定”按钮，如图 6-27 所示。

图 6-26 “函数”选板

图 6-27 “选择需打开的 VI”对话框

（2）放置 VI。将选择的 VI 放置到程序框图中，如图 6-28 所示，连接程序即可。

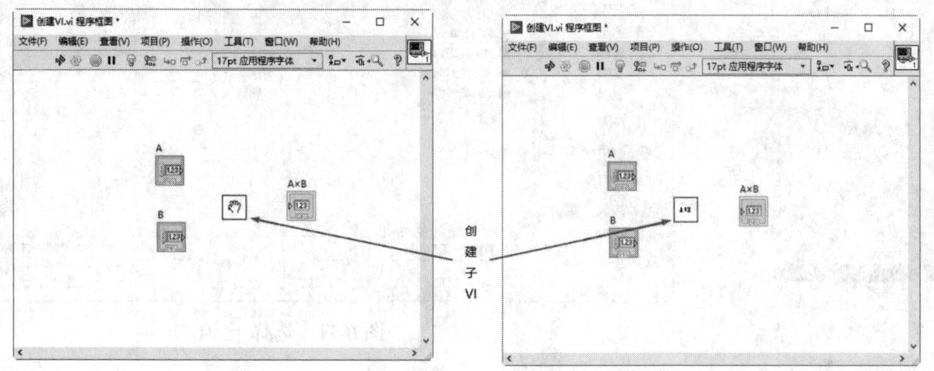

图 6-28 添加子 VI

动手学——四则运算

扫一扫，看视频

源文件：源文件\第 6 章\四则运算.vi

本实例创建如图 6-29 所示的四则运算。

【操作步骤】

（1）打开“源文件\第 6 章\设置加一运算图标.vi”文件。

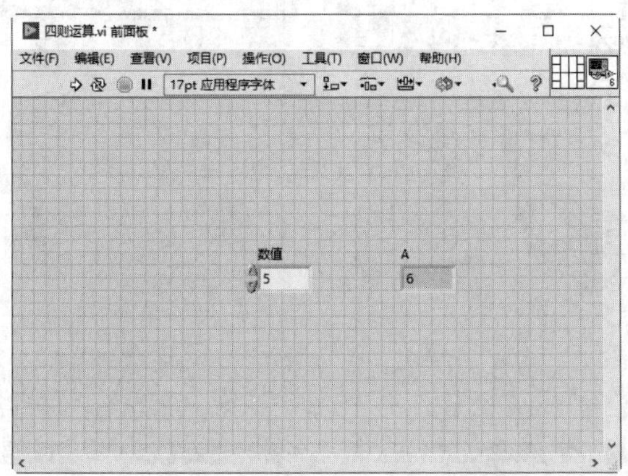

图 6-29 四则运算

（2）新建一个 VI，输入名称为“四则运算 .vi”。在“函数”选板中选择“选择 VI”命令，如图 6-30 所示。

（3）在弹出的对话框中选择前面创建的“设置加一运算图标 .vi”子 VI，如图 6-31 所示，将其放置到程序框图中，如图 6-32 所示。

图 6-30　选择“选择 VI”节点

图 6-31　选择子 VI

（4）在子 VI 上右击，从弹出的快捷菜单中选择“创建”→“显示控件”命令，在函数输出端创建名为 A 的输入控件，如图 6-33 所示。

（5）将鼠标放置在控件连线端口上，鼠标变为连线工具状态，连接程序。至此，就完成了子 VI 的调用。主 VI 的前面板及程序框图如图 6-34 所示。

提示：

保证子 VI 输入端和输出端个数与主 VI 个数匹配。

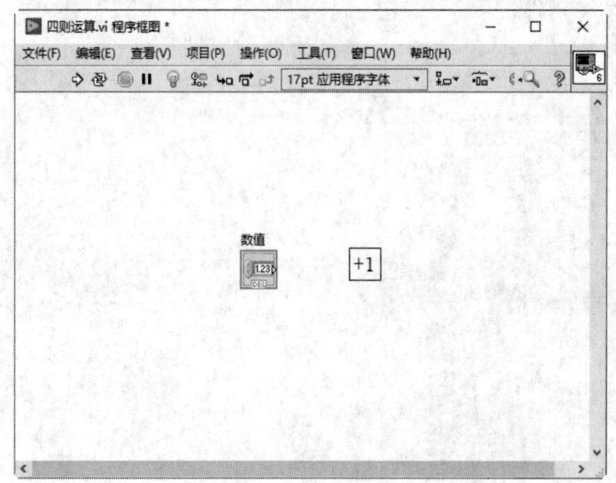

图 6-32　放置子 VI

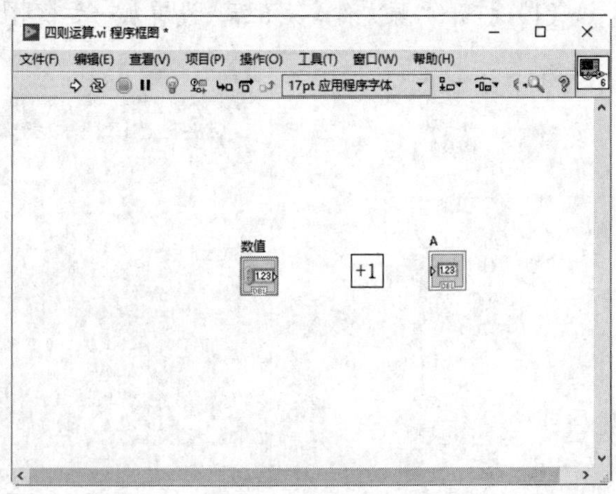

图 6-33　创建显示控件

（6）在数值控件中输入初始值 5，如图 6-35 所示。单击“运行”按钮，运行 VI，在控件 A 中显示运行结果，如图 6-29 所示。

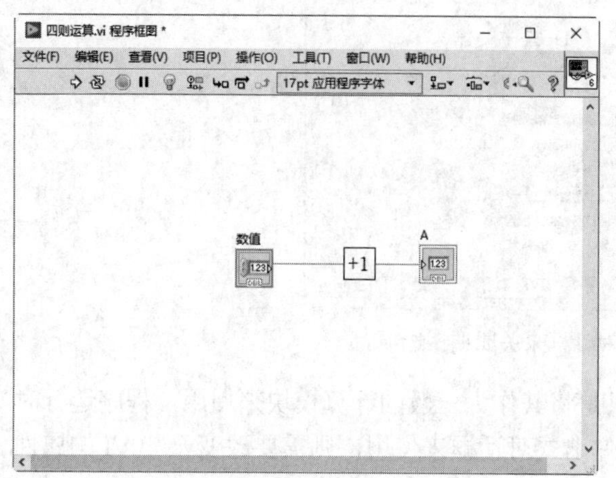

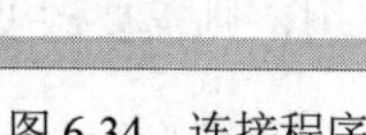
图 6-34　连接程序

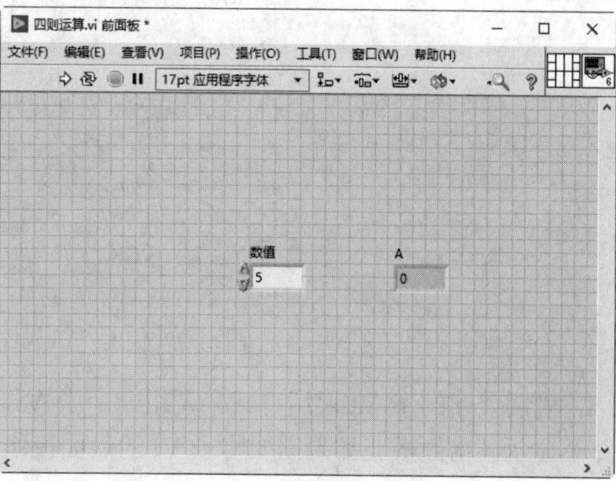

图 6-35　输入初始值

6.5　编 辑 VI

创建 VI 后，还需要对 VI 进行编辑，使 VI 的图形交互式用户界面更加美观、友好而易于操作，使 VI 框图程序的布局和结构更加合理，易于理解、修改。

6.5.1　设置 VI 属性

选择菜单栏中的“文件”→“VI 属性”命令，弹出“VI 属性”对话框，如图 6-36 所示。在“类别”下拉列表中选择不同的选项，可以设置不同的功能。

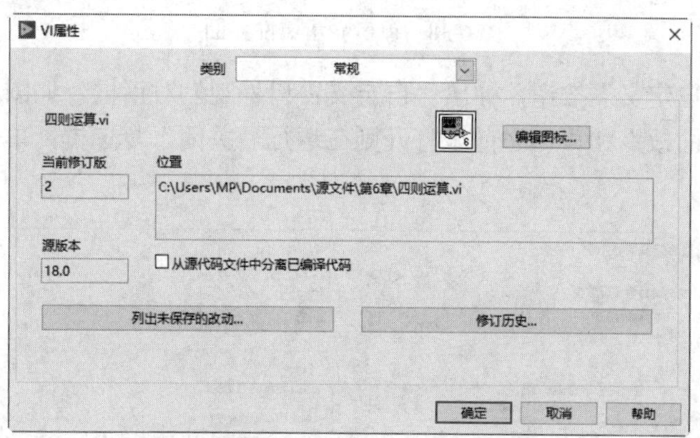

图 6-36　“VI 属性”对话框

没有单步或高亮显示执行过程的 VI 可以节省开销。一般情况下，这种编辑方法可以减少内存需求并提高性能。

在“类别”下拉列表中选择“执行”选项，取消勾选“允许调试”复选框来隐藏“高亮显示执行过程”及“单步执行”按钮，如图 6-37 所示。

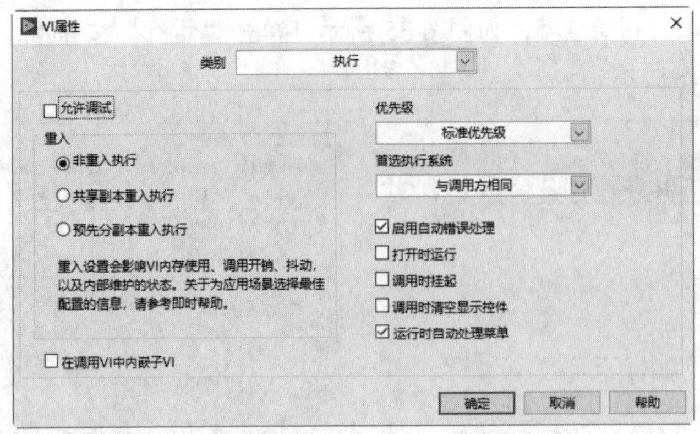

图 6-37　使用“VI 属性”对话框来关闭调试选项

采用上述的子 VI 调用方式来调用一个子 VI，只是将其作为一般的计算模块来使用，程序运行时并不显示其前面板。如果需要将子 VI 的前面板作为弹出式对话框来使用，则需要改变一些 VI 的属性设置。

在“类别”下拉列表中选择“窗口外观”选项，将切换到窗口显示属性界面，如图 6-38 所示。

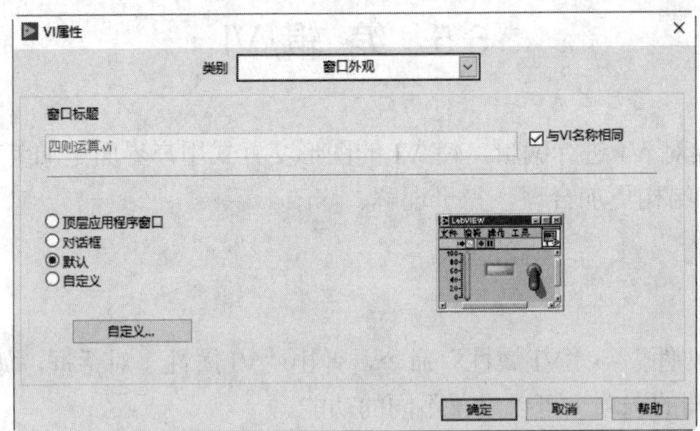

图 6-38　窗口显示属性界面

在该界面中单击“自定义”按钮，弹出“自定义窗口外观”对话框，如图 6-39 所示。在该对话框中勾选“调用时显示前面板”和“如之前未打开则在运行后关闭”复选框，单击“确定”按钮关闭对话框。

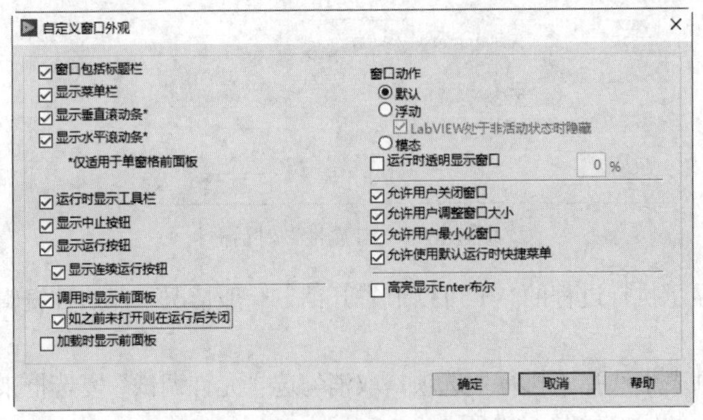

图 6-39　“自定义窗口外观”对话框

选中“调用时显示前面板”复选框后，当程序运行到这个子 VI 时，其前面板就会自动弹出来。若再选中“如之前未打开则在运行后关闭”复选框，则当子 VI 运行结束时，其前面板会自动消失。

6.5.2 使用断点

在工具选板中将鼠标光标切换至断点工具状态，如图 6-40 所示。

单击框图程序中需要设置断点的地方，就可完成一个断点的设置。当断点位于某一个节点上时，该节点图标就会变红；当断点位于某一条数据连线时，数据连线的中央就会出现一个红点，如图 6-41 所示。

当程序运行到该断点时，VI 会自动暂停，此时断点处的节点会处于闪烁状态，提示用户闪烁处为程序暂停的位置。单击“暂停”按钮，可以恢复程序的运行。用断点工具再次单击断点处，或在该处右击，从弹出的快捷菜单中选择“断点”→“清除断点”命令，就会取消该断点，如图 6-42 所示。

图 6-40 设置断点工具状态

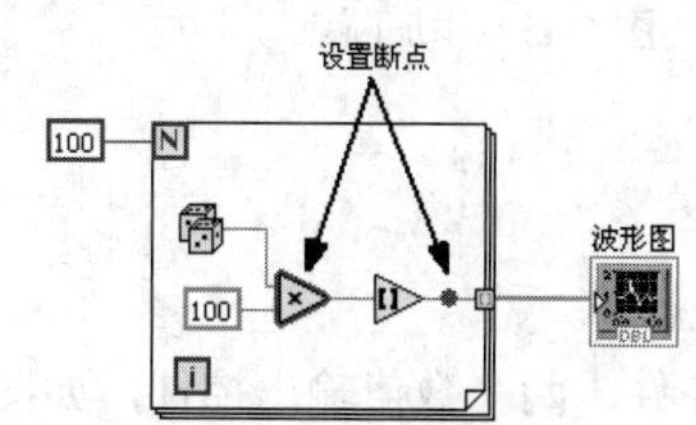

图 6-41 设置断点

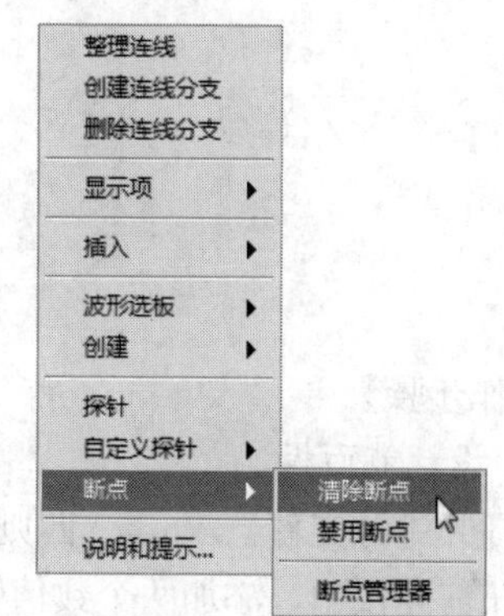

图 6-42 选择“清除断点”命令

6.5.3 使用探针

在工具选板中将鼠标光标切换至探针工具状态，如图 6-43 所示。

单击需要查看的数据连线，或在数据连线上右击，从弹出的快捷菜单中选择“探针”命令，弹出如图 6-44 所示“探针监视窗口”窗口。

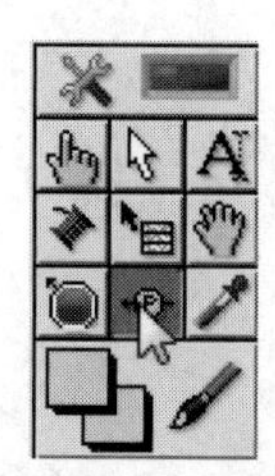

图 6-43 选择探针

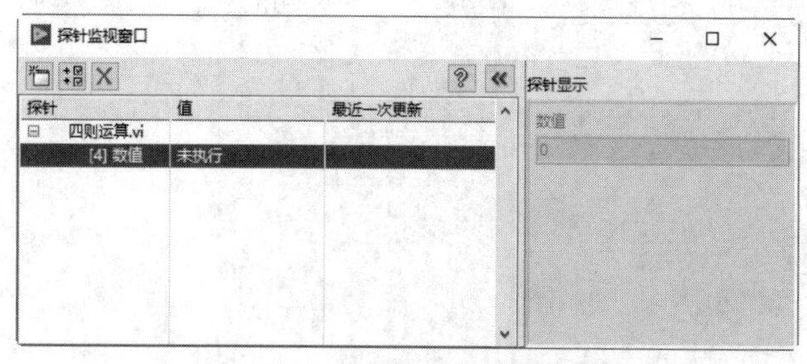

图 6-44 “探针监视窗口”窗口

当 VI 运行时，若有数据流过该数据连线，对话框就会自动显示这些流过的数据。同时，在探针处会出现一个黄色的内含探针数字编号的小方框。

利用探针工具弹出的探针监视窗口是 LabVIEW 默认的，有时候并不能满足用户的需求，若在数据连线上右击，从弹出的快捷菜单中选择“自定义探针”命令，用户可以自己定制所需的探针对话框。

扫一扫，看视频

动手学——设置断点运行

源文件：源文件\第 6 章\设置断点运行.vi

本实例为图 6-45 所示的四则运算运行程序添加断点，显示运行情况。

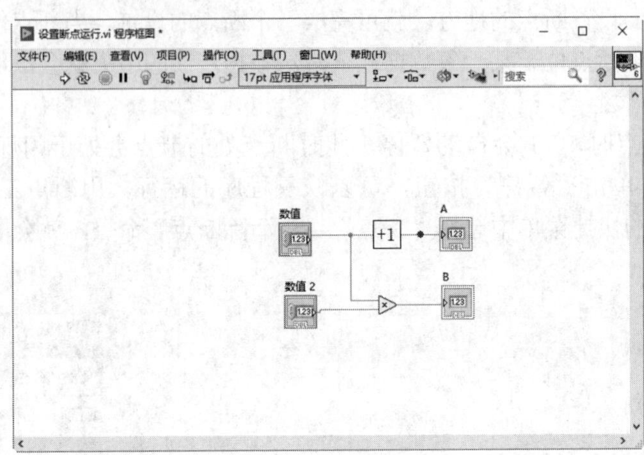

图 6-45　添加断点

【操作步骤】

（1）设计前面板。

① 打开“源文件\第 6 章\四则运算 .vi”。

② 在前面板中，添加两个数值输入控件，两个数值输出控件，如图 6-46 所示。

（2）设计程序框图。

① 在“函数”选板中选择“编程”→“数值”→“乘”函数，连接四则运算程序，结果如图 6-47 所示。

② 选择菜单栏中的“窗口”→“显示前面板”命令，或双击程序框图中的任一输入/输出控件，将前面板置为当前。

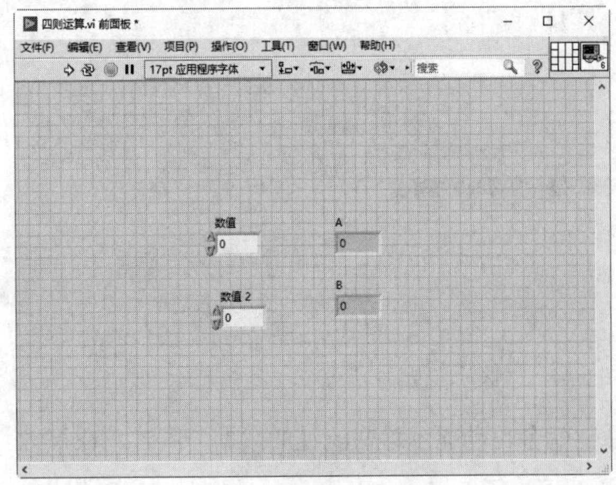

图 6-46　添加控件

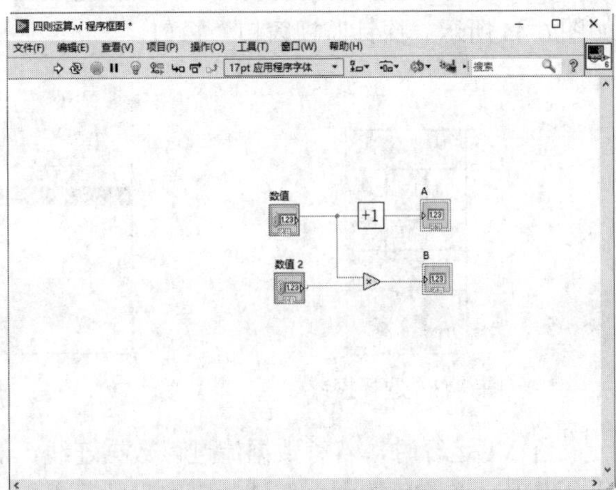

图 6-47　程序框图绘制结果

（3）运行程序。

在“数值”“数值 2”控件中输入参数值 5、8，在前面板窗口或程序框图窗口的工具栏中单击“运行”按钮，运行 VI，结果如图 6-48 所示。

（4）添加断点。

① 打开程序框图，在连线上右击，从弹出的快捷菜单中选择“断点”→“设置断点”命令，在鼠标放置位置添加红色点，完成断点的添加，如图 6-49 所示。

② 在前面板窗口或程序框图窗口的工具栏中单击“运行”按钮，运行 VI，结果如图 6-50 所示。

（5）删除断点。

① 打开程序框图，在断点上右击，从弹出的快捷菜单中选择“断点”→“清除断点”命令，删除选中的断点。在连线上右击，从弹出的快捷菜单中选择“断点”→“设置断点”命令，在鼠标放置位置添加红色点，完成断点的添加，如图 6-45 所示。

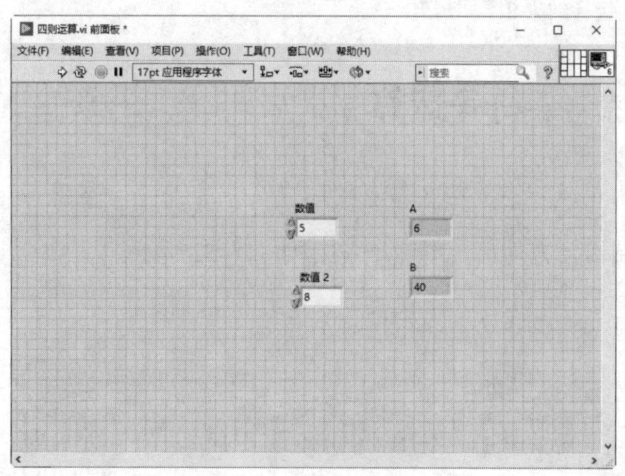

图 6-48　程序运行结果

图 6-49　添加断点

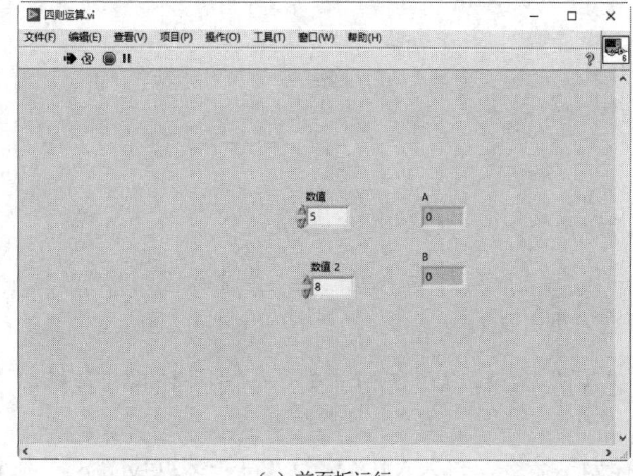

（a）前面板运行

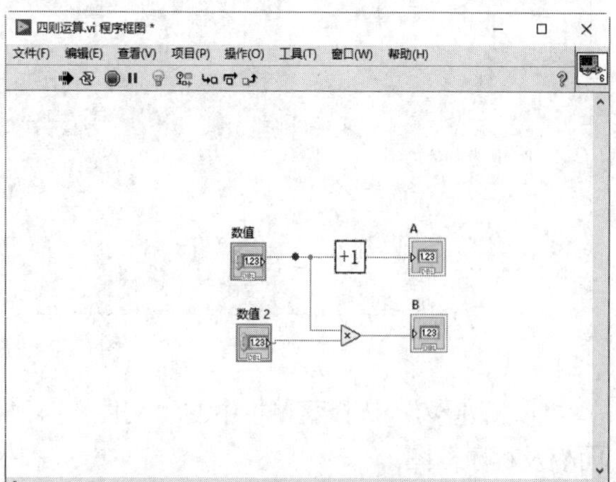

（b）程序框图运行

图 6-50　运行结果 1

② 在前面板窗口或程序框图窗口的工具栏中单击“运行”按钮，运行 VI，结果如图 6-51 所示。

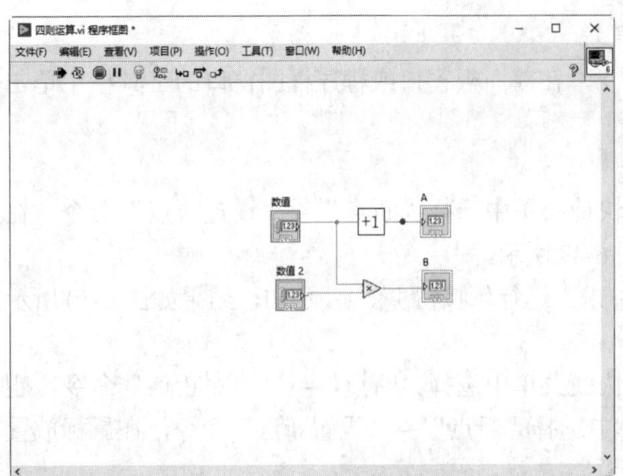

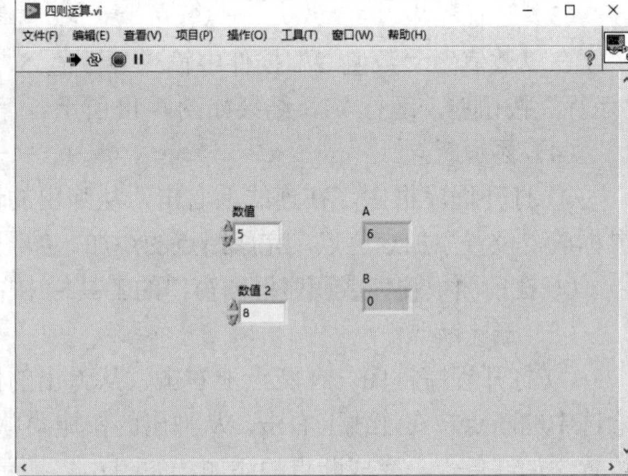

图 6-51　运行结果 2

6.6　综合演练——符号运算

源文件：源文件\第 6 章\符号运算.vi

本实例主要演示如何修改默认的图标与连线端口，方便后期创建子 VI，如图 6-52 所示。

【操作步骤】

（1）设置工作环境。

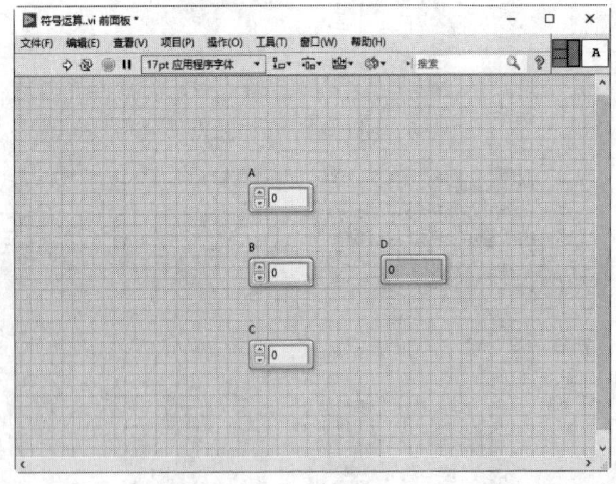

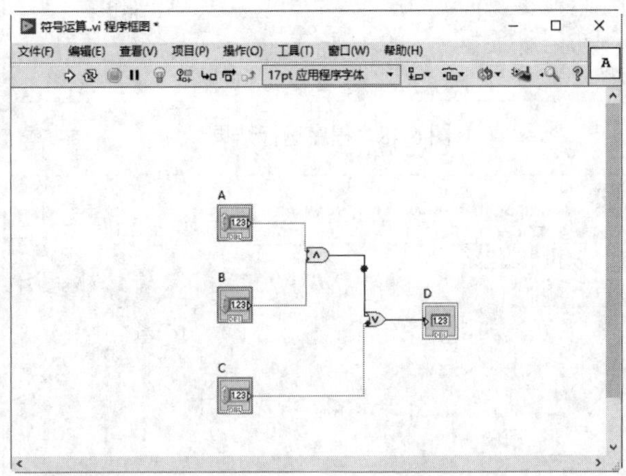

图 6-52　完整的 VI 框图程序

① 新建 VI。选择菜单栏中的“文件”→“新建 VI”命令，新建一个 VI，一个空白的 VI 包括前面板及程序框图。

② 保存 VI。选择菜单栏中的“文件”→“另存为”命令，输入 VI 名称为“符号运算 .vi”。

（2）设计程序。

① 打开前面板，在“控件”选板的“银色”子面板中选择数值控件，并修改控件名称分别为 A、B、C、D，如图 6-53（a）所示。

② 打开程序框图，右击，在“函数”选板的“布尔”子选板中选择“与”“或”函数，同时在函数连线端分别连接控件图标的输出端与输入端，结果如图 6-53（b）所示。

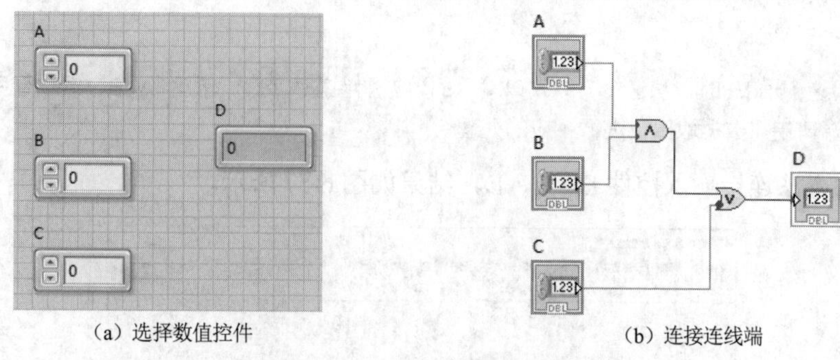

（a）选择数值控件　　（b）连接连线端

图 6-53　VI 的前面板及程序框图

（3）设置连线端口。

① 将前面板置为当前，将鼠标放置在前面板右上角的连线端口图标上方，鼠标变为连线工具状态。

② 右击，从弹出的快捷菜单中选择“模式”命令，同时在下一级菜单中显示连线端口模式，选择第 2 行第 2 个模式，效果如图 6-54 所示。

③ 将鼠标移至连线板左侧上方的端口上，单击这个端口，端口变为黑色，如图 6-55 所示。

④ 单击输入控件 A，选中输入控件 A，此时输入控件 A 的图标周围会出现一个虚框，同时，黑色连线端口变为棕色。此时，这个端口就建立了与输入控件 A 的关联关系，端口的名称为A，颜色为棕色，如图 6-56 所示。

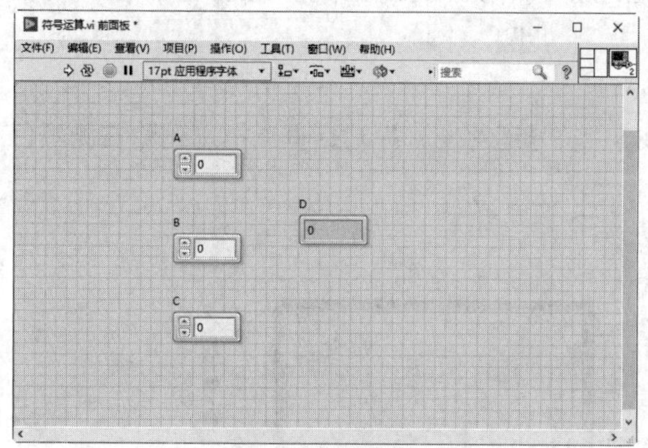

图 6-54　接线模式

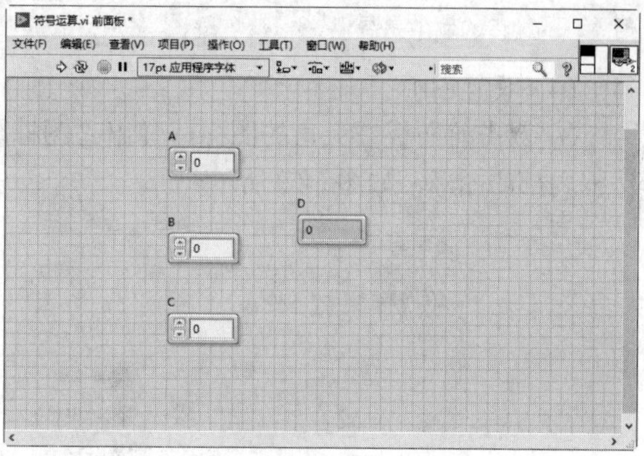

图 6-55　选中输入端口

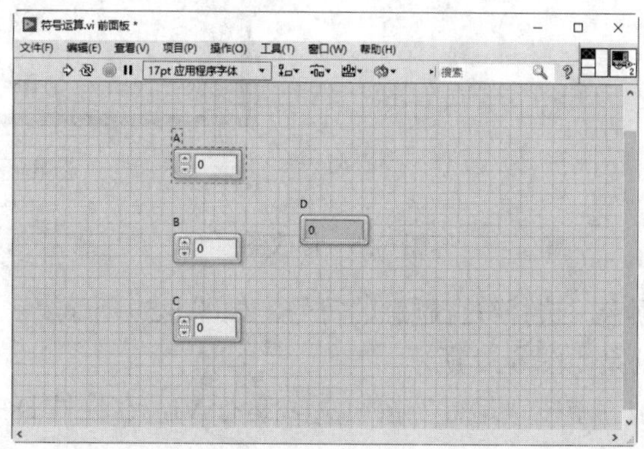

图 6-56　建立连线端口与输入控件 A 的关联关系

提示：

当其他 VI 调用这个子 VI 时，从这个连线端口输入的数据就会输入到输入控件 A 中，然后程序从输入控件 A 在框图程序中所对应的端口中将数据取出，进行相应的处理。

⑤ 按同样的方法连接输入控件 B、C、D，结果如图 6-57 所示。

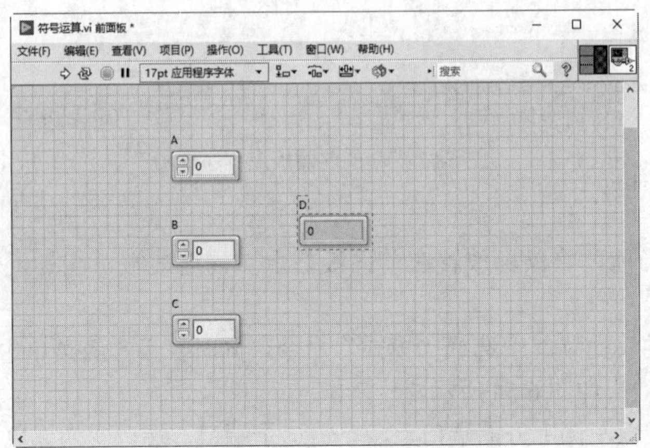

图 6-57　定制好的 VI 连线端口

注意：

端口的颜色是由与之关联的前面板对象的数据类型来确定的，不同的数据类型对应不同的颜色，例如，与布尔量相关联的端口的颜色是绿色。

（4）设置图标。

① 双击前面板右上角的图标，弹出“图标编辑器（符号运算.vi）”对话框。框选删除右侧黑色边框内部的图标，如图 6-58 所示。

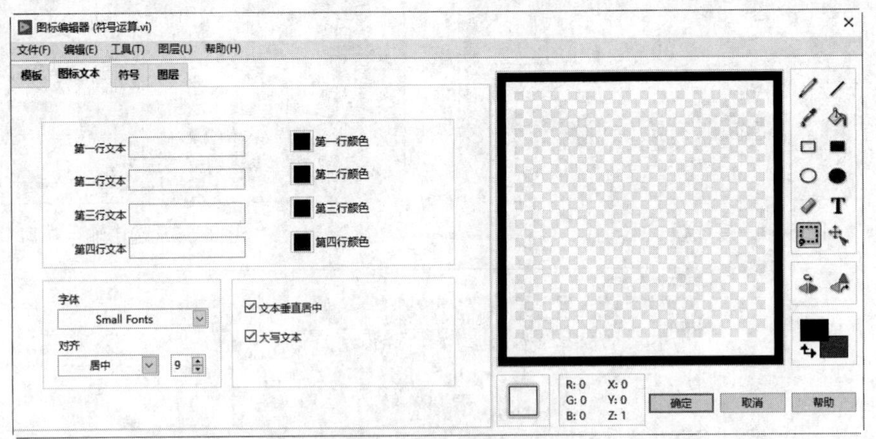

图 6-58　修改图标

② 切换到“符号”选项卡，选择符合题意的符号，如图 6-59 所示。

③ 前面板与程序框图结果如图 6-52 所示。

④ 在控件中输入初始值，单击“运行”按钮，运行 VI，在控件 D 中显示运行结果，如图 6-60 所示。

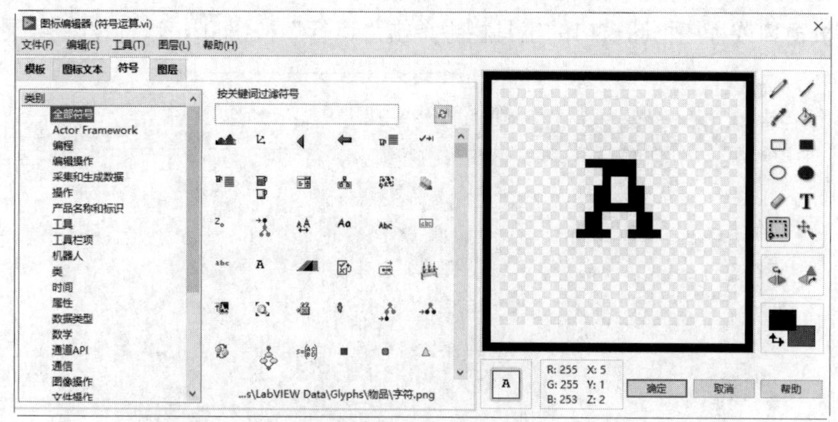

图 6-59 “图标编辑器（符号运算.vi）”对话框

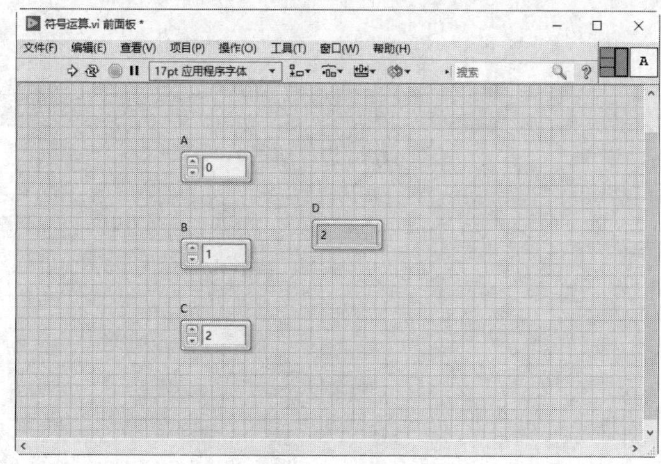

图 6-60 运行结果 1

（5）添加断点。

① 打开程序框图，在连线上右击，从弹出的快捷菜单中选择“断点”→“设置断点”命令，在鼠标放置位置添加红色点，完成断点的添加，如图 6-61 所示。

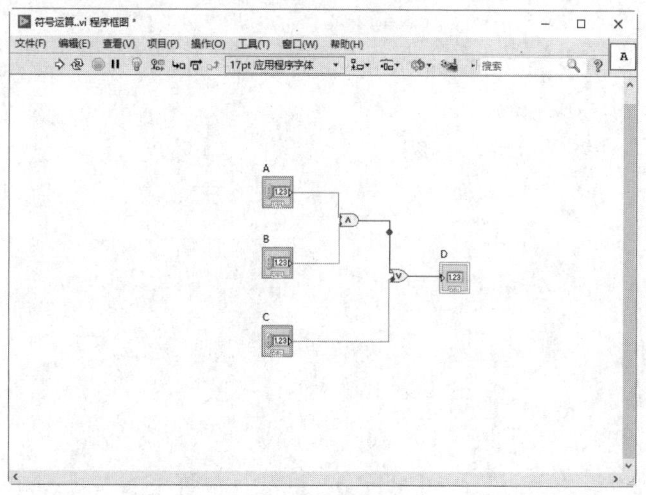

图 6-61 添加断点

② 在前面板窗口或程序框图窗口的工具栏中单击“运行”按钮，运行 VI，结果如图 6-62 所示。

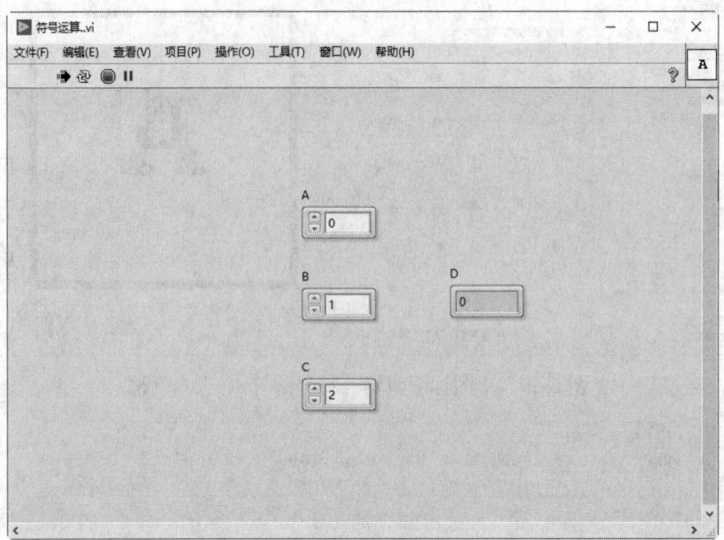

图 6-62　运行结果 2

第7章　数值与字符串运算

内容简介

在 LabVIEW 中，通过计算机数据与仪器的有机结合实现虚拟功能，而这些操作需要基本的数据来支撑。本章介绍数值与字符串的计算，不同结构的数据需要不同的设置方法，下面分别进行介绍。

内容要点

- 数值运算
- 字符串运算
- 综合演练——颜色数值转换系统

案例效果

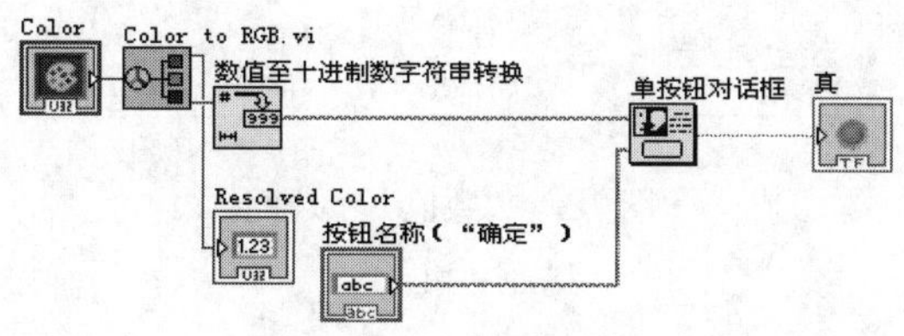

7.1　数值运算

在"函数"选板中选择"数学"，打开如图 7-1 所示的"数学"子选板。在该子选板下常用的有"数值""初等与特殊函数"等。

图 7-1　"数学"子选板

7.1.1 数值函数

在“数学”子选板中选择“数值”，打开如图 7-2 所示的“数值”子选板，其中包括基本的几何运算函数、数组几何运算函数、不同类型的数值常量等，另外还包括 6 个带子选板的选项。

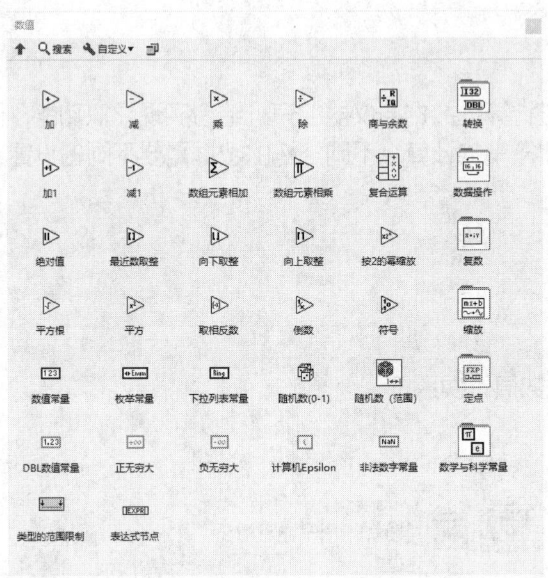

图 7-2 “数值”子选板

1. 转换

选择“转换”，打开如图 7-3 所示的“转换”子选板。该子选板中的函数的功能主要是转换数据类型。在 LabVIEW 中，一个数据从产生开始便决定了其数据类型，不同类型的数据无法进行运算操作，因此当两个不同类型的数据需要进行运算时，需要进行转换，只有相同类型的数据能进行运算，否则数据连线上将显示错误信息。

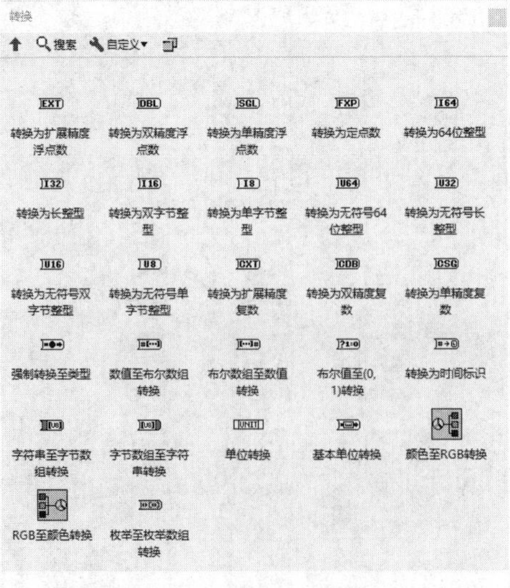

图 7-3 “转换”子选板

扫一扫，看视频

动手学——定点数转换

源文件： 源文件\第 7 章\定点数转换.vi

本实例创建如图 7-4 所示的定点数转换程序。

【操作步骤】

(1) 新建 VI。选择菜单栏中的“文件”→“新建 VI”命令，新建一个 VI（一个空白的 VI 包括前面板及程序框图）。

(2) 保存 VI。选择菜单栏中的“文件”→“另存为”命令，将新建的 VI 另存为“定点数转换”。

(3) 固定“控件”选板。右击，在前面板中打开“控件”选板。单击选板左上角的“固定”按钮，将“控件”选板固定在前面板界面。

(4) 选择“银色”→“数值”→“数值输入控件”→“数值显示控件”，并放置在前面板的适当位置。双击控件标签，修改控件名称，结果如图 7-5 所示。

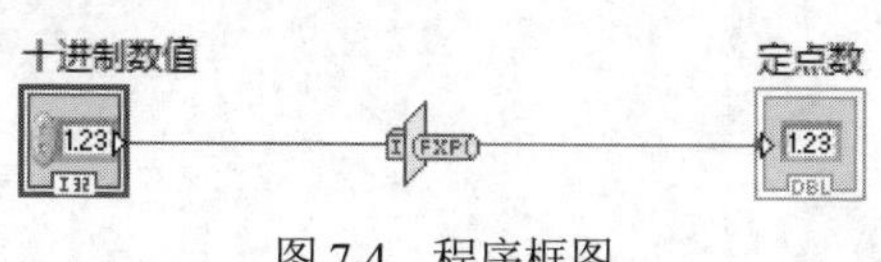

图 7-4 程序框图

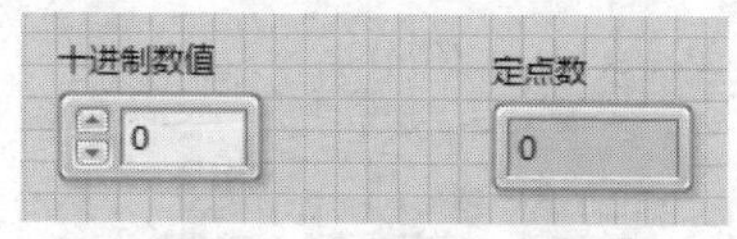

图 7-5 修改控件名称

(5) 在控件“定点数”上右击，从弹出的快捷菜单中选择“属性”命令，在弹出的如图 7-6 所示的“数值类的属性：定点数”对话框中切换到“显示格式”选项卡，将“类型”栏设置为“八进制”，单击“确定”按钮，完成设置。

(6) 打开程序框图，在“函数”选板中选择“编程”→“数值”→“定点”→“整型转换为定点”函数，并放置在程序框图中，如图 7-7 所示。

图 7-6 设置显示格式

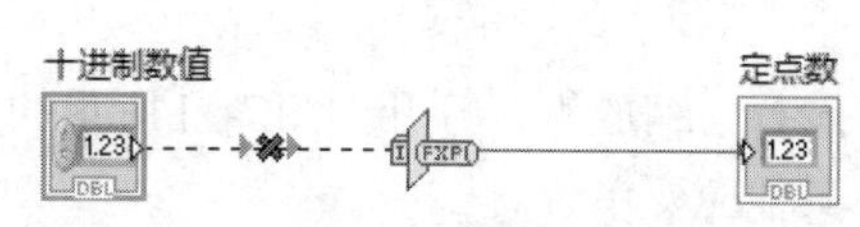

图 7-7 放置函数

(7) 在控件“十进制数值”上右击，从弹出的快捷菜单中选择“表示法”→I32 命令，转换数据类型，无效连线转换为可用连线，如图 7-4 所示。

(8) 在控件“十进制数值”中输入初始值 100，单击“运行”按钮，运行 VI，结果如图 7-8 所示。

图 7-8　运行结果

2. 数据操作

选择“数据操作”，打开如图 7-9 所示的“数据操作”子选板。该子选板中的函数主要用于改变 LabVIEW 使用的数据类型。

3. 复数

选择“复数”，打开如图 7-10 所示的“复数”子选板。该子选板中的函数主要用于根据两个直角坐标或极坐标的值创建复数或将复数分为直角坐标或极坐标的两个分量。

图 7-9　“数据操作”子选板

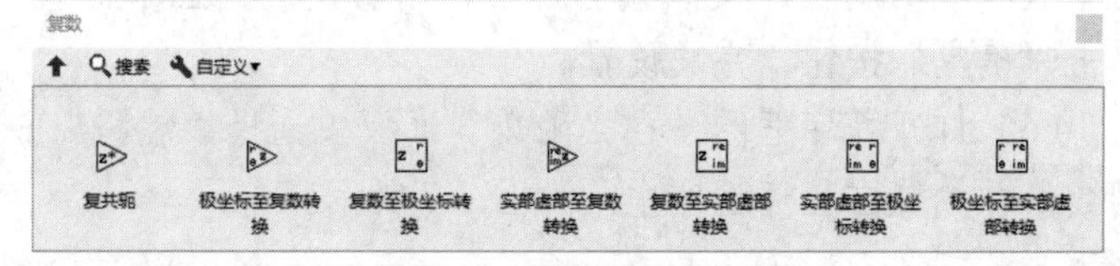

图 7-10　“复数”子选板

- 复共轭：计算 x+iy 的复共轭。
- 复数至极坐标转换：使复数分解为极坐标分量。
- 复数至实部虚部转换：使复数分解为直角分量。
- 极坐标至复数转换：通过极坐标分量的两个值创建复数。
- 极坐标至实部虚部转换：使复数从极坐标系转换为直角坐标系。
- 实部虚部至复数转换：通过直角分量的两个值创建复数。
- 实部虚部至极坐标转换：使复数从直角坐标系转换为极坐标系。

4. 缩放

选择“缩放”，打开如图 7-11 所示的“缩放”子选板。该子选板中的函数可将电压读数转换为温度或其他应变单位。

5. 定点

选择“定点”，打开如图 7-12 所示的“定点”子选板。该子选板中的函数可对定点数字的溢出状态进行操作。

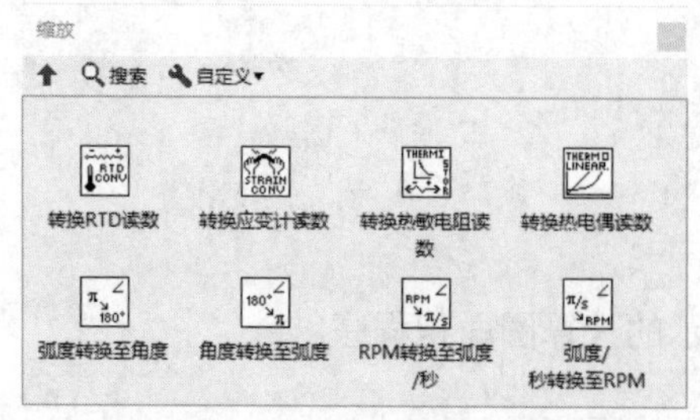

图 7-11 “缩放”子选板

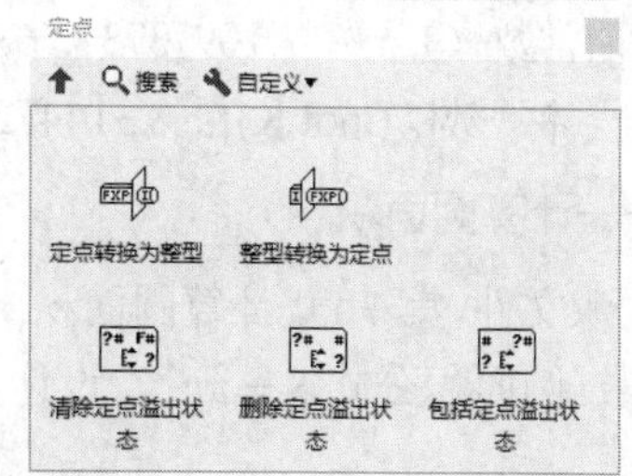

图 7-12 “定点”子选板

6. 数学与科学常量

选择“数学与科学常量”，打开如图 7-13 所示的“数学与科学常量”子选板。该子选板中的函数主要是特定常量。下面介绍各常量代表的数值。

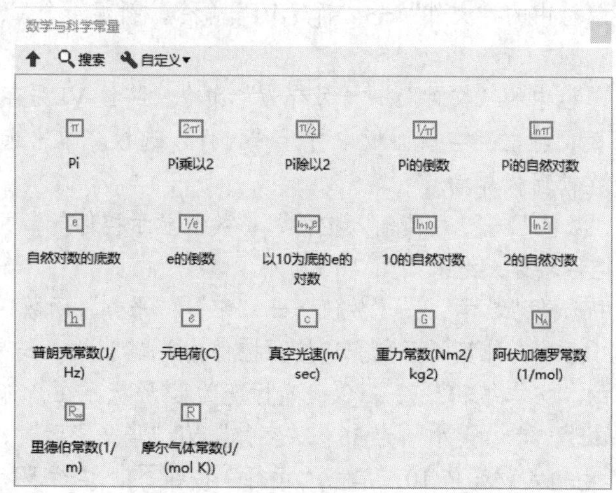

图 7-13 “数学与科学常量”子选板

- Pi：3.1415926535897932。
- Pi 乘以 2：6.2831853071795865。
- Pi 除以 2：1.5707963267948966。
- Pi 的倒数：0.31830988618379067。
- Pi 的自然对数：1.1447298858494002。
- 自然对数的底数：2.7182818284590452。
- e 的倒数：0.36787944117144232。
- 以 10 为底的 e 的对数：0.43429448190325183。
- 10 的自然对数：2.3025850929940597。
- 2 的自然对数：0.69314718055994531。
- 普朗克常数 (J/Hz)：6.62606896e–34。
- 元电荷（C）：1.602176487e–19。
- 真空光速（m/sec）：299792458。
- 重力常数（$N \cdot m^2/kg^2$）：6.67428e–11。
- 阿伏加德罗常数（1/mol）：6.02214176e23。

- 里德伯常数（1/m）：10973731.568527。
- 摩尔气体常数[J/(mol·K)]：8.314472。

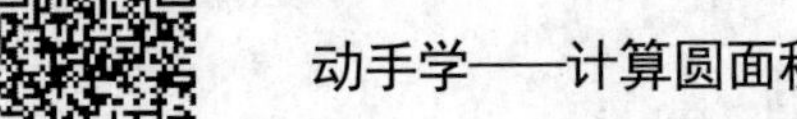

扫一扫，看视频

动手学——计算圆面积

源文件：源文件\第 7 章\计算圆面积.vi

本实例根据圆面积公式 $S=\pi r^2$，设计如图 7-14 所示的计算圆面积程序。

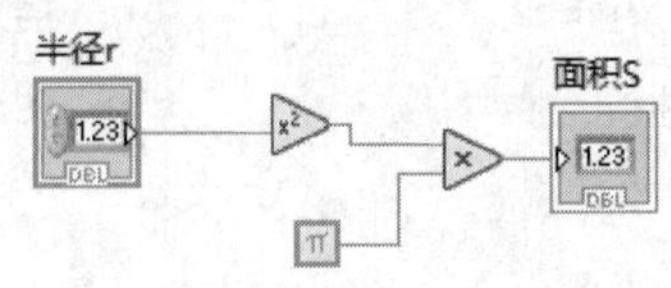

图 7-14　程序框图

【操作步骤】

（1）新建 VI。选择菜单栏中的“文件”→“新建 VI”命令，新建一个 VI（一个空白的 VI 包括前面板及程序框图）。

（2）保存 VI。选择菜单栏中的“文件”→“另存为”命令，将该 VI 另存为“计算圆面积 .vi”。

（3）固定“控件”选板。右击，在前面板中打开“控件”选板。单击选板左上角“固定”按钮，将“控件”选板固定在前面板界面。

（4）选择“新式”→“数值”→“数值输入控件”“数值显示控件”，并放置在前面板的适当位置。双击控件标签，修改控件名称，结果如图 7-15 所示。

（5）在“函数”选板中选择“数学”→“数值”→“乘”“平方”函数，选择“数学”→“数值”→“数学与科学常量”→Pi 函数，计算圆面积。连接两控件输入/输出端，结果如图 7-14 所示。

（6）单击工具选板中的“文本编辑”按钮，光标变为形状，在修饰控件上单击，输入程序名称“计算圆面积”，并修改文字“大小”为 36、“字体”为“华文彩云”，结果如图 7-16 所示。

（7）在控件“半径 r”中输入初始值 10，单击“运行”按钮，运行 VI，结果如图 7-17 所示。

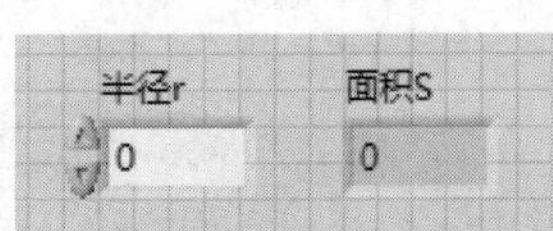

图 7-15　修改控件名称

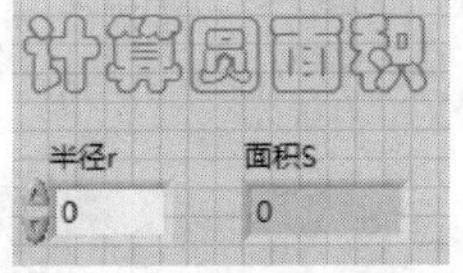

图 7-16　添加标题

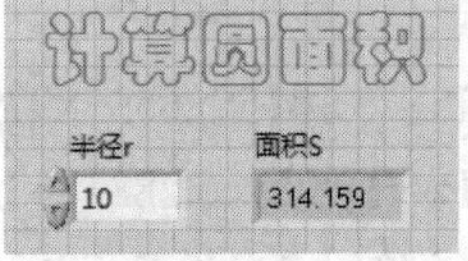

图 7-17　运行结果

7.1.2　函数快捷命令

一般的函数或 VI 包括图标、输入端、输出端。图标以简单的图画来显示；输入端、输出端用来连接控件、常量或其余函数，也可空置。在某函数右键快捷菜单中显示了该函数可以执行的操作，如图 7-18 所示。

在不同函数或 VI 上显示的快捷菜单不同，如图 7-19 所示为函数快捷菜单。下面简单介绍快捷菜单中的常用命令。

1. 显示项

在其子菜单中包括函数的基本参数：标签与连线端。标签一般以图例的形式显示，连线端以直观的方式显示输入端、输出端的个数。

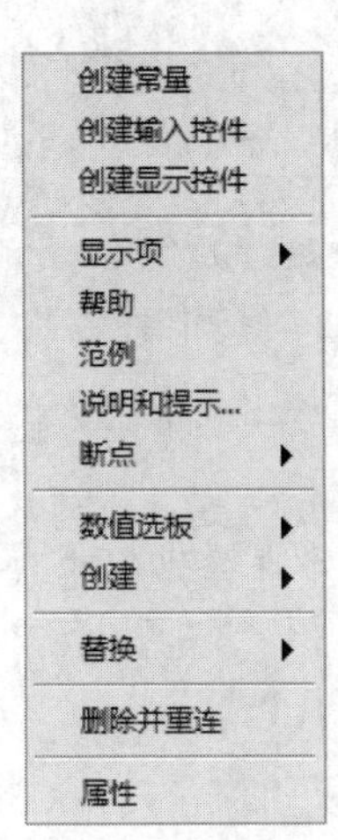

图 7-18　快捷菜单

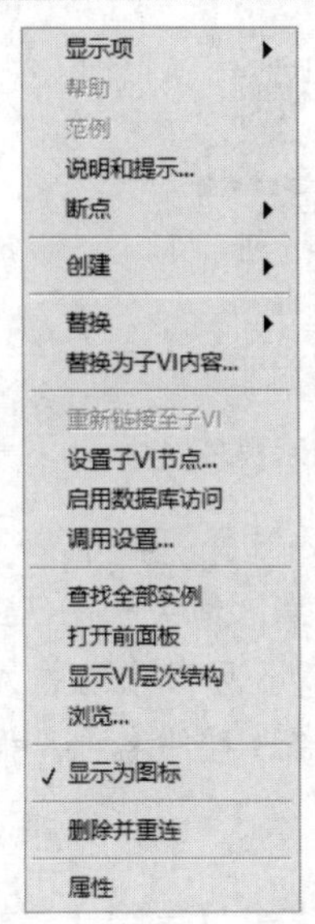

图 7-19　函数快捷菜单

2. 断点

利用该命令，可启用/禁用断点。

在该选板中选择函数与 VI。

3. 创建

图 7-20　子菜单

选择该命令，在弹出的子菜单中选择相应的命令（图 7-20），可在函数输入端、输出端创建不同的对象。

扫一扫，看视频

动手学——车检基本情况表

源文件：源文件\第 7 章\车检基本情况表.vi

本实例检测基本情况，设计如图 7-21 所示的显示程序。

【操作步骤】

（1）新建 VI。选择菜单栏中的“文件”→“新建 VI”命令，新建一个 VI（一个空白的 VI 包括前面板及程序框图）。

（2）保存 VI。选择菜单栏中的“文件”→“另存为”命令，输入 VI 名称为“车检基本情况表.vi”。

（3）固定“控件”选板。右击，在前面板中打开“控件”选板。单击选板左上角的“固定”按钮 ，将“控件”选板固定在前面板界面。

（4）选择“新式”→“数值”→“温度计”“仪表”“液罐”，并放置在前面板的适当位置。双击控件标签，修改控件名称，结果如图 7-22 所示。

（5）打开程序框图，显示控件，发现 3 个控件中 2 个为显示控件。在“油箱温度”上右击，从弹出的快捷菜单中选择“转换为输入控件”命令，将显示控件转换为输入控件；以同样的方法转换“油量”控件，如图 7-23 所示；选择右键快捷命令“显示为图标”，切换控件显示样式，结果如图 7-24 所示。

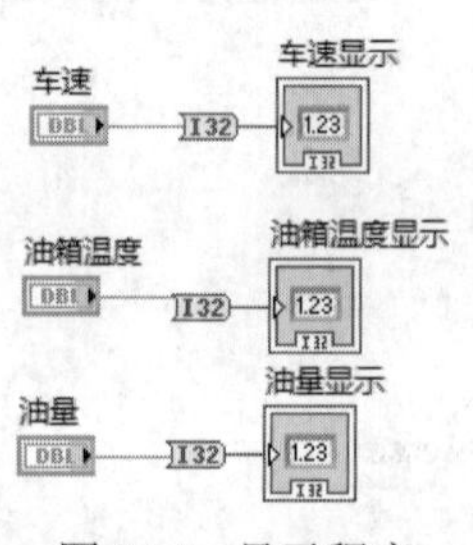

图 7-21　显示程序

图 7-22　修改控件名称

（6）在“函数”选板中选择“数学”→“数值”→“转换”→“转换为长整型”函数，转换数据类型，连接控件输入/输出端，结果如图 7-25 所示。

（7）在“转换为长整型”函数上右击，从弹出的快捷菜单中选择“创建”→“显示控件”命令，创建一个数值显示控件，修改控件名称，如图 7-26 所示。

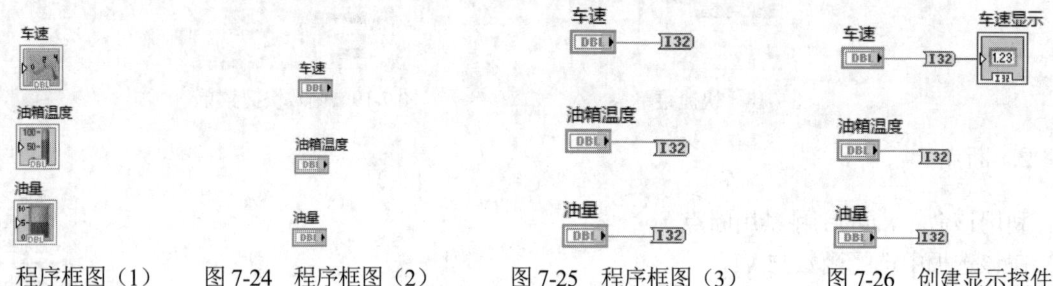

图 7-23　程序框图（1）　　图 7-24　程序框图（2）　　图 7-25　程序框图（3）　　图 7-26　创建显示控件

（8）以同样的方法创建其余显示控件，结果如图 7-21 所示。

（9）单击工具选板中的“文本编辑”按钮，光标变为形状。在修饰控件上单击，输入程序名称“车检基本情况表”。

（10）在“应用程序字体”下拉列表中选择“字体对话框”选项，弹出“前面板默认字体”对话框，如图 7-27 所示。修改文字“大小”为 36、“字体”为“华文新魏”，结果如图 7-28 所示。

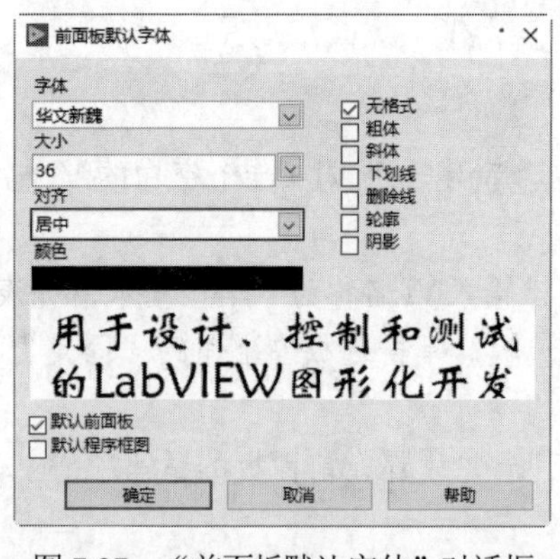

图 7-27　“前面板默认字体”对话框

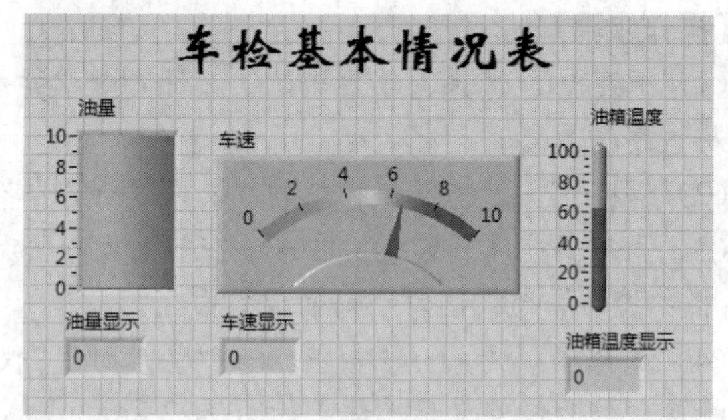

图 7-28　添加标题

（11）在“油量”“车速”“油箱温度”控件中设置初始值，单击“运行”按钮，运行 VI，在控件中显示运行结果，如图 7-29 所示。

4. 替换

将该函数或 VI 替换为其余函数或 VI。此操作适用于绘制完成的 VI，各函数已相互连接。若在该处删除原函数、添加新函数，容易导致连线发生错误。在此种情况下使用“替换”命令，一般要求替换的函数与原函数输入端、输出端个数相同，才不易发生连线错误的现象。

5. 属性

选择该命令，弹出“滑动杆类的属性：滑动杆”对话框，如图 7-30 所示。该对话框与前面板中控件的属性设置对话框相似，这里不再赘述。

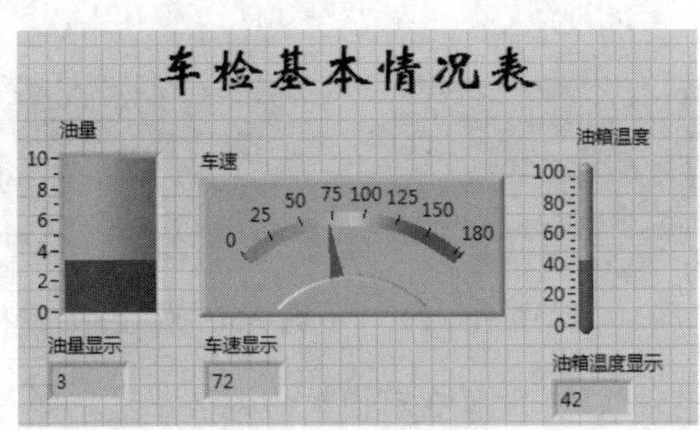

图 7-29　运行结果

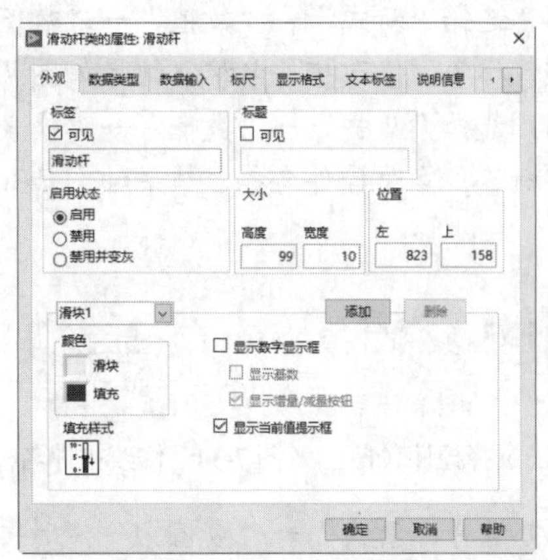

图 7-30　“滑动杆类的属性：滑动杆”对话框

动手练——计算体积公式

扫一扫，看视频

源文件：源文件\ 第 7 章\ 计算体积公式.vi

设计如图 7-31 所示的圆锥体积公式并计算结果，其中半径与高均为 5。

思路点拨

（1）创建半径、高常量。

（2）放置数值函数。

（3）连接程序。

（4）创建结果控件。

（5）运行程序，得出结果。

动手学——气温测试系统

扫一扫，看视频

源文件：源文件\ 第 7 章\ 气温测试系统.vi

本实例设计如图 7-32 所示的气温测试系统。

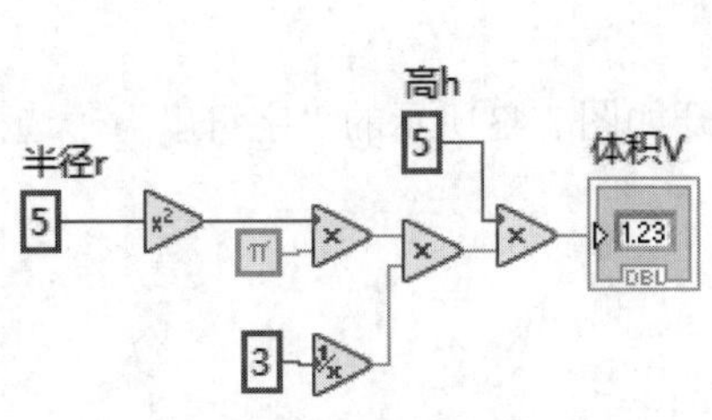

图 7-31　圆锥体积计算程序框图

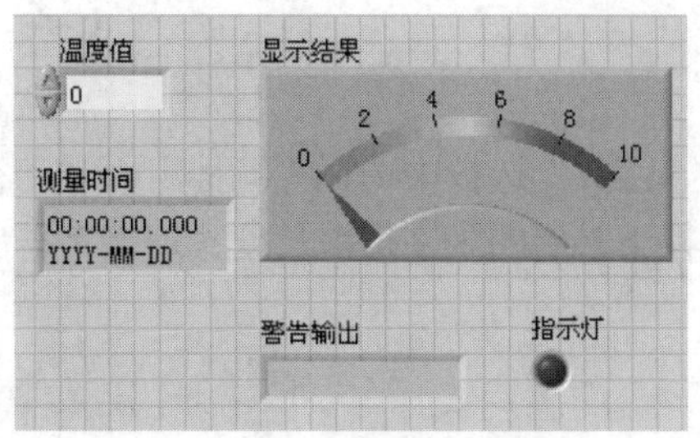

图 7-32　系统前面板

【操作步骤】

（1）新建 VI。选择菜单栏中的“文件”→“新建 VI”命令，新建一个 VI（一个空白的 VI 包括前面板及程序框图）。

（2）保存 VI。选择菜单栏中的“文件”→“另存为”命令，将该 VI 另存为“气温测试系统.vi”。

（3）固定“控件”选板。右击，在前面板中打开“控件”选板。单击选板左上角“固定”按钮，将“控件”选板固定在前面板界面。

（4）选择“新式”→“数值”→“数值输入控件”，并放置在前面板的适当位置，如图 7-33 所示。双击控件标签，修改控件名称，结果如图 7-34 所示。

（5）选择“新式”→“数值”→“仪表”控件，并放置在前面板的适当位置，如图 7-35 所示。双击控件标签，修改控件名称，结果如图 7-36 所示。

图 7-33　选择控件（1）

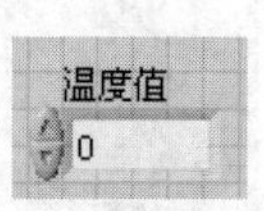

图 7-34　修改控件名称（1）

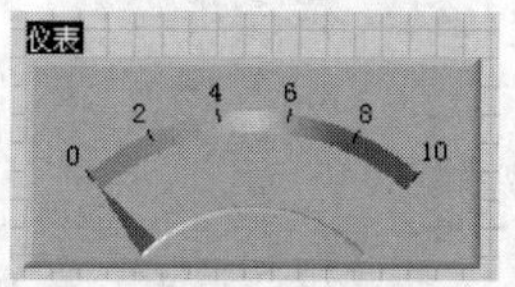

图 7-35　选择控件（2）

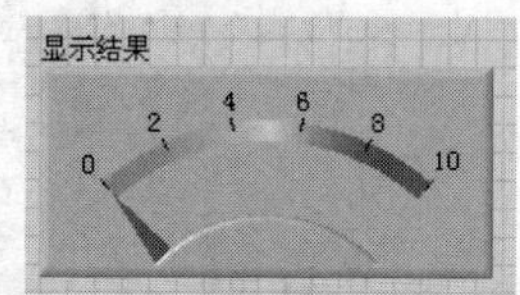

图 7-36　修改控件名称（2）

（6）选择“新式”→“数值”→“时间标识显示控件”，并放置在前面板的适当位置，如图 7-37 所示。双击控件标签，修改控件名称，结果如图 7-38 所示。

（7）选择“新式”→“字符串与路径”→“字符串显示控件”，并放置在前面板的适当位置，如图 7-39 所示。双击控件标签，修改控件名称，结果如图 7-40 所示。

（8）选择“新式”→“布尔”→“圆形指示灯”控件，并放置在前面板的适当位置，如图 7-41 所示。双击控件标签，修改控件名称，结果如图 7-42 所示。

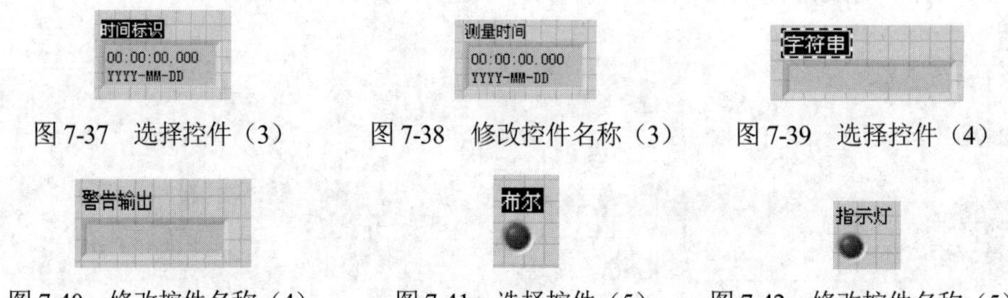

图 7-37　选择控件（3）　图 7-38　修改控件名称（3）　图 7-39　选择控件（4）

图 7-40　修改控件名称（4）　图 7-41　选择控件（5）　图 7-42　修改控件名称（5）

（9）对前面板中的控件进行合理布局，结果如图 7-32 所示。

7.2　字符串运算

在“函数”选板中选择“编程”→“字符串”命令，打开如图 7-43 所示的“字符串”子选板，在该子选板下常用的为字符串长度、连接字符串等。

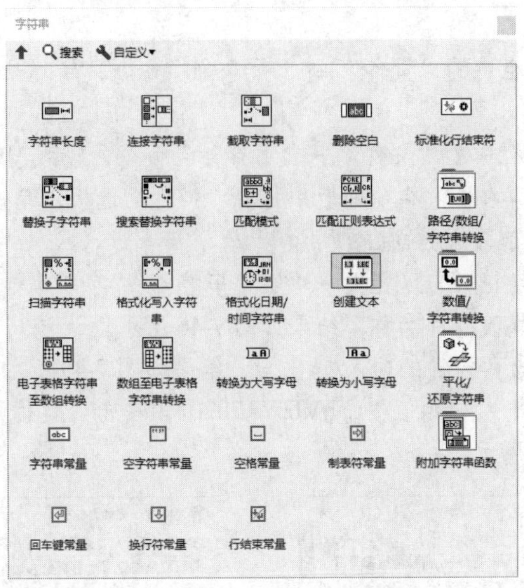

图 7-43 “字符串”子选板

7.2.1 字符串常量

在 LabVIEW 中，经常需要用到字符串控件或字符串常量，用于显示屏幕信息。下面介绍字符串的概念。

字符串是一系列 ASCII 码字符的集合，这些字符可能是可显示的，也可能是不可显示的，如换行符、制表位等。程序通常在以下情况用到字符串。

- 传递文本信息。
- 用 ASCII 码格式存储数据。把数值型的数据作为 ASCII 码文件存盘，必须先把它转换为字符串。
- 与传统仪器的通信。在仪器控制中，需要把数值型的数据作为字符串传递，然后再转化为数字。

在前面板“字符串与路径”子选板中包括字符串输入控件与字符串显示控件，如图 7-44 所示。

动手学——字符显示

源文件：源文件\ 第 7 章\ 字符显示.vi

本实例创建如图 7-45 所示的字符显示程序。

扫一扫，看视频

字符串 字符串 2

图 7-44 字符串控件

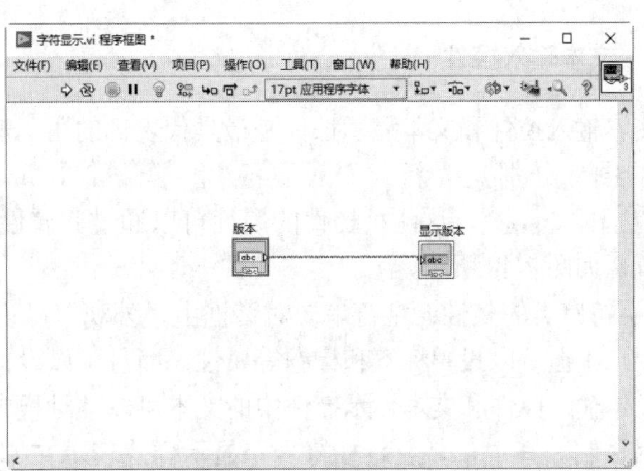

图 7-45 程序框图

【操作步骤】

（1）新建 VI。选择菜单栏中的“文件”→“新建 VI”命令，新建一个 VI，一个空白的 VI 包括前面板及程序框图。

（2）保存 VI。选择菜单栏中的“文件”→“另存为”命令，输入 VI 名称为“字符显示”。

（3）固定“控件”选板。右击，在前面板中打开“控件”选板，单击选板左上角的“固定”按钮，将“控件”选板固定在前面板界面。

（4）选择“新式”→“字符串与路径”→“字符串控件”“字符串显示控件”，并放置在前面板的适当位置，双击控件标签，修改控件名称，结果如图 7-46 所示。

（5）打开程序框图，连接两控件的输入/输出端，结果如图 7-45 所示。

（6）在控件“版本”中输入初始值“LabVIEW 2020”，单击“运行”按钮，运行 VI，在控件中显示运行结果，如图 7-47 所示。

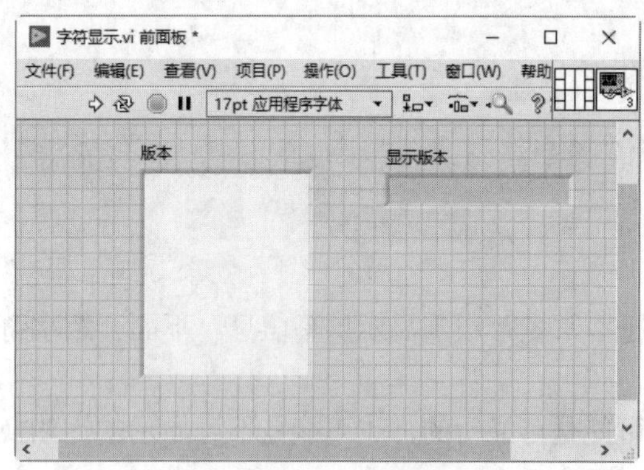

图 7-46　修改控件名称

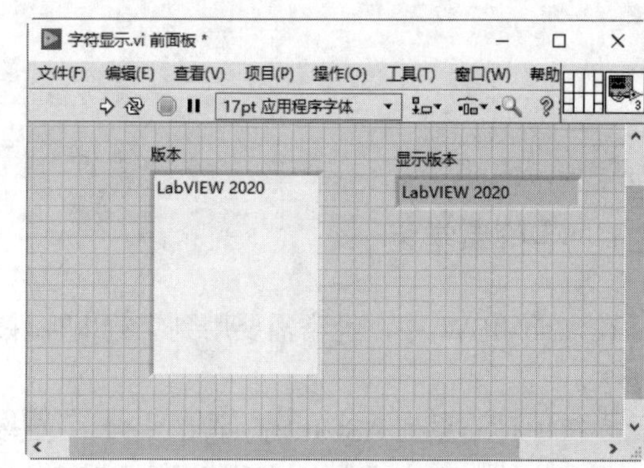

图 7-47　运行结果

7.2.2　设置文本型控件的属性

LabVIEW 中的文本型控件主要负责字符串等文本类型数据的控制和显示，这些控件位于 LabVIEW 控件模板中的字符串和路径子模板中。

LabVIEW 2020 中的文本型控件可以分为 3 种类型，分别是用于输入字符串的输入与显示控件、用于选择字符串的输入与显示控件以及用于文件路径的输入与显示控件。下面详细说明设置前两种文本型控件的方法。

1. 文本输入控件

文本输入控件和文本显示控件是最具代表性的用于输入字符串的控件，在 LabVIEW 的前面板中，它们的图标分别是“新式”和、“经典”和、“银色”和。这两种控件的属性可以通过其属性对话框——“字符串类的属性：字符串”进行设置，如图 7-48 所示。

“字符串类的属性：字符串”对话框由“外观”“说明信息”等选项卡组成。在“外观”选项卡中，用户不但可以设置标签和标题等属性，而且可以设置文本的显示方式。

文本输入控件和文本显示控件中的文本可以 4 种样式进行显示，分别为正常、反斜杠符号、密码和十六进制。其中，“反斜杠符号”显示样式表示文本框中的字符串以反斜杠符号的样式显示，如“\n”代表换行，“\r”代表回车，“\b”代表退格等；“密码”表示以密码的样式显示文本，即不显示文本内容，而代之以“*”；“十六进制”表示以十六进制数来显示字符串。

图 7-48　“字符串类的属性：字符串”对话框

在“字符串类的属性：字符串”对话框中，如果勾选“限于单行输入”复选框，那么将限制用户按行输入字符串，而不能回车换行；如果勾选“自动换行”复选框，那么将根据文本的多少自动换行；如果勾选“键入时刷新”复选框，那么文本框的值会随用户输入的字符而实时改变，不会等到用户输入回车后才改变；如果勾选“显示垂直滚动条”复选框，则当文本框中的字符串不止一行时显示垂直滚动条；如果勾选“显示水平滚动条”复选框，则当文本框中的字符串在一行显示不下时显示水平滚动条；如果勾选“调整为文本大小”复选框，则调整字符串控件在竖直方向上的大小以显示所有文本，但不改变字符串控件在水平方向上的大小。

动手学——字符转换

扫一扫，看视频

源文件：源文件\ 第 7 章\ 字符转换.vi

本实例创建如图 7-49 所示的字符转换程序。

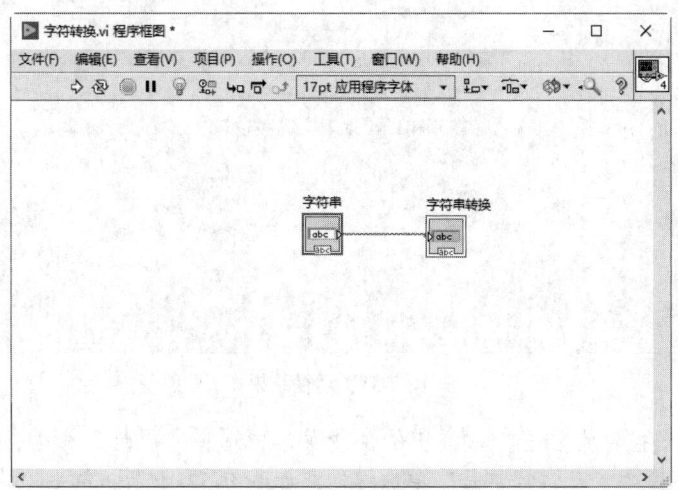

图 7-49　程序框图

【操作步骤】

（1）新建 VI。选择菜单栏中的“文件”→“新建 VI”命令，新建一个 VI，一个空白的 VI 包括前面板及程序框图。

（2）保存 VI。选择菜单栏中的“文件”→“另存为”命令，输入 VI 名称为“字符转换”。

（3）固定“控件”选板。右击，在前面板中打开“控件”选板，单击选板左上角的“固定”按钮，将“控件”选板固定在前面板界面。

（4）选择“新式”→“字符串与路径”→“字符串控件”“字符串显示控件”，并放置在前面板的适当位置，双击控件标签，修改控件名称，结果如图 7-50 所示。

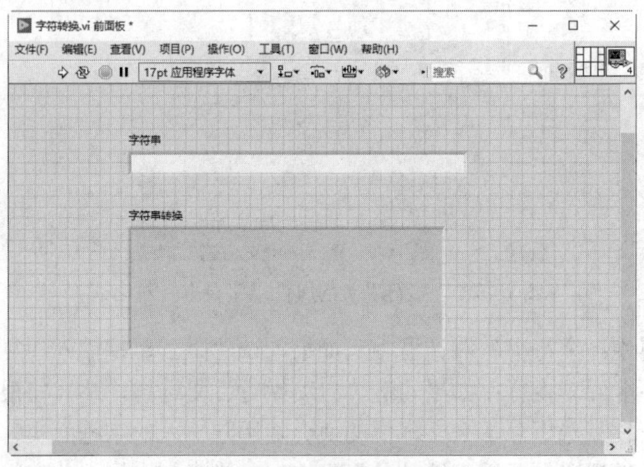

图 7-50　修改控件名称

（5）打开程序框图，连接两控件的输入/输出端，结果如图 7-49 所示。

（6）在控件“字符串”中输入初始值“LABVIEW 2020 LABVIEW 2018 LABVIEW 2016 LABVIEW 2015 LABVIEW 2014”，单击“运行”按钮，运行 VI，在控件中显示运行结果，如图 7-51 所示。

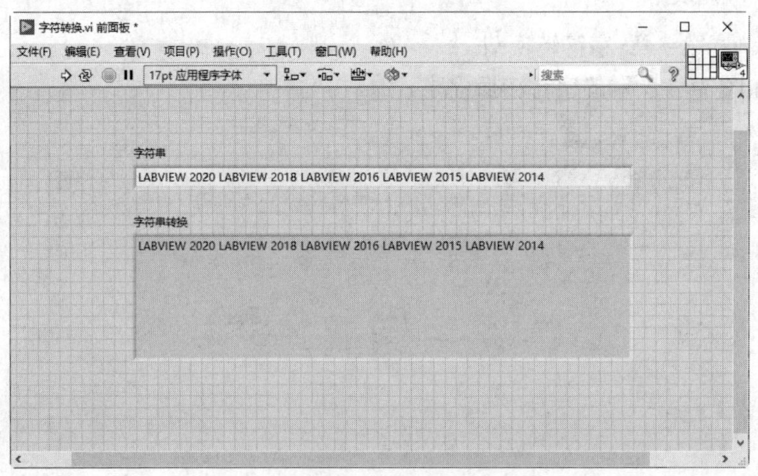

图 7-51　运行结果

（7）在“字符串”控件上右击，从弹出的快捷菜单中选择“属性”命令，弹出属性对话框，在“显示样式”选项组下选中“反斜杠符号”单选按钮，如图 7-52 所示。单击“确定”按钮退出设置，前面板显示如图 7-53 所示。

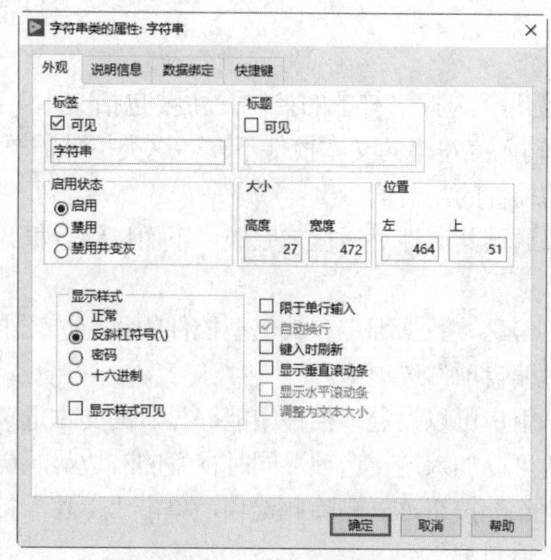

图 7-52　设置属性

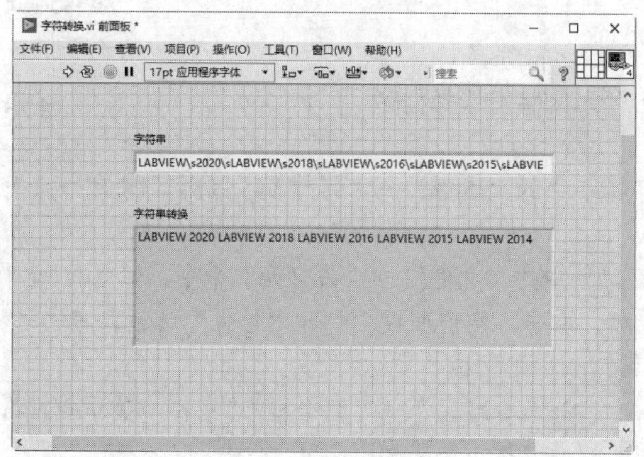

图 7-53　应用设置

（8）修改“字符串”控件中的初始值为“LABVIEW\s2020\nLABVIEW\s2018\nLABVIEW\s2016\nLABVIEW\s2015\nLABVIEW\s2014”，单击“运行”按钮，运行 VI，在控件中显示运行结果，如图 7-54 所示。

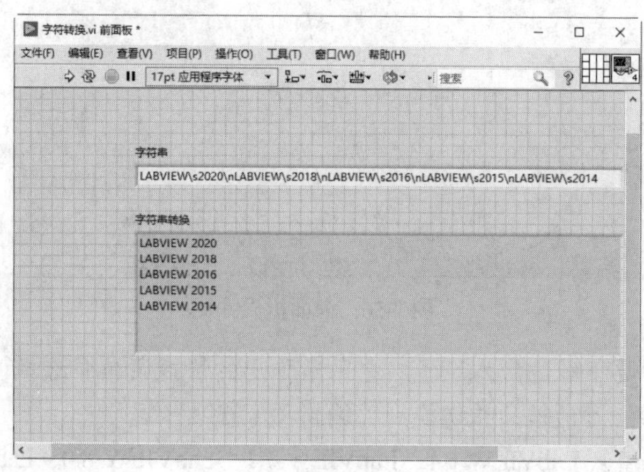

图 7-54　显示换行运行结果

2. 选择字符串的控制

文本型控件的另一种类型用于选择字符串的控制，主要包括文本下拉列表、菜单下拉列表和组合框。与输入字符串的文本控件不同，这类控件需要预先设定一些选项，用户在使用时可以从中选择一项作为控件的当前值。

这类控件的设置同样可以通过其属性对话框来完成，下面以组合框为例介绍设置这类控件属性的方法。

组合框属性的外观、说明信息、数据绑定和数值型控件的相应选项卡相似，设置方法也类似，这里不再赘述，下面主要介绍“编辑项”选项卡。

在“编辑项”选项卡中，用户可以设定该控件中能够显示的文本选项。在“项”中填入相应的文本选项，单击“插入”按钮便可以加入这一选项，同时标签的右边显示当前选项的选项值。

选择某一选项，单击“删除”按钮可以删除此选项，单击“上移”按钮可以将该选项向上移动，单击“下移”按钮可以将该选项向下移动。

扫一扫，看视频

动手学——字符选择

源文件：源文件\第 7 章\字符选择.vi

本实例创建如图 7-55 所示的字符选择程序。

图 7-55 字符选择程序框图

【操作步骤】

(1) 新建 VI。选择菜单栏中的“文件”→“新建 VI”命令，新建一个 VI，一个空白的 VI 包括前面板及程序框图。

(2) 保存 VI。选择菜单栏中的“文件”→“另存为”命令，输入 VI 名称为“字符选择”。

(3) 固定“控件”选板。右击，在前面板中打开“控件”选板，单击选板左上角的“固定”按钮，将“控件”选板固定在前面板界面。

(4) 选择“新式”→“字符串与路径”→“组合框”“字符串显示控件”，并放置在前面板的适当位置，双击控件标签，修改控件名称，结果如图 7-56 所示。

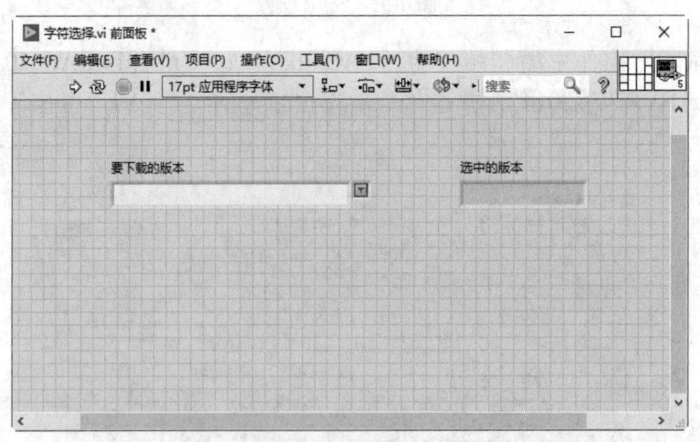

图 7-56 前面板设计

(5) 在组合框控件“要下载的版本”上右击，从弹出的快捷菜单中选择“属性”命令，弹出“组合框属性：要下载的版本”对话框，并切换到“编辑项”选项卡。

(6) 在“项”一栏中填入 LabVIEW 6.1、LabVIEW 7.1、LabVIEW 8.0、LabVIEW 8.2、LabVIEW 8.6、LabVIEW 2009、LabVIEW 2010、LabVIEW 2011、LabVIEW 2012、LabVIEW 2013、LabVIEW 2014、

LabVIEW 2015、LabVIEW 2016、LabVIEW 2017、LabVIEW 2018、LabVIEW 2020，如图 7-57 所示。在输入每一项后单击“插入”按钮，加入以上 16 个选项后，单击“确定”按钮，退出属性对话框。

图 7-57　组合框的属性设置

（7）在程序框图中，连接输入/输出端，结果如图 7-55 所示。

（8）在前面板“要下载的版本”下拉列表框中显示出设置的选项，如图 7-58 所示。选择最新版本 LabVIEW 2020，运行程序，程序的运行结果（前面板）如图 7-59 所示。

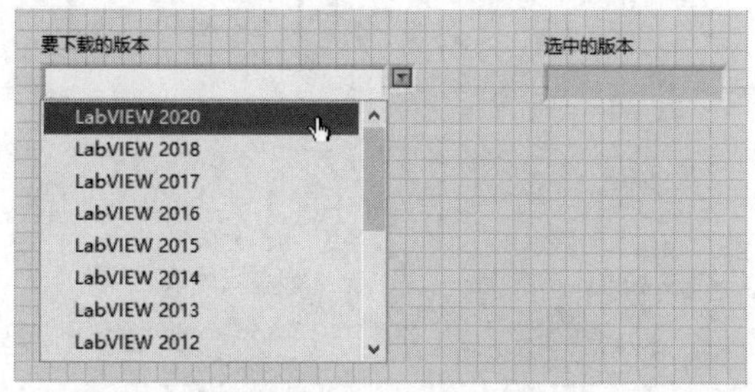

图 7-58　演示程序的前面板

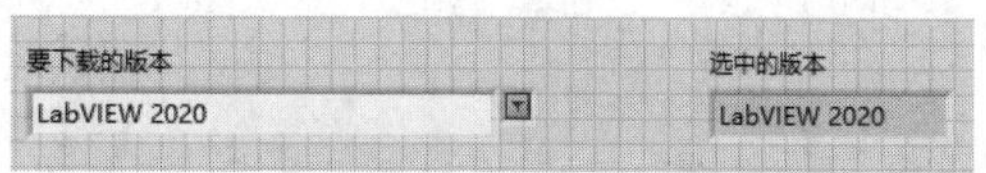

图 7-59　运行结果

7.2.3　字符串函数

字符串用于合并两个或两个以上字符串、从字符串中提取子字符串、将数据转换为字符串、将字符串格式化用于文字处理或电子表格应用程序。

1. 字符串长度

“字符串长度”函数通过长度返回字符串的字符长度（字节），如图 7-60 所示。

2. 连接字符串

“连接字符串”函数连接输入字符串和一维字符串数组作为输出字符串。对于数组输入，该函数连接数组中的每个元素，如图 7-61 所示。

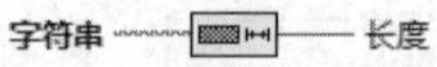

字符串 长度

图 7-60 “字符串长度”函数

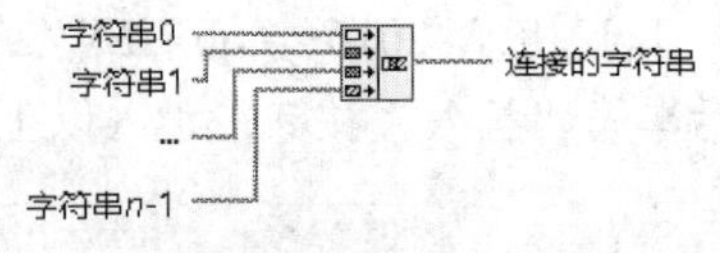

图 7-61 “连接字符串”函数

扫一扫，看视频

动手学——连接字符串

源文件：源文件\第 7 章\连接字符串.vi

本实例创建如图 7-62 所示的字符串输出程序。

【操作步骤】

（1）打开前面板，选择“新式”→“字符串与路径”→“字符串显示控件”，并放置在前面板的适当位置，双击控件标签，修改控件名称为“连接的字符串”，结果如图 7-63 所示。

（2）打开程序框图，在“函数”选板的“编程”→“字符串”子选板中选择“字符串常量”“空字符串”函数，创建字符文本“Happy”“New”“Year”“新年快乐”。

（3）在“函数”选板的“编程”→“字符串”子选板中选择“连接字符串”函数，在字符文本中添加空格与换行，将连接的字符串结果输出到“连接的字符串”控件中。

（4）在“函数”选板的“编程”→“字符串”子选板中选择“字符串长度”函数，记录输出的字符串长度。

（5）单击工具栏中的“整理程序框图”按钮，整理程序框图，结果如图 7-62 所示。

（6）在前面板窗口或程序框图窗口的工具栏中单击“运行”按钮，运行 VI，结果如图 7-64 所示。

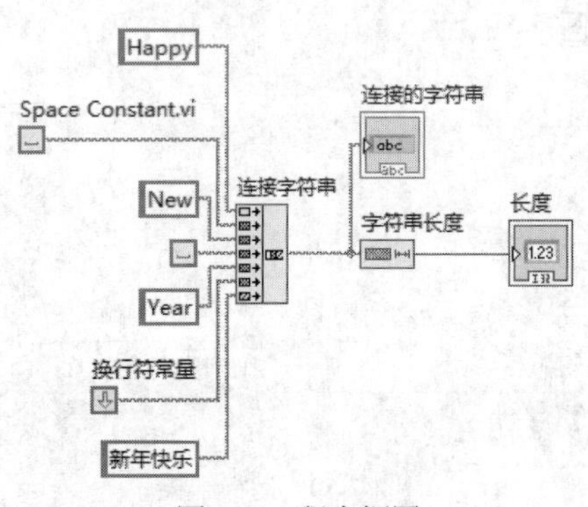

图 7-62 程序框图

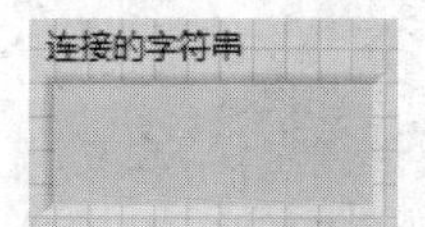

图 7-63 前面板设计

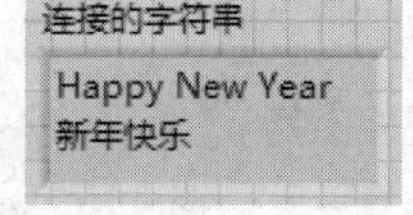

图 7-64 前面板运行结果

3. 截取字符串

“截取字符串”函数连接输入字符串和一维字符串数组作为输出字符串。对于数组输入，该函数连接数组中的每个元素，如图 7-65 所示。

4. 删除空白

“删除空白”函数在字符串的起始、末尾或两端删除所有空白（空格、制表符、回车符和换行符）。该函数不删除双字节字符，如图 7-66 所示。

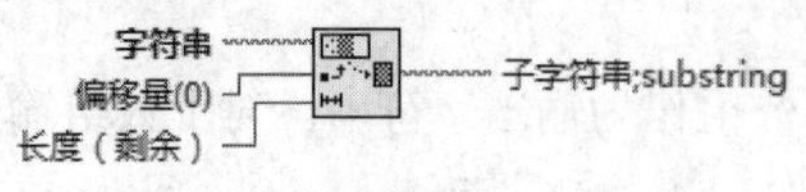

图 7-65 “截取字符串”函数

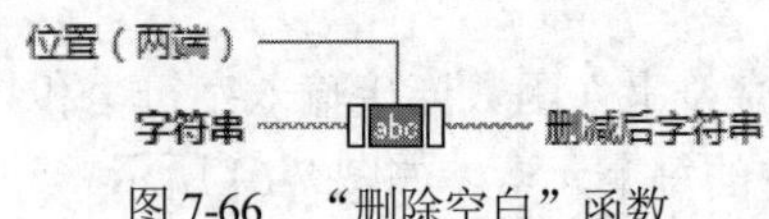

图 7-66 “删除空白”函数

5. 标准化行结束符

“标准化行结束符”函数将输入字符串的行结束转换为指定格式的行结束。如未指定行结束格式，函数将转换字符串的行结束为当前系统平台支持的行结束。使用该函数可使字符串被不同系统平台或当前系统平台的命令行读取，如图 7-67 所示。

6. 替换字符串

“替换字符串”函数可插入、删除或替换子字符串，偏移量在字符串中指定，如图 7-68 所示。

图 7-67 “标准化行结束符”函数　　图 7-68 “替换字符串”函数

7. 搜索替换字符串

“搜索替换字符串”函数使一个或所有子字符串替换为另一个子字符串。如需使用多行输入端，可启用高级正则表达式搜索，右击函数并选择正则表达式，如图 7-69 所示。

动手练——数据解码

源文件：源文件\第 7 章\数据解码.vi

设计如图 7-70 所示的数据解码程序。

扫一扫，看视频

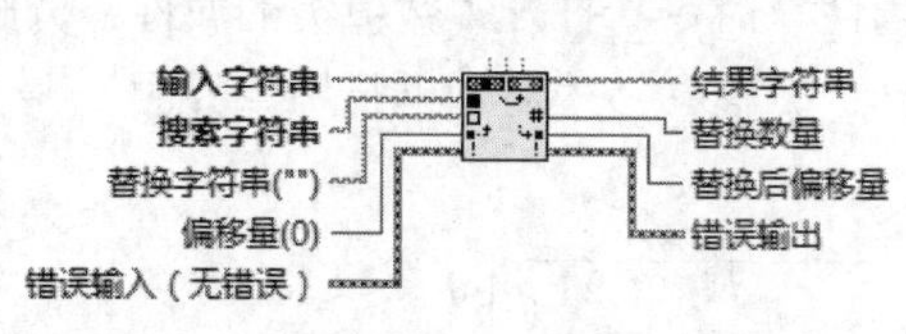

图 7-69 “搜索替换字符串”函数

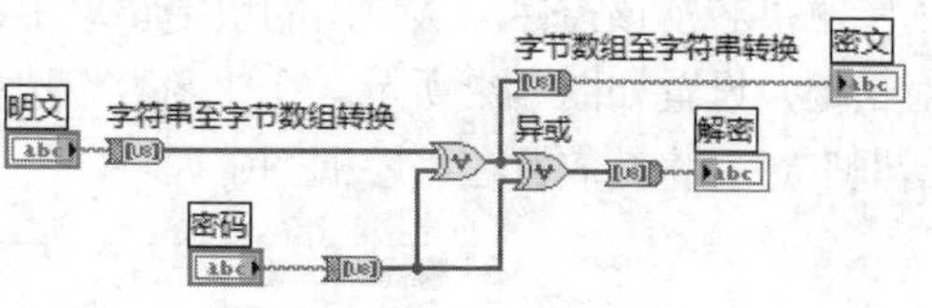

图 7-70 数据解码程序框图

思路点拨

（1）设计前面板。
（2）设计程序框图。
（3）运行程序。

7.3 综合演练——颜色数值转换系统

扫一扫，看视频

源文件：源文件\第 7 章\颜色数值转换系统.vi

本实例主要利用“单按钮对话框”函数将结果显示在对话框中，如图 7-71 所示。

【操作步骤】

（1）设置工作环境。

① 新建 VI。选择菜单栏中的“文件”→“新建 VI”命令，新建一个 VI，一个空白的 VI 包括前面板及程序框图。

② 保存 VI。选择菜单栏中的“文件”→“另存为”命令，输入 VI 名称为“颜色数值转换系统”。

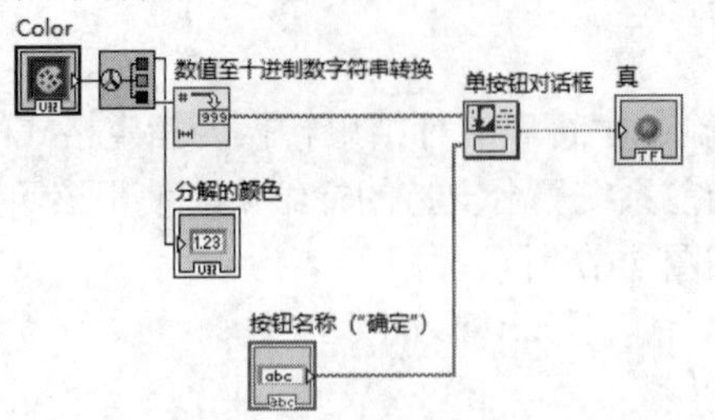

图 7-71　系统程序框图

③ 固定“函数”选板。右击，在程序框图中打开“函数”选板，单击选板左上角的“固定”按钮，将“函数”选板固定在程序框图界面。

（2）设计程序框图。

① 在“函数”选板中选择“编程”→“图形与声音”→“图片函数”→“颜色至 RGB 转换”VI，将其放置到程序框图中，在该 VI 左侧接线端右击，从弹出的快捷菜单中选择“创建”→“输入控件”命令，创建一个颜色盒输入控件 Color。

② 由于所有颜色均为红色、绿色、蓝色这 3 种颜色以不同比例混合而成，因此相反地，任意选择的颜色也可经 VI 分解成这 3 种颜色，并以数字输出。

③ 打开前面板，选择“新式”→“数值”→“数值显示控件”，并放置在前面板适当的位置，双击控件标签，修改控件名称为“分解的颜色”。

④ 打开程序框图，选择“分解的颜色”控件，右击弹出快捷菜单，选择“表示法”→U32 命令，设置表示法，右击该控件，从弹出的快捷菜单中选择“属性”命令，打开“数值类的属性：分解的颜色”对话框，设置如图 7-72 所示。在“函数”选板中选择“编程”→“对话框与用户界面”→“单按钮对话框”VI，将其放置在程序框图中。

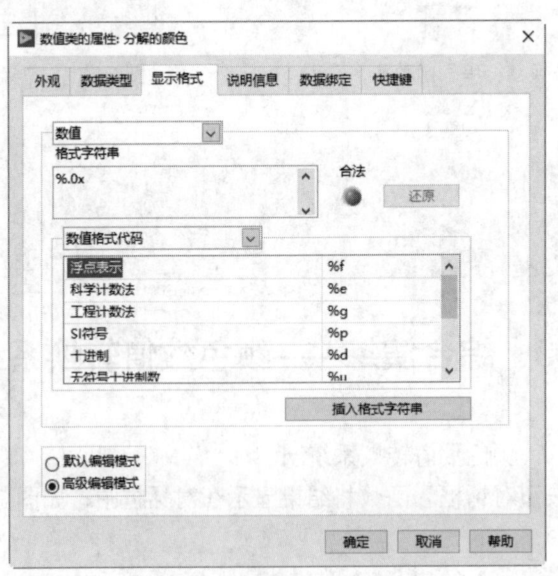

图 7-72　“数值类的属性：分解的颜色”对话框

⑤ 在输入控件中选择颜色，经 VI 转换成 R、G、B 三种数字，由 B 输出端输出数值结果，由于类型不同，不能直接将结果连接到“单按钮对话框”VI 输入端，因此需要转换数据类型。

⑥ 在“函数”选板中选择“编程”→“字符串”→“数值/字符串转换”→“数值至十进制数字符串转换”函数，将从数值类型转换成字符串，将转换结果连接到“单按钮对话框”VI“消息”输入端。

⑦ 在“单按钮对话框”VI 中的“按钮名称（‘确定’）”输入端右击，从弹出的快捷菜单中选择“创建”→“输入控件”命令，创建一个输入控件。

⑧ 在“单按钮对话框”VI“真”输出端右击，从弹出的快捷菜单中选择“创建”→“显示控件”命令，创建“真”布尔显示控件。

⑨ 程序框图绘制结果如图 7-73 所示。

⑩ 单击工具栏中的“整理程序框图”按钮，整理程序框图，结果如图 7-71 所示。

（3）设计前面板。

选择菜单栏中的“窗口”→“显示前面板”命令，或双击程序框图中的任一输入/输出控件，将程序框图置为当前，如图 7-74 所示。

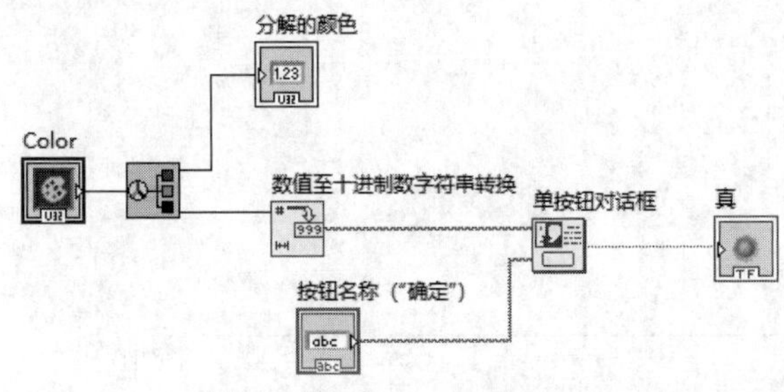

图 7-73　程序框图绘制结果

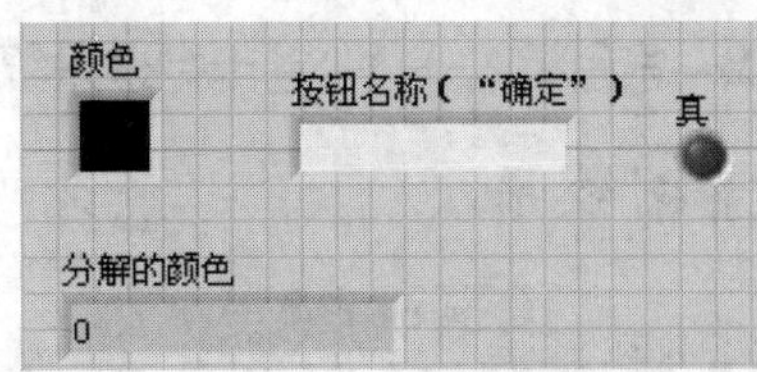

图 7-74　前面板

第 8 章　循环与结构

内容简介

LabVIEW 采用结构化数据流程图编程，能够处理循环、顺序、条件和事件等程序控制的结构框图，这是 LabVIEW 编程的核心，也是区别于其他图形化编程开发环境的独特和灵活之处。

内容要点

- 循环结构函数
- 其他循环结构函数
- 定时循环
- 综合演练——公务卡管理系统

案例效果

8.1　循环结构函数

LabVIEW 中有两种类型的循环结构，分别是 For 循环和 While 循环。它们的区别是 For 循环在使用时要预先指定循环次数，当循环体运行了指定次数的循环后自动退出；而 While 循环则无须指定循环次数，只要满足循环退出的条件便退出相应的循环，如果无法满足循环退出的条件，则循环变为死循环。下面将分别介绍这两种循环结构。

8.1.1 For 循环

For 循环位于“函数选板”→“编程”→“结构”子选板中，For 循环并不立即出现，而是以表示 For 循环的小图标出现，用户可以从中拖曳出放在程序框图上，自行调整大小并定位在适当位置。

For 循环有两个端口，即总线接线端（输入端）和计数接线端（输出端），如图 8-1 所示。输入端指定要循环的次数。该端子的数据表示的类型是 32 位有符号整数，如输入为 6.5，则其将被舍为 6，即把浮点数舍为最近的整数；若输入为 0 或负数，则该循环无法执行并在输出中显示该数据类型的默认值。输出端显示当前的循环次数，也是 32 位有符号整数，默认从 0 开始，依次增加 1，即 *N*-1 表示的是第 *N* 次循环。

动手学——判断最大值和最小值

扫一扫，看视频

源文件：源文件\ 第 8 章\ 判断最大值和最小值.vi

本实例使用 For 循环产生 100 对随机数，判定每次的大数和小数，并在前面板显示，如图 8-2 所示。

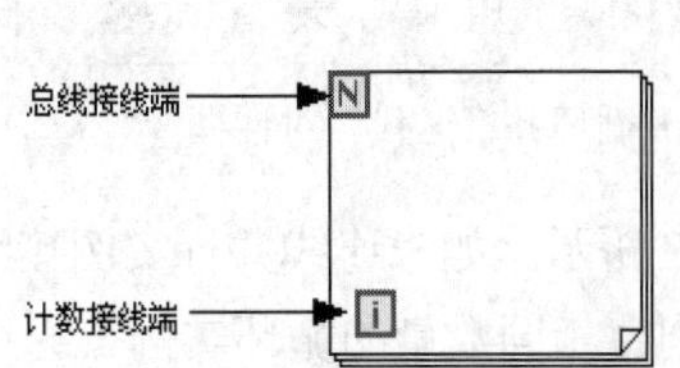

图 8-1 For 循环的输入端与输出端

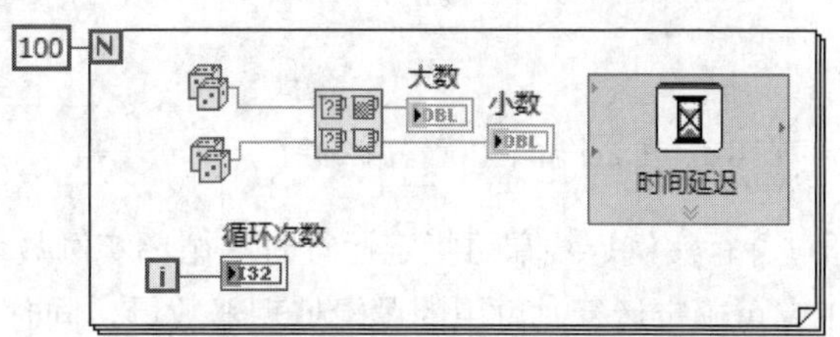

图 8-2 判定最大值和最小值程序框图

【操作步骤】

(1) 在“函数”选板中选择“编程”→“结构”→“For 循环”函数，拖动出适当大小的矩形框，在 For 循环总线连线端创建常量 100。

(2) 在“函数”选板中选择“编程”→“数值”→“随机数”函数，放置随机数。

(3) 在“编程”选板的“比较”子选板中选择“最大值与最小值”函数，判断输入的随机数的大小。

(4) 在“最大值与最小值”函数输出端创建“大数”“小数”两个数值显示控件，并取消控件显示为图标。

(5) 在“函数”选板中选择“编程”→“定时”→“时间延迟”函数，使此循环中包含时间延迟，以便用户可以随着 For 循环的运行而看清数值的更新。

(6) 单击“运行”按钮 ，运行 VI。在前面板显示了运行结果，如图 8-3 所示。

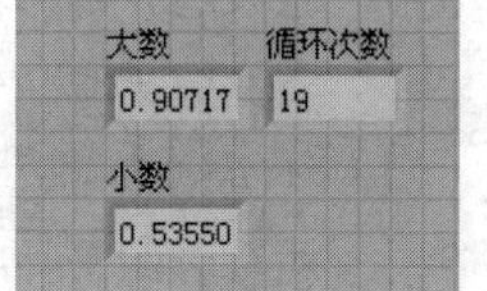

图 8-3 前面板运行结果

如 For 循环启用并行循环迭代，循环计数连线端下将显示并行实例（P）连线端。如通过 For 循环处理大量计算，可启用并行提高性能。LabVIEW 可通过并行循环利用多个处理器提高 For 循环的执行速度。但是，并行运行的循环必须独立于所有其他循环。通过查找可并行循环结果窗口确定可并行的 For 循环。右击 For 循环外框，在快捷菜单中选择“配置循环并行”命令，可显示“For 循环并行迭代”对话框。通过“For 循环并行迭代”对话框可设置 LabVIEW 在编译时生成的 For 循环实例数量。如图

8-4 所示，右击 For 循环，在 For 循环中配置循环并行，可显示如图 8-5 所示对话框，启用 For 循环并行迭代。

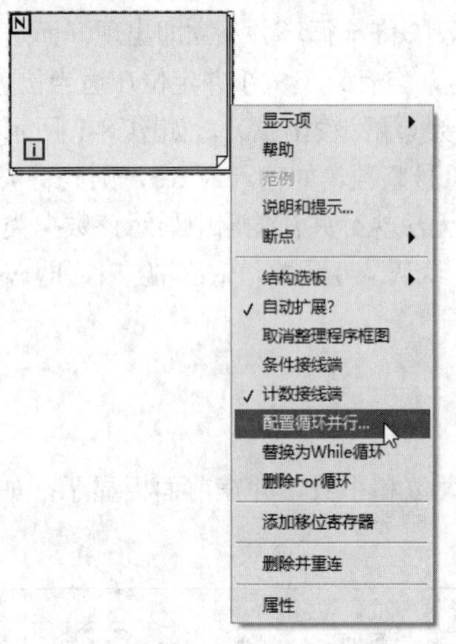

图 8-4　在 For 循环中配置循环并行

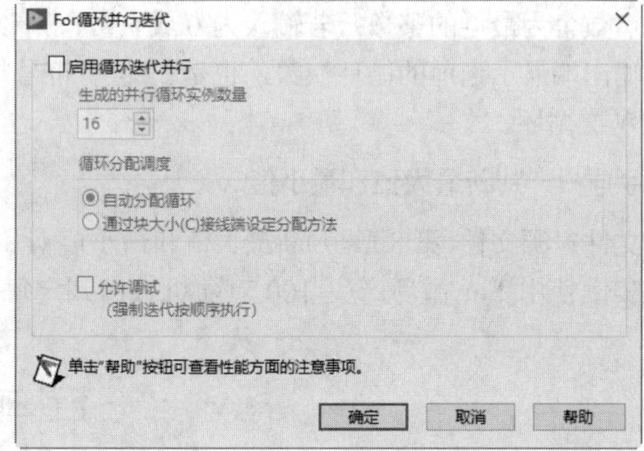

图 8-5　“For 循环并行迭代”对话框

通过并行实例连线端可指定运行时的循环实例数量，如图 8-6 所示。如未连线并行实例接线端，LabVIEW 可确定运行时可用的逻辑处理器数量，同时为 For 循环创建相同数量的循环实例。通过 CPU 信息函数可确定计算机包含的可用逻辑处理器数量。但是，可以指定循环实例所在的处理器。

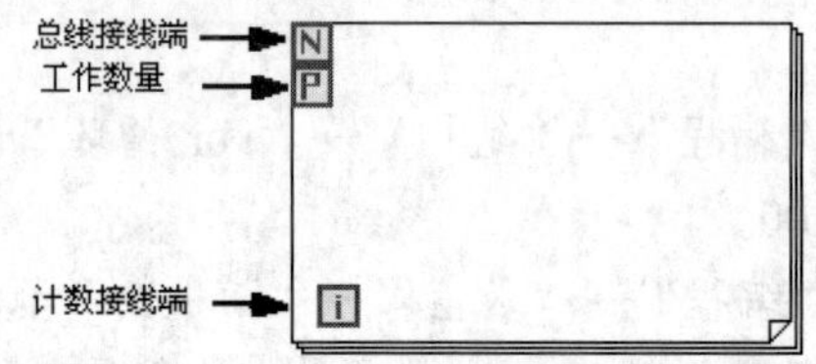

图 8-6　配置循环并行 For 循环的输入端与输出端

该对话框包括以下部分。

- 启用循环迭代并行：启用 For 循环迭代并行。启用该选项后，循环计数 (N) 接线端下将显示并行实例 (P) 接线端。
- 生成的并行循环实例数量：确定编译时 LabVIEW 生成的 For 循环实例数量。生成的并行循环实例数量应当等于执行 VI 的逻辑处理器数量。如需在多台计算机上发布 VI，生成的并行循环实例数量应当等于计算机的最大逻辑处理器数量。通过 For 循环的并行实例接线端可指定运行时的并行实例数量。如连线至并行实例接线端的值大于该对话框中输入的值，LabVIEW 将使用对话框中的值。
- 允许调试：通过设置循环顺序执行可允许在 For 循环中进行调试。默认状态下，启用“启用循环迭代并行”后将无法进行调试。

选择“工具”→“性能分析”→“查找可并行循环”命令，“查找可并行循环结果”对话框用于显示可并行的 For 循环，如图 8-7 所示。

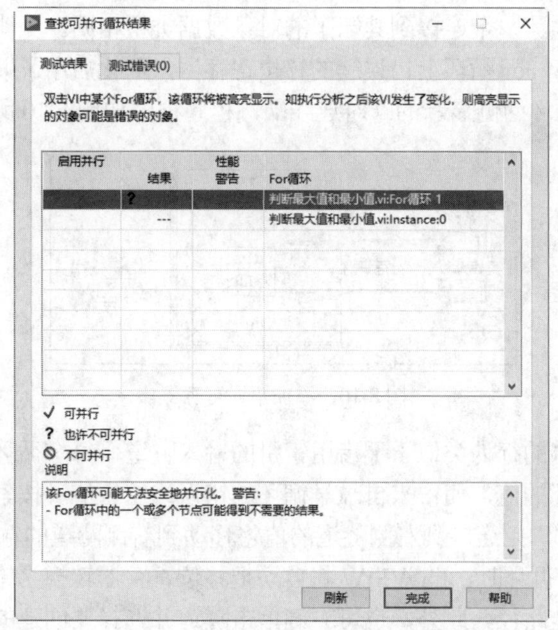

图 8-7 “查找可并行循环结果”对话框

8.1.2 移位寄存器

移位寄存器是 LabVIEW 的循环结构中的一个附加对象，也是一个非常重要的方面，其功能是把当前循环完成时的某个数据传递给下一个循环开始。移位寄存器的添加可以在循环结构的左边框或右边框上的右键快捷菜单中实现，在其中选择“添加移位寄存器”命令。图 8-8 所示为在 For 循环中添加移位寄存器，图 8-9 显示的是添加了移位寄存器后的程序框图。

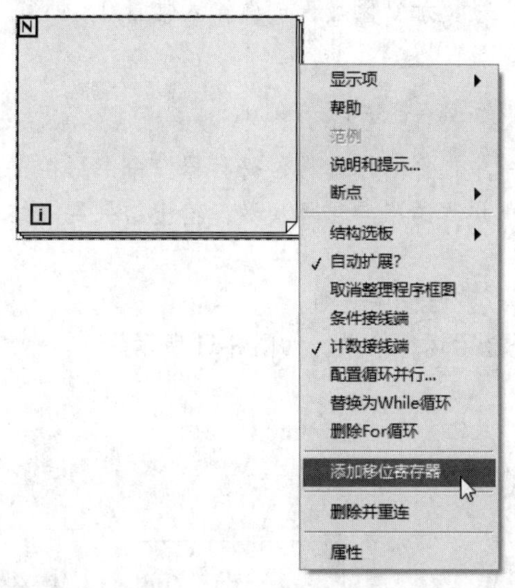

图 8-8 在 For 循环中添加移位寄存器

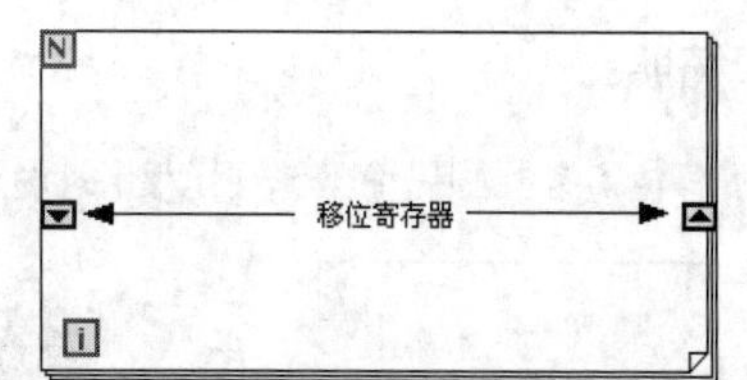

图 8-9 添加了移位寄存器后的程序框图

右端子在每完成一次循环后存储数据，移位寄存器将上次循环的存储数据在下次循环开始时移动到左端子上，移位寄存器可以存储任何数据类型，但连接在同一个寄存器端子上的数据必须是同一种类型，移位寄存器的类型与第一个连接到其端子的对象数据类型相同。

错误寄存器取代了并行 For 循环上错误簇的移位寄存器，简化启用了并行 For 循环的错误处理。错误寄存器是在并行 For 循环两侧显示的一对连线端，程序框图如图 8-10 所示。

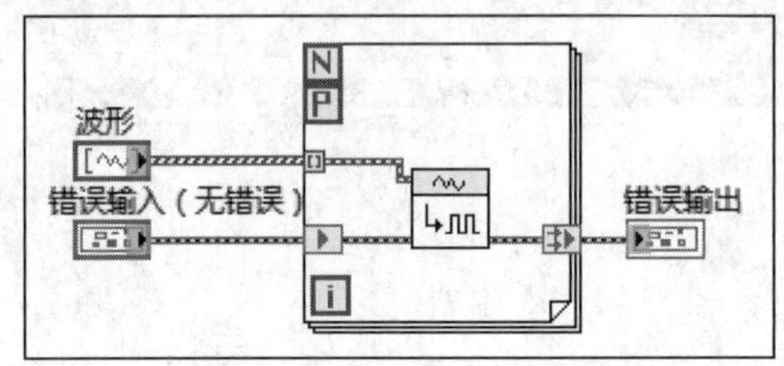

图 8-10　添加错误寄存器

左侧错误寄存器连线端的行为类似于不启用索引的输入隧道，每个循环产生相同的值。右侧错误寄存器连线端合并每个循环的值，使得来自最早循环的错误或警告值（按索引）为错误寄存器的输出值。如果 For 循环执行零次，则连接到左侧隧道的值将移动到右侧隧道的输出。

在 For 循环上配置并行循环时，LabVIEW 将自动把移位寄存器转换为错误寄存器，从而形成通过移位寄存器传输错误的最佳路径。此外，也可右键单击隧道并选择要创建的隧道类型来更改隧道类型。错误寄存器可自动合并并行循环的错误。错误寄存器和移位寄存器的运行时行为不同。

动手学——累加运算

源文件：源文件\ 第 8 章\ 累加运算.vi

本实例计算 1+2+3+4+5 的值，如图 8-11 所示。

【操作步骤】

（1）在“函数”选板上选择“编程”→“结构”→“For 循环”函数，拖动出适当大小的矩形框，在 For 循环总线接线端创建常量 6。

（2）在“函数”选板上选择“编程”→“数值”→“加”函数，创建输入常量 0。

注意：

由于 For 循环是从 0 执行到 N-1，所以输入端赋予了 6，移位寄存器赋予了初值 0。

（3）在 For 循环边框上右击，从弹出的快捷菜单中选择“添加移位寄存器”命令，在 For 循环边框上添加一组移位寄存器，并通过移位寄存器连接加运算结果与循环次数，输出结果到“结果”输出控件上。

（4）单击工具栏中的“整理程序框图”按钮，整理程序框图。

（5）单击“运行”按钮，运行 VI，在前面板显示运行结果，如图 8-11 所示。

知识拓展：

不添加移位寄存器则只输出 5，因为此时没有累加结果的功能，如图 8-12 所示。

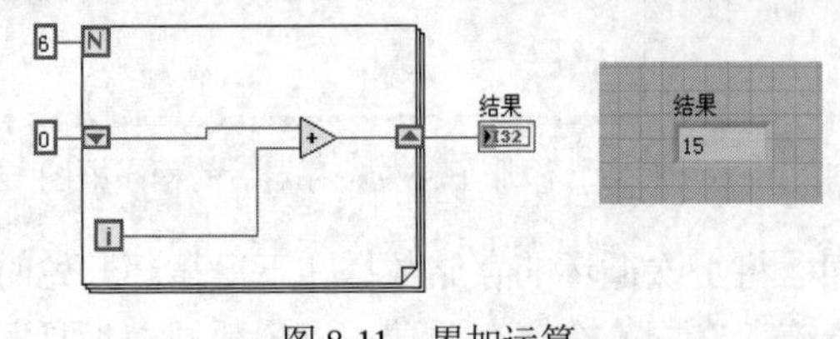

图 8-11　累加运算

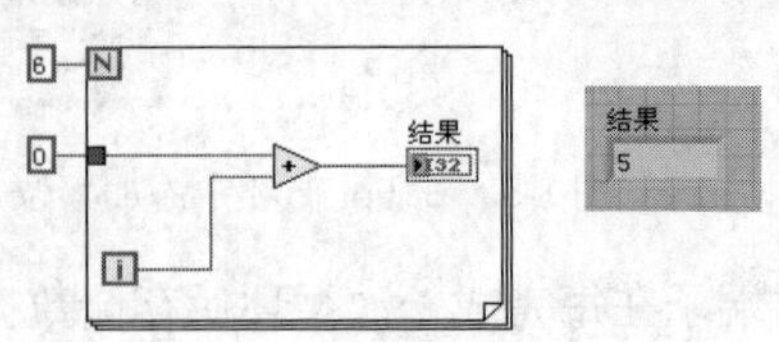

图 8-12　不添加移位寄存器的结果

动手学——偶数和运算

源文件：源文件\ 第 8 章\ 偶数和运算.vi

本实例求 0～99 偶数的总和，如图 8-13 所示。

【操作步骤】

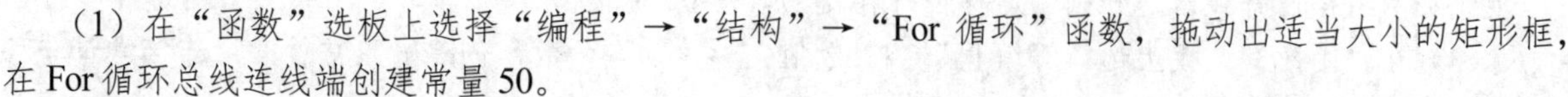

（1）在“函数”选板上选择“编程”→“结构”→“For 循环”函数，拖动出适当大小的矩形框，在 For 循环总线连线端创建常量 50。

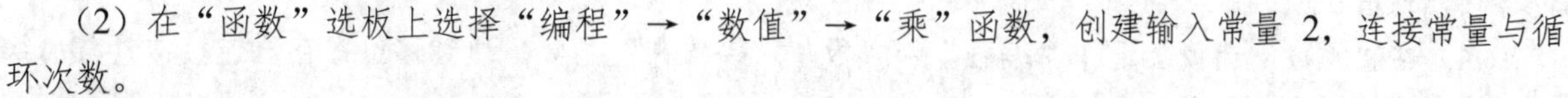

（2）在“函数”选板上选择“编程”→“数值”→“乘”函数，创建输入常量 2，连接常量与循环次数。

提示：

由于 For 循环中的默认递增步长为 1，此时根据题目要求步长应变为 2。

（3）在“函数”选板上选择“编程”→“数值”→“加”函数，创建输入常量 0。

（4）在 For 循环边框上右击，从弹出的快捷菜单中选择“添加移位寄存器”命令，在 For 循环边框上添加一组移位寄存器。

（5）通过移位寄存器连接常量与乘结果，输出结果到“结果”输出控件上。

（6）单击工具栏中的“整理程序框图”按钮，整理程序框图。

（7）单击“运行”按钮，运行 VI，在前面板显示运行结果，如图 8-13 所示。

在使用移位寄存器时应注意初始值问题，如果不给移位寄存器指定明确的初始值，则左端子将在对其所在循环调用之间保留数据，当多次调用包含循环结构的子 VI 时会出现这种情况，需要特别注意。

如果对此情况不加考虑，可能引起错误的程序逻辑。

一般情况下应为左端子明确提供初始值，以免出错，但在某些场合，利用这一特性也可以实现比较特殊的程序功能。除非显式初始化移位寄存器，否则当第一次执行程序时移位寄存器将初始化为移位寄存器相应数据类型的默认值，若移位寄存器数据类型是布尔型，初始化值将为假；若移位寄存器数据类型是数字类型，初始化值为零，但当第二次开始执行时，第一次运行时的值将为第二次运行时的初始值，以此类推。

知识拓展：

当不给图 8-13 中的移位寄存器赋予初值时即如图 8-14 所示，当第一次执行时，输出为 2450，再运行时将输出为 4900。这就是因为左端子在循环调用之间保留了数据。

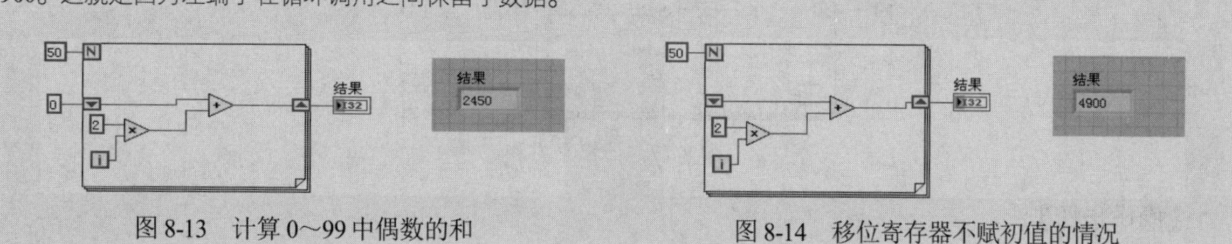

图 8-13 计算 0～99 中偶数的和

图 8-14 移位寄存器不赋初值的情况

移位寄存器也可以添加多个，可通过多个移位寄存器保存多个数据。

扫一扫，看视频

动手学——计算等差数列的乘积

源文件：源文件\ 第 8 章\ 计算等差数列的乘积.vi

本实例用于计算等差数列 $2n+2$ 中 n 取 0、1、2、3 时的乘积，如图 8-15 所示。

【操作步骤】

（1）在“函数”选板上选择“编程”→“结构”→“For 循环”函数，拖动出适当大小的矩形框，在 For 循环总线连线端创建常量 4。

（2）在 For 循环边框上右击，从弹出的快捷菜单中选择“添加移位寄存器”命令，在 For 循环边框上添加两组移位寄存器，分别创建移位寄存器初始值 0、1。

（3）在“函数”选板上选择“编程”→“数值”→“加”函数，创建输入常量 2，连接常量与移位寄存器初值 0。

（4）在“函数”选板上选择“编程”→“数值”→“乘”函数，通过移位寄存器连接常量与加结果，输出结果到“结果”输出控件上。

（5）单击工具栏中的“整理程序框图”按钮，整理程序框图。

（6）单击“运行”按钮，运行 VI，在前面板显示运行结果，如图 8-15 所示。

在编写程序时有时需要访问以前多次循环的数据，而层叠移位寄存器可以保存以前多次循环的值，并将值传递到下一次循环中。创建层叠移位寄存器，可以通过右击左侧的连线端并从其中选择添加元素来实现，如图 8-16 所示，层叠移位寄存器只能位于循环左侧，因为右侧的连线端仅用于把当前循环的数据传递给下一次循环。

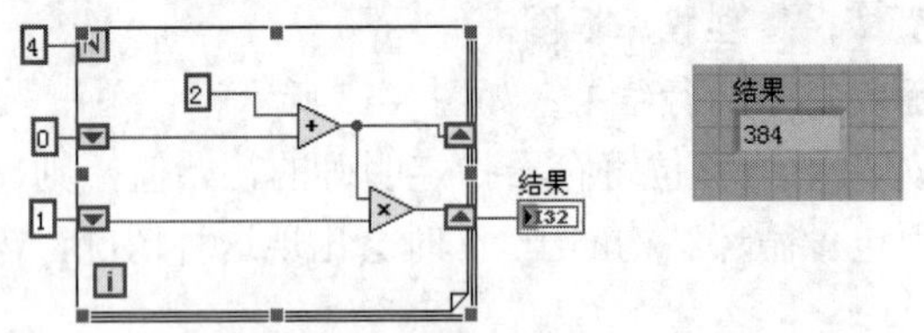

图 8-15　计算等差数列的乘积

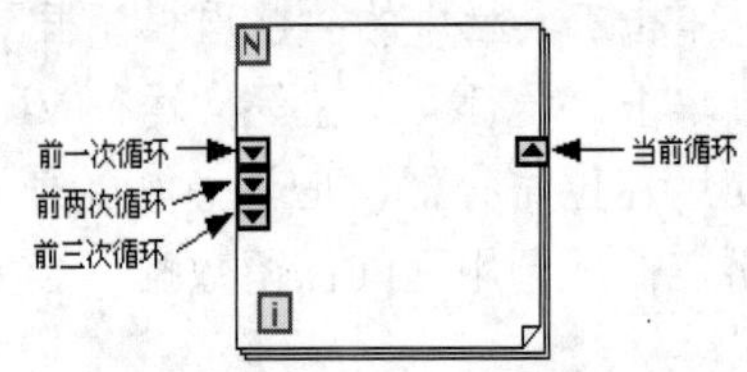

图 8-16　层叠移位寄存器

扫一扫，看视频

动手学——计算平方和

源文件：源文件\第 8 章\计算平方和.vi

本实例用于计算 n 个数据的平方和，如图 8-17 所示。

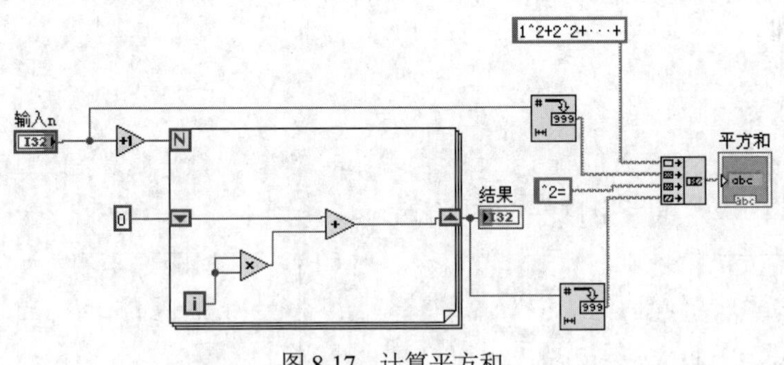

图 8-17　计算平方和

【操作步骤】

（1）打开前面板，在“控件”选板上选择“新式”→“数值”→“数值输入控件”，创建“输入 n”控件。

（2）打开程序框图，在“函数”选板上选择“编程”→“结构”→“For 循环”函数，拖动出适当大小的矩形框。

（3）在“函数”选板上选择“编程”→“数值”→“加一”函数，输入端连接“输入 n”控件，输出端连接到 For 循环总线输出端。

（4）在 For 循环边框上右击，从弹出的快捷菜单中选择“添加移位寄存器”命令，在 For 循环边框上添加移位寄存器，创建移位寄存器初始值 0。

（5）在“函数”选板上选择“编程”→“数值”→“乘”函数，通过移位寄存器连接常量与循环次数结果。

（6）在“函数”选板上选择“编程”→“数值”→“加”函数，创建输入常量 0，连接常量与乘结果。

（7）右击，创建显示控件“结果”，将移位寄存器输出结果连接到输出控件上。

（8）为了形象地表达出 n 个数的平方和，需要输出字符公式。选择“编程”→“字符串”子选板中的“连接字符串”函数，创建两个字符常量表达公式。

（9）选择“编程”→“字符串”→“数值/字符串转换”子选板中的“数值至十进制数字符串转换”函数，注意数据类型的转换，以实现正确的连接。

（10）单击工具栏中的“整理程序框图”按钮，整理程序框图，结果如图 8-18 所示。

提示：

由于 For 循环是从 0 开始，所以输入后自加 1，否则运行的结果将出现错误，例如，当输入为 3 时，结果为 14（是 n 为 2 时的平方和，而不是 n 为 3 时的平方和）。

（11）当输入 6 时，单击“运行”按钮，运行 VI，在前面板显示运行结果，计算结果为 91，其相应的前面板如图 8-18 所示。

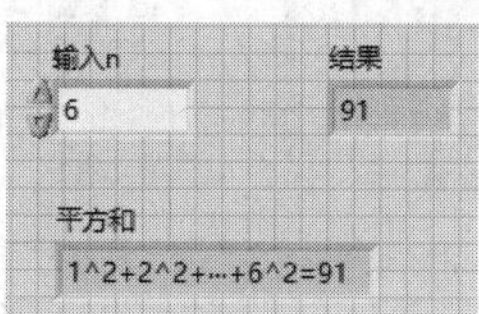

图 8-18 前面板显示

8.1.3 While 循环

While 循环位于“函数选板”→“编程”→“结构”的子选板中，同 For 循环类似，While 循环也需要自行拖动来调整大小和定位适当的位置。同 For 循环不同的是，While 循环无须指定循环的次数，当且仅当满足循环退出条件时，才退出循环，所以当用户不知道循环要运行的次数时，While 循环就显得很重要。

While 循环重复执行代码片段直到条件连线端接收到某一特定的布尔值为止。While 循环有两个端子：计数连线端（输出端）和条件连线端（输入端），如图 8-19 所示。输出端记录循环已经执行的次数，作用与 For 循环中的输出端相同；输入端的设置分两种情况：条件为真时继续执行[图 8-20（a）]和条件为假时停止执行[图 8-20（b）]。

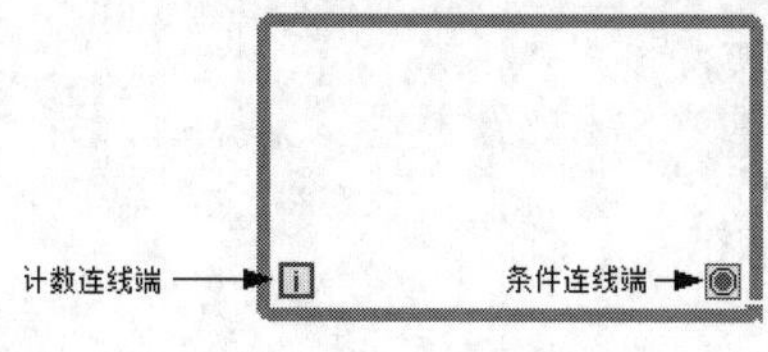

图 8-19 While 循环的输入端和输出端

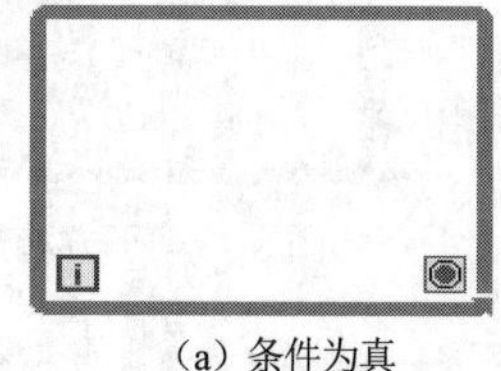

（a）条件为真

（b）条件为假

图 8-20 通过条件决定是否继续执行

若想从一个正在执行的循环中跳转出去，可以通过某种逻辑条件跳出循环，即用 While 循环来代替 For 循环，如图 8-21 所示。

While 循环是执行后再检查条件端子，而 For 循环是执行前就检查是否符合条件，所以 While 循环至少执行一次。如果把控制条件接线端子的控件放在 While 循环外，则根据初值的不同将出现两种情况：无限循环或仅被执行一次。

LabVIEW 编程属于数据流编程。那么什么是数据流编程呢？数据流即控制 VI 程序的运行方式。对一个节点而言，只有当它的所有输入端口上的数据都成为有效数据时，它才能被执行。当节点程序运行完毕后，它把结果数据送给所有的输出端口，使之成为有效数据，并且将数据很快从源端口送到目的端口。这就是数据流编程原理。

在 LabVIEW 的循环结构中有“自动索引”这一概念。自动索引是指使循环体外面的数据成员逐个进入循环体，或循环体内的数据累积成为一个数组后再输出到循环体外。

对于 For 循环，自动索引是默认打开的，对于 While 循环直接执行则不可以，因为 While 循环自动索引功能是关闭的，需在自动索引的方框■上右击，如图 8-22 所示，选择启用索引，使其变为▣。

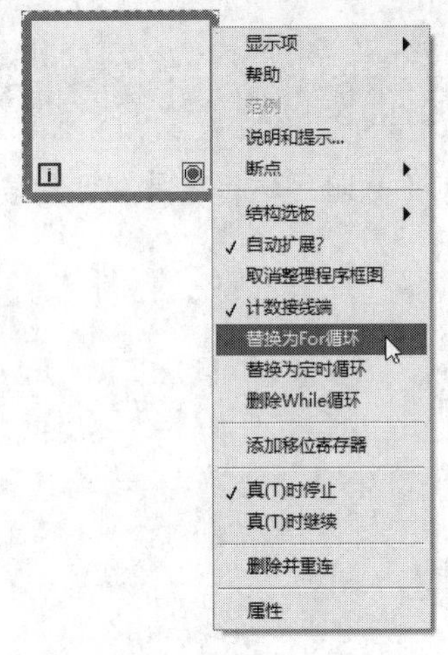

图 8-21　替换循环类型

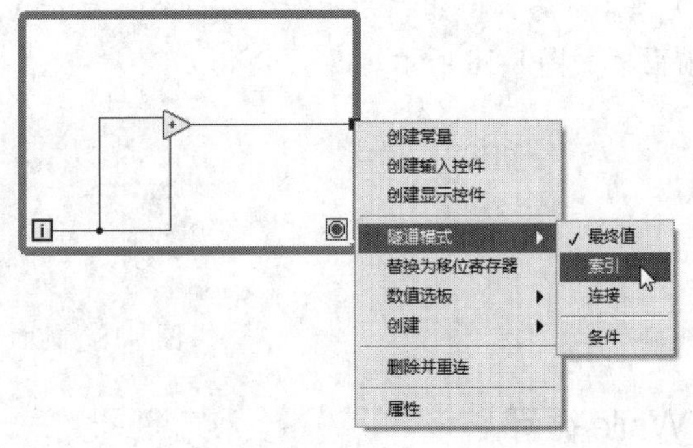

图 8-22　For 循环的自动索引

扫一扫，看视频

动手学——求解平方和最大值

源文件：源文件\第 8 章\求解平方和最大值.vi

本实例计算 $1^2+2^2+3^2+\cdots+n^2>1000$ 中最小的 n 值及对应该 n 值的表达式的累加和。程序如图 8-23 所示。

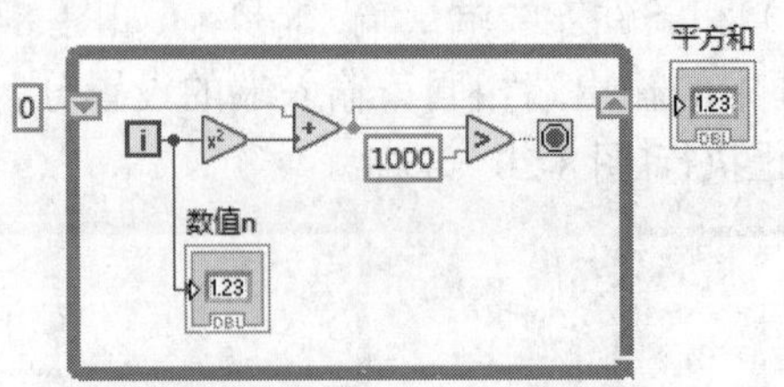

图 8-23　平方和最大值程序框图

【操作步骤】

(1) 在“函数”选板上选择“编程”→“结构”→“While 循环”函数，将其放置在程序框图中。

（2）在 While 循环边框上右击，选择“添加移位寄存器”命令，在 While 循环边框上添加移位寄存器，创建移位寄存器初始值 0。

（3）在“函数”选板上选择“编程”→“数值”→“平方”函数，连接循环次数，创建“数值 n”显示控件。

（4）在“函数”选板上选择“编程”→“数值”→“加”函数，连接寄存器初始值 0 与平方值。

（5）在“函数”选板上选择“编程”→“比较”→“大于?”函数，比较平方和与常量 1000，将比较结果连接到条件结构的条件输入端。

（6）通过 While 循环的移位寄存器在输出端创建“平方和”输出控件。

（7）单击工具栏中的“整理程序框图”按钮，整理程序框图，结果如图 8-23 所示。

（8）单击“运行”按钮，运行 VI，在前面板显示运行结果，如图 8-24 所示。

由于 While 循环是先执行再判断条件的，所以容易出现死循环，如将一个真或假常量连接到条件连线端口，或出现了一个恒为真的条件，那么循环将永远执行下去，如图 8-25 所示。

因此为了避免死循环的发生，在编写程序时最好添加一个布尔变量，与控制条件相“与”后再连接到条件接线端口（图 8-26）。这样，即使程序出现逻辑错误而导致死循环，那么也可以通过这个布尔控件来强行结束程序的运行，等完成了所有程序开发并经检验无误后，再将布尔按钮去除。当然，也可以通过窗口工具栏中的停止按钮来强行终止程序。

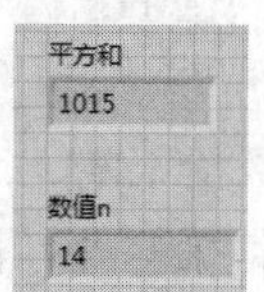

图 8-24 运行结果

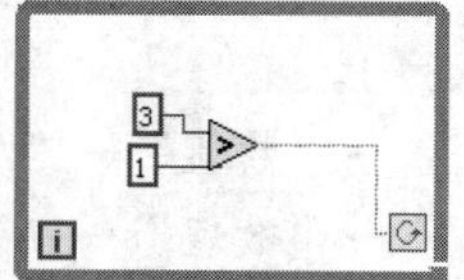

图 8-25 处于死循环状态的 While 循环

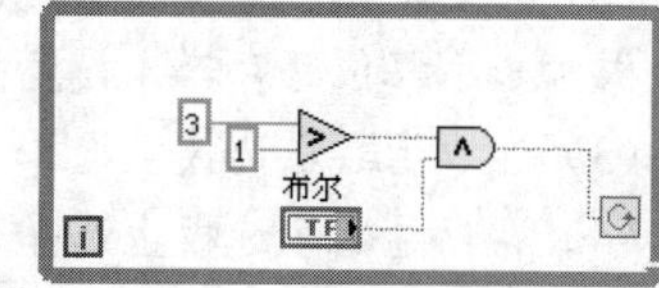

图 8-26 添加了布尔控件的 While 循环

动手练——记录等差数列的乘积值

扫一扫，看视频

源文件：源文件\第 8 章\记录等差数列的乘积值.vi

本实例用于计算等差数列 $2n+2$ 中 n 取 0、1、2、3 时的乘积，如图 8-27 所示。

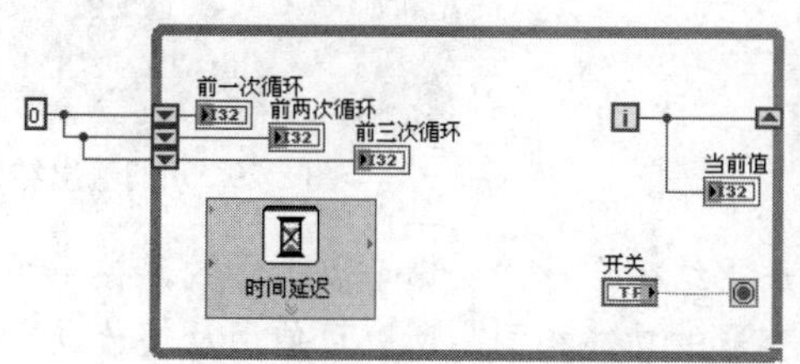

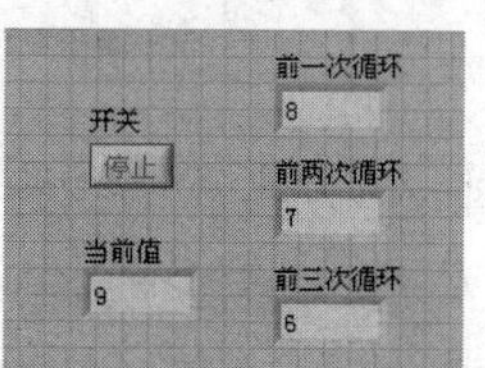

图 8-27 层叠移位寄存器的使用

提示：

使用层叠移位寄存器，不但要表示出当前的值，而且要分别表示出前一次循环、前两次循环、前三次循环的值。

思路点拨

（1）绘制前面板。

（2）放置循环。

（3）放置时间延迟函数。

（4）连接程序。

（5）输入初始值。
（6）运行程序。

8.1.4 反馈节点

反馈节点和只有一个左端子的移位寄存器的功能相同，同样用于在两次循环之间传输数据。循环中一旦连线构成反馈，就会自动出现反馈节点箭头和初始化端子。使用反馈节点需注意其在选项板上的位置，若在分支连接到数据输入端的连线之前把反馈节点放在连线上，则反馈节点把每个值都传递给数据输入端；若在分支连接到数据输入端的连线之后把反馈节点放在连线上，则反馈节点把每个值都传回 VI 或函数的输入端，并把最新的值传递给数据输入端。

扫一扫，看视频

动手学——阶乘运算

源文件：源文件\第 8 章\阶乘运算.vi、阶乘运算 1.vi、阶乘运算 2.vi

本实例计算 n!的值，如图 8-28 所示。

【操作步骤】

（1）在“函数”选板上选择“编程”→“结构”→“For 循环”函数，拖动出适当大小的矩形框，在 For 循环总线连线端创建输入控件“输入（n）”。

（2）在 For 循环边框上右击，从弹出的快捷菜单中选择“添加移位寄存器”命令，在 For 循环边框上添加一组移位寄存器，设置初始值为 1。

（3）在“函数”选板上选择“编程”→“数值”→“加一”函数，连接到循环次数输入端。

（4）在“函数”选板上选择“编程”→“数值”→“乘”函数，并连接加一运算结果与寄存器初始值，输出结果到输出控件上。

（5）单击工具栏中的“整理程序框图”按钮，整理程序框图，结果如图 8-28 所示。

（6）单击“运行”按钮，运行 VI，在前面板显示运行结果，其相应的前面板如图 8-29 所示。

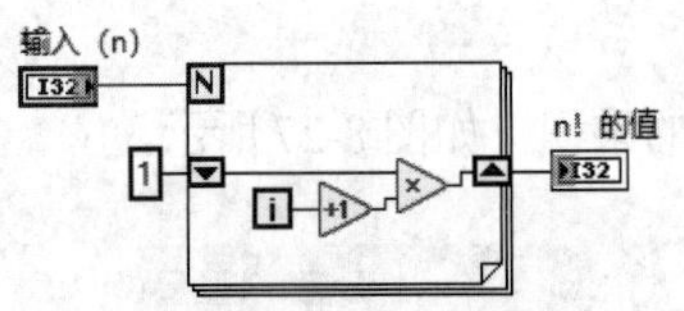

图 8-28　阶乘运算程序框图

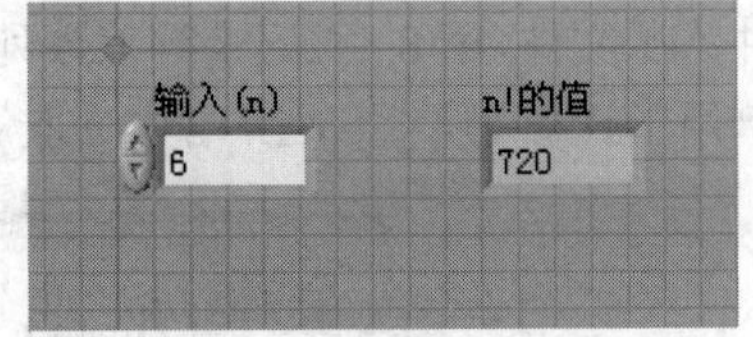

图 8-29　n!的输出结果

（7）在“函数”选板上选择“编程”→“结构”→“反馈节点”函数，在循环中放置反馈节点，因为反馈节点和只有一个左端子的移位寄存器的功能相同，所以可使用反馈节点来完成程序，具体程序框图如图 8-30 所示。

（8）如果使用 While 循环实现，则需要构建条件来判定其什么时候执行循环，此时可以通过自增的数是否小于输入数来判断是否继续执行，如图 8-31 所示。

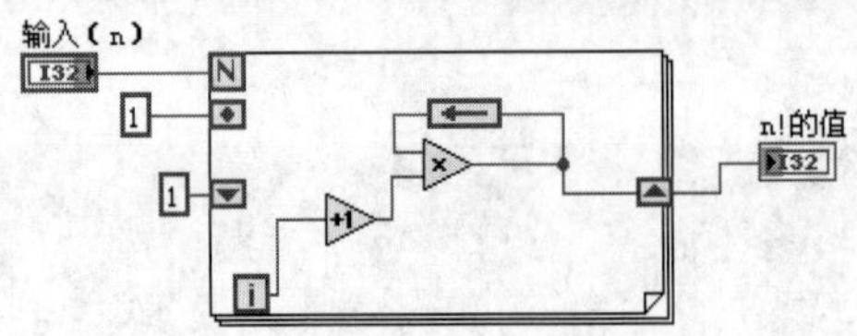

图 8-30　使用带反馈节点的 For 循环

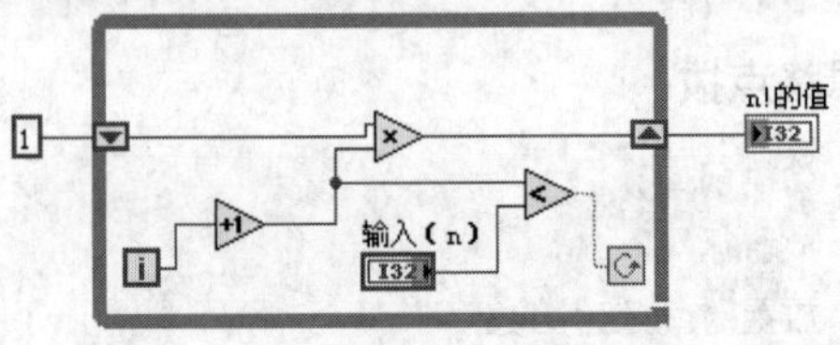

图 8-31　使用带移位寄存器的 While 循环

（9）对于上面 3 个程序框图，当输入 6 时，输出结果均为 720，如图 8-29 所示。

8.1.5　变量

变量根据方法和作用的不同，分为局部变量和全局变量。

1. 创建局部变量的方法

（1）直接在程序框图中已有的对象上右击，从弹出的快捷菜单中选择“创建”→“局部变量”命令，如图 8-32 所示。

（2）在“函数”选板的“结构”子选板中选择局部变量，形成一个没有被赋值的变量，此时的局部变量没有任何用处，因为它还没有和前面板的控制或指示相关联，这时可以通过在前面板添加控件来填充其内容，如图 8-33 所示。

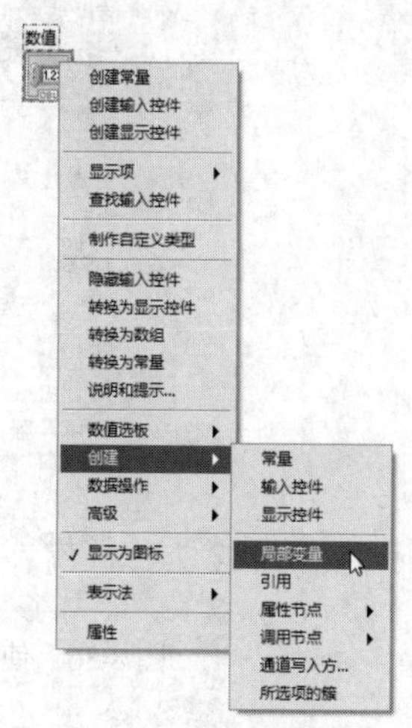

图 8-32　创建局部变量方法 1

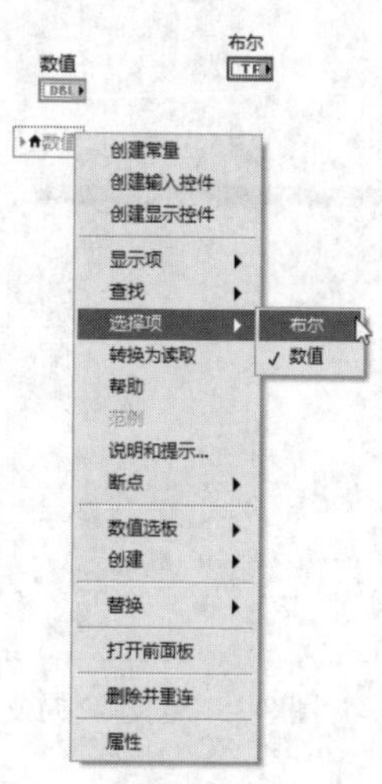

图 8-33　创建局部变量方法 2

2. 创建全局变量的方法

（1）在“结构”子选板中选择全局变量，生成一个小图标，双击该图标， 弹出框图，如图 8-34 所示。在框图内即可编辑全局变量。

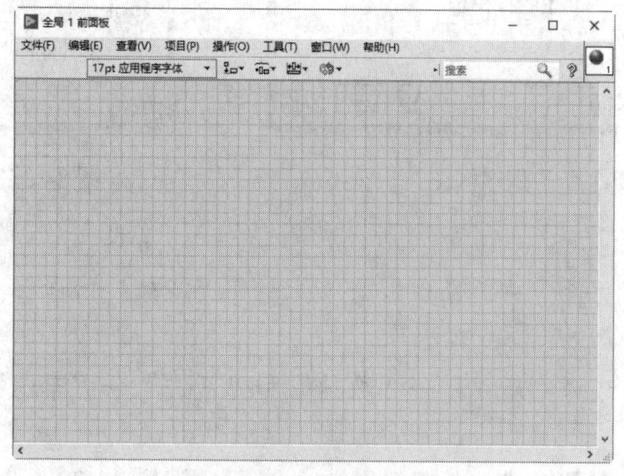

图 8-34　创建全局变量方法 1

（2）在 LabVIEW 的“新建”菜单中选择“全局变量”命令，如图 8-35 所示，单击“确定”按钮后即可打开设计全局变量窗口，如图 8-34 所示。

但此时只是一个没有程序框图的 LabVIEW 程序，要使用全局变量可按以下步骤进行。

① 向刚才的前面板内添加想要的全局变量，如添加数据。

② 保存这个全局变量，然后关闭全局变量的前面板窗口。

③ 新建一个程序，打开其程序框图，从“函数”选板中选择“选择 VI”，打开保存的文件，拖出一个全局变量的图标。

④ 右击，从弹出的快捷菜单中选择“选择项”命令，就可以根据需要选择相应的变量了，如图 8-36 所示。

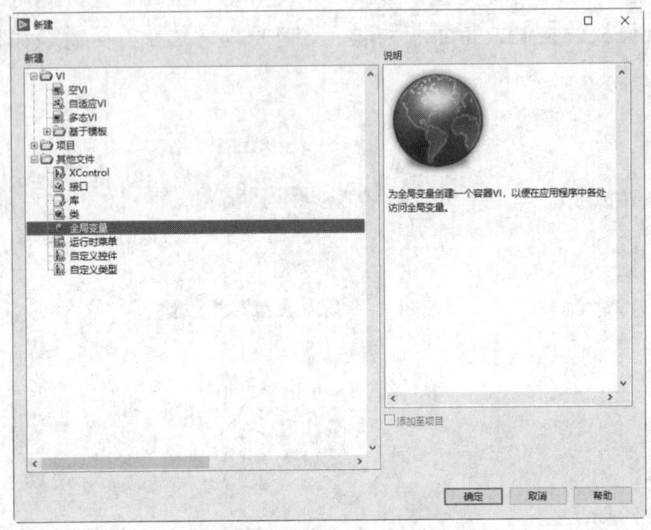

图 8-35　创建全局变量方法 2

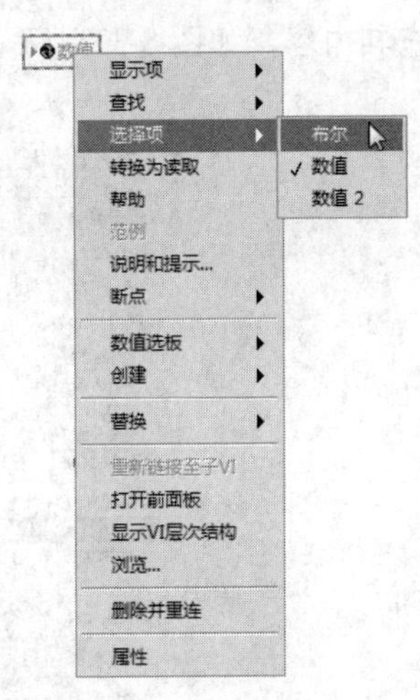

图 8-36　使用全局变量

扫一扫，看视频

动手学——全局变量的控制

源文件：源文件\第 8 章\全局.vi、全局变量 1.vi、全局变量 2.vi

本实例演示如何应用图 8-37 和图 8-38 所示的全局变量。

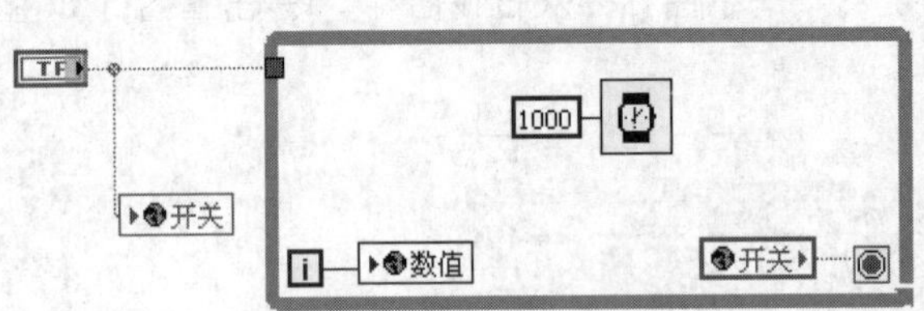

图 8-37　第 1 个子程序框图

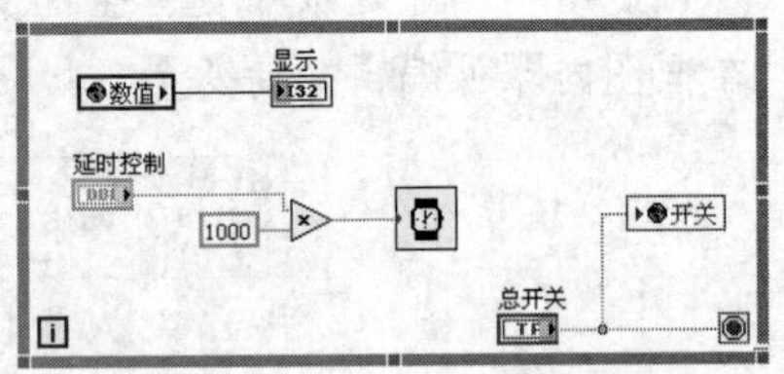

图 8-38　第 2 个子程序框图

【操作步骤】

（1）选择菜单栏中的“文件”→“新建”命令，打开“新建”对话框，选择“全局变量”选项，创建全局变量 VI。

（2）在“控件”选板上选择“新式”→“数值”和“新式”→“布尔”子选板，选择数值和开关的全局变量。

（3）建立数值和开关的全局变量，并将数值控件表示法设置为 I32，如图 8-39 所示。

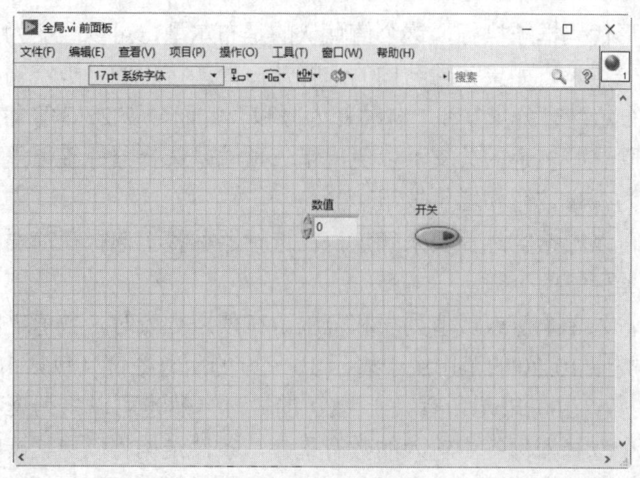

图 8-39 全局变量的建立

提示：

通过第 1 个 VI 产生数据，第 2 个 VI 显示第 1 个 VI 产生的数据。

（4）第 1 个 VI 产生数据，在“函数”选板上选择“选择 VI”命令，将“全局”打开，放置全局变量，绘制子程序框图，如图 8-37 所示。

（5）第 2 个 VI 显示数据，如图 8-38 所示，其中的延时控制控件用于控制显示的速度，如输入 2 则每个将延时 2s。总开关可以同时控制这两个 VI 的停止。

（6）运行时需要先运行第 1 个 VI，再运行第 2 个 VI，终止程序时可以使用总开关，运行程序后，显示如图 8-40 所示。当要再次运行时，需先打开总开关。

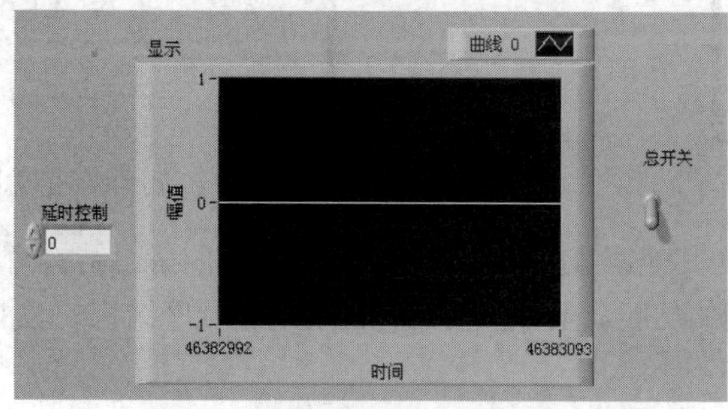

图 8-40 前面板显示

8.2 其他循环结构函数

在 LabVIEW 中，除常用的 For 循环和 While 循环外，还包括条件结构、顺序结构等。下面简单介绍这些循环结构。

8.2.1 条件结构

条件结构同样位于“函数”选板的“结构”子选板中，从“结构”子选板中选取条件结构，并在程序框图上拖放以形成一个框图，如图 8-41 所示。框图中左边的数据端口是条件选择端口，通过其中的值选择到底哪个子图形代码框被执行，这个值默认的是布尔型，可以改变为其他类型。在改变为其他数据类型时要考虑的一点是，如果条件结构的选择端口最初接收的是数字输入，那么代码中可能存在 *n* 个分支，当改变为布尔型时分支 0 和 1 自动变为假和真，而分支 2、3 等却未丢失，在条件结构执行前，一定要明确地删除这些多余的分支，以免出错。顶端是选择器标签，里面有所有可以被选择的条件，两旁的按钮分别为减量按钮和增量按钮。

选择器标签的个数可以根据实际需要来确定，在选择器标签上选择在前面添加分支或在后面添加分支，就可以增加选择器标签的个数。

在选择器标签中可输入单个值或数值列表和范围。在使用列表时，数值之间用逗号隔开；在使用数值范围时，指定一个类似 10..20 的范围用于表示 10～20 的所有数字（包括 10 和 20），而..100 表示所有小于或等于 100 的数，100..表示所有大于 100 的数。当然也可以将列表和范围结合起来使用，如..6,8,9,16..。若在同一个选择器标签中输入的数有重叠，条件结构将以更紧凑的形式重新显示该标签，如输入..9，..18,26,70..，那么将自动更新为..18,26,70..。使用字符串范围时，范围 a..c 包括 a、b 和 c。

输入选择器的值和选择器连线端所连接的对象不是同一数据类型，则该值将变成红色，在结构执行之前必须删除或编辑该值，否则将不能运行，若修改，可以连接相匹配的数据类型，如图 8-42 所示。同样由于浮点算术运算可能存在四舍五入误差，因此浮点数不能作为选择器标签的值，若将一个浮点数连接到条件分支，LabVIEW 将对其选取最近的偶数值。若在选择器标签中输入浮点数，则该值将变成红色，在执行前必须对该值进行删除或修改。

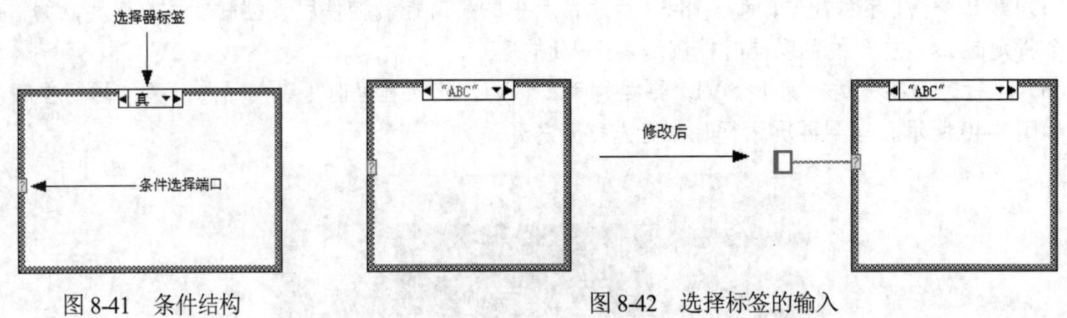

图 8-41　条件结构　　　　图 8-42　选择标签的输入

LabVIEW 的条件结构与其他语言的条件结构相比，简单明了，结构简单，不仅相当于 Switch 语句，还可以实现 if...else 语句的功能。条件结构的边框通道和顺序结构的边框通道都没有自动索引与禁止索引这两种属性。

8.2.2　顺序结构

虽然数据流编程为用户带来了很多方便，但也在某些方面存在不足。如果 LabVIEW 框图程序中有两个节点同时满足节点执行的条件，那么这两个节点就会同时执行。但是若编程时要求这两个节点按一定的先后顺序执行，那么数据流编程是无法满足要求的，这时就必须使用顺序结构来明确执行次序。

顺序结构分为平铺式顺序结构和层叠式顺序结构，从功能上讲两者结构完全相同。两者都可以从"结构"子选板中创建。

LabVIEW 顺序框架的使用比较灵活，在编辑状态时可以很容易地改变层叠式顺序结构各框架的顺序。平铺式顺序结构各框架的顺序不能改变，但可以先将平铺式顺序结构转化为层叠式顺序结构，如图 8-43 所示。在层叠式顺序结构中改变各框架的顺序如图 8-44 所示，再将层叠式顺序结构转换为平铺式顺序结构，这样就可以改变平铺式顺序结构各框架的顺序。

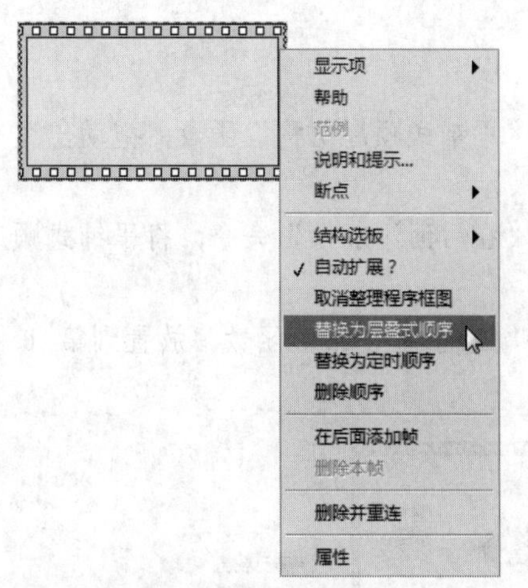

图 8-43 平铺式顺序结构转换为层叠式顺序结构

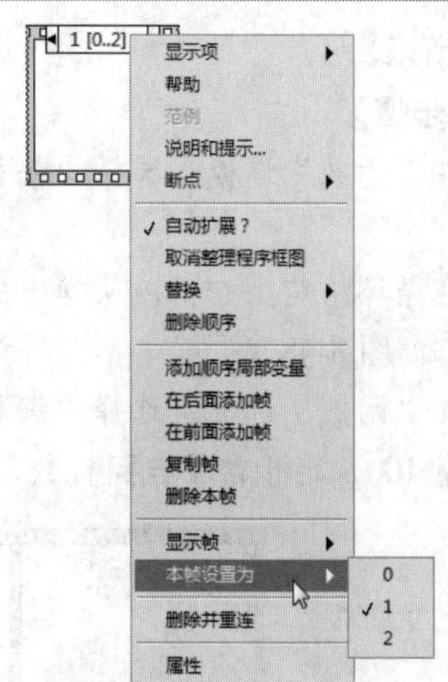

图 8-44 改变各框架的顺序

1. 平铺式顺序结构

平铺式顺序结构如图 8-45 所示。

顺序结构中的每个子框图都称为一个帧，刚建立顺序结构时只有一个帧，对于平铺式顺序结构，可以通过在帧边框的左右分别选择在前面添加帧和在后面添加帧来增加一个空白帧。

由于每个帧都是可见的，所以平铺式顺序结构不能添加局部变量，不需要借助局部变量这种机制在帧之间传输数据。

2. 层叠式顺序结构

层叠式顺序结构的表现形式与条件结构十分相似，都是在框图的同一位置层叠多个子框图，每个框图都有自己的序号，执行顺序结构时，按照序号由小到大逐个执行。条件结构与层叠式顺序结构的异同：条件结构的每一个分支都可以为输出提供一个数据源，相反，在层叠式顺序结构中，输出隧道只能有一个数据源。输出可源自任何帧，但仅在执行完毕数据才输出，而不是在个别帧执行完毕，数据才离开层叠式顺序结构。层叠式顺序结构中的局部变量用于帧间传送数据。对输入隧道中的数据，所有的帧都可使用。层叠式顺序结构程序框图如图 8-46 所示。

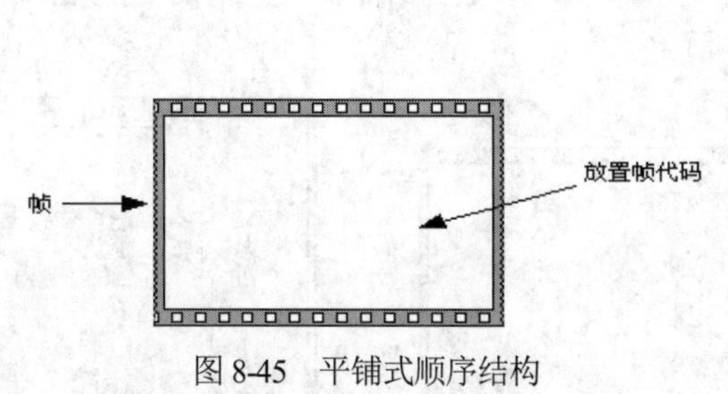

图 8-45 平铺式顺序结构

图 8-46 层叠式顺序结构

动手学——判断数值范围

源文件：源文件\第 8 章\判断数值范围.vi

本实例判断一个随机产生的数是否小于 70，若小于 70，则产生 0；若大于或等于 70，则产生 1，如图 8-47 所示。

【操作步骤】

（1）在“函数”选板上选择“编程”→“结构”→“平铺式顺序结构”函数，拖动出适当大小的矩形框。

（2）在循环结构上右击，从弹出的快捷菜单中选择“在后面添加帧”命令，将平铺式顺序结构转变为 3 帧，如图 8-48 所示。

（3）在“函数”选板上选择“编程”→“数值”→“随机数”“乘”函数，放置到第 1 帧中，创建输入常量 100，连接常量与随机数。

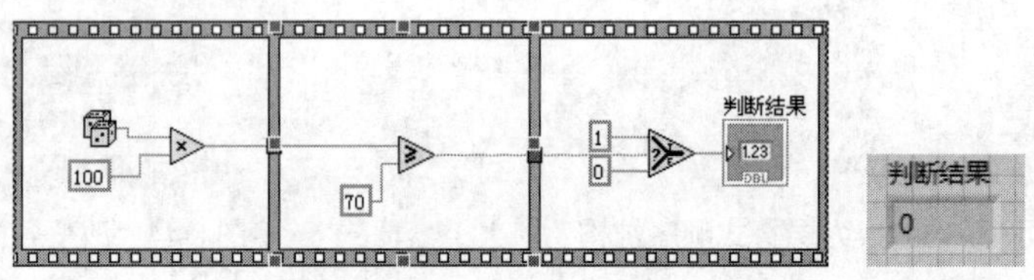

图 8-47　使用平铺式顺序结构的程序框图

图 8-48　绘制平铺式顺序结构

（4）在“函数”选板上选择“编程”→“比较”→“大于等于?”函数，放置到第 2 帧中，创建输入常量 70，连接常量与第 1 帧中的乘积结果。

（5）在“函数”选板上选择“编程”→“比较”→“选择”函数，放置到第 3 帧中，创建输入常量 0、1，连接常量与第 2 帧中的比较结果。

（6）创建“判断结果”显示控件连接比较输出值。

（7）单击工具栏中的“整理程序框图”按钮，整理程序框图。

（8）单击“运行”按钮，运行 VI，在前面板显示运行结果，如图 8-47 所示。

知识拓展：

在层叠式顺序结构中需要用到局部变量，用于在不同帧之间实现数据的传递。例如，当用层叠式顺序结构做图 8-47 时，就需用局部变量，具体程序框图如图 8-49 所示。

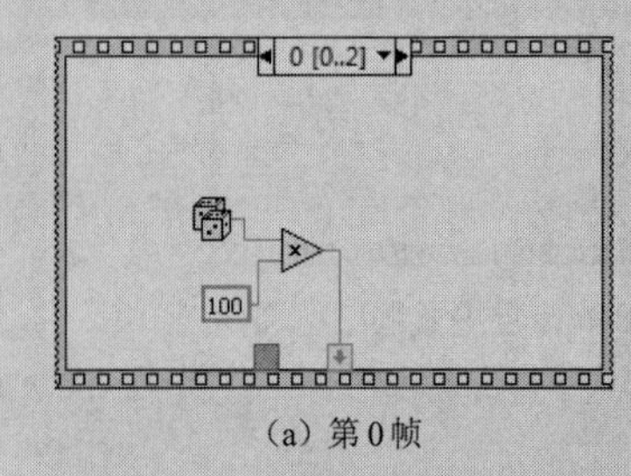

（a）第 0 帧

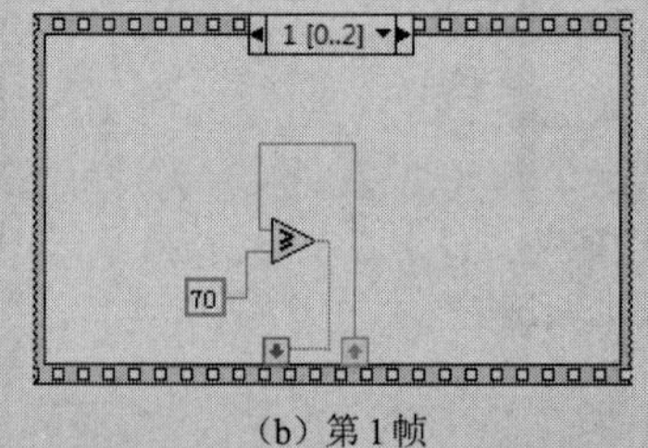

（b）第 1 帧

（c）第 2 帧

图 8-49　程序框图

动手练——计算时间差

源文件：源文件\ 第 8 章\ 计算时间差.vi

本实例输入一个 0～10000 的整数，测量机器需要多少时间才能产生与之相同的数，如图 8-50 所示。

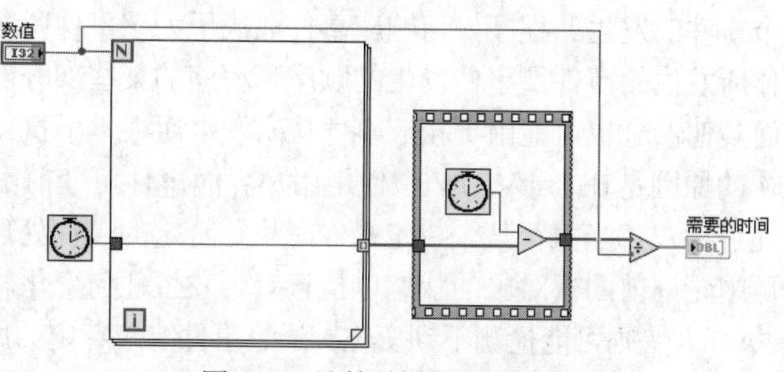

图 8-50　计算时间的程序框图

思路点拨

（1）由于计算多少时间需要用到前后两个时刻的差，即用到了先后次序，所以应用顺序结构解决此题。

（2）在产生了的数据中，先将其转换为整型。转换函数在“数值”子选板中。具体程序框图和前面板显示如图 8-51～图 8-53 所示。

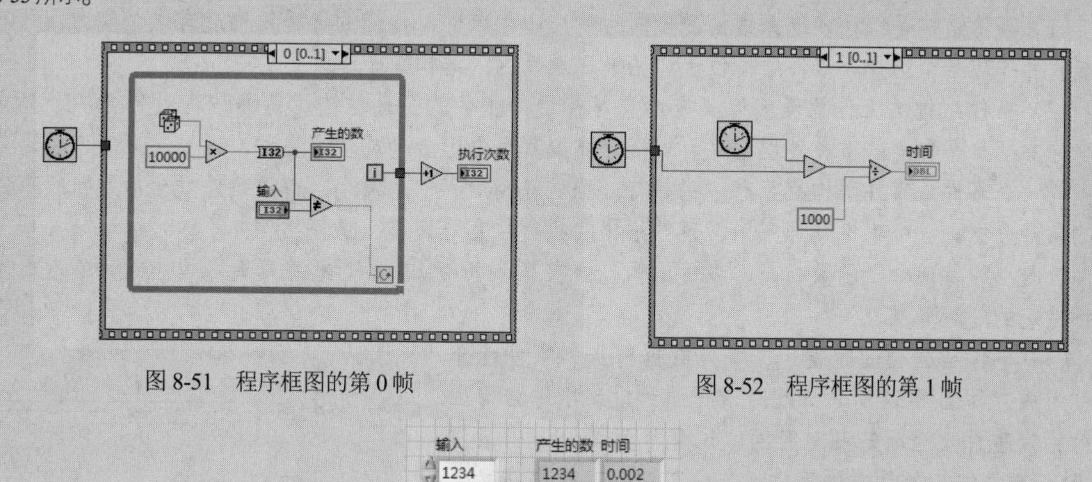

图 8-51　程序框图的第 0 帧

图 8-52　程序框图的第 1 帧

输入
1234
产生的数
1234
时间
0.002
执行次数
11939

图 8-53　前面板

（3）图 8-50 所示也是一个计算时间的程序框图，用于计算一个 For 循环的执行大约需要多少时间。

8.2.3　事件结构

在讲解事件结构前，先介绍一下事件的有关内容。

什么是事件？事件是对活动发生的异步通知。事件可以来自用户界面、外部 I/O 或程序的其他部分。

（1）用户界面事件包括单击、键盘按键等动作。

（2）外部 I/O 事件则诸如数据采集完毕或发生错误时硬件定时器或触发器发出信号。

（3）其他类型的事件可通过编程生成并与程序的不同部分通信。LabVIEW 支持用户界面事件和通过编程生成的事件，但不支持外部 I/O 事件。

在由事件驱动的程序中，系统中发生的事件将直接影响执行流程。与此相反，过程式程序按预定的自然顺序执行。事件驱动程序通常包含一个循环，该循环等在事件发生后执行代码来响应事件，然后不断重复以等待下一个事件的发生。程序如何响应事件取决于为该事件所编写的代码。事件驱动程序的执行顺序取决于具体所发生的事件及事件发生的顺序。程序的某些部分可能因其所处理的事件的频繁发生而频繁执行，而其他部分也可能由于相应事件从未发生而根本不执行。

另外，使用时间结构的原因是在 LabVIEW 中使用用户界面事件可使前面板的用户操作与程序框图执行保持同步。事件允许用户每当执行某个特定操作时执行特定的事件处理分支。如果没有事件，程序框图必须在一个循环中轮询前面板对象的状态以检查有否发生任何变化。轮询前面板对象需要较多的 CPU 时间，且如果执行太快则可能检测不到变化。通过事件响应特定的用户操作则不必轮询前面板即可确定用户执行了何种操作。LabVIEW 将在指定的交互发生时主动通知程序框图。事件不仅可减少程序对 CPU 的需求、简化程序框图代码，还可以保证程序框图对用户的所有交互都能作出响应。

使用编程生成的事件，可在程序中不存在数据流依赖关系的不同部分间进行通信。通过编程产生的事件具有许多与用户界面事件相同的优点，并且可共享相同的事件处理代码，从而更易于实现高级结构，如使用事件的队列式状态机。

（1）事件结构是一种多选择结构，能同时响应多个事件，传统的选择结构没有这个能力，只能一次接收并响应一个选择。事件结构位于“函数”选板的“结构”子选板上。

（2）事件结构的工作原理就像具有内置等待通知函数的条件结构。事件结构可包含多个分支，一个分支即一个独立的事件处理程序。一个分支配置可处理一个或多个事件，但每次只能发生这些事件中的一个事件。事件结构执行时，将等待一个之前指定事件的发生，待该事件发生后即执行事件相应的条件分支。一个事件处理完毕，事件结构的执行也宣告完成。事件结构并不通过循环来处理多个事件。与“等待通知”函数相同，事件结构也会在等待事件通知的过程中超时。发生这种情况时，将执行特定的超时分支。

（3）事件结构由超时端子、事件数据节点和事件选择标签组成，如图 8-54 所示。超时端子用于设定事件结构在等待指定事件发生时的超时时间，以毫秒为单位。当值为 -1 时，事件结构处于永远等待状态，直到指定的事件发生为止。当值为一个大于 0 的整数时，事件结构会等待相应的时间，当事件在指定的时间内发生时，事件接收并响应该事件，若超过指定的时间，事件没发生，则事件会停止执行，并返回一个超时时间。通常情况下，应当为事件结构指定一个超时时间，否则事件结构将一直处于等待状态。事件数据节点由若干个事件数据端子组成，增减数据端子可通过拖曳事件数据节点来进行，也可以在事件数据节点上右击，从弹出的快捷菜单中选择添加或删除元素进行。事件选择标签用于标识当前显示的子框图所处理的事件源，其增减与层叠式顺序结构和选择结构中的增减类似。

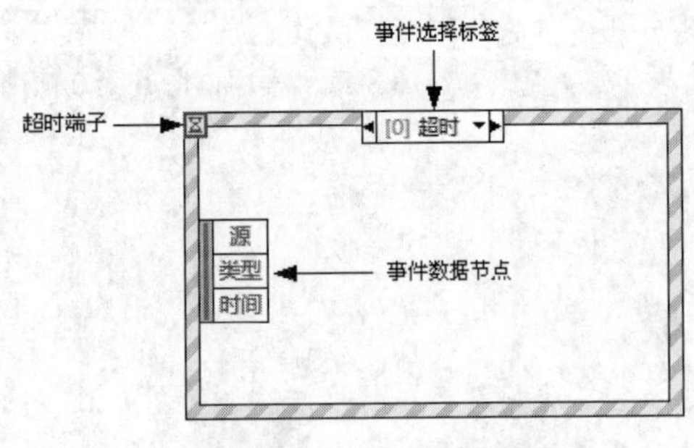

图 8-54　事件结构框图

与条件结构一样，事件结构也支持隧道。但在默认状态下，无须为每个分支中的事件结构输出隧道连线。所有未连线的隧道的数据类型将使用默认值。右击隧道，从弹出的快捷菜单中取消选择未连线时使用默认可恢复至默认的条件结构行为，即所有条件结构的隧道必须连线。

对于事件结构，无论编辑还是添加或复制等操作，都会使用到“编辑事件”对话框。“编辑事件”对话框的建立，可以通过在事件结构的边框上右击，从弹出的快捷菜单中选择“编辑本分支所处理的事件”命令来完成，如图 8-55 所示。

图 8-56 所示为一个“编辑事件”对话框。每个事件分支都可以配置为多个事件，当这些事件中有一个发生时，对应的事件分支代码都会得到执行。事件说明符的每一行都是一个配置好的事件，每行分为左、右两部分，左边列出事件源，右边列出该事件源产生事件的名称。图 8-56 中的分支 2 只指定了一个事件，事件源是 <本 VI>，事件名称是“键按下”。

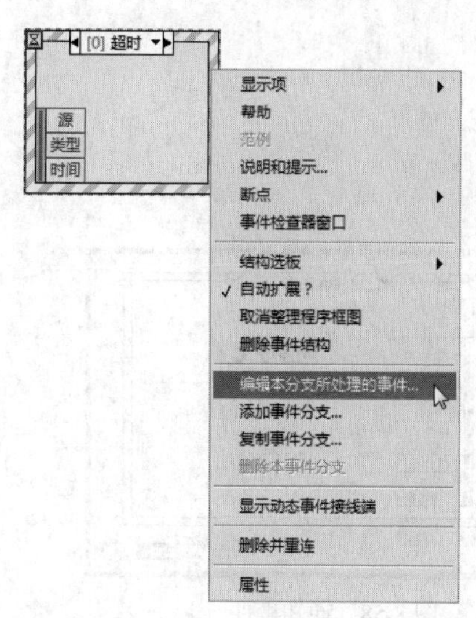

图 8-55 创建“编辑事件”对话框

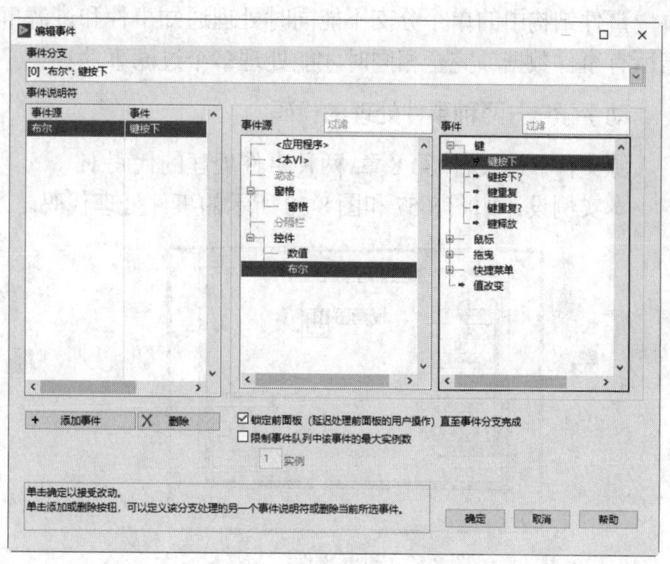

图 8-56 “编辑事件”对话框

（1）事件结构能够响应的事件有两种类型：通知事件和过滤事件。在“编辑事件”对话框的“事件”列表中，通知事件左边为绿色箭头，过滤事件左边为红色箭头。通知事件用于通知程序代码某个用户界面事件发生了，过滤事件用来控制用户界面的操作。

（2）通知事件表明某个用户操作已经发生，如用户改变了控件的值。通知事件用于在事件发生且 LabVIEW 已对事件处理后对事件作出响应。可配置一个或多个事件结构对一个对象上同一通知事件作出响应。事件发生时，LabVIEW 会将该事件的副本发送到每个并行处理该事件的事件结构上。

过滤事件将通知用户 LabVIEW 在处理事件之前已由用户执行了某个操作，以使用户就程序如何与用户界面的交互作出响应进行自定义。使用过滤事件参与事件处理可能会覆盖事件的默认行为。在过滤事件的事件结构分支中，可在 LabVIEW 结束处理该事件之前验证或改变事件数据，或完全放弃该事件以防止数据的改变影响到 VI。例如，将一个事件结构配置为放弃前面板关闭事件可防止用户关闭 VI 的前面板。过滤事件的名称以问号结束，如“前面板关闭?”，以便与通知事件区分。多数过滤事件都有相关的同名通知事件，但没有问号。该事件是在过滤事件之后，如没有事件分支放弃该事件则由 LabVIEW 产生。

同通知事件一样，对于一个对象上同一个通知事件，可配置任意数量与其响应的事件结构。但 LabVIEW 将按自然顺序将过滤事件发送给为该事件所配置的每个事件结构。LabVIEW 向每个事件结构发送该事件的顺序取决于这些事件的注册顺序。在 LabVIEW 能够通知下一个事件结构之前，每个事件结构必须执行完该事件的所有事件分支。如果某个事件结构改变了事件数据，LabVIEW 会将改变后的值传递到整个过程中的每个事件结构。如果某个事件结构放弃了事件，LabVIEW 便不把该事件传递给其他事件结构。只有当所有已配置的事件结构处理完事件，且未放弃任何事件时，LabVIEW 才能完成对触发事件的用户操作的处理。

建议仅在希望参与处理用户操作时使用过滤事件，过滤事件可以是放弃事件或修改事件数据。如仅需知道用户执行的某一特定操作，应使用通知事件。

处理过滤事件的事件结构分支有一个事件过滤节点。可将新的数据值连接至这些连线端以改变事件数据。如果不对某一数据项连线，那么该数据项将保持不变。可将真值连接至“放弃？”连线端以完全放弃某个事件。

事件结构中的单个分支不能同时处理通知事件和过滤事件。一个分支可处理多个通知事件，但仅当所有事件数据项完全相同时才能处理多个过滤事件。

扫一扫，看视频

动手学——两种事件处理的代码

源文件：源文件\第 8 章\两种事件处理的代码.vi

本实例设计如图 8-57 和图 8-58 所示的事件处理代码。

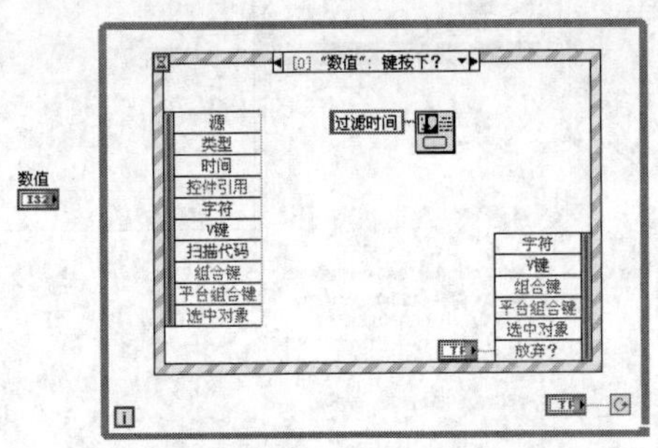

图 8-57　过滤事件

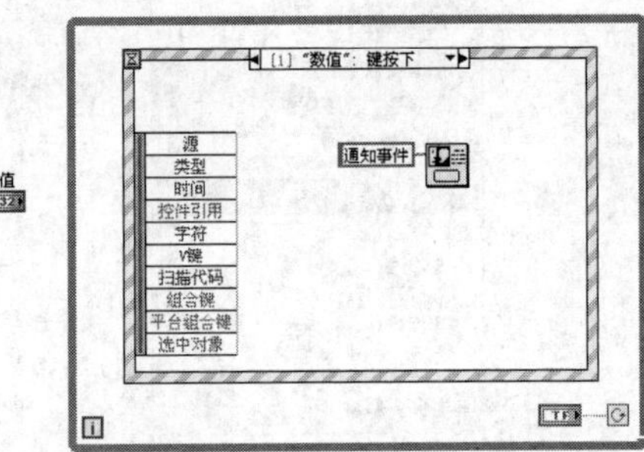

图 8-58　通知事件

【操作步骤】

（1）在“函数”选板上选择“编程”→“结构”→“事件结构”函数，拖动出适当大小的矩形框。

（2）在循环结构上右击，从弹出的快捷菜单中选择“添加事件分支”命令，将事件结构转变为 2 个事件筛选标签。

（3）在“函数”选板上选择“编程”→“对话框与用户界面”→“单按钮对话框”函数，放到 2 个事件中。

如图 8-57 所示，对于分支 0，在“编辑事件”对话框内，响应了数值控件上“键按下?”的过滤事件，用假常量连接了“放弃?”，这使得通知事件“键按下”得以顺利生成，若将真常量连接了“放弃?”，则表示完全放弃了这个事件，则通知事件上的“键按下”不会产生。

如图 8-58 所示，对于分支 1，用于处理通知事件“键按下”，处理代码弹出内容为“通知事件”的消息框。

（4）在“函数”选板上选择“编程”→“结构”→“While 循环”函数，拖动出适当大小的矩形框，在 While 循环条件连线端创建布尔假常量，所以循环只进行一次就退出。“键按下”事件实际并没得到处理。若连接真常量，则执行。

8.2.4　公式节点

由于一些复杂的算法完全依赖图形代码实现会过于烦琐。为此，在 LabVIEW 中还包含了以文本编程的形式实现程序逻辑的公式节点。

公式节点类似于其他结构，本身是一个可调整大小的矩形框。当需要输入变量时可在边框上右击，从弹出的快捷菜单中选择“添加输入”命令，并且输入变量名，如图 8-59 所示。

同理也可以添加输出变量，如图 8-60 所示。

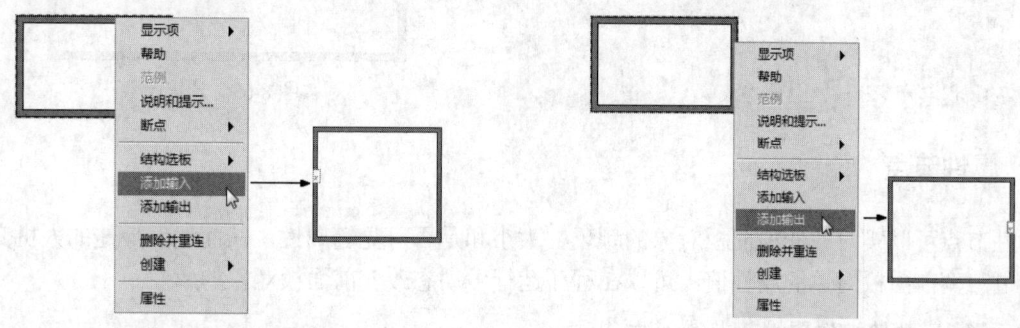

图 8-59 添加输入　　　　图 8-60 添加输出

输入变量和输出变量的数目可以根据具体情况而定，设定的变量名字对大小写是敏感的。

扫一扫，看视频

动手学——四则运算

源文件：源文件\第 8 章\四则运算.vi

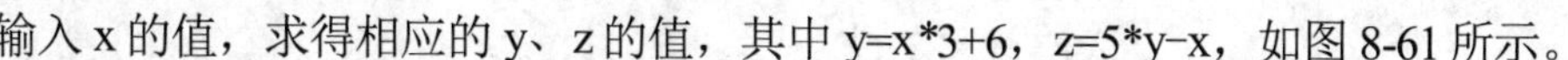

输入 x 的值，求得相应的 y、z 的值，其中 y=x*3+6，z=5*y−x，如图 8-61 所示。

【操作步骤】

（1）在“函数”选板上选择“编程”→“结构”→“公式节点”函数，拖动出适当大小的矩形框，创建输入变量 1 个、输出变量 2 个。

（2）直接将表达式写入公式节点中。

（3）在输入变量与输出变量上右击，从弹出的快捷菜单中选择创建“输入控件”“显示控件”函数，连接程序。

（4）单击工具栏中的“整理程序框图”按钮，整理程序框图，结果如图 8-61 所示。

（5）在 X 控件中输入初始值 6，单击“运行”按钮，运行 VI，在前面板显示运行结果，如图 8-62 所示。

输入表达式时需要注意的是，公式节点中的表达式其结尾应以分号表示结束，否则将产生错误。

公式节点中的语句使用的句法类似于多数文本编程语言，并且也可以给语句添加注释，注释内容用一对“/**/”封起来。

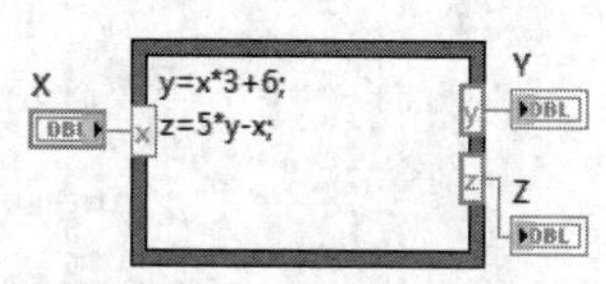

图 8-61 公式节点的使用

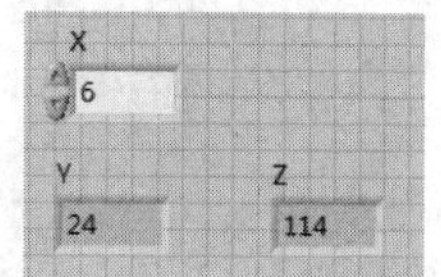

图 8-62 前面板运行结果

扫一扫，看视频

动手练——计算函数

源文件：源文件\第 8 章\计算函数.vi

有一函数：当 $x<0$ 时，y 为−1；当 $x=0$ 时，y 为 0；当 $x>0$ 时，y 为 1。编写程序，输入一个 x 值，

输出相应的 y 值，如图 8-63 所示。

思路点拨

（1）放置公式节点。
（2）输入公式。
（3）添加输入/输出变量。
（4）运行程序。

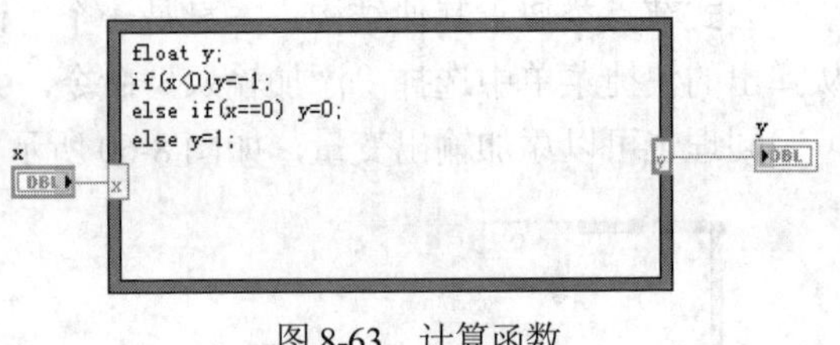

图 8-63　计算函数

8.2.5　属性节点

属性节点可以实时改变前面板对象的颜色、大小和是否可见等属性，从而达到最佳的人机交互效果。通过改变前面板对象的属性值，可以在程序运行中动态改变前面板对象的属性。

扫一扫，看视频

动手学——数值控件属性节点的创建

源文件：源文件\第 8 章\数值控件属性节点的创建.vi

本实例创建如图 8-64 所示的单个数值控件的属性节点。

【操作步骤】

（1）打开前面板，在“控件”选板上选择“新式”→“数值”→“数值输入控件”，创建输入控件“数值”。

（2）在数值控件上右击，从弹出的快捷菜单中选择“创建”→“属性节点”命令，然后选择要选的属性，若此时选择其中的可见属性，则选择“可见”命令，出现右边的小图标，如图 8-65 所示。

图 8-64　单个数值控件的属性节点

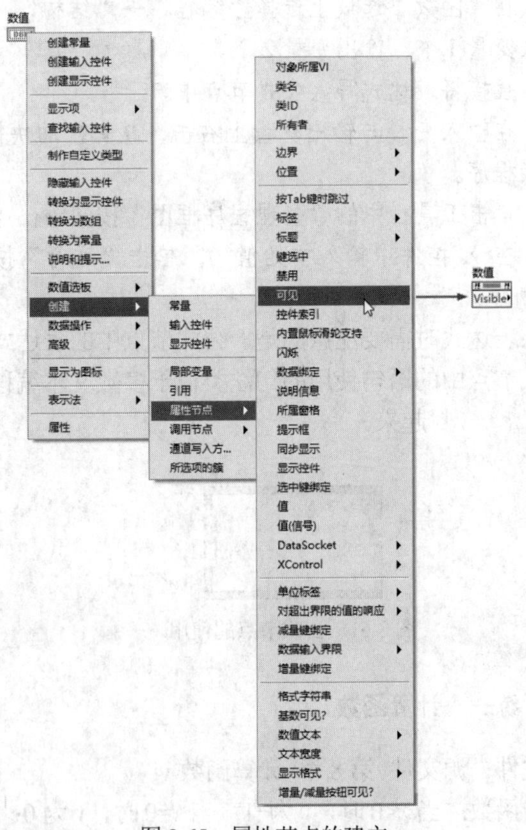

图 8-65　属性节点的建立

扫一扫，看视频

动手学——多个属性节点的创建

源文件：源文件\ 第 8 章\ 多个属性节点的创建.vi

本实例创建如图 8-66 所示的多个属性节点。

【操作步骤】

（1）打开前面板，在“控件”选板上选择“新式”→“数值”→“数值输入控件”，创建输入控件“数值”。

（2）若需要同时改变所选对象的多个属性，一种方法是创建多个属性节点。

① 在数值控件上右击，从弹出的快捷菜单中选择“创建”→“属性节点”→“可见”命令，选择要选的可见属性，出现右边的 Visible 小图标。

② 在数值控件上右击，从弹出的快捷菜单中依次选择“创建”→“属性节点”→“禁用”命令，选择要选的禁用属性，出现右边的 Disabled 小图标。

③ 在数值控件上右击，从弹出的快捷菜单中依次选择“创建”→“属性节点”→“键选中”命令，选择要选的键选中属性，出现右边的 KeyFocus 小图标。

④ 在数值控件上右击，从弹出的快捷菜单中依次选择“创建”→“属性节点”→“闪烁”命令，选择要选的闪烁属性，出现右边的 Blinking 小图标，如图 8-66 所示。

（3）另外一种简洁的方法是在一个属性节点的图标上添加多个端口。

添加的方法有以下两种。

① 选择“键选中”属性节点，用鼠标拖动属性节点图标下边缘的尺寸控制点，如图 8-67 所示。

② 选择“键选中”属性节点，在属性节点图标上右击，从弹出的快捷菜单中选择“添加元素”命令，如图 8-68 所示。

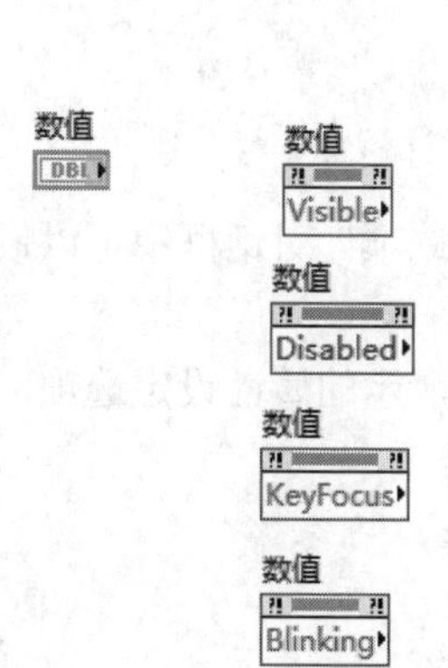

图 8-66　创建多个数值控件的属性节点

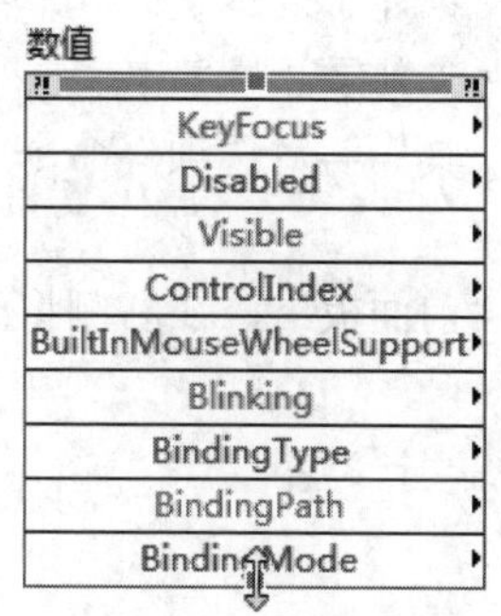

图 8-67　拖动属性

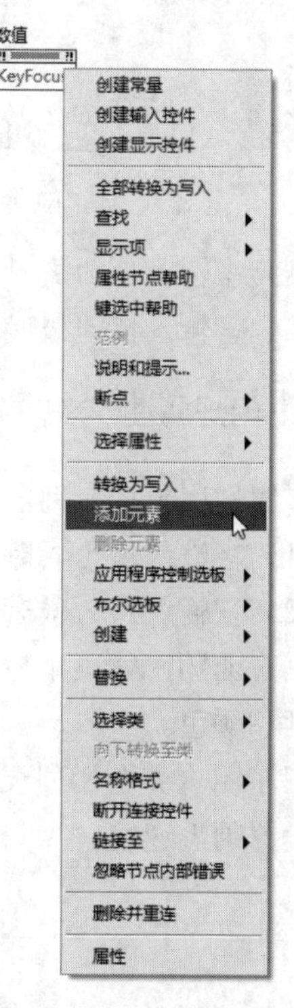

图 8-68　创建多个属性节点

有效地使用属性节点可以使用户设计的图形化人机交互界面更加友好、美观，操作更加方便。由于不同类型前面板对象的属性种类繁多，很难一一介绍，所以下面仅以数值控件来介绍部分属性节点的用法。

1. 键选中属性

该属性用于控制所选对象是否处于焦点状态，其数据类型为布尔类型，如图 8-69 所示。

（1）当输入为真时，所选对象将处于焦点状态。

（2）当输入为假时，所选对象将处于一般状态。

图 8-69　键选中属性

2. 禁用属性

该属性用于控制用户是否可以访问一个前面板，其数据类型为数值型，如图 8-70 所示。

（1）当输入值为 0 时，前面板对象处于正常状态，用户可以访问前面板对象。

（2）当输入值为 1 时，前面板外观处于正常状态，但用户不能访问前面板对象的内容。

（3）当输入值为 2 时，前面板对象处于禁用状态，用户不可以访问前面板对象的内容。

3. 可见属性

该属性用于控制前面板对象是否可视，其数据类型为布尔型，如图 8-71 所示。

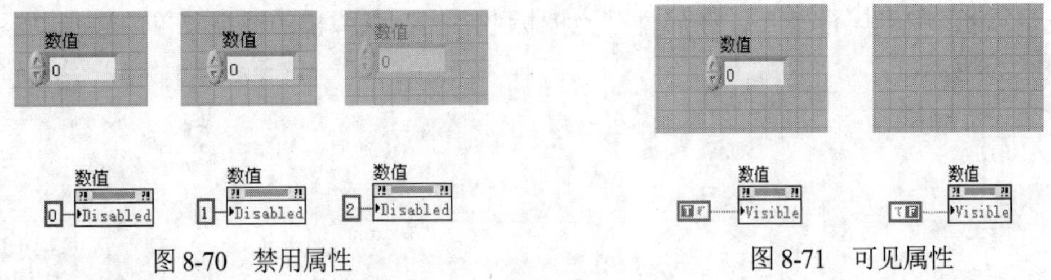

图 8-70　禁用属性

图 8-71　可见属性

（1）当输入值为真时，前面板对象在前面板上处于可见状态。

（2）当输入值为假时，前面板对象在前面板上处于不可见状态。

4. 闪烁属性

该属性用于控制前面板对象是否闪烁。

（1）当输入值为真时，前面板对象处于闪烁状态。

（2）当输入值为假时，前面板对象处于正常状态。

在 LabVIEW 菜单栏中选择“工具”→“选项”命令，在弹出的“选项”对话框中可以设置闪烁的速度和颜色。

在左侧“类别”列表框中选择“前面板”，在右侧将出现如图 8-72 所示的属性设定选项，可以在其中设置闪烁速度。

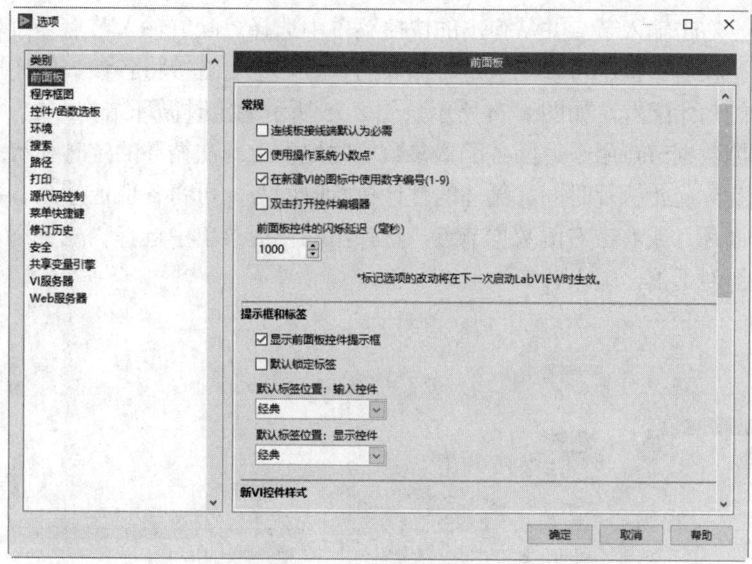

图 8-72　设置闪烁速度

8.3　定时循环

定时循环和定时顺序结构都用于在程序框图上重复执行代码块或在限时及延时条件下按特定顺序执行代码，定时循环和定时顺序结构都位于“定时结构”子选板中，如图 8-73 所示。

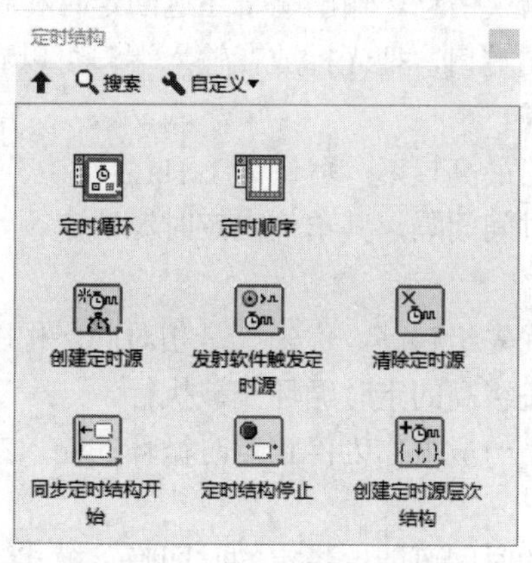

图 8-73　“定时结构”子选板

8.3.1　定时循环和定时顺序结构

添加定时循环与添加普通循环一样，通过定时循环用户可以设定精确的代码定时，协调多个对时间要求严格的测量任务，并定义不同优先级的循环，以创建多采样的应用程序。与 While 循环不同，定时循环不要求与“停止”连线端相连。如果不把任何条件连接到“停止”连线端，循环将无限运行下去。定时循环的执行优先级介于实时和高之间。这意味着在一个程序框图的数据流中，定时循环总是在优先级不是实时的 VI 前执行。若程序框图中同时存在优先级设为实时的 VI 和定时顺序，将导致无法预计的定时行为。

对于定时循环，右击输入节点并从弹出的快捷菜单中选择“配置输入节点”命令，可打开“配置定时循环”对话框。在对话框中可以配置定时循环的参数。也可直接将各参数值连接至输入节点的输入端进行定时循环的初始配置，如图 8-74 所示。图 8-75 所示为定时循环结构。

定时循环的左侧数据节点用于返回各配置参数值并提供上一次循环的定时和状态信息，如循环是否延迟执行、循环实际起始执行时间、循环的预计执行时间等。可将各值连接至右数据端子的输入端，以动态配置下一次循环，或右击右侧数据节点，从弹出的快捷菜单中选择“配置输入节点”命令，弹出“配置定时循环”对话框，输入各参数值。

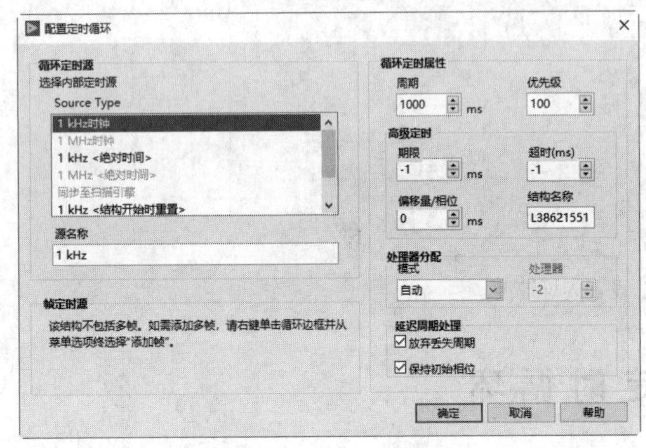

图 8-74　设置定时循环

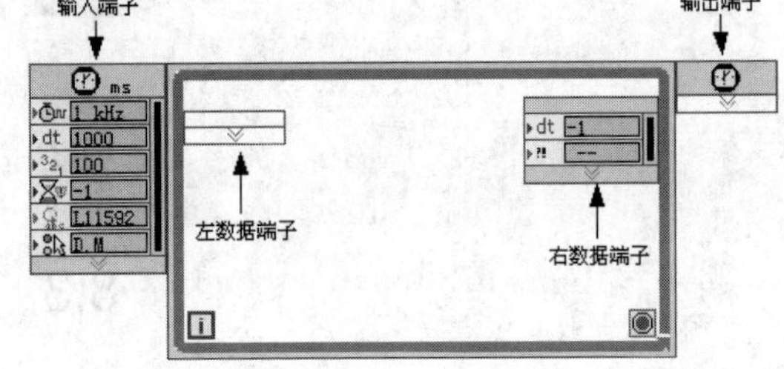

图 8-75　定时循环结构

输出端子返回由输入节点错误输入端输入的信息、执行中结构产生的错误信息，或在定时循环内执行的任务子程序框图所产生的错误信息。输出端子还返回定时和状态信息。

输入端子的下侧有 6 个可能的端口，把光标放在输入端口可以看到其各自的名称，包括定时源、周期、优先级、期限、名称、模式。

定时源决定了循环能够执行的最高频率，默认为 1kHz。

周期为相邻两次循环之间的时间间隔，其单位由定时源决定。当采用默认定时源时，循环周期的单位为毫秒。

优先级为整数，数字越大，优先级越高。优先级是相对同一程序框图中的多个定时循环而言的，即在其他条件相同的前提下，优先级高的定时循环先被执行。

名称是定时循环的一个标志，一般被作为停止定时循环的输入参数，或者用来标识具有相同的启动时间的定时循环组。

执行定时循环的某一次循环的时间可能比指定的时间晚，模式决定了如何处理这些迟到的循环，处理方式可以如下。

（1）定时循环调度器可以继续已经定义好的调度计划。

（2）定时循环调度器可以定义新的执行计划，并且立即启动。

（3）定时循环可以处理或丢弃循环。

当向定时循环添加帧时，可顺序执行多个子程序框图并指定循环中每次循环的周期，形成了一个多帧定时循环，如图 8-76 所示。多帧定时循环相当于一个带有嵌入式顺序结构的定时循环。

定时顺序结构由一个或多个任务子程序框图或帧组成，是根据外部或内部信号时间源定时后顺序执行的结构。定时顺序结构适于开发精确定时、执行反馈、定时特征等动态改变或有多层执行优先级的 VI。定时顺序结构如图 8-77 所示。

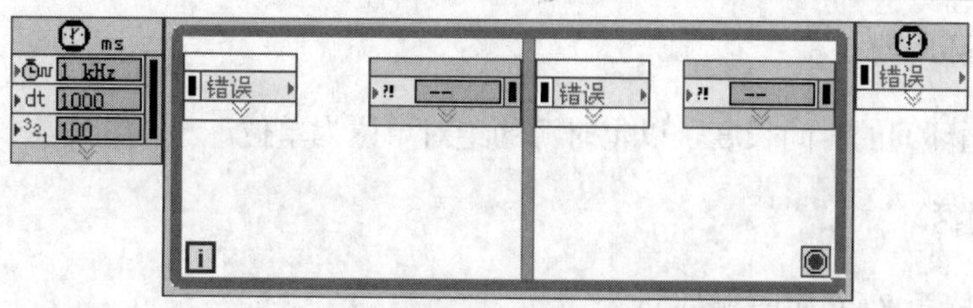

图 8-76 多帧定时循环

图 8-77 定时顺序结构

8.3.2 配置定时循环和定时顺序结构

配置定时循环主要包括以下几个方面。

1. 配置下一帧

双击当前帧的右侧数据节点或右击该节点，从弹出的快捷菜单中选择“配置输入节点”命令，打开“配置下一次循环”对话框，如图 8-78 所示。

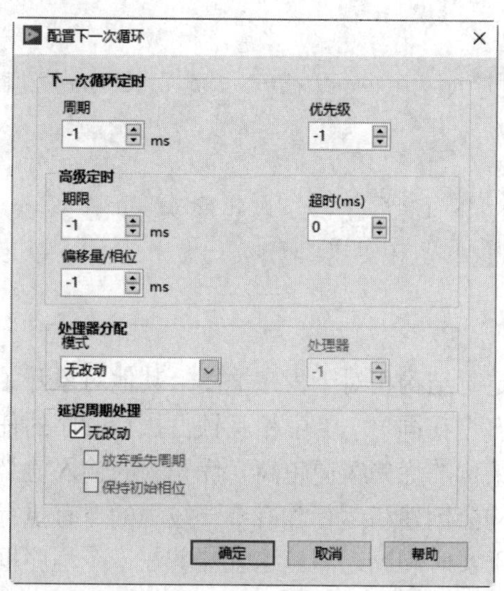

图 8-78 “配置下一次循环”对话框

在这个对话框中，可为下一帧设置优先级、执行期限以及超时等选项。开始时间指定了下一帧开始执行的时间。要指定一个相对于当前帧的起始时间值，其单位应与帧定时源的绝对单位一致。在开始文本框中指定起始时间值。还可使用帧的右侧数据节点的输入端动态配置下一次定时循环或动态配置下一帧。默认状态下，定时循环帧的右侧数据节点不显示所有可用的输出端。如需显示所有可用的输出端，可调整右侧数据节点大小或右击右侧数据节点并从弹出的快捷菜单中选择显示隐藏的连线端。

2. 设置定时循环周期

周期指定各次循环间的时间长度，以定时源的绝对单位为单位。

动手练——定时循环

源文件：源文件\第 8 章\定时循环.vi

定时循环使用默认的 1 kHz 的定时源，如图 8-79 所示。

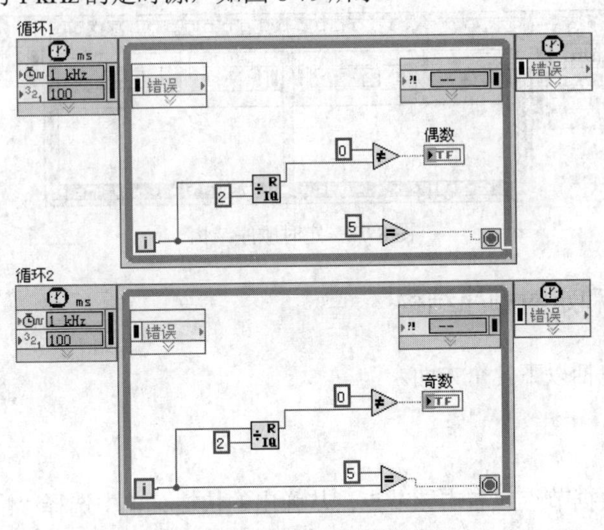

图 8-79　定时循环的简单使用

思路点拨

（1）设置定时循环，循环 1 的周期(dt)为 1000ms，循环 2 的周期为 2000ms，循环 1 每秒执行一次，循环 2 每两秒执行一次。

（2）设计四则运算。

（3）设置循环时间，循环 1 于 6s 后停止执行，循环 2 则在 12s 后停止执行。

（4）连接程序，两个定时循环均在 6 次循环后停止执行。

3. 设置定时结构的优先级

定时结构的优先级指定了定时结构相对于程序框图上其他对象开始执行的时间。设置定时结构的优先级，可使应用程序中存在多个在同一 VI 中相互预占执行顺序的任务。定时结构的优先级越高，它相对于程序框图中其他定时结构的优先级便越高。优先级的输入值必须为 1～2147480000 的正整数。

程序框图中的每个定时结构会创建和运行含有单一线程的自有执行系统，因此不会出现并行的任务。定时循环的执行优先级介于实时和高之间。这意味着在一个程序框图的数据流中，定时循环总是在优先级不是实时的 VI 前执行。

所以，如同前面所说，若程序框图中同时存在优先级设为实时的 VI 和定时顺序，将导致无法预计的定时行为。

用户可为每个定时顺序或定时循环的帧指定优先级。运行包含定时结构的 VI 时，LabVIEW 将检查结构框图中所有可执行帧的优先级，并从优先级实时的帧开始执行。

使用定时循环时，可将一个值连接至循环最后一帧的右侧数据节点的“优先级”输入端，以动态设置定时循环后续各次循环的优先级。对于定时结构，可将一个值连接至当前帧的右侧数据节点，以动态设置下一帧的优先级。默认状态下，帧的右侧数据节点不显示所有可用的输出端。如需显示所有可用的输出端，可调整右侧数据节点的大小或右击右侧数据节点并从弹出的快捷菜单中选择显示隐藏的连线端。

动手练——定时顺序

扫一扫，看视频

源文件：源文件\ 第 8 章\ 定时顺序.vi

本实例程序框图包含了一个定时循环及定时顺序，如图 8-80 所示。

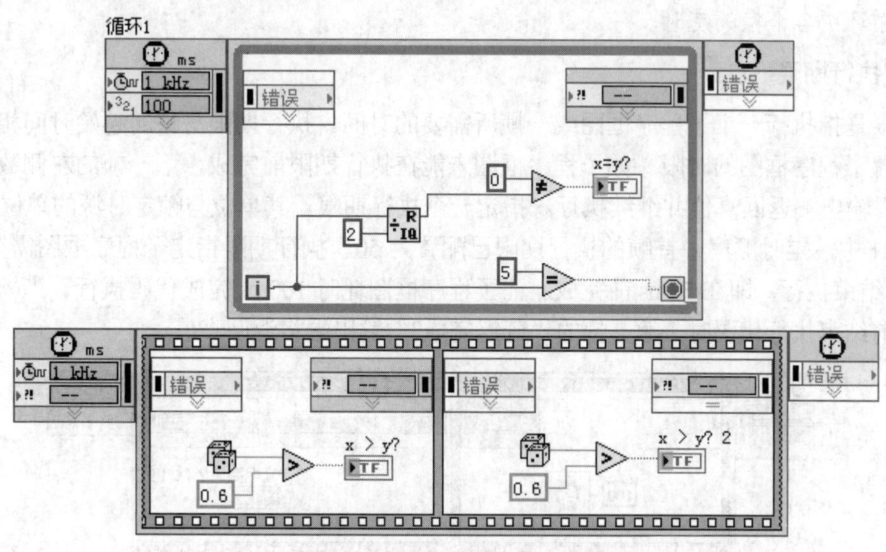

图 8-80　定时循环的优先级设置

提示：

定时顺序第 1 帧的优先级 (100) 高于定时循环的优先级 (100)，因此定时顺序的第 1 帧先执行。定时顺序第 1 帧执行完毕，LabVIEW 将比较其他可执行的结构或帧的优先级。定时循环的优先级 (100) 高于定时顺序第 2 帧。

思路点拨

（1）设置定时循环输入/输出。
（2）设置数值计算与比较计算。
（3）连接程序。
（4）设置循环时间。

4. 选择定时结构的定时源

定时源控制着定时结构的执行，有内部和外部两种定时源可供选择。内部定时源可在定时结构输入节点的配置对话框中选择。外部定时源可通过创建定时源 VI 及 DAQmx 中的数据采集 VI 来创建。

（1）内部定时源用于控制定时结构的内部定时，包括操作系统自带的 1kHz 时钟及实时 (RT) 终端的 1MHz 时钟。通过配置定时循环、配置定时顺序或配置多帧定时循环对话框的循环定时源或顺序定时源，可选中一个内部定时源。

- 1kHz 时钟：默认状态下，定时结构以操作系统的 1kHz 时钟为定时源。如使用 1kHz 时钟，定时结构每毫秒执行一次循环。所有可运行定时结构的 LabVIEW 平台都支持 1kHz 定时源。
- 1MHz 时钟：终端可使用终端处理器的 1MHz 时钟来控制定时结构。如使用 1MHz 时钟，定时结构每微秒执行一次循环。如终端没有系统所支持的处理器，便不能选择使用 1MHz 时钟。

- 1kHz 时钟<结构开始时重置>：与 1kHz 时钟相似的定时源，每次定时结构循环后重置为 0。
- 1MHz 时钟<结构开始时重置>：与 1MHz 时钟相似的定时源，每次定时结构循环后重置为 0。

（2）外部定时源用来创建用于控制定时结构的外部定时。使用创建定时源 VI 通过编程选中一个外部定时源。另有几种类型 DAQmx 定时源可用于控制定时结构，如频率、数字边缘计数器、数字改动检测和任务源生成的信号等。通过 DAQmx 的数据采集 VI 可创建用于控制定时结构的 DAQmx 定时源。可使用次要定时源控制定时结构中各帧的执行。例如，以 1kHz 时钟控制定时循环，以 1MHz 时钟控制每次循环中各个帧的定时。

5. 设置执行期限

执行期限是指执行一个子程序框图或一帧所需要的时间。执行期限与帧的起始时间相对。通过执行期限可设置子程序框图的时限。如子程序框图未能在执行期限前完成，下一帧的左侧数据节点将在“延迟完成?”输出端返回真值并继续执行。指定一个执行期限，其单位与帧定时源的单位一致。

在图 8-81 中，定时顺序中首帧的执行期限已配置为 50。执行期限指定子程序框图需在 1kHz 时钟走满 50 下前结束执行，即在 50ms 前完成。而子程序框图耗时 100ms 完成代码执行。当帧无法在指定的最后期限前结束执行代码时，第 2 帧的“延迟完成?”输出端将返回真值。

图 8-81　设置执行期限

6. 设置超时

超时是指子程序框图开始执行前可等待的最长时间，以 ms 为单位。超时与循环起始时间或上一帧的结束时间相对。如子程序框图未能在指定的超时前开始执行，定时循环将在该帧的左侧数据节点的“唤醒原因”输出端中返回超时。

如图 8-82 所示，定时顺序的第 1 帧耗时 50ms 执行，第 2 帧配置为定时顺序开始 51ms 后再执行。第 2 帧的超时设为 10ms，这意味着，该帧将在第 1 帧执行完毕等待 10ms 再开始执行。如第 2 帧未能在 10ms 前开始执行，定时结构将继续执行余下的非定时循环，而第 2 帧则在左侧数据节点的“唤醒原因”输出端中返回超时。

图 8-82　设置超时

余下各帧的定时信息与发生超时的帧的定时信息相同。如定时循环必须再完成一次循环，则循环会停止于发生超时的帧，等待最初的超时事件。

定时结构第 1 帧的超时默认值为-1，即无限等待子程序框图或帧的开始。其他帧的超时默认值为 0，即保持上一帧的超时值不变。

7. 设置偏移

偏移是相对于定时结构开始时间的时间长度，这种结构等待第 1 个子程序框图或帧执行的开始。偏移的单位与结构定时源的单位一致。

还可在不同定时结构中使用与定时源相同的偏移，对齐不同定时结构的相位，如图 8-83 所示，定时循环都使用相同的 1kHz 定时源，且偏移 (t0) 值为 500，这意味着循环将在定时源触发循环开始后等待 500ms。

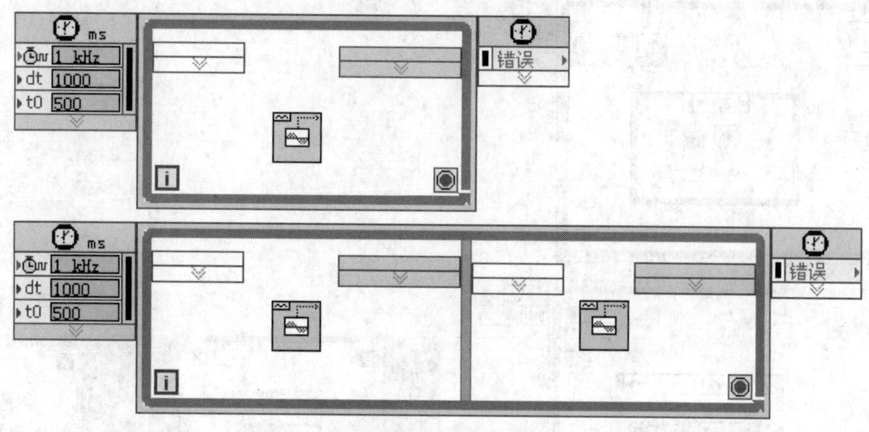

图 8-83 设置偏移

在定时循环的最后一帧中，可使用右侧数据节点动态改变下一次循环的偏移。然而，在动态改变下一次循环的偏移时，需将值连接至右侧数据节点的模式输入端以指定一个模式。

如通过右侧数据节点改变偏移，必须选择一个模式值。

对齐两个定时结构无法保证二者的执行开始时间相同。使用同步定时结构起始时间，可以令定时结构执行起始时间同步。

8.3.3 同步开始定时结构和中止定时结构的执行

同步开始定时结构用于将程序框图中各定时结构的起始时间同步。例如，使两个定时结构根据相对于彼此的同一时间表来执行。例如，令定时结构甲首先执行并生成数据，定时结构乙在定时结构甲完成循环后处理生成的数据。令上述定时结构的开始时间同步，以确保二者具有相同的起始时间。

可创建同步组以指定程序框图中需要同步的结构。创建同步组的步骤如下：将名称连接至同步组名称输入端，再将定时结构名称数组连接至同步定时结构开始程序的定时结构名称输入端。同步组将在程序执行完毕前始终保持活动状态。

定时结构无法属于两个同步组。如要向一个同步组添加一个已属于另一个同步组的定时结构，LabVIEW 将把该定时结构从前一个组中移除，添加到新组。可将同步定时结构开始程序的替换输入端设为假，防止已属于某个同步组的定时结构被移动。如移动该定时结构，LabVIEW 将报错。

使用定时结构停止 VI 可通过程序中止定时结构的执行。将字符串常量或控件中的结构名称连接至定时结构停止 VI 的名称输入端，指定需要中止的定时结构的名称。例如，以下程序框图中， 低定时循环含有定时结构停止 VI。运行高定时循环并显示已完成循环的次数，如图 8-84 所示。若单击位于前面板的中止实时循环按钮，左侧数据节点的“唤醒原因”输出端将返回“循环已中止”，同时弹出对话框。单击对话框中的“确定”按钮后，VI 将停止运行，如图 8-85 所示。

图 8-86 中给出了定时循环数据端子应用的一个小例子。

由接入循环条件端子的判断逻辑可以知道，循环体执行 4 次。程序开始运行时定时源启动，经过 1000ms 的偏移之后，第 1 次循环开始执行，执行完第 4 次后，周期变为 4000ms，但在循环结束前，周期为 3000ms，所以循环体本身执行时间为 0ms+1000ms+2000ms+3000ms，即 6s，又因为偏移等待时间为 1s，所以整个代码执行时间为 7s。

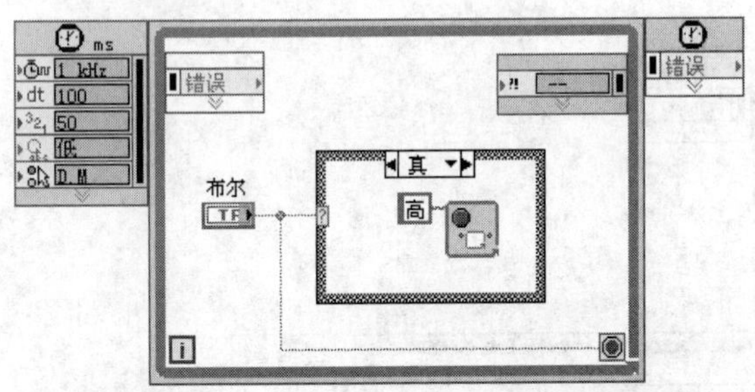

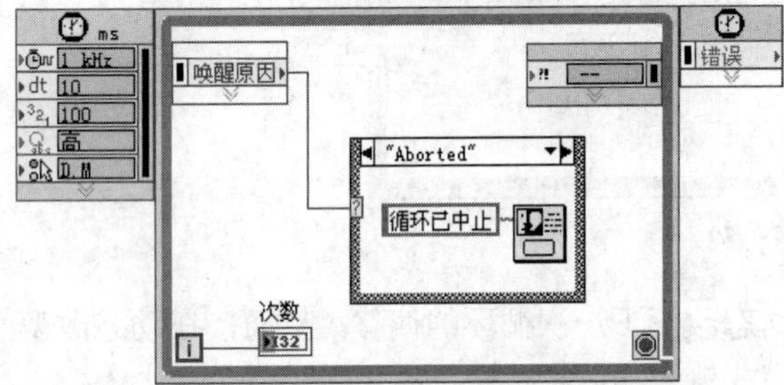

图 8-84　中止定时循环的程序框图

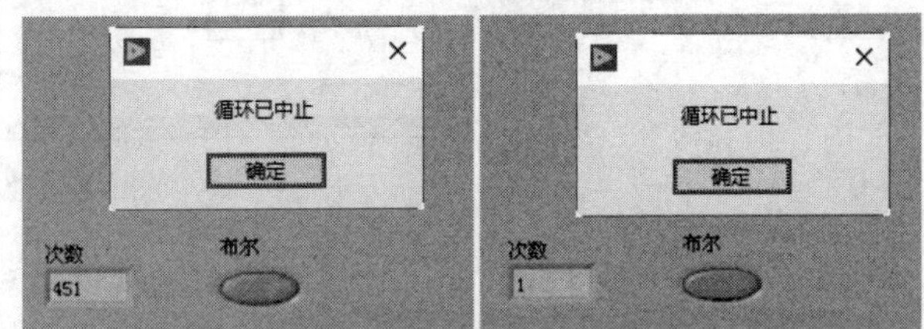

图 8-85　中止定时循环的前面板显示

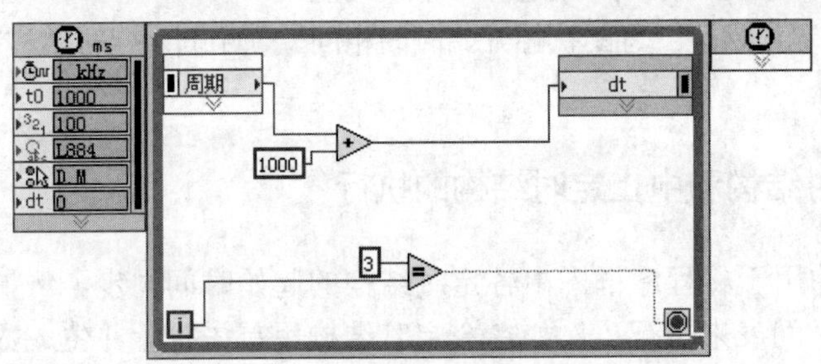

图 8-86　定时循环数据端子的应用

扫一扫，看视频

动手练——使用定时循环产生波形

源文件：源文件\第 8 章\使用定时循环产生波形.vi

本实例程序框图通过两个定时循环产生波形，如图 8-87 所示。

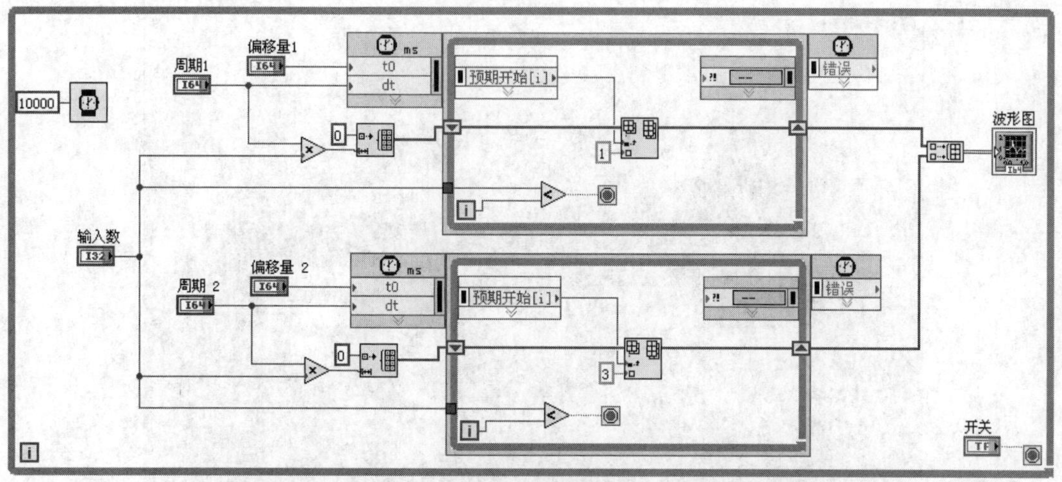

（a）程序框图

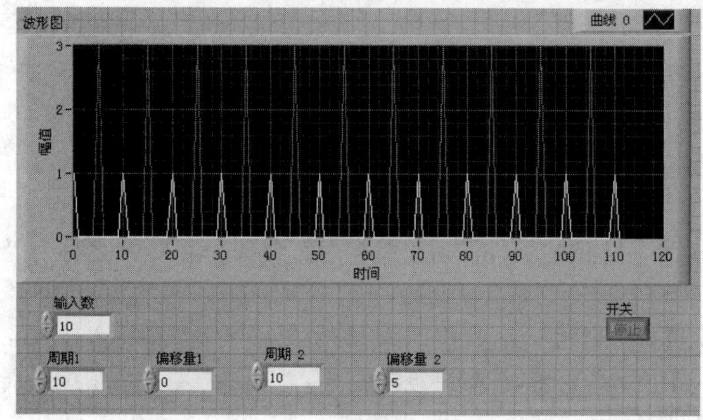

（b）前面板

图 8-87　使用定时循环产生波形

思路点拨

（1）设置定时循环输入/输出，周期设置都为 10ms，所以每隔 10ms 将出现一次输入的新值（定时循环 1 其值为 1，定时循环 2 其值为 3）。

（2）创建两个长度为 100、元素为全 0 的一维数组。

（3）连接程序。

（4）设置循环时间。

扫一扫，看视频

8.4　综合演练——公务卡管理系统

源文件：源文件\ 第 8 章\ 公务卡管理系统.vi

本实例以公务卡管理系统为例，利用循环结构设计程序，同时设置 VI 属性，更形象直观，结果如图 8-88 所示。

图 8-88　运行结果

【操作步骤】

（1）设置工作环境。

① 新建 VI。选择菜单栏中的“文件”→“新建 VI”命令，新建一个 VI，一个空白的 VI 包括前面板及程序框图。

② 保存 VI。选择菜单栏中的“文件”→“另存为”命令，输入 VI 名称为“公务卡管理系统”。

（2）添加控件。

在“控件”选板上选择“银色”→“字符串与路径”→“字符串输入控件 - 无框（银色）”“字符串显示控件 - 无框（银色）”控件，选择“银色”→“布尔”→“空白按钮”控件，并放置在前面板的适当位置，如图 8-89 所示。

（3）设计程序框图。

① 选择菜单栏中的“窗口”→“显示程序框图”命令，或双击前面板中的任一输入/输出控件，将程序框图置为当前，如图 8-90 所示。

② 修改控件名称，如图 8-91 所示。

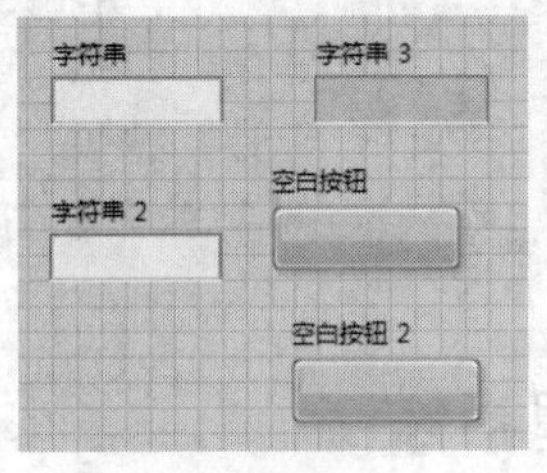

图 8-89　添加控件

图 8-90　显示程序框图

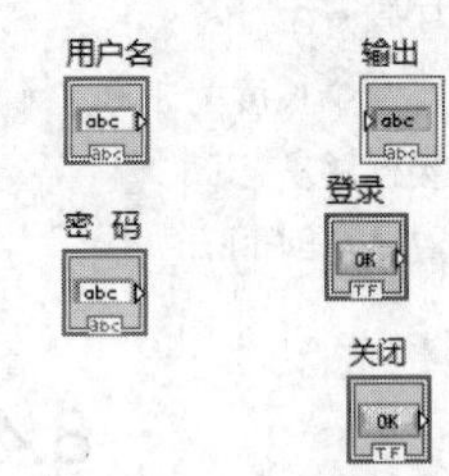

图 8-91　控件名称修改结果

③ 在“函数”选板上选择“编程”→“结构”→“While 循环”函数，拖动出适当大小的矩形框，将输入控件放置到 While 循环中。

④ 在“函数”选板上选择“编程”→“定时”→“等待下一个整数倍毫秒”函数，将其放置在循环内部，并创建循环次数 100。

⑤ 在“函数”选板上选择“编程”→“比较”→“等于?”函数，创建输入常量 LabVIEW，若在“密码”输入控件中输入与之相同的内容，则将数据输出到布尔控件“登录”上，即可登录系统。

⑥ 将 While 循环内部自带的“循环条件”连接到“关闭”控件上，使用该按钮来控制系统的关闭。

⑦ 单击工具栏中的“整理程序框图”按钮，整理程序框图，结果如图 8-92 所示。

（4）修饰前面板。

① 选择菜单栏中的“窗口”→“显示前面板”命令，或双击程序框图中的任一输入/输出控件，将前面板置为当前，如图 8-93 所示。

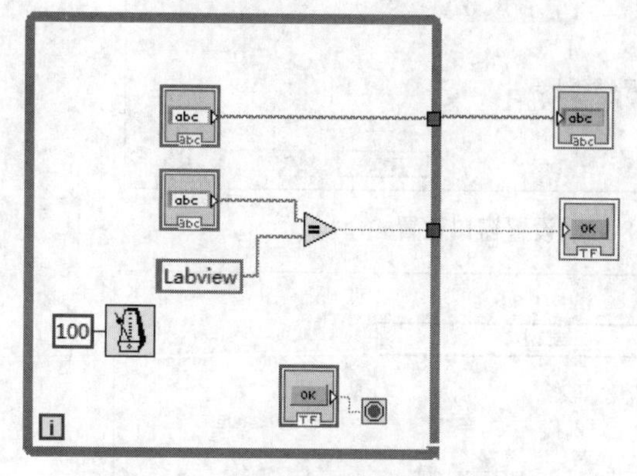

图 8-92 程序框图

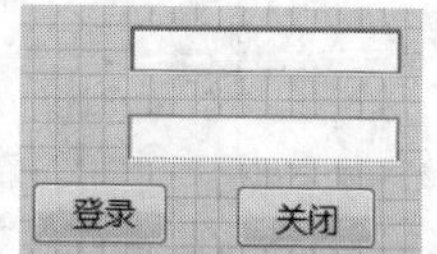

图 8-93 显示前面板

② 在前面板中导入图片，并放置在控件上方，覆盖整个控件组，在工具栏中单击“重新排序”按钮中的下拉菜单，选择“移至后面”命令，改变对象在窗口中的前后次序，如图 8-94 所示。

图 8-94 调整前面板

（5）设置 VI 属性。

① 选择菜单栏中的“文件”→“VI 属性”命令，弹出“VI 属性”对话框，在“类别”下拉列表中选择“窗口运行时位置”选项，在“位置”下拉列表中选择“居中”，勾选“使用当前前面板大小”复选框，如图 8-95 所示。

② 在“类别”下拉列表中选择“窗口外观”选项，如图 8-96 所示。单击“自定义”按钮，弹出“自定义窗口外观”对话框，设置运行过程中前面板显示情况，如图 8-97 所示。

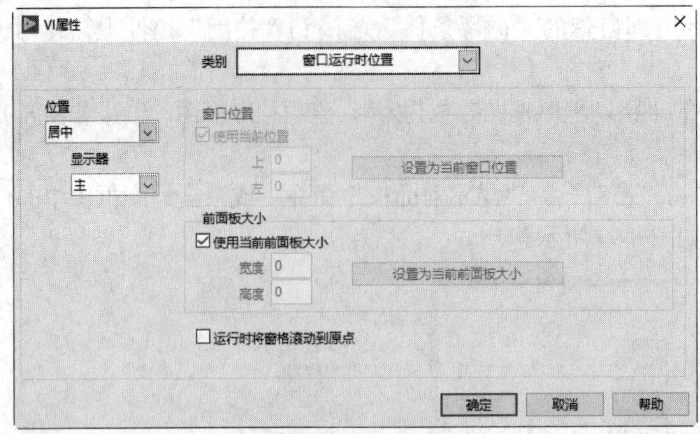

图 8-95　设置窗口位置

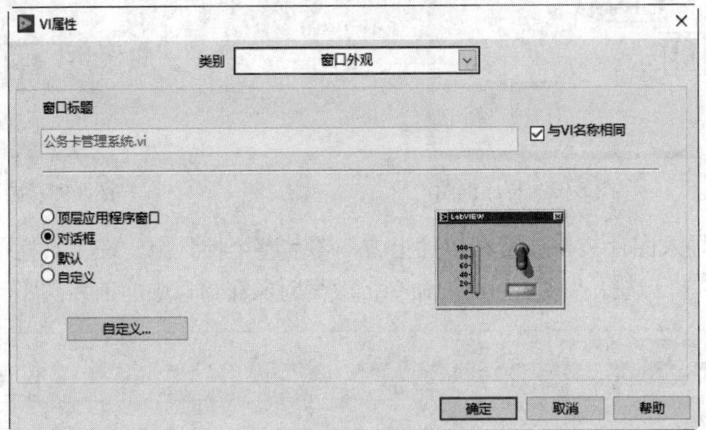

图 8-96　选择“窗口外观”

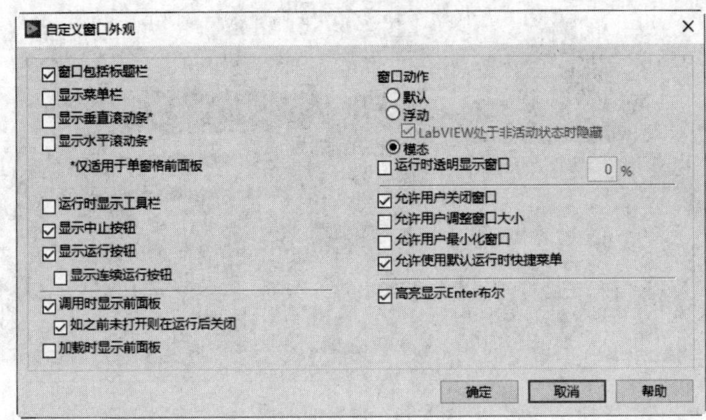

图 8-97　设置“自定义窗口外观”

（6）运行程序。

① 在前面板窗口或程序框图窗口的工具栏中单击“运行”按钮，运行 VI，VI 居中显示，结果如图 8-88 所示。

② 单击“关闭”按钮，退出运行程序。

第 9 章　数据图形显示

内容简介

LabVIEW 强大的图形显示功能增强了用户界面的表达能力，从复杂的数据显示转化到直观的图形显示，极大地方便了用户对虚拟仪器的学习和掌握。本章将介绍图形显示的相关内容。

内容要点

- 图表数据
- 强度图和强度图表
- 三维图形
- 综合演练——延迟波形

案例效果

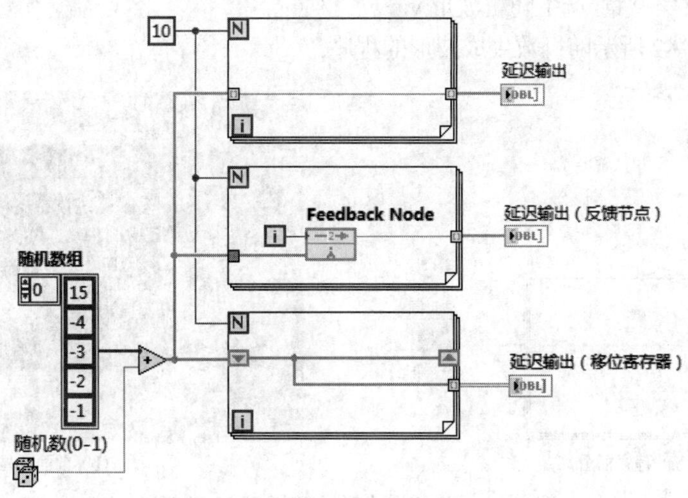

9.1　图 表 数 据

本节将介绍波形显示的相关内容。

9.1.1　波形图

波形图用于将测量值显示为一条或多条曲线。波形图是一种特殊的指示器，在“图形”子选板中找到，选中后拖入前面板即可，如图 9-1 所示。

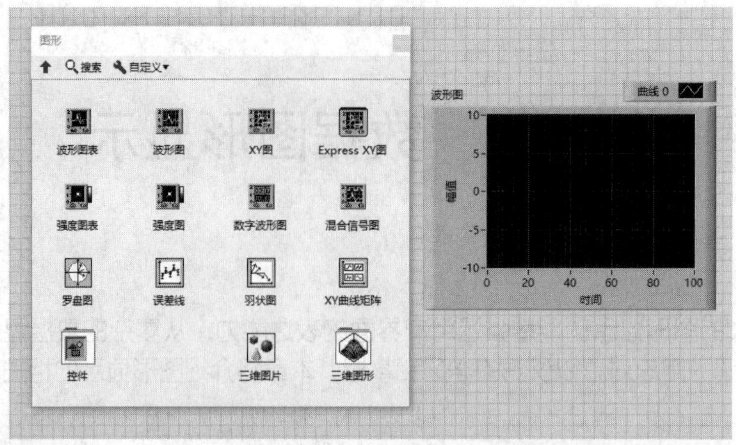

图 9-1　波形图位于“图形”子选板中

波形图仅绘制单值函数，即在 $y=f(x)$ 中，各点沿 x 轴均匀分布。波形图可显示包含任意个数据点的曲线。波形图接收多种数据类型，从而最大限度地降低了数据在显示为图形前进行类型转换的工作量。波形图显示波形是以成批数据一次刷新方式进行的，数据输入基本形式是数据数组（一维或二维数组）、簇或波形数据。

扫一扫，看视频

动手学——产生随机波形

源文件：源文件\第 9 章\产生随机波形.vi

本实例创建如图 9-2 所示随机数生成波形的程序。

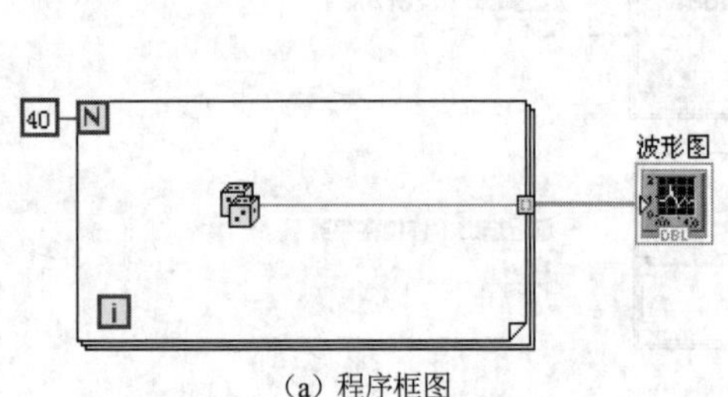

（a）程序框图

（b）前面板显示

图 9-2　产生随机波形的程序框图和前面板

【操作步骤】

（1）在“函数”选板上选择“编程”→“结构”→“For 循环”函数，拖动出适当大小的矩形框，在 For 循环总线连线端创建循环次数 40。

（2）在“函数”选板上选择“编程”→“数值”→“随机数”函数，放置到循环内部。

（3）打开前面板，在“控件”选板上选择“新式”→“图形”→“波形图”控件，创建波形图控件。

（4）将循环的随机数连接到波形图中，连续显示。

（5）单击工具栏中的“整理程序框图”按钮，整理程序框图，如图 9-2（a）所示。

（6）单击“运行”按钮，运行 VI，在前面板显示运行结果，如图 9-2（b）所示。

波形图是一次性完成显示图形刷新的，所以其输入数据必须是完成一次显示所需的数据数组，而不能把测量结果一次一次地输入，因此不能把随机数函数的输出节点直接与波形图的端口相连。

动手练——构建波形

源文件：源文件\ 第 9 章\ 构建波形.vi

使用公式节点构建波形，如图 9-3 和图 9-4 所示。

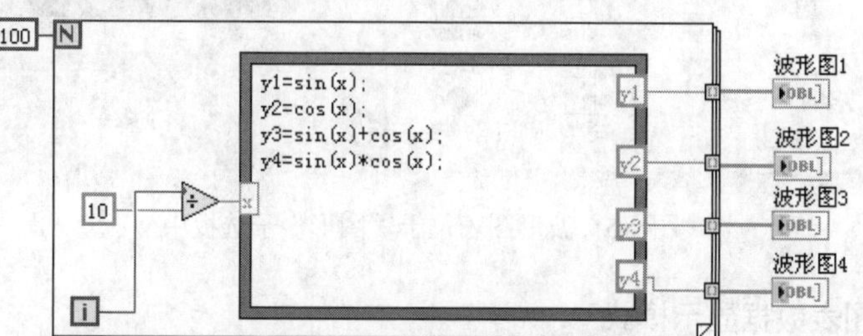

图 9-3　构建波形的程序框图

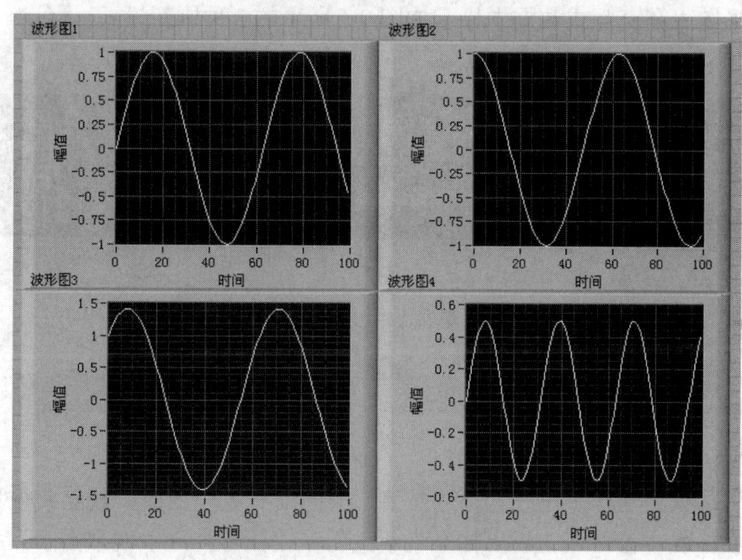

图 9-4　构建波形的前面板显示

思路点拨

（1）放置 For 循环与公式节点。

（2）输入公式。

（3）添加输入/输出。

（4）创建波形图。

（5）运行程序。

9.1.2　波形图表

波形图表是一种特殊的指示器，在“图形”子选板中找到，选中后拖入前面板即可，如图 9-5 所示。

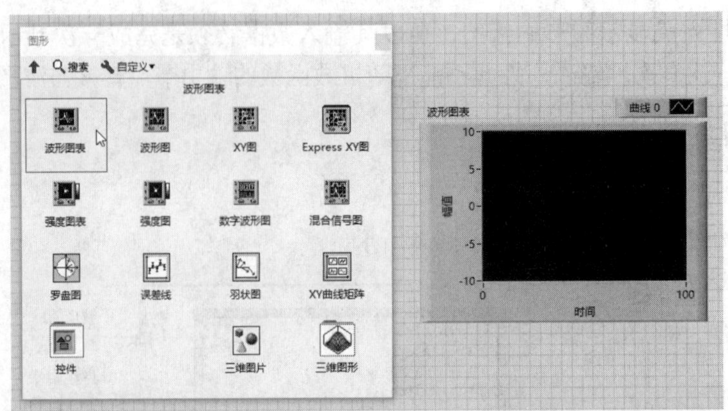

图 9-5　波形图表位于“图形”子选板中

扫一扫，看视频

动手学——波形图表数据显示模式

源文件：源文件\第 9 章\波形图表数据显示模式.vi

本实例演示波形图表在交互式数据中显示如图 9-6 所示的 3 种刷新模式。

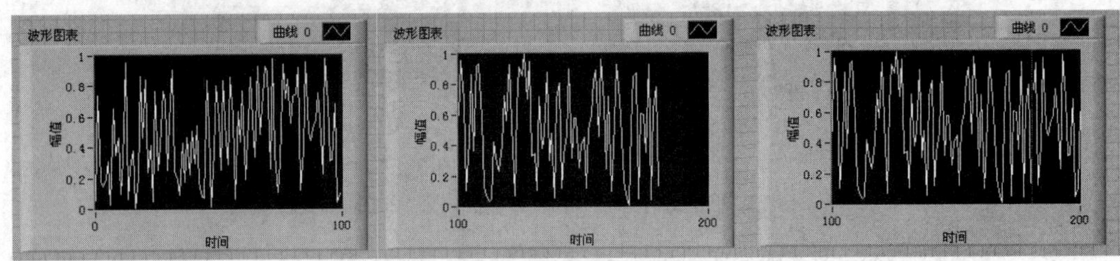

图 9-6　带状图表、示波器图表和扫描图表

【操作步骤】

（1）在“函数”选板上选择“编程”→“结构”→“For 循环”函数，拖动出适当大小的矩形框，在 For 循环总线连线端创建循环次数 100。

（2）在“函数”选板上选择“编程”→“数值”→“随机数”函数，放置到循环内部。

（3）打开前面板，在“控件”选板上选择“新式”→“图形”→“波形图表”控件，创建波形图表控件。

（4）将循环的随机数连接到波形图表中，连续显示。

（5）单击工具栏中的“整理程序框图”按钮，整理程序框图，如图 9-7 所示。

（6）单击“运行”按钮，运行 VI，在前面板显示运行结果，如图 9-8 所示。

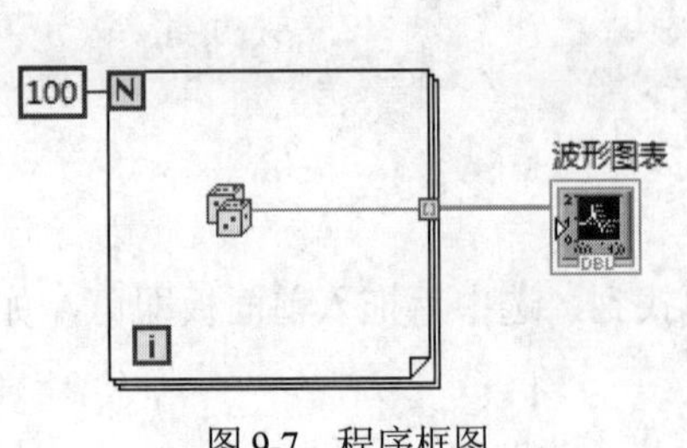

图 9-7　程序框图

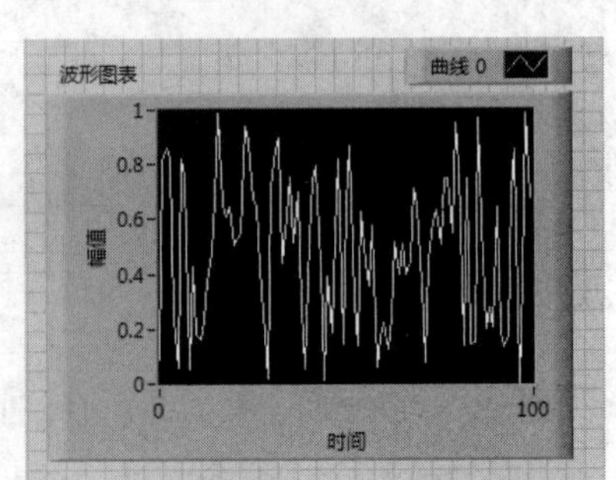

图 9-8　程序运行结果

（7）在波形图表中右击选择快捷菜单中的“高级”→“刷新模式”命令，可以看到交互式数据显示中有 3 种刷新模式：示波器图表、带状图表和扫描图表，如图 9-9 所示。

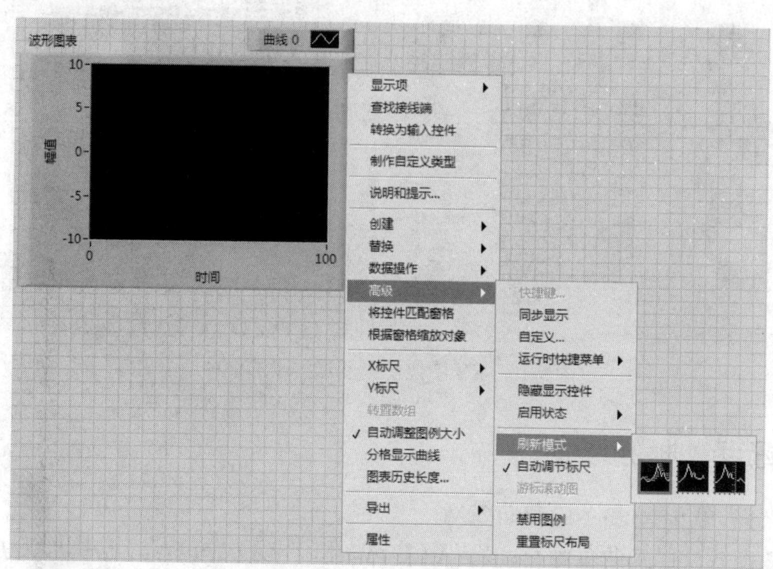

图 9-9 改变波形图表的模式：示波器图表、带状图表和扫描图表

用户在示波器图表、带状图表和扫描图表上处理数据时略有不同。带状图表有一个滚动显示屏，当新的数据到达时，整个曲线会向左移动，最原始的数据点移出视野，而最新的数据则会添加到曲线的最右端。这一过程与实验中常见的纸带记录仪的运行方式非常相似，如图 9-6 所示。

示波器图表、扫描图表和示波器的工作方式十分相似。当数据点多到足以使曲线到达示波器图表绘图区域的右边界时，将清除整个曲线，并从绘图区的左侧开始重新绘制，扫描图表和示波器图表非常类似，不同之处在于当曲线到达绘图区的右边界时，不是将旧曲线消除，而是用一条移动的红线标记新曲线的开始，并随着新数据的不断增加在绘图区中逐渐移动。示波器图表和扫描图表比带状图表运行得快。

波形图表和波形图的不同之处：波形图表保存了旧的数据，所保存旧数据的长度可以自行指定。新传给波形图表的数据被接续在旧数据的后面，这样就可以在保持一部分旧数据显示的同时显示新数据。也可以把波形图表的这种工作方式想象为先进先出的队列，新数据到来之后，会把同样长度的旧数据从队列中挤出去。

9.1.3 XY 图

波形图和波形图表只能用于显示一维数组中的数据或是一系列单点数据，对于需要显示横、纵坐标对的数据，它们就无能为力了。前面讲述的波形图的 Y 值对应实际的测量数据，X 值对应测量点的序号，适合显示等间隔数据序列的变化。

例如，按照一定采样时间采集数据的变化，但是它不适合描述 Y 值随 X 值变化的曲线，也不适合绘制两个相互依赖的变量（如 Y/X）。对于这种曲线，LabVIEW 专门设计了 XY 图。

与波形图相同，XY 波形图也是一次性完成波形显示刷新，不同的是 XY 图的输入数据类型是由两组数据打包构成的簇，簇的每一对数据都对应一个显示数据点的 X、Y 坐标。在“图形”子选板中找到，选中后拖入前面板即可，如图 9-10 所示。

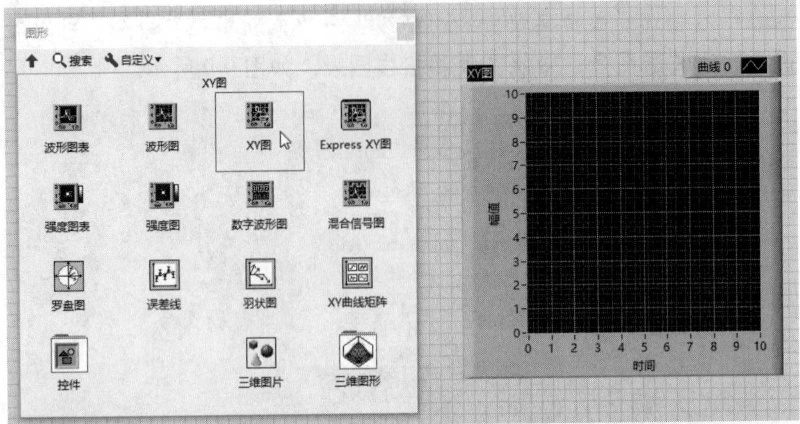

图 9-10　XY 图位于“图形”子选板中

扫一扫，看视频

动手练——显示函数曲线

源文件：源文件\第 9 章\显示函数曲线.vi

产生两个函数曲线。已知两个函数：$Y=X(1+iN)$ 和 $Y=X(1+i)N$，其中，X 为初始值；i 为变化率；N 表示次数（N 为 1～20 的数），如图 9-11 所示。

思路点拨

（1）要求使用 XY 图绘制出两者随次数增加的变化曲线。程序框图如图 9-11 所示，前面板如图 9-12 所示。

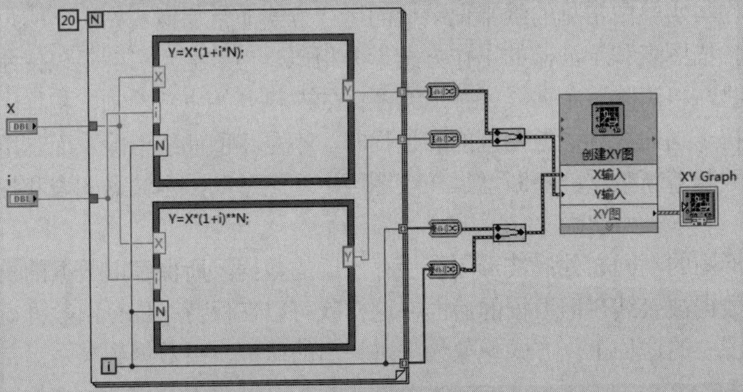

图 9-11　程序框图

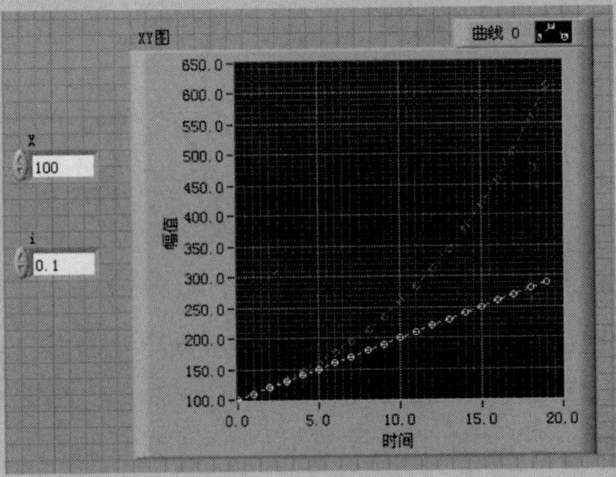

图 9-12　前面板显示

（2）需要注意的是，次数 N 在输出时要分成两个数来输出，否则将无法建立正确的 XY 图，不能一一对应。

（3）对于前面板中的两个曲线的显示，可以在 XY 图的属性中自行设置。

9.1.4 设置图形显示控件的属性

图形显示控件是 LabVIEW 中相对比较复杂的专门用于数据显示的控件，如波形图表和波形图。这类控件的属性相对前面板数值型控件、文本型控件和布尔型控件而言更加复杂，其使用方法在后面的章节中将详细介绍，这里只对其常用的一些属性及其设置方法作简略的说明。

如同前面 3 种控件，图形控件的属性可以通过其属性对话框进行设置。下面以图形控件“波形图”为例，介绍设置图形控件属性的方法。

1. 属性设置

“图形属性：波形图”对话框包括“外观”“显示格式”“曲线”“标尺”“游标”“说明信息”“数据绑定”“快捷键”8 个选项卡，如图 9-13 所示。

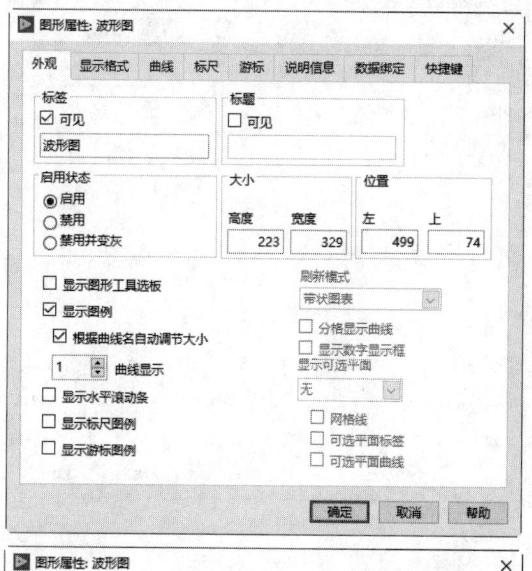

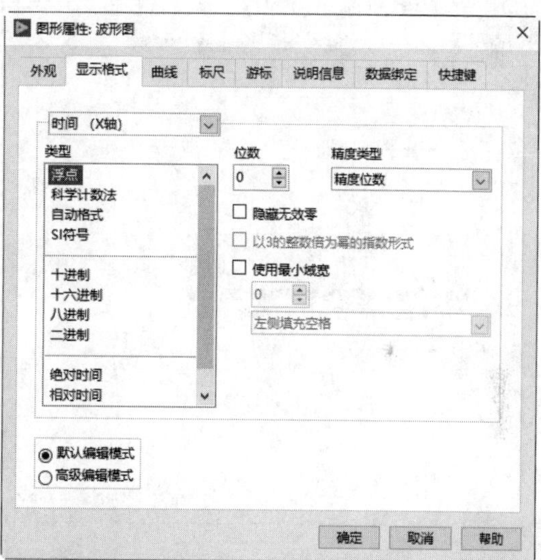

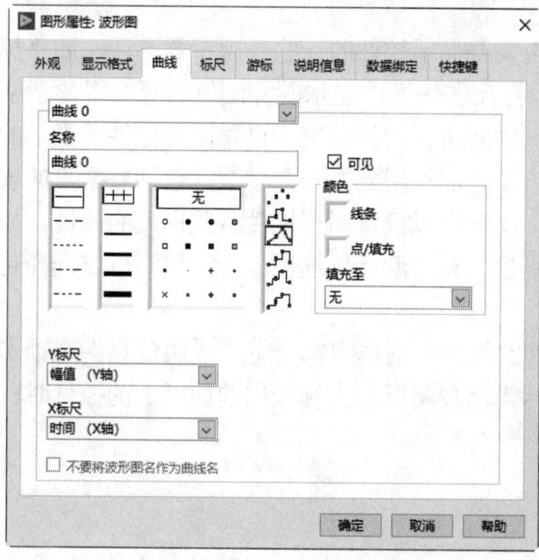

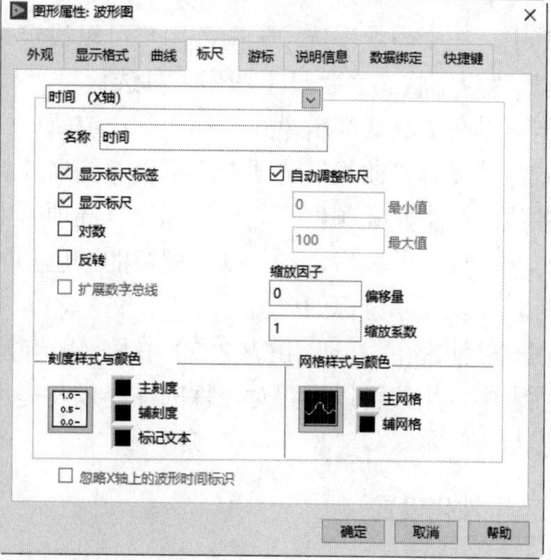

图 9-13 “图形属性：波形图”对话框

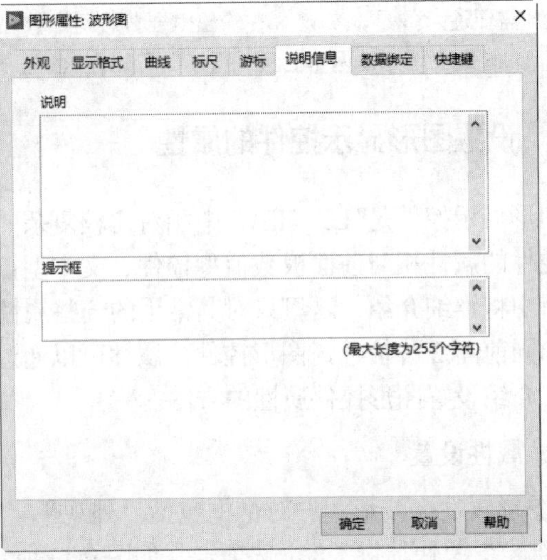

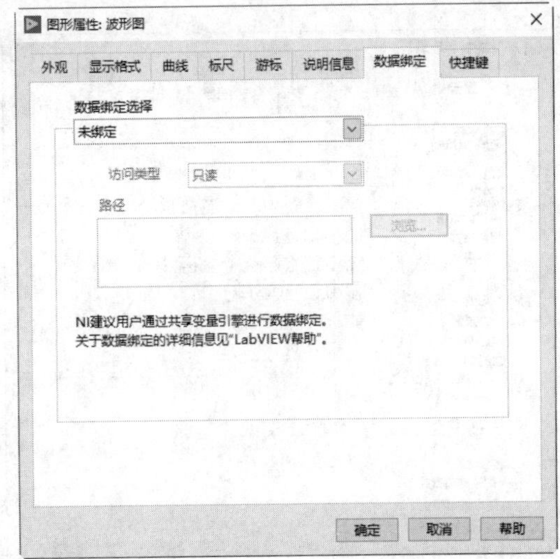

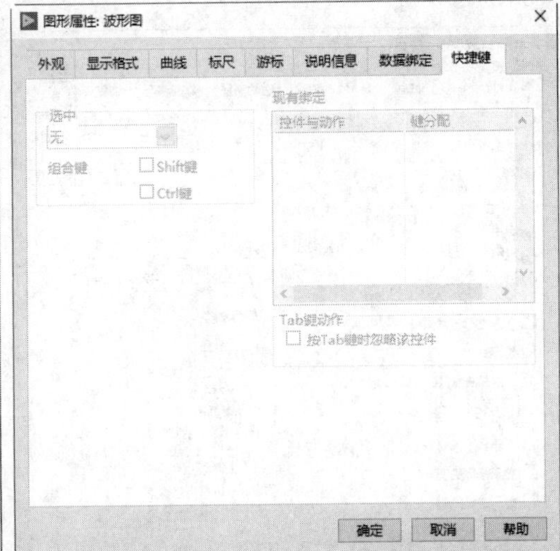

图 9-13　（续）

其中，在“外观”选项卡中，用户可以设定是否需要显示控件的一些外观参数选项，如“标签”“标题”“启用状态”“显示图形工具选板”“显示标尺图例”“显示游标图例”等。“显示格式”选项卡可以在“默认编辑模式”和“高级编辑模式”之间进行切换，用于设置图形控件所显示的数据的格式与精度。“曲线”选项卡用于设置图形控件绘图时需要用到的一些参数，包括数据点的表示方法、曲线的线型及其颜色等。在“标尺”选项卡中，用户可以设置图形控件有关标尺的属性，如是否显示标尺，标尺的风格、颜色以及栅格的颜色和风格等。在“游标”选项卡中，用户可以选择是否显示游标，以及显示游标的风格等。

在一般情况下，LabVIEW 2020 中几乎所有控件的属性对话框中都会有“说明信息”选项卡。在该选项卡中，用户可以设置对控件的注释以及提示。当用户将鼠标光标指向前面板上的控件时，程序将会显示该提示。

2. 个性化设置

在使用波形图时，为了便于分析和观察，经常使用“显示项”中的“游标图例”，如图 9-14 所示。

游标的创建可以在游标图例菜单的“创建游标”子菜单中进行，如图 9-15 所示。

如图 9-16 所示，即使用了游标图例的波形图。

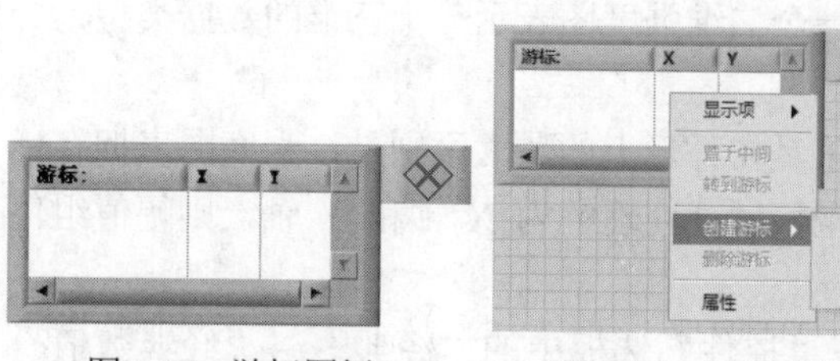

图 9-14 游标图例　　图 9-15 游标的创建

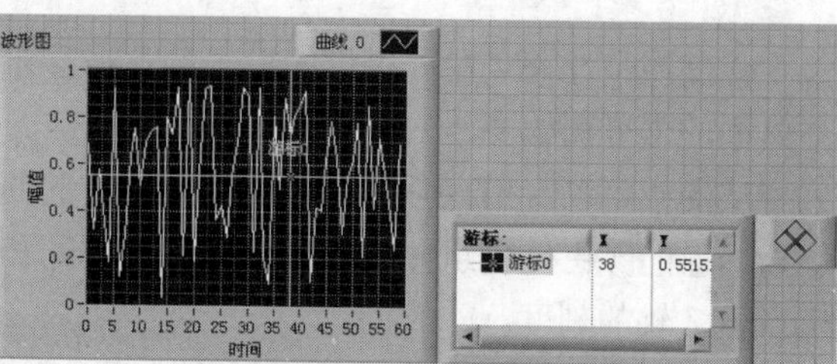

图 9-16 添加了游标图例的波形图

波形图表除了具有与波形图相同的个性特征外，还有两个附加选项：滚动条和数字显示。

波形图表中的滚动条可以用于显示已经移出图表的数据，如图 9-17 所示。

数字显示也是在显示项中添加，添加了数字显示后，在波形图表的右上方将出现数字显示，内容为最后一个数据点的值，如图 9-18 所示。

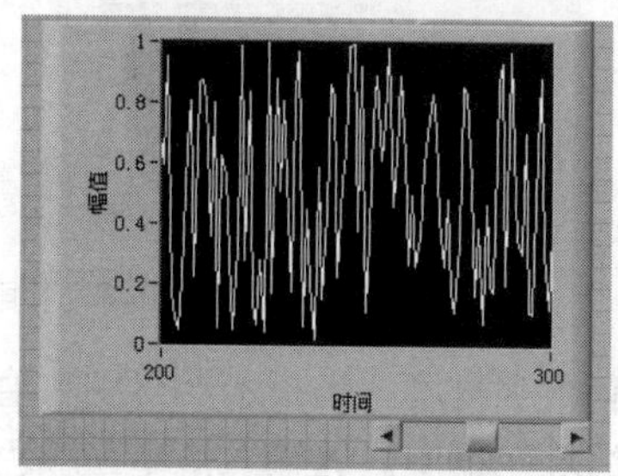

图 9-17 使用了滚动条的波形图表

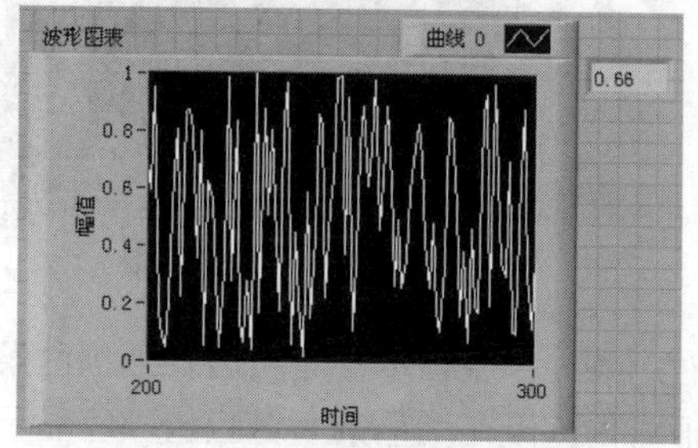

图 9-18 添加了数字显示的波形图表

当为多曲线图表时，则可以选择层叠或重叠模式，即层叠显示曲线或分格显示曲线，如图 9-19 和图 9-20 所示。

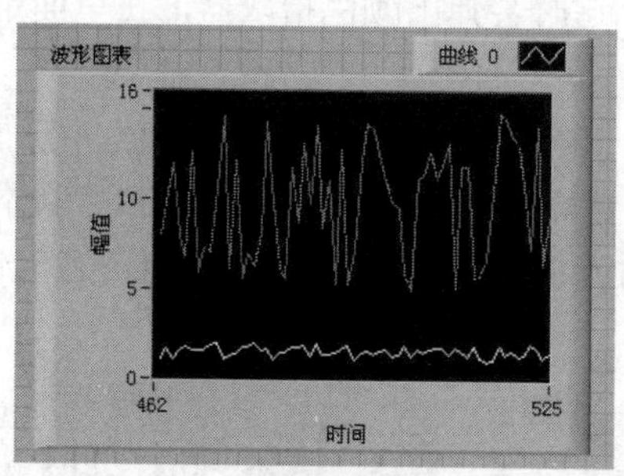

图 9-19 层叠显示曲线

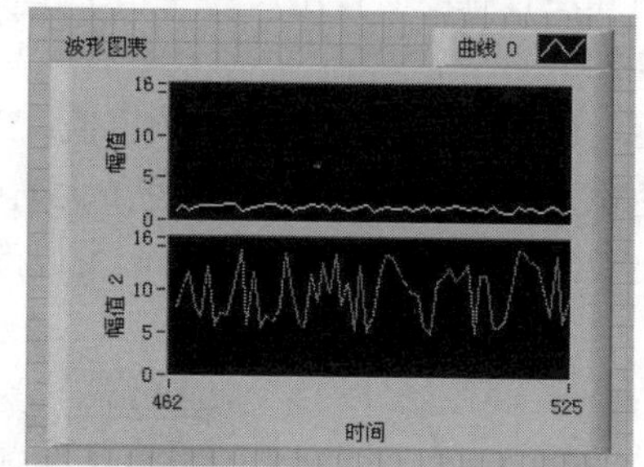

图 9-20 分格显示曲线

9.2 强度图和强度图表

强度图和强度图表使用一个二维的显示结构来表达一个三维的数据。它们之间的差别主要是刷新方式不同。本节将对强度图和强度图表的使用方法进行介绍。

9.2.1 强度图

强度图是 LabVIEW 提供的另一种波形显示，它用一个二维强度图表示一个三维的数据类型，一个典型的强度图如图 9-21 所示。

从图中可以看出，强度图与前面介绍过的曲线显示工具在外形上的最大区别是，强度图表拥有标签为幅值的颜色控制组件，如果把标签为时间和频率的坐标轴分别理解为 X 轴和 Y 轴，则幅值组件相当于 Z 轴的刻度。

在使用强度图前先介绍一下颜色梯度，颜色梯度在“控件”选板中的“经典”→“经典数值”子选板中，当把这个控件放在前面板时，默认建立一个指示器，如图 9-22 所示。

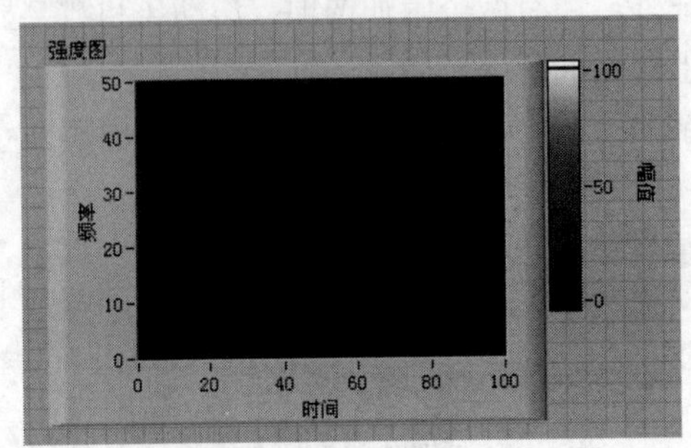

图 9-21　强度图

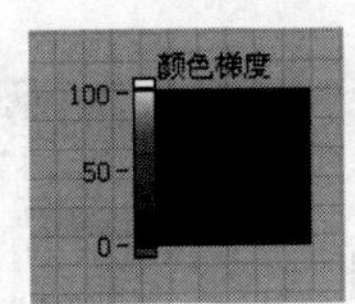

图 9-22　前面板上的颜色梯度指示器

可以看到颜色梯度指示器的左边有个颜色条，颜色条上有数字刻度，当指示器得到数值输入数据时，输入值作为刻度在颜色条上对应的颜色显示在控件右侧的颜色框中。若输入值不在颜色条边上的刻度值范围之内，则当超过 100 时，显示颜色条上方小矩形内的颜色，默认时为白色；当超过下界时，显示颜色条下方小矩形内的颜色，默认时为红色。当输入为 100 和−1 时，分别显示为白色和红色，如图 9-23 所示。

在编辑和运行程序时，用户可单击上下两个小矩形，这时会弹出颜色拾取器，在里面定义越界颜色，如图 9-24 所示。

实际上，颜色梯度只包含 5 个颜色值：0 对应黑色，50 对应蓝色，100 对应白色。0～50 和 50～100 的颜色都是插值的结果。在颜色条上右击弹出的快捷菜单中选择“添加刻度”可以添加新的刻度，如图 9-25 所示。添加刻度之后，可以改变新刻度对应的颜色，这样就为刻度梯度添加了一个数值颜色对。

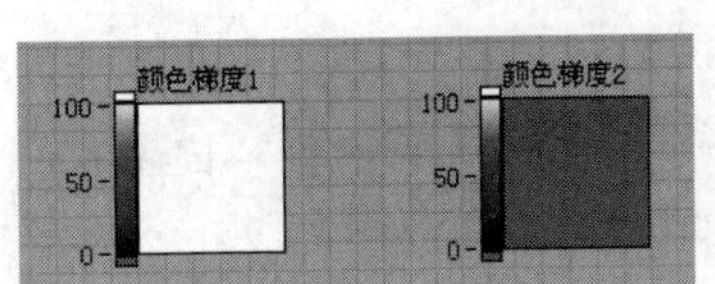

图 9-23　默认超界时的颜色

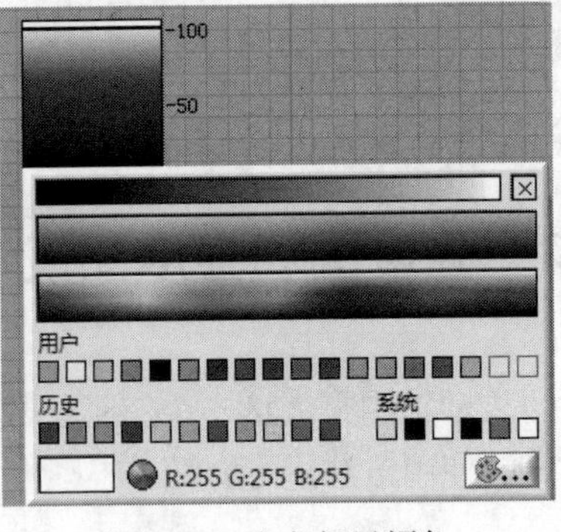

图 9-24　定义超界颜色

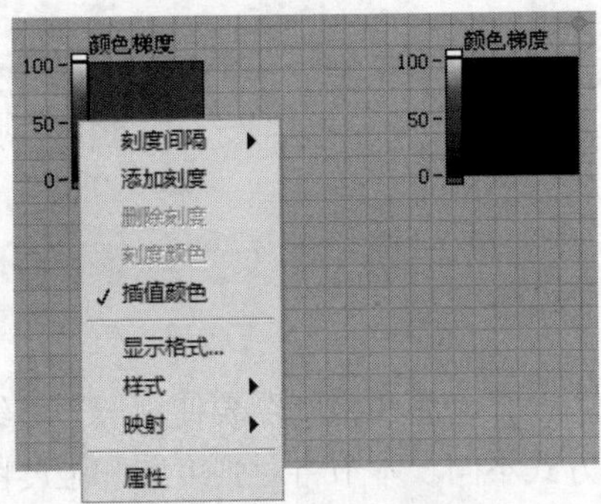

图 9-25　添加刻度

动手练——设计颜色表

源文件：源文件\ 第 9 章\ 设计颜色表.vi

设计一个颜色表，要求有上下溢出的颜色显示，如图 9-26 和图 9-27 所示。

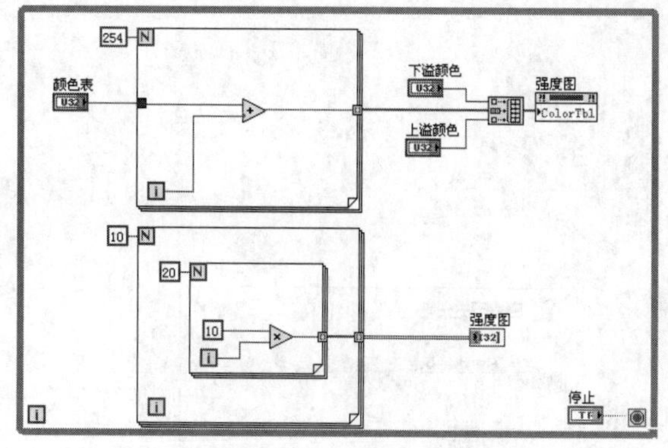

图 9-26 程序框图

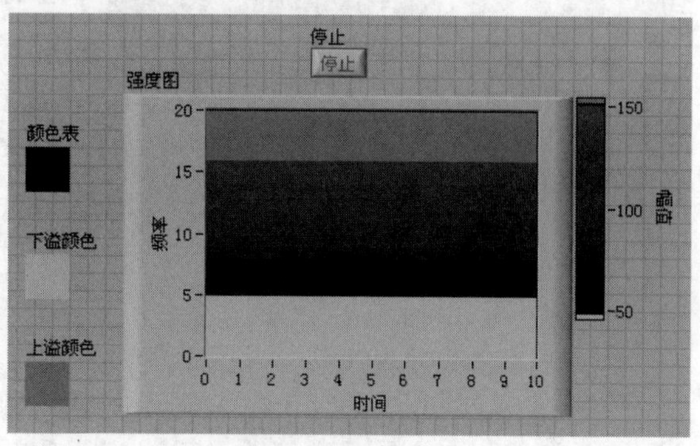

图 9-27 前面板显示

思路点拨

（1）调用了前面板中的颜色盒函数，用来指定基本色和上下溢出的颜色。程序框图中的一个 For 循环用来定义一张颜色表。

（2）For 循环产生大小为 1 ~ 254 的 254 个颜色值，这些值与上下溢出颜色构成了一个容量为 256 的数组，将其送到色码表属性节点中，这个表中的第一个和最后一个颜色值分别对应 Z 轴（幅值）上溢出和下溢出时的颜色值。当色码属性节点有赋值操作时，颜色表被激活。此时，Z 轴的数值颜色对应关系由颜色表决定。

9.2.2 强度图表

与强度图一样，强度图表也是用一个二维的显示结构来表达一个三维的数据类型，它们之间的主要区别在于图像的刷新方式不同：强度图接收到新数据时，会自动清除旧数据的显示；而强度图表会把新数据的显示接续到旧数据的后面，也就是波形图表和波形图的区别。

上一小节介绍了强度图的数据格式为一个二维的数组，它可以一次性把这些数据显示出来。虽然强度图表也是接收和显示一个二维的数据数组，但它显示的方式不一样。它可以一次性显示一列或几列图像，它在屏幕及缓冲区保存一部分旧的图像和数据，每次接收到新的数据时，新的图像紧接着在原有图像的后面显示。当下一列图像超出显示区域时，将有一列或几列旧图像移出屏幕。数据缓冲区同波形图表一样，也是先进先出，大小可以自己定义，但结构与波形图表（二维）不一样，而强度图表的缓冲区结构是一维的。这个缓冲区的大小是可以设定的，默认为 128 个数据点， 若想改变缓冲区的大小，可以在强度图表上右击，从弹出的快捷菜单中选择“图表历史长度”命令，如图 9-28 所示。

动手学——强度图表的使用

源文件：源文件\ 第 9 章\ 强度图表的使用.vi

本实例创建如图 9-29 所示的强度图表程序。

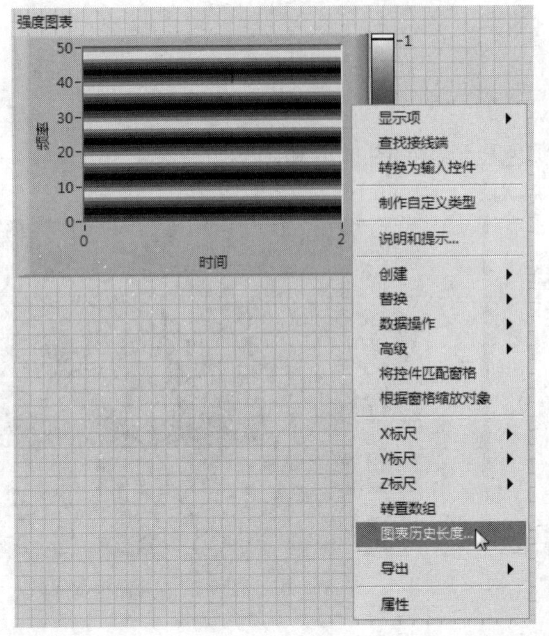

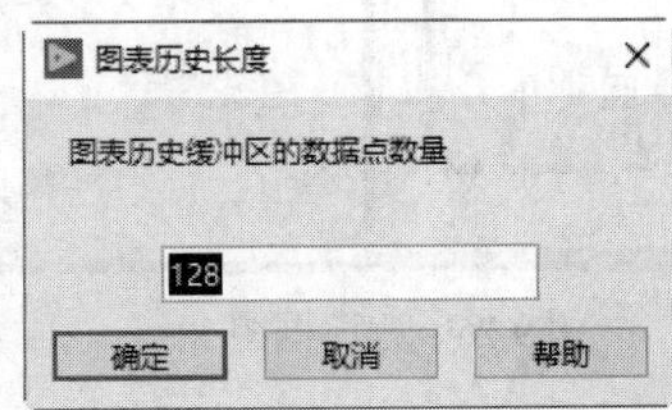

图 9-28　设置图表历史长度

【操作步骤】

（1）在“函数”选板上选择“编程”→“结构”→“For 循环”函数，拖动出适当大小的矩形框，在 For 循环总线连线端创建循环次数 1000。

（2）在“函数”选板上选择“编程”→“数值”→“除”“Pi 乘以 2”函数，计算 2π/10 的值。

（3）在“函数”选板上选择“编程”→“数值”→“加”函数，叠加循环次数与常量 5。

（4）在“函数”选板上选择“编程”→“数值”→“乘”函数，计算除法与加法结果的乘积，放置到循环内部，在循环的边框通道上形成一个一维数组。

（5）打开前面板，在“控件”选板上选择“新式”→“图形”→“强度图表”控件，创建强度图表控件。

（6）在“函数”选板上选择“编程”→“数组”→“创建数组”函数，将一维数组形成一个列数为 1 的二维数组，连接乘积数据到强度图表中。

（7）单击工具栏中的“整理程序框图”按钮，整理程序框图，如图 9-29 所示。

（8）单击“运行”按钮，运行 VI，在前面板显示运行结果，如图 9-30 所示。

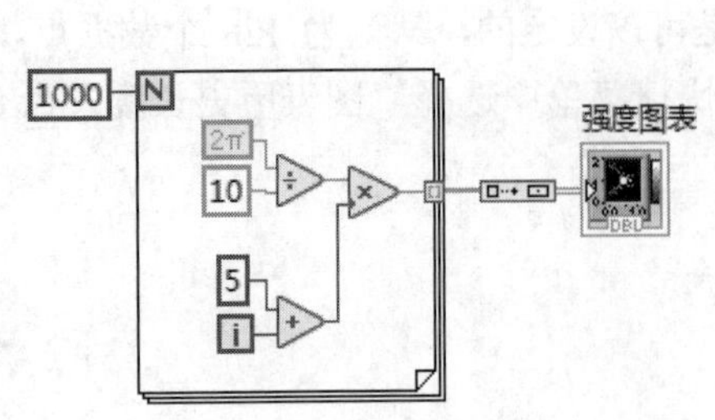

图 9-29　强度图表的使用

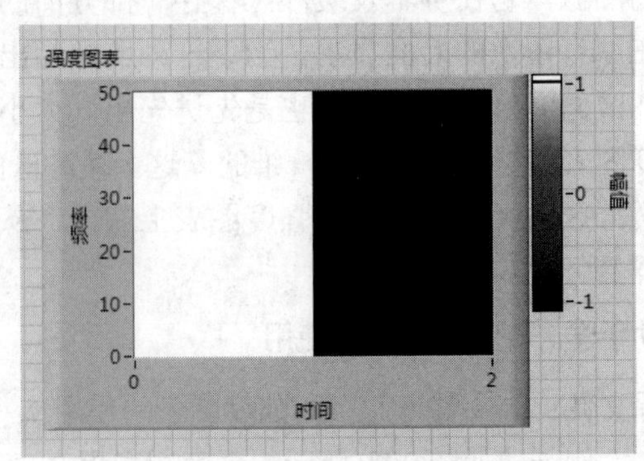

图 9-30　运行结果

提示：

因为二维数组是强度图表必需的数据类型，所以需要将一维数组转换为二维数组，即使只有一行，这一步骤也是必要的。

9.3 三维图形

在很多情况下，把数据绘制在三维空间里会更形象和更有表现力。大量实际应用中的数据，如某个平面的温度分布、联合时频分析、飞机的运动等，都需要在三维空间中可视化显示数据。三维图形可令三维数据可视化，修改三维图形属性可改变数据的显示方式。

LabVIEW 中包含以下三维图形，如图 9-31 所示。

- 散点（图）：显示两组数据的统计趋势和关系。
- 条形（图）：生成垂直条带组成的条形图。
- 饼图：生成饼状图。
- 杆图：显示冲激响应并按分布组织数据。
- 带状（图）：生成平行线组成的带状图。
- 等高线（图）：绘制等高线图。
- 箭头（图）：生成速度曲线。
- 彗星（图）：创建数据点周围有圆圈环绕的动画图。
- 曲面（图）：在相互连接的曲面上绘制数据。
- 网格（图）：绘制有开放空间的网格曲面。
- 瀑布（图）：绘制数据曲面和 Y 轴上低于数据点的区域。
- 三维曲面图形：在三维空间绘制一个曲面。
- 三维参数图形：在三维空间中绘制一个参数图。
- 三维线条图形：在三维空间绘制线条。

注意：

只有安装了 LabVIEW 完整版和专业版开发系统才可使用三维图片控件。

- ActiveX 三维曲面图形：使用 ActiveX 技术在三维空间绘制一个曲面。
- ActiveX 三维参数图形：使用 ActiveX 技术在三维空间绘制一个参数图。
- ActiveX 三维曲线图形：使用 ActiveX 技术在三维空间绘制一条曲线。

前 14 项位于“控件”→“新式”→“图形”→“三维图形”子选板下，如图 9-31（a）所示；后 3 项位于“控件”→“经典”→“经典图形”子选板下，如图 9-31（b）所示。

注意：

ActiveX 三维图形控件仅在 Windows 平台上的 LabVIEW 完整版和专业版开发系统上可用。

与其他 LabVIEW 控件不同，这 3 个三维图形模块不是独立的。实际上这 3 个三维图形模块都是 ActiveX 控件的 ActiveX 容器与某个三维绘图函数的组合。

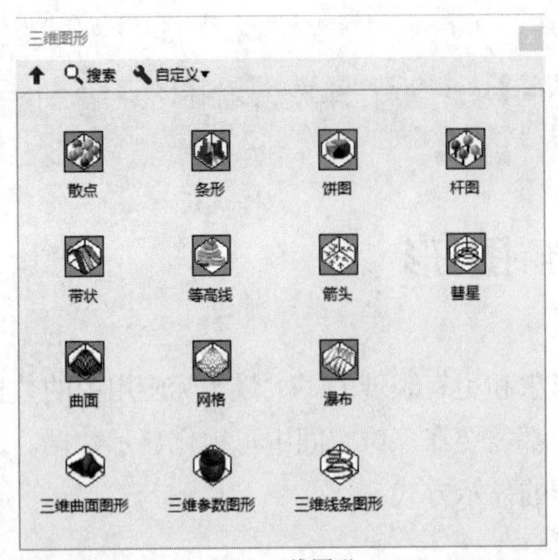

（a）三维图形

（b）经典图形

图 9-31　三维图形

9.3.1　三维曲面图

三维曲面图用于显示三维空间的一个曲面。在前面板放置一个三维曲面图时，程序框图将出现两个图标，如图 9-32 所示。

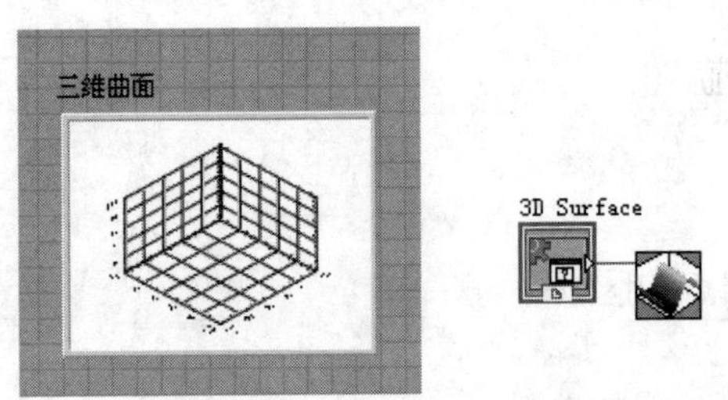

（a）"经典"选板中的 ActiveX 三维曲面图

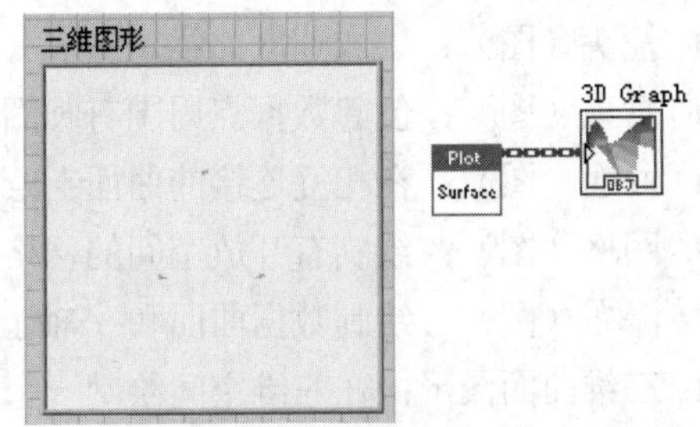

（b）"新式"选板中的三维曲面图

图 9-32　三维曲面图

从图 9-32 中可以看出，三维曲面图相应的程序框图由两部分组成：3D Surface 和三维曲面。其中，3D Surface 只负责图形显示，作图则由三维曲面来完成。

三维曲面的图标和端口如图 9-33 所示。三维图形输入端口是 ActiveX 控件输入端，该端口的下面是两个一维数组输入端，用以输入 X、Y 坐标值。Z 矩阵端口的数据类型为二维数组，用以输入 Z 坐标。三维曲面在作图时采用的是描点法，即根据输入的 X、Y、Z 坐标在三维空间确定一系列数据点，然后通过插值得到曲面。在作图时，三维曲面根据 X 和 Y 的坐标数组在 XY 平面上确定一个矩形网络，每个网格节点都对应着三维曲线上的一个点在 XY 坐标平面的投影。Z 矩阵数组给出了每个网格节点所对应的曲面点的 Z 坐标，三维曲面根据这些信息就能够完成作图。三维曲面不能显示三维空间的封闭图形，如果显示封闭图形，应使用三维参数曲面。

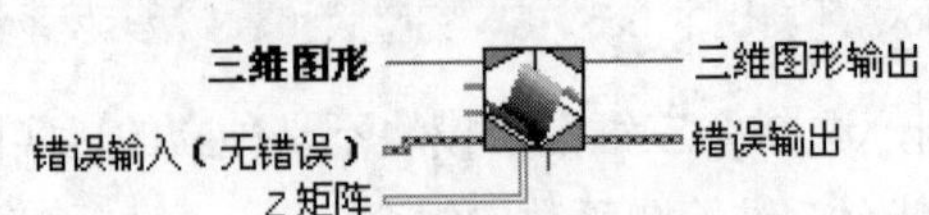

图 9-33　三维曲面的图标和端口

动手学——高斯单脉冲信号的三维曲面图

扫一扫，看视频

源文件：源文件\第 9 章\高斯单脉冲信号的三维曲面图.vi

本实例使用三维曲面图输出了高斯单脉冲信号，如图 9-34 所示。

【操作步骤】

（1）在“函数”选板上选择“编程”→“结构”→“For 循环”函数，拖动出适当大小的矩形框，在 For 循环总线连线端创建循环次数 20。

（2）在“函数”选板上选择“信号处理”→“信号生成”→“高斯单脉冲”函数，放置到循环内部。

（3）打开前面板，在“控件”选板上选择“经典”→“经典图形”→“ActiveX 三维曲面图形”控件，创建三维曲面图控件。

（4）单击工具栏中的“整理程序框图”按钮，整理程序框图，如图 9-34 所示。

（5）单击“运行”按钮，运行 VI，在前面板显示运行结果，如图 9-35 所示。

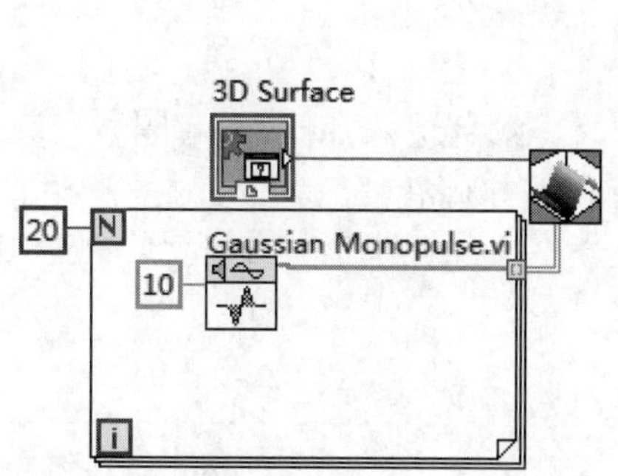

图 9-34　高斯单脉冲信号的三维曲面图

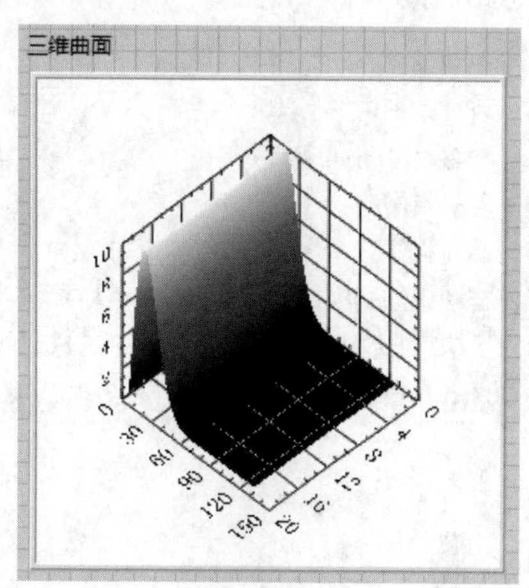

图 9-35　运行结果

注意：

此时用的是“信号处理”子选板中的“信号生成”的信号，而不是“波形生成”中的波形。因为波形函数输出的是簇数据类型，而 Z 矩阵输入端口接收的是二维数组，如图 9-36 所示。

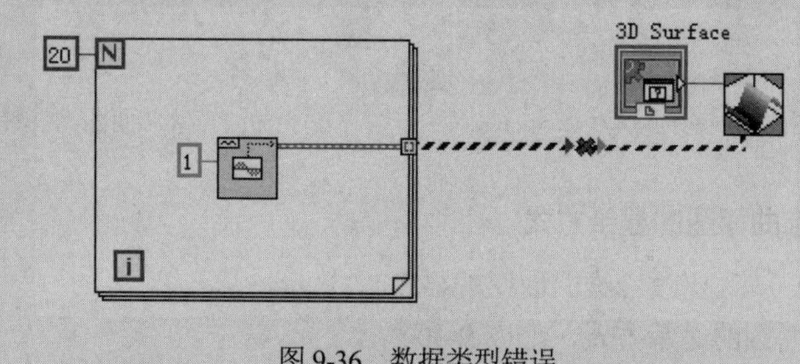

图 9-36　数据类型错误

动手练——演示三维曲面图形

扫一扫，看视频

源文件：源文件\第 9 章\演示三维曲面图形.vi

程序框图和前面板显示如图 9-37 所示。

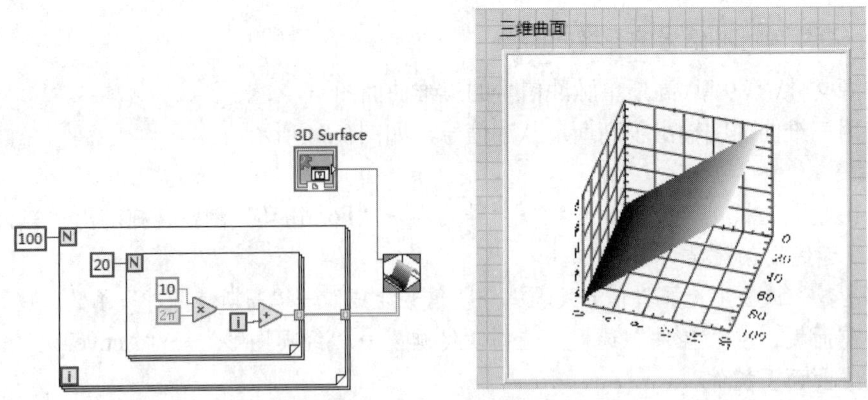

图 9-37　完整的 VI 程序

思路点拨

（1）放置循环。

（2）设计数据运算。

（3）放置三维曲面图形。

（4）连接程序。

（5）运行程序。

程序框图中的“For 循环”边框的自动索引功能将 Z 坐标组成了一个二维数组。但对于输入 x 向量和 y 向量来说，由于要求不是二维数组，所以程序框图中的 For 循环的自动索引应禁止使用，否则将出错，如图 9-38 所示。对于前面板的三维曲面图，单击并移动鼠标可以改变视点位置，三维曲面图发生了旋转，松开鼠标后将显示新视点的观察图形，如图 9-39 所示。

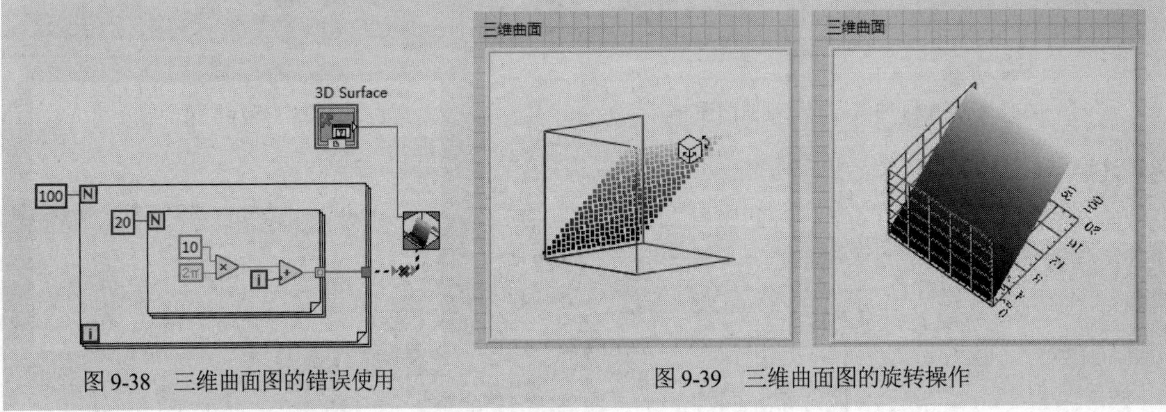

图 9-38　三维曲面图的错误使用

图 9-39　三维曲面图的旋转操作

动手学——更改三维曲面图的显示方式

源文件：源文件\ 第 9 章\ 更改三维曲面图的显示方式.vi

本实例更改三维曲面图的显示方式，如图 9-40 所示。

【操作步骤】

在三维曲面图上右击，从弹出的快捷菜单中选择 CWGraph3D→“属性”命令，如图 9-41 所示。弹出属性设置对话框，同时会出现一个小的 CWGraph3D 控件面板，如图 9-42 所示。

属性对话框中含有 7 个选项卡，分别为 Graph、Plots、Axes、Value Pairs、Format、Cursors、About。下面对常用的几个选项卡进行介绍，其他选项卡的设置方法相似。

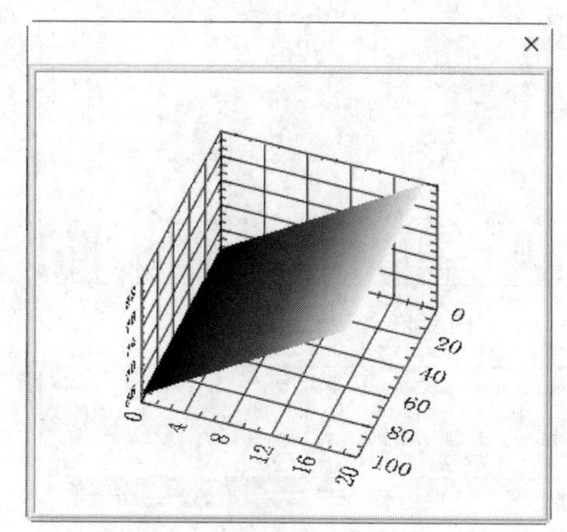

图 9-40 三维曲面图的显示方式

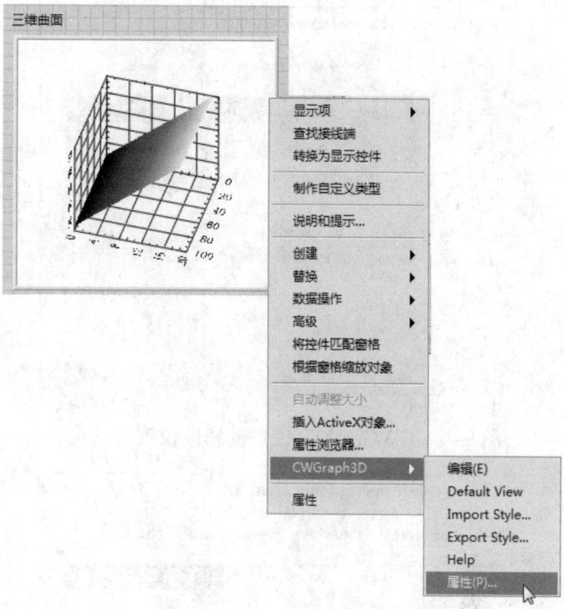

图 9-41 选择“CWGraph3D”→“属性”命令

1. Graph 选项卡

Graph 分为 4 个子选项卡：General、3D、Light、Grid Planes，即常规属性设置、三维显示设置、灯光设置、网格平面设置。

- General（常规属性设置）子选项卡用来设置 CWGraph3D 控件的标题：Font 用来设置标题的字体；Graph frame Visible 用来设置图像边框的可见性；Enable dithering 用来设置是否开启抖动，开启抖动可以使颜色过渡更为平滑；Use 3D acceleration 用来设置是否使用 3D 加速；Caption color 用来设置标题颜色；Plot area color 用来设置绘图区域的颜色；Graph frame color 用来设置图框颜色；Background color 用来设置标题的背景色；Track mode 用来设置跟踪的时间类型。
- 3D（三维显示设置）子选项卡中的 Projection 用来设置投影类型，有正交投影（Orthographic）和透视（Perspective）。Fast Draw for Pan/Zoom/Rotate 用来设置是否开启快速画法，此项开启时，在进行移动、缩放、旋转时将用数据点来代替曲面，以提高作图速度，默认值为 True；Clip Data to Axes Ranges 用来设置是否剪切数据，当此项为 True 时只显示坐标轴范围内的数据，默认值为 True；View Direction 用来设置视角；User Defined View Direction 用来设置用户视角，共 3 个参数：Latitude（纬度）、Longitude（经度）、Distance（视点距离），如图 9-43 所示。
- 在 Light（灯光设置）子选项卡中，除了默认的光照外，CWGraph3D 控件还提供了 4 个可控制的灯。Enable Lighting 用来设置是否开启辅助灯光照明；Ambient color 用来设置环境光的颜色；Enable Light 用来设置具体每一盏灯的属性，包括 Latitude（纬度）、Longitude（经度）、Distance（距离）、Attenuation（率减），如图 9-44 所示。例如，若想添加光影效果，单击 Enable Light 图标即可。
- 在 Grid Planes（网格平面设置）子选项卡中，Show Grid Plane 用来设置显示网格的平面，Smooth grid lines 用来设置平滑网格线，Grid frame color 用来设置网格边框的颜色，如图 9-45 所示。

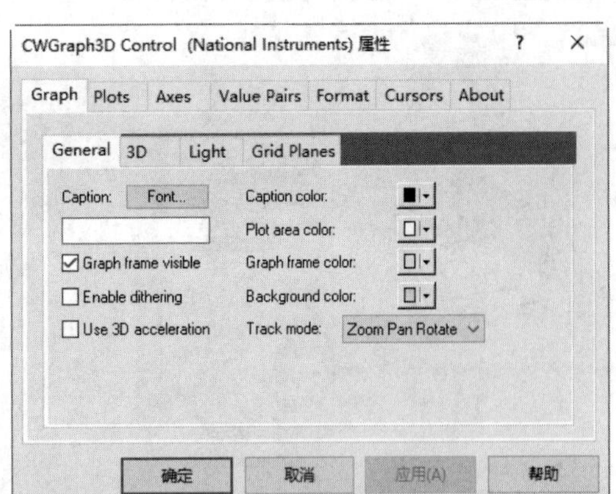

图 9-42　CWGraph3D 控件的属性设置对话框

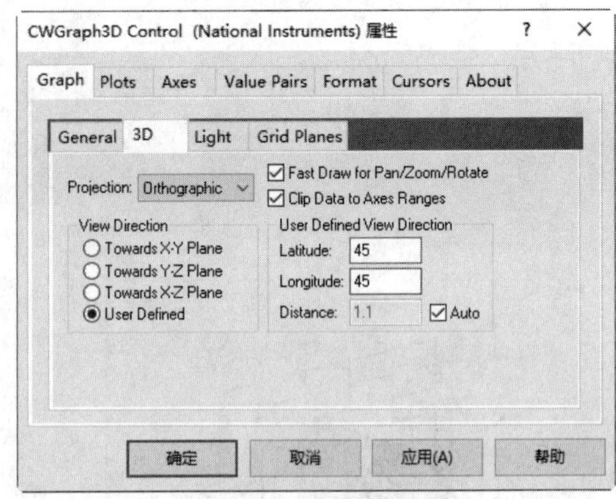

图 9-43　三维显示设置

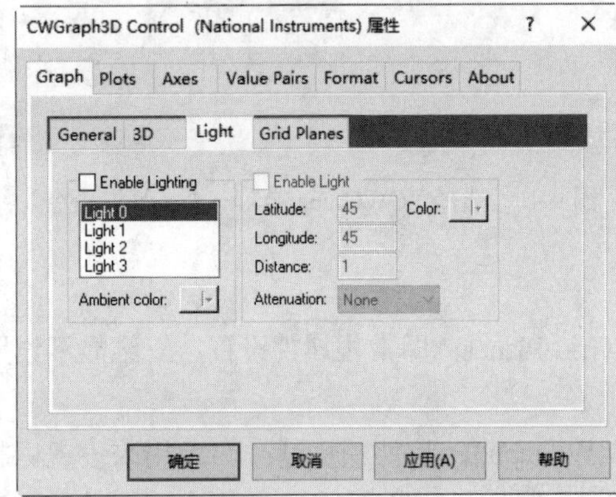

图 9-44　灯光设置

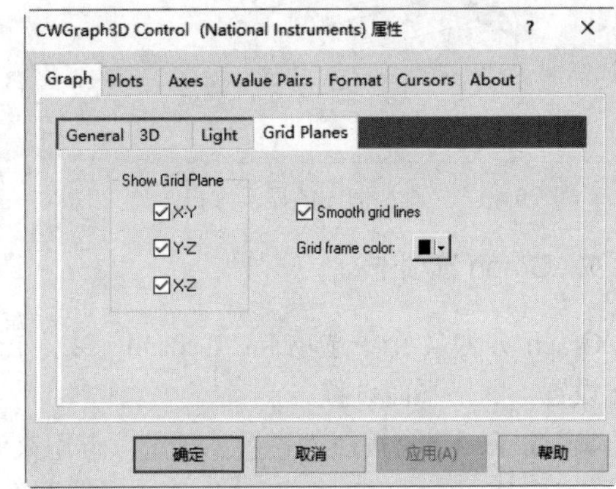

图 9-45　网格平面设置

2. Plots 选项卡

Plots 选项卡可以更改图形的显示风格，如图 9-46 所示。

若要改变显示风格，可单击 Plot style 下拉按钮，将显示 9 种风格，如图 9-47 所示。默认为 Surface。例如，若选择 Surf+Line，将出现新的显示风格，如图 9-48 所示。

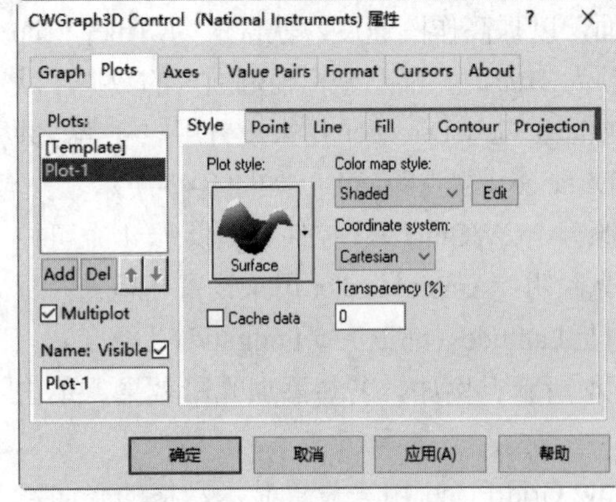

图 9-46　Plots 选项卡

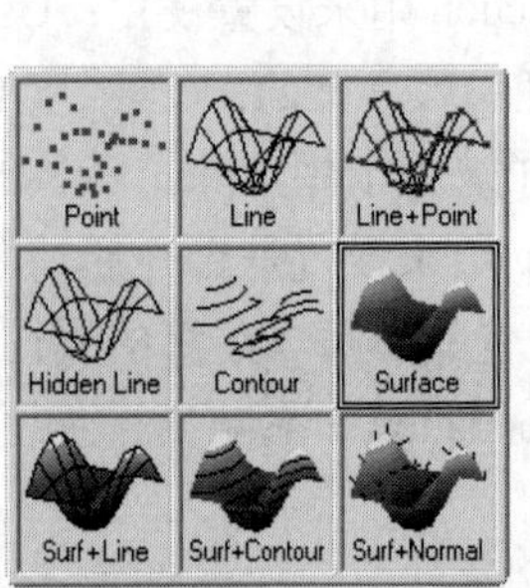

图 9-47　图形的显示风格

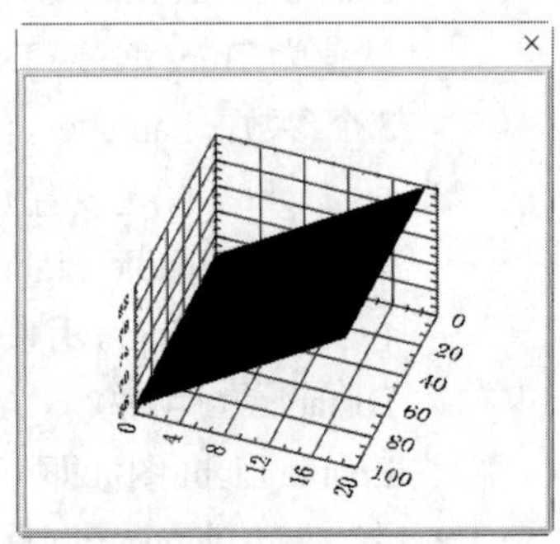

图 9-48　Surf+Line 显示风格

3. Cursors 选项卡

在三维曲面图中，经常会使用到光标，用户可在Cursors选项卡中进行设置。添加方法是单击Add按钮，设置需要的坐标即可，如图 9-49 所示。添加了光标的三维曲面图如图 9-50 所示。

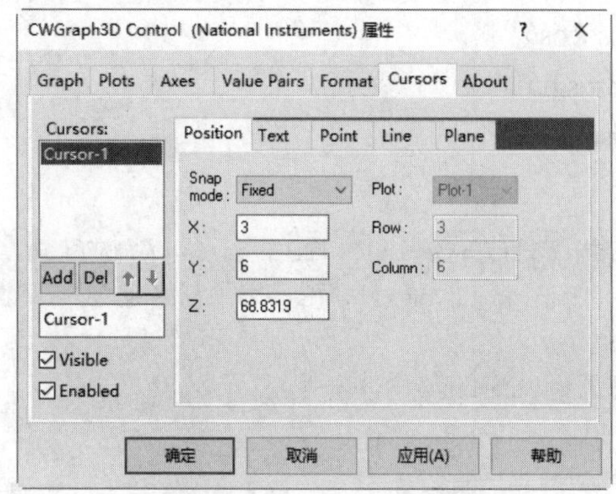

图 9-49　Cursors 选项卡

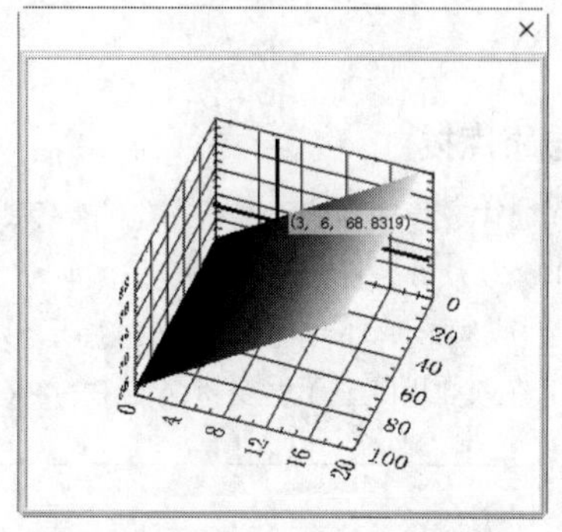

图 9-50　添加了光标的三维曲面图

9.3.2　三维参数图

上一小节介绍了三维曲面图的使用方法，三维曲面图可以显示三维空间的一个曲面，但在显示三维空间的封闭图形时就无能为力了，这时就需要使用三维参数图了。图9-51所示为三维参数图的前面板显示和程序框图。在其程序框图中将出现两个图标：一个是 3D Parametric Surface；另一个是三维参数曲面。

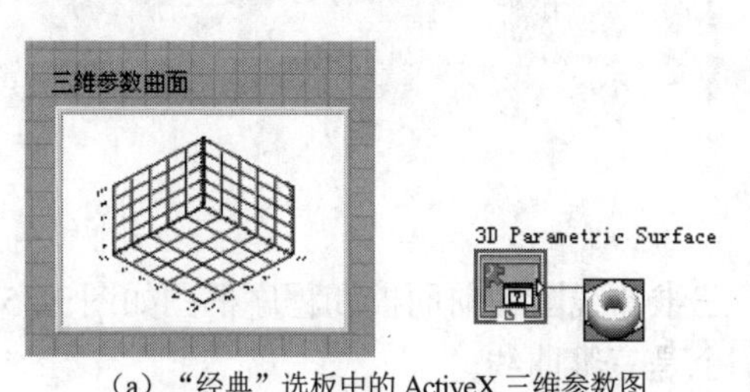

（a）“经典”选板中的 ActiveX 三维参数图

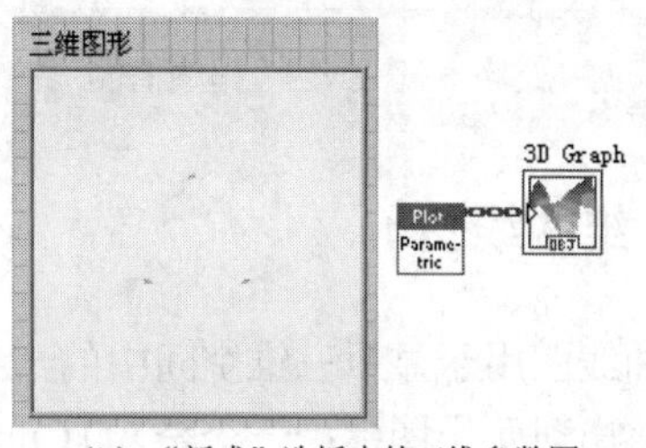

（b）“新式”选板中的三维参数图

图 9-51　三维参数图

图 9-52 所示为三维参数曲面，三维参数曲面各端口的含义为：三维图形表示 3D Parametric 输入端，***X*** 矩阵表示参数变化时 *X* 坐标所形成的二维数组；***Y*** 矩阵表示参数变化时 *Y* 坐标所形成的二维数组；***Z*** 矩阵表示参数变化时 *Z* 坐标所形成的二维数组。三维参数曲面的使用较为复杂，但借助参数方程的形式更易于理解，需要 3 个方程：$x=fx(i,j)$；$y=fy(i,j)$；$z=fz(i,j)$。其中，x、y、z 是图形中点的三维坐标；i、j 是两个参数。

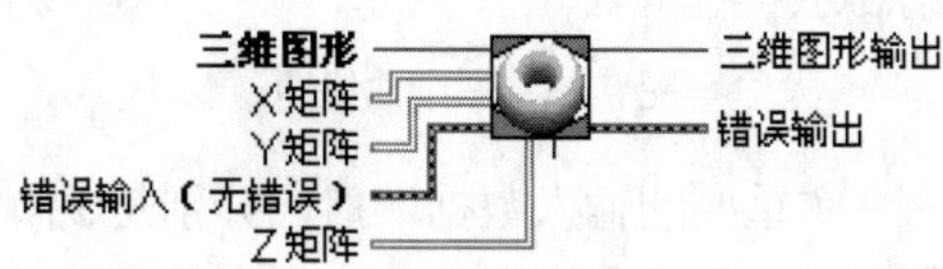

图 9-52　三维参数曲面的图标和端口

扫一扫，看视频

动手练——三维球面

源文件：源文件\第 9 章\三维球面.vi

绘制单位球面，球面的参数方程为

$$x=\cos\alpha\cos\beta \tag{9-1}$$

$$y=\cos\alpha\sin\beta \tag{9-2}$$

$$z=\sin\beta \tag{9-3}$$

思路点拨

（1）其中 α 为球到球面任意一点的矢径与 Z 轴之间的夹角，β 是该矢径在 XY 平面上的投影与 X 轴的夹角。

（2）令 α 从 0 变化到π，步长为π/24；β 从 0 变化到 2π，步长为π/12，通过球面的参数方程将确定一个球面。程序框图如图 9-53 所示，前面板如图 9-54 所示。

（3）在前面板中显示时要将属性中的 Plots 的 Plot style 设置为 Surf+Line，以利于观察。

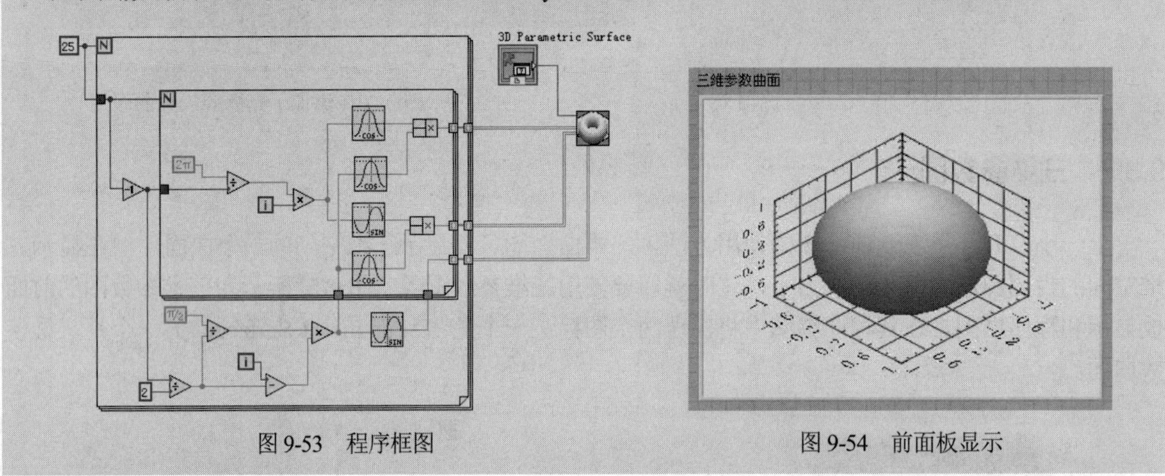

图 9-53　程序框图　　图 9-54　前面板显示

9.3.3　三维曲线图

三维曲线图用于显示三维空间中的一条曲线。三维曲线图的前面板和程序框图如图 9-55 所示。程序框图中将出现两个图标：一个是 3D Curve；另一个是三维曲线。

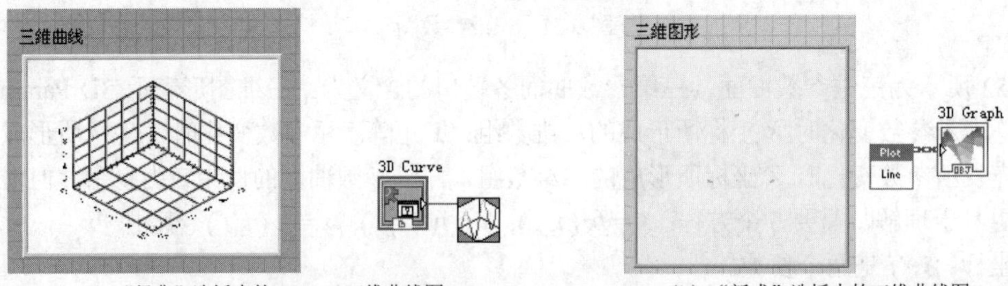

（a）“经典”选板中的 ActiveX 三维曲线图　　（b）“新式”选板中的三维曲线图

图 9-55　三维曲线图

如图 9-56 所示，三维曲线有 3 个重要的输入数据端口，分别是 **x** 向量、**y** 向量、**z** 向量，分别对应曲线的 3 个坐标向量。在编写程序时，只要分别在 3 个坐标向量上连接一维数组数据，即可显示三维曲线。

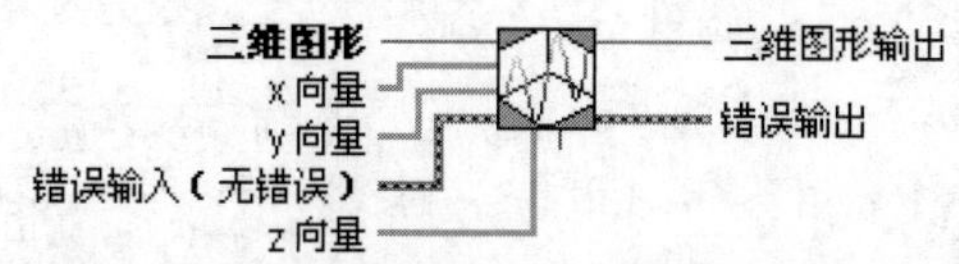

图 9-56　三维曲线的节点图标及其端口定义

使用三维曲线图可以显示余弦的三维曲线，具体程序框图如图 9-57 所示，相应的前面板显示如图 9-58 所示。

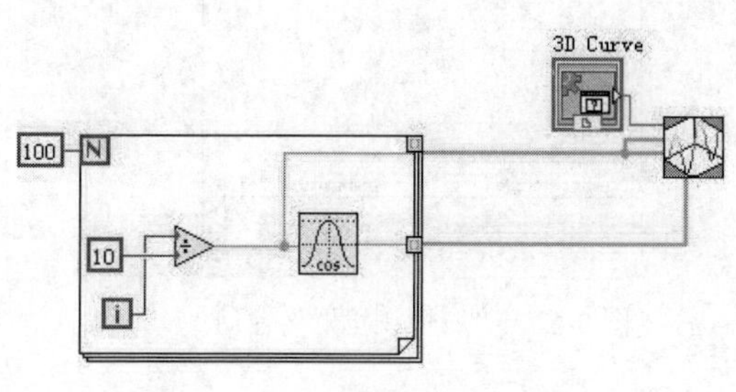

图 9-57　绘制三维余弦曲线的程序框图

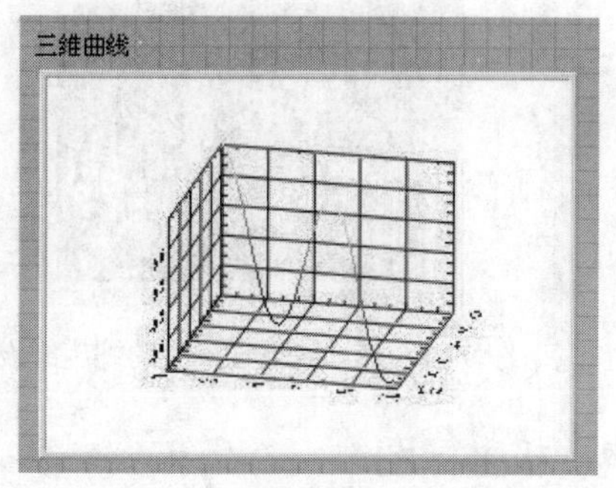

图 9-58　三维余弦曲线的直接显示

三维曲线图在绘制三维的数学图形时是比较方便的，如绘制螺旋线：$x=\cos\theta$，$y=\sin\theta$，$z=\theta$。其中，θ 在 0～2π的范围内，步长为 π/12。具体程序框图如图 9-59 所示，相应的前面板显示如图 9-60 所示。

从图 9-59 中可以看出，属性若不加设置就直接输出则效果不好，所以要进行属性设置，三维曲线的属性设置与三维曲面图的属性设置类似。对于属性对话框中的 General 选项，将其中的 Plot area color 设置为黑色，将 Grid Planes 中的 Grid frame color 设置为红色；对于 Axes 选项，将其中的 Grid 的子选项 Major Grid 的 Color 设置为绿色；对于 Plots 选项，将 Style 的 Color map style 设置为 Color Spectrum。设置后的前面板如图 9-61 所示。

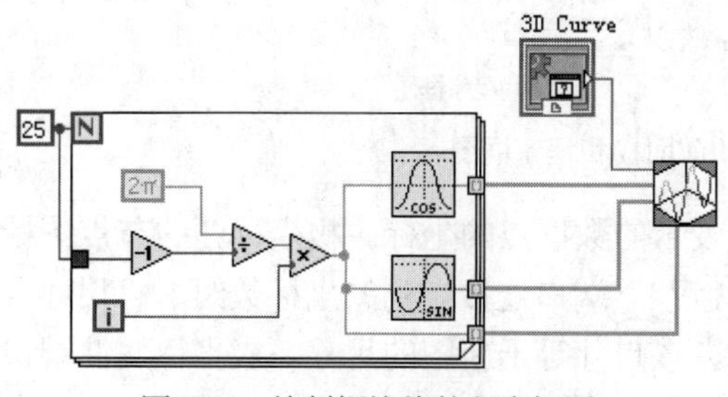

图 9-59　绘制螺旋线的程序框图

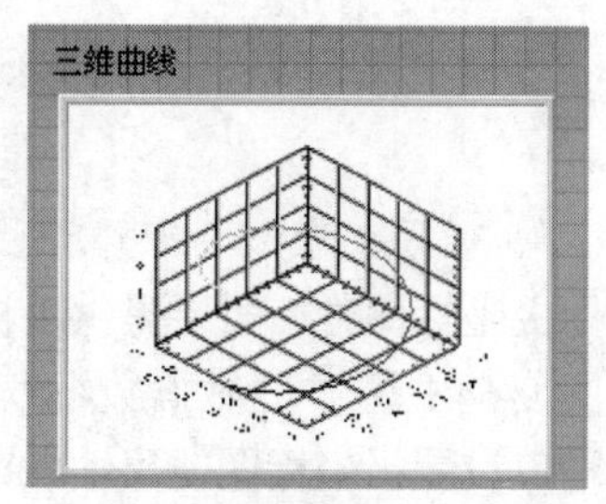

图 9-60　螺旋线的直接显示

三维曲线图有属性浏览器窗口，通过属性浏览器窗口用户可以很方便地浏览并修改对象的属性。在三维曲线图上右击，从弹出的快捷菜单中选择属性浏览器，将弹出三维曲线属性浏览器窗口，如图 9-62 所示。

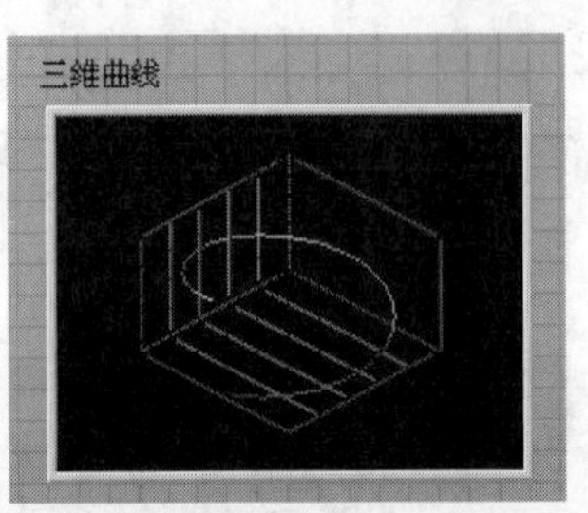

图 9-61　经过属性设置后的螺旋线设置

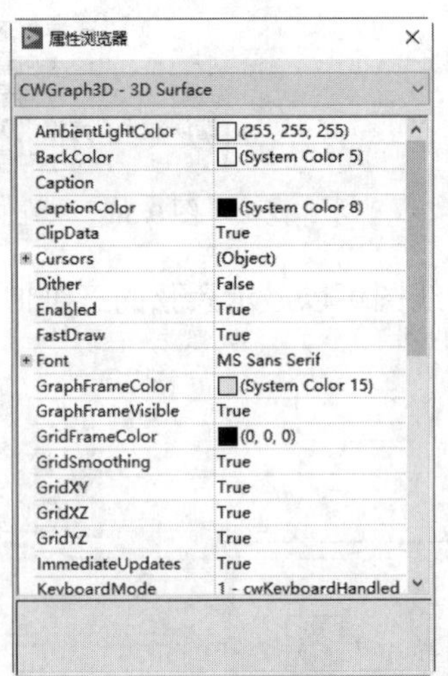

图 9-62　“属性浏览器”窗口

9.3.4　极坐标图

极坐标图实际上是一个图片控件，极坐标的使用相对简单，极坐标图的前面板和程序框图如图 9-63 所示。

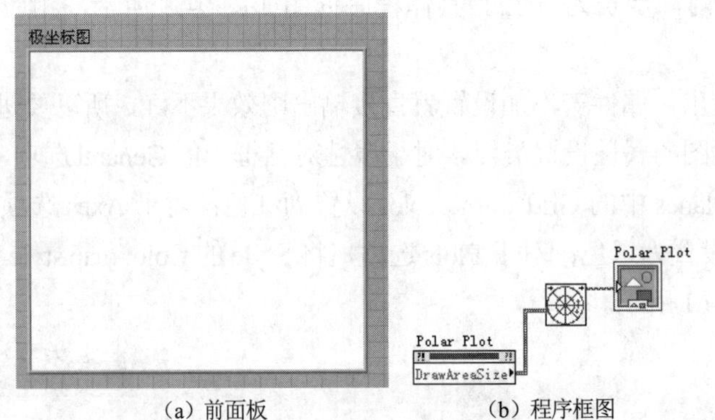

（a）前面板　　（b）程序框图

图 9-63　极坐标图的前面板和程序框图

在使用极坐标图时，需要提供以极径极角方式表示的数据点的坐标。极坐标图的节点图标及其端口定义如图 9-64 所示。“数据数组[大小、相位（度）]”端口连接点列的坐标数组，“尺寸（宽度、高度）”端口设置极坐标图的尺寸。在默认设置下，该尺寸等于新图的尺寸。极坐标属性端口用于设置极坐标图的图形颜色、网格颜色、显示象限等属性。

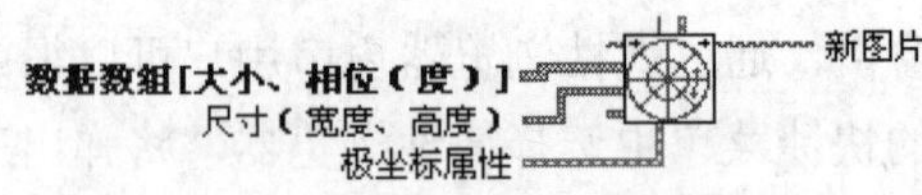

图 9-64　极坐标图的节点图标及其端口定义

扫一扫，看视频

动手学——信号生成系统

源文件：源文件\第 9 章\信号生成系统.vi

通过本实例，加深对波形控件的认识，练习波形控件的应用，如图 9-65 所示。

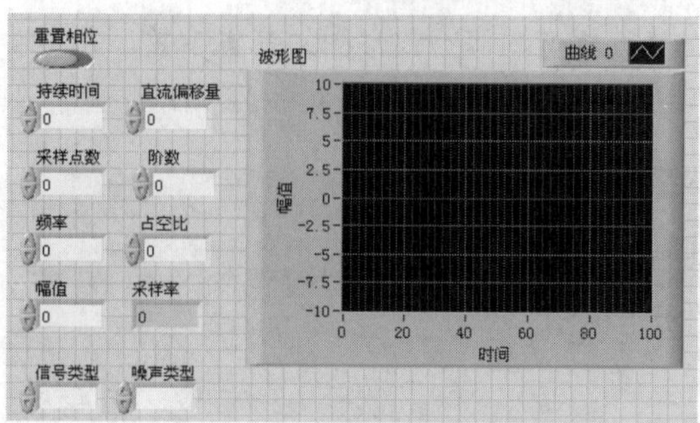

图 9-65 波形图参数控件布局

【操作步骤】

（1）新建 VI。选择菜单栏中的“文件”→“新建 VI”命令，新建一个 VI，一个空白的 VI 包括前面板和程序框图。

（2）保存 VI。选择菜单栏中的“文件”→“另存为”命令，输入 VI 名称为“信号生成系统”。

（3）固定“控件”选板。右击，在前面板打开“控件”选板，单击选板左上角的“固定”按钮 ，将“控件”选板固定在前面板界面。

（4）选择“新式”→“图形”→“波形图”控件，并放置在前面板的适当位置，如图 9-66 所示。

（5）选择“新式”→“数值”→“数值输入控件”，并放置在前面板的适当位置，如图 9-67 所示。

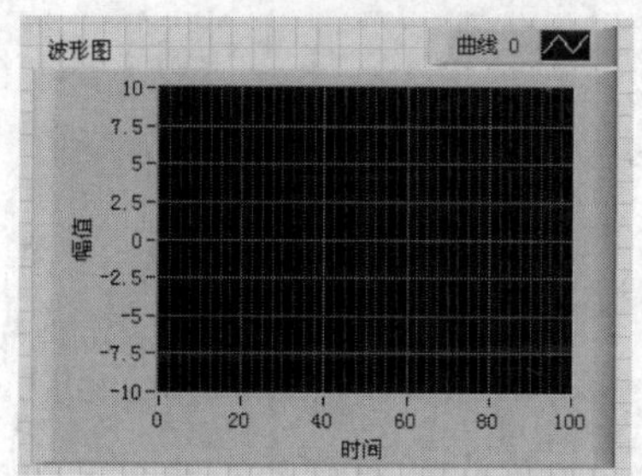

图 9-66 放置波形图控件

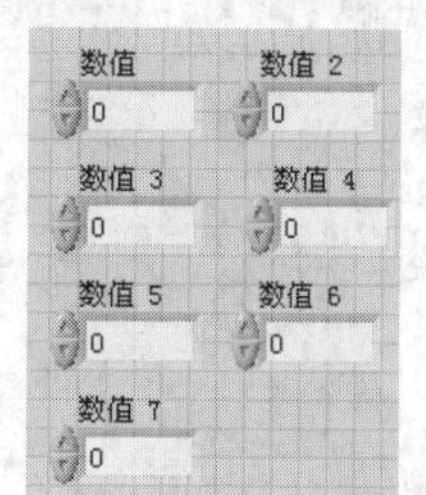

图 9-67 放置数值输入控件

（6）选择“新式”→“数值”→“数值显示控件”，并放置在前面板的适当位置，如图 9-68 所示。

（7）选择“新式”→“下拉列表与枚举”→“文本下拉列表”控件，并放置在前面板的适当位置，如图 9-69 所示。

（8）选择“新式”→“布尔”→“滑动开关”控件，并放置在前面板的适当位置，如图 9-70 所示。

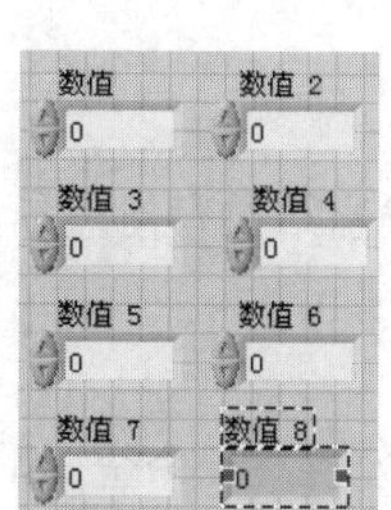

图 9-68 放置数值显示控件

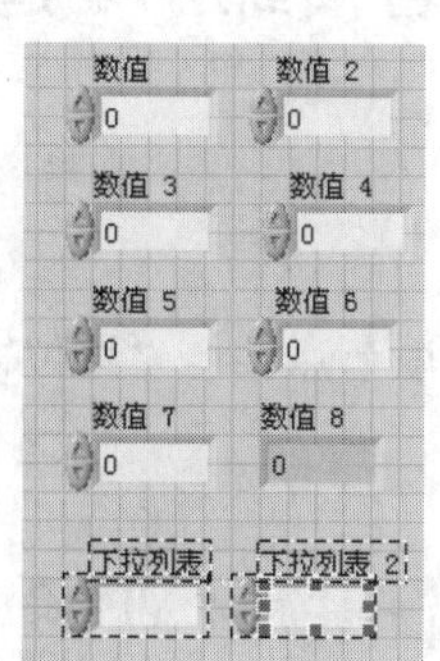

图 9-69 放置文本下拉列表控件

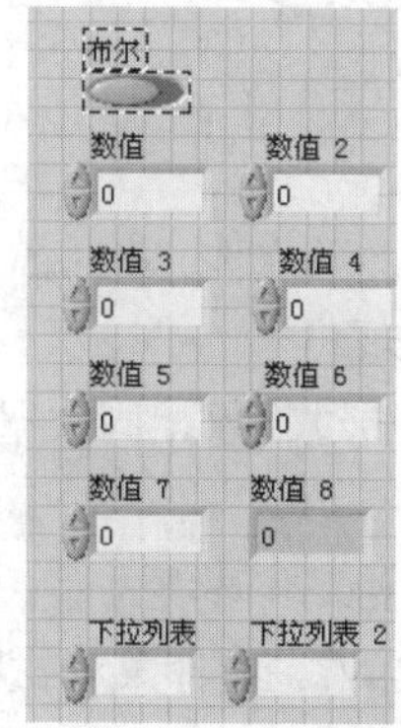

图 9-70 放置滑动开关控件

（9）依次双击控件标签，修改标签内容为波形图的基本参数，并对参数进行布局，结果如图 9-65 所示。

扫一扫，看视频

动手练——数学函数的极坐标图

源文件：源文件\ 第 9 章\ 数学函数的极坐标图.vi

绘制数学函数 $\rho=\sin3\alpha$ 的极坐标图。

思路点拨

如图 9-71 所示，在极坐标属性端口创建簇输入控件、创建极坐标图属性，为了观察方便，可以将其中的网格颜色设置为红色。

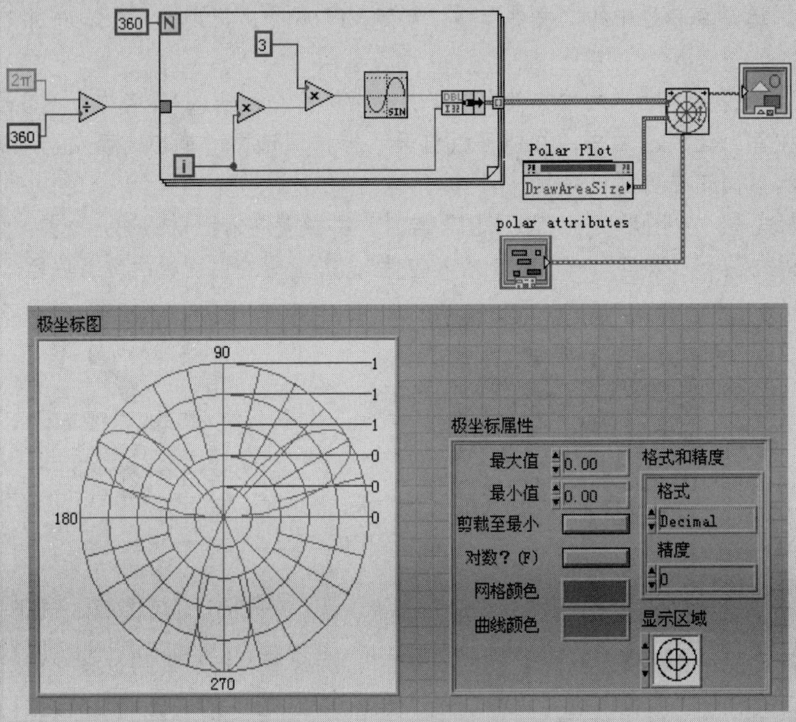

图 9-71　绘制 $\rho=\sin3\alpha$ 的极坐标图

扫一扫，看视频

9.4　综合演练——延迟波形

源文件：源文件\ 第 9 章\ 延迟波形.vi

【操作步骤】

本实例通过输入相同数据，对比"反馈节点"与"移位寄存器"的输出结果有何差异，如图 9-72 所示。

（1）设置工作环境。

① 新建 VI。选择菜单栏中的"文件"→"新建 VI"命令，新建一个 VI，一个空白的 VI 包括前面板及程序框图。

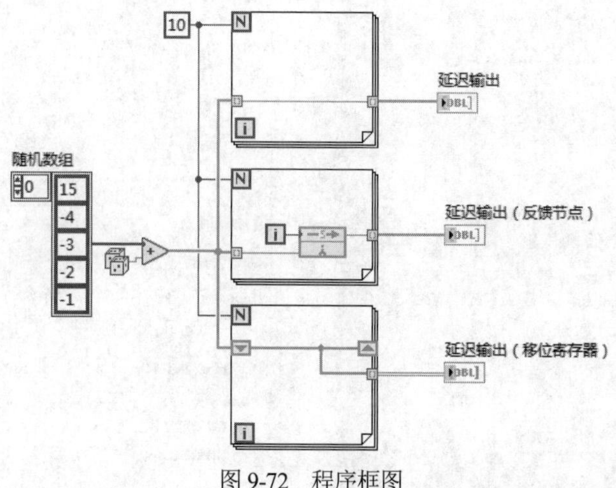

图 9-72　程序框图

② 保存 VI。选择菜单栏中的"文件"→"另存为"命令，输入 VI 名称为"延迟波形"。

（2）添加控件。

在"控件"选板上选择"银色"→"图形"→"波形图（银色）"控件，并放置在前面板的适当位置，修改控件名称，结果如图 9-73 所示。

（3）设计程序框图。

① 选择菜单栏中的"窗口"→"显示程序框图"命令，或双击前面板中的任一输入/输出控件，将程序框图置为当前。

② 在"函数"选板上选择"编程"→"数组"→"数组常量""数值"→"数值常量"函数，拖动鼠标，创建包含 5 个数值的数组常量，为数组中各元素赋值。

③ 在"函数"选板上选择"编程"→"数值"→"随机数""加"函数，求数组常量与随机数之和。

④ 在"函数"选板上选择"编程"→"结构"→"For 循环"函数，创建 3 个 For 循环结构，将其放置在程序框图中，并创建循环次数 10。

（4）创建循环 1。

将加运算输出结果通过"For 循环"连接到"延迟输出"输出控件上。

（5）创建循环 2。

① 在"函数"选板上选择"编程"→"结构"→"反馈节点"函数，将其放置到"For 循环"内部，连接加运算结果与循环次数，输出结果到"延迟输出（反馈节点）"输出控件上。

② 选中"反馈节点"右击，在快捷菜单中选择"属性"命令，弹出"对象属性"对话框，切换到"配置"选项卡，在"延迟"文本框中输入延迟时间为 5，如图 9-74 所示。单击"确定"按钮，关闭对话框。

（6）创建循环 3。

① 在 For 循环边框上右击，在快捷菜单中选择"添加移位寄存器"命令，在 For 循环边框上添加一组移位寄存器，并通过移位寄存器连接加运算结果与循环次数，输出结果到"延迟输出（移位寄存器）"输出控件上。

② 单击工具栏中的"整理程序框图"按钮，整理程序框图，如图 9-72 所示。

（7）运行程序。

① 在前面板窗口或程序框图窗口的工具栏中单击"运行"按钮，运行 VI，结果如图 9-75 所示。

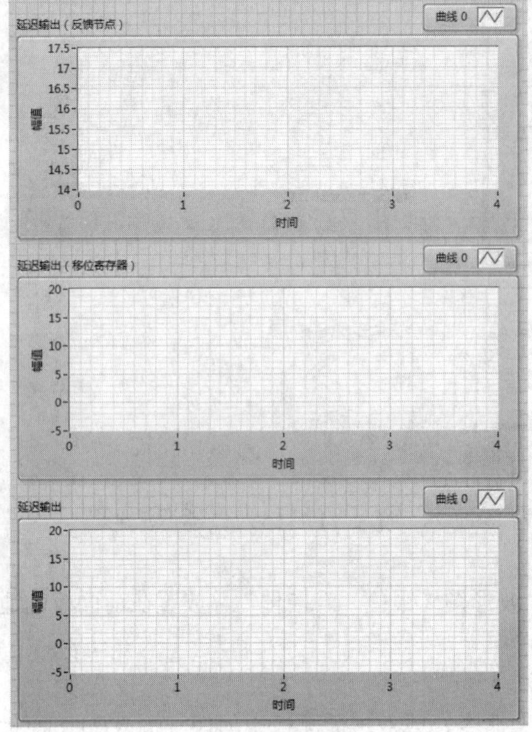

图 9-73　添加控件

对象属性
外观　配置
延迟
5
显示启用接线端
初始化
首次调用
编译或加载
确定　取消　帮助

图 9-74　“对象属性”对话框

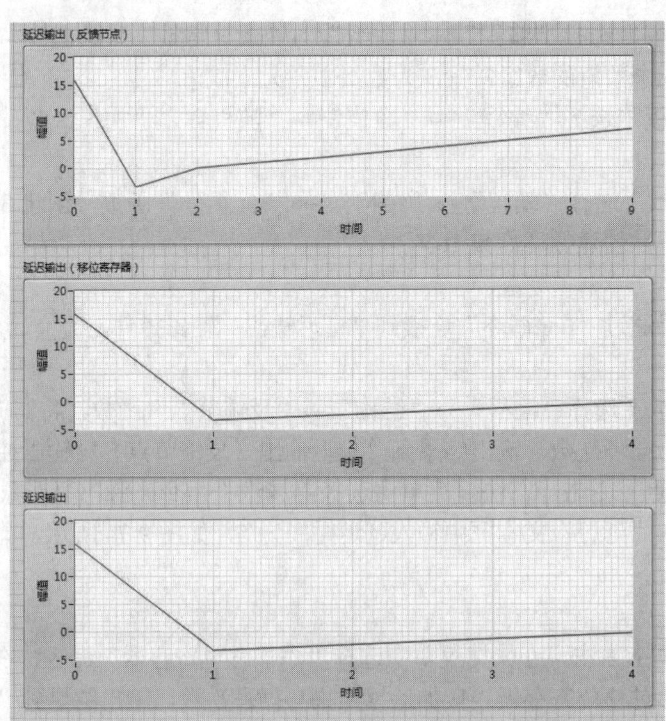

图 9-75　运行结果

② 从运行结果中发现，添加“反馈节点”的程序比其余两个程序延迟 5s。

第 10 章 初 等 函 数

内容简介

LabVIEW 的应用范围十分广泛，尤其在数学计算方面更是有着明显的优势。本章将介绍基本的初等函数，它为用户提供了非常丰富的 VI 以执行复杂的数学公式计算。

内容要点

- 数学函数
- 初等与特殊函数
- 特殊函数和 VI
- 综合演练——数字遥控灯系统

案例效果

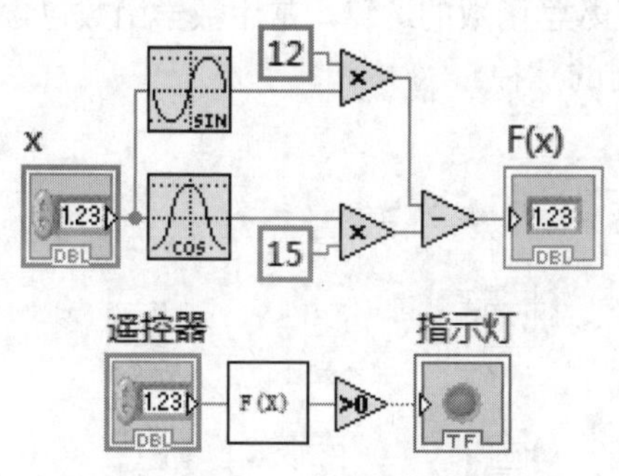

10.1 数 学 函 数

LabVIEW 除了可以进行简单的数值计算外，还可以进行精密的数学计算，对输入的常量、生成的波形、采集的信号等进行必要的数学计算，这些函数主要集中在“函数”选板中的“数学”子选板中，如图 10-1 所示。该面板中的函数或 VI 用于进行多种数学分析。数学算法也可与实际测量任务相结合以获得实际解决方案。

该面板中的“数值”子选板与“编程”→“数值”子选板中的函数相同，可对数值创建和执行算术及复杂的数学运算，或将数值从一种数据类型转换为另一种数据类型，这里不再赘述。下面介绍其余子选板。

图 10-1 “数学”子选板

10.2 初等与特殊函数

初等与特殊函数 VI 用于常见数学函数的运算，常用数学函数包含三角函数和对数函数（图 10-2），共有 12 大类函数，下面介绍常用的几种。

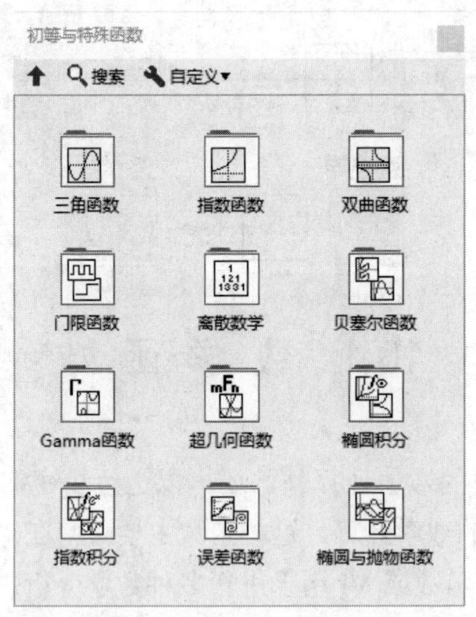

图 10-2 “初等与特殊函数”子选板

10.2.1 三角函数

三角函数是数学中常见的一类关于角度的函数。也可以说是以角度为自变量，角度对应任意两边的比值为因变量的函数，三角函数将直角三角形的内角和它的两个边长度的比值相关联，也可以等价地用与单位圆有关的各种线段的长度来定义。三角函数在研究三角形和圆等几何形状的性质时有着重要的作用，也是研究周期性现象的基础数学工具。在数学分析中，三角函数也被定义为无穷极限或特定微分方程的解，允许它们的取值扩展到任意实数值，甚至是复数值。

三角函数属于初等函数，用于计算三角函数及其反函数，如图 10-3 所示。

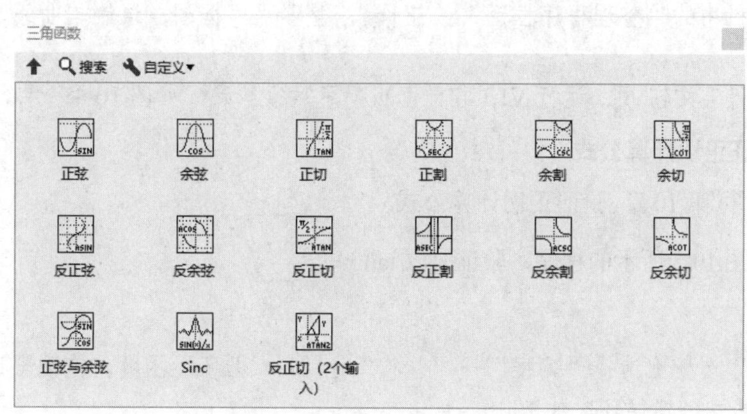

图 10-3 “三角函数”子选板

常见的三角函数包括正弦函数、余弦函数和正切函数。在航海学、测绘学、工程学等其他学科中，还会用到如余切函数、正割函数、余割函数、正矢函数、余矢函数、半正矢函数、半余矢函数等其他的三角函数。不同的三角函数之间的关系可以通过几何直观或者计算得出，称为三角恒等式。

动手学——叠加波显示

源文件：源文件\第 10 章\叠加波显示.vi

扫一扫，看视频

本实例设计如图 10-4 所示的叠加正弦波与余弦波的程序。

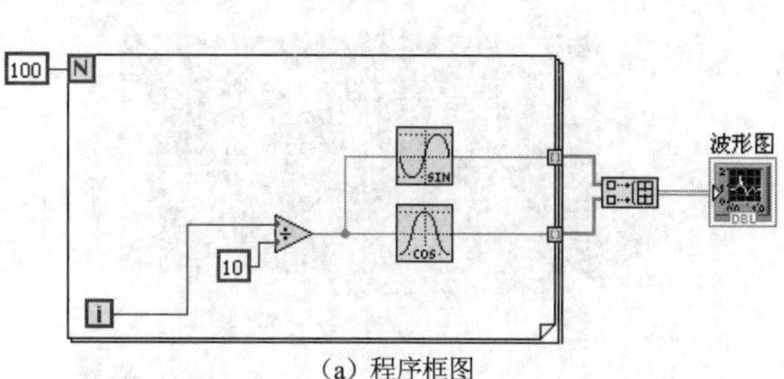

（a）程序框图

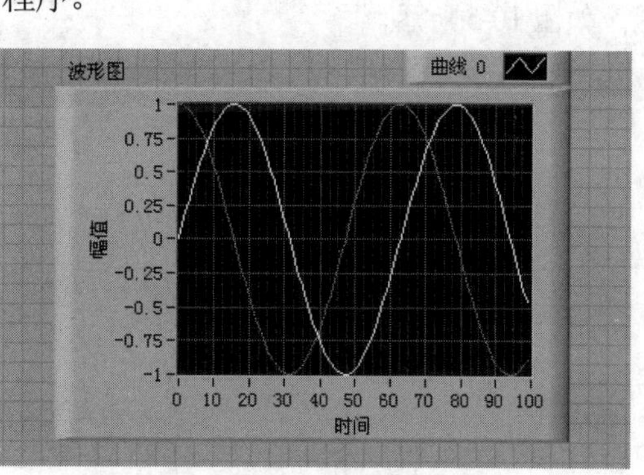

（b）前面板显示

图 10-4 波形图的简单使用

【操作步骤】

（1）在“函数”选板上选择“编程”→“结构”→“For 循环”函数，拖动出适当大小的矩形框，在 For 循环总线连线端创建循环次数 100。

（2）在“函数”选板上选择“编程”→“数值”→“除”函数，计算循环次数并除以 10 作为角度值。

（3）在“函数”选板上选择“数学”→“初等与特殊函数”→“三角函数”→“正弦”“余弦”函数，放置函数到循环内部。

（4）打开前面板，在“控件”选板上选择“新式”→“图形”→“波形图”控件，创建“波形图”控件。

（5）在“函数”选板中“编程”→“数组”→“创建数组”函数，将正弦与余弦曲线叠加显示在波形图中。

（6）单击工具栏中的“整理程序框图”按钮，整理程序框图，绘制单曲线时有两种方法，如图 10-4 所示。

（7）单击“运行”按钮，运行 VI，在前面板显示运行结果，如图 10-4 所示。

扫一扫，看视频

动手学——验证正切计算公式

源文件：源文件\第 10 章\验证正切计算公式.vi

本实例设计如图 10-5 所示的程序，验证公式 $\tan x = \dfrac{\sin x}{\cos x}$。

【操作步骤】

（1）在“函数”选板上选择“编程”→“结构”→“For 循环”函数，拖动出适当大小的矩形框，在 For 循环总线连线端创建循环次数 100。

（2）在“函数”选板上选择“编程”→“数值”→“除”函数，计算循环次数并除以 10 作为角度值。

（3）在“函数”选板上选择“数学”→“初等与特殊函数”→“三角函数”→“正弦”“余弦”“正切”函数，放置函数到循环内部。

（4）打开前面板，在“控件”选板上选择“新式”→“图形”→“波形图”控件，创建“运算结果”和“对比结果”控件。

（5）将数据计算结果连接到波形图中，单击工具栏中的“整理程序框图”按钮，整理程序框图，如图 10-5 所示。

（6）单击“运行”按钮，运行 VI，在前面板显示运行结果，如图 10-6 所示。

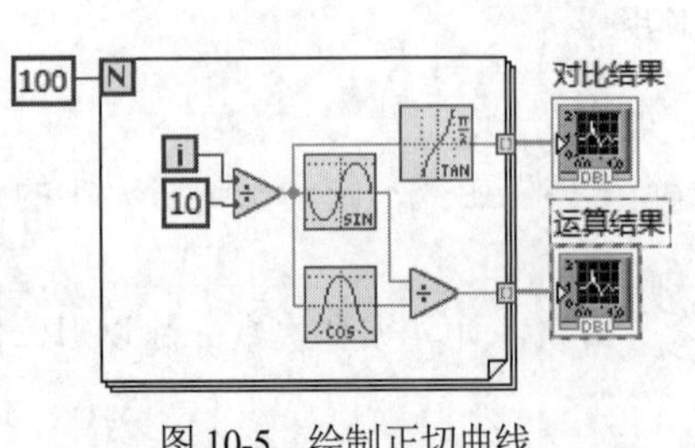

图 10-5　绘制正切曲线

图 10-6　前面板运行结果

10.2.2　指数函数

“指数函数”子选板中的函数用于计算指数函数与对数函数，如图 10-7 所示。

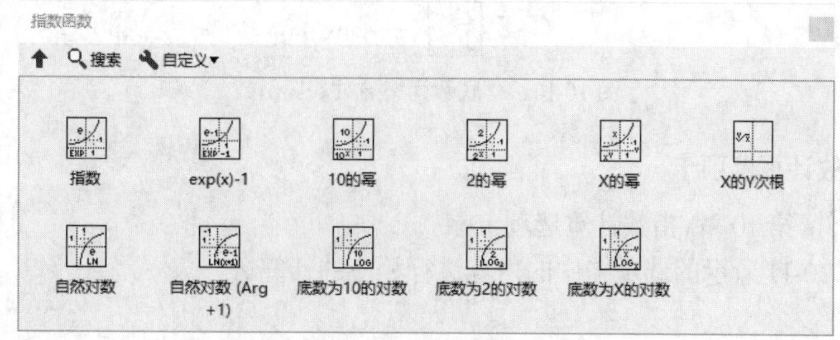

图 10-7 “指数函数”子选板

1. 指数函数

以指数为自变量，底数为大于 0 且不等于 1 的常量的函数称为指数函数。它是初等函数中的一种，如图 10-8 所示。

指数函数是数学中重要的函数。应用到值 e 上的这个函数写为 exp(x)。还可以等价写为 e^x，这里的 e 是数学常数，就是自然对数的底数，近似等于 2.718281828，也称为欧拉数。

当 $a>1$ 时，指数函数对于 x 的负数值非常平坦，对于 x 的正数值迅速攀升，在 $x=0$ 时，$y=1$。当 $0<a<1$ 时，指数函数对于 x 的负数值迅速攀升，对于 x 的正数值非常平坦，在 $x=0$ 时，$y=1$，如图 10-9 所示。

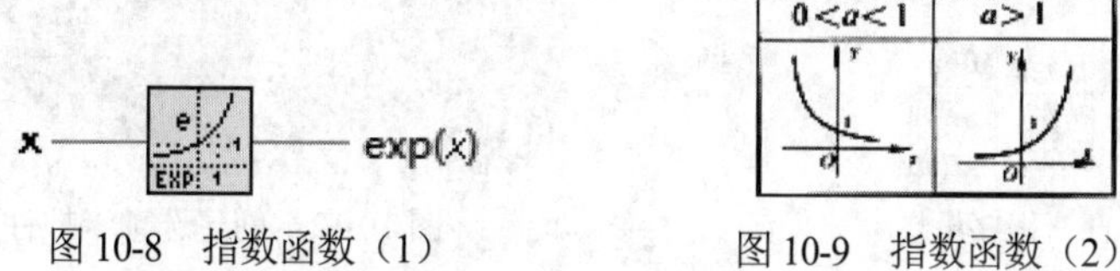

图 10-8 指数函数（1） 图 10-9 指数函数（2）

在 x 处的切线的斜率等于此处 y 的值乘上 ln$a$。即由导数知识得

$$\frac{\mathrm{d}(a^x)}{\mathrm{d}x}=a^x\ln a$$

作为实数变量 x 的函数，$y=e^x$ 的图像总是正的（在 x 轴之上）并递增（从左向右看）。它永不触及 x 轴，尽管它可以无限度地靠近 x 轴（所以，x 轴是这个图像的水平渐近线）。它的反函数是自然对数 ln$x$，它定义在所有正数 x 上。

有时，尤其是在科学中，术语指数函数更一般性地用于形如 ka^x（$k\in\mathbf{R}$）的函数，这里的 a 叫作“底数”，是不等于 1 的任何正实数。

指数函数的一般形式为 $y=a^x(a>0$ 且 $a\neq1)$ $(x\in\mathbf{R})$，从上面关于幂函数的讨论就可以知道， 要想使得 x 能够取整个实数集合为定义域，则只有使得 $a>0$ 且 $a\neq1$。

2. 对数函数

一般地，函数 $y=\log_a x$（$a>0$ 且 $a\neq1$）称为对数函数；也就是说以指数为自变量，幂为因变量，底数为常量的函数，称为对数函数。

由于底数的特殊性，与对数相关函数的底数为定值，“底数为 x 的对数”函数如图 10-10 所示。其中，如 y 为 0，输出为 $-\infty$。如 x 和 y 都是非复数，且 x 小于等于 0，或 y 小于 0，输出为 NaN。连线板可显示该多态函数的默认数据类型。

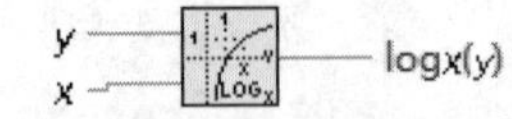

图 10-10　“底数为 x 的对数”函数

扫一扫，看视频

动手学——指数计算选项卡

源文件：源文件\第 10 章\指数计算选项卡.vi

本实例对如图 10-11 所示的选项卡中的内容进行相应的计算。

【操作步骤】

（1）设置前面板。

在“控件”选板上选择“新式”→“布局”→“选项卡控件”，默认该控件包含两个选项卡，右击选择“在后面添加选项卡”命令，创建包含 3 个选项卡的控件，如图 10-12 所示。

（2）创建指数函数。

① 打开程序框图，在“函数”选板上选择“数学”→“初等与特殊函数”→“指数”“2 的幂”“10 的幂”。

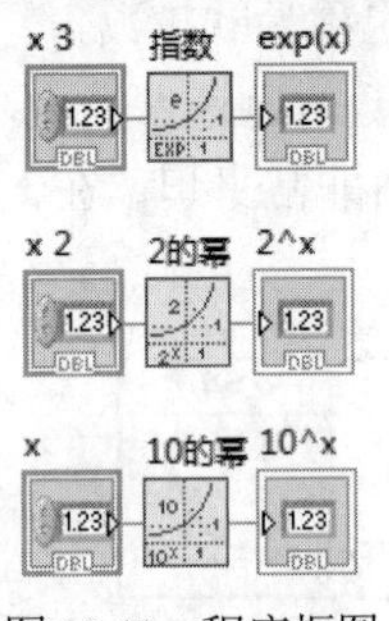

图 10-11　程序框图

图 10-12　创建选项卡控件

② 选中 3 个函数，右击选择快捷命令“创建”→“所有输入控件和输出控件”，在输入和输出端创建控件，如图 10-11 所示。

③ 双击控件，打开前面板，将对应的控件放置到选项卡中，在输入控件中输入初始值，如图 10-13 所示。

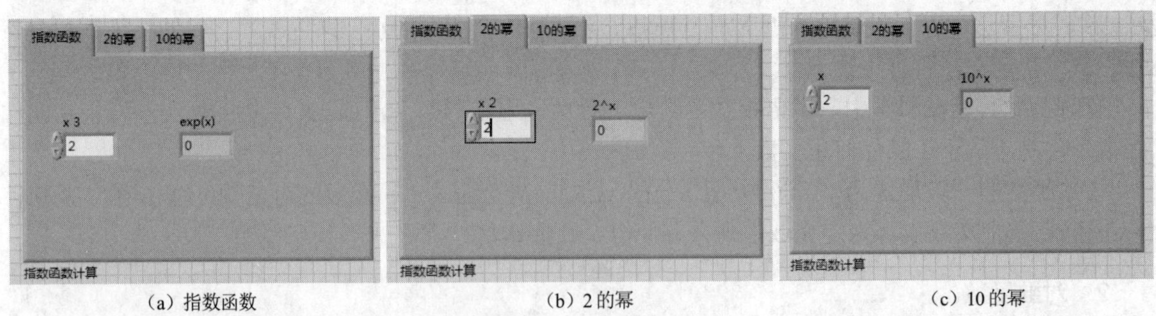

（a）指数函数　（b）2 的幂　（c）10 的幂

图 10-13　前面板设计

④ 选择菜单栏中的“编辑”→“当前值设置为默认值”命令，则保留所有输入控件中输入数据。

（3）运行程序。

在前面板窗口或程序框图窗口的工具栏中单击“运行”按钮，运行 VI，VI 居中显示，结果如图 10-14 所示。

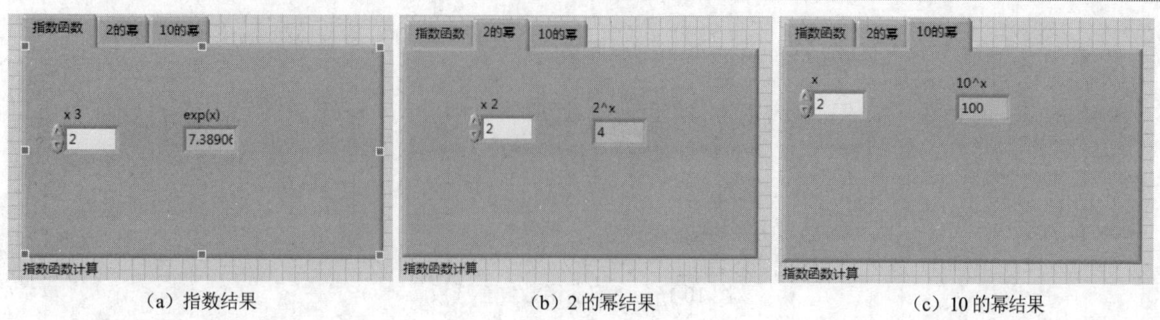

（a）指数结果　　（b）2 的幂结果　　（c）10 的幂结果

图 10-14　运行结果

扫一扫，看视频

动手练——计算多项式

源文件：源文件\第 10 章\计算多项式.vi

运行如图 10-15 所示的程序运算 $y=\sqrt{\sin 2\pi x^2-4\mathrm{e}^x\cos\pi x}$。

思路点拨

（1）绘制前面板。
（2）绘制程序框图。
（3）输入初始值。
（4）运行程序。

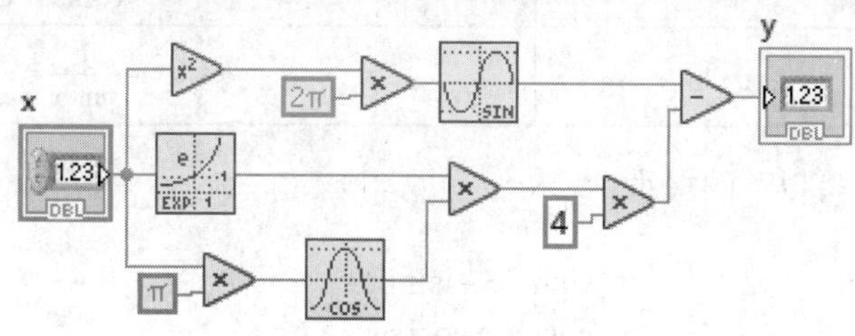

图 10-15　完整的 VI 程序框图

10.3　特殊函数和 VI

前面已经介绍了数值运算、三角函数与指数函数，本节将介绍其余的特殊函数。

10.3.1　双曲函数

在数学中，双曲函数（也叫圆函数）类似于常见的三角函数。基本双曲函数是双曲正弦 sinh，双曲余弦 cosh，从它们导出的双曲正切 tanh 等；也类似于三角函数的推导。反函数是反双曲正弦 arsinh（也叫作 arcsinh 或 asinh）。该函数子选板基本用于计算双曲函数及其反函数，如图 10-16 所示。

图 10-16　“双曲函数”子选板

在表 10-1 中显示了函数的基本信息。

表 10-1　双曲函数

函　数	缩　写	公　式
双曲正弦	sinh	$\sinh x=\dfrac{e^{x}-e^{-x}}{2}$
双曲余弦	cosh	$\cosh x=\dfrac{e^{x}+e^{-x}}{2}$
双曲正切	tanh	$\tanh x=\dfrac{\sinh x}{\cosh x}=\dfrac{e^{x}-e^{-x}}{e^{x}+e^{-x}}$
双曲余切	coth	$\coth x=\dfrac{1}{\tanh x}=\dfrac{e^{x}+e^{-x}}{e^{x}-e^{-x}}$
双曲正割	sech	$\operatorname{sech} x=\dfrac{1}{\cosh x}=\dfrac{2}{e^{x}+e^{-x}}$
双曲余割	csch	$\operatorname{csch} x=\dfrac{1}{\sinh x}=\dfrac{2}{e^{x}-e^{-x}}$

双曲函数与三角函数有以下的关系。

$$\begin{aligned}
&\text{sinh}x = -\text{isini}x\\
&\text{cosh}x = \text{cosi}x\\
&\text{tanh}x = -\text{itani}x\\
&\text{coth}x = \text{icoti}x\\
&\text{sech}x = \text{seci}x\\
&\text{csch}x = \text{icsci}x
\end{aligned}$$

扫一扫，看视频

动手学——验证双曲正弦公式

源文件：源文件\第 10 章\验证双曲正弦公式.vi

本实例设计如图 10-17 所示的程序，验证公式 $\sinh x=\dfrac{e^{x}-e^{-x}}{2}$。

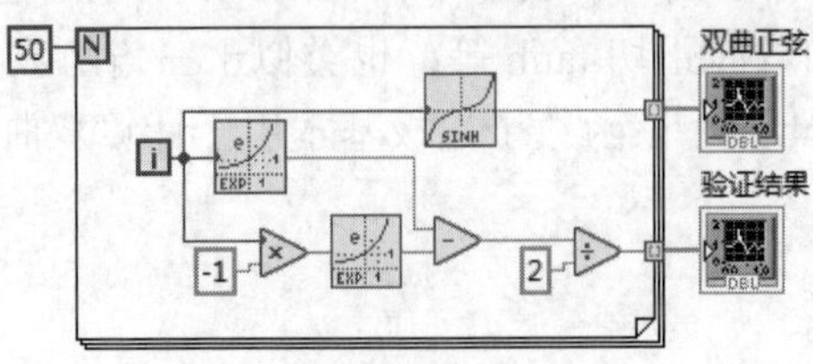

图 10-17　绘制双曲正弦曲线

【操作步骤】

（1）在“函数”选板上选择“编程”→“结构”→“For 循环”函数，拖动出适当大小的矩形框，在 For 循环总线连线端创建循环次数 50。

（2）在“函数”选板上选择“数学”→“初等与特殊函数”→“指数函数”→“指数”函数，放置函数到循环内部。

（3）在“函数”选板上选择“编程”→“数值”→“乘”“减”“除”函数，计算指数函数的差值并除以 2 作为验证值。

（4）在“函数”选板上选择“数学”→“初等与特殊函数”→“双曲函数”→“双曲正弦”函数，放置函数到循环内部。

（5）打开前面板，在“控件”选板上选择“新式”→“图形”→“波形图”控件，创建“双曲正弦”“验证结果”控件，如图 10-18 所示。

（6）将数据计算结果连接到波形图中，单击工具栏中的“整理程序框图”按钮，整理程序框图，如图 10-17 所示。

（7）单击“运行”按钮，运行 VI，在前面板显示运行结果，如图 10-19 所示。

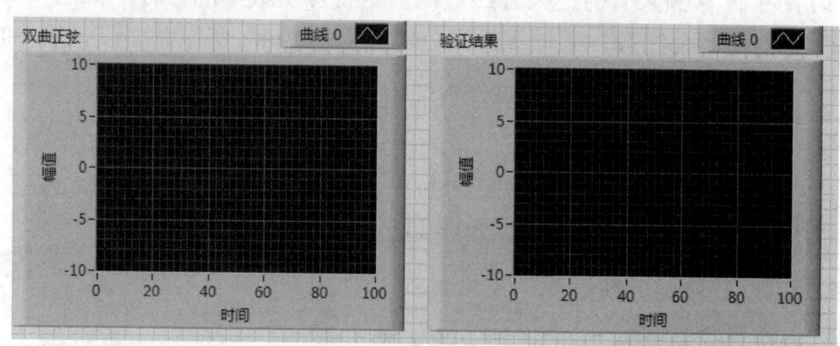

图 10-18 创建前面板

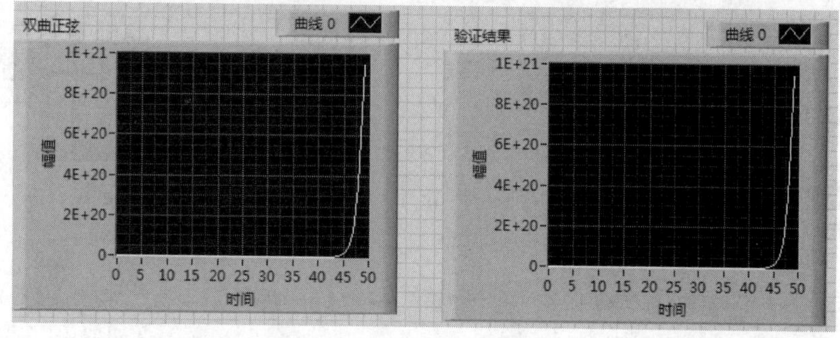

图 10-19 前面板运行结果

10.3.2 离散数学

离散数学是传统的逻辑学、集合论（包括函数）、数论基础、算法设计、组合分析、离散概率、关系理论、图论与树、抽象代数（包括代数系统，如群、环、域等）、布尔代数、计算模型（语言与自动机）等汇集起来的一门综合学科。离散数学的应用遍及现代科学技术的诸多领域。

“离散数学”选板下的函数用于计算如组合数学及数论领域的离散数学函数，如图 10-20 所示。

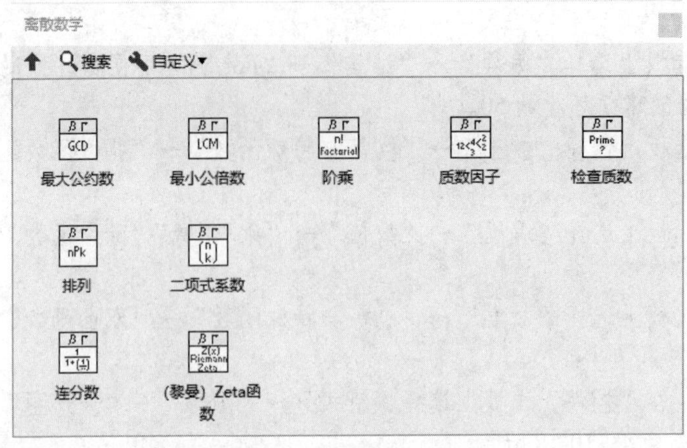

图 10-20　“离散数学”子选板

1. 最大公约数 VI

最大公约数 VI 用于计算输入值的最大公约数，它是特殊函数中的一种，如图 10-21 所示。gcd(*x*, *y*) 是 *x* 和 *y* 的最大公约数，要计算最大公约数 gcd(*x*, *y*)，可先对 *x* 和 *y* 进行质数分解：

$$x = \Pi_i p^{a_i}$$
$$y = \Pi_i p^{b_i}$$

p_i 是 *x* 和 *y* 的所有质数因子。若 p_i 未出现在分解中，相关指数为 0。则 gcd(*x*, *y*) 定义为

$$\gcd(x, y) = \Pi_i p^{\min(a_i, b_i)}$$

扫一扫，看视频

动手学——12 和 30 的质数分解运算

源文件：源文件\第 10 章\12 和 30 的质数分解运算.vi

本实例演示两个数值的质数分解，如图 10-22 所示。

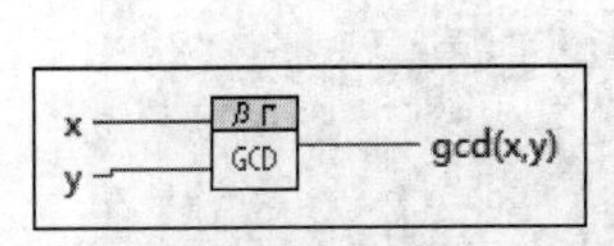

图 10-21　“最大公约数”VI 节点

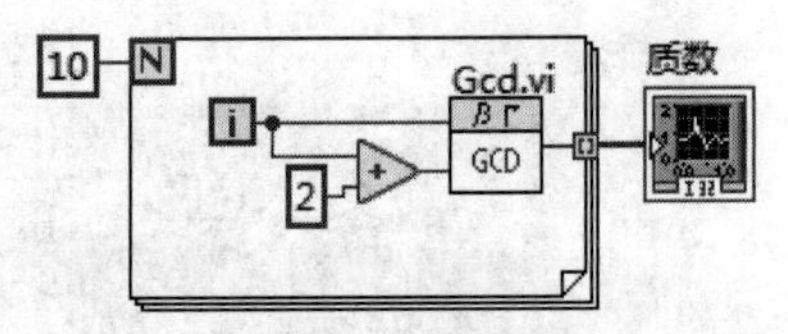

图 10-22　程序框图

【操作步骤】

（1）在“函数”选板上选择“编程”→“结构”→“For 循环”函数，拖动出适当大小的矩形框，在 For 循环总线连线端创建循环次数 10。

（2）在“函数”选板上选择“编程”→“数值”→“加”函数，连接循环次数与常量 2，放置函数到循环内部。

（3）在“函数”选板上选择“数学”→“初等与特殊函数”→“离散数学”→“最大公约数”函数，放置函数到循环内部。

（4）将循环次数与加法运算结果作为两个输入值，连接到“最大公约数”函数输入端。

（5）打开前面板，在“控件”选板中选择“新式”→“图形”→“波形图”控件，创建“质数”控件，如图 10-23 所示。

（6）在“质数”控件右上角图例中右击选择“常用曲线”命令下的曲线填充类型，如图 10-24 所示。

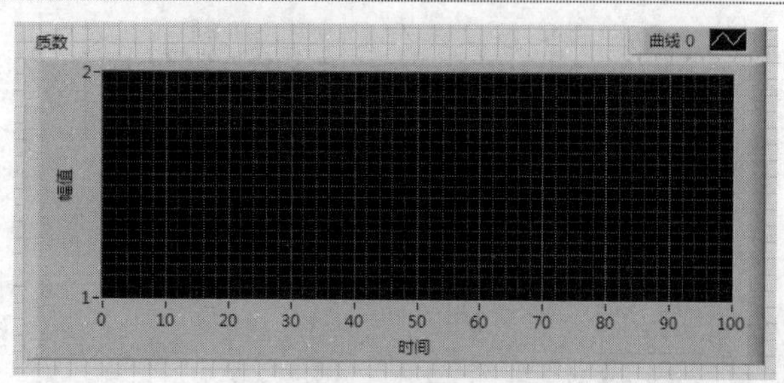

图 10-23　VI 的前面板

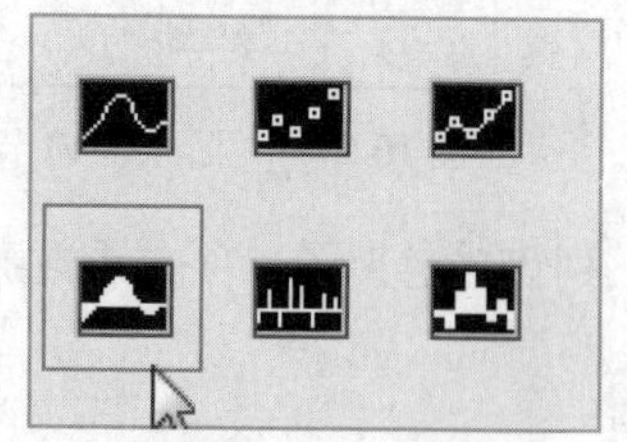

图 10-24　常用曲线类型

（7）打开程序框图，连接“最大公约数”函数输出端到“质数”图形控件上，单击工具栏中的“整理程序框图”按钮，整理程序框图，如图 10-22 所示。

（8）单击“运行”按钮，运行 VI，在前面板显示运行结果，如图 10-25 所示。

2. 最小公倍数 VI

最小公倍数 VI 用于计算输入值的最小公倍数，它是特殊函数中的一种，如图 10-26 所示。

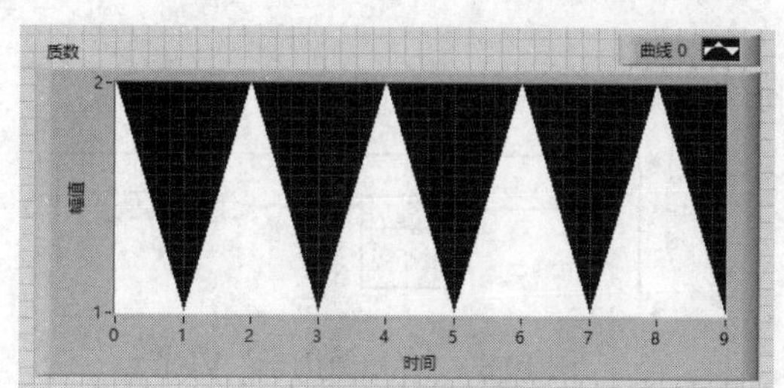

图 10-25　前面板运行结果

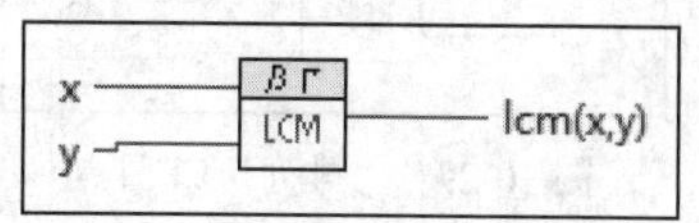

图 10-26　“最小公倍数”VI 节点

lcm(x, y) 是最小整数 m，对于整数 c 和 d，存在：

$$xc = yd = m$$

要计算最小公倍数 lcm(x, y)，可先对 x 和 y 进行质数分解：

$$x = \prod_i p^{a_i}$$

$$y = \prod_i p^{b_i}$$

p_i 是 x 和 y 的所有质数因子。若 p_i 未出现在分解中，相关指数为 0。则 lcm(x, y) 定义公式为

$$\text{lcm}(x, y) = \prod_i p^{\max(a_i, b_i)}$$

3. 阶乘 VI

阶乘 VI 用于计算 n 的阶乘，它是特殊函数中的一种，如图 10-27 所示。

阶乘函数的定义公式为

$$\text{fact}(n) = n! = \prod i$$

4. 二项式系数 VI

二项式系数 VI 用于计算非负整数 n 和 k 的二项式系数，它是特殊函数中的一种，如图 10-28 所示。

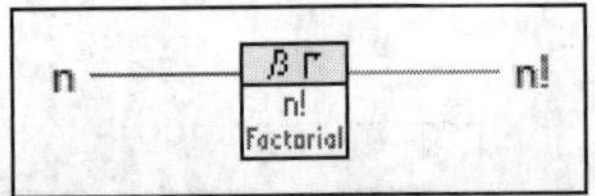

图 10-27 “阶乘”VI 节点

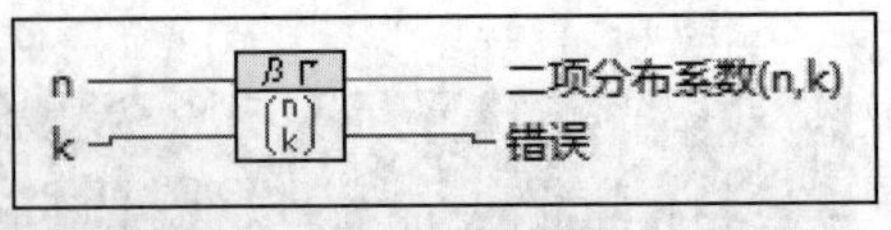

图 10-28 “二项式系数”VI 节点

下列等式定义了二项式系数：

$$\binom{n}{k}=\frac{n!}{k!(n-k)!}$$

即使 n 和 k 的数字相对较小，二项式系数的位数也可以有很多。最适合二项式系数的数据类型为两个实数。通过（不完全）Gamma 函数 VI，可直接计算 $n!$、$k!$ 和 $(n-k)!$。

5. 排列 VI

排列 VI 用于计算从有 n 个元素的集合中获取有顺序的 k 个元素的方法数量，它是特殊函数中的一种，如图 10-29 所示。

6. 质数因子 VI

质数因子 VI 用于计算整数的质数因子，它是特殊函数中的一种，如图 10-30 所示。

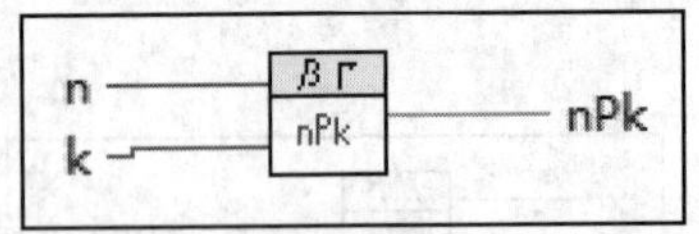

图 10-29 “排列”VI 节点

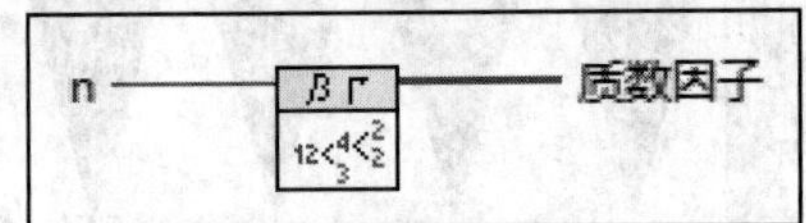

图 10-30 “质数因子”VI 节点

n 是 VI 进行因式分解的整数。如果 n 为负，则 VI 对 n 的绝对值进行因式分解。质数因子返回一个质数数组，这些质数的乘积等于 n。

7. （黎曼）Zeta 函数 VI

（黎曼）Zeta 函数 VI 用于计算 Zeta 函数，它是特殊函数中的一种，如图 10-31 所示。

x 是输入参数。z(x) 返回 Zeta 函数的值。下列公式为（黎曼）Zeta 函数 $\zeta(x)=\sum_{i=1}^{\infty} i^{-x}$。

8. 连分数 VI

连分数 VI 用于计算两个序列 ($a[0], a[1], \cdots, a[n]$) 和 ($b[0], b[1], \cdots, b[n]$) 的连分数，它是特殊函数中的一种，如图 10-32 所示。

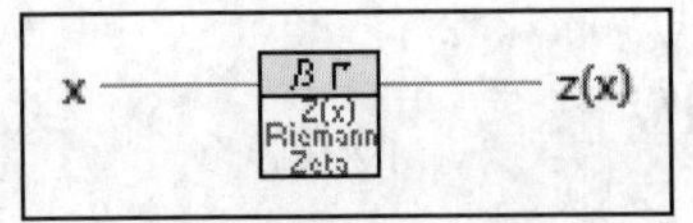

图 10-31 “（黎曼）Zeta 函数”VI 节点

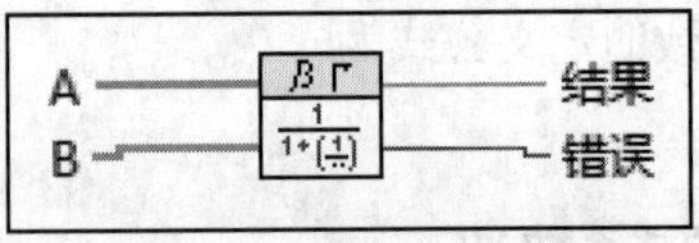

图 10-32 “连分数”VI 节点

连分数的计算数列如下：

$$\text{结果}=\cfrac{a_0}{b_0+\cfrac{a_1}{b_1+\cfrac{a_2}{b_2+\cfrac{a_3}{b_3}}}}$$

9. 检查质数 VI

检查质数 VI 用于检查数字是否为质数，如图 10-33 所示。

n：指定一个整数。

质数？：如果 n 是质数，则返回 TRUE。

连分数对于计算特殊函数非常有用。

图 10-33　检查质数 VI

动手学——离散计算选项卡

源文件：源文件\第 10 章\离散计算选项卡.vi

本实例对如图 10-34 所示的程序框图中的内容进行相应的计算。

【操作步骤】

（1）设置前面板。

在“控件”选板上选择“新式”→“布局”→“选项卡控件”，默认该控件包含两个选项卡，右击选择“在后面添加选项卡”命令，创建包含 5 个选项卡的控件，如图 10-35 所示。

（2）创建数组。

① 打开程序框图，在“函数”选板上选择“数学”→“初等与特殊函数”→“离散数学”子选板中的“阶乘”“质数因子”“排列”“二项式系数”“黎曼函数”，如图 10-36 所示。

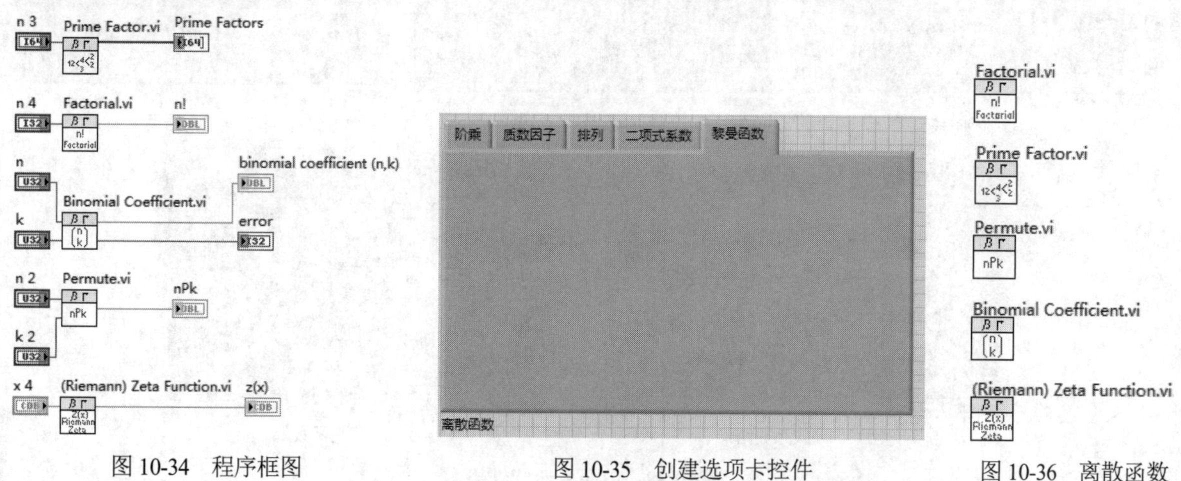

图 10-34　程序框图　　图 10-35　创建选项卡控件　　图 10-36　离散函数

② 选中这 5 个函数，右击选择“创建”→“所有输入控件和输出控件”命令，在输入和输出端创建控件。

③ 单击工具栏中的“整理程序框图”按钮，整理程序框图，如图 10-34 所示。

④ 双击控件，打开前面板，将对应的控件放置到选项卡中，在输入控件中输入初始值，如图 10-37 所示。

⑤ 选择菜单栏中的“编辑”→“当前值设置为默认值”命令，则保留所有输入控件中输入数据。

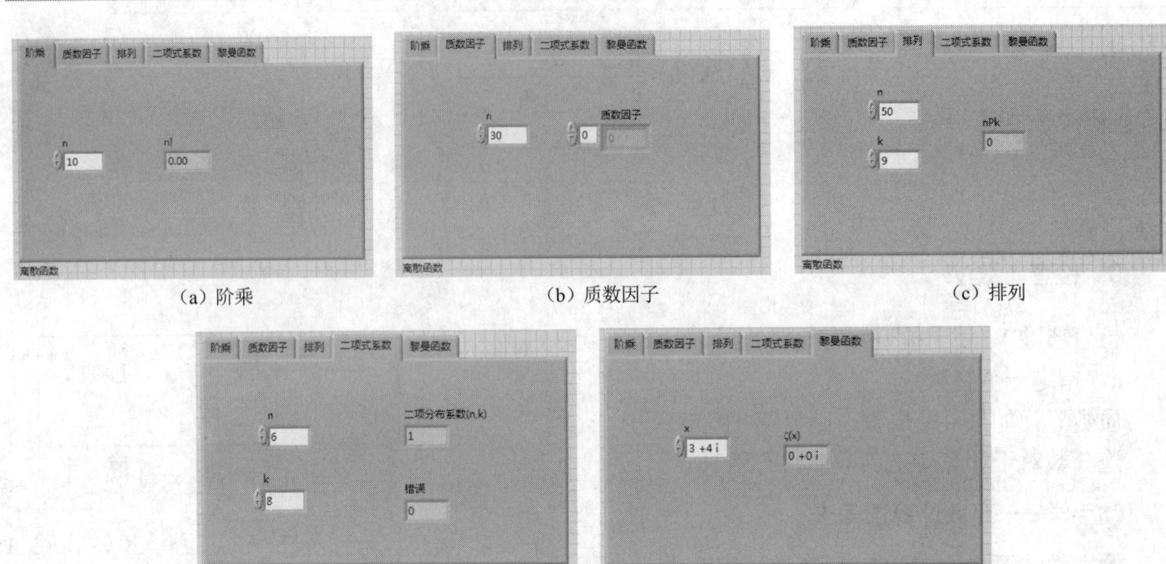

图 10-37　前面板设计

(3) 运行程序。

在前面板窗口或程序框图窗口的工具栏中单击“运行”按钮⇨，运行 VI，结果如图 10-38 所示。

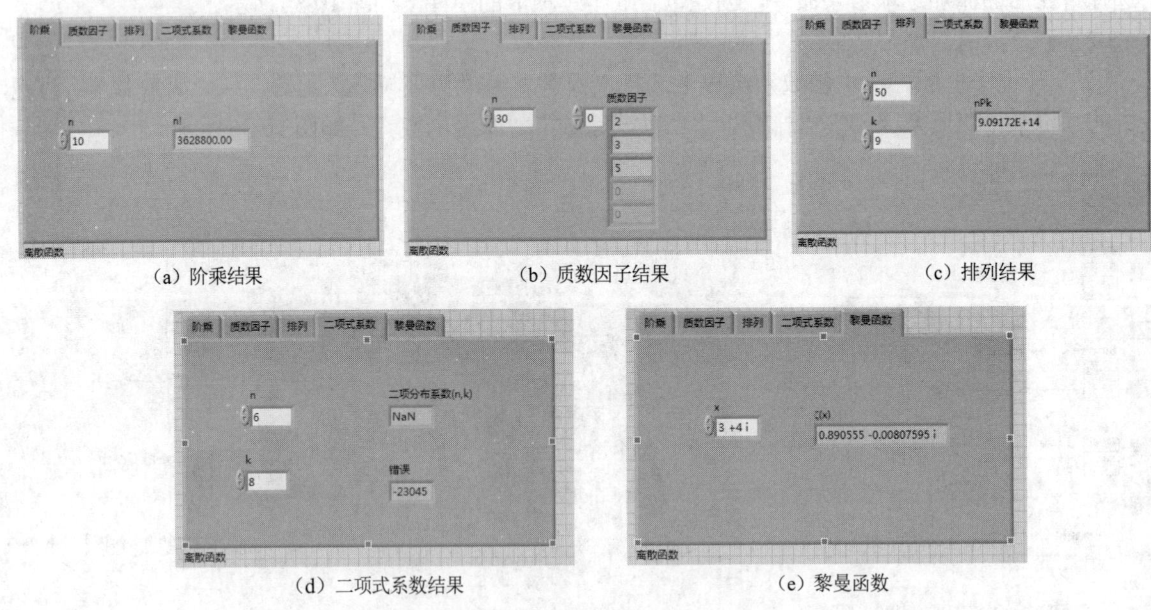

图 10-38　前面板运行结果

10.3.3　贝塞尔函数

贝塞尔函数用于绘制贝塞尔曲线（Bézier curve），又称贝兹曲线，是计算机图形学中相当重要的参数曲线。一般的矢量图形软件通过它来精确地绘制曲线，贝兹曲线由线段与节点组成，节点是可拖动的支点，线段像可伸缩的皮筋，在绘图工具上看到的钢笔工具就是来绘制这种矢量曲线的。该选板下的函数，主要用来计算各类贝塞尔曲线，如图 10-39 所示。

贝塞尔曲线是计算机图形图像造型的基本工具，是图形造型运用得最多的基本线条之一。它通过控制曲线上的 4 个点（起始点、终止点以及两个相互分离的中间点）来创造、编辑图形。其中起重要作用的是位于曲线中央的控制线。这条线是虚拟的，中间与贝塞尔曲线交叉，两端是控制端点。移动两端的端点时贝塞尔曲线将改变曲线的曲率（弯曲的程度）；移动中间点（也就是移动虚拟的控制线）时，贝塞尔曲线在起始点和终止点锁定的情况下做均匀移动。

扫一扫，看视频

动手学——贝塞尔曲线的输出

源文件：源文件\ 第 10 章\ 贝塞尔曲线的输出.vi

本实例设计如图 10-40 所示的程序，输出贝塞尔曲线。

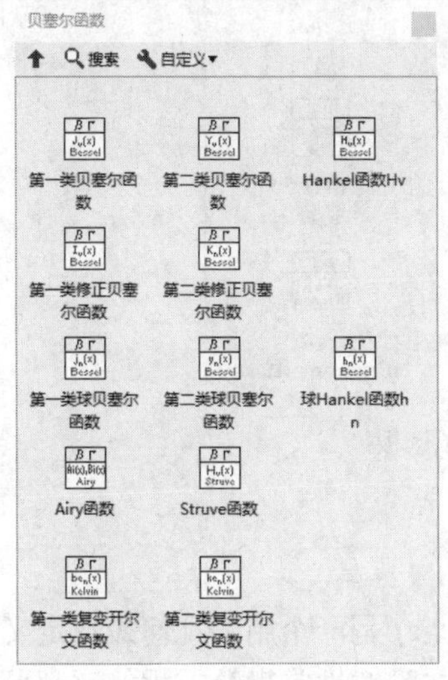

图 10-39 “贝塞尔函数”子选板

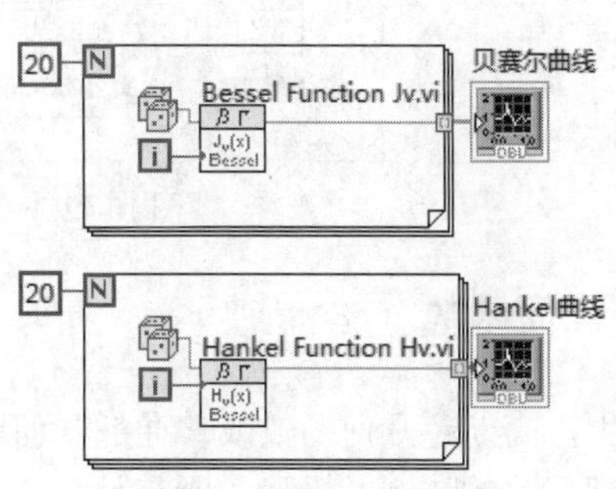

图 10-40 绘制贝塞尔曲线

【操作步骤】

（1）在“函数”选板上选择“编程”→“结构”→“For 循环”函数，拖动出适当大小的矩形框，在 For 循环总线连线端创建循环次数 20。

（2）在“函数”选板上选择“编程”→“数值”→“随机数”函数，放置函数到循环内部。

（3）在“函数”选板上选择“数学”→“初等与特殊函数”→“三角函数”→“正弦”“初等与特殊函数”→“指数函数”→“指数”“初等与特殊函数”→“椭圆与抛物函数”→“抛物柱面函数”函数，放置函数到循环内部。

（4）打开前面板，在“控件”选板上选择“新式”→“图形”→“波形图”控件，创建“贝塞尔曲线”“Hankel 曲线”控件。

（5）将数据计算结果连接到波形图中，单击工具栏中的“整理程序框图”按钮，整理程序框图，如图 10-40 所示。

（6）单击“运行”按钮，运行 VI，在前面板显示运行结果，如图 10-41 所示。

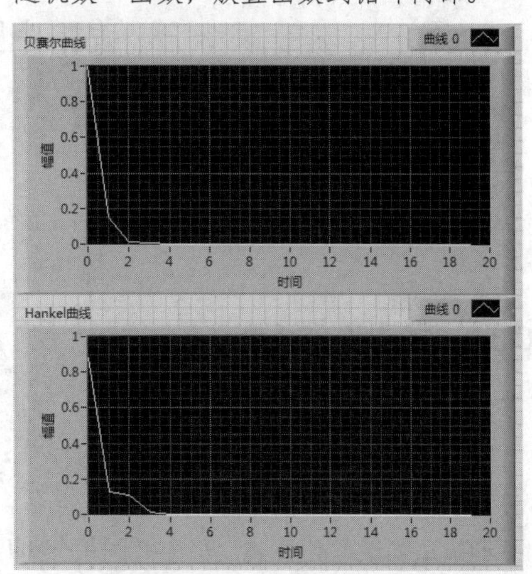

图 10-41 前面板运行结果

10.3.4 Gamma 函数

Gamma 函数用于绘制 Gamma 曲线，这是一种特殊的色调曲线，当 Gamma 值等于 1 的时候，曲线为与坐标轴成 45°的直线，这个时候表示输入和输出密度相同。高于 1 的 Gamma 值将会造成输出亮化，低于 1 的 Gamma 值将会造成输出暗化。

该类函数主要用于计算 Gamma 相关函数，如图 10-42 所示。

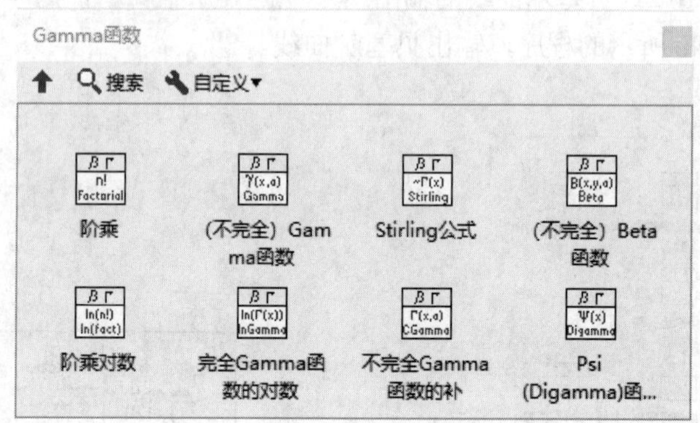

图 10-42 “Gamma 函数”子选板

10.3.5 超几何函数

在数学中，高斯超几何函数或普通超几何函数 ${}_2F_1(a, b; c; z)$ 是一个用超几何级数定义的函数，很多特殊函数都是它的特例或极限。所有具有 3 个正则奇点的二阶线性常微分方程的解都可以用超几何函数表示。

这种函数大都与物理学的微分方程问题中的其他函数结合在一起，很少作为某个特殊问题的解本身而出现，如图 10-43 所示。

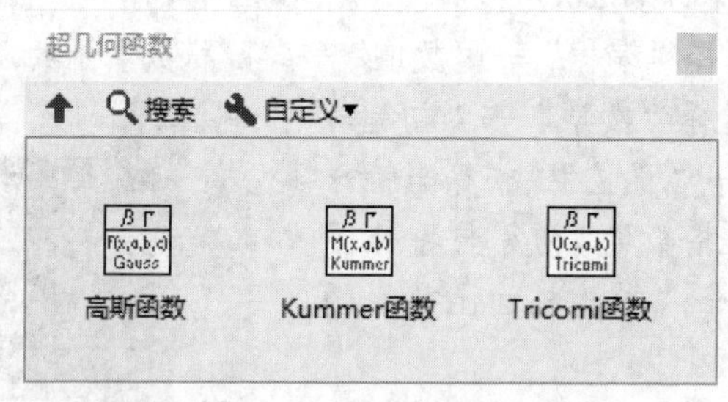

图 10-43 “超几何函数”子选板

10.3.6 椭圆积分函数

在积分学中，椭圆积分最初出现于与椭圆弧长的有关问题中。

通常，椭圆积分不能用基本函数表达。这个一般规则的例外出现在 P 有重根的时候，或者是 $R(x, y)$ 没有 y 的奇数幂时。

通过适当地简化公式，每个椭圆积分可以变为只涉及有理函数和 3 个经典形式的积分。在“椭圆积分”子选板中，包含第一、第二类的椭圆积分，如图 10-44 所示。

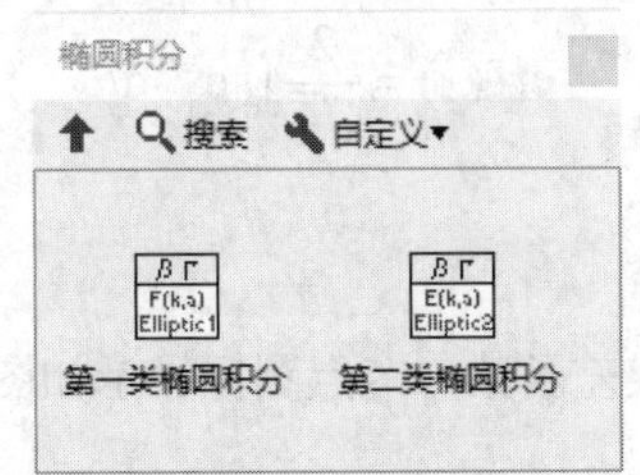

图 10-44 “椭圆积分”子选板

10.3.7 指数积分函数

在数学中，指数积分函数是函数的一种，它不能表示为初等函数。对任意实数，$\mathrm{Ei}(x)=\int_{-\infty}^{x}\frac{\mathrm{e}^t}{t}\mathrm{d}t$，这个积分必须用柯西主值来解释。该子选板主要包括各类积分函数，如图 10-45 所示。

动手练——求解三角函数积分

源文件：源文件\第 10 章\求解三角函数积分.vi

设计求解如图 10-46 所示的正弦积分与余弦积分。

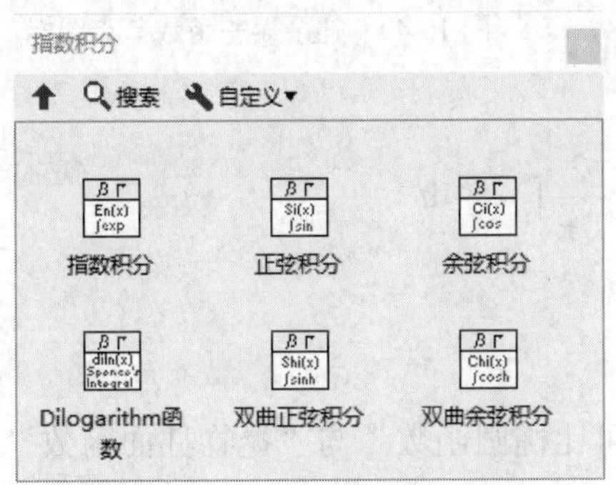

图 10-45 “指数积分”子选板

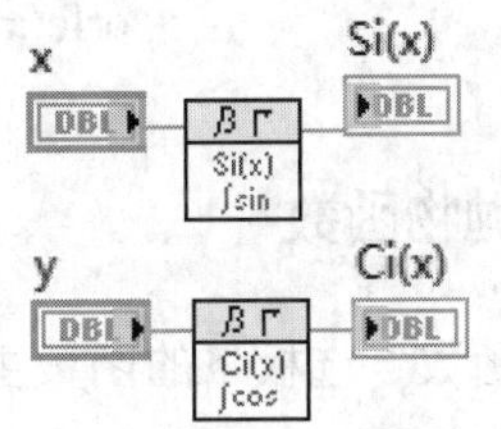

图 10-46 完整的 VI 程序框图

思路点拨

（1）放置积分函数。
（2）创建输入/输出控件。
（3）输入初始值。
（4）运行程序。

10.3.8 误差函数

在数学中，误差函数（error function）也称为高斯误差函数（Gauss error function），其不是初等函数，是非基本函数，定义为 $\mathrm{erf}(\infty)=1$ 和 $\mathrm{erf}(-x)=-\mathrm{erf}(x)$，如图 10-47 所示。

1. 误差函数

误差函数 VI 用于计算误差函数，节点图标显示如图 10-48 所示。

误差函数的定义见下式。

$$\mathrm{erf}(x)=\frac{2}{\sqrt{\pi}}\int_0^x \mathrm{e}^{-t^2}\,\mathrm{d}t$$

2. 补余误差函数 VI

补余误差函数 VI 用于计算补余误差函数，节点图标显示如图 10-49 所示。

图 10-47 “误差函数”子选板

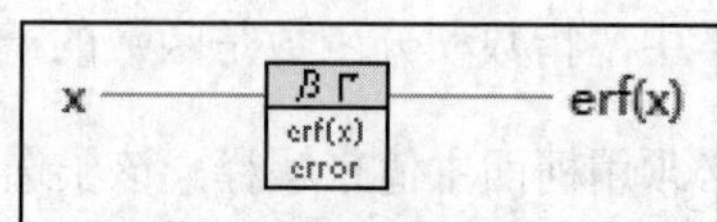

图 10-48 误差函数节点图标

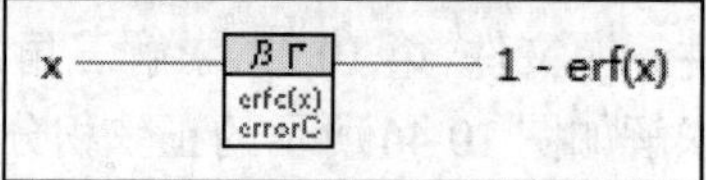

图 10-49 补余误差函数节点图标

误差函数的定义见下式。

$$\mathrm{erfc}(x)=1-\mathrm{erf}(x)=\frac{2}{\sqrt{\pi}}\int_x^\infty \mathrm{e}^{-t^2}\,\mathrm{d}t$$

10.3.9 椭圆与抛物函数

“椭圆与抛物函数”选板下的函数主要包括“雅可比椭圆函数”与“抛物柱面函数”两种，如图 10-50 所示。

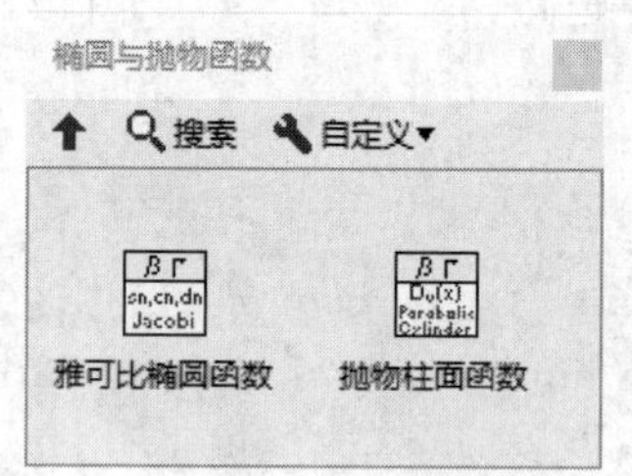

图 10-50 “椭圆与抛物函数”子选板

1. 雅可比椭圆函数

雅可比椭圆函数的节点表示如图 10-51 所示，包括 2 个输入和 4 个输出。详细数据介绍如下。

- x 是输入参数。
- k 是积分参数。
- cn 返回雅可比椭圆函数 cn 的值。
- dn 返回雅可比椭圆函数 dn 的值。

- sn 返回雅可比椭圆函数 sn 的值。
- phi 是用于定义函数的积分上限。

下列等式为 3 个雅可比椭圆函数。

$$\mathrm{cn}(x,k)=\cos\phi$$
$$\mathrm{sn}(x,k)=\sin\phi$$
$$\mathrm{dn}(x,k)=\sqrt{1-k\sin^2\phi}$$

其中

$$x=\int_0^{\phi}\frac{1}{\sqrt{1-k\sin^2\theta}}\mathrm{d}\theta$$

该函数在下列输入值域中有定义。

$$x\in R,k\in[0,1]$$

对于单位区间中的任意实数被积参数 k，函数适用于任意实数值 x。

2. 抛物柱面函数

抛物柱面函数也称韦伯函数，函数节点如图 10-52 所示。

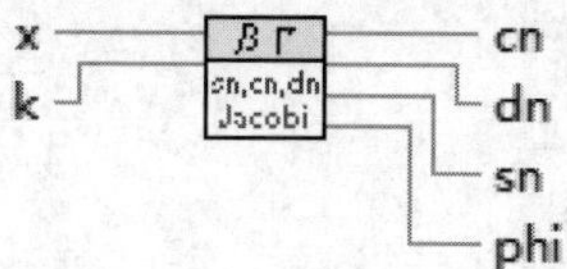

图 10-51 雅可比椭圆函数节点

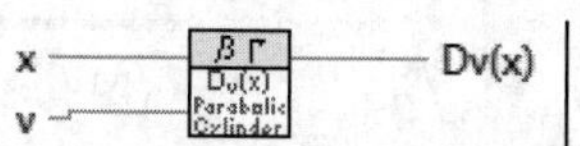

图 10-52 抛物柱面函数节点

抛物柱面函数 Dv(x) 是下列微分方程的解：

$$\frac{\mathrm{d}^2w}{\mathrm{d}x^2}-\left(\frac{x^2}{4}-v-\frac{1}{2}\right)w=0$$

动手学——抛物柱面曲线的输出

源文件：源文件\第 10 章\抛物柱面曲线的输出.vi

本实例设计如图 10-53 所示的程序，输出抛物柱面曲线。

扫一扫，看视频

【操作步骤】

（1）在“函数”选板上选择“编程”→“结构”→“For 循环”函数，拖动出适当大小的矩形框，在 For 循环总线连线端创建循环次数 10。

（2）在“函数”选板上选择“编程”→“数值”→“随机数”函数，放置函数到循环内部。

（3）在“函数”选板上选择“数学”→“初等与特殊函数”→“三角函数”→“正弦”函数，放置函数到循环内部。

（4）在“函数”选板上选择“数学”→“初等与特殊函数”→“椭圆与抛物函数”→“抛物柱面函数”，放置函数到循环内部。

（5）打开前面板，在“控件”选板上选择“新式”→“图形”→“波形图表”控件，创建控件。

（6）将数据计算结果连接到波形图表中，单击工具栏中的“整理程序框图”按钮，整理程序框图，如图 10-53 所示。

（7）单击“运行”按钮，运行 VI，在前面板显示运行结果，如图 10-54 所示。

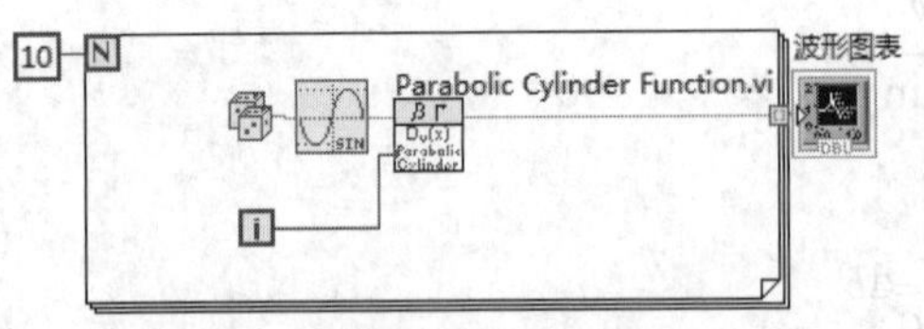

图 10-53　绘制抛物柱面曲线程序框图

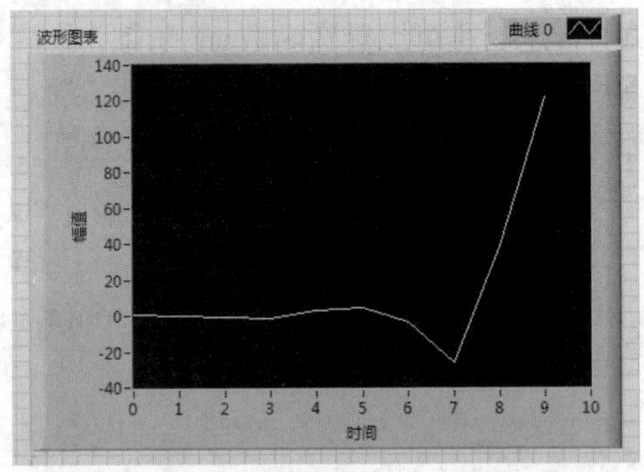

图 10-54　前面板运行结果

扫一扫，看视频

动手学——绘制贝塞尔曲线

源文件：源文件\第 10 章\绘制贝塞尔曲线.vi

本实例设计如图 10-55 所示的程序，输出贝塞尔曲线。

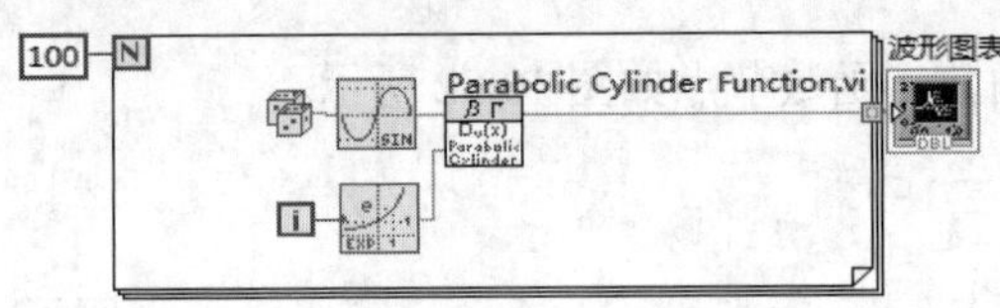

图 10-55　绘制贝塞尔曲线程序框图

【操作步骤】

（1）在“函数”选板上选择“编程”→“结构”→“For 循环”函数，拖动出适当大小的矩形框，在 For 循环总线连线端创建循环次数 100。

（2）在“函数”选板上选择“编程”→“数值”→“随机数”函数，放置函数到循环内部。

（3）在“函数”选板上选择“编程”→“数学”→“初等与特殊函数”→“椭圆与抛物函数”→“抛物柱面函数”函数，放置函数到循环内部。

（4）打开前面板，在“控件”选板上选择“新式”→“图形”→“波形图表”控件，创建“波形图表”控件。

（5）将数据计算结果连接到波形图表中，单击工具栏中的“整理程序框图”按钮，整理程序框图，如图 10-55 所示。

（6）单击“运行”按钮，运行 VI，在前面板显示运行结果，如图 10-56 所示。

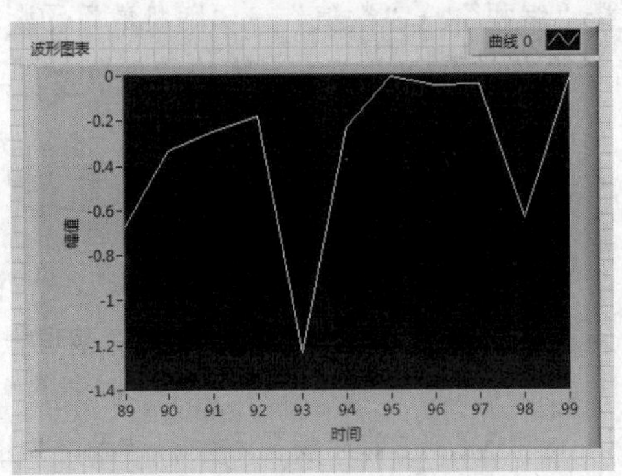

图 10-56　前面板运行结果

扫一扫，看视频

10.4 综合演练——数字遥控灯系统

源文件：源文件\ 第 10 章\ 数字遥控灯系统\ 数字遥控灯系统.vi、F(X).vi

本实例主要利用子 VI 达到简化程序的目的，经程序分步分析，可简化思维，适用于复杂程序，同时子 VI 还可用于其他程序，如图 10-57 和图 10-58 所示。

图 10-57 程序框图 1　　图 10-58 程序框图 2

【操作步骤】

（1）设置工作环境。

① 新建两个 VI。选择菜单栏中的"文件"→"新建 VI"命令，新建一个 VI，一个空白的 VI 包括前面板及程序框图。重复该命令，创建第二个 VI。

② 保存 VI。选择菜单栏中的"文件"→"另存为"命令，输出两个 VI的名称："F(X)""数字遥控灯系统"。

③ 固定"函数"选板。右击，在前面板中打开"函数"选板，单击选板左上角的"固定"按钮，将"函数"选板固定在程序框图界面。

（2）设计子 VI 程序框图。

① 打开 F(X)VI，在"函数"选板中选择"数学"→"初等与特殊函数"→"三角函数"→"正弦"函数，将其放置到程序框图中，并在函数输入端创建名为 x 的输入控件。

② 在函数上右击选择"三角函数选板"命令，显示如图 10-59 所示的子选板，在该子选板中选择"余弦"函数。

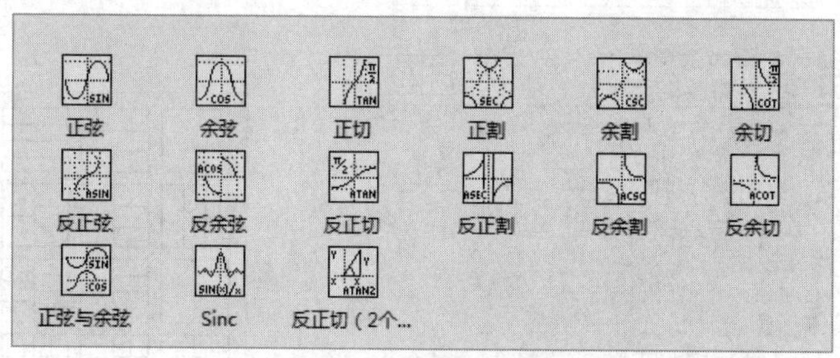

图 10-59 三角函数子选板

③ 在"函数"选板中选择"数学"→"数值"→"乘""减"函数，对正弦、余弦结果乘以不同的系数，并将结果进行减法运算，最后将结果显示在创建的 F(x) 显示控件中。

④ 单击工具栏中的"整理程序框图"按钮，整理程序框图，结果如图 10-57 所示。

（3）设计子 VI 前面板。

选择菜单栏中的"窗口"→"显示前面板"命令，或双击程序框图中的任一输入/输出控件，将前面板置为当前，如图 10-60 所示。

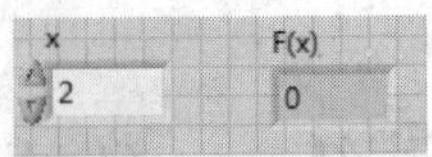

图 10-60　显示前面板

（4）设计子 VI 图标。

① 双击前面板右上角的图标，或在图标上右击，选择“编辑图标”命令，弹出“图标编辑器（F(X).vi）”对话框。

② 删除黑色矩形框内的图形，切换到“图标文本”选项卡，在“第一行文本”栏中输入 F(x)，右侧绘图区会实时显示修改结果，如图 10-61 所示。

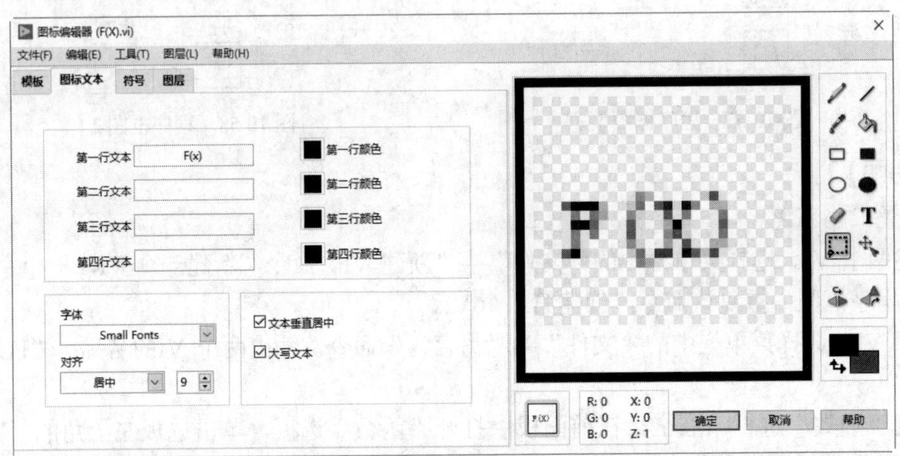

图 10-61　“图标编辑器（F(X).vi）”对话框

③ 单击“确定”按钮，完成图标修改，结果如图 10-62 所示。

（5）设计子 VI 连线端。

① 在前面板连线端右击，选择“模式”命令，弹出如图 10-63 所示的连线端口样式设置面板，选择图中所示的样式，修改结果如图 10-64 所示。

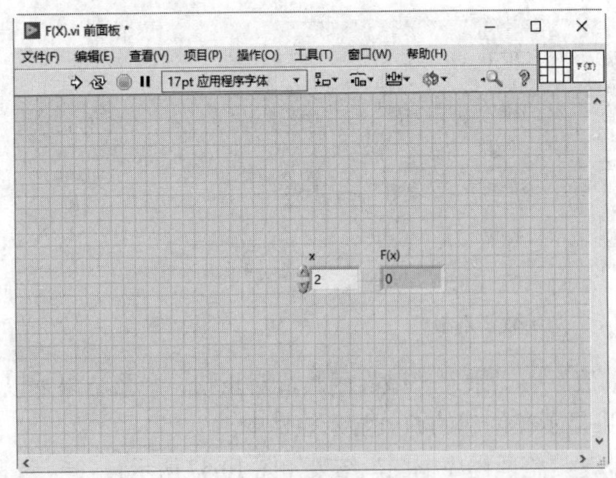

图 10-62　图标修改结果

图 10-63　连线端口设置面板

② 依次单击连线端与对应控件，完成连线端口与控件的连接，连线端口变色表示完成连接，如图 10-65 所示。

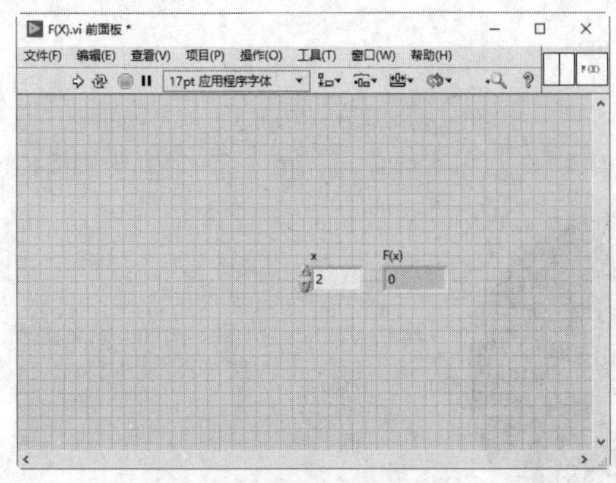

图 10-64　连线端修改结果

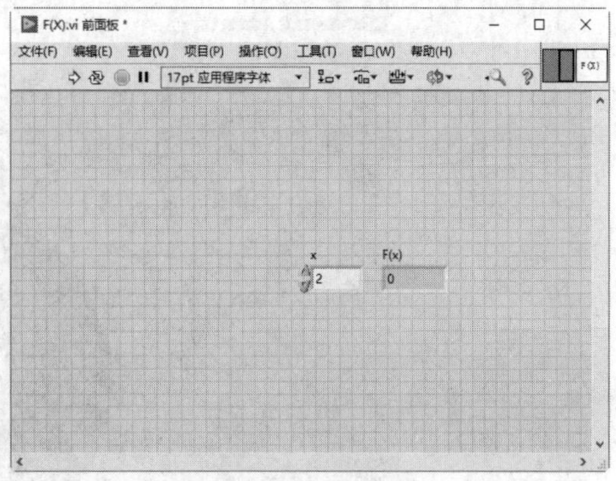

图 10-65　连接连线端口

（6）设计程序框图。

① 打开"数字遥控灯系统"VI，在"函数"选板中选择"选择 VI"节点，在弹出的对话框中选择上面创建的 F(x)子 VI，将其放置到程序框图中，并在函数输入端创建名为"遥控器"的输入控件。

② 在"函数"选板中选择"编程"→"比较"→"大于 0"函数，对函数输出结果进行对比。

③ 在"控件"选板中选择"新式"→"布尔"→"圆形指示灯"函数，将结果显示在创建的"指示灯"显示控件中。

④ 单击工具栏中的"整理程序框图"按钮，整理程序框图，结果如图 10-58 所示。

（7）设计图标。

① 双击前面板右上角的图标，或在图标上右击，选择"编辑图标"命令，弹出"图标编辑器（数字遥控灯系统.vi）"对话框。

② 删除黑色矩形框内的图形，切换到"符号"选项卡，选中符号并放置到右侧绘图区内，如图 10-66 所示。

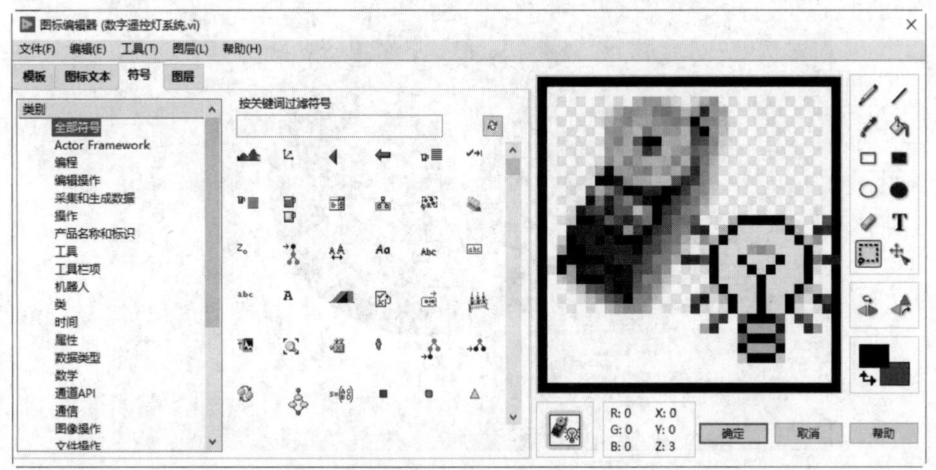

图 10-66　"图标编辑器（数字遥控灯系统.vi）"对话框

③ 单击"确定"按钮，关闭该对话框。

（8）设计前面板。

选择菜单栏中的"窗口"→"显示前面板"命令，或双击程序框图中的任一输入/输出控件，将前面板置为当前，如图 10-67 所示。

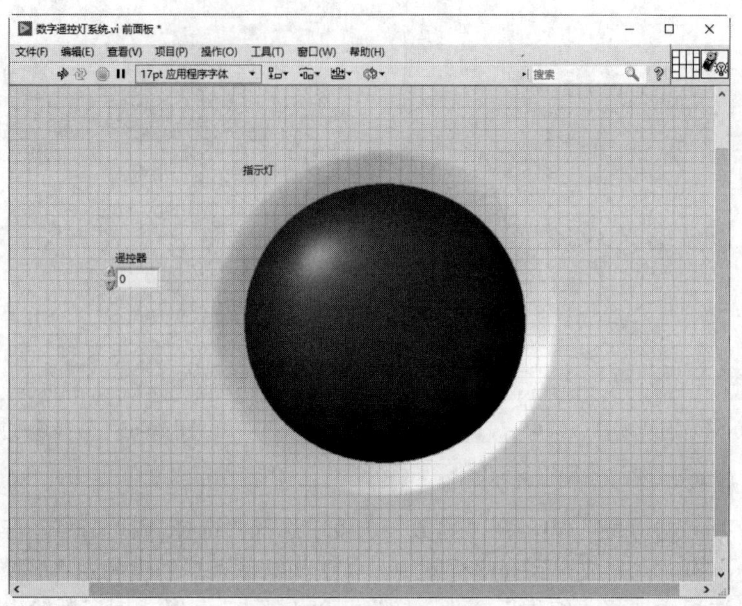

图 10-67　前面板

（9）运行程序。

在“遥控器”控件中输入参数值为 2，在前面板窗口或程序框图窗口的工具栏中单击“运行”按钮，运行 VI，结果如图 10-68 所示。

图 10-68　运行结果

第 11 章　数组、簇与矩阵

内容简介

在 LabVIEW 中，通过计算机数据与仪器的有机结合能够实现虚拟功能，而这些操作需要基本的数据来支撑，包括数组、矩阵与簇等。不同结构的数据需要不同的设置方法，本章将一一进行介绍。

内容要点

- 数组
- 簇
- 矩阵
- 数组函数
- 综合演练——矩形的绘制

案例效果

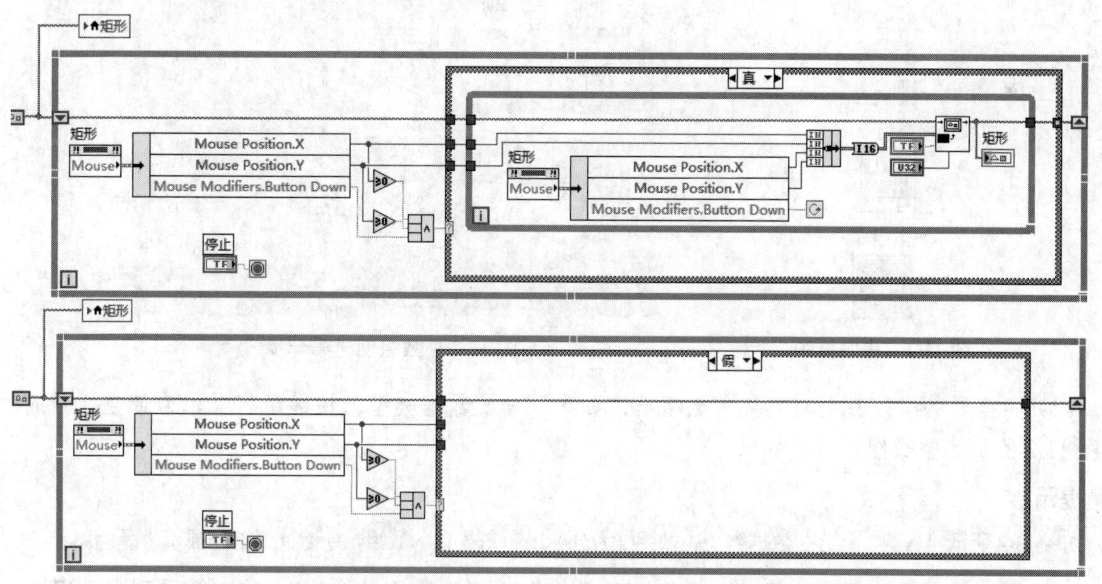

11.1　数　　组

在程序设计语言中，“数组”是一种常用的数据结构，是相同类型数据的集合，是一种存储和组织相同类型数据的良好方式。与其他程序设计语言一样，LabVIEW 中的数组是数值型、布尔型、字符串型等多种数据类型中的同类数据的集合，在前面板的数组对象往往由一个盛放数据的容器和数据本身构成，在程序框图上则体现为一个一维或多维矩阵。数组中的每个元素都有其唯一的索引值，可以通过索引值来访问数组中的数据。下面详细介绍数组数据以及处理数组数据的方法。

数组是由同一类型数据元素组成的大小可变的集合。当有一串数据需要处理时，它们可能是一个数组；当需要频繁地对一批数据进行绘图时，使用数组将会受益匪浅，数组作为组织绘图数据的一种机制是十分有用的。当执行重复计算或解决能自然描述成矩阵向量符号的问题时，数组也是很有用的，如解答线性方程。在 VI 中使用数组能够压缩框图代码，并且由于具有大量的内部数组函数和 VI，使得代码开发更加容易。

扫一扫，看视频

动手学——创建数组控件

源文件：源文件\第 11 章\创建数组控件.vi

本实例创建如图 11-1 所示的数组。

【操作步骤】

（1）从“控件”选板中选择“新式”→“数据容器”→“数组”控件，再将其中的数组拖入前面板中，如图 11-2 所示。

图 11-1　程序框图

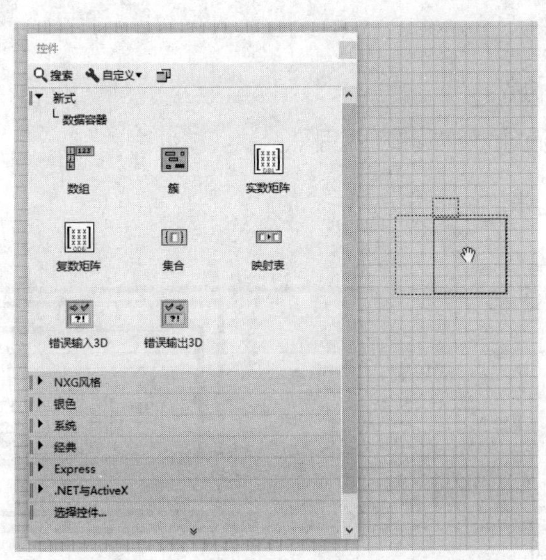

图 11-2　数组创建第一步

（2）将需要的有效数据对象拖入数组框，如果不分配数据类型，该数组将显示为带空括号的黑框，如图 11-3 所示为空数组。

提示：

如图 11-4 所示，数组 1 未分配数据类型，数组 2 为分配了布尔类型的数组，所以此时边框显示为绿色。

（3）从“控件”选板中选择“新式”→“数值”→“数值输入控件”，将其放置到空数组内部，创建数值数组。

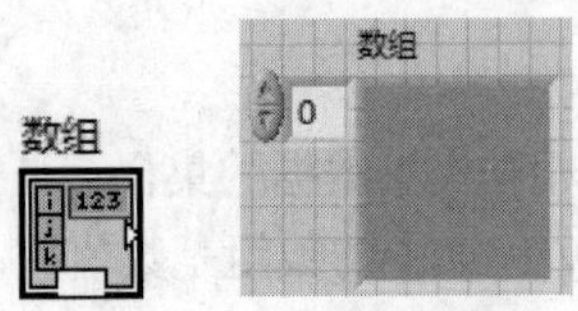

图 11-3　创建空数组

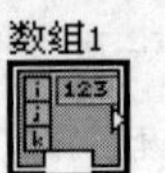

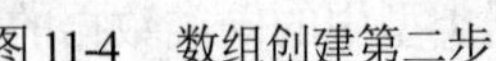
数组 2

图 11-4　数组创建第二步

（4）选择“新式”→“布尔”→“圆形指示灯”，将其放置到空数组 2 内部，创建布尔数组。

（5）选择“新式”→“字符串与路径”→“字符串控件”，将其放置到空数组 3 内部，图 11-5 所示为创建字符串数组。

（6）双击任一控件，切换到前面板，发现 3 个数组控件显示的颜色不同：根据不同的数据类型显示不同的颜色，如图 11-1 所示。

数组框图的左端或左上角为数组的索引值，显示在数组左边方框中的索引值对应数组中第一个可显示的元素，通过索引值的组合可以访问到数组中的每一个元素。

动手学——创建多维数组控件

扫一扫，看视频

源文件：源文件\ 第 11 章\ 创建多维数组控件.vi

本实例创建如图 11-6 所示的数组。

【操作步骤】

（1）从“控件”选板中选择“新式”→“数据容器”→“数组”控件，再将其中的数组拖入前面板中。

（2）从“控件”选板中选择“新式”→“数值”→“数值输入控件”，将其放置到空数组内部，创建数值数组，如图 11-7 所示。

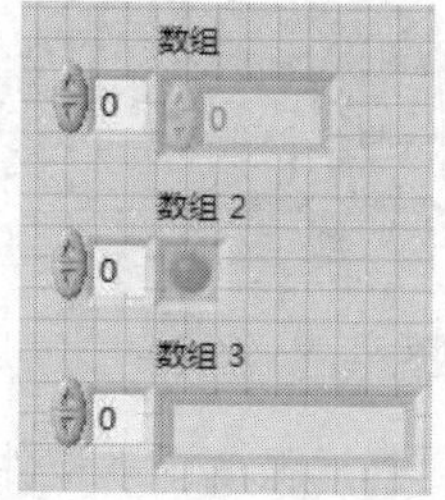

图 11-5　前面板控件

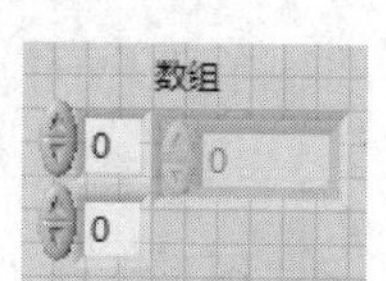

图 11-6　程序框图

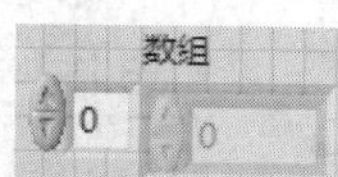

图 11-7　创建数组

（3）将光标放置到数组右下角，光标显示为可编辑状态，如图 11-8 所示，任意向右或向下拖动鼠标，即可增加数组中的元素个数。

（4）如图 11-8 所示，横向拖动鼠标，数组变为一维多个元素；如图 11-9 所示，纵向拖动鼠标，数组变为一维多个元素数组。

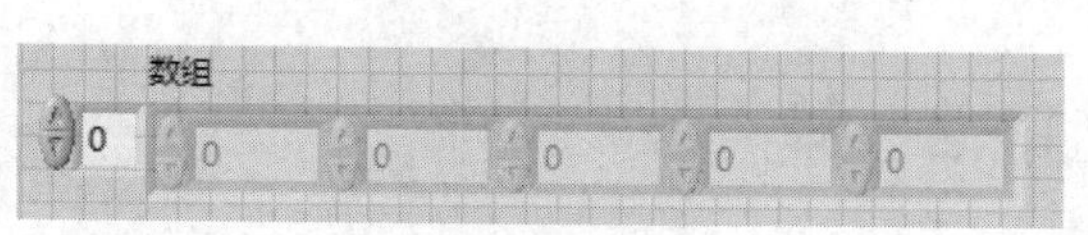

图 11-8　横向拖动

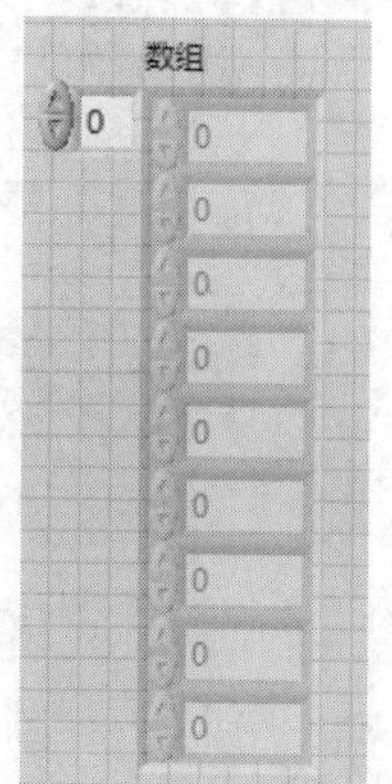

图 11-9　纵向拖动

（5）在索引框上右击，选择“添加维度”命令，数组变为二维数组，如图 11-6 所示。

LabVIEW 中的数组与其他编程语言相比比较灵活，任何一种数据类型的数据（数组本身除外）都可以组成数组。其他的编程语言如 C 语言，在使用一个数组时，必须先定义数组的长度，但 LabVIEW 不必如此，它会自动确定数组的长度。在内存允许的情况下，数组中每一维的元素最多可达 $2^{31}-1$ 个。数组中元素的数据类型必须完全相同，如都是无符号 16 位整数或全为布尔型等。当数组中有 n 个元素时，元素的索引号从 0 开始，到 $n-1$ 结束。

扫一扫，看视频

动手学——调整屏幕亮度

源文件：源文件\第 11 章\调整屏幕亮度.vi

本实例创建如图 11-10 所示的调整屏幕亮度的程序。

【操作步骤】

（1）打开前面板，从“控件”选板中选择“新式”→“数据容器”→“数组”控件，再将其中的数组拖入前面板中。

（2）从“控件”选板中选择“新式”→“数值”→“数值输入控件”，将其放置到空数组内部，创建数值数组。

（3）横向拖动鼠标，数组变为一维多个元素；在索引框上右击，选择“添加维度”命令，数组变为二维数组，输入初始值，如图 11-11 所示。

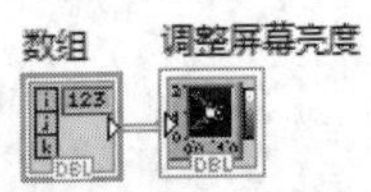

图 11-10 调整屏幕亮度

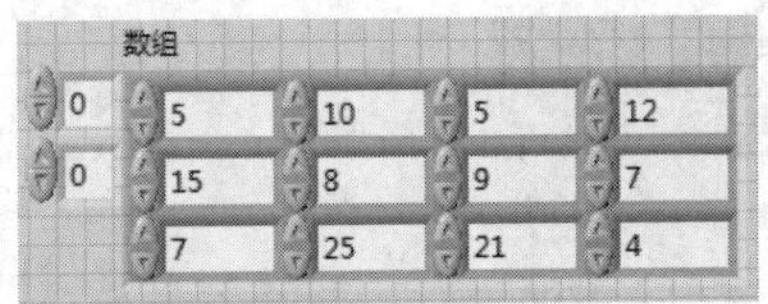

图 11-11 创建数组

（4）从“控件”选板中选择“新式”→“图形”→“强度图表”控件，创建强度图表控件，连接数组数据到强度图表中。

（5）单击工具栏中的“整理程序框图”按钮，整理程序框图，如图 11-10 所示。

（6）单击“运行”按钮，运行 VI，在前面板显示运行结果，如图 11-12 所示。

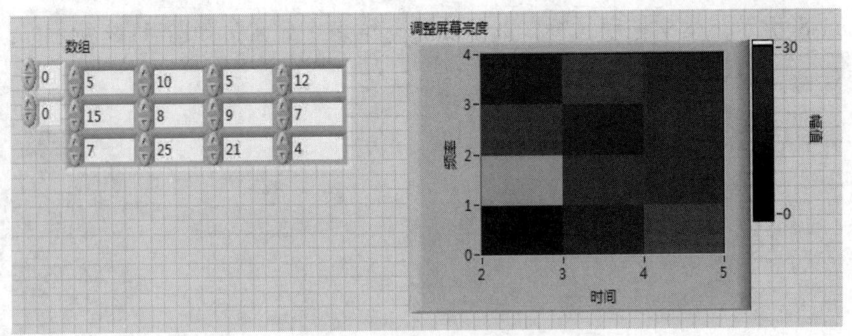

图 11-12 前面板运行结果

11.2 簇

“簇”是 LabVIEW 中一种特殊的数据类型，是由不同数据类型的数据构成的集合。在使用 LabVIEW 编写程序的过程中，不仅需要用相同数据类型的集合——数组来进行数据的组织，有些时候也需要将不同数据类型的数据组合起来以更加有效地使用其功能。在 LabVIEW 中，“簇”这种数据类型得到了广泛的应用。

11.2.1 簇的组成

簇是 LabVIEW 中一个比较特别的数据类型，它可以将几种不同的数据类型集中到一个单元中形成一个整体，类似于 C 语言中的结构体。

簇通常用于将出现在框图上的有关数据元素分组管理。因为簇在框图中仅用唯一的连线表示，所以可以减少连线混乱和子 VI 需要的连接器端子个数。使用簇能得到良好的效果，可以将簇看作一捆连线，其中每个连线表示簇不同的元素。在框图上，只有当簇具有相同元素类型、相同元素数量和相同元素顺序时，才可以将簇的端子连接。

簇和数组的异同：簇可以包含不同类型的数据，而数组仅可以包含相同的数据类型，簇和数组中的元素都是有序排列的，但访问簇中元素最好是通过释放方法同时访问其中的部分或全部元素，而不是通过索引一次访问一个元素；簇和数组的另一差别是簇具有固定的大小。簇和数组的相似之处是二者都是由输入控件或输出控件组成的，不能同时包含输入控件和输出控件。

11.2.2 创建簇

簇的创建类似于数组的创建。首先在“控件”选板中的“新式”→“数据容器”子选板中创建簇的框架，如图 11-13 所示。

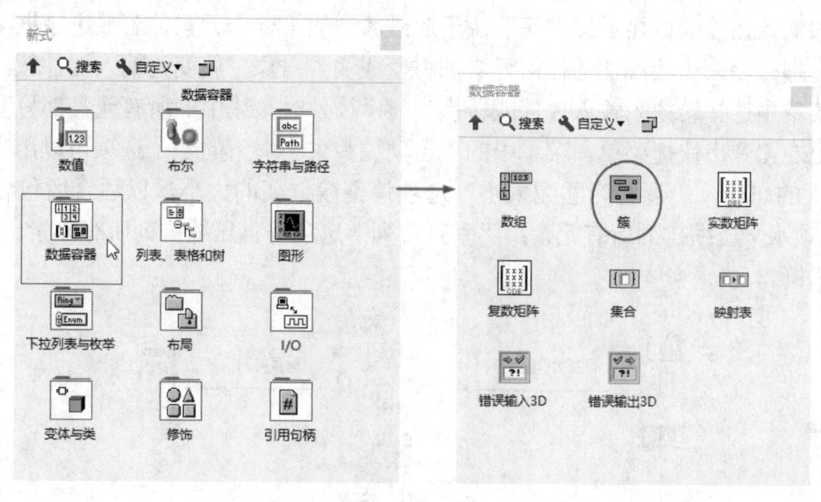

图 11-13 簇

动手学——创建簇控件

扫一扫，看视频

源文件：源文件\第 11 章\创建簇控件.vi

本实例创建如图 11-14 所示的簇控件。

【操作步骤】

(1) 从“控件”选板中选择“新式”→“数据容器”→“簇”控件，再将其中的簇拖入前面板中，如图 11-15 所示。

(2) 从“控件”选板中选择“新式”→“数值”→“数值输入控件”，将其放置到空簇内部。

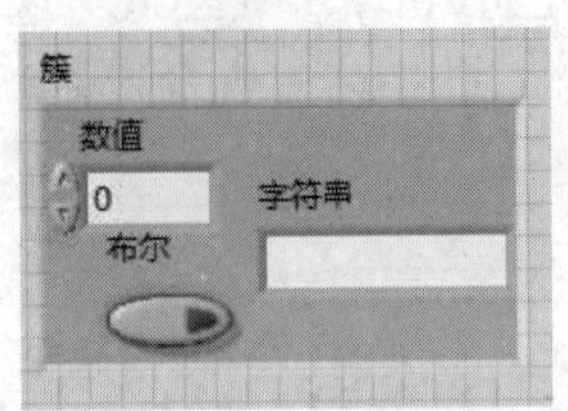

（a）调整为匹配大小

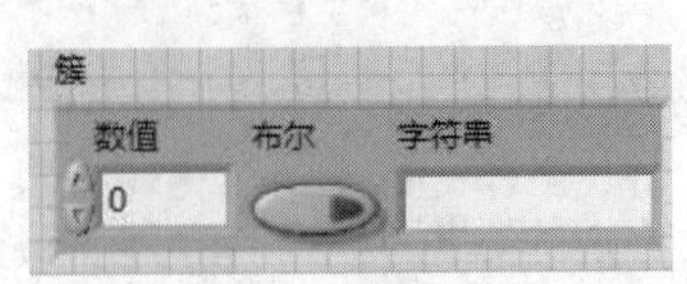

（b）水平排列

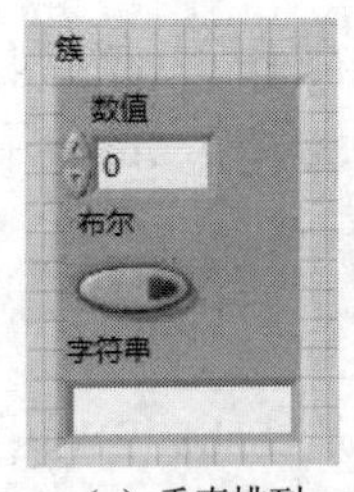

（c）垂直排列

图 11-14　控件大小调整结果

（3）从“控件”选板中选择“新式”→“布尔”→“开关按钮”，将其放置到空簇内部。

（4）从“控件”选板中选择“新式”→“字符串与路径”→“字符串控件”，将其放置到空簇内部，图 11-16 所示为创建簇控件。

（5）在“簇”控件上右击，选择“自动调整大小”命令，弹出如图 11-17 所示的调整方式，在图 11-14 中显示了不同的调整结果。

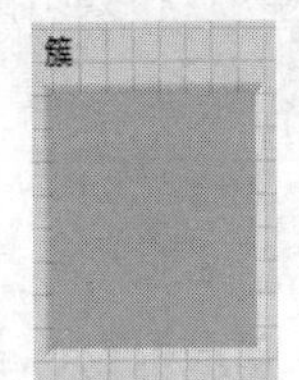

图 11-15　创建空白簇

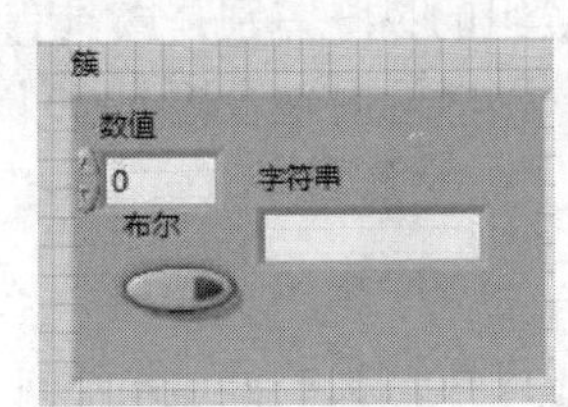

图 11-16　前面板控件

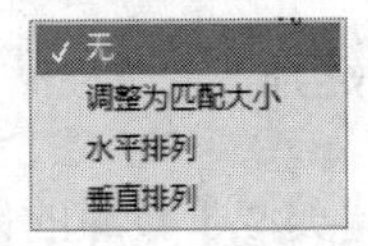

图 11-17　自动调整大小

一个簇变为输入控件簇或显示控件簇取决于放进簇中的第一个元素，若放进簇框架中的第一个元素是布尔控件，那么后来给簇添加的任何元素都将变成输入对象，簇变为输入控件簇，并且当从任何簇元素的快捷菜单中选择转换为输入控件或转换为显示控件时，簇中的所有元素都将发生变化。

在簇框架上右击弹出快捷菜单，菜单中的“自动调整大小”下的 3 个选项可以用来调整簇框架的大小以及簇元素的布局，“调整为匹配大小”选项调整簇框架的大小，以适合所包含的所有元素；“水平排列”选项水平压缩排列所有元素；“垂直排列”选项垂直压缩排列所有元素。图 11-18 给出了这 3 种调整的示例。

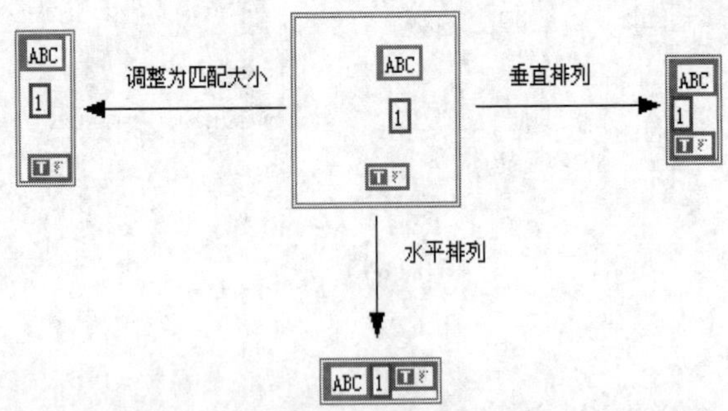

图 11-18　簇元素的调整

簇的元素有一定的排列顺序，簇元素按照它们放入簇中的先后顺序排序，而不是按照簇框架内的物理顺序排序，簇框架中的第一个对象标记为 0，第二个对象为 1，依次排列。在簇中删除元素时，剩余元素的顺序将自行调整，在簇的解除捆绑和捆绑函数中，簇顺序决定了元素的显示顺序。如果要访问簇中的单个元素，必须记住簇顺序，因为簇中的单个元素是按顺序进行访问的。

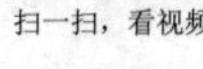

动手学——调整簇控件顺序

源文件：源文件\第 11 章\调整簇控件顺序.vi

本实例排列如图 11-19 所示的簇控件。

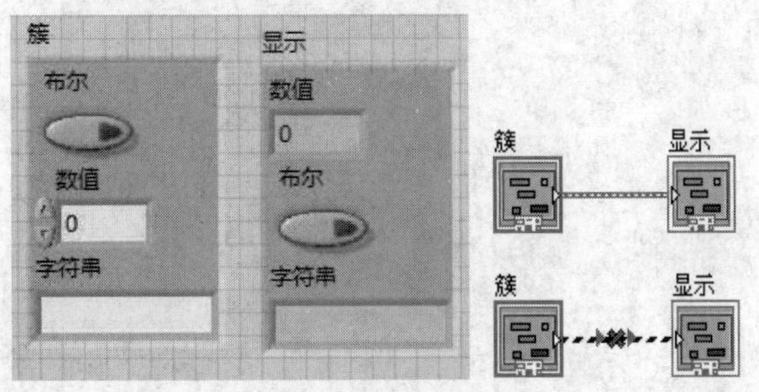

图 11-19　排列簇元素

【操作步骤】

（1）打开“源文件 \ 第 11 章 \ 创建簇控件 .vi”。

（2）原始顺序是先是数值常量 1，再是布尔常量 2，最后是字符串常量 3。在使用了垂直排列后，分别按顺序号从上到下排列了这 3 个簇元素，如图 11-20 所示。

（3）打开程序框图。在簇控件上右击选择“创建显示控件”命令，创建名为“显示”的输出控件，如图 11-21 所示，程序自动连接。

（4）在簇控件上右击选择“重新排序簇中控件”命令，进入编辑环境，可以检查和改变簇内元素的顺序，此时图中的工具变成了一组新按钮，簇的背景也有变化，连光标也改变成了簇排序光标，如图 11-22 所示。

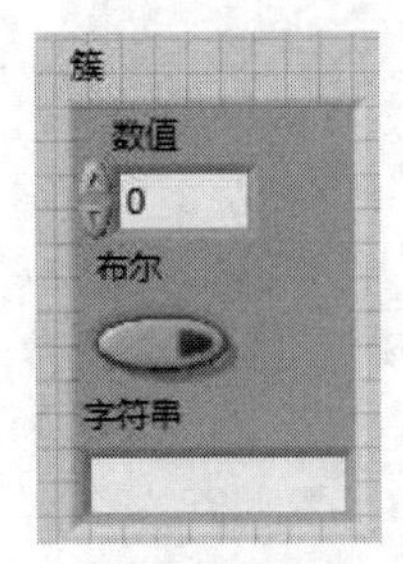

图 11-20　原始顺序

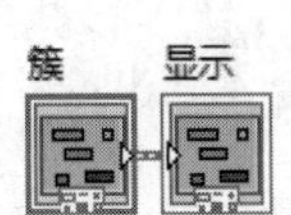

图 11-21　创建输出

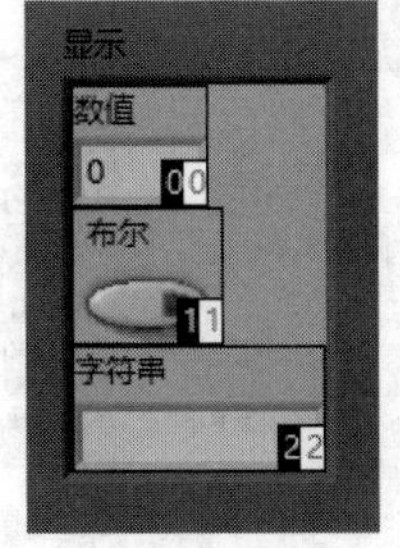

图 11-22　编辑簇中控件顺序

簇中每一个元素右下角出现了并排的框：白框和黑框，白框指出该元素在簇顺序中的当前位置，黑框指出在用户改变顺序后的新位置。在此顺序改变前，白框和黑框中的数字是一样的，用簇排序光标单击某个元素，该元素在簇顺序中的位置就会变成顶部工具条中数字显示的位置，单击☒按钮后可恢复到之前的排列顺序，调整数值控件与布尔控件的顺序，如图 11-23 所示。

提示：

使用簇时应当遵循的原则是，在一个高度交互的面板中不要把一个簇既作为输入又作为输出。

（5）单击工具栏中的✓按钮，完成编辑，最终结果如图 11-19 所示。此时程序框图中因为改变了簇中控件的顺序，导致簇数据类型发生变化，与输出控件不符，因此连续无效。

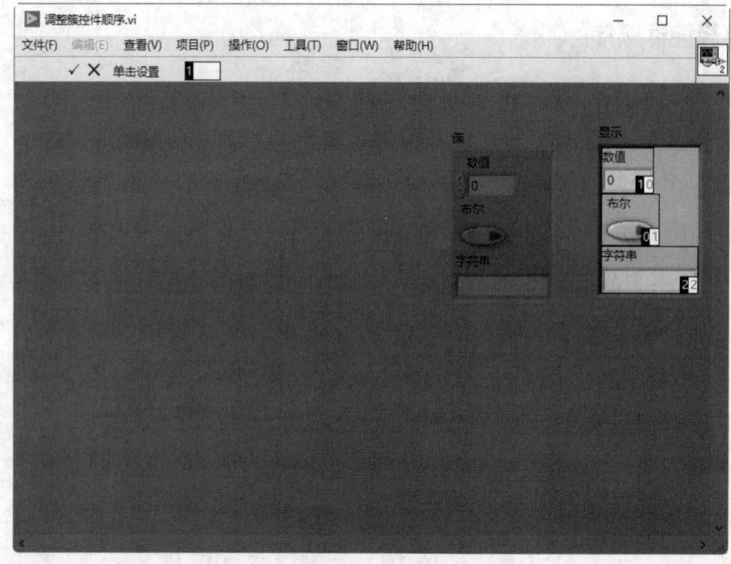

图 11-23　修改顺序

11.2.3　簇函数

对簇数据进行处理的函数位于“函数”选板“编程”→“簇、类与变体”子选板中，如图 11-24 所示。

1．解除捆绑和按名称解除捆绑

“解除捆绑”函数节点如图 11-25 所示。

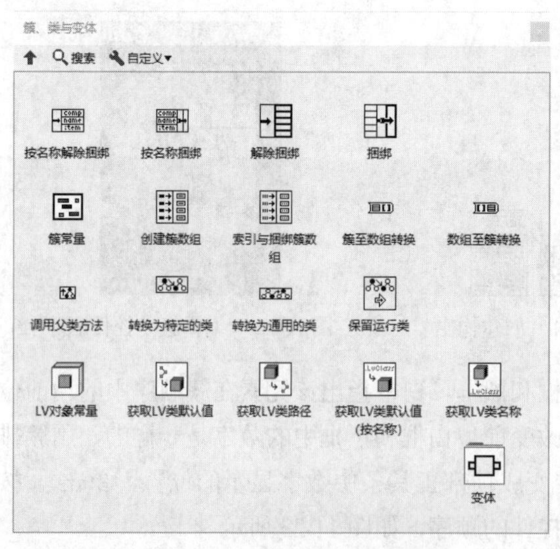

图 11-24　用于处理簇数据的函数

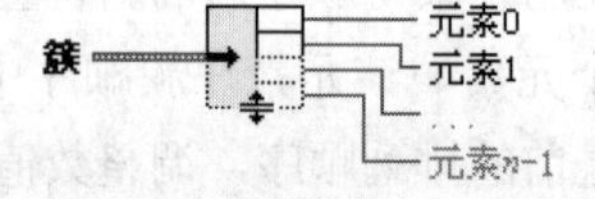

图 11-25　“解除捆绑”函数节点

“解除捆绑”函数用于从簇中提取单个元素，并将解除后的数据成员作为函数的结果输出。当解除捆绑未接入输入参数时，右端只有两个输出端口，当接入一个簇时，“解除捆绑”函数会自动检测到输入簇的元素个数，生成相应个数的输出端口。如图 11-26 和图 11-27 所示，将一个含有数值、布尔、旋钮和字符串的簇解除捆绑。

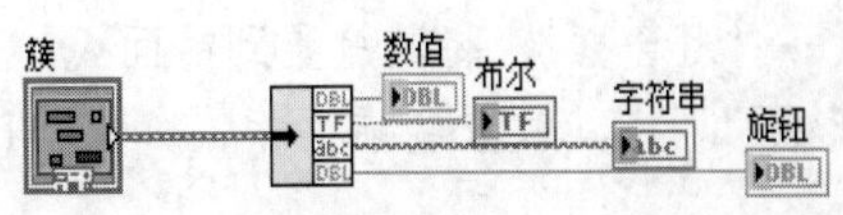

图 11-26　“解除捆绑函数”使用的程序框图

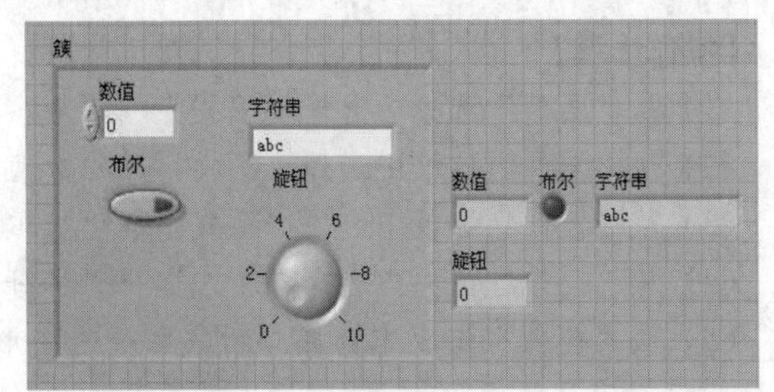

图 11-27　“解除捆绑”函数的前面板

“按名称解除捆绑”函数节点如图 11-28 所示。“按名称解除捆绑”是把簇中的元素按标签解除捆绑，只有对于有标签的元素，“按名称解除捆绑”函数的输出端才能弹出带有标签的簇元素的标签列表。对于没有标签的元素，输出端不弹出其标签列表，输出端口的个数不限，可以根据需要添加任意数目的端口。如图 11-29 所示，由于簇中的布尔型数据没有标签，所以输出端没有它的标签列表，输出的是其他的有标签的簇元素。

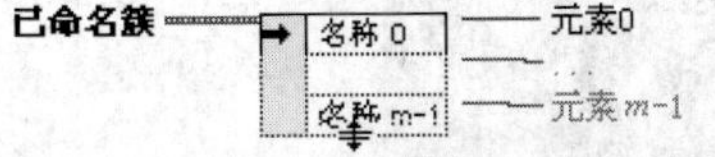

图 11-28　“按名称解除捆绑”函数节点

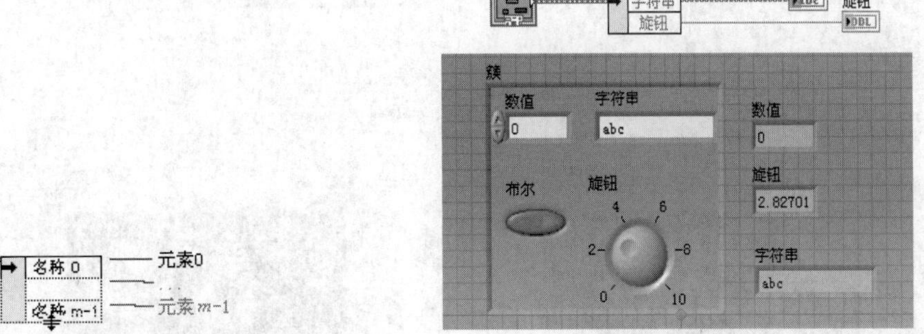

图 11-29　“按名称解除捆绑”函数的前面板

2. 捆绑和按名称捆绑

“捆绑”函数的节点如图 11-30 所示。“捆绑”函数用于将若干基本数据类型的数据元素合成为一个簇数据，也可以替换现有簇中的值，簇中元素的顺序和捆绑函数的输入顺序相同。顺序定义是从上到下，即连接顶部的元素变为元素 0，连接到第二个端子的元素变为元素 1。

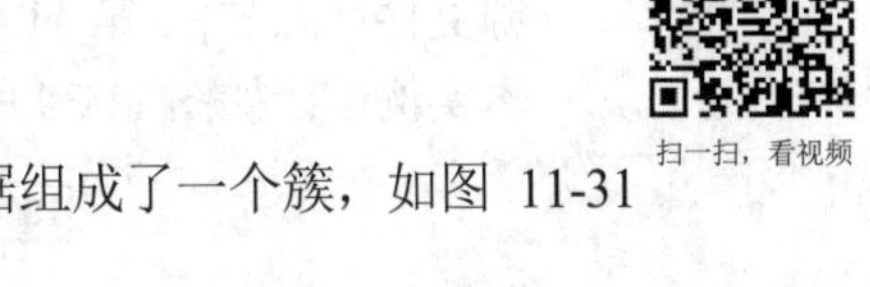

扫一扫，看视频

动手学——捆绑创建簇控件

源文件：源文件\ 第 11 章\ 捆绑创建簇控件.vi

本实例使用“捆绑”函数将数值型数据、布尔型数据、字符串型数据组成了一个簇，如图 11-31 所示。

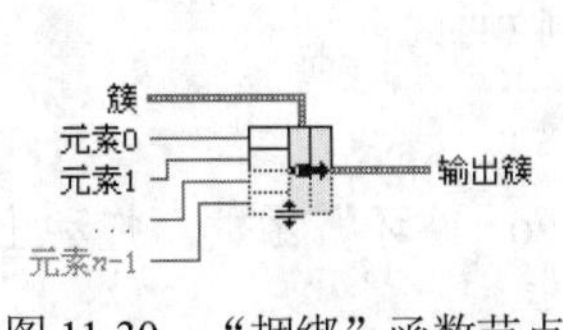

图 11-30　“捆绑”函数节点

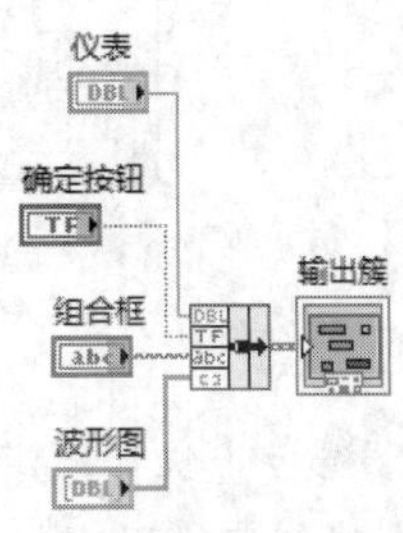

图 11-31　“捆绑”函数的使用

【操作步骤】

（1）从“函数”选板中选择“编程”→“簇、类与变体”→“捆绑”函数，放置到程序框图中。

（2）从“控件”选板中选择“新式”→“数值”→“仪表”，将其放置到前面板。

（3）从“控件”选板中选择“新式”→“布尔”→“确定按钮”，将其放置到前面板。

（4）从“控件”选板中选择“新式”→“字符串与路径”→“组合框”，将其放置到前面板。

（5）从“控件”选板中选择“新式”→“图形”→“波形图”，将其放置到前面板，如图 11-32 所示。

（6）切换到程序框图，将 4 个控件均转换为输入控件，取消控件图标显示，并在工具栏中选择“左对齐”按钮，对齐控件。

（7）连接控件，并在“捆绑”函数上右击，选择“创建”→“显示控件”命令，创建“输出簇”，如图 11-33 所示。

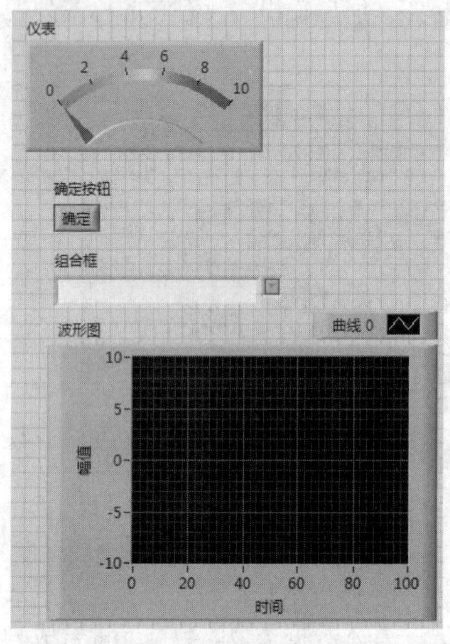

图 11-32　前面板控件

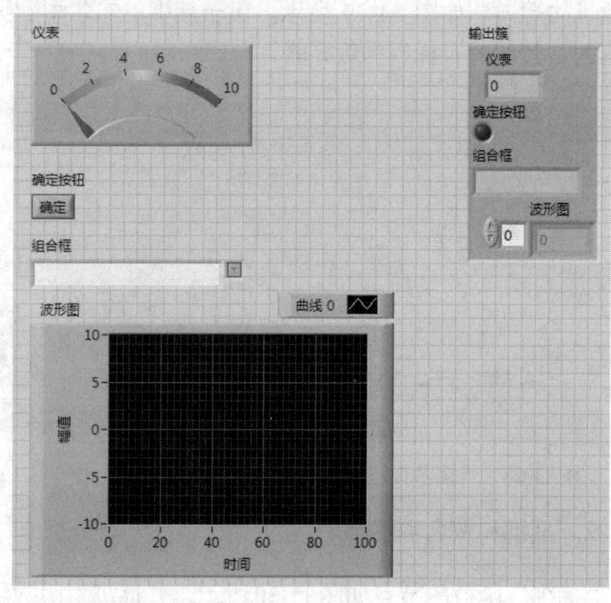

图 11-33　创建簇控件

扫一扫，看视频

动手学——单曲线绘制

源文件：源文件\第 11 章\单曲线绘制.vi

本实例设计如图 11-34 所示的绘制单条曲线程序。

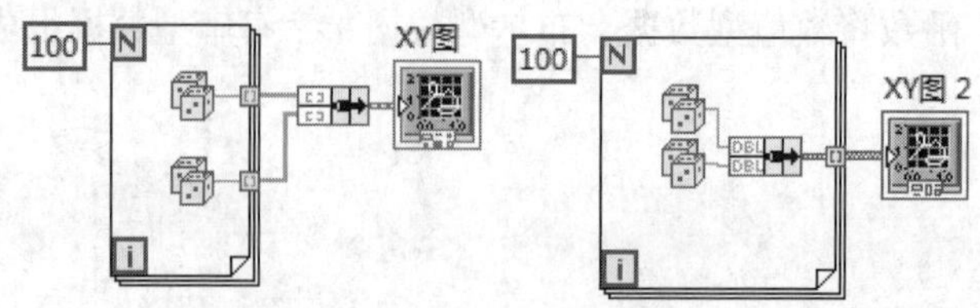

图 11-34　使用 XY 图绘制单曲线

【操作步骤】

（1）在“函数”选板上选择“编程”→“结构”→“For 循环”函数，拖动出适当大小的矩形框，在 For 循环总线连线端创建循环次数 100。

（2）在“函数”选板上选择“编程”→“数值”→“随机数”函数，放置两个随机数函数到循环内部。

（3）在“函数”选板上选择“编程”→“簇、类与变体”→“捆绑”函数，连接两个随机数数据到函数输入端。

（4）打开前面板，在“控件”选板上选择“新式”→“图形”→“XY 图”控件，创建 XY 图控件。

（5）将捆绑的二维随机数连接到波形图中，连续显示。

（6）单击工具栏中的“整理程序框图”按钮，整理程序框图，绘制单曲线时，有两种方法，如图 11-34 所示。

（7）单击“运行”按钮，运行 VI，在前面板显示运行结果，如图 11-35 所示。

知识拓展：

（1）在图 11-35 所示的左图中，是将两组数据数组打包后发送给 XY 图，此时，两个数据数组里具有相同序号的两个数组组成一个点，而且必定是包里的第一个数组对应 X 轴，第二个数组对应 Y 轴。使用这种方法来组织数据要确保数据长度相同，如果两个数据的长度不一样，XY 图将以长度较短的那组为参考，而长度较长的那组多出来的数据将被抛弃。

（2）在图 11-35 所示的右图中，先把每一对坐标点(X，Y) 打包，然后用这些坐标点形成的包组成一个数组，再发送到 XY 图中显示，这种方法可以确保两组数据的长度一致。

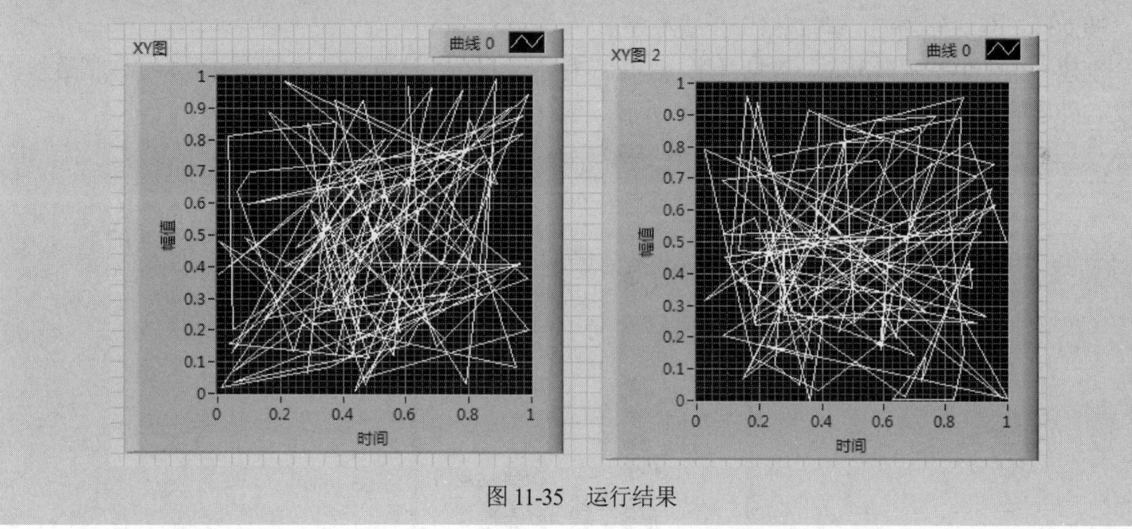

图 11-35 运行结果

3. 创建簇数组

“创建簇数组”函数的节点如图 11-36 所示。“创建簇数组”函数的用法与“创建数组”函数的用法类似，与创建数组不同的是，其输入端口的分量元素可以是簇。函数会首先将输入到输入端口的每个分量元素转化成簇，然后再将这些簇组成一个簇的数组，输入参数可以都为数组，但要求维数相同。需要注意的是，所有从分量元素端口输入的数据的类型必须相同，分量元素端口的数据类型与第一个连接进去的数据类型相同。如图 11-37 所示，第一个输入的是字符串类型，则剩下的分量元素输入端口将自动变为紫色，即表示是字符串类型，所以当再输入数值型数据或布尔型数据时将发生错误。

图 11-38 和图 11-39 显示了两个簇（簇 1 和簇 2）合并成一个簇数组的前面板和程序框图。

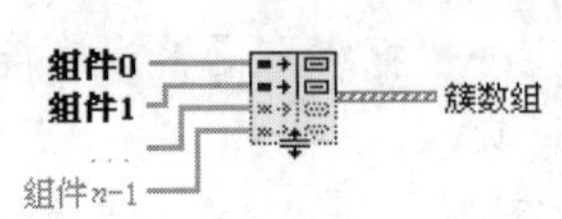

图 11-36 “创建簇数组”函数节点

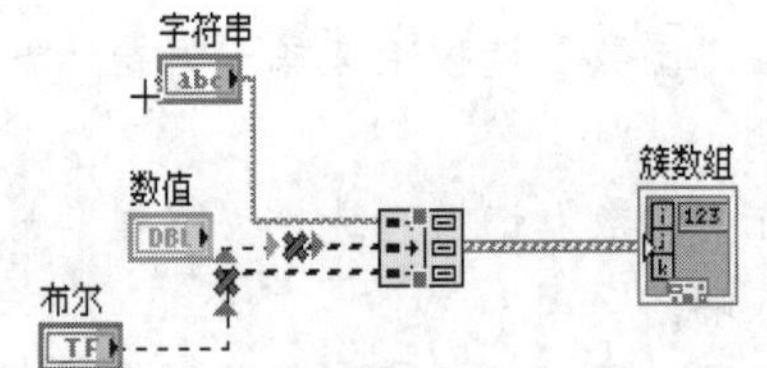

图 11-37 “创建簇数组”函数的错误使用

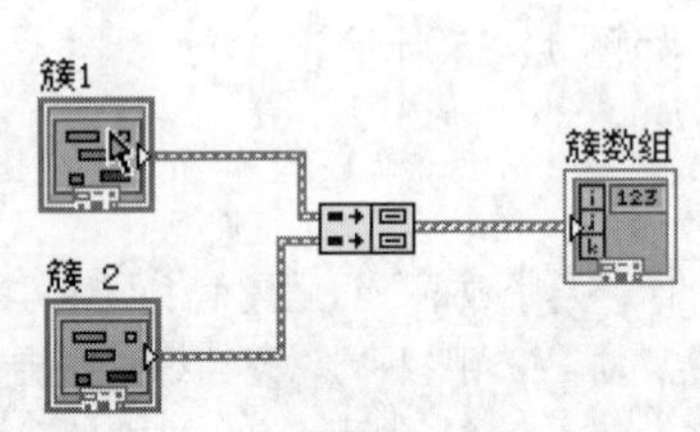

图 11-38 “创建簇数组”的程序框图

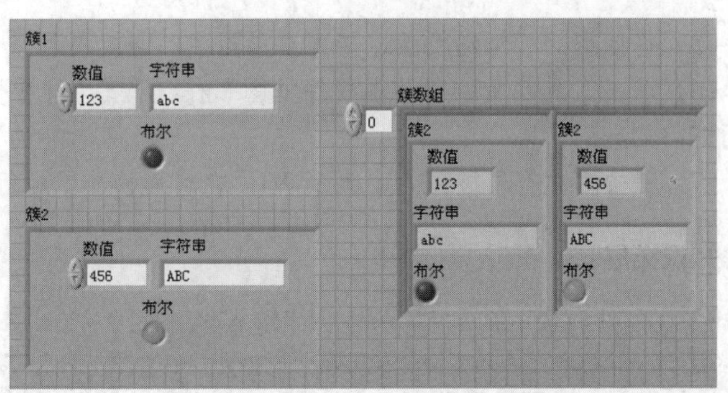

图 11-39 “创建簇数组”的前面板

动手练——记录学生情况表

源文件：源文件\第 11 章\记录学生情况表.vi

创建一个学生基本情况表，包括学生的姓名、性别、身高、体重和成绩单，成绩单中包括数学、语文、外语的成绩，其程序框图如图 11-40 所示。

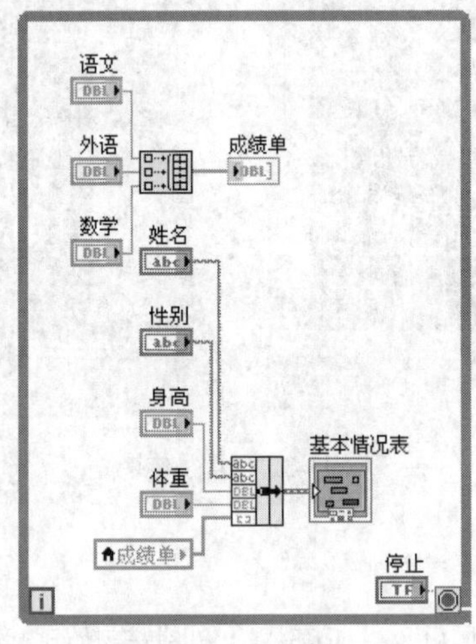

图 11-40 程序框图

思路点拨

由于是不同类型元素的组合，所以可以使用簇数据来实现，在图 11-41 中输入所需数据即可构成学生基本情况表。

捆绑函数除了左侧的输入端子外，在中间还有一个输入端子，这个端子是连接一个已知簇的，这时可以改变簇中的部分或全部元素的值，当改变部分元素的值时，不影响其他元素的值。

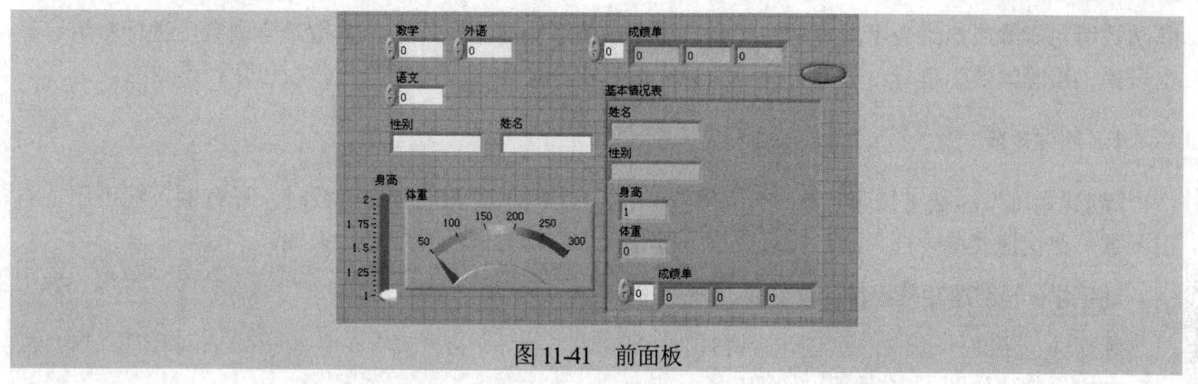

图 11-41　前面板

11.3 矩　　阵

矩阵是工程数学的基本单位，其运算量非常大，LabVIEW 中有一些专门的 VI 可以进行矩阵方面的计算。

11.3.1　创建矩阵

矩阵的创建与数组的创建不同，首先在“控件”选板中的“新式”→“数据容器”子选板中创建矩阵，如图 11-42 所示。矩阵包括实数矩阵和复数矩阵，元素是实数的矩阵称为实数矩阵，元素是复数的矩阵称为复数矩阵，如图 11-43 所示。而行数与列数都等于 n 的矩阵称为 n 阶矩阵或 n 阶方阵。

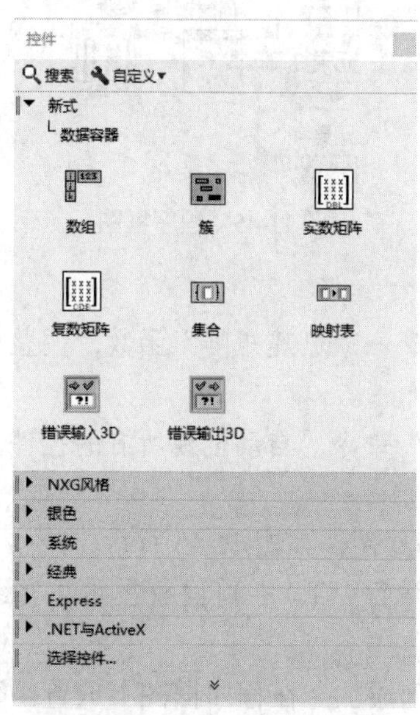

图 11-42　创建矩阵

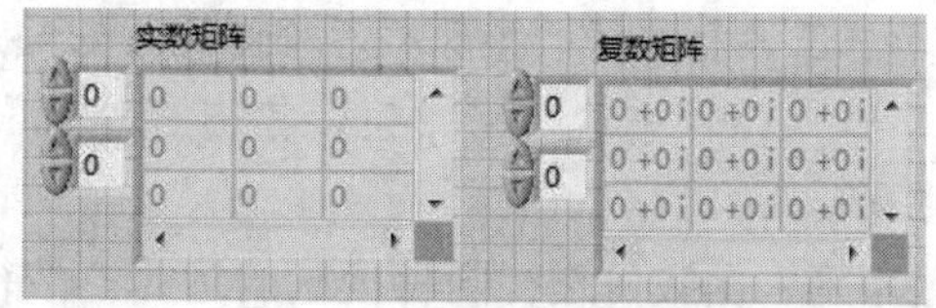

图 11-43　实数矩阵和复数矩阵

11.3.2　矩阵函数

在“函数”选板中选择“编程”→“数组”→“矩阵”子选板，如图 11-44 所示。该选板中的矩阵函数可对矩阵或二维数组矩阵中的元素、对角线或子矩阵进行操作，多数矩阵函数可进行数组运算，也可提供矩阵的数学运算。矩阵与数组函数类似，矩阵最少为二维矩阵，数组包含一维数组。

1. 创建矩阵

“创建矩阵”函数可按照行或列添加矩阵元素。在程序框图上添加函数时，只有输入端可用。右击函数，在快捷菜单中选择添加输入或调整函数大小，均可向函数增加输入端。

扫一扫，看视频

动手学——创建矩阵控件

源文件：源文件\第 11 章\创建矩阵控件.vi

本实例创建如图 11-45 所示的矩阵。

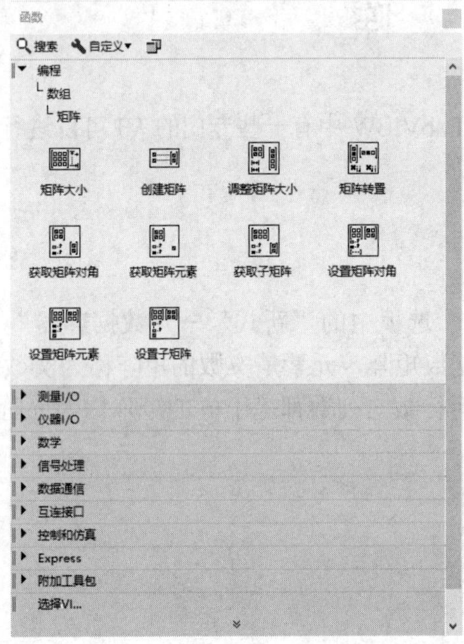

图 11-44　“矩阵”子选板

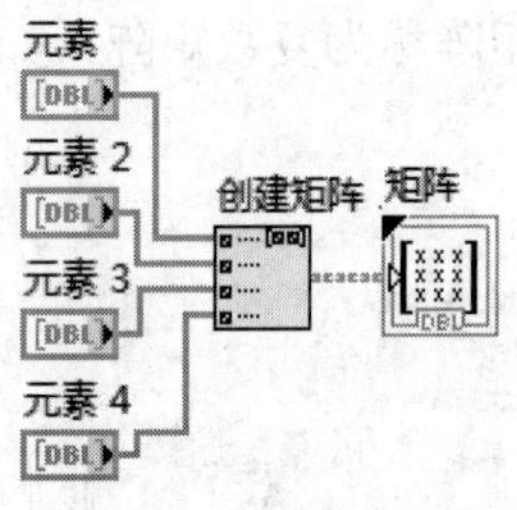

图 11-45　程序框图

【操作步骤】

（1）从“函数”选板中选择“编程”→“数组”→“矩阵”→“创建矩阵”函数，调整函数包括 3 个输入端，放置到程序框图中。

（2）在函数上右击选择“创建”→“所有的输入输出控件”命令，自动创建所有的控件，取消控件显示为图标。

（3）单击工具栏中的“整理程序框图”按钮，整理程序框图，如图 11-45 所示。

（4）在输入控件中输入初始值，单击“运行”按钮，运行 VI，在前面板显示运行结果，如图 11-46 所示。

“创建矩阵”函数可进行两种模式的运算：按行添加或按列添加。在程序框图上放置函数时，默认模式为按列添加。

如右击函数，选择“创建矩阵模式”→“按行添加”，函数在第一列的最后一行后添加元素或矩阵。如右击函数，选择“创建矩阵模式”→“按列添加”，函数在第一行的最后一列后添加元素或矩阵。

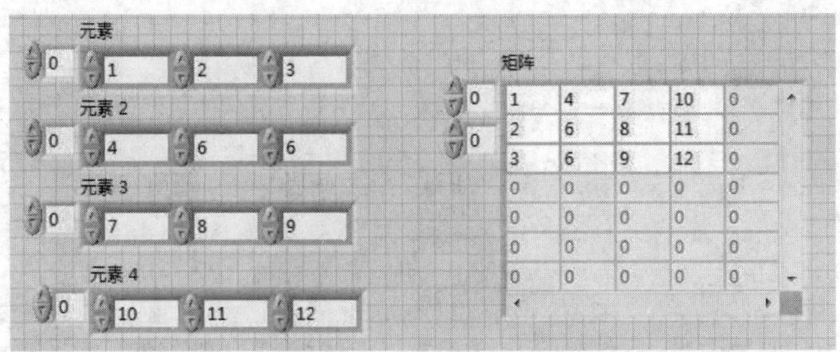

图 11-46 前面板运行结果

连线至“创建矩阵”函数的输入有不同的维度。通过用默认的标量值填充较小的输入，LabVIEW 可创建添加的矩阵。

如元素为空矩阵或数组，函数可忽略空的维数。但是，元素的维数和数据类型可影响添加矩阵的数据类型与维数。如连线不同的数值类型至“创建矩阵”函数，添加的矩阵可存储所有输入且无精度损失。

2. 矩阵大小

从矩阵获取行数与列数，并返回这些数据。该函数不可调整连线模式。

动手练——计算矩阵的行数与列数

源文件：源文件\第 11 章\计算矩阵的行数与列数.vi

计算如图 11-47 所示矩阵的行数与列数。

图 11-47 程序框图

思路点拨

（1）创建数组常量。
（2）放置函数。
（3）创建显示控件。
（4）运行程序。

11.4 数组函数

对于一个数组可进行很多操作，如求数组的长度、对数组进行排序、查找数组中的某一元素、替换数组中的元素等。传统的编程语言主要依靠各种数组函数来实现这些运算，而在 LabVIEW 中，这些函数是以功能函数节点的形式来表现的。LabVIEW 中用于处理数组数据的“函数”选板中的“数组”子选板如图 11-48 所示。

下面将介绍几种常用的数组函数。

11.4.1 数组大小

“数组大小”函数的节点如图 11-49 所示，其返回输入数组的元素个数，节点的输入为一个 n 维数组，输出为该数组各维包含元素的个数。当 n=1 时，节点的输出为一个标量。当 n>1 时，节点的输出为一个一维数组，数组的每个元素对应输入数组中每一维的长度。

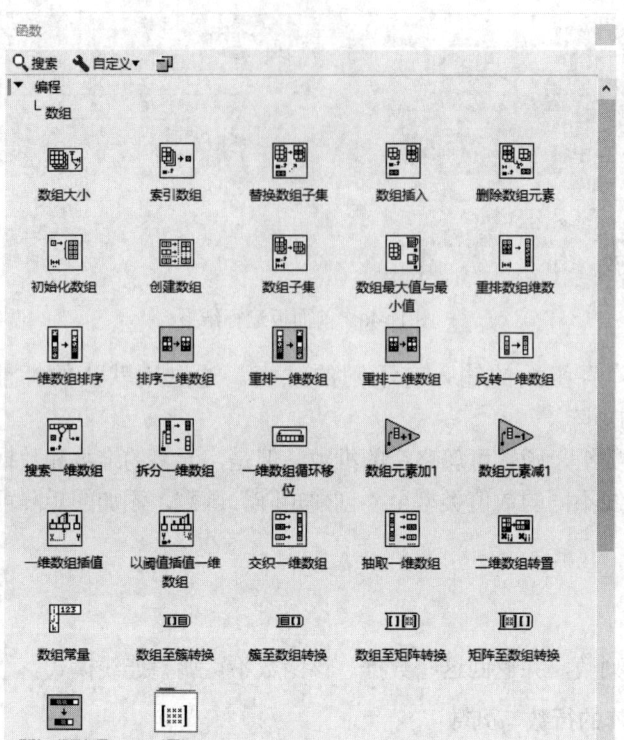

图 11-48 “数组”子选板

扫一扫，看视频

动手学——比较数组大小

源文件：源文件\第 11 章\比较数组大小.vi

本实例比较如图 11-50 所示的数组大小。

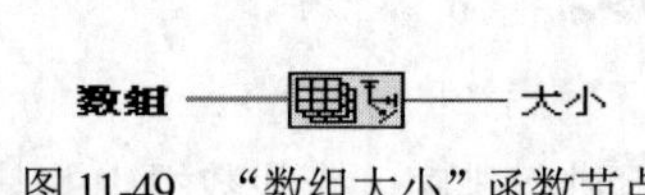

图 11-49 “数组大小”函数节点

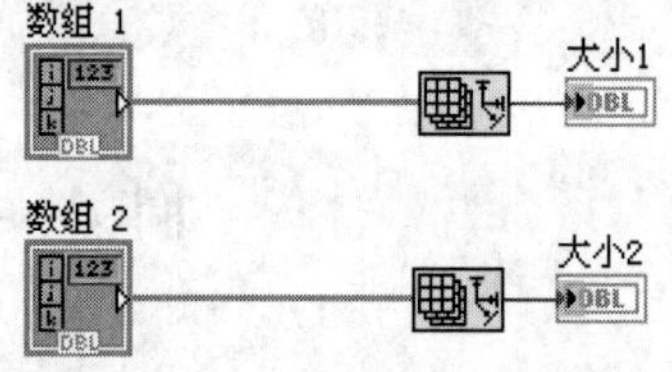

图 11-50 程序框图

【操作步骤】

（1）从“控件”选板中选择“新式”→“数据容器”→“数组”控件，将两个数组拖入前面板中。

（2）从“控件”选板中选择“新式”→“数值”→“数值输入控件”，将其放置到数组内部，创建数值数组，调整数组元素。

（3）从“函数”选板中选择“编程”→“数组”→“数组大小”函数，放置到程序框图中。

（4）在函数上右击选择“创建”→“显示控件”命令，自动创建所有的控件，取消控件显示为图标。

（5）单击工具栏中的“整理程序框图”按钮，整理程序框图，如图 11-50 所示。

（6）在输入控件中输入初始值，单击“运行”按钮，运行 VI，在前面板显示运行结果，如图 11-51 所示。

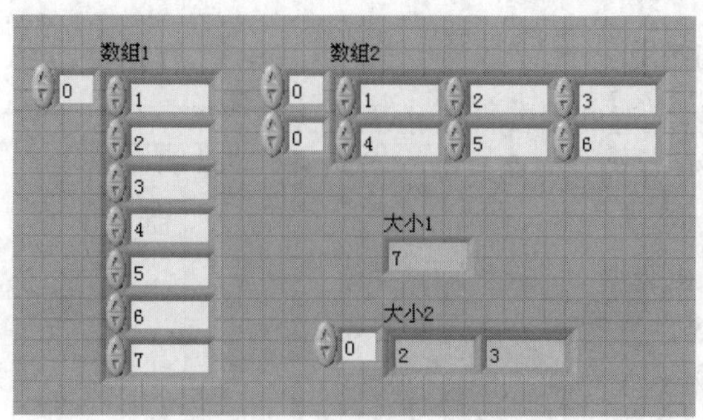

图 11-51　前面板运行结果

11.4.2　创建数组

"创建数组"函数的节点如图 11-52 所示。"创建数组"函数用于合并多个数组或给数组添加元素。函数有两种类型的输入：标量和数组，因此函数可以接收数组和单值元素输入，节点将从左侧端口输入的元素或数组按从上到下的顺序组成一个新数组。如图 11-53 所示，使用创建数组函数创建一个一维数组。

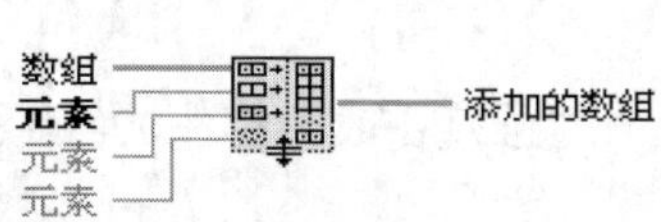

图 11-52　"创建数组"函数节点

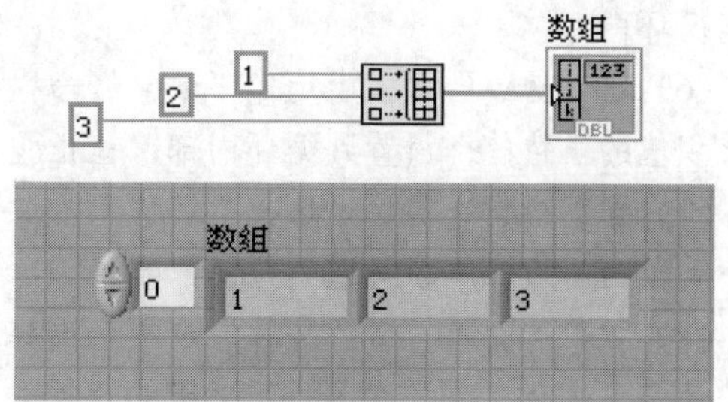

图 11-53　使用"创建数组"函数创建一维数组

当两个数组需要连接时，可以将数组看成整体，即看作一个元素。图 11-54 显示了两个数组合并成一个数组的情况。相应的前面板运行结果如图 11-55 所示。

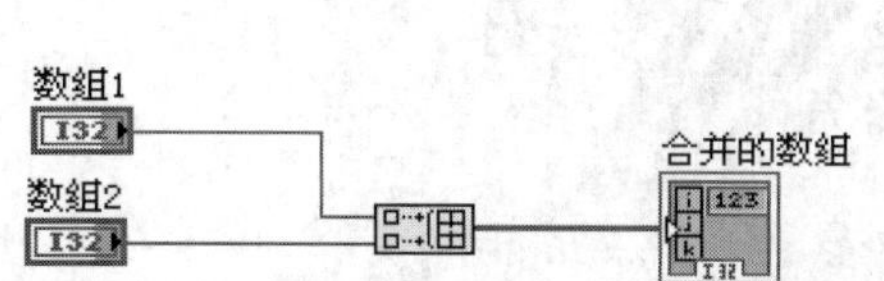

图 11-54　使用"创建数组"函数创建二维数组的程序框图

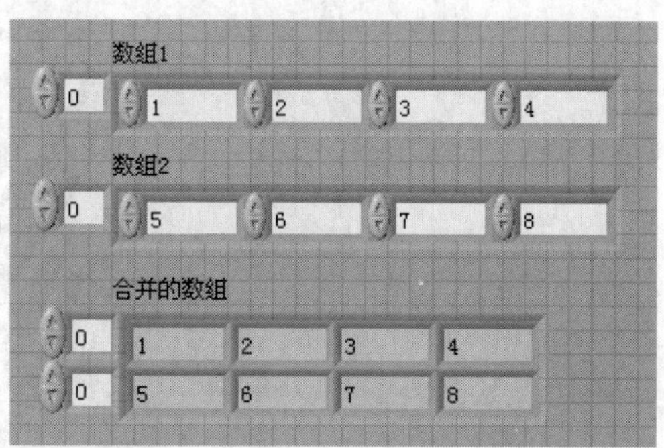

图 11-55　使用"创建数组"函数创建二维数组的前面板

有时根据需要可能使用"创建数组"函数时，不是将两个一维数组合成一个二维数组，而是将两个一维数组连接成一个更长的一维数组；也不是将两个二维数组连接成一个三维数组，而是将两个二维数组连接成一个新的二维数组。这种情况下，需要利用"创建数组"函数的连接输入功能，在创建数组节点的右键快捷菜单中选择"连接输入"命令，"创建数组"函数的图标也有所改变。

扫一扫，看视频

动手学——强度图表的使用

源文件：源文件\第 11 章\强度图表的使用.vi

本实例创建如图 11-56 所示的强度图表程序。

【操作步骤】

（1）在“函数”选板上选择“编程”→“结构”→“While 循环”函数，拖动出适当大小的矩形框，在 While 循环条件连线端创建“停止”输入控件。

（2）在“函数”选板上选择“编程”→“结构”→“For 循环”函数，拖动出适当大小的矩形框，在 For 循环总线连线端创建循环次数 100。

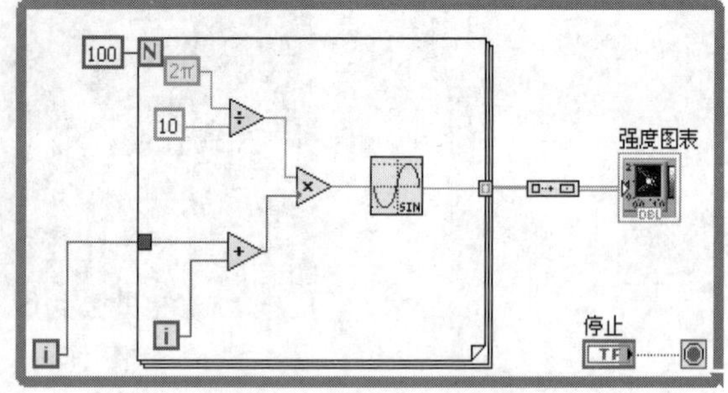

图 11-56　强度图表的使用

（3）在“函数”选板上选择“编程”→“数值”→“除”“数学与科学常量”→“Pi 乘以 2”函数，计算 2π/10。

（4）在“函数”选板上选择“编程”→“数值”→“加”函数，叠加两个循环的循环次数。

（5）在“函数”选板上选择“编程”→“数值”→“乘”函数，计算除法与加法结果的乘积，放置到循环内部。

（6）在“函数”选板上选择“数学”→“初等与特殊函数”→“三角函数”→“正弦”函数，计算乘积值的正弦值，放置到循环内部，让正弦函数在循环的边框通道上形成一个一维数组。

（7）在“函数”选板上选择“编程”→“数组”→“创建数组”函数，放置到程序框图中，形成一个列数为 1 的二维数组送到控件中显示。

（8）打开前面板，在“控件”选板上选择“新式”→“图形”→“强度图表”控件，创建强度图表控件，二维数组是强度图表所必需的数据类型。

（9）单击工具栏中的“整理程序框图”按钮，整理程序框图，如图 11-56 所示。

（10）单击“运行”按钮，运行 VI，在前面板显示运行结果，如图 11-57 所示。

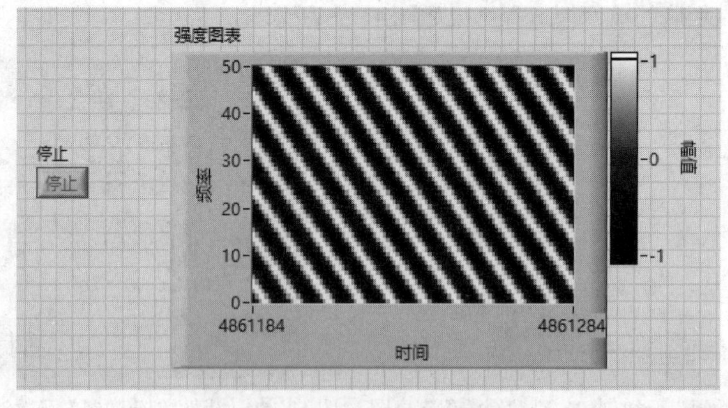

图 11-57　前面板运行结果

扫一扫，看视频

动手学——多曲线绘制

源文件：源文件\第 11 章\多曲线绘制.vi

本实例创建如图 11-58 所示的绘制多条曲线程序。

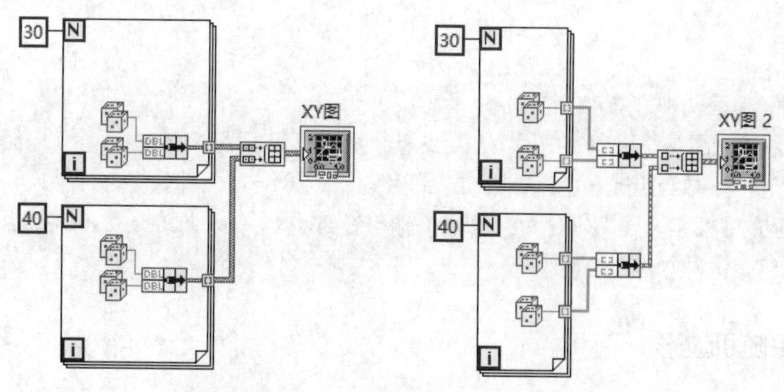

图 11-58 使用 XY 图绘制多曲线

【操作步骤】

(1) 在“函数”选板上选择“编程”→“结构”→“For 循环”函数，拖动出适当大小的矩形框，在 For 循环总线连线端创建循环次数 30。

(2) 在“函数”选板上选择“编程”→“数值”→“随机数”函数，放置两个随机数函数到循环内部。

(3) 在“函数”选板上选择“编程”→“簇、类与变体”→“捆绑”函数，连接两个随机数数据到函数输入端。

(4) 复制连接的 For 循环程序，修改第 2 个循环次数为 40。

(5) 打开前面板，在“控件”选板上选择“新式”→“图形”→“XY 图”控件，创建 XY 图控件。

(6) 在“函数”选板上选择“编程”→“数组”→“创建数组”函数，右击“创建数组”，从弹出的快捷菜单中选择“连接输入”选项进行设置，最后连接两个随机数数据到函数输入端。

(7) 将捆绑的二维随机数连接到 XY 图中，连续显示。

(8) 单击工具栏中的“整理程序框图”按钮，整理程序框图，绘制单曲线时有两种方法，如图 11-58 所示。

(9) 单击“运行”按钮，运行 VI，在前面板显示运行结果，如图 11-59 所示。

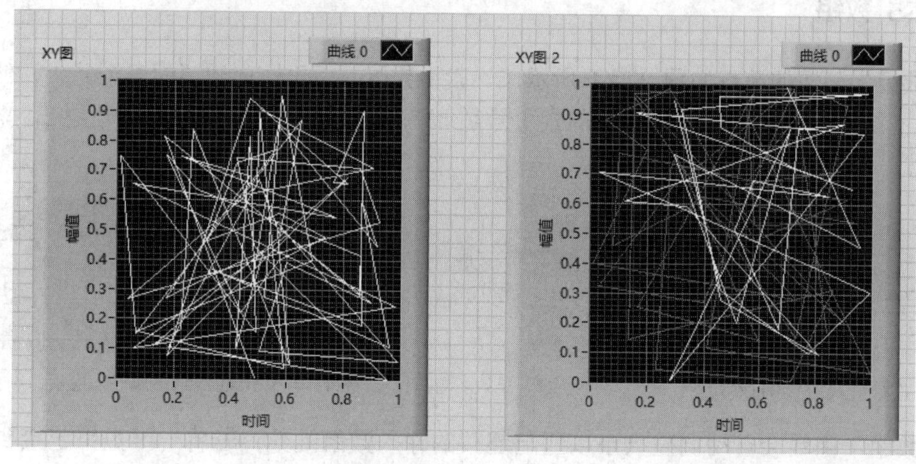

图 11-59 运行结果

知识拓展：

当绘制多条曲线时，也有两种方法，如图 11-59 所示。

（1）在图 11-59 所示的左图中，程序先把两个数组的各个数据打包，然后分别在两个 For 循环的边框通道上形成两个一维数组，再把这两个一维数组组成一个二维数组送到 XY 图中显示。

（2）在图 11-59 所示的右图中，程序先让两组的输入/输出在 For 循环的边框通道上形成数组，然后打包，用一个二维数组送到 XY 图中显示，这种方法比较直观。

扫一扫，看视频

动手练——产生随机波形

源文件：源文件\第 11 章\产生随机波形.vi

输出一个随机函数产生的波形图，输出由每个采样点和其前 3 个点的平均值产生的波形图。

思路点拨

（1）如图 11-60 所示，VI 要在一个波形图上显示两条波形曲线，此时若没有特殊要求，则只要把两组数据波形组成一个二维数组，再把这个二维数组送入波形显示控件即可。

（2）波形图显示的每条波形，其数据都必须是一个一维数组，这是波形图的特点，所以要显示 *n* 条波形，就必须有 *n* 组数据。至于这些数据数组如何组织，用户可以根据不同的需要来确定。

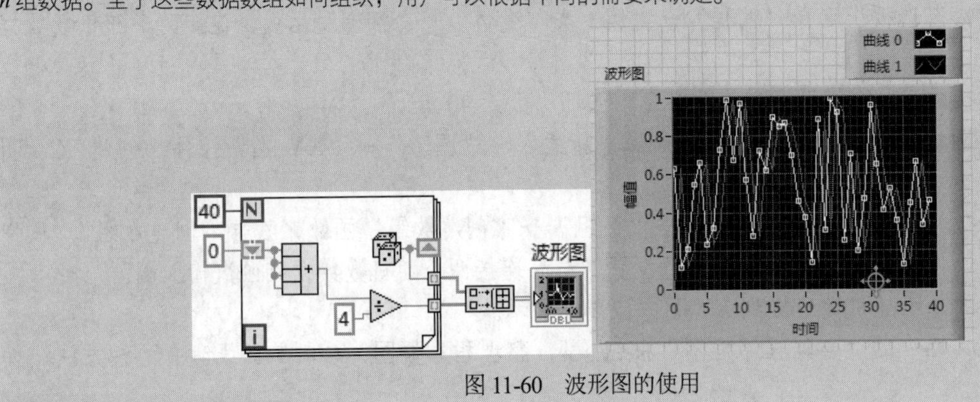

图 11-60 波形图的使用

11.4.3 索引数组

“索引数组”函数的节点如图 11-61 所示。“索引数组”用于访问数组的一个元素，使用输入索引指定要访问的数组元素，第 *n* 个元素的索引号是 *n*−1。如图 11-62 所示，索引号是 2，索引到的是第 3 个元素。

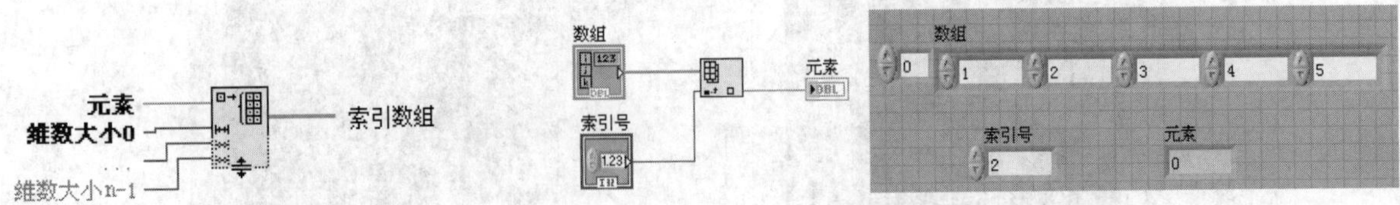

图 11-61 “索引数组”函数节点　　图 11-62 一维数组的索引

“索引数组”函数会自动调整大小以匹配连接的输入数组维数，若将一维数组连接到“索引数组”函数，那么函数将显示一个索引输入；若将二维数组连接到“索引数组”函数，那么将显示两个索引输入，即索引（行）和索引（列），当索引输入仅连接行输入时，则抽取完整的一维数组的那一行；若仅连接列输入时，则将抽取完整的一维数组的那一列；若连接了行输入和列输入，则将抽取数组的单个元素。每个输入数组是独立的，可以访问任意维数数组的任意部分。

动手练——索引二维数组

源文件：源文件\第 11 章\索引二维数组.vi

对一个 4 行 4 列的二维数组进行索引，如图 11-63 所示，分别取其中的完整行、单个元素、完整列。

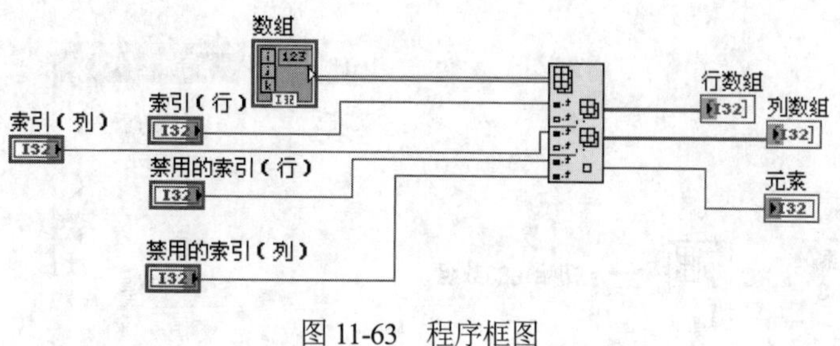

图 11-63　程序框图

思路点拨

（1）放置函数。

（2）创建所有输入/输出控件。

图 11-64 显示了 VI 的前面板及运行结果。

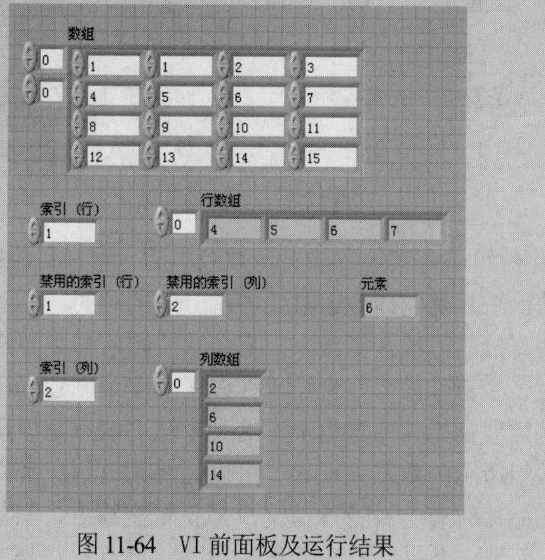

图 11-64　VI 前面板及运行结果

11.4.4　初始化数组

“初始化数组”函数的节点如图 11-65 所示。“初始化数组”函数的功能是创建 n 维数组，数组维数由函数左侧的维数大小端口的个数决定。创建之后每个元素的值都与输入元素端口的值相同。函数刚放在程序框图上时，只有一个维数大小输入端子，此时创建的是指定大小的一维数组。可以通过拖拉下边缘或在维数大小端口的右键快捷菜单中选择“添加维度”来添加维数大小端口，如图 11-66 所示。

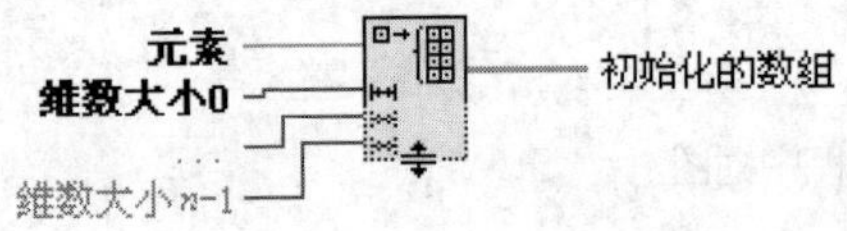

图 11-65 “初始化数组”函数节点

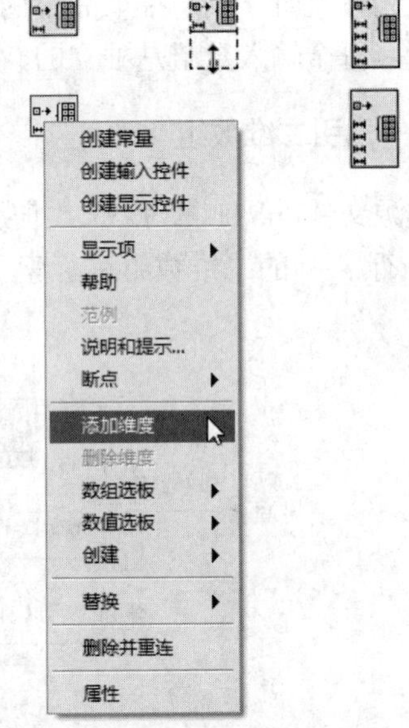

图 11-66 添加维数大小端口

如图 11-67 所示，初始化一个一维数组和一个二维数组。

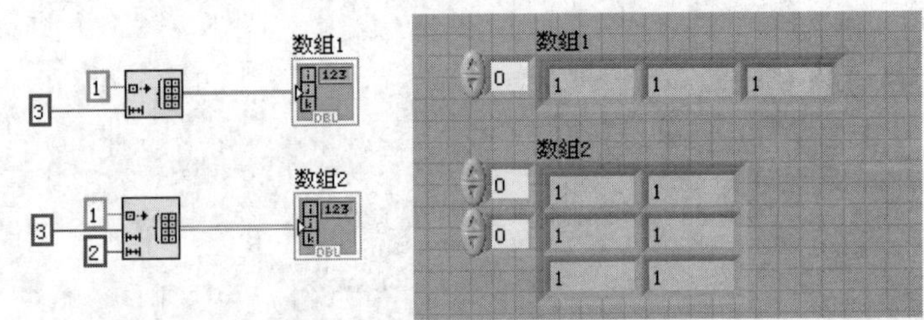

图 11-67 数组的初始化

在 LabVIEW 中初始化数组还有其他方法。若数组中的元素都是相同的，用一个带有常数的 For 循环即可初始化，这种方法的缺点是创建数组时要占用一定的时间。

若元素值可以由一些直接的方法计算出来，把公式放到前一种方法的 For 循环中取代其常数即可。例如，这种方法可以产生一个特殊波形，也可以在框图程序中创建一个数组常量，手动输入各个元素的数值，而后将其连接到需要初始化的数组上。这种方法的缺点是烦琐，并且在存盘时会占用一定的磁盘空间。如果初始化数组所用的数据量很大，可以先将其放到一个文件中，在程序开始时再装载。

需要注意的是，在初始化时有一种特殊情况，那就是空数组，空数组不是一个元素值为 0、假、空字符串或类似的数组，而是一个包含 0 个元素的数组，相当于 C 语言中创建了一个指向数组的指针。经常用到的空数组的例子是初始化一个连有数组的循环移位寄存器。有以下几种方法创建一个空数组：用一个数组大小输入端口不连接数值或输入值为 0 的初始化函数来创建一个空数组；创建一个 n 为 0 的 For 循环，在 For 循环中放入所需数据类型的常量。For 循环将执行 0 次，但在其框架通道上将产生一个相应类型的空数组；但是不能用创建数组函数来创建空数组，因为它的输出至少包含一个元素。

扫一扫，看视频

动手学——创建新数组

源文件：源文件\第 11 章\创建新数组. vi

创建一个 VI，通过调用“创建数组”函数来连接新的数组元素，如图 11-68 所示。

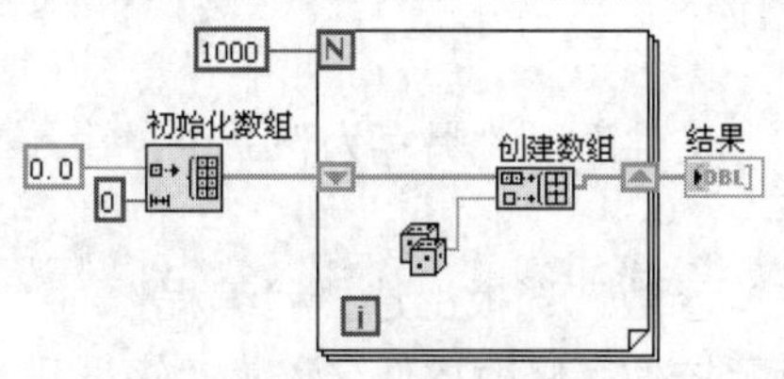

图 11-68　创建数组

【操作步骤】

（1）在“函数”选板“编程”→“数组”子选板中选择“初始化数组”函数，并创建输入常量完成数组定义。

（2）在“函数”选板“编程”→“数组”子选板中选择“创建数组”函数，创建数组内对象值为随机数值。

（3）在“函数”选板“编程”→“结构”子选板中选择“For 循环”函数，并创建输入常量 1000，保证 VI 不断地在每轮循环中根据新数组重新调整缓冲区的大小，以便加入新的数组元素。

（4）为使每轮循环都有值添加到数组，可在循环边框上使用自动索引功能，以达到最佳运行性能，如图 11-68 所示。

11.5　综合演练——矩形的绘制

源文件：源文件\第 11 章\矩形的绘制\矩形的绘制.vi

通过簇函数，可将不同类型的数据组合演化成另外一种组合排布，通过设计如图 11-69 所示的程序框图学习簇函数的使用。

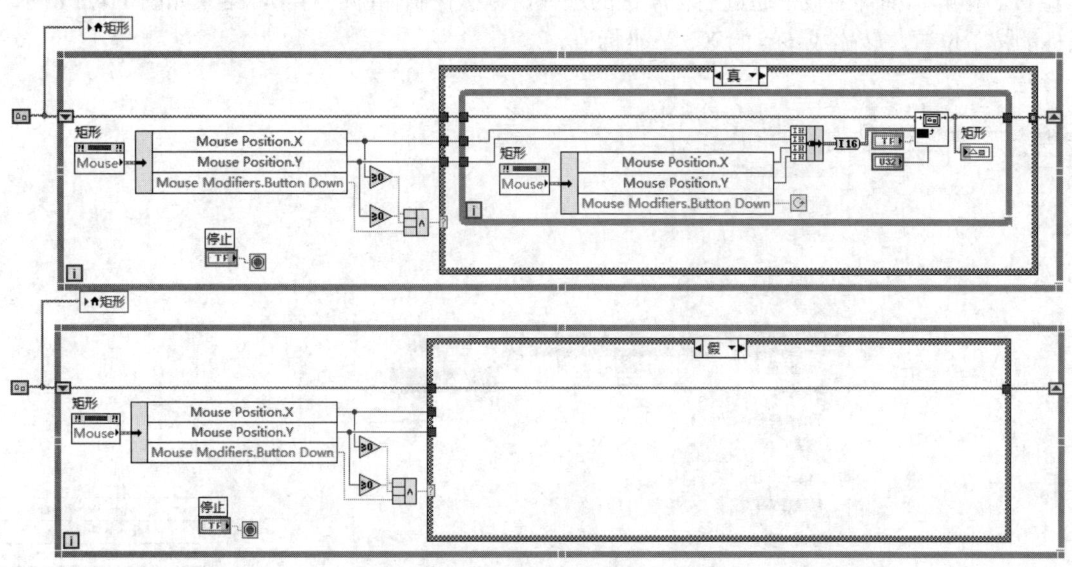

图 11-69　程序框图

【操作步骤】

（1）设置工作环境。

① 新建 VI。选择菜单栏中的“文件”→“新建 VI”命令，新建一个 VI，一个空白的 VI 包括前

面板和程序框图。

② 保存 VI。选择菜单栏中的“文件”→“另存为”命令，输入 VI 名称为“矩形的绘制”。

（2）初始化图片。

① 将程序框图置为当前，在“函数”选板上选择“编程”→“图形与声音”→“图片函数”→“空图片”函数，在输出端创建显示控件，修改控件名称为“矩形”，如图 11-70 所示。

图 11-70　创建图片控件

② 在“函数”选板上选择“编程”→“结构”→“While 循环”函数，将空图片连接到循环边框上，可在图片上循环绘制矩形。

③ 在图片控件上右击，弹出快捷菜单，选择“创建”→“局部变量”命令，在输出端创建局部变量，连接到空图片上。

（3）创建矩形第 1 点坐标。

① 在图片控件上右击，选择“创建”→“属性节点”命令，创建鼠标属性节点，将鼠标的按键转化成矩形参数。

② 在“函数”选板上选择“编程”→“簇、类与变体”→“按名称解除捆绑”函数，拖动调整为 3 个元素并连接到属性节点上。

③ 在函数上右击，选择“选择项”→Mouse Position→X 命令，如图 11-71 所示，输出矩形第 1 点 X 坐标。

④ 选择“选择项”→Mouse Position→Y 命令，输出矩形第 1 点 Y 坐标。

⑤ 选择“选择项”→Mouse Modifiers→Button Down 命令，设置鼠标属性为单击按下有效。

⑥按名称解除捆绑函数中通过名称属性的选择，直接控制输出的对象，结果如图 11-72 所示，通过鼠标的按下位置，转化成该点的 X、Y 坐标值。

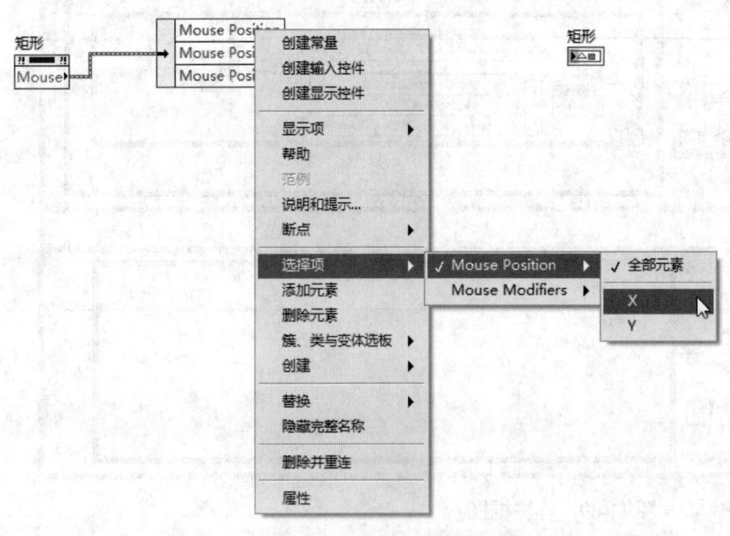

图 11-71　快捷命令

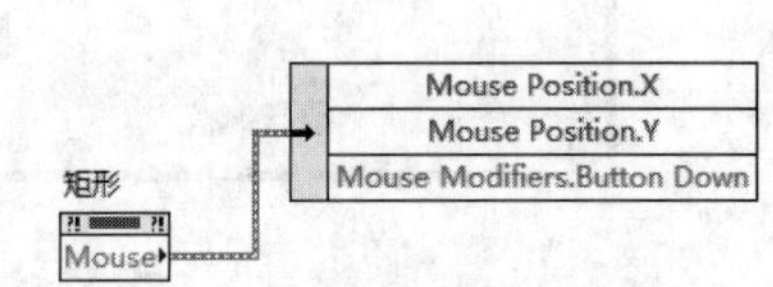

图 11-72　转化第 1 点坐标

（4）确定鼠标是否在图片上。

① 在“函数”选板上选择“编程”→“比较”→“大于等于 0?”函数，在“函数”选板上选择

“编程”→“数值”→“复合运算”函数，设置运算模式为“与”，连接捆绑函数输出数据，进行“与”运算，如图 11-73 所示。

② 在“While 循环”“循环条件”输入端创建输入控件，控制程序的停止，如图 11-74 所示。

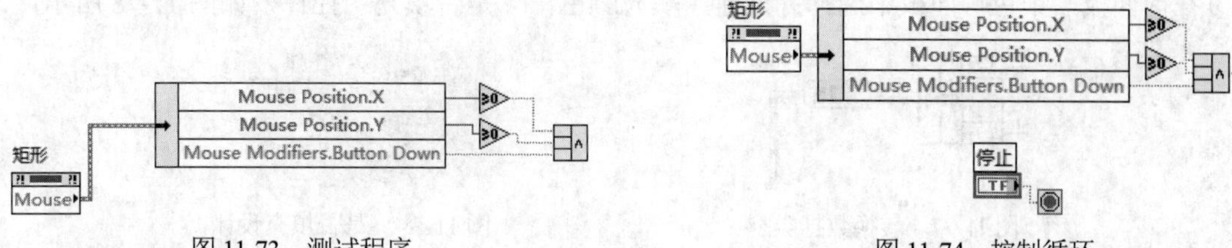

图 11-73 测试程序　　　　图 11-74 控制循环

（5）启动绘制功能。

在“函数”选板上选择“编程”→“结构”→“条件循环”函数，将“与”输出结果连接到分支选择器输入端，则鼠标在图片内，按下鼠标时，X、Y 值为 1，符合“真”条件，启动绘制进程；当鼠标不在图片上时，X、Y 值为-1，符合“假”条件，不进行绘制。

（6）创建矩形第 2 点坐标。

① 打开“真”选择条件，设置鼠标的动作与图片的关系，在“函数”选板上选择“编程”→“结构”→“While 循环”函数，将该循环嵌入条件循环结构当中。

② 在内侧“While 循环”内部放置“矩形”属性节点（鼠标）与按名称解除捆绑函数，设置属性，输出矩形第 2 点坐标。

③ 将嵌套的“循环条件”连接到鼠标属性输出端，可通过鼠标单击启动循环绘制，如图 11-75 所示。

④ 打开“假”条件，默认为空，即鼠标不在图片上，不执行任何操作，如图 11-76 所示。

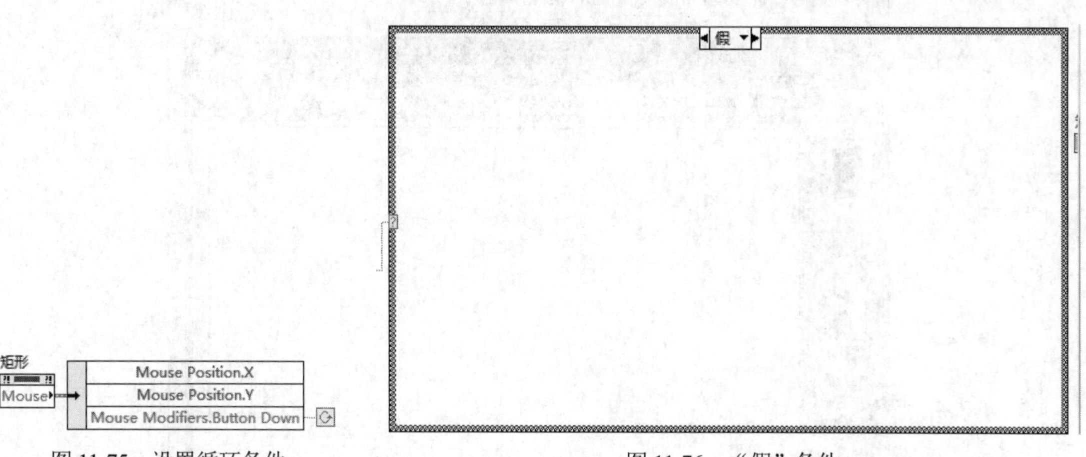

图 11-75 设置循环条件　　　　图 11-76 “假”条件

（7）绘制矩形。

① 在“函数”选板上选择“编程”→“图形与声音”→“图片函数”→“绘制矩形”函数，进行矩形绘制。

② 在“函数”选板上选择“编程”→“簇、类与变体”→“捆绑”函数，连接矩形第 1 点和第 2 点坐标值，输出包含 4 个元素的簇控件。

③ 在“绘制矩形”函数的“矩形”输入端需要连接矩形的两个点坐标，包含 4 个双整型元素

的簇。

④ 在“函数”选板上选择“编程”→“数值”→“转换”→“转换为双字节整型”函数，将捆绑输出的簇转换成为双字节整型数据，连接到“矩形”输入端，如图 11-77 所示。

⑤ 在前面板“银色”面板中选择并创建“填充颜色”“是否填充”控件，如图 11-78 所示。

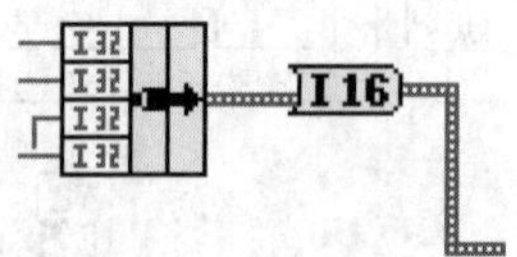
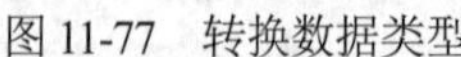

图 11-77　转换数据类型

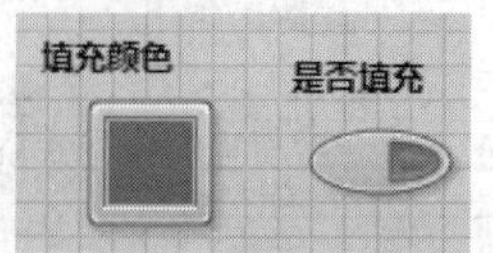

图 11-78　是否填充设计

⑥ 在函数“填充”“颜色”输入端连接上步创建的“填充颜色”“是否填充”控件。

⑦ 将空图片常量通过循环连接到“图片”输入端，在“新图片”输出端连接“矩形”显示控件，将输出信息连接到最外层的循环边框上的移位寄存器。

⑧ 程序框图设计结果如图 11-69 所示。

⑨ 在面板中插入图片，设计结果如图 11-79 所示。

（8）设置 VI 属性。

选择菜单栏中的“文件”→“VI 属性”命令，弹出“VI 属性”对话框，在“类别”下拉列表中选择“窗口外观”选项，如图 11-80 所示。单击“自定义”按钮，弹出“自定义窗口外观”对话框，设置运行过程中前面板显示，如图 11-81 所示。

（9）运行程序。

在前面板窗口或程序框图窗口的工具栏中单击“运行”按钮，运行 VI，结果如图 11-82 所示。

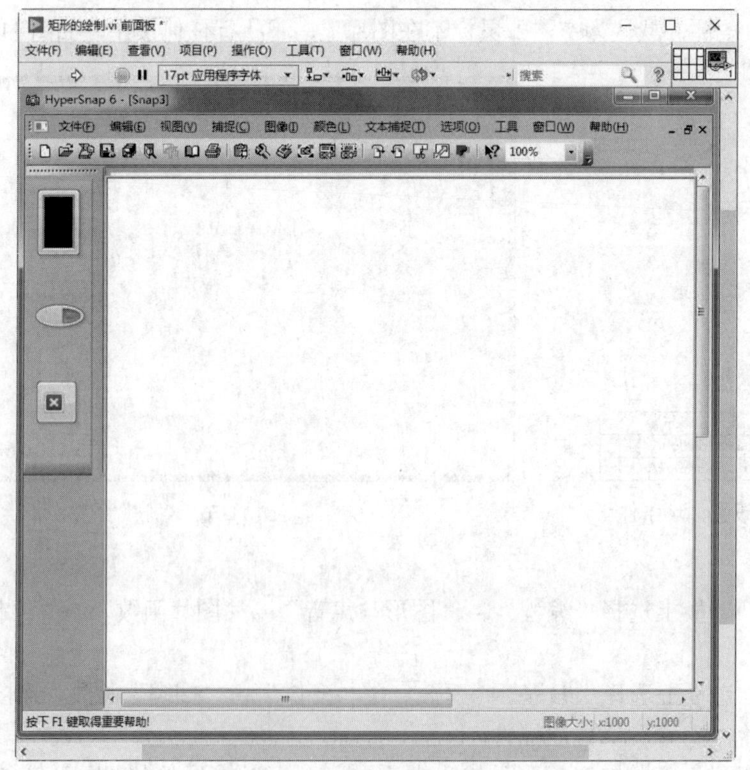

图 11-79　前面板设计结果

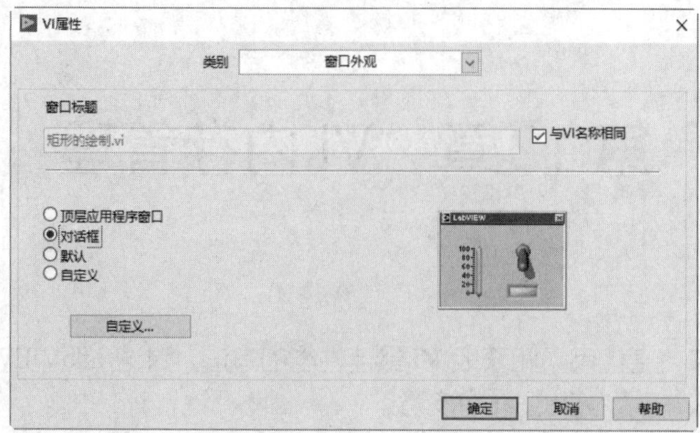

图 11-80　选择“窗口外观”

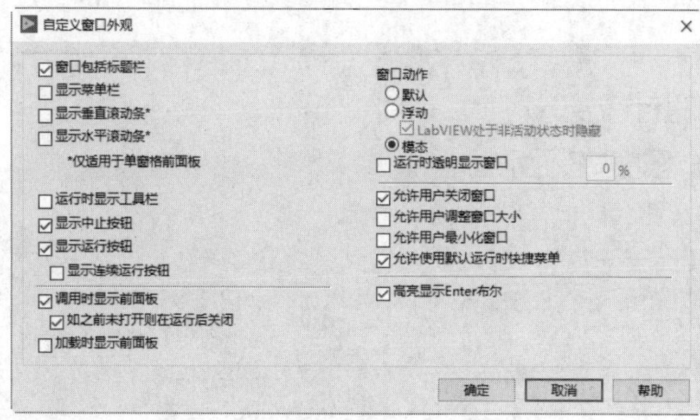

图 11-81　设置窗口外观

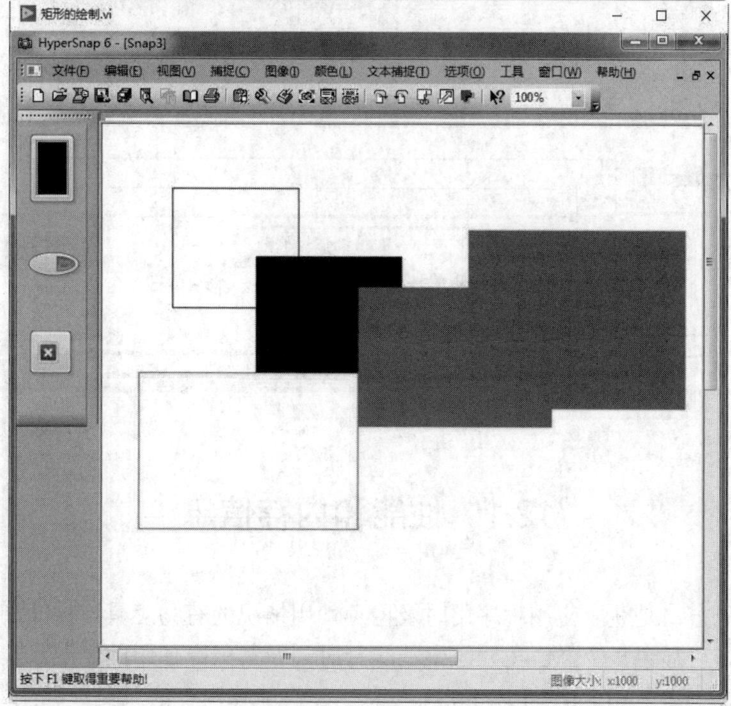

图 11-82　程序运行结果

第 12 章　VI 内存管理

内容简介

本章将阐述影响 VI 内存的因素和获取 VI 最佳性能的方法，讨论 LabVIEW 在其数据流模式中的内存管理，以及创建高效使用内存的 VI 的技巧。

内容要点

- 性能和内存信息
- 使用 Express VI 进行程序设计
- 综合演练——2D 图片旋转显示

案例效果

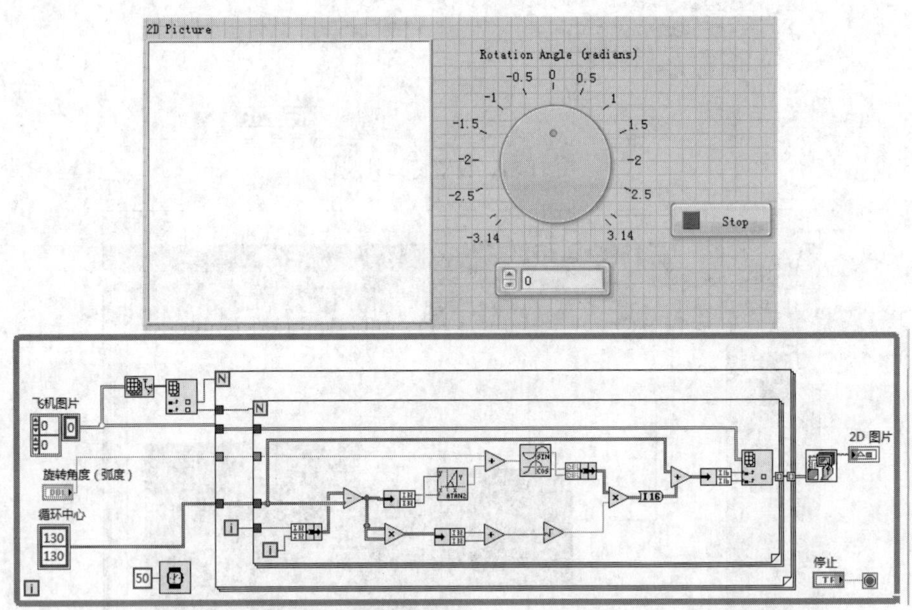

12.1　性能和内存信息

性能和内存信息窗口是获取应用程序用时及内存使用情况的有力工具。性能和内存信息窗口采用交互式表格的形式，可显示每个 VI 在系统中的运行时间及其内存使用的情况。表格中的每一行代表某个特定 VI 的信息。每个 VI 的运行时间被分类总结。性能和内存信息窗口可计算 VI 的最长、最短和平均运行时间。

12.1.1 性能和内存

通过本表格可以以交互的方式全部或部分显示和查看信息，将信息按类排序，或在调用某个特定 VI 的子 VI 时查看子 VI 运行性能的数据。

选择菜单栏中的“工具”→“性能分析”→“性能和内存”命令，可显示“性能和内存信息”对话框。图 12-1 所示为一个使用中的“性能和内存信息”对话框。

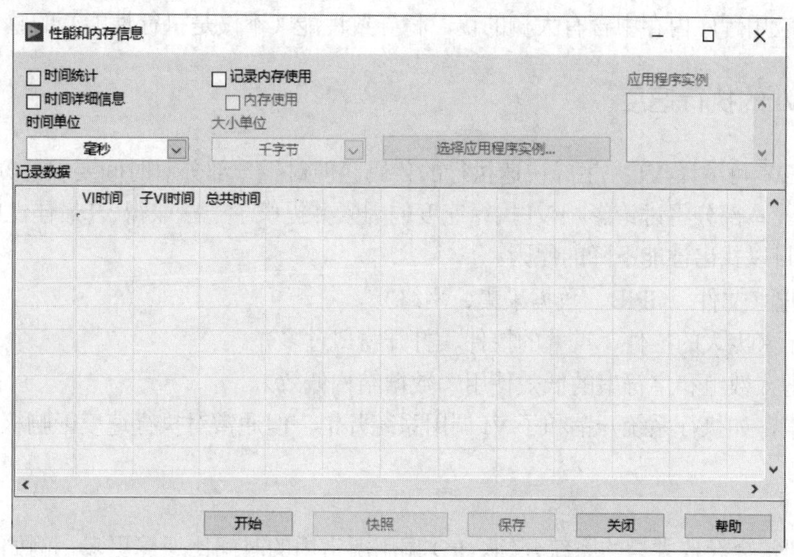

图 12-1 “性能和内存信息”对话框

收集内存使用信息将明显增加 VI 运行时间的系统开销，因此收集内存使用信息为可选操作。须在启动“性能和内存信息”对话框前正确勾选“记录内存使用”复选框以确认是否收集这部分数据。一旦记录会话开始，该复选框的选择便无法更改。

可选择仅部分显示表格的信息。有些基本数据始终可见，但也可通过勾选或取消勾选“性能和内存信息”对话框中的相关复选框来显示各种统计数据、详情和内存使用信息（被启用时）。

全局 VI 的性能信息也可显示。但这部分信息有时需要略有不同的解释。

双击表格中的子 VI 名可查看子 VI 的性能数据。此时，在各 VI 的名称下将立即出现新的行，显示出每个子 VI 的性能数据。双击全局 VI 的名称后，表格中将出现新的行，显示子面板上每个控件的性能数据。

单击某列列首可按想要的顺序排列表格中各行数据。按当前列排序的列首标题将以粗体显示。

VI 的计时并不一定与 VI 完成运行所需时间相对应。原因在于多线程执行系统可将两个或更多个 VI 的执行交错。另外，由于有一定数量的系统开销无法归于任何一个 VI，如用户响应对话框的时间、程序框图中等待函数所占用的时间，以及检查鼠标单击的时间等。

勾选“时间统计”复选框可查看关于 VI 计时的其他详细信息。

勾选“时间详细信息”复选框可查看将 VI 运行总时进行细分后的计时类别。对于具有大量用户界面的 VI，这些类别可帮助用户确定其中用时最多的操作。

勾选“内存使用”复选框可查看 VI 对内存的使用情况。但该复选框仅在记录形成前勾选“记录内存使用”复选框后方可使用。所显示的数值表示了 VI 的数据空间对内存占用的程度，这部分数据空间不包括供支持所有 VI 使用的数据结构。VI 的数据空间不仅包含前面板控件所占用的显性数据空间，还包括编译器隐性创建的临时缓冲区所占用的数据空间。

VI 运行完毕即可测得它所使用内存的大小，但可能无法反映出其确切的使用总量。例如，如果 VI 在运行过程中创建了庞大的数组，但在运行结束前数组有所减小，则最后显示出的内存使用量便无法反映出 VI 运行期间较大的内存使用量。

本部分显示两组数据：已使用的字节数及已使用的块数。块是一段用于保存单个数据的连续内存。例如，一个整数数组可以为多字节，但仅占用一个块。执行系统为数组、字符串、路径和图片使用独立的内存块。如应用程序内存中含有大量的块，将导致性能（不仅是执行性能）的整体下降。

12.1.2 提高 VI 的执行速度

尽管 LabVIEW 可编译 VI 并生成快速执行的代码，但对于一部分对时间要求苛刻的 VI 来说，其性能仍有待提高。本部分将讨论影响 VI 执行速度的因素并提供了一些取得 VI 最佳性能的编程技巧。

检查以下项目以找出性能下降的原因。

- 输入/输出（文件、GPIB、数据采集、网络）。
- 屏幕显示（庞大的控件、重叠的控件、打开窗口过多）。
- 内存管理（数组和字符串的低效使用，数据结构低效）。
- 其他因素，如执行系统开销和子 VI 调用系统开销，但通常对执行速度影响极小。

1. I/O

I/O 的调用通常会导致大量的系统开销。I/O 调用所占用的时间比运算更多。例如，一个简单的串口读取操作可能需要数微秒的系统开销。由于 I/O 调用需在操作系统的数个层次间传输信息，因此任何用到串口的应用程序都将发生该系统开销。

解决过多系统开销的最佳途径是尽可能减少 I/O 调用。将 VI 结构化可提高 VI 的运行性能，从而在一次调用中即传输大量数据而不是通过多次调用传输少量数据。

例如，在创建一个数据采集 (NI-DAQ)VI 时，有两种数据读取方式可供选择。一种方式为使用单点数据传递函数，如 AI Sample Channel VI；另一种方式为使用多点数据传递函数，如 AI Acquire Waveform VI。如必须采集到 100 个点，可用 AI Sample Channel VI 和“等待”函数构建一个计时循环。也可用 AI Acquire Waveform VI，使之与一个输入连接，表示需要采集 100 个点。

AI Acquire Waveform VI 通过硬件计时器来管理数据采集，从而使数据采样更为高速精确。此外，AI Acquire Waveform VI 的系统开销与调用一次 AI Sample Channel VI 的系统开销大体相等，但前者所传递的数据却多得多。

2. 屏幕显示

在前面板上频繁更新控件是最为占用系统时间的操作之一。这一点在使用图形和图表等更为复杂的显示时尤为突出。尽管多数显示控件在收到与原有数据相同的新数据时并不重绘，但图表显示控件在收到数据后不论其新旧总会重绘。若重绘率过低，最好的解决方法是减少前面板对象的数量并尽可能简化前面板的显示。对于图形和图表，可关闭其自动调整标尺、调整刻度、平滑线绘图及网格等功能以加速屏幕显示。

对于其他类型的 I/O，显示控件均占用一部分固定的系统开销。图表等输入控件可将多个点一次传递到输入控件。每次传递到图表的数据越多，图表更新的次数便越少。若将图表数据以数组的形式显示，可一次显示多点而不再一次只显示一个点，从而大幅提高数据显示速率。

若设计执行时其前面板为关闭状态的子 VI，则无须考虑其显示的系统开销。前面板关闭则控件不占用绘制系统开销，因此图表与数组的系统开销几乎相同。

多线程系统中，可通过“高级”→“同步显示”的快捷菜单项来设置是否延迟输入控件和显示控件的更新。在单线程系统中，本菜单项无效。然而，在单线程系统中打开或关闭 VI 的这个菜单项后，若把 VI 载入多线程系统，设置将同样生效。

在默认状态下，输入控件和显示控件均为异步显示，即执行系统将数据传递到前面板输入控件和显示控件后，数据可立即执行。显示若干点后，用户界面系统会注意到输入控件和显示控件均需要更新，于是重新绘制以显示新数据。如果执行系统试图快速地多次更新控件，用户可能无法看到介于中间的更新状态。

多数应用程序中，异步显示可在不影响显示结果的前提下显著提高执行速度。例如，一个布尔值可在 1s 内更新数百次，每次更新并非人眼所能察觉。异步显示令执行系统有更多的时间执行 VI，同时更新速率也通过用户界面线程而自动降低。

要实现同步显示，可右击该输入控件或显示控件，从快捷菜单中选择“高级”→“同步显示”命令，勾选该菜单项的复选框。

注意：

同步显示仅在有必要显示每个数据值时启用。在多线程系统中使用同步显示将严重影响其性能。

延迟前面板更新属性可延迟所有前面板更新的新请求。

调整显示器设置和前面板控件也可提高 VI 的性能。可将显示器的色深度和分辨率调低，并启用硬件加速。关于硬件加速的详细信息，参见所使用操作系统的相关文档。使用来自经典选板而不是新式的控件也可以提高 VI 性能。

3. 在应用程序内部传递数据

在 LabVIEW 的应用程序中传递数据的方法有许多种。常见的数据传递方法按其效率排序如下。

（1）连线：可传递数据并使 LabVIEW 最大限度地控制性能，令性能最优化。数据流语言只有一个写入器及一个或多个读取器，因而传输速度最快。

（2）移位寄存器：适于需在循环中保存或反馈时使用。移位寄存器通过一个外部写入器及读取器和一个内部写入器及读取器进行数据传递。有限的数据访问令 LabVIEW 的效率最大化。

（3）全局变量和函数全局变量：全局变量适用于简单的数据和访问。大型及复杂的数据可用全局变量读取和传递。函数全局变量可控制 LabVIEW 返回数据的多寡。

动手学——全局变量的使用

扫一扫，看视频

源文件：源文件\第 12 章\全局变量的使用\产生叠加波形.vi、生成波形参数.vi、全局.vi

本实例利用全局变量编写程序，通过第 1 个 VI 产生数据，第 2 个 VI 显示第 1 个 VI 产生的数据，分化程序，简化程序编写复杂程度，运行结果如图 12-2 所示。

【操作步骤】

（1）设置工作环境。

① 新建 VI。选择菜单栏中的“文件”→“新建 VI”命令，新建一个 VI，一个空白的 VI 包括前面板及程序框图。

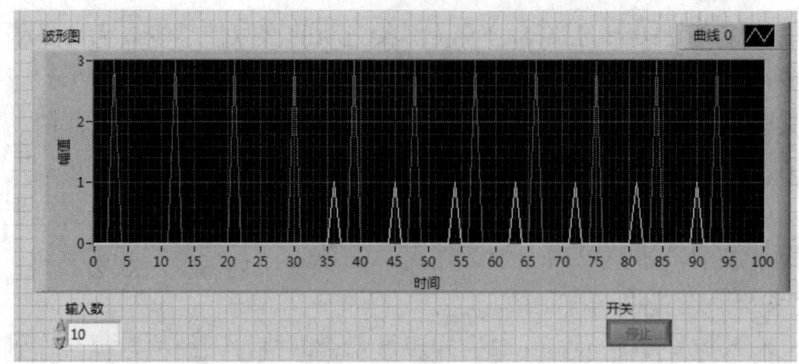

图 12-2　前面板显示

② 保存 VI。选择菜单栏中的“文件”→“另存为”命令，输入 VI 名称为“产生叠加波形”“生成波形参数”。

（2）创建全局变量。

① 选择菜单栏中的“文件”→“新建”命令，打开“创建项目”对话框，选择“全局变量”选项，创建全局变量 VI。

② 在“控件”选板上选择“新式”子选板，建立数值和开关的全局变量，如图 12-3 所示。

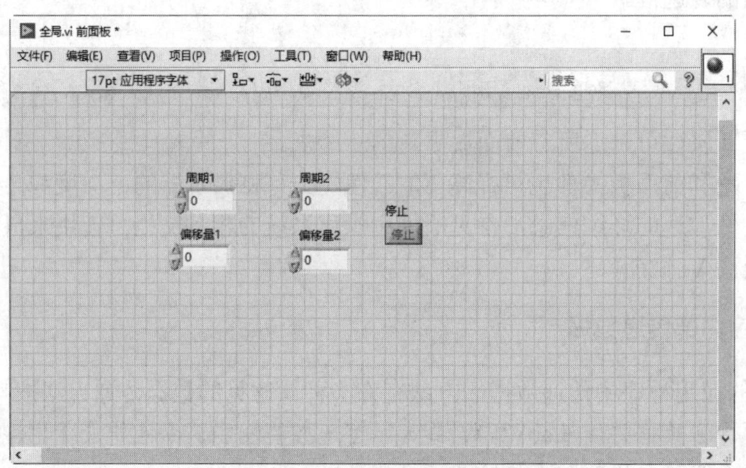

图 12-3　全局变量的建立

（3）创建波形数据 VI。

打开“生成波形参数”VI，在“函数”选板上选择“编程”→“结构”→“While 循环”函数，创建循环结构，将其放置在程序框图中，利用该 VI 产生数据，如图 12-4 所示。

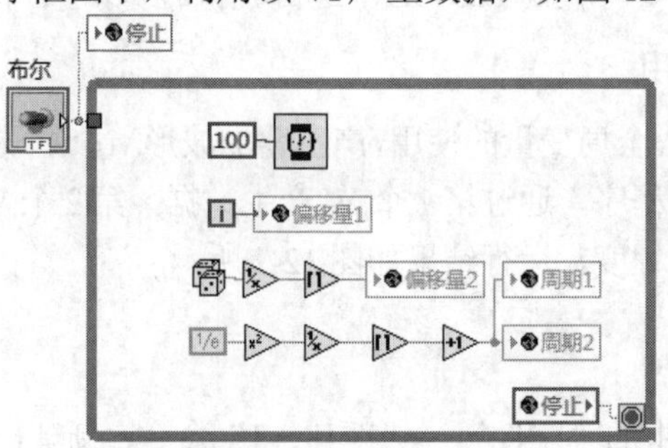

图 12-4　第 1 个子程序框图

（4）创建叠加波形。

① 打开“产生叠加波形”VI，利用该VI显示数据，如图12-5所示，其中的延时控制控件用于控制显示的速度，如输入为2，则每个将延时2s。总开关可以同时控制这两个VI的停止。

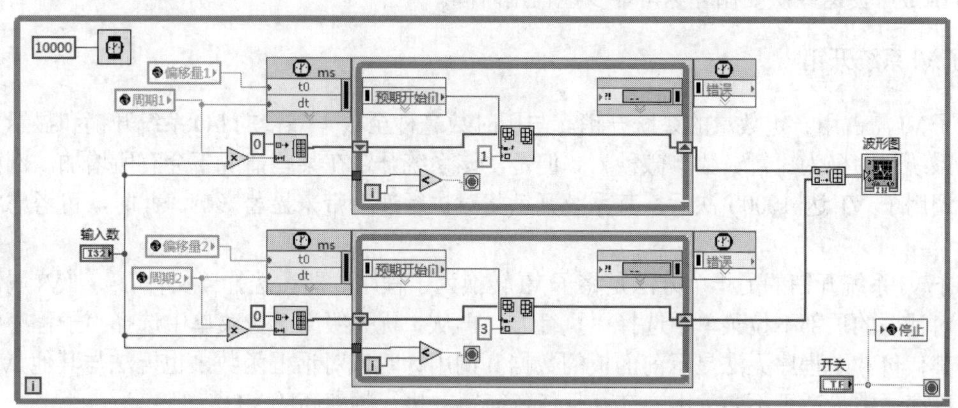

图12-5　第2个子程序框图

② 该VI通过两个定时循环产生波形的情况。由于偏移量设置的不同，输出波形的起始点也不同。从程序框图可以知道，程序首先创建了两个长度为100，元素为全0的一维数组。周期设置都为10ms，所以每隔10ms将出现一次输入的新值（定时循环1其值为1，定时循环2其值为3）。

（5）运行VI。

运行时需要先运行第1个VI生成数据，再运行第2个VI使用数据，终止程序时可以使用总开关，运行程序后，显示如图12-2所示。当要再次运行时，需先把总开关打开。

控件、控件引用和属性节点可作为变量使用。尽管控件、控件引用和属性节点皆可用于VI间的数据传递，但由于其必须经由用户界面，因此并不适于作为变量使用。一般仅在进行用户界面操作或停止并行循环时才使用本地变量和“值”属性。

用户界面操作通常速度较慢。LabVIEW将两个值通过连线在数纳秒内完成传递，同时用数百微秒到数百毫秒不等的时间绘制一个文本。例如，LabVIEW可把一个100KB的数组通过连线在0ns到数微秒内将其传递。绘制该100KB数组的图形需要数十毫秒。由于控件有其用户界面，故使用控件传递数据将产生重绘控件的副作用，令内存占用增加，VI性能降低。如控件被隐藏，LabVIEW的数据传递速度将提高，但由于控件可随时被显示，LabVIEW仍需更新控件。

多线程对用户界面操作的影响。完成用户界面操作一般占用内存更多，其原因在于LabVIEW需将执行线程切换到用户界面线程。例如，设置“值”属性时，LabVIEW将模拟一个改变控件值的用户，即停止执行线程并切换到用户界面线程后对值进行更改。接着，LabVIEW将更新用户界面的数据。若前面板打开，还将重绘控件。LabVIEW随后便把数据发送到执行线程。执行线程位于称为传输缓冲区的受保护内存区域内。最后，LabVIEW将切换回执行线程。当执行线程再次从控件读取数据时，LabVIEW将从传输缓冲区内寻找数据并接收新的值。

将数据写入本地或全局变量时，LabVIEW并不立即切换到用户界面线程。而是把数值写入传输缓冲区。用户界面将在下一个指定的更新时间进行更新。变量更新可能在线程切换或用户界面更新前多次进行。原因在于变量仅可在执行线程中运算。

函数全局变量不使用传输缓冲区，因此可能比一般的全局变量更高效。函数全局变量仅存在于执行线程中，除非需在打开的前面板上显示其数值，一般无须使用传输缓冲区。

4. 并行程序框图

有多个程序框图并行运行时，执行系统将在各程序框图间定期切换。对于某些较为次要的循环，等待 (ms) 函数可使这些次要循环尽可能少地占用时间。

5. 子 VI 系统开销

调用子 VI 需占用一定数量的系统开销。与历时数毫秒至数十毫秒的 I/O 系统开销和显示系统开销相比，该系统开销极为短暂（数十微秒）。但是，该系统开销在某些情况下会有所增加。例如，在一个循环中调用子 VI 达 10000 次后，其系统开销将对执行速度带来显著影响。此时，可考虑将循环嵌入子 VI。

减少子 VI 系统开销的另一个方法是将子 VI 转换为子程序，即在选择“文件”→“VI 属性”命令后弹出的对话框的顶部下拉菜单中选择“执行”，再从“优先级”下拉菜单中选择“子程序”。但这样做也有其代价。子程序无法显示前面板的数据、调用计时或对话框函数，也无法与其他 VI 多任务执行。子程序通常最适于不要求用户交互且任务简短、执行频率高的 VI。

6. 循环中不必要的计算

若计算在每次循环后的结果相同，应避免将其置于循环内。正确的做法是将计算移出循环，将计算结果输入循环。

扫一扫，看视频

动手学——乘法计算

源文件：源文件\第 12 章\乘法计算\乘法图形显示.vi、乘法计算.vi

本实例在如图 12-6 所示的程序框图中练习乘法计算。

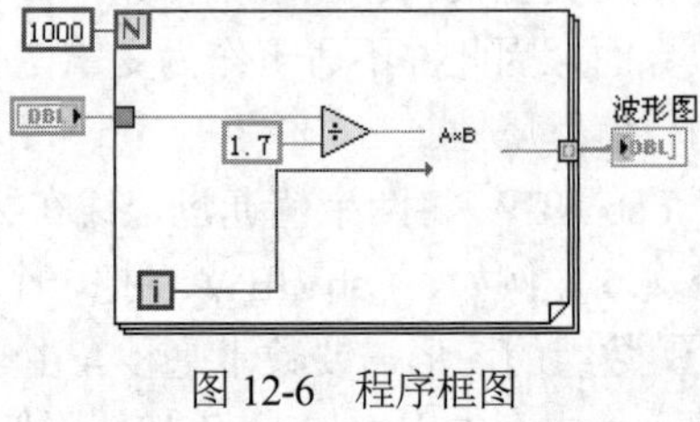

图 12-6　程序框图

【操作步骤】

(1) 设置工作环境。

① 新建 VI。选择菜单栏中的“文件”→“新建 VI”命令，新建一个 VI，一个空白的 VI 包括前面板及程序框图。

② 保存 VI。选择菜单栏中的“文件”→“另存为”命令，输入 VI 名称为“乘法图形显示”“乘法运算”。

(2) 设计程序。

① 打开前面板。在“控件”选板中选择“新式”→“数值输入控件”“数值显示控件”，并修改控件名称分别为 A、B、C，如图 12-7 所示。

② 打开程序框图，右击，在“函数”选板中选择“数值”→“乘”函数，同时在函数接线端分别连接控件图标的输出端与输入端，结果如图 12-8 所示。

(3) 设置接线端口。

① 将前面板置为当前，将鼠标放置在前面板右上角的连线端口图标上方，鼠标变为连线工具状态。

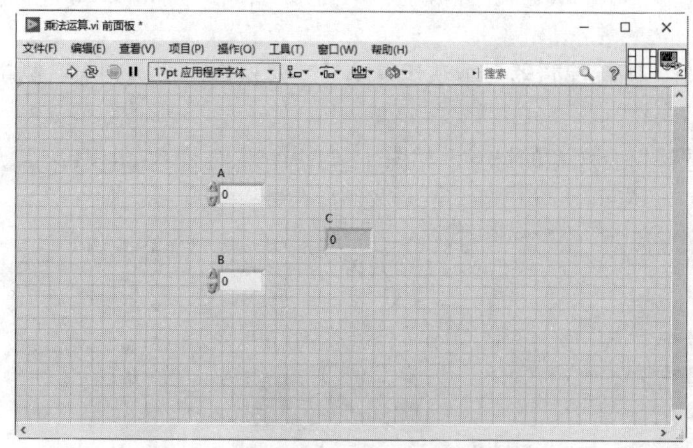

图 12-7 前面板显示

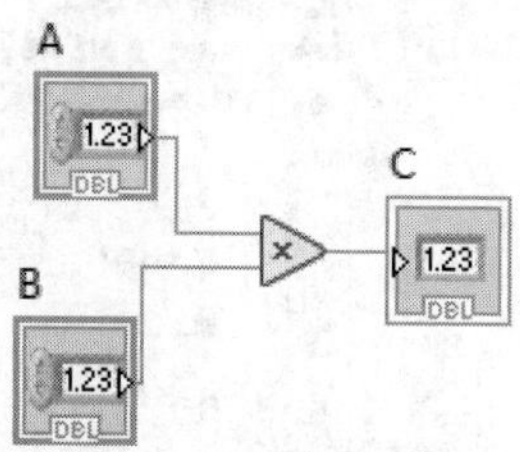

图 12-8 程序框图显示

② 右击，从弹出的快捷菜单中选择“模式”命令，同时在下一级菜单中显示连线端口模式，选择第 1 行第 5 个模式，如图 12-9 所示。

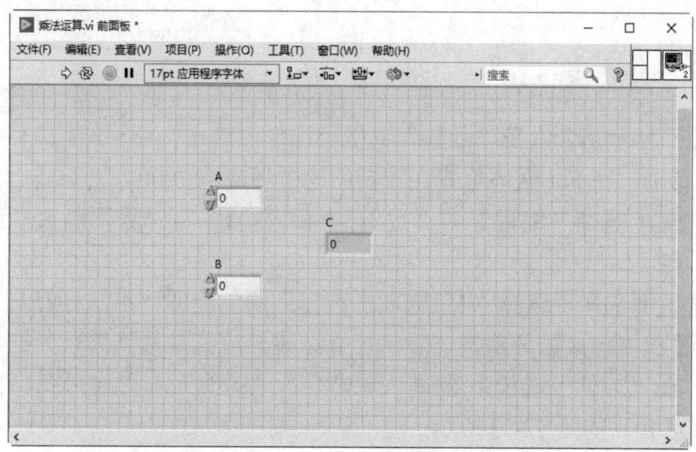

图 12-9 选择模式

③ 建立端口与输入控件的关联关系，如图 12-10 所示。

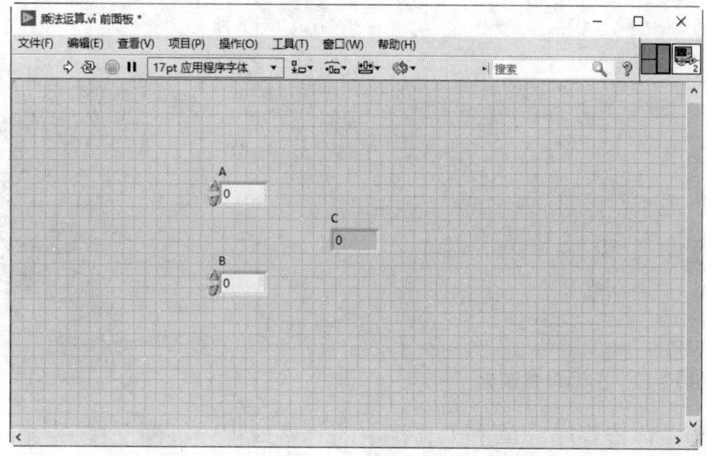

图 12-10 选中输入端口

（4）设置图标。

① 双击前面板右上角的图标，弹出“图标编辑器（乘法运算.vi）”对话框。框选删除右侧黑色边框内部的图标。

② 切换到“图标文本”选项卡，选择符合题意的符号，如图 12-11 所示。前面板如图 12-12 所示。

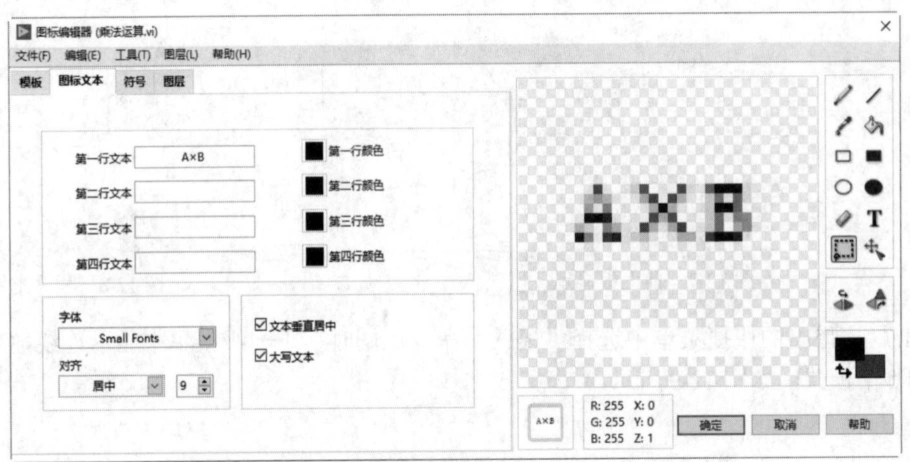

图 12-11 “图标编辑器（乘法运算.vi）”对话框

③ 打开“乘法图形显示.vi”，在“函数”选板上选择“编程”→“结构”→“For 循环”函数，拖动出适当大小的矩形框，在 For 循环总线连线端创建循环次数 1000。

④ 在“函数”选板上选择“编程”→“数学”→“数值”→“除”函数，连接在循环外创建的数值输入控件与常量 1.7。

⑤ 在“函数”选板上选择“选择 VI”选项，选择上面创建的“乘法计算.vi”，放置到循环内部。

⑥ 在子 VI 输入/输出端连接循环次数与除法计算结果，放置函数到循环内部。

⑦ 打开前面板，在“控件”选板中选择“新式”→“图形”→“波形图”控件，创建“波形图”控件，设置数值初值为 10，如图 12-13 所示。

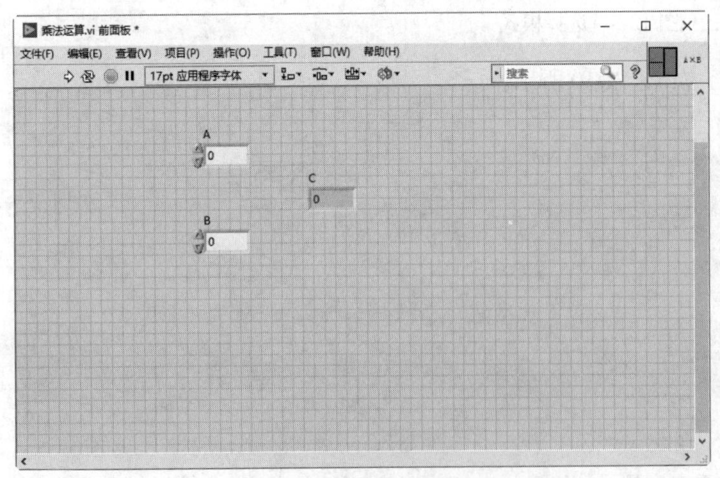

图 12-12 图标设置结果

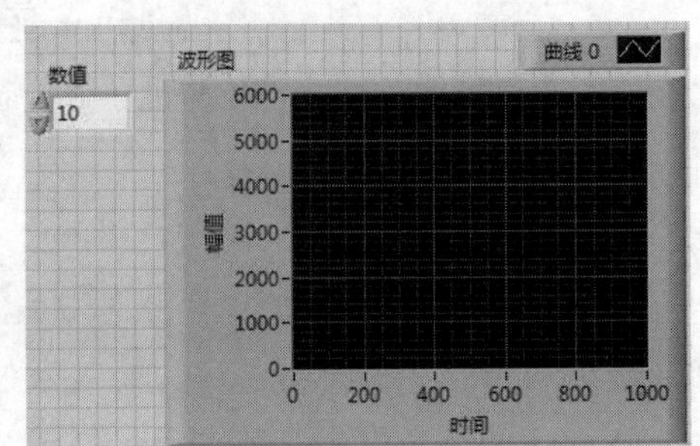

图 12-13 前面板设计

⑧ 打开程序框图，连接程序，单击工具栏中的“整理程序框图”按钮，整理程序框图，如图 12-6 所示。

⑨单击“运行”按钮，运行 VI，在前面板显示运行结果，如图 12-14 所示。

（5）使用子 VI 设计。

循环中每次除法计算的结果相同，故可将其从循环中移出以提高执行性能，如图 12-15 所示。

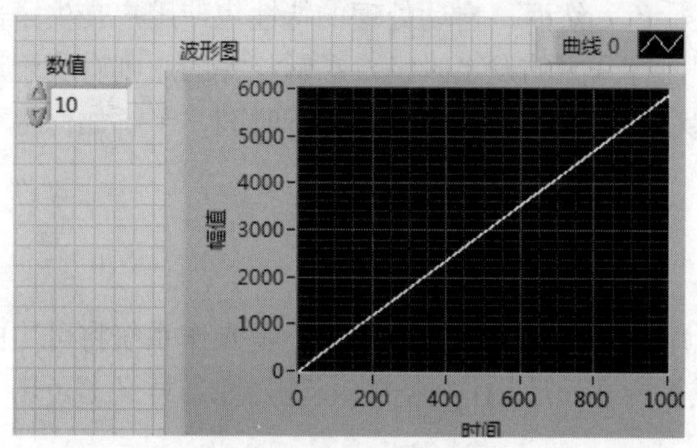

图 12-14　前面板运行结果

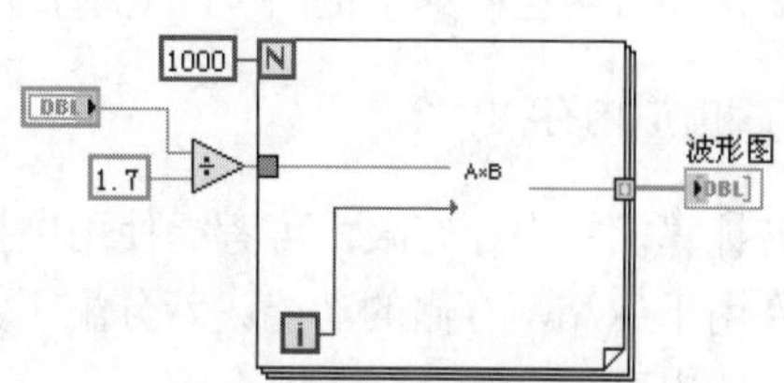

图 12-15　改进后的程序框图

（6）使用全局变量。

如图 12-16 所示的程序框图中，如果全局变量的值不会被这个循环中另一个同时发生的程序框图或 VI 更改，那么每次在循环中运行时，该程序框图将会由于全局变量的读/写而浪费时间。

若不要求全局变量在这个循环中被另一个程序框图读/写，可使用图 12-17 所示的程序框图。

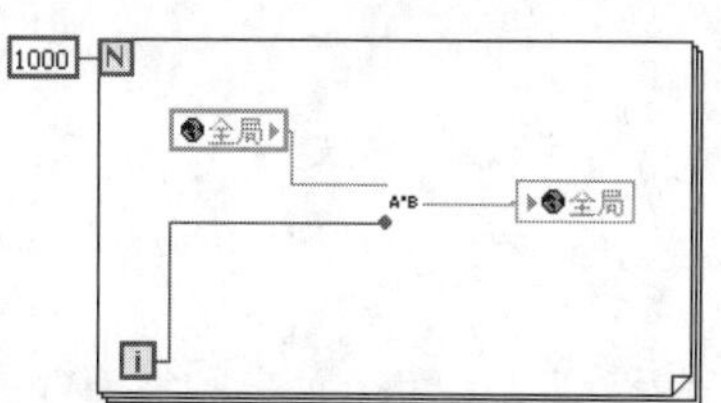

图 12-16　不必要的对全局变量的读取

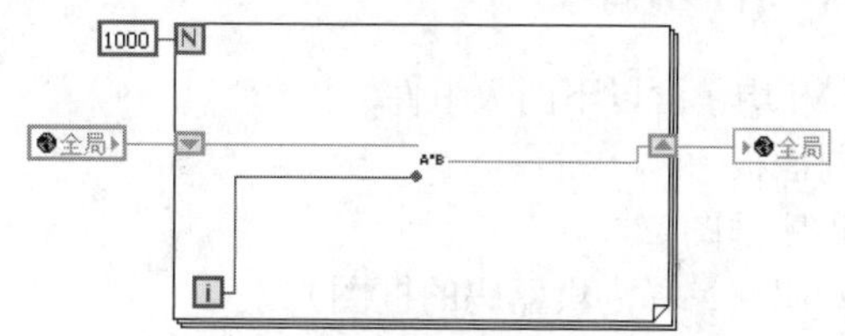

图 12-17　改进后的对全局变量的读取

注意：

移位寄存器必须将新的值从子 VI 传递到下一轮循环。图 12-18 所示的程序框图显示了一个常见于初学者的错误。由于未使用移位寄存器，该子 VI 的结果将永远无法作为新的输入值返还给子 VI。

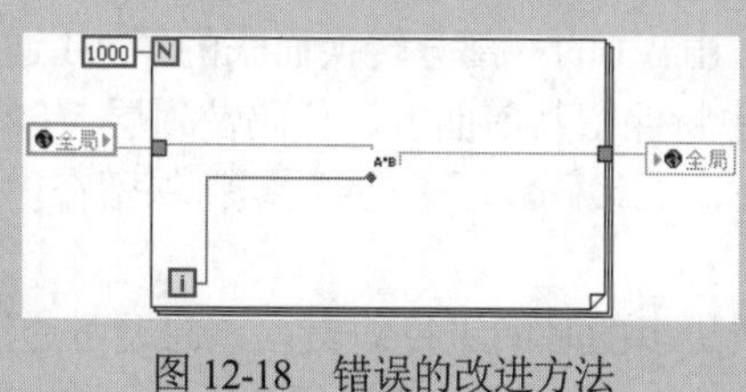

图 12-18　错误的改进方法

12.1.3　减少 VI 内存的使用

LabVIEW 可处理大量在文本编程语言中必须由用户处理的细节。文本编程语言的一大挑战是内存的使用。在文本编程语言中，编程者必须在内存使用的前后进行分配及释放内存。同时，编程者必须注意所写入数据不得超过已分配的内存容量。因此，对于使用文本编程语言的编程者来说，最大问题之一是无法分配内存或分配足够的内存。内存分配不当也是很难调试的问题。

LabVEIW 的数据流模式解决了内存管理中的诸多难题。在 LabVIEW 中无须分配变量或为变量赋值。用户只需创建带有连线的程序框图来表示数据的传输。

生成数据的函数将分配用于保存数据的空间。当数据不再使用时，其占用的内存将被释放。向数组或字符串添加新数据时，LabVIEW 将自动分配足够的内存来管理这些新数据。

这种自动的内存处理功能是 LabVIEW 的一大特色。然而，自动处理的特性也使用户丧失了部分控制能力。在程序处理大宗数据时，用户也应了解内存分配的发生时机。了解相关的原则有利于用户编写出占用内存更少的程序。同时，由于内存分配和数据复制会占用大量执行时间，了解如何尽可能地降低内存占用也有利于提高 VI 的执行速度。

1. 虚拟内存

若计算机的内存有限，可考虑使用虚拟内存以增加可用的内存。虚拟内存是操作系统将可用的硬盘控件用于 RAM 存储的功能。若分配了大量的虚拟内存，应用程序会将其视为通常意义上可用于数据存储的内存。

对于应用程序来说，是否为真正的 RAM 内存或虚拟内存并不重要。操作系统会隐藏该内存为虚拟内存的事实。二者最大的区别在于速度。使用虚拟内存，当操作系统将虚拟内存与硬盘进行交换时，偶尔会出现速度迟缓的现象。虚拟内存可用于运行较为大型的应用程序，但不适于时间条件苛刻的应用程序。

2. VI 组件内存管理

每个 VI 均包含以下四大组件。

- 前面板。
- 程序框图。
- 代码（编译为机器码的框图）。
- 数据（输入控件和显示控件值、默认数据、框图常量数据等）。

当一个 VI 加载时，前面板、代码（如代码与操作平台相匹配）及 VI 的数据都将被加载到内存。若 VI 由于操作平台或子 VI 的界面发生改变而需要被编译，则程序框图也将被加载到内存。

若其子 VI 被加载到内存中，则 VI 也将加载其代码和数据空间。在某些条件下，有些子 VI 的前面板可能也会被加载到内存中。例如，当子 VI 使用了操纵着前面板控件状态信息的属性节点时。

组织 VI 组件的重要一点是，由 VI 的一部分转换而来的子 VI 通常不应占用大量内存。若创建一个大型但没有子 VI 的 VI，内存中将保留其前面板、代码及顶层 VI 的数据。然而，若将该 VI 分为若干子 VI，则顶层 VI 的代码将变小，而代码和子 VI 的数据将保留在内存中。有些情况下，可能会出现更少的运行时内存使用。

另外，大型 VI 可能需要花费更多的时间进行编辑。该问题可通过将 VI 分为子 VI 来解决，通常编辑器处理小型 VI 更有效率。同时，层次化的 VI 组织也更易于维护和阅读。

并且，若 VI 前面板或程序框图的规模超过了屏幕可显示的范围，将其分为子 VI 更便于其使用。

3. 数据流编程和数据缓冲区

在数据流编程中，一般不使用变量。数据流模式通常将节点描述为消耗数据输入并产出数据输出。机械地照搬该模式将导致应用程序的内存占用巨大而执行性能迟缓。每个函数都要为输出的目的地产生数据副本。LabVIEW 编译器对这种实施方法加以改进，即确认内存何时可被重复使用并检查输出的目的地，以决定是否有必要为每个输出复制数据。“显示缓冲区分配”对话框可显示 LabVIEW 创建数据副本的位置。

例如，图 12-19 所示的程序框图采用了较为传统的编译器方式，即使用两块数据内存，一个用于输入，另一个用于输出。

图 12-19 数据流编程示例 1

输入数组和输出数组含有相同数量的元素，且两种数组的数据类型相同。将进入的数组视为数据的缓冲区。编译器并没有为输出创建一个新的缓冲区，而是重复使用了输入缓冲区。这样做无须在运行时分配内存，故节省了内存，执行速度也得以提高。

然而，编译器无法做到在任何情况下重复使用内存。

动手练——创建新数组

扫一扫，看视频

源文件：源文件\第 12 章\创建新数组.vi

设计如图 12-20 所示的通过一个数据源将一个信号传递到多个目的地的程序。

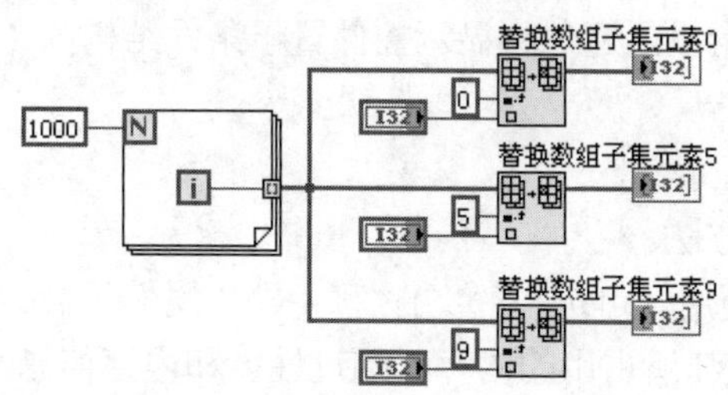

图 12-20 完整的 VI 程序框图

思路点拨

(1) 创建循环数。
(2) 放置替换数组子集函数。
(3) 创建控件。
(4) 运行程序。

提示：

替换数组子集函数修改了输入数组，并产生输出数组。在此情况下，编译器将为这两个函数创建新的数据缓冲区并将数组数据复制到缓冲区中。这样，其中一个函数将重复使用输入数组，而其他函数将不会使用。本程序框图使用约 12KB 内存（原始数组使用 4KB，其他两个数据缓冲区各使用 4KB）。

与前例相同，输入数组至 3 个函数。但是，图 12-21 所示程序框图中的索引数组函数并不对输入数组进行修改。若将数据传递到多个只读取数据而不作任何修改的地址，LabVIEW 便不再复制数据。本程序框图使用约 4KB 内存。

最后，请参考如图 12-22 所示的程序框图。

图 12-22 所示示例中，输入数组至两个函数，其中一个用于修改数据。这两个函数间没有依赖性。因此，可以预见的是至少需要复制一份数据以使“替换数组子集”函数正常对数据进行修改。然而，本实例中的编译器将函数的执行顺序安排为读取数据的函数最先执行，修改数据的函数最后执行。于是，“替换数组子集”函数便可重复使用输入数组的缓冲区而不生成一个相同的数组。若节点排序至为重要，可通过一个序列或一个节点的输出作为另一个节点的输入，令节点排序更为明了。

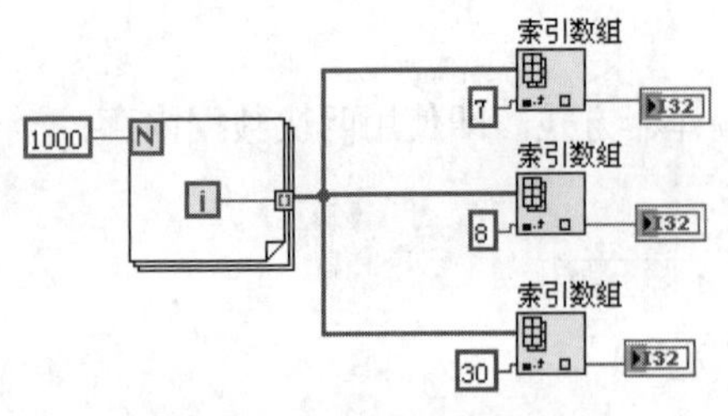

图 12-21　数据流编程示例 2

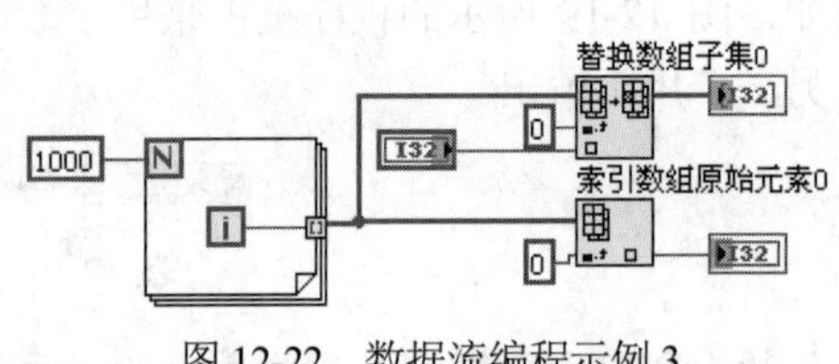

图 12-22　数据流编程示例 3

事实上，编译器对程序框图做出的分析并不尽善尽美。有些情况下，编译器可能无法确定重复使用程序框图内存的最佳方式。

特定的程序框图可阻止 LabVIEW 重复使用数据缓冲区。在子 VI 中通过一个条件显示控件能阻止 LabVIEW 对数据缓冲区的使用进行优化。条件显示控件是一个置于条件结构或 For 循环中的显示控件。若将显示控件放置于一个按条件执行的代码路径中，将中断数据在系统中的流动，同时 LabVIEW 也不再重新使用输入的数据缓冲区而将数据强制复制到显示控件中。若将显示控件置于条件结构或 For 循环外，LabVIEW 将直接修改循环或结构中的数据，将数据传递到显示控件而不再复制一份数据。可为交替发生的条件分支创建常量，避免将显示控件置于条件结构内。

4. 监控内存使用

查看内存使用有以下几种方法。

如需查看当前 VI 的内存使用，可选择“文件”→“VI 属性”命令并从顶部下拉菜单中选择内存使用。注意该结果并不包括子 VI 所占用的内存。通过性能和内存信息对话框可监控所有已保存 VI 所占用的内存。VI 性能和内存信息对话框可就一个 VI 每次运行后所占用的字节数及块数的最小值、最大值和平均值进行数据统计。

注意：

在监控 VI 内存使用时，务必在查看内存使用前先将 VI 保存。“撤销”功能保存了对象和数据的临时副本，增加了 VI 的内存使用。保存 VI 则可清除“撤销”功能所生成的数据副本，使最终显示的内存信息更为准确。

利用性能和内存信息对话框可找出运行性能欠佳的子 VI，接着可通过“显示缓冲区分配”对话框显示出程序框图中 LabVIEW 用于分配内存的特定区域。

选择“工具”→“性能分析”→“显示缓冲区分配”命令，可打开“显示缓冲区分配”对话框。勾选需要查看其缓冲区的数据类型，单击“刷新”按钮。此时程序框图上将出现一些黑色小方块，表示 LabVIEW 在程序框图上创建的数据缓冲区的位置。“显示缓冲区分配”对话框及程序框图上显示的数据缓冲区的位置如图 12-23 和图 12-24 所示。

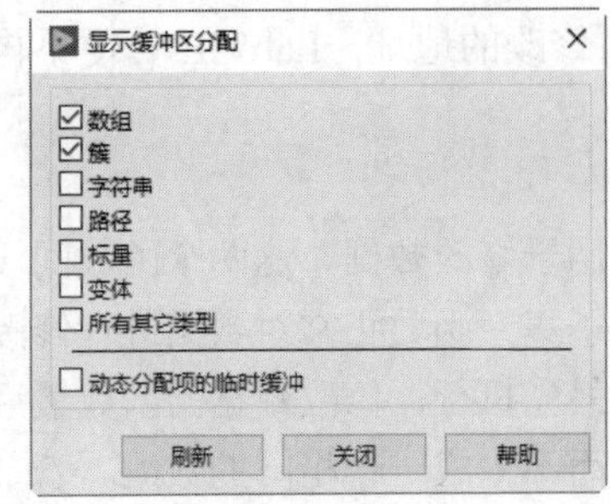

图 12-23　“显示缓冲区分配”对话框

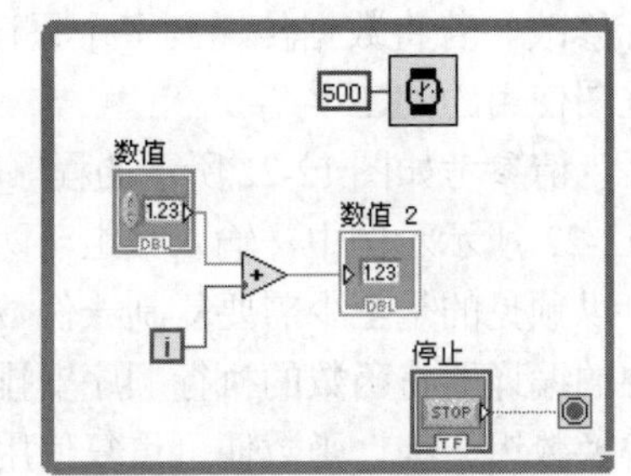

图 12-24　程序框图上显示的数据缓冲区的位置

🔊注意：

只有 LabVIEW 完整版和专业版开发系统才有“显示缓冲区分配”对话框。

一旦确认了 LabVIEW 缓冲区的位置，便可编辑 VI 以减少运行 VI 所需内存。LabVIEW 必须为运行 VI 分配内存，因此不可将所有缓冲区都删除。

若一个必须用 LabVIEW 对其进行重新编译的 VI 被更改，则黑色方块将由于缓冲区信息错误而消失。单击“显示缓冲区分配”对话框中的“刷新”按钮，可重新编译 VI 并使黑色方块显现。关闭“显示缓冲区分配”对话框后，黑色方块也随之消失。

选择“帮助”→“关于 LabVIEW”命令，可查看应用程序的内存使用总量。该总量包括了 VI 及应用程序本身所占用的内存。在执行一组 VI 前后查看该总量的变化可大致了解各 VI 总体上对内存的占用。

5. 高效使用内存的规则

以上所介绍的内容的要点在于编译器可智能地做出重复使用内存的决策。编译器何时能重复使用内存的规则十分复杂。以下规则有助于在实际操作中创建能高效使用内存的 VI。

（1）将 VI 分为若干子 VI 一般不影响内存的使用。在多数情况下，内存使用效率将提高，这是由于子 VI 不运行时执行系统可取回该子 VI 所占用的数据内存。

（2）只有当标量过多时才会对内存使用产生负面影响，故无须太介意标量值数据副本的存在。

（3）使用数组或字符串时，勿滥用全局变量和局部变量。读取全局变量或局部变量时，LabVIEW 都会生成数据副本。

如无必要，不要在前面板上显示大型的数组或字符串。前面板上的输入控件和显示控件会为其显示的数据保存一份数据副本。

（4）延迟前面板更新属性。将该属性设置为 TRUE 时，即使控件的值被改变，前面板显示控制器的值也不会改变。操作系统无须使用任何内存为输入控件填充新的值。

（5）如果并不打算显示子 VI 的前面板，那么不要将未使用的属性节点留在子 VI 上。属性节点将导致子 VI 的前面板被保留在内存中，造成不必要的内存占用。

（6）设计程序框图时，应注意输入与输出大小不同的情况。例如，使用创建数组或连接字符串函数而使数组或字符串的尺寸被频繁扩大，那么这些数组或字符串将产生其数据副本。

（7）在数组中使用一致的数据类型并在数组将数据传递到子 VI 和函数时监视强制转换点。当数据类型被改变时，执行系统将为其复制一份数据。

（8）不要使用复杂和层次化的数据结构，如含有大型数组或字符串的簇或簇数组。这将占用更多的内存。应尽可能使用更高效的数据类型。

（9）如无必要，不要使用透明或重叠的前面板对象。这样的对象可能会占用更多内存。

6. 前面板的内存问题

前面板打开时，输入控件和显示控件会为其显示的数据保存一份数据副本。

如图 12-25 显示的是加 1 函数及前面板输入控件和显示控件。

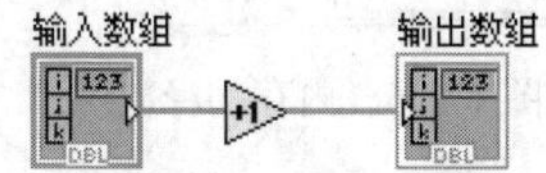

图 12-25 前面板的内存问题示例

运行该 VI 时，前面板输入控件的数据被传递到程序框图。加 1 函数将重新使用输入缓冲区。显示控件则复制一份数据用于在前面板上显示。于是，缓冲区便有了 3 份数据。

前面板输入控件的这种数据保护可防止用户将数据输入输入控件后运行相关 VI 并在数据传递到后续节点时查看输入控件的数据变化。同样，显示控件的数据也受到保护，以保证显示控件在收到新数据前能准确地显示当前的内容。

子 VI 的存在使得输入控件和显示控件能作为输入与输出使用。在以下条件下，执行系统将为子 VI 的输入控件和显示控件复制数据。

（1）前面板保存于内存中。

（2）前面板已打开。

（3）VI 已更改但未保存（VI 的所有组件将保留在内存中直至 VI 被保存）。

（4）前面板使用数据打印。

（5）程序框图使用属性节点。

（6）VI 使用本地变量。

（7）前面板使用数据记录。

（8）用于暂停数据范围检查的控件。

若要使一个属性节点能够在前面板关闭状态下读取子 VI 中图表的历史数据，则输入控件或显示控件需显示传递到该属性节点的数据。由于大量与其相似的属性的存在，如子 VI 使用属性节点，执行系统将会把该子 VI 面板存入内存。

若前面板使用前面板数据记录或数据打印，输入控件和显示控件将维护其数据副本。此外，为便于数据打印，前面板被存入内存，即前面板可以被打印。

若设置子 VI 在被“VI 属性”对话框或“子 VI 节点设置”对话框调用时打开其前面板，那么当子 VI 被调用时，前面板将被加载到内存。如设置了“如之前未打开则关闭”，一旦子 VI 结束运行，前面板便从内存中移出。

7. 可重复使用数据内存的子 VI

通常，子 VI 可轻松地从其调用者使用数据缓冲区，就像其程序框图已被复制到顶层一样。多数情况下，将程序框图的一部分转换为子 VI 并不占用额外的内存。正如上节内容所述，对于在显示上有特殊要求的 VI，其前面板和输入控件可能需要使用额外的内存。

8. 了解何时内存被释放

考虑如图 12-26 所示的程序框图。

平均值 VI 运行完毕，便不再需要数据数组。在规模较大的程序框图中，确定何时不再需要这些数据是一个十分复杂的过程，因此在 VI 的运行期间执行系统不释放 VI 的数据缓冲区。

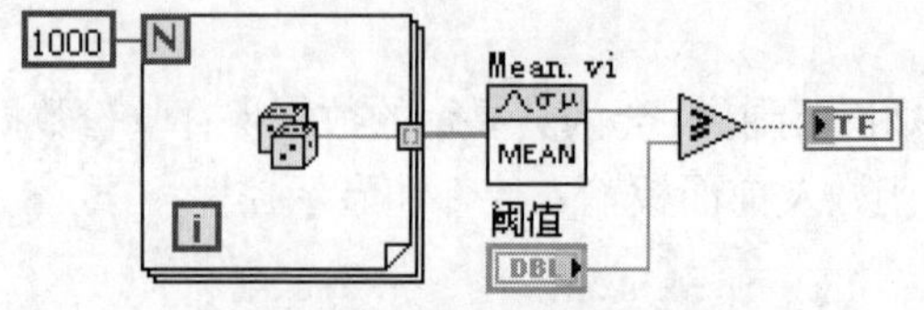

图 12-26　内存的释放示例

在 Mac OS 平台上，若内存不足，执行系统将释放任何当前未被运行的 VI 的数据缓冲区。执行系统不会释放前面板输入控件、显示控件、全局变量或未初始化的移位寄存器所使用的内存。

现在将本 VI 视为一个较大型 VI 的子 VI。数据数组已被创建并仅用于该子 VI。在 Mac OS 平台上，若该子 VI 未运行且内存不足，执行系统将释放子 VI 中的数据。本示例说明了如何利用子 VI 节省内存使用。

在 Windows 和 Linux 平台上，除非 VI 已关闭且从内存中移除，一般不释放数据缓冲区。内存将按需从操作系统中分配，而虚拟内存在上述平台上也运行良好。由于碎片的存在，应用程序看起来可能比事实上使用了更多的内存。内存被分配和释放时，应用程序会合并内存以把未使用的块返回给操作系统。

通过请求释放函数可在含有该函数的VI运行完毕释放未用的内存。当顶层VI调用一个子VI时，LabVIEW将为该子VI的运行分配一个内存数据空间。子VI运行完毕，LabVIEW将在直到顶层VI完成运行或整个应用程序停止后才释放数据空间，这将造成内存用尽或性能降低。将“请求释放”函数置于需要释放内存的子VI中。将标志布尔输入设置为TRUE，则LabVIEW将释放该子VI的数据空间令内存使用降低。

9. 确定何时输出可重复使用输入缓冲区

若输出与输入的大小和数据类型相同且输入暂无他用，则输出可重复使用输入缓冲区。如前所述，在有些情况下，即使一个输入已用于别处，编译器和执行系统仍可对代码的执行顺序进行排序以便在输出缓冲区中重复使用输入。但其做法比较复杂，故不推荐经常使用该法。

“显示缓冲区分配”对话框可查看输出缓冲区是否重复使用了输入缓冲区。如图 12-27 所示程序框图中，若在条件结构的每个分支中都放入一个显示控件，LabVIEW 会为每个显示控制器复制一份数据，这将导致数据流被打断。LabVIEW 不会使用为输入数组所创建的缓冲区，而是为输出数组复制一份数据。

若将显示控件移出条件结构，由于 LabVIEW 不必为显示控件显示的数据创建数据副本，故输出缓冲区将重复使用输入缓冲区。在此后的 VI 运行中，LabVIEW 不再需要输入数组的值，因此递增函数可直接修改输入数组并将其传递到输出数组。在此条件下，LabVIEW 无须复制数据，故输出数组上将不出现缓冲区，如图 12-28 所示。

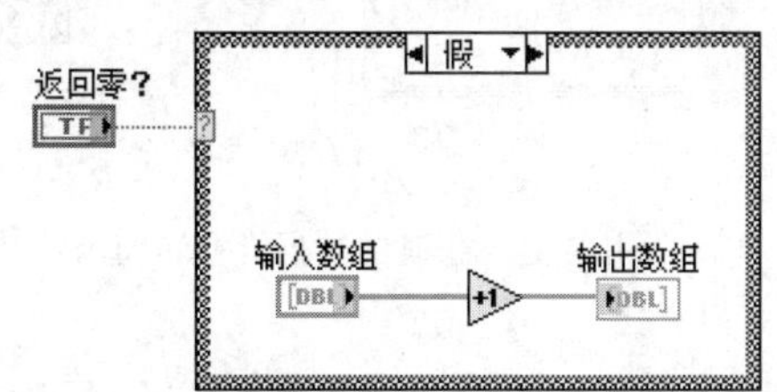

图 12-27　输出不使用输入缓冲区的示例

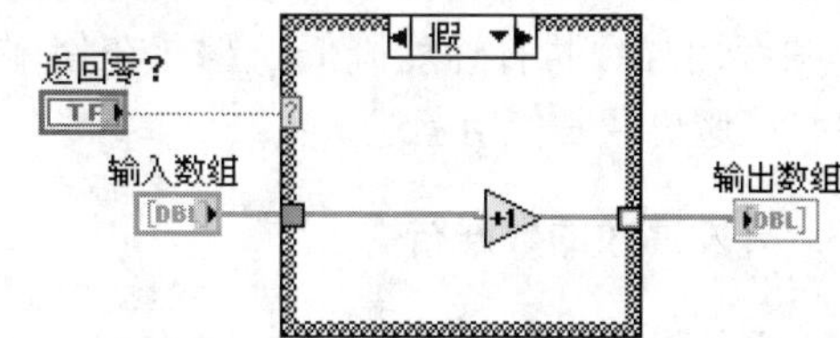

图 12-28　输出使用输入缓冲区的示例

10. 一致的数据类型

若输入与输出数据类型不同，则输出无法重复使用该输入。例如，将一个 32 位二进制整数与一个 16 位二进制整数相加，将出现一个强制转换点，表示 16 位二进制整数正被转换为 32 位二进制整数。假设 32 位二进制整数满足了其他所有要求（如 32 位二进制整数未在其他地方被重复使用），则 32 位二进制整数的输入可被输出缓冲区重复使用。

此外，子 VI 的强制转换点和大量函数均隐含了数据类型的转换。通常编译器会为已转换的数据创建一个新的缓冲区。

尽可能使用一致的数据类型可避免占用内存。这样可令数据大小升级以减少数据副本的产生。一致的数据类型也可使编译器在确定何时可重复使用数据缓冲区时更为灵活。

考虑在有些应用程序中使用更小的数据类型。例如，用 4 字节单精度数取代 8 字节双精度数。为避免不必要的数据转换，应仔细考虑数据类型是否与将调用子 VI 所期望的数据类型相符。

11. 如何生成正确类型的数据

图 12-29 所示示例为一个具有 1000 个任意值的数组，已被添加到一个标量中。任意值为双精度而标量为单精度，故在加函数处产生了一个强制转换点。标量在加法运算开始前被升级为双精度。最后的结果被传递到显示控制器。本程序框图使用 16KB 内存。

图 12-30 所示为一个错误的数据类型转换示例，即将双精度随机数数组转换为单精度随机数数组。本例使用的内存与前例相同。

如图 12-31 所示，最好的解决办法是在数组被创建前将随机数转换为单精度数。这样可避免转换一个大型数据缓冲区的数据类型转换。

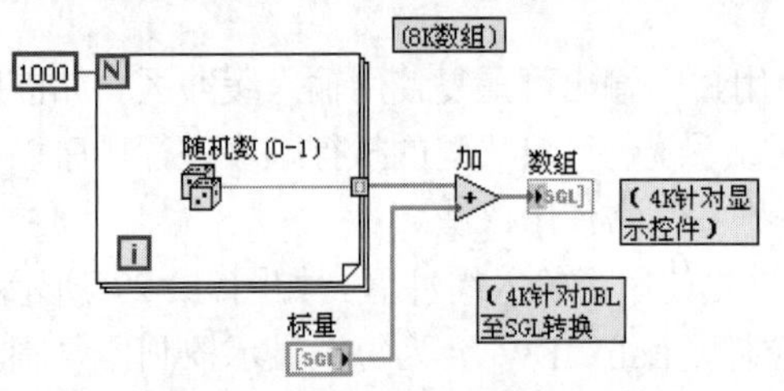

图 12-29　数据类型不一致的示例

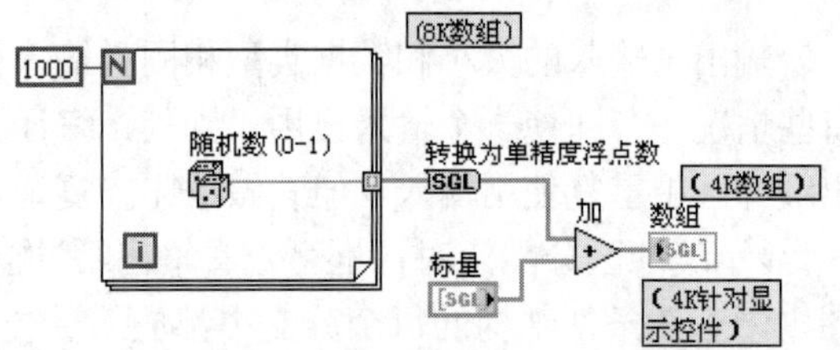

图 12-30　错误的数据类型转换示例

12. 避免频繁地调整数据大小

若输出与输入的大小不同，则输出无法重复使用输入的数据缓冲区。这种情况常见于创建数组、连接字符串及数组子集等改变数组或字符串大小的函数。使用上述函数时，程序将由于频繁复制数据而占用更多数据内存而导致执行速度降低。因此在使用数组及字符串时应避免经常使用上述函数。

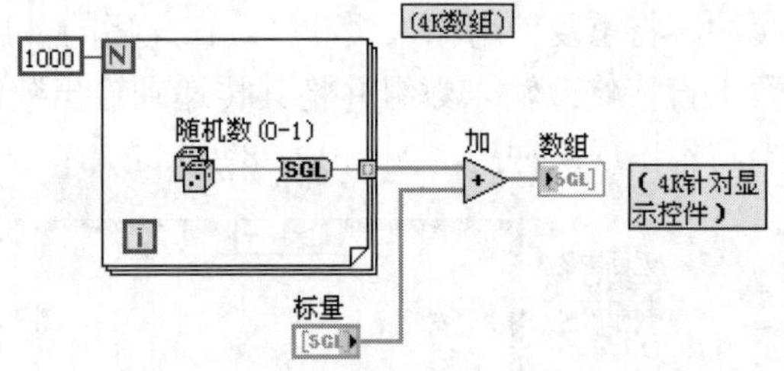

图 12-31　正确的数据类型转换示例

13. 开发高效的数据结构

在上面的内容中已提到层次化数据结构，如包含大型数组或字符串的簇或簇数组等无法被高效地使用。本部分将就其原因和如何选择高效的数据类型展开讨论。

对于复杂的数据结构而言，在访问和更改数据结构中元素的同时，难以不生成被访问元素的数据副本。若这些元素本身很大，如数组或字符串，那么生成其数据副本将占用更多内存和时间。

使用标量数据类型通常效率颇高。同样地，使用其元素为标量的小型字符串或数组也很高效。图 12-32 所示程序框图表示如何在一个元素为标量的数组中将其中的一个值递增。

这样做避免了生成整个数组的副本，因此很高效。以索引数组函数所生成的元素为一个标量，可很高效地创建和使用。

对于簇数组，假定其中的簇仅含有标量，那么也可高效地创建和使用。在以下程序框图中，由于解除捆绑和捆绑函数的使用，元素操作稍显复杂。但是，簇可能非常小（标量使用极少内存），因此访问簇元素并将元素替换回原先的簇并不占用大量的系统开销。

图 12-33 显示的是解除捆绑、运算和重新捆绑的高效模式。数据源的连线应仅有两个目的地：解除捆绑函数的输入端和捆绑函数的中间连线端。LabVIEW 将识别出这个模式并生成性能更佳的代码。

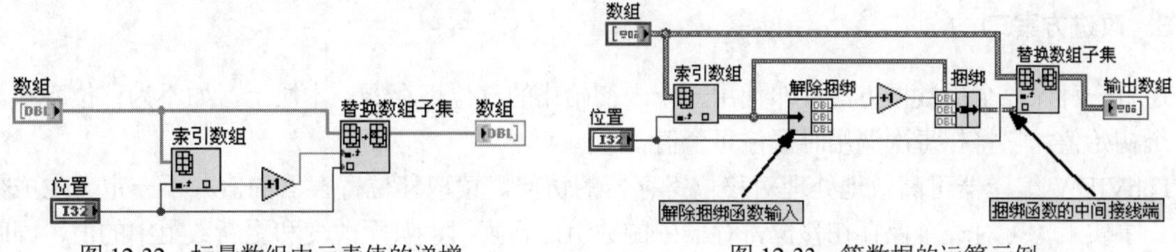

图 12-32　标量数组中元素值的递增　　　图 12-33　簇数据的运算示例

在一个簇数组中，每个簇含有大型的子数组或字符串，那么对簇中各元素的值进行索引和更改将占用更多的内存与时间。

对整个数组中的某个元素进行索引将会生成一份该元素的数据副本。这样，簇及其庞大的子数组或字符串都将产生各自的副本。由于字符串和数组的大小各异，复制过程不仅包括实际复制字符串和子数组的系统开销，还包括创建适当大小的字符串和子数组的内存调用。若干次这样的操作不会造成太大影响。然而，如果应用程序频繁地执行这样的操作，内存和执行的系统开销将迅速上升。

解决办法是寻求数据的其他表示形式。现有一个进行表格信息维护的应用程序。在这个应用程序中，所有数据可全局访问。表格包含了仪器的设置信息，包括其增益、低压极限、高压极限以及通道名称。

要使这些数据成为可供全局访问的数据，可考虑创建一组用于访问表格中数据的子 VI，如图 12-34 所示的 changechannelinfo.vi 和 removechannel.vi。

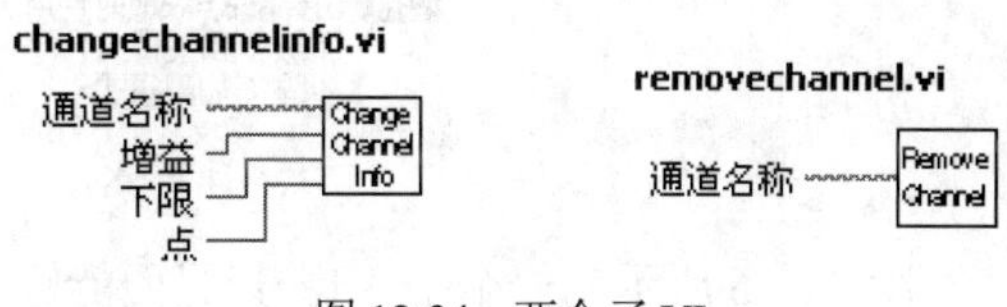

图 12-34　两个子 VI

以下为实现上述 VI 的 3 种不同方案。

1. 常规方案

要实现这个表格，需考虑几种数据结构。首先，使用含有一个簇数组的全局变量，数组中的每个簇代表了增益、低压极限、高压极限和通道的名称。

如前所述，在这样的数据结构中，通常须经过若干级索引和解除捆绑的操作方可访问数据，因此难以高效地实施。同时，由于这种数据结构聚集了若干不同的信息，因此无法使用搜索一维数组函数来搜索通道。搜索一维数组函数可在一个簇数组内搜索一个特定的簇，但无法搜索数个与某个簇元素相匹配的元素。

2. 改进方案一

对于上述示例，可将数据保存在两个分开的数组中。一个数组包含了通道名称；另一个数组包含了通道数据。对通道名称数组中的某个通道名称进行索引，使用该索引在另一个数组中找到与该通道名称相应的通道数据。

注意：

字符串数组与数据是分开的，故可通过搜索一维数组函数来搜索通道。

在实践中，如果以 changechannelinfo.vi 创建一个含有 1000 路通道的数组，其执行速度将是上一个方法的两倍。但由于没有其他影响性能的系统开销，因此二者的区别并不明显。

从某个全局变量读取数据时，将会为其生成一份数据副本。这样，每访问一个数组的元素便会生成一份完整的数组数据副本。下一个方法可更有效地避免占用系统开销。

3. 改进方案二

还有一种保存全局数据方法，即使用一个未初始化的移位寄存器。本质上，如不为移位寄存器连接一个初始值，它将在每次调用时记住每个值。

LabVIEW 编译器可高效地处理对移位寄存器的访问。读取移位寄存器的值并不一定会生成数据副本。事实上，可对一个保存在移位寄存器中的数组进行索引，甚至改变和更新数组中的值，同时不会生成多余的整个数组的数据副本。移位寄存器的问题在于，只有包含了移位寄存器的 VI 可访问移位寄存器的数据。但从另一方面来说，移位寄存器的优势在于其模块化。

可指定一个具有模式输入的子 VI 来读取、改变或清除一个通道，或指定其是否将所有通道的数据清零。

子 VI 包含了一个 While 循环，该循环中有两个移位寄存器：一个用于通道数据；另一个用于通道名称。上述移位寄存器都未初始化。接着，在 While 循环中，可放入一个与模式输入相连的条件结构。根据模式的不同，可对移位寄存器中的数据进行读取甚至更改，如图 12-35 所示。

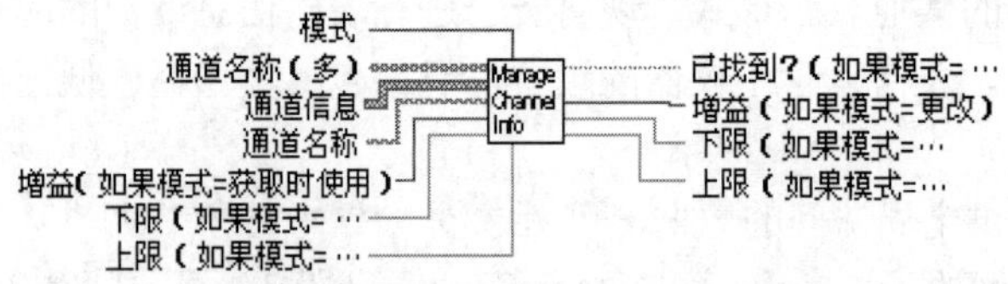

图 12-35　改进方案中子 VI 的端口定义

图 12-36 所示为一个子 VI，其界面能够处理上述 3 种不同模式。图中仅显示了 changechannelinfo 的代码。

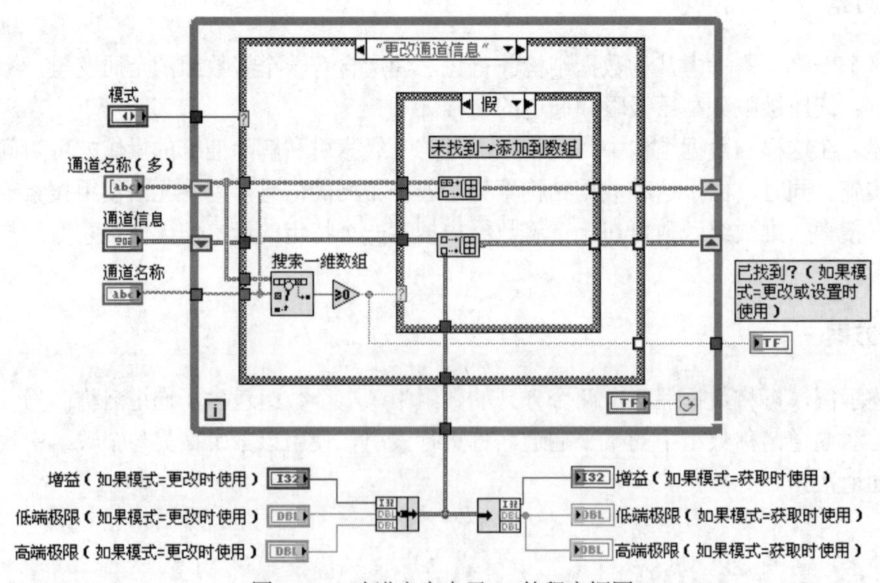

图 12-36　改进方案中子 VI 的程序框图

若元素多达1000个，这个方案的执行速度将是上一个方案的两倍，比常规方案快4倍。

上例的应用程序为一个含有混合数据类型且更改频繁的表格。而许多的应用程序中的表格信息往往是静态的。表格能够以电子表格文件的格式读取。一旦载入内存后，该表格可用于查找信息。在此情况下，实施方案由以下两个函数组成，即 initializetablefromfile.vi 和 getrecordfromtable.vi，如图 12-37 所示。

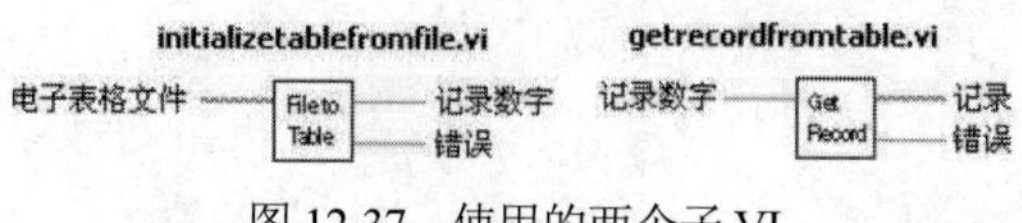

图 12-37 使用的两个子 VI

实施该表格的方法之一是使用一个二维的字符串数组。注意，编译器将每个字符串保存在位于另一独立内存块中的字符串数组中。如果字符串数量庞大（如超过 5000 个字符串），那么可将其载入内存管理器。这样的加载可能会由于对象的增多而导致性能的明显下降。

保存大型表格的另一方法是按照单个字符串读取表格。接着创建一个独立的数组，其中含有字符串中每个记录的偏移值。这种做法改变了数据的组织，避免占用上千个相对较小的内存块，而以一个较大的内存块（字符串）和一个独立的较小内存块（偏移值数组）来取代。

这种方法在实施时可能较为复杂，但对于大型的表格来说其执行速度将快得多。

12.1.4 搜索控件、VI 和函数

选择“查看”→“控件选板”或“查看”→“函数选板”，将打开“控件”或“函数”选板，选板顶部会出现两个按钮。

“搜索”按钮将选板转换为搜索模式，基于“文本查找”选板上的控件、VI 或函数。选板处于搜索模式时，单击“返回”按钮可退出搜索模式，返回选板。

“自定义”按钮提供当前选板的模式选项、显示或隐藏所有选板的类别以及在文本和树形模式下按字母顺序对选板上各项进行排序。在快捷菜单中选择“选项”，可打开“选项”对话框中的“控件/函数”选板页，为所有选板选择显示模式。只有当单击选板左上角的图钉将选板锁住时，该按钮才会显示。

在熟悉 VI 和函数的位置之前，可以使用“搜索”按钮搜索函数或 VI。例如，如需查找随机数函数，可在“函数”选板工具条上单击“搜索”按钮，在选板顶部的文本框中输入随机数。LabVIEW 会列出所有匹配项，包括以输入文本作为起始的项和内容包含输入文本的项。可以单击某个搜索结果并将其拖曳进入程序框图中。通过双击在选板上高亮显示搜索结果的位置。

12.2 使用 Express VI 进行程序设计

Express VI是从LabVIEW 7 Express开始引入的。从外观上看，Express VI的图标很大。下面以“仿真信号”Express VI为例，对 Express VI进行介绍。

选择“函数”选板中的Express→“输入”→“仿真信号”，如图12-38所示。图12-39给出了“仿真信号”的图标。可以看到，整个图标被深蓝色的边框包围，背景是清雅的淡蓝色，图标中心是一个小图标和 VI的名称，小图标的两侧有代表输入和输出的箭头，在名称的下方有下拉箭头。

图 12-39 所示的 Express VI 并没有显示端口名称，如果要显示端口名称，可以用鼠标（对象操作

工具状态）拖动端口下边缘的尺寸控制点，将端口名称显示出来，名称旁边小箭头的位置指明了端口的输入/输出属性，如图 12-40 所示。

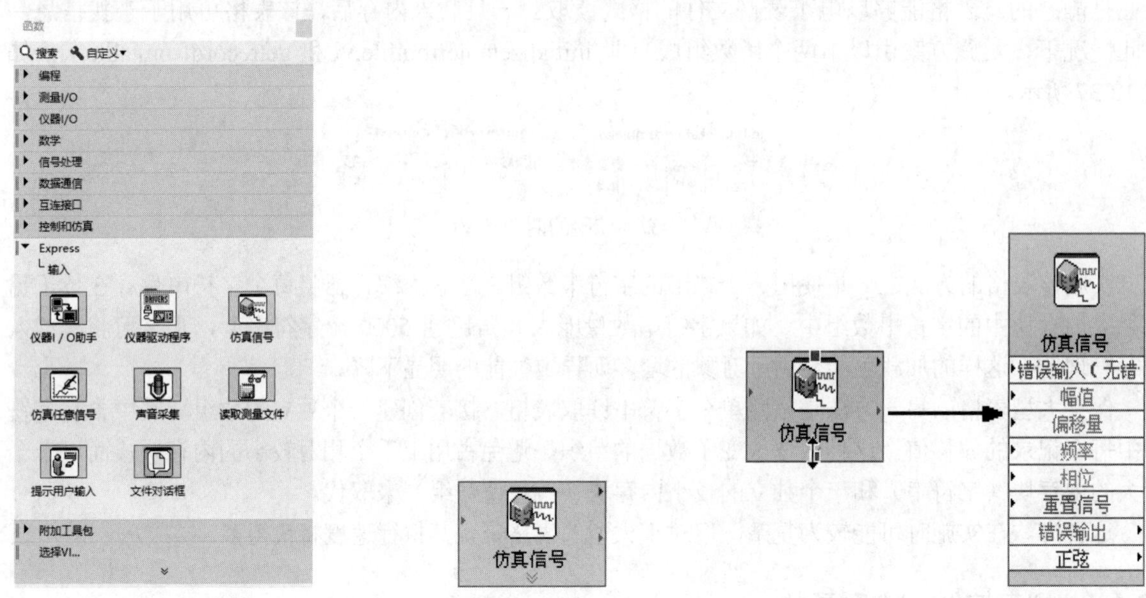

图 12-38　仿真信号　　图 12-39　“仿真信号”Express VI 的图标　　图 12-40　显示 Express VI 的属性

如果端口名称过长，不能完全显示，可以在图标的右键快捷菜单中选择“调整为文本大小”命令，Express VI 将根据端口名称的长度自动调整 VI 的宽度，如图 12-41 所示。

如果觉得 Express VI 的图标太大，也可以将其显示为小图标，方法是在图标的右键快捷菜单中选择“显示为图标”命令，使该选项处于选中状态，如图 12-42 所示。缩小后的图标依然以淡蓝色为背景，并且四周带有导角。

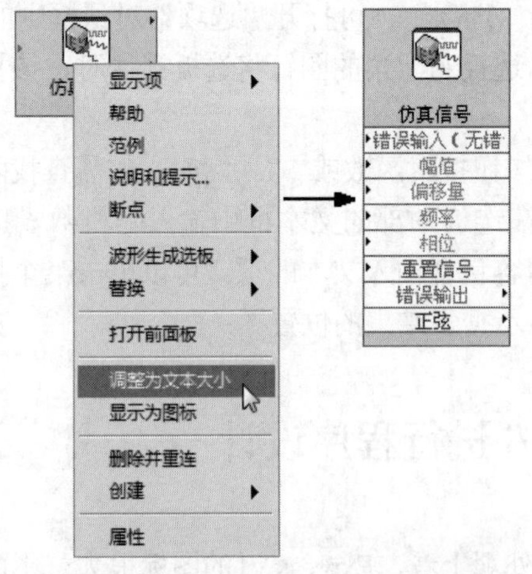

图 12-41　自动调整 Express VI 的宽度

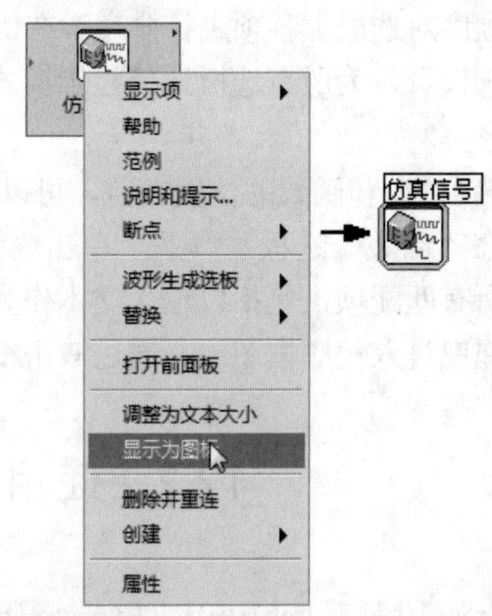

图 12-42　Express VI 的小图标

Express VI 使用起来较之标准 VI 更为方便。当 Express VI 处于默认设置时，将 Express VI 放置到程序框图中，将弹出 Express VI 的属性设置对话框（可通过 LabVIEW 环境设置以禁止自动弹出属性设置对话框）。在编程时，也可以双击 Express VI 的图标打开属性设置对话框。下面通过一个实例了解 Express VI 的使用方法。

扫一扫，看视频

动手学——使用 Express VI 进行频谱分析

源文件：源文件\ 第 12 章\ 使用 Express VI 进行频谱分析.vi

本实例首先产生一个虚拟信号，然后分析信号频谱，如图 12-43 所示。

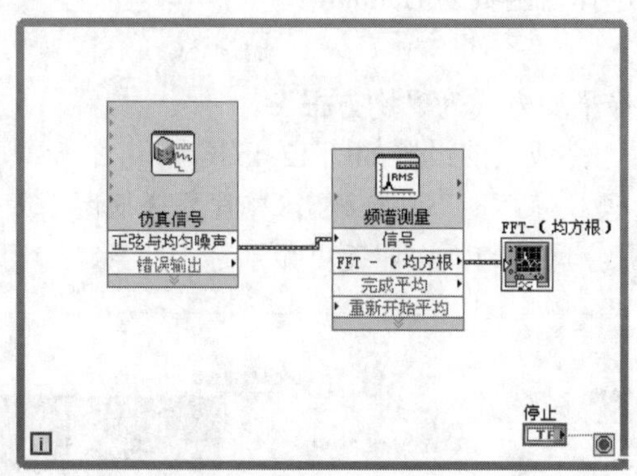

图 12-43　程序框图

【操作步骤】

（1）在“函数”选板中选择 Express→“输入”→“仿真信号”；在“函数”选板中选择 Express→“信号分析”→“频谱测量”，放置到程序框图中。

（2）将“仿真信号”Express VI 放置在程序框图中，这时 LabVIEW 将自动打开“配置仿真信号[仿真信号]”对话框。在对话框中进行以下设置。

- 在“信号类型”下拉列表框中选择“正弦”信号。
- 在“频率（Hz）”一栏中将频率设为 102Hz。
- 勾选“添加噪声”复选框。
- 在“噪声类型”下拉列表框中选择“均匀白噪声”。
- 在“噪声幅值”一栏中设置噪声幅度为 0.1。

在更改设置的时候，可以从右上角“结果预览”区域中观察当前设置的信号的波形。其他项保持默认设置，完成后的设置如图 12-44 所示。单击“确定”按钮，退出“配置仿真信号[仿真信号]”对话框。

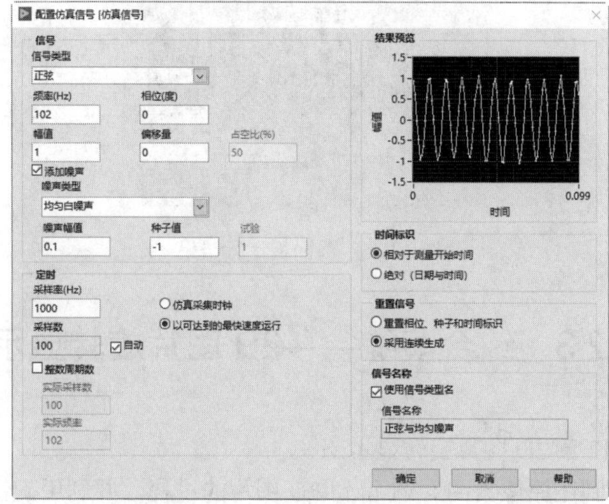

图 12-44　“配置仿真信号[仿真信号]”对话框

（3）将“频谱测量”放置在程序框图中，LabVIEW 将自动打开“配置频谱测量”对话框。在对话框中进行以下设置。

- 在“所选测量”栏中选中“幅度（均方根）”单选按钮。
- 在“窗”下拉列表中选择窗函数为 Hanning。
- 勾选“平均”复选框。
- 在“模式”一栏中选择平均方式为“均方根”。

保持其他属性为默认设置。完成后的设置如图 12-45 所示。

（4）单击工具栏中的“整理程序框图”按钮，整理程序框图，如图 12-43 所示。

（5）单击“运行”按钮，运行 VI，在前面板显示运行结果，如图 12-46 所示。

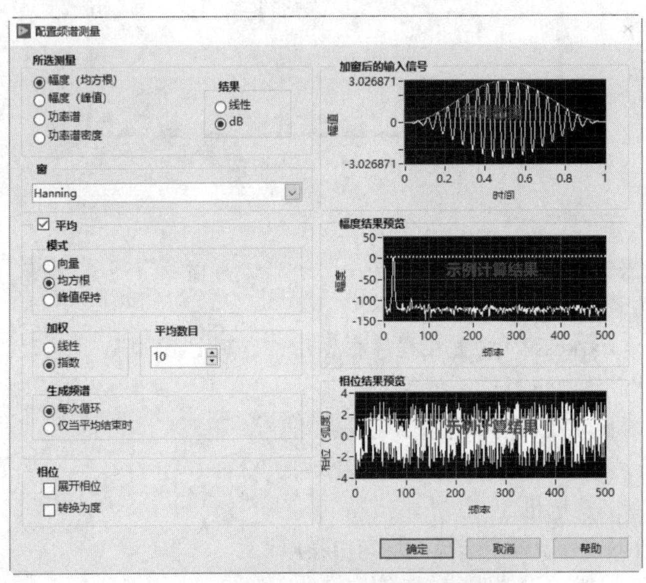

图 12-45 “配置频谱测量”对话框

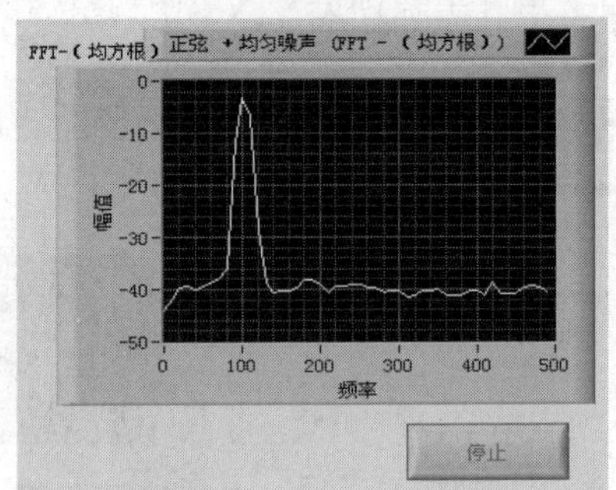

图 12-46 前面板运行结果

扫一扫，看视频

12.3 综合演练——2D 图片旋转显示

源文件：源文件\第 12 章\2D 图片旋转显示.vi

本实例演示使用“绘制还原像素图”VI 得到 2D 图片的过程，并利用旋钮控件控制图片内模型旋转的方向。

绘制完成的前面板如图 12-47 所示，程序框图如图 12-48 所示。

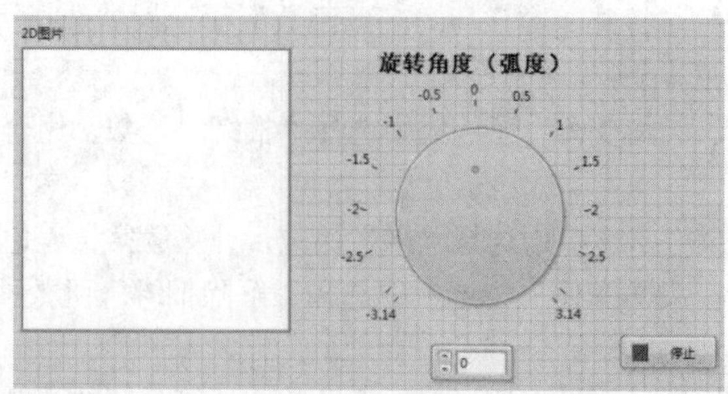

图 12-47 前面板

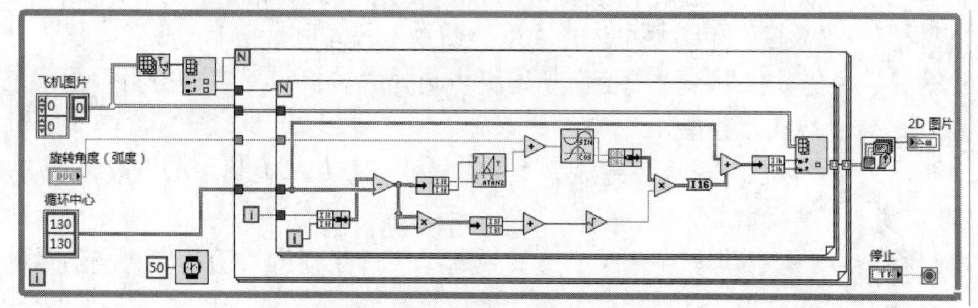

图 12-48 程序框图

【操作步骤】

(1) 新建一个 VI，在前面板中打开“控件”选板，选择“银色”→“数值”→“旋钮（银色)”，同时在控件上右击，选择“显示项”→“数字显示”命令，能更精确地显示旋转数值，修改控件名称为“旋转角度（弧度)”，如图 12-49 所示。

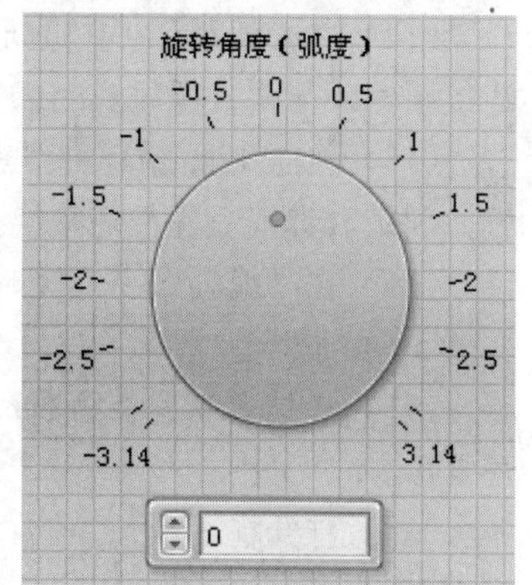

图 12-49 放置旋钮控件

(2) 打开程序框图，新建一个 While 循环。

(3) 在“编程”→“数组”子选板下选择“数组大小”“索引数组”函数，组合连接。在“数组大小”函数输入端创建数组常量。

(4) 在新建的数组常量上右击，选择“添加维度”命令，将“表示法”设置为 V32，修改名称为“飞机图片”。

(5) 在程序框图新建两个嵌套的 For 循环。

(6) 在“编程”→“簇、类与变体”子选板中选取“捆绑”函数，将两个 For 循环中的“循环计数”组合成簇。

(7) 在“编程”→“数值”子选板中选择“减”函数，计算组合成的簇数据与新建的“循环中心”簇常量（表示法为 I16）的差值。

(8) 在“编程”→“簇、类与变体”子选板中选择“解除捆绑”函数，将簇差值常量分解为两个 I32 格式的数值常量，在下面将数据流分为并列的两项。

数据流 1：

- 在“数学”→“初等与特殊函数”→“三角函数”子选板中选择“反正切”函数，计算数值常量的反正切值。
- 在“编程”→“数值”子选板中选择“加”函数，计算反正切结果与“旋转角度（弧度）”

的和。

- 在“数学”→“初等与特殊函数”→“三角函数”子选板中选择“正弦与余弦”函数，输入弧度和值并输出正弦与余弦。
- 在“编程”→“簇、类与变体”子选板中选择“捆绑”函数，组合弧度和的正弦与余弦值。

数据流 2：

- 在“编程”→“数值”子选板中选择“乘”函数，计算簇常量差值的二次方。
- 在“编程”→“簇、类与变体”子选板中选择“解除捆绑”函数，将簇平方常量分解为两个 I32 格式的数值常量。
- 在“编程”→“数值”子选板中选择“加”函数，计算分解的两常量的和。
- 在“编程”→“数值”子选板中选择“平方根”函数，计算常量和的平方根。

（9）在“编程”→“数值”子选板中选择“乘”函数，计算两数据流的数据之积。

（10）在“编程”→“数值”→“转换”子选板中选择“转换为双字节整型”函数，将经过解除捆绑表示法为 I32 的常量转换为整型。

（11）在“编程”→“数值”子选板中选择“加”函数，叠加“循环中心”簇常量（表示法为 I16）与整型常量，数值变为簇常量。

（12）在“编程”→“簇、类与变体”子选板中选择“解除捆绑”函数，将叠加后的簇常量分解为两个 I16 格式的数值常量。

（13）在“编程”→“数组”子选板中选择“索引数组”函数，从数组“飞机图片”中索引数据，将结果输出循环结构。

（14）在“编程”→“图形与声音”→“图片函数”子选板中选择“绘制还原像素图”函数，将连接至输入端的数据组成的像素图转换为图片，将图片显示在右击创建的显示控件“2D 图片”中。

（15）在 While 循环中“循环条件”上右击，创建输入控件“停止”按钮。双击控件，返回前面板，利用右键命令将控件替换为“银色”→“布尔”→“停止按钮”控件。

（16）在“编程”→“定时”子选板中选择“等待（ms）”函数，放置在 While 循环内并创建输入常量 50。

（17）将鼠标放置在函数及控件的输入/输出端口，鼠标变为连线状态，按照图 12-48 所示连接程序框图。

（18）打开前面板，单击“运行”按钮 ⇨，运行程序，可以在“2D 图片”中显示飞机模型，如图 12-50 所示。

（19）在“旋转角度（弧度）”控件上旋转旋钮，在数值显示中显示旋转的角度，同时在“2D 图片”控件中显示旋转的模型，如图 12-51 所示。

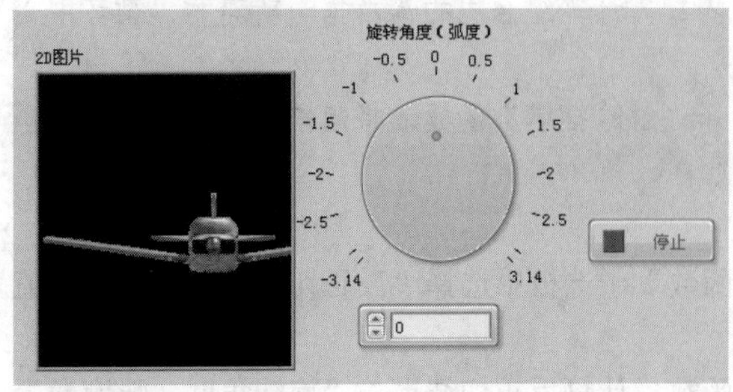

图 12-50　运行结果

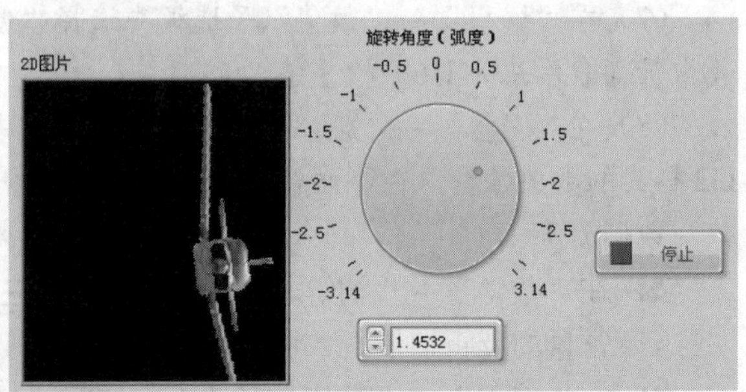

图 12-51　旋转模型

第 13 章　文件 I/O 操作

内容简介

本章首先介绍了文件 I/O 的一些基础知识，如路径、引用及文件 I/O 格式的选择等；在此基础上对 LabVIEW 使用的文件类型进行介绍，讲解了文件 I/O 函数和 VI 的使用方法。

内容要点

- 文件数据
- 文件类型
- 综合演练——二进制文件的字节顺序

案例效果

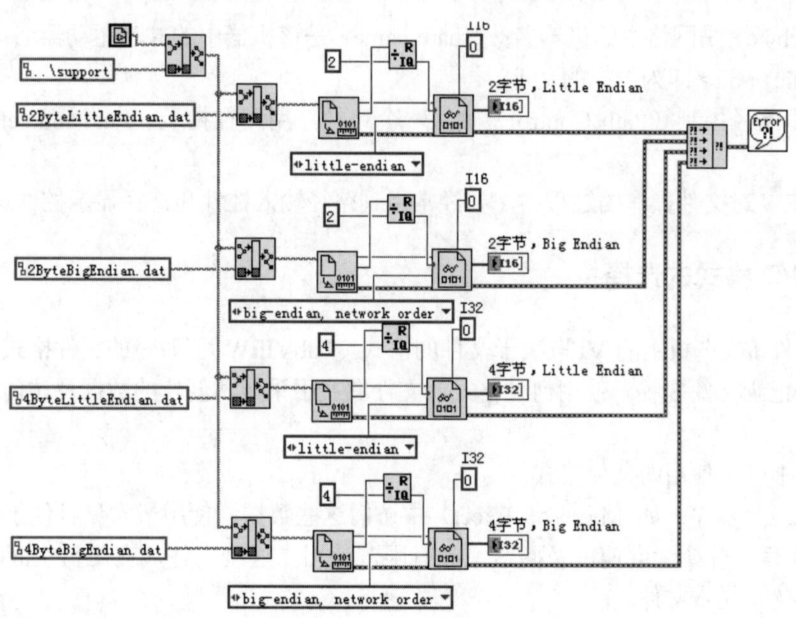

13.1　文件数据

典型的文件 I/O 操作包括以下流程。

（1）创建或打开一个文件，文件打开后，引用句柄即代表该文件的唯一标识符。

（2）文件 I/O VI 或函数从文件中读取数据或向文件中写入数据。

（3）关闭该文件。文件 I/O VI 和某些文件 I/O 函数，如读取文本文件和写入文本文件可执行一般文件 I/O 操作的全部 3 个步骤。执行多项操作的 VI 和函数可能在效率上低于执行单项操作的函数。

13.1.1 路径

任何一个文件的操作（如文件的打开、创建、读写、删除、复制等），都需要确定文件在磁盘中的位置。LabVIEW 与 C 语言一样，也是通过文件路径（Path）来定位文件的。不同的操作系统对路径的格式有不同的规定，但大多数的操作系统都支持所谓的树状目录结构，即有一个根目录（Root），在根目录下，可以存在文件和子目录（Sub Directory），子目录下又可以包含各级子目录及文件。

在 Windows 操作系统下，一个有效的路径格式如下：

```
drive :\<dir…>\<file or dir>
```

其中，drive: 是文件所在的逻辑驱动器盘符；<dir…> 是文件或目录所在的各级子目录；<file or dir> 是所要操作的文件或目录名。LabVIEW 的路径输入必须满足这种格式要求。

在由 Windows 操作系统构造的网络环境下，LabVIEW 的文件操作节点支持 UNC 文件定位方式，可直接用 UNC 路径来对网络中的共享文件进行定位。可在路径控制中直接输入一个网络路径，在路径中返回一个网络路径，或者直接在“文件”对话框中选择一个共享的网络文件（“文件”对话框参见本小节后述内容）。只要权限允许，对用户来说网络共享文件的操作与本地文件操作并无区别。

一个有效的 UNC 文件名格式如下：

```
\\<machine>\<share name>\<dir>\...\<file or dir>
```

其中，<machine> 是网络中的机器名；<share name> 是该机器中的共享驱动器名；<dir>\... 为文件所在的目录；<file or dir> 即为选择的文件。

LabVIEW 用路径控制（Path Control）输入一个路径，用路径指示（Path Indicator）显示下一个路径。

在用 LabVIEW 对文件操作的过程中，要经常用到路径输入控件和路径显示控件这两个控件。

13.1.2 文件 I/O 格式的选择

采用何种文件 I/O 选板上的 VI 取决于文件的格式。LabVIEW 可读/写的文件格式有文本文件、二进制文件和数据记录文件 3 种。使用何种格式的文件取决于采集和创建的数据及访问这些数据的应用程序。

根据以下标准确定使用的文件格式。

如需在其他应用程序（如 Microsoft Excel）中访问这些数据，使用最常见且便于存取的文本文件。

如需随机读/写文件或读取速度及磁盘空间有限，使用二进制文件。在磁盘空间利用和读取速度方面二进制文件优于文本文件。

如需在 LabVIEW 中处理复杂的数据记录或不同的数据类型，使用数据记录文件。如果仅从 LabVIEW 访问数据，而且需存储复杂数据结构，数据记录文件是最好的方式。

1. 何时使用文本文件

若磁盘空间、文件 I/O 操作速度和数字精度不是主要考虑因素或无须进行随机读/写，应使用文本文件存储数据，方便其他用户和应用程序读取文件。

文本文件是最便于使用和共享的文件格式，几乎适用于任何计算机。许多基于文本的程序可读取基于文本的文件。多数仪器控制应用程序使用文本字符串。

如需通过其他应用程序访问数据，如文字处理或电子表格应用程序，可将数据存储在文本文件中。如需将数据存储在文本文件中，使用字符串函数可将所有的数据转换为文本字符串。文本文件可包含不同数据类型的信息。

如果数据本身不是文本格式（如图形或图表数据），由于数据的ASCII码表示通常要比数据本身大，因此文本文件要比二进制和数据记录文件占用更多内存。例如，将-123.4567作为单精度浮点数保存时只需4字节，若使用ASCII码表示，则需要9字节，每个字符占用1字节。

另外，很难随机访问文本文件中的数值数据。尽管字符串中的每个字符占用1字节的空间，但是将一个数字表示为字符串所需要的空间通常是不固定的。如需查找文本文件中的第9个数字，LabVIEW需先读取和转换前面8个数字。

将数值数据保存在文本文件中，可能会影响数值精度。计算机将数值保存为二进制数据，而通常情况下数值以十进制的形式写入文本文件。因此将数据写入文本文件时，可能会丢失数据精度。二进制文件中并不存在这种问题。

文件I/O VI和函数可在文本文件与电子表格文件中读取或写入数据。

2. 何时使用二进制文件

磁盘用固定的字节数保存包括整数在内的二进制数据。例如，以二进制格式存储0～40亿的任何一个数，如1、1000或1000000，每个数字占用4字节的空间。

二进制文件可用来保存数值数据并访问文件中的指定数字，或随机访问文件中的数字。与人可识别的文本文件不同，二进制文件只能通过机器读取。二进制文件是存储数据最为紧凑和快速的格式。在二进制文件中可使用多种数据类型，但这种情况并不常见。

二进制文件占用较少的磁盘空间，且存储和读取数据时无须在文本表示与数据之间进行转换，因此二进制文件效率更高。二进制文件可在1字节磁盘空间上表示256个值。除扩展精度和复数外，二进制文件中含有数据在内存中存储格式的映像。因为二进制文件的存储格式与数据在内存中的格式一致，无须转换，所以读取文件的速度更快。

文本文件和二进制文件均为字节流文件，以字符或字节的序列对数据进行存储。

文件I/O VI和函数可在二进制文件中进行读取、写入操作。如需在文件中读写数字数据，或创建在多个操作系统上使用的文本文件，可考虑使用二进制文件函数。

3. 何时使用数据记录文件

数据记录文件可访问和操作数据（仅在LabVIEW中），并可快速、方便地存储复杂的数据结构。

数据记录文件以相同的结构化记录序列存储数据（类似于电子表格），每行均表示一个记录。数据记录文件中的每条记录都必须是相同的数据类型。LabVIEW会将每个记录作为含有待保存数据的簇写入该文件。每个数据记录可由任何数据类型组成，并可在创建该文件时确定数据类型。

例如，可创建一个数据记录，其记录数据的类型是包含字符串和数字的簇，则该数据记录文件的每条记录都是由字符串和数字组成的簇。第一个记录可以是（“abc”，1），而第二个记录可以是（“xyz”，7）。

数据记录文件只需进行少量处理，因而其读/写速度更快。数据记录文件将原始数据块作为一个记录来重新读取，无须读取该记录之前的所有记录，因此使用数据记录文件简化了数据查询的过程。仅需记录号就可访问记录，因此可更快、更方便地随机访问数据记录文件。创建数据记录文件时，LabVIEW按顺序给每个记录分配一个记录号。

从前面板和程序框图可访问数据记录文件。

每次运行相关的 VI 时，LabVIEW 会将记录写入数据记录文件。LabVIEW 将记录写入数据记录文件后无法覆盖该记录。读取数据记录文件时，可一次读取一个或多个记录。

若开发过程中系统要求更改或需在文件中添加其他数据，则可能需要修改文件的相应格式。修改数据记录文件格式将导致该文件不可用。存储 VI 可避免该问题。

前面板数据记录可创建数据记录文件，记录的数据可用于其他 VI 和报表中。

4. 波形文件

波形文件是一种特殊的数据记录文件，它记录了发生波形的一些基本信息，如波形发生的起始时间、采样的时间间隔等。

扫一扫，看视频

动手学——简单正弦波形

源文件：源文件\第 13 章\简单正弦波形.vi

本实例演示使用正弦函数得到正弦数据的过程，不是简单的正弦输出，而是通过 For 循环将处理后的波形数据经过捆绑操作输出到结果中，如图 13-1 所示。

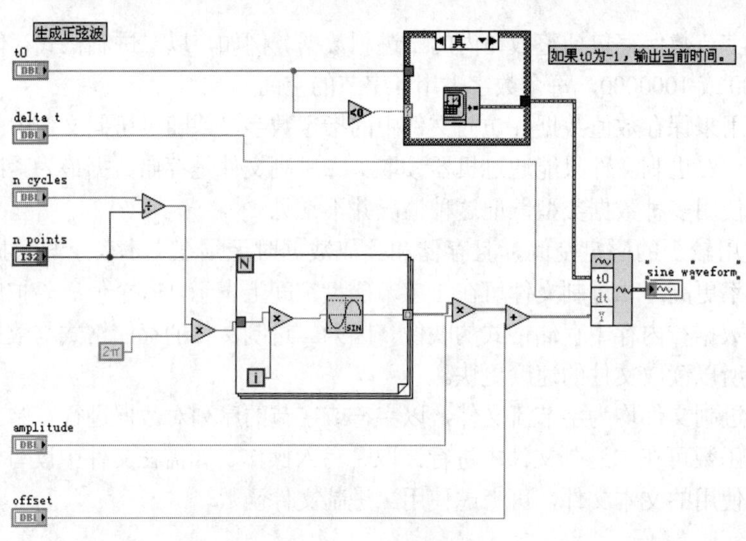

图 13-1 程序框图

【操作步骤】

（1）放置数值控件。

在前面板中打开“控件”选板，选择“新式”→“数值”→“数值输入控件”，连续放置 6 个控件，同时按照图 13-2 所示修改控件名称为 amplitude、n cycles、offset、t0、n points、delta t。

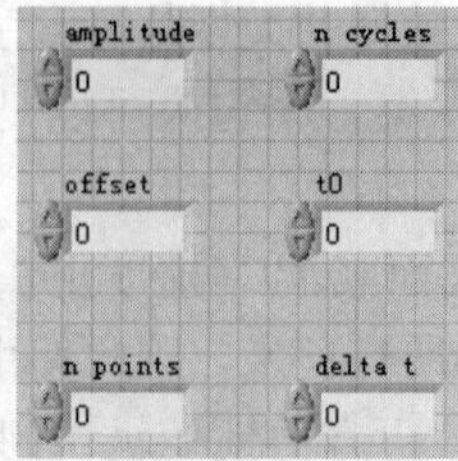

图 13-2 放置数值输入控件

（2）输出正弦波形。

① 打开程序框图，新建一个 For 循环。

② 在“函数”选板中选择“数学”→“初等与特殊函数”→“三角函数”→“正弦”函数，在 For 循环中用余弦函数产生正弦数据。

（3）波形计算。

① 在“编程”→“数值”选板下选择“乘”“除”，放置在适当位置，方便正弦输入/输出数据的运算。

② 在“编程”→“数值”→“数学与科学常量”子选板中选择“Pi 乘以 2”，放置在“乘”函数输入端。

③ 在程序框图新建一个条件结构循环。

④ 在“编程”→“比较”子选板中选择“小于 0?”函数，放置在条件结构循环的“分支选择器”输入端。

（4）设置循环时间。

① 在条件结构循环中选择“真”条件，并在“编程”→“定时”子选板中选择“获取日期/时间”函数，可以将获取的日期输出到结果中。

② 在条件结构循环中选择“假”条件，并在“编程”→“数值”→“转换”子选板中选择“转换为时间标识”函数，可以将输出数据添加到输出到结果中。

（5）输出波形数据。

① 在“编程”→“波形”子选板中选择“创建波形”函数，并将循环后处理的数据结果连接到输出端，同时，根据输入数据的数量调整函数的输入端口的大小。

② 将鼠标放置在函数及控件的输入/输出端口，鼠标变为连线状态，连接程序框图。

③ 在“创建波形”函数的输出端右击，从弹出的快捷菜单中选择“创建”→“显示控件”命令，如图 13-3 所示，创建输出波形控件 sine waveform。

④ 按住 Shift 键的同时右击，弹出文本编辑器，单击“文本”按钮A，在程序框图中输入文字注释“生成正弦波”“如果 t0 为-1，输出当前时间。”

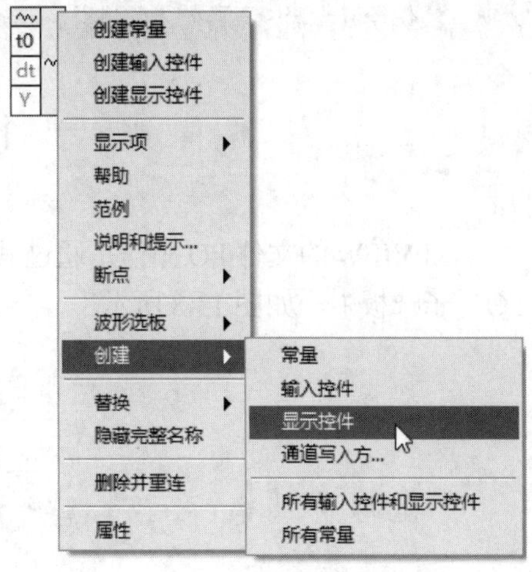

图 13-3 快捷命令

（6）整理程序。

① 整理程序框图，程序框图如图 13-1 所示。

② 在数值输入控件中输入数值，同时利用菜单“编辑”→“当前值设置为默认值”命令，保存当前输入的参数值，如图 13-4 所示。

③ 单击“运行”按钮，运行程序，可以在输出波形控件 sine waveform 中显示输出结果，如图 13-5 所示。

④ 打开前面板，在前面板右上角连线端口图标上右击，从弹出的快捷菜单中选择“模式”命令，选择连线端口模式，如图 13-6 所示。

⑤ 分别按照图 13-7 所示建立端口与控件的对应关系。

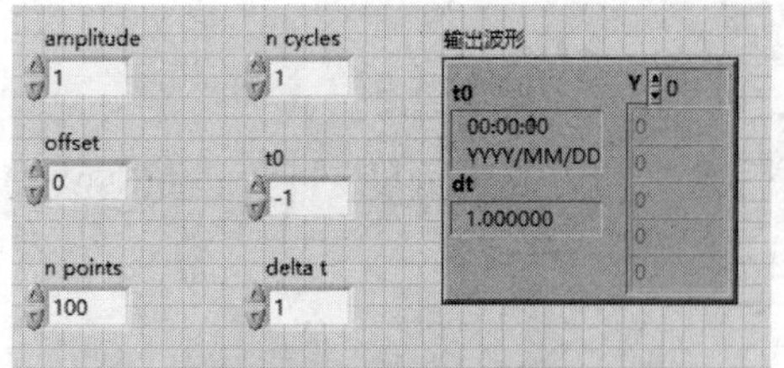

图 13-4 输入参数值

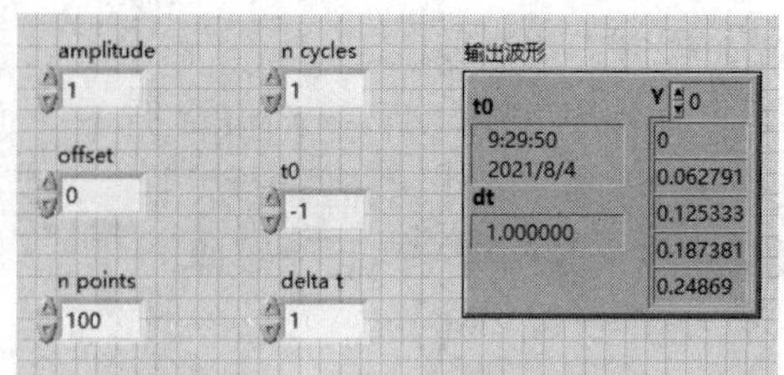

图 13-5 前面板运行结果

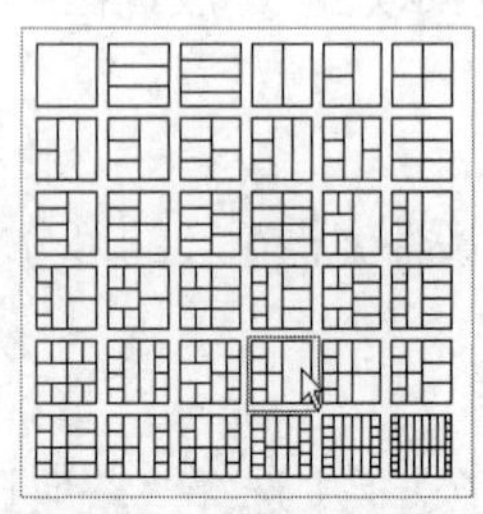

图 13-6 连线端口模式

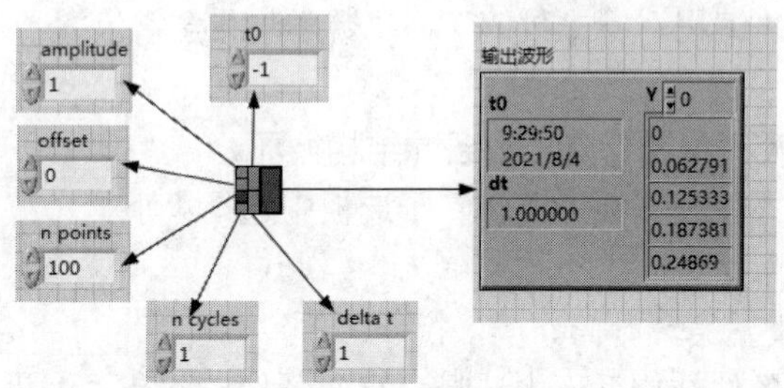

图 13-7 连线端口关系

提示：

在程序框图中显示的所有控件，一般设置为取消显示为图标，即在新建的控件上右击，从弹出的快捷菜单中选择“显示为图标”命令，取消此命令的选中。

在实例绘制步骤中不再赘述此过程。

13.2 文 件 类 型

LabVIEW 的文件 I/O 操作是通过其 I/O 节点来实现的，这些 VI 和函数节点位于“编程”→“文件 I/O”子选板中，如图 13-8 所示。

图 13-8 “文件 I/O”子选板

"编程"选板中"文件 I/O"子选板上的 VI 和函数可用于常见文件 I/O 操作，如读/写以下类型的数据：在电子表格文本文件中读/写数值；在文本文件中读/写字符；从文本文件读取行；在二进制文件中读/写数据。

可将读取文本文件、写入文本文件函数配置为可执行常用文件 I/O 操作。这些执行常用操作的 VI 和函数可打开文件或弹出提示对话框要求用户打开文件，执行读/写操作后关闭文件，节省了编程时间。如"文件 I/O" VI 和函数被设置为执行多项操作，则每次运行时都将打开关闭文件，所以尽量不要将它们放在循环中。执行多项操作时可将函数设置为始终保持文件打开。

13.2.1 常用文件函数

1. 写入测量文件

"写入测量文件" Express VI 用于将数据写入基于文本的测量文件 (.lvm)、二进制测量文件 (.tdm 或 .tdms)。"写入测量文件" Express VI 节点的初始图标如图 13-9 所示。

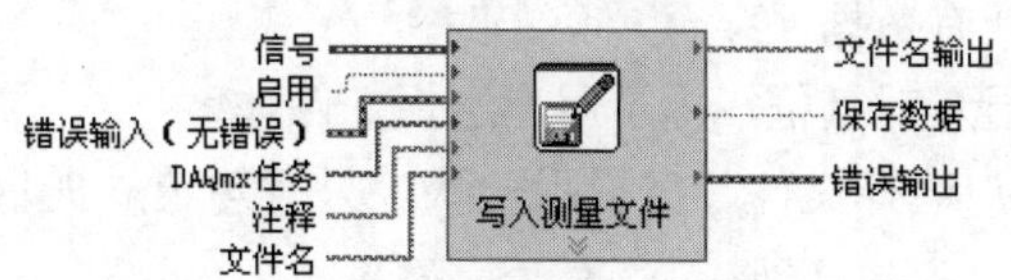

图 13-9 "写入测量文件" Express VI 节点

将"写入测量文件" Express VI 放到程序框图中时，会弹出"配置写入测量文件[写入测量文件]"对话框，如图 13-10 所示。

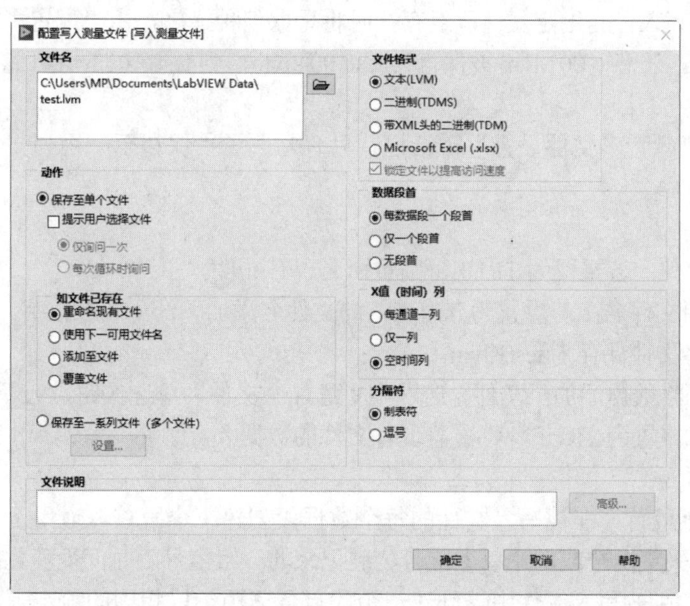

图 13-10 "配置写入测量文件[写入测量文件]"对话框

下面对"配置写入测量文件[写入测量文件]"对话框中的选项进行介绍。

（1）文件名。

显示被写入数据的文件的完整路径。仅在文件名输入端未连线时，该 Express VI 才将数据写入该参数所指定的文件。若文件名输入端已连线，则数据将被该 Express VI 写入该输入端所指定的文件。

（2）文件格式。

① 文本（LVM）：将文件格式设置为基于文本的测量文件（.lvm），并在文件名中设置文件扩展名为 .lvm。

② 二进制（TDMS）：将文件格式设置为二进制测量文件（.tdms），并在文件名中将文件扩展名设置为 .tdms。若选择该选项，则不可使用“分隔符”部分，以及“数据段首”部分的“无段首”选项。

③ 带 XML 头的二进制（TDM）：将文件格式设置为二进制测量文件（.tdm），并在文件名中将文件扩展名设置为 .tdm。若选中该单选按钮，则不可使用“分隔符”部分，以及“数据段首”部分的“无段首”选项。当选择该文件格式时，可勾选“锁定文件以提高访问速度”复选框。勾选该复选框可明显加快读/写速度，但将影响对某些任务的多任务处理能力。通常情况下推荐使用该选项。

启用该选项后，当两个 Express VI 中的一个正在写一系列文件时，两个 Express VI 不能同时访问同一个文件。

（3）动作。

① 保存至单个文件：将所有数据保存至一个文件。

② 提示用户选择文件：显示对话框，提示用户选择文件。

③ 仅询问一次：提示用户选择文件，仅提示一次。只有勾选“提示用户选择文件”复选框时，该选项才可用。

④ 每次循环时询问：每次 Express VI 运行时都提示用户选择文件。只有勾选“提示用户选择文件”复选框时，该选项才可用。

⑤ 保存至一系列文件（多个文件）：将数据保存至多个文件。若重置为 TRUE，则 VI 将从序列中的第一个文件开始写入。当指定文件已经存在时将采取何种措施，由“配置多文件设置”对话框现有文件选项的值决定。若 test_001.lvm 被保存为 test_004.lvm，则 test_001.lvm 可能已经被重命名、覆盖或者跳过。

⑥ 设置：显示“配置多文件设置”对话框。只有勾选了“保存至一系列文件（多个文件）”复选框，才可使用该选项。

（4）如文件已存在。

① 重命名现有文件：若重置为 TRUE，则重命名现有文件。

② 使用下一可用文件名：若重置为 TRUE，向文件名添加下一个顺序数字。例如，当 test.lvm 已存在时，LabVIEW 将文件保存为 test1.lvm。

③ 添加至文件：将数据添加至文件。若选中“添加至文件”单选按钮，VI 将忽略重置的值。

④ 覆盖文件：如重置为 TRUE，将覆盖现有文件的数据。

（5）数据段首。

① 每数据段一个段首：在被写入文件的每个数据段创建一个段首。适用于数据采样率因时间而改变、以不同采样率采集两个或两个以上信号、被记录的一组信号随时间而变化的情况。

② 仅一个段首：在被写入文件中仅创建一个段首。适用于以相同的恒定采集率采集同一组信号的情况。

③ 无段首：不在被写入的文件中创建段首。只有选择了“文件格式”栏的“文本（LVM）”选项时，该选项才可用。

（6）X 值（时间）列。

① 每通道一列：为每个通道产生的时间数据创建单独的列。对于每列 y 轴的值，都会生成一列

相应 x 轴的值。适用于采集率不恒定或采集不同类型信号的情况。

② 仅一列：仅为所有通道生成的时间数据创建一个列。仅包括一列 x 轴的值。适用于以相同的恒定采集率采集同一组信号的情况。

③ 空时间列：为所有通道生成的时间数据创建一个空列。不包括 x 轴的数据。只有选择了“文件格式”栏的文本“（LVM）”选项时，该选项才可用。

（7）分隔符。

① 制表符：用制表符分隔文本文件中的字段。

② 逗号：用逗号分隔文本文件中的字段。

只有选择了“文件格式”栏的“文本（LVM）”选项时，该选项才可用。

（8）文件说明。

包含 .lvm、.tdm 或 .tdms 文件的说明。LabVIEW 将本文本框中输入的文本添加到文件的段首中。

（9）高级。

显示“配置用户定义属性”对话框。只有选中了“二进制（TDMS）”或“带 XML 头的二进制（TDM）”单选按钮，该选项才可用。

2. 读取测量文件

“读取测量文件”Express VI 用于从基于文本的测量文件（.lvm）、二进制测量文件（.tdm 或 .tdms）中读取数据。若安装了 Multisim 9.0 或更高版本，也可使用该 VI 读取 Multisim 数据。“读取测量文件”Express VI 节点的初始图标如图 13-11 所示。

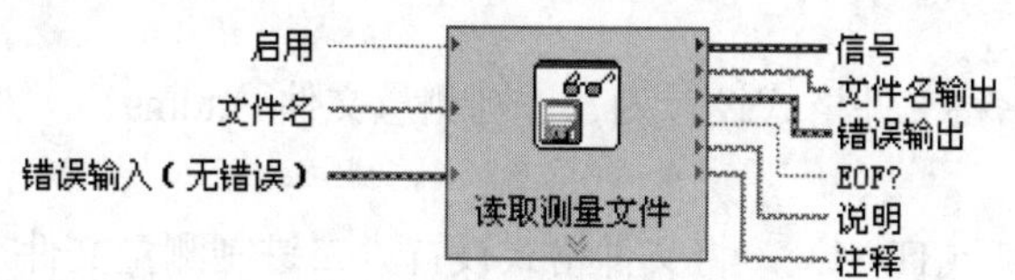

图 13-11 “读取测量文件”Express VI 节点

动手学——演示读取测量文件

源文件：源文件\第 13 章\演示读取测量文件.vi

本实例显示如图 13-12 所示的参数设置。

【操作步骤】

（1）在“函数”选板“编程”→“文件 I/O”子选板中选择“读取测量文件”函数，将读取测量文件 Express VI 放到程序框图中时，会弹出“配置读取测量文件[读取测量文件]”对话框，如图 13-12 所示。

（2）单击“确定”按钮，默认参数设置。

（3）在“函数”选板“编程”→“文件 I/O”子选板中选择“写入测量文件”函数，将读取测量文件 Express VI 放到程序框图中时，会弹出“配置写入测量文件[写入测量文件]”对话框。

（4）单击“确定”按钮，默认参数设置。

下面对“配置读取测量文件”对话框中的选项进行介绍。

（1）文件名。

显示希望读取其数据的文件的完整路径。仅在文件名输入端未连线时，Express VI 从参数所指定的文件读取数据。若文件名输入端已连线，则 Express VI 将从输入端所指定的文件读取数据。

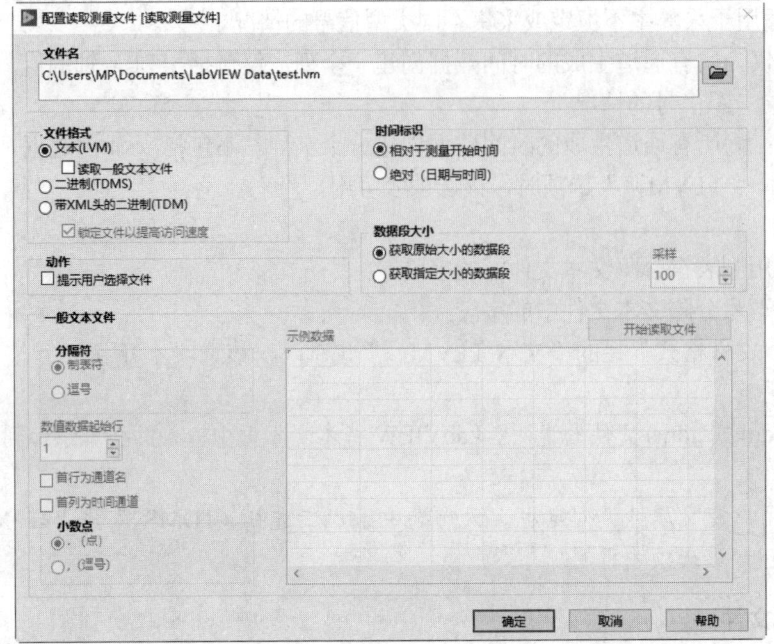

图 13-12　“配置读取测量文件[读取测量文件]”对话框

（2）文件格式。

① 文本（LVM）：将文件格式设置为基于文本的测量文件（.lvm），并在文件名中设置文件扩展名为 .lvm。

② 二进制（TDMS）：将文件格式设置为二进制测量文件（.tdms），并在文件名中设置文件扩展名为 .tdms。

③ 带 XML 头的二进制（TDM）：将文件格式设置为二进制测量文件（.tdm），并在文件名中设置文件扩展名为 .tdm。当选择该文件格式时，可勾选“锁定文件以提高访问速度”复选框。勾选该复选框可明显加快读/写速度，但将影响对某些任务的多任务处理能力。通常情况下推荐选择该选项。

（3）动作。

提示用户选择文件：显示文件对话框，提示用户选择一个文件。

（4）数据段大小。

① 获取原始大小的数据段：按照信号数据段原来的大小从文件读取信号的数据段。

② 获取指定大小的数据段：按照采样中指定的大小从文件读取信号的数据段。

③ 采样：指定在从文件读取的数据段中，希望包含的采样数量。默认值为 100。只有选择获取指定大小的数据段时，该选项才可用。

（5）时间标识。

① 相对于测量开始时间：显示数值对象从 0 起经过的小时、分钟及秒数。例如，十进制 100 等于相对时间 1:40。

② 绝对（日期与时间）：显示数值对象从格林尼治标准时间 1904 年 1 月 1 日零点至今经过的秒数。

（6）一般文本文件。

① 数值数据起始行：表示数值数据的起始行。Express VI 从该行开始读取数据。默认值为 1。

② 首行为通道名：指明位于数据文件第一行的是通道名。

③ 首列为时间通道：指明位于数据文件第一列的是每个通道的时间数据。

④ 开始读取文件：将数据从文件名中指定的文件导入采样数据表格。

（7）分隔符。

① 制表符：用制表符分隔文本文件中的字段。

② 逗号：用逗号分隔文本文件中的字段。

（8）小数点。

① .（点）：使用点号作为小数点分隔符。

② ，（逗号）：使用逗号作为小数点分隔符。

3. 写入二进制文件

将二进制数据写入一个新文件或追加到一个已存在的文件。如果连接到文件输入端的是一个路径，函数将在写入之前打开或创建文件，或者替换已存在的文件。如果将引用句柄连接到文件输入端，将从当前文件位置开始追加写入内容。“写入二进制文件”函数节点如图 13-13 所示。

4. 读取二进制文件

从一个文件中读取二进制数据并从数据输出端返回这些数据。数据怎样被读取取决于指定文件的格式。“读取二进制文件”函数节点如图 13-14 所示。

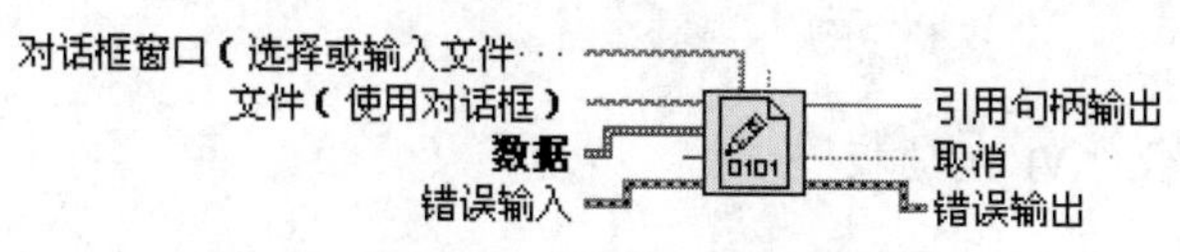

图 13-13　“写入二进制文件”函数节点

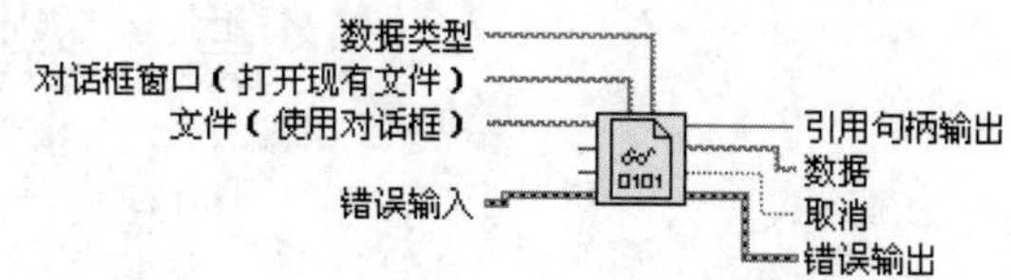

图 13-14　“读取二进制文件”函数节点

数据类型：函数从二进制文件中读取数据所使用的数据类型。函数从当前文件位置开始以选择的数据类型来翻译数据。如果数据类型是一个数组、字符串或包含数组和字符串的簇，那么函数将认为每一个数据实例包含大小信息。如果数据实例中不包含大小信息，那么函数将曲解这些数据。如果 LabVIEW 发现数据与数据类型不匹配，它将数据置为默认数据类型并返回一个错误。

13.2.2 文件常量

可以将“文件常量”子选板中的节点与文件 I/O 函数和 VI 配合使用。在“编程”→“文件 I/O”子选板中选择“文件常量”子选板，如图 13-15 所示。

- 路径常量：使用路径常量在程序框图中提供一个常量路径。
- 当前 VI 路径：返回当前 VI 所在文件的路径。如果当前 VI 没有保存过，将返回一个非法路径。
- 获取系统目录：返回系统目录类型中指定的系统目录。
- 空路径常量：该节点返回一个空路径。
- 非法路径常量：返回一个值为非法路径的路径。当发生错误而不想返回一个路径时，可以使用该节点。
- 非法引用句柄常量：该节点返回一个值为非法引用句柄的

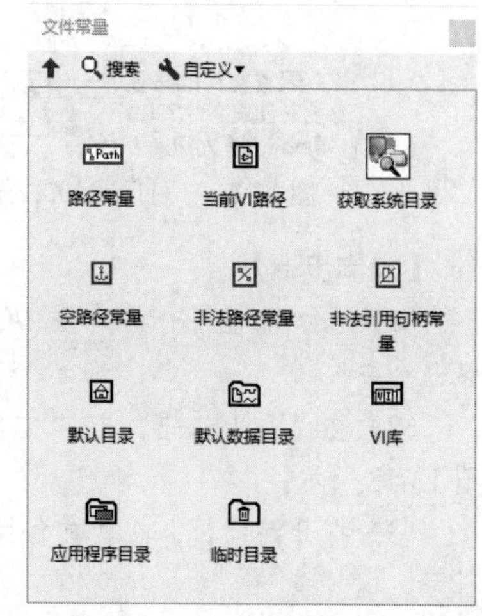

图 13-15　“文件常量”子选板

引用句柄。当发生错误时，可使用该节点。

- 默认目录：返回默认目录的路径。
- 默认数据目录：所配置的 VI 或函数所产生的数据存储的位置。
- VI 库：返回当前所使用的 VI 库的路径。
- 临时目录：返回临时目录的路径。
- 应用程序目录：返回应用程序所在目录的路径。

13.2.3 配置文件 VI

配置文件 VI 可读取和创建标准的 Windows 配置（.ini）文件，并以独立于平台的格式写入特定平台的数据（如路径），从而可以跨平台使用 VI 生成的文件。对于配置文件，配置文件 VI 不使用标准文件格式。通过配置文件 VI 可在任何平台上读/写由 VI 创建的文件。在“编程”→“文件 I/O”子选板中选择“配置文件 VI”子选板，如图 13-16 所示。

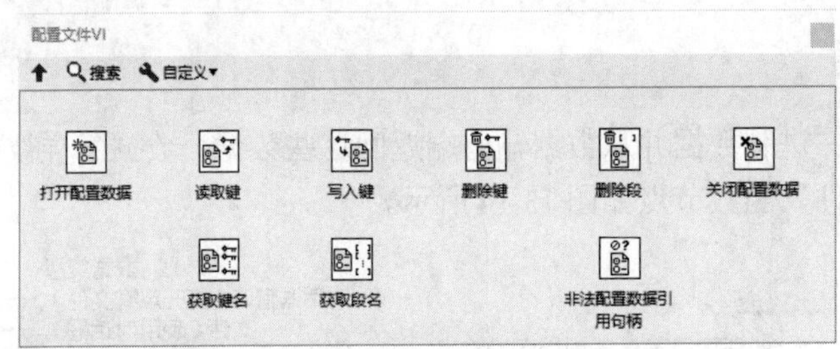

图 13-16 “配置文件 VI”子选板

1. 打开配置数据

打开配置文件的路径所指定的配置数据的引用句柄。“打开配置数据”函数节点，如图 13-17 所示。

扫一扫，看视频

动手学——打开配置文件

源文件：源文件\第 13 章\打开配置文件\打开配置文件.vi

本实例设计如图 13-18 所示的程序，打开配置文件。

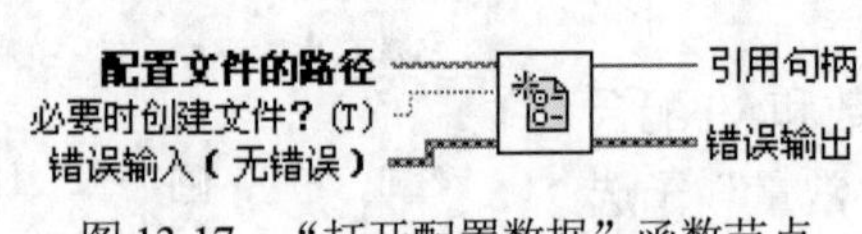

图 13-17 “打开配置数据”函数节点

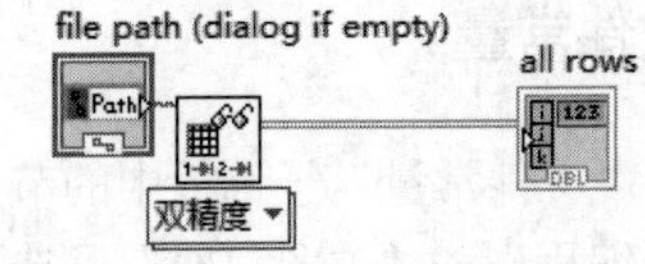

图 13-18 打开配置文件程序框图

【操作步骤】

（1）在“编程”→“文件 I/O”子选板中选择“读取带分隔符电子表格文件”VI，将其放置在程序框图中。

（2）在 VI 上右击，在“文件路径”输入端与“所有行”输出端创建输入控件与输出控件，如图 13-18 所示。

（3）打开前面板，在“文件路径”控件中单击“打开”按钮，打开配置文件路径，如图 13-19 所示。

（4）单击“运行”按钮，运行 VI，在前面板显示运行结果，如图 13-20 所示。

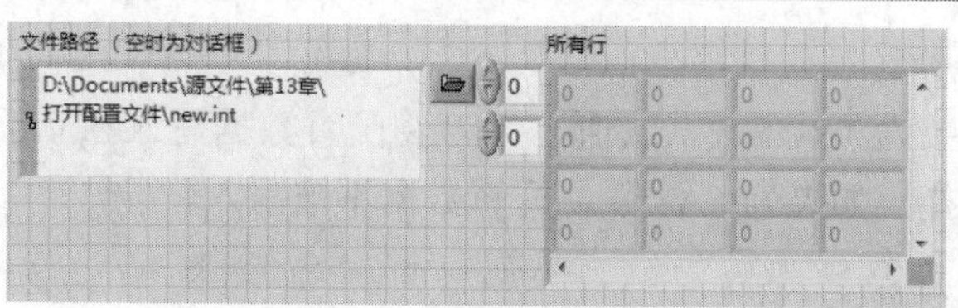

图 13-19　前面板设计

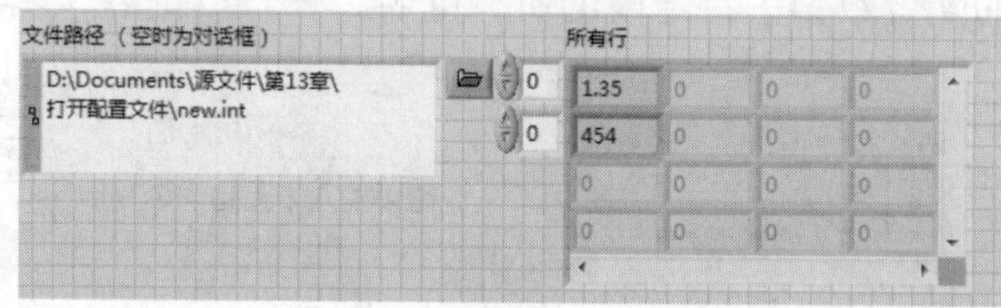

图 13-20　前面板运行结果

2. 读取键

读取引用句柄所指定的配置数据文件的键数据。如果键不存在，将返回默认值。“读取键”函数节点如图 13-21 所示。

- 段：从中读取键的段的名称。
- 键：所要读取的键的名称。
- 默认值：如果 VI 在段中没有找到指定的键或者发生错误，返回 VI 的默认值。

3. 写入键

写入引用句柄所指定的配置数据文件的键数据。该 VI 可以修改内存中的数据，如果想将数据存盘，使用关闭配置数据 VI。“写入键”函数节点如图 13-22 所示。

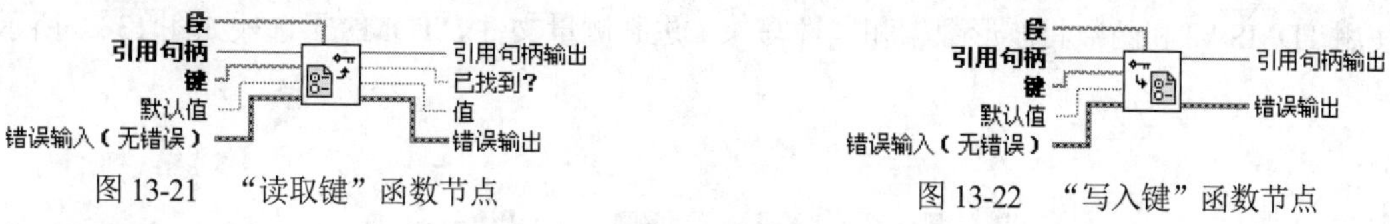

图 13-21　“读取键”函数节点　　图 13-22　“写入键”函数节点

4. 删除键

删除由引用句柄指定的配置数据中由段输入端指定的段中的键。“删除键”函数节点如图 13-23 所示。

5. 删除段

删除由引用句柄指定的配置数据中的段。“删除段”函数节点如图 13-24 所示。

图 13-23　“删除键”函数节点　　图 13-24　“删除段”函数节点

6. 关闭配置数据

将数据写入由引用句柄指定的独立于平台的配置文件，然后关闭对该文件的引用。“关闭配置数据”函数节点如图 13-25 所示。

写入配置文件？：如果为 TRUE（默认值），VI 将配置数据写入独立于平台的配置文件。配置文件由打开配置数据函数选择。如果为 FALSE，配置数据不被写入。

7. 获取键名

获取由引用句柄指定的配置数据中特定段的所有键名。“获取键名”函数节点如图 13-26 所示。

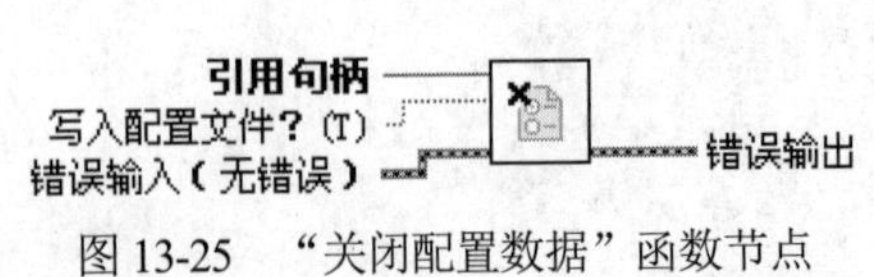

图 13-25 “关闭配置数据”函数节点

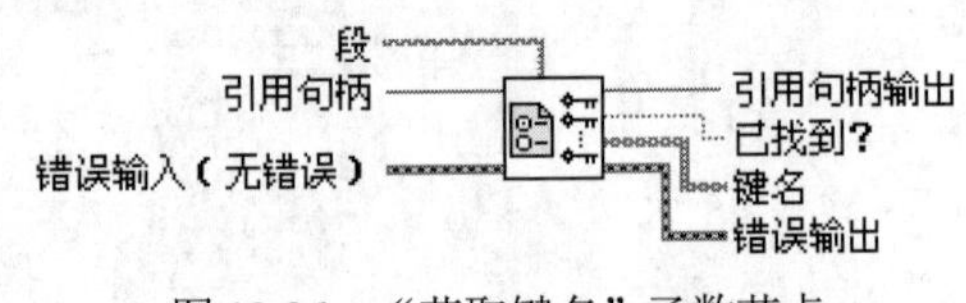

图 13-26 “获取键名”函数节点

8. 获取段名

获取由引用句柄指定的配置数据文件的所有段名。“获取段名”函数节点如图 13-27 所示。

9. 非法配置数据引用句柄

判断配置数据引用是否有效。“非法配置数据引用句柄”函数节点如图 13-28 所示。

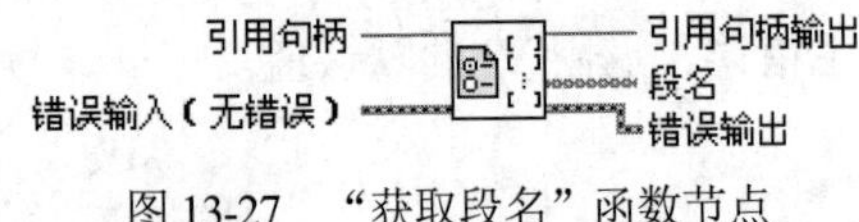

图 13-27 “获取段名”函数节点

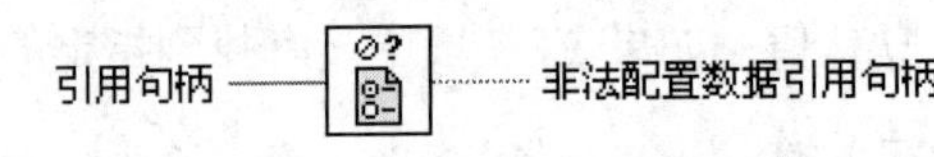

图 13-28 “非法配置数据引用句柄”函数节点

13.2.4 TDMS

使用 TDMS VI 和函数将波形数据和属性写入二进制测量文件。TDMS 子选板如图 13-29 所示。

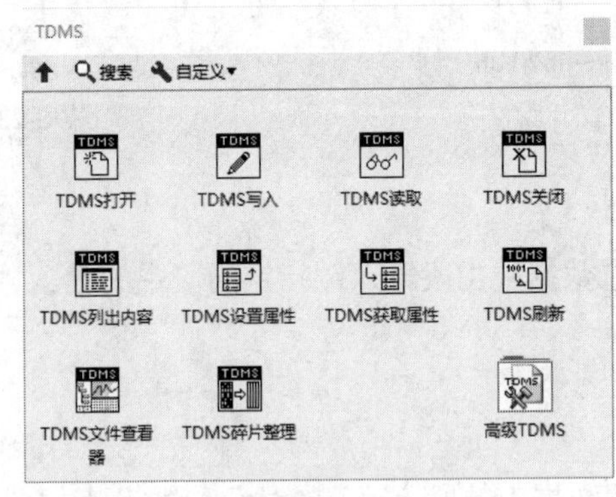

图 13-29 TDMS 子选板

1. TDMS 打开

打开一个扩展名为.tdms 的文件。也可以使用该函数新建一个文件或替换一个已存在的文件。“TDMS 打开”函数节点如图 13-30 所示。

操作：选择操作的类型。可以指定为下列 5 种类型之一。

- open（0）：打开一个要写入的 .tdms 文件。

- open or create（1）：创建一个新的或打开一个已存在的要进行配置的.tdms文件。
- create or replace（2）：创建一个新的或替换一个已存在的.tdms文件。
- create（3）：创建一个新的.tdms文件。
- open（read-only）（4）：打开一个只读类型的.tdms文件。

2. TDMS写入

将数据流写入指定的.tdms数据文件。所要写入的数据子集由组名称输入和通道名称输入指定。"TDMS写入"函数节点如图13-31所示。

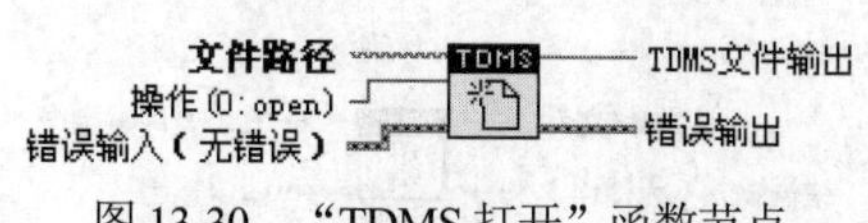

图13-30 "TDMS打开"函数节点

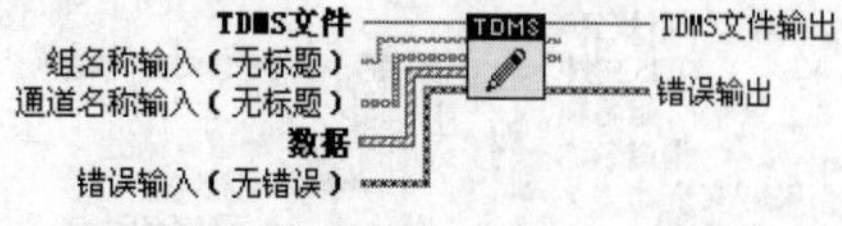

图13-31 "TDMS写入"函数节点

- 组名称输入：指定要进行操作的组名称。如果该输入端没有连接，默认为无标题。
- 通道名称输入：指定要进行操作的通道名称。如果该输入端没有连接，通道将自动命名。如果数据输入端连接波形数据，LabVIEW将使用波形的名称。

3. TDMS读取

打开指定的.tdms文件，并返回由数据类型输入端指定的类型的数据。"TDMS读取"函数节点如图13-32所示。

4. TDMS关闭

关闭一个使用TDMS打开函数打开的.tdms文件。"TDMS关闭"函数节点如图13-33所示。

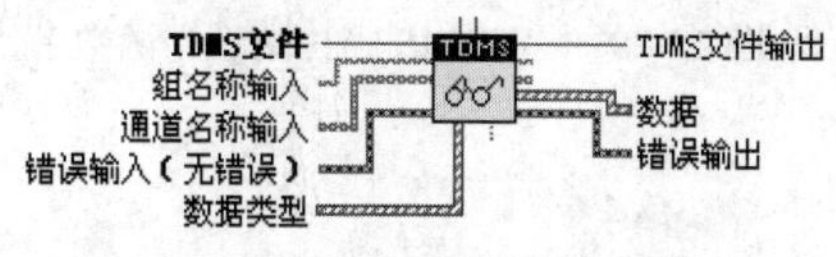

图13-32 "TDMS读取"函数节点

图13-33 "TDMS关闭"函数节点

5. TDMS列出内容

列出由TDMS文件输入端指定的.tdms文件中包含的组和通道名称。"TDMS列出内容"函数节点如图13-34所示。

6. TDMS设置属性

设置指定.tdms文件的属性、组名称或通道名。如果组名称或通道名称输入端有输入，属性将被写入组或通道。如果组名称或通道名称无输入，属性将变为文件标识。"TDMS设置属性"函数节点如图13-35所示。

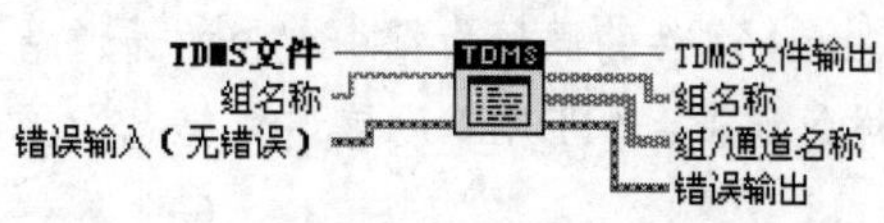

图13-34 "TDMS列出内容"函数节点

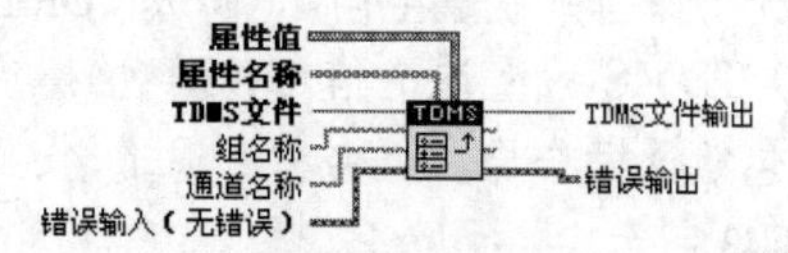

图13-35 "TDMS设置属性"函数节点

7. TDMS 获取属性

返回指定.tdms 文件的属性。如果组名称或通道名称输入端有输入，函数将返回组或通道的属性。如果组名称和通道名称无输入，函数将返回特定.tdms 文件的属性。“TDMS 获取属性”函数节点如图 13-36 所示。

8. TDMS 刷新

刷新系统内存中的.tdms 文件数据以保持数据的安全性。“TDMS 刷新”函数节点如图 13-37 所示。

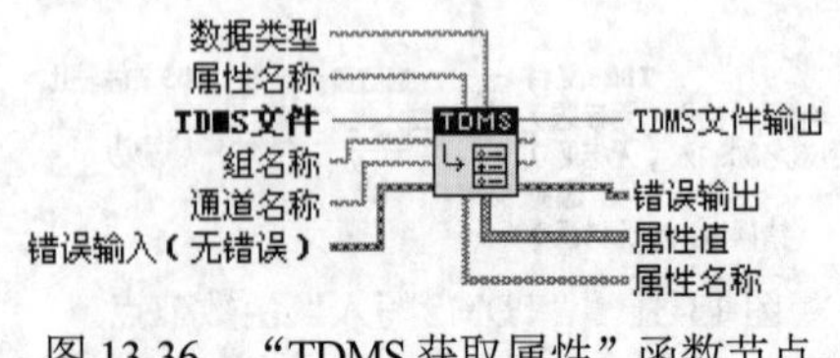

图 13-36 “TDMS 获取属性”函数节点

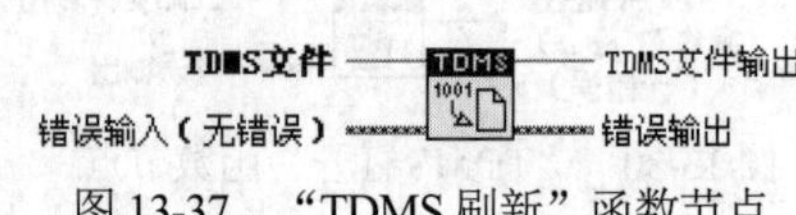

图 13-37 “TDMS 刷新”函数节点

9. TDMS 文件查看器

打开由文件路径输入端指定的.tdms 文件，并将文件数据在 TDMS 文件查看器窗口中显示出来。“TDMS 文件查看器”函数节点如图 13-38 所示。

10. TDMS 碎片整理

整理由文件路径指定的.tdms 文件的数据。如果.tdms 文件中的数据很乱，可以使用该函数进行清理，从而提高性能。“TDMS 碎片整理”函数节点如图 13-39 所示。

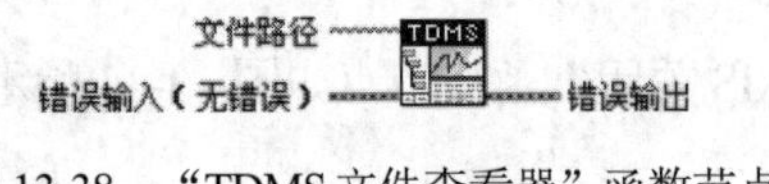

图 13-38 “TDMS 文件查看器”函数节点

图 13-39 “TDMS 碎片整理”函数节点

11. 高级 TDMS

高级 TDMS VI 和函数可用于对.tdms 文件进行高级 I/O 操作（如异步读取和写入）。通过此类 VI 和函数可读取已有.tdms 文件中的数据，写入数据至新建的.tdms 文件，或替换已有.tdms 文件的部分数据。也可使用此类 VI 和函数转换.tdms 文件的格式版本，或新建未换算数据的换算信息。

“高级 TDMS”子选板如图 13-40 所示。

（1）高级 TDMS 打开（函数）：按照主机使用的字节顺序打开用于读/写操作的.tdms 文件。该 VI 也可用于创建新文件或替换现有文件。不同于 TDMS 打开函数，高级 TDMS 打开函数不创建.tdms 文件。若使用该函数打开.tdms 文件，且该文件已有对应的.tdms_index 文件，该函数会删除.tdms_index 文件。“高级 TDMS 打开”函数节点如图 13-41 所示。

（2）高级 TDMS 关闭（函数）：关闭通过高级 TDMS 打开函数打开的.tdms 文件，释放 TDMS 预留文件大小保留的磁盘空间。“高级 TDMS 关闭”函数节点如图 13-42 所示。

（3）TDMS 设置通道信息（函数）：定义要写入指定.tdms 文件的原始数据中包含的通道信息。通道信息包括数据布局、组名称、通道名、数据类型和采样每通道。“TDMS 设置通道信息”函数节点如图 13-43 所示。

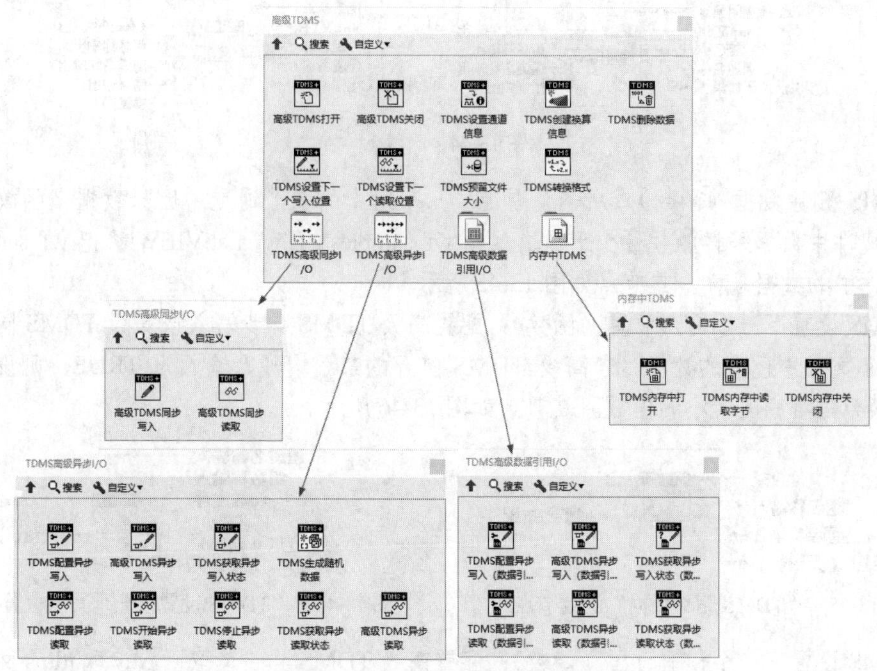

图 13-40 “高级 TDMS”子选板

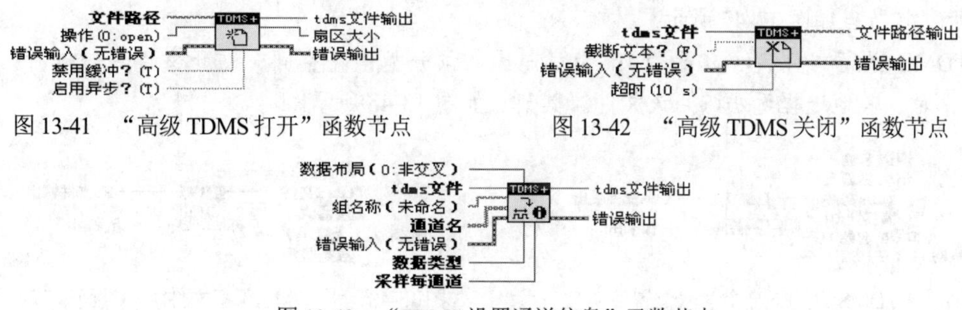

图 13-41 “高级 TDMS 打开”函数节点

图 13-42 “高级 TDMS 关闭”函数节点

图 13-43 “TDMS 设置通道信息”函数节点

（4）TDMS 创建换算信息（VI）：创建.tdms 文件中未缩放数据的缩放信息。该 VI 将缩放信息写入.tdms 文件。必须手动选择所需多态实例。

“TDMS 创建换算信息”（线性、多项式、热电偶、RTD、表格、应变、热敏电阻、倒数换算）VI 节点如图 13-44 所示。

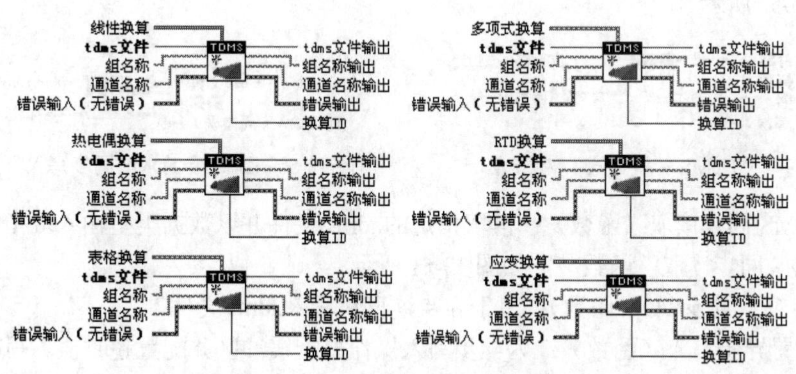

图 13-44 “TDMS 创建换算信息”VI 节点

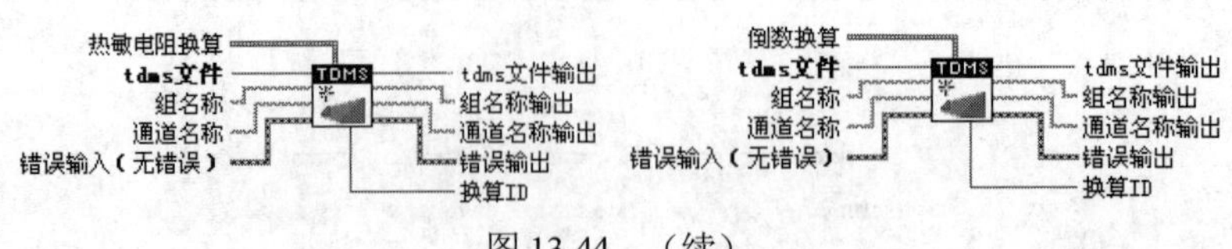

图 13-44　（续）

（5）TDMS 删除数据（函数）：从一个通道或一个组中的多个通道中删除数据。函数删除该数据后，若.tdms 文件中数据采样的数量少于通道属性 wf_samples 的值，LabVIEW 将把 wf_samples 的值设置为.tdms 文件中的数据采样。其节点如图 13-45 所示。

（6）TDMS 设置下一个写入位置（函数）：配置高级 TDMS 异步写入或高级 TDMS 同步写入函数开始重写.tdms 文件中已有的数据。若高级 TDMS 打开的禁用缓冲？输入为 TRUE，则设置的下一个写入位置必须为磁盘扇区大小的倍数。其节点如图 13-46 所示。

图 13-45　“TDMS 删除数据”函数节点　　图 13-46　“TDMS 设置下一个写入位置”函数节点

（7）TDMS 设置下一个读取位置（函数）：配置高级 TDMS 异步读取函数读取.tdms 文件中数据的开始位置。若高级 TDMS 打开的禁用缓冲？输入为 TRUE，则设置的下一个读取位置必须为磁盘扇区大小的倍数。其节点如图 13-47 所示。

（8）TDMS 预留文件大小（函数）：为写入操作预分配磁盘空间，防止文件系统碎片。函数使用.tdms 文件时，其他进程无法访问该文件。其节点如图 13-48 所示。

图 13-47　“TDMS 设置下一个读取位置”函数节点　　图 13-48　“TDMS 预留文件大小”函数节点

（9）TDMS 转换格式（VI）：将.tdms 文件的格式从 1.0 转换为 2.0，或者相反。该 VI 依据目标版本中指定的新文件格式版本指定重写.tdms 文件，其节点如图 13-49 所示。

（10）TDMS 高级同步 I/O（函数）用于同步读取和写入.tdms 文件。

① 高级 TDMS 同步写入（函数）：同步写入数据至指定的.tdms 文件。“高级 TDMS 同步写入”函数节点如图 13-50 所示。

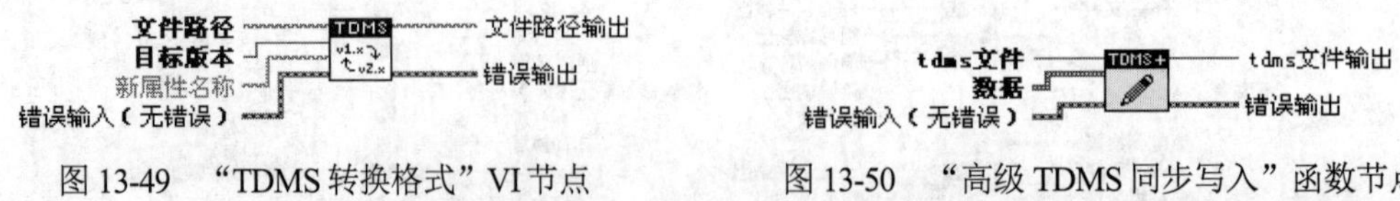

图 13-49　“TDMS 转换格式”VI 节点　　图 13-50　“高级 TDMS 同步写入”函数节点

② 高级 TDMS 同步读取（函数）：读取指定的.tdms 文件并以数据类型输入端指定的格式返回数据。“高级 TDMS 同步读取”函数节点如图 13-51 所示。

（11）TDMS 高级异步 I/O（函数）：用于异步读取和写入.tdms 文件。

① TDMS配置异步写入（函数）：为异步写入操作分配缓冲区并配置超时值。写超时的值适用于所有后续异步写入操作。其节点如图 13-52 所示。

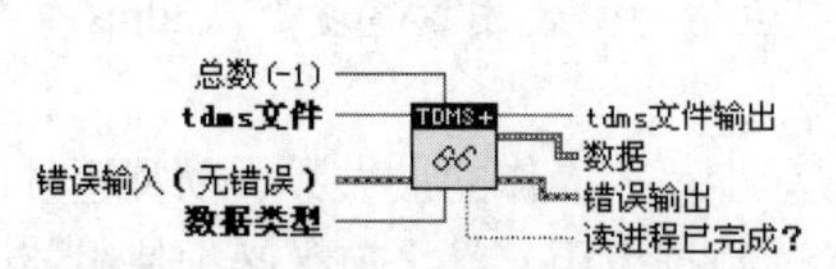

图 13-51 “高级 TDMS 同步读取”函数节点

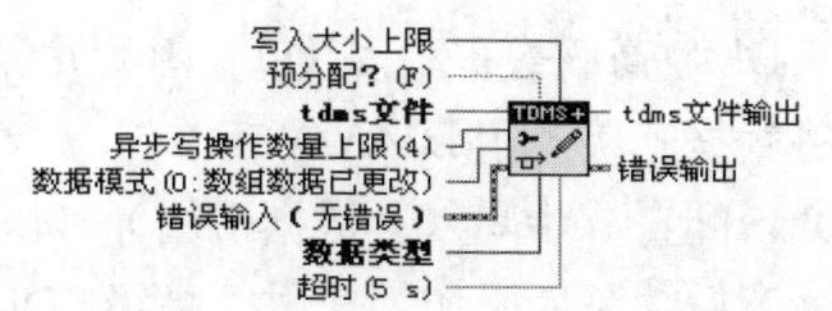

图 13-52 “TDMS 配置异步写入”函数节点

② 高级 TDMS 异步写入（函数）：异步写入数据至指定的.tdms 文件。该函数可同时执行多个在后台执行的异步写入操作。使用 TDMS 获取异步写入状态函数可查询暂停的异步写入操作的数量。其节点如图 13-53 所示。

③ TDMS 获取异步写入状态（函数）：获取高级 TDMS 异步写入函数创建的尚未完成的异步写入操作的数量。其节点如图 13-54 所示。

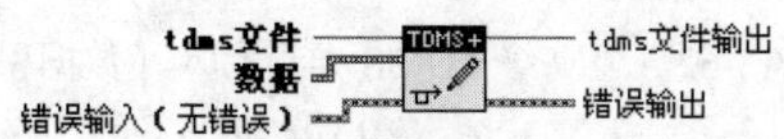

图 13-53 “高级 TDMS 异步写入”函数节点

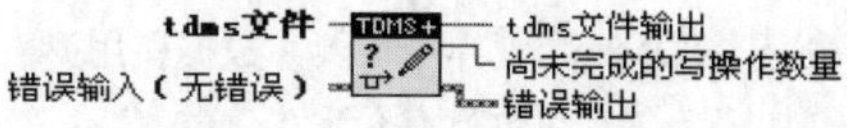

图 13-54 “TDMS 获取异步写入状态”函数节点

④ TDMS 生成随机数据（VI）：可以使用生成的随机数据去测试高级 TDMS VI 或函数的性能。在标记测试中利用从数据获取装置中生成的数据，使用该 VI 进行仿真。其节点如图 13-55 所示。

⑤ TDMS 配置异步读取（函数）：为异步读取操作分配缓冲区并配置超时值，读超时的值适用于所有后续异步读取操作。其节点如图 13-56 所示。

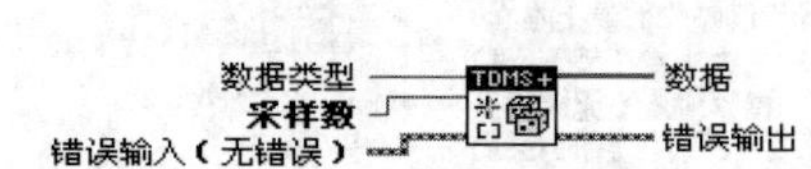

图 13-55 “TDMS 生成随机数据”VI 节点

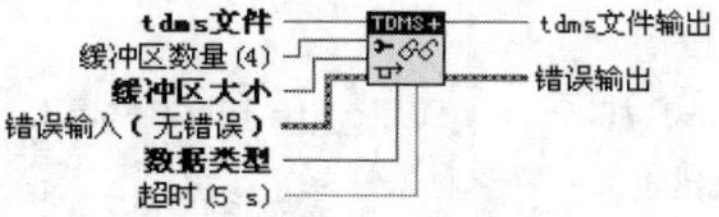

图 13-56 “TDMS 配置异步读取”函数节点

⑥ TDMS 开始异步读取（函数）：开始异步读取过程。此前异步读取过程完成或停止前，无法配置或开始异步读取过程。通过 TDMS 停止异步读取函数可停止异步读取过程。其节点如图 13-57 所示。

⑦ TDMS 停止异步读取（函数）：停止初始新的异步读取。该函数不忽略完成的异步读取或取消尚未完成的异步读取操作。通过该函数停止异步读取后，可通过“高级 TDMS 异步读取”函数读取完成的异步读取操作。其节点如图 13-58 所示。

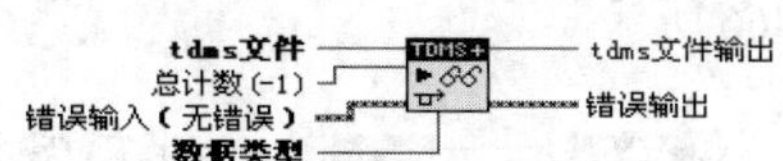

图 13-57 “TDMS 开始异步读取”函数节点

图 13-58 “TDMS 停止异步读取”函数节点

⑧ TDMS 获取异步读取状态（函数）：获取包含“高级 TDMS 异步读取”函数要读取数据的缓冲区的数量。其节点如图 13-59 所示。

⑨ 高级 TDMS 异步读取（函数）：读取指定的.tdms 文件并以数据类型输入端指定的格式返回数据。该函数可返回此前读入缓冲区的数据，缓冲区通过 TDMS 配置异步读取函数配置。该函数可同时执行多个异步读取操作。其节点如图 13-60 所示。

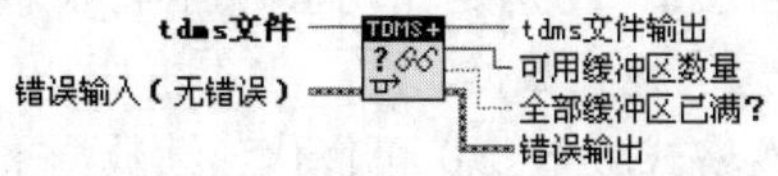

图 13-59 “TDMS 获取异步读取状态”函数节点

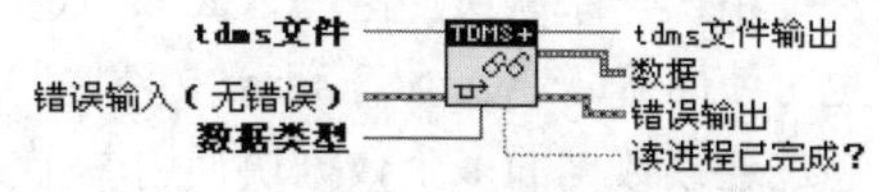

图 13-60 “高级 TDMS 异步读取”函数节点

（12）TDMS 高级数据引用 I/O（函数）：用于与数据交互，也可使用这些函数从.tdms 文件异步读取数据并将数据直接置于 DMA 缓存中。

① TDMS 配置异步写入（数据引用）（函数）：配置异步写入操作的最大数量以及超时值。超时值适用于所有后续写入操作。使用“高级 TDMS 异步写入（数据引用）”之前，必须使用该函数配置异步写入。其节点如图 13-61 所示。

② 高级 TDMS 异步写入（数据引用）：该数据引用输入端指向的数据异步写入指定的.tdms 文件。该函数可以在后台执行异步写入的同时发出更多异步写入指令。还可以查询挂起的异步写入操作的数量。其节点如图 13-62 所示。

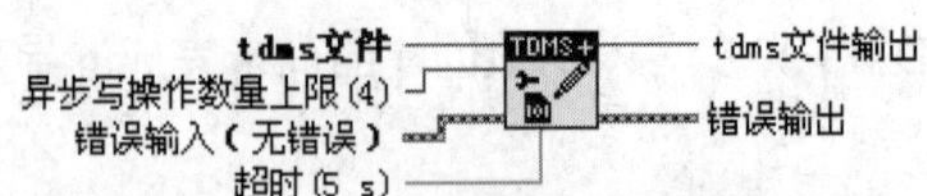

图 13-61 “TDMS 配置异步写入（数据引用）”函数节点

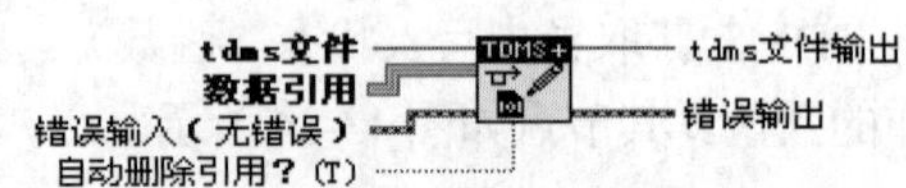

图 13-62 “高级 TDMS 异步写入（数据引用）”函数节点

③ TDMS 获取异步写入状态（数据引用）（函数）：返回高级 TDMS 异步写入（数据引用）函数创建的尚未完成的异步写入操作的数量。其节点如图 13-63 所示。

④ TDMS 配置异步读取（数据引用）（函数）：配置异步读取操作的最大数量，待读取数据的总量，以及异步读取的超时值。使用“高级 TDMS 异步读取（数据引用）”之前，必须使用该函数配置异步读取。其节点如图 13-64 所示。

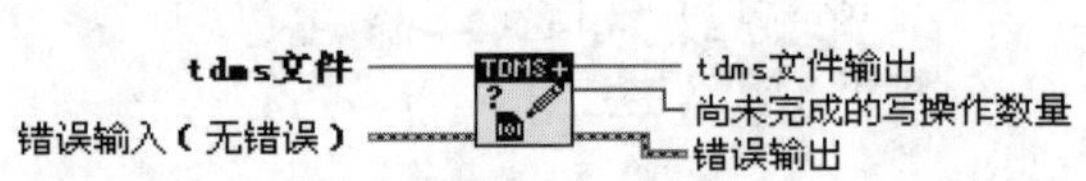

图 13-63 “TDMS 获取异步写入状态（数据引用）”函数节点

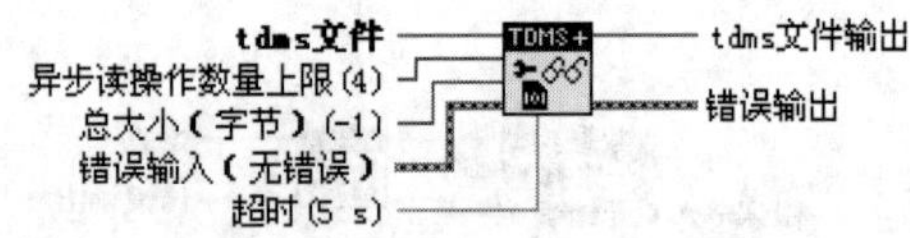

图 13-64 “TDMS 配置异步读取（数据引用）”函数节点

⑤ 高级 TDMS 异步读取（数据引用）（函数）：从指定的.tdms 文件中异步读取数据，并将数据保存在 LabVIEW 之前的存储器中。该函数在后台执行异步读取的同时发出更多异步读取指令，其节点如图 13-65 所示。

⑥ TDMS 获取异步读取状态（数据引用）（函数）：返回高级 TDMS 异步读取（数据引用）函数创建的尚未完成的异步读取操作的数量。其节点如图 13-66 所示。

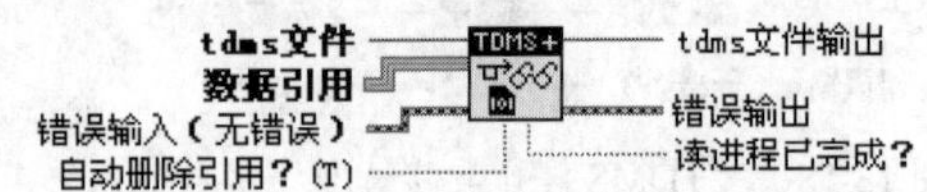

图 13-65 “高级 TDMS 异步读取（数据引用）”函数节点

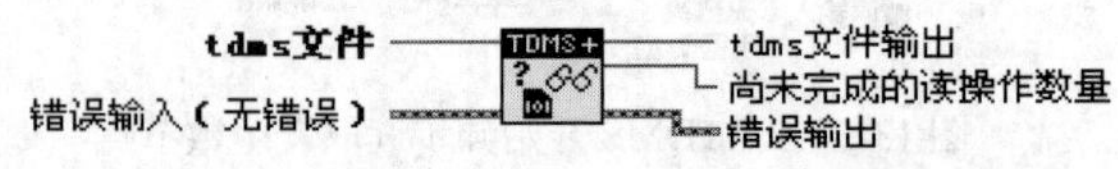

图 13-66 “TDMS 获取异步读取状态（数据引用）”函数节点

文件格式版本 2.0 包括文件格式 1.0 的所有特性及下列特性。

- 可写入间隔数据至.tdms 文件。
- 在.tdms 文件中写入数据可使用不同的 endian 格式或字节顺序。
- 不使用操作系统缓冲区写入.tdms 数据，可使性能提高，特别是在冗余磁盘阵列（RAID）中。
- 也可使用 NI-DAQmx 在.tdms 文件中写入带换算信息的元素数据。
- 通过连续数据的多个数据块使用单个文件头，文件格式版本 2.0 可优化连续数据采集的写入性能，可改进单值采集的性能。

➘ 文件格式版本 2.0 支持.tdms 文件异步写入，可使应用程序在写入数据至文件的同时处理内存中的数据，无须等待写入函数结束。

（13）内存中 TDMS（函数）：用于与数据交互，也可使用这些函数从.tdms 文件中异步读取数据并将数据直接置于 DMA 缓存中。

① TDMS 内存中打开（函数）：在内存中创建一个空的.tdms 文件进行读取或写入操作。也可使用该函数基于字节数组或磁盘文件创建一个文件。使用“TDMS 内存中关闭”函数可关闭对该文件的引用。其节点如图 13-67 所示。

② TDMS 内存中读取字节（函数）：读取内存中的.tdms 文件，返回不带符号的 8 位整数数组。其节点如图 13-68 所示。

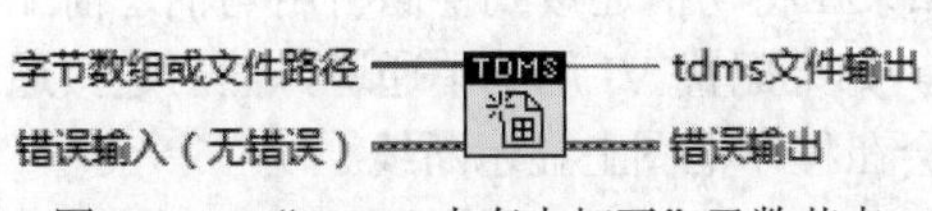

图 13-67 “TDMS 内存中打开”函数节点

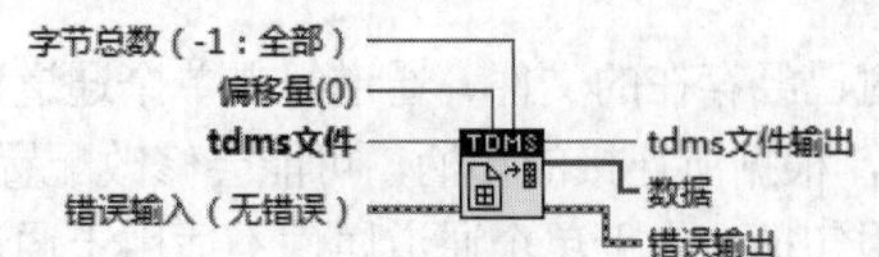

图 13-68 “TDMS 内存中读取字节”函数节点

③ TDMS 内存中关闭（函数）：关闭内存中的.tdms 文件，该文件用 TDMS 内存中打开函数打开。若文件路径输入指定了路径，该函数还将写入磁盘上的.tdms 文件。其节点如图 13-69 所示。

图 13-69 “TDMS 内存中关闭”函数节点

13.2.5 存储/数据插件

“函数”选板上的“存储/数据插件”VI 可在二进制测量文件（.tdm）中读取和写入波形及波形属性。通过.tdm 文件可在 NI 软件（如 LabVIEW 和 DIAdem）间进行数据交换。

“存储/数据插件”VI 将波形和波形属性组合，从而构成通道。通道组可管理一组通道。一个文件中可包括多个通道组。若按名称保存通道，可从现有通道中快速添加或获取数据。除数值之外，“存储/数据插件”VI 也支持字符串数组和时间标识数组。在程序框图上，引用句柄可代表文件、通道组和通道。“存储”VI 也可查询文件以获取符合条件的通道组或通道。

若开发过程中系统要求发生改动，或需要在文件中添加其他数据，则“存储/ 数据插件”VI 可修改文件格式且不会导致文件不可用。“存储/数据插件”VI子选板如图13-70所示。

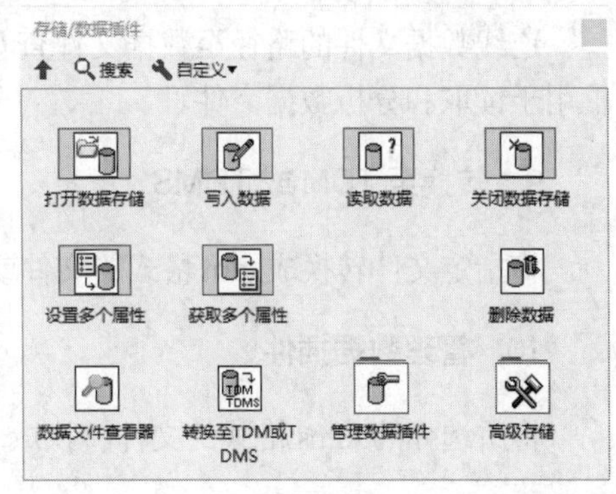

图 13-70 “存储/数据插件”VI 子选板

1. 打开数据存储

打开 NI 测试数据格式交换文件（.tdm）以用于读/写操作。该 VI 也可以用于创建新文件或替换现有文件。通过“关闭数据存储”VI 可以关闭文件引用。

2. 写入数据

添加一个通道组或单个通道至指定文件。也可以使用这个 VI 来定义被添加的通道组或者单个通道的属性。

3. 读取数据

返回用于表示文件中通道组或通道的引用的句柄数组。如果选择通道作为配置对话框中的读取对象类型，该 VI 就会读出这个通道中的波形。该 VI 还可以根据指定的查询条件返回符合要求的通道组或者通道。

4. 关闭数据存储

对文件进行读/写操作后，将数据保存至文件并关闭文件。

5. 设置多个属性

对已经存在的文件、通道组或单个通道定义属性。如果在将句柄连接到存储引用句柄之前配置这个 VI，根据所连接的句柄，可能会修改配置信息。例如，如果配置 VI 用于单通道，然后连接通道组的引用句柄，由于单个通道属性不适用于通道组，VI 将会在程序框图上显示断线。

6. 获取多个属性

从文件、通道组或者单个通道中读取属性值。如果在将句柄连接到存储引用句柄之前配置这个 VI，根据所连接的句柄，可能会修改配置信息。例如，如果配置 VI 用于单通道，然后连接通道组的引用句柄，由于单个通道属性不适用于通道组，VI 将会在程序框图上显示断线。

7. 删除数据

删除一个通道组或通道。如果选择删除一个通道组，VI 将删除与该通道组相关联的所有通道。

8. 数据文件查看器

连线数据文件的路径至数据文件查看器 VI 的文件路径输入，运行 VI，可显示该对话框。该对话框用于读取和分析数据文件。

9. 转换至 TDM 或 TDMS

将指定文件转换成.tdm 格式的文件或.tdms 格式的文件。

10. 管理数据插件

将所选择的.tdms 格式的文件转换成.tdm 格式的文件。

11. 高级存储

使用高级存储 VI 进行程序运行期间的数据的读取、写入和查询。

13.2.6 Zip

使用 Zip VI 创建新的 Zip 文件，向 Zip 文件添加文件，关闭 Zip 文件。Zip 子选板如图 13-71 所示。

1. 新建 Zip 文件

创建一个由目标路径指定的 Zip 空白文件。根据确认覆盖输入端的输入值，新文件将覆盖一个已存在的文件或出现一个确认对话框。新建Zip文件VI的节点图标及端口定义如图13-72所示。

目标：指定新Zip文件或已存在Zip文件的路径。VI将删除或重写已存在的文件。不能在Zip文件后面追加数据。

2. 添加文件至Zip文件

将源文件路径输入端所指定的文件添加到Zip文件中。Zip文件目标路径输入端指定已压缩文件的路径信息。“添加文件至Zip文件”VI节点如图13-73所示。

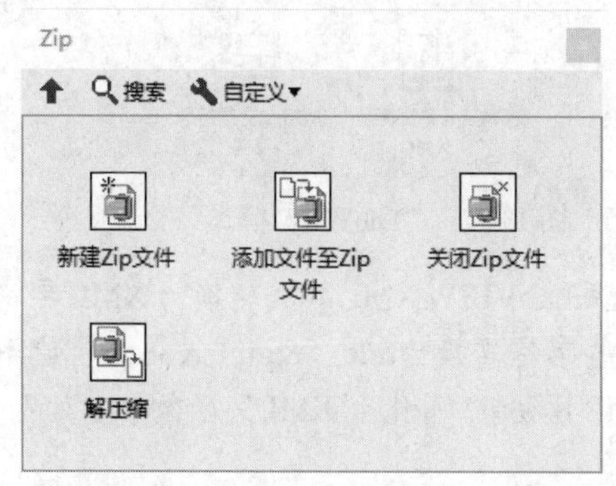

图13-71 Zip子选板

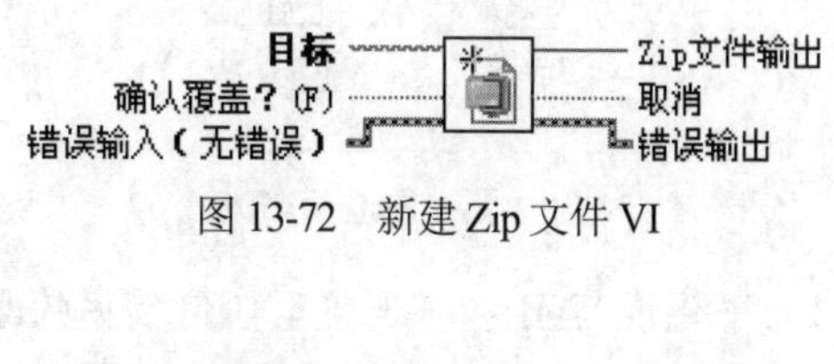

图13-72 新建Zip文件VI

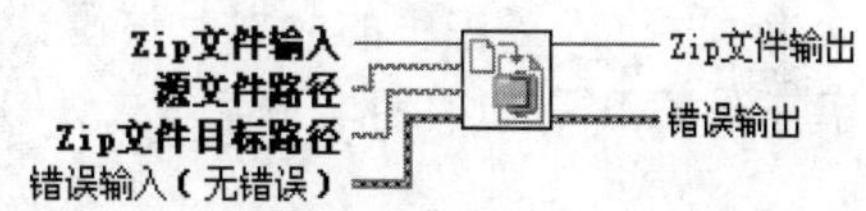

图13-73 “添加文件至Zip文件”VI节点

3. 关闭Zip文件

关闭Zip文件输入端指定的Zip文件。“关闭Zip文件”VI节点如图13-74所示。

4. 解压缩

使解压缩的内容解压缩至目标目录。该VI无法解压缩有密码保护的压缩文件。“解压缩”VI节点如图13-75所示。

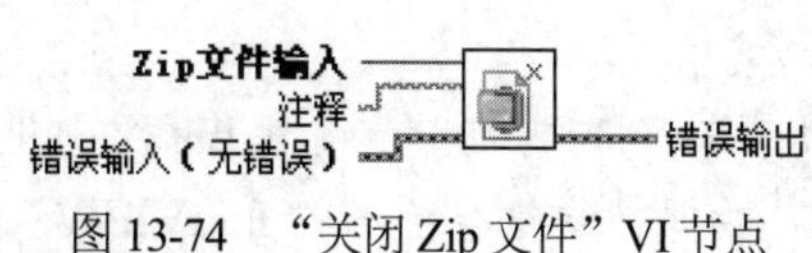

图13-74 “关闭Zip文件”VI节点

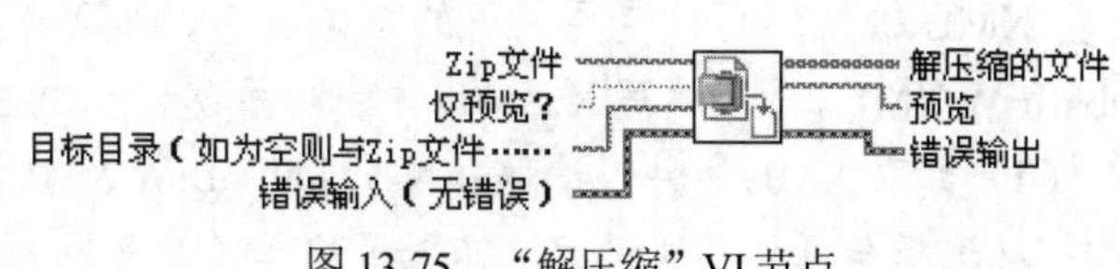

图13-75 “解压缩”VI节点

13.2.7 XML

XML VI和函数用于操作XML格式的数据，可扩展标记语言（XML）是一种独立于平台的标准通用标记语言（SGML），可用于存储和交换信息。使用XML文档时，可使用解析器提取和操作数据，而不必直接转换XML格式。例如，文档对象模型（DOM）核心规范定义了创建、读取和操作XML文档的编程接口。DOM核心规范还定义了XML解析器必须支持的属性和方法。XML子选板如图13-76所示。

1. LabVIEW模式VI和函数

LabVIEW模式VI和函数用于操作XML格式的LabVIEW数据。“LabVIEW模式”子选板如图13-77所示。

图 13-76　XML 子选板

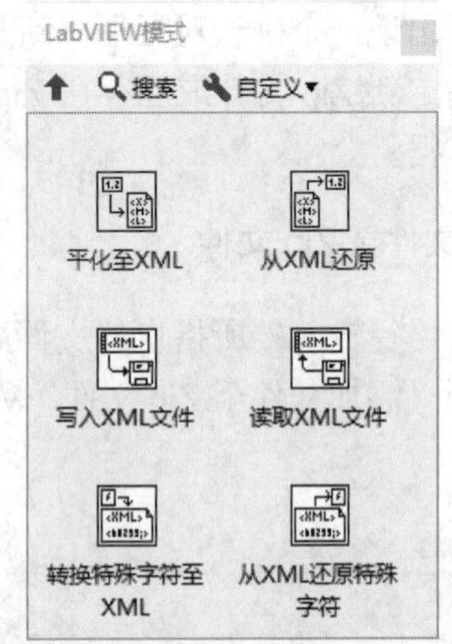

图 13-77　“LabVIEW 模式”子选板

（1）平化至 XML：将连接至任何数据的数据类型根据 LabVIEW XML 模式转换为 XML 字符串。如任何含有<、>或&等字符的数据，该函数将分别把这些字符转换为<、>或&。使用“转换特殊字符至 XML”VI 可将其他字符（如"）转换为 XML 语法。“平化至 XML”函数节点如图 13-78 所示。

（2）从 XML 还原：依据 LabVIEW XML 模式将 XML 字符串转换为 LabVIEW 数据类型。如 XML 字符串含有<、>或&等字符，该函数将分别把这些字符转换为<、>或&。使用“从 XML 还原特殊字符”VI 转换为其他字符（如"）。“从 XML 还原”函数节点如图 13-79 所示。

图 13-78　“平化至 XML”函数节点　　　　图 13-79　“从 XML 还原”函数节点

（3）写入 XML 文件：将 XML 数据的文本字符串与文件头标签同时写入文本文件。通过将数据连线至 XML 输入端可确定要使用的多态实例，也可手动选择实例。所有 XML 数据必须符合标准的 LabVIEW XML 模式。“写入 XML 文件”函数节点如图 13-80 所示。

（4）读取 XML 文件：读取并解析 LabVIEW XML 文件中的标签。将该 VI 放置在程序框图上时，多态 VI 选择器可见。通过该选择器可选择多态实例。所有 XML 数据必须符合标准的 LabVIEW XML 模式。“读取 XML 文件”函数节点如图 13-81 所示。

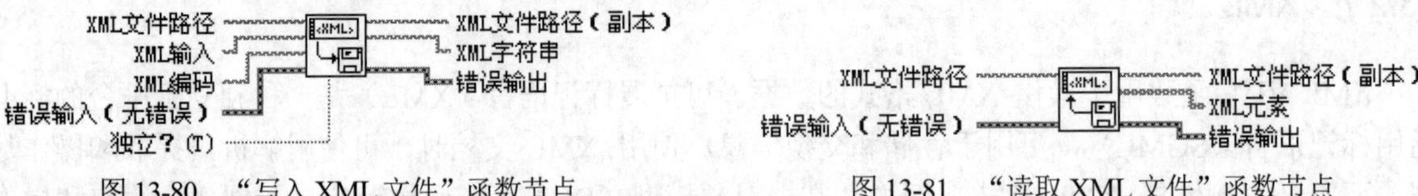

图 13-80　“写入 XML 文件”函数节点　　　　图 13-81　“读取 XML 文件”函数节点

（5）转换特殊字符至 XML：依据 LabVIEW XML 模式将特殊字符转换为 XML 语法。平化至字符串函数可将<、>或&等字符分别转换为<、>或&。但如需将其他字符（如"）转换为 XML 语法，则必须使用“转换特殊字符至 XML”函数。“转换特殊字符至 XML”函数节点如图 13-82 所示。

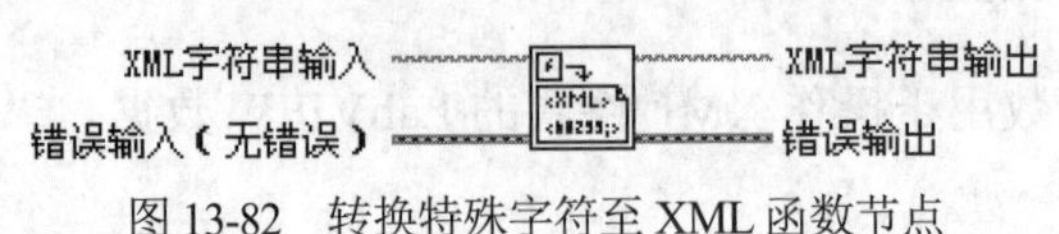

图 13-82　转换特殊字符至 XML 函数节点

（6）从 XML 还原特殊字符：依据 LabVIEW XML 模式将特殊字符的 XML 语法转换为特殊字符。从 XML 还原函数可将<、>或&等字符分别转换为<、>或&。但如需转换其他字符（如"），则必须使用“从 XML 还原特殊字符”函数。从“XML 还原特殊字符”函数节点如图 13-83 所示。

图 13-83 “从 XML 还原特殊字符”函数节点

2. XML 解析器

“XML 解析器”可配置为确定某个 XML 文档是否有效。若文档与外部词汇表相符合，则该文档为有效文档。在 LabVIEW 解析器中，外部词汇表可以是文档类型定义（DTD）或模式（Schema）。有的解析器只解析 XML 文件，但是加载前不会验证 XML。LabVIEW 中的解析器是一个验证解析器。验证解析器根据 DTD 或模式检验 XML 文档，并报告找到的非法项。必须确保文档的形式和类型是已知的。使用验证解析器可省去为每种文档创建自定义验证代码的时间。

XML 解析器在加载文件方法的解析错误中报告验证错误。

注意：

XML 解析器在 LabVIEW 加载文档或字符串时验证文档或 XML 字符串。若对文档或字符串进行了修改，并要验证修改后的文档或字符串，请使用加载文件或加载字符串方法重新加载文档或字符串。解析器会再一次验证内容。

“XML 解析器”子选板如图 13-84 所示。

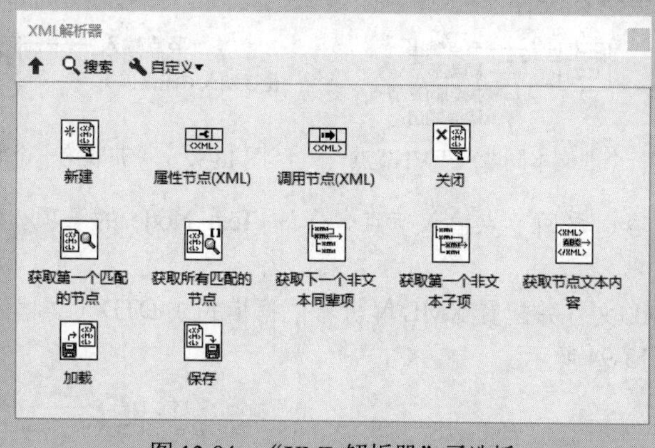

图 13-84 “XML 解析器”子选板

（1）新建：通过该 VI 可新建 XML 解析器会话句柄。“新建”VI 节点如图 13-85 所示。

（2）属性节点（XML）：获取（读取）和/或设置（写入）XML 引用的属性。该节点的操作与属性节点的操作相同。“属性节点（XML）VI 节点如图 13-86 所示。

图 13-85 “新建”VI 节点

图 13-86 “属性节点（XML）”VI 节点

（3）调用节点（XML）：调用 XML 引用的方法或动作。该节点的操作与调用节点的操作相同。“调用节点（XML）”VI 节点如图 13-87 所示。

（4）关闭：关闭对所有 XML 解析器类的引用。通过该多态 VI 可关闭对 XML_指定节点映射类、XML_节点列表类、XML_实现类和 XML_节点类的引用句柄。XML_节点类包含其他 XML 类。“关闭”VI 节点如图 13-88 所示。

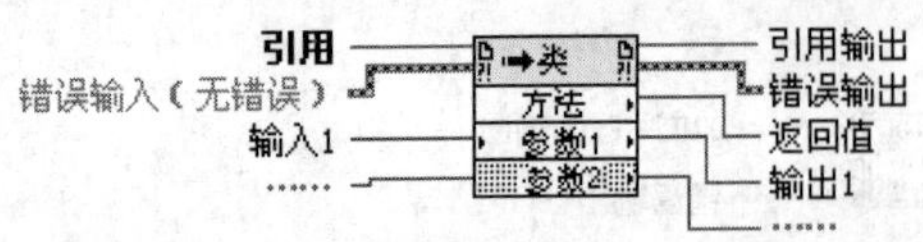

图 13-87　“调用节点（XML）”VI 节点

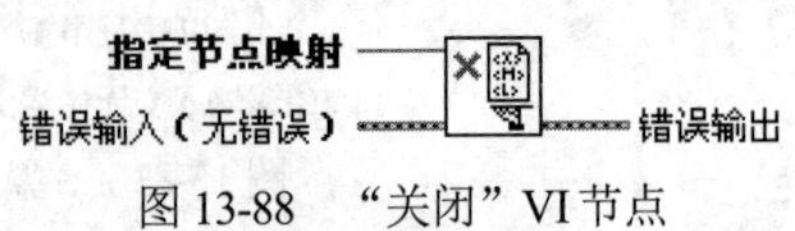

图 13-88　“关闭”VI 节点

（5）获取第一个匹配的节点：返回节点输入的第一个匹配 XPath 表达式的节点。“获取第一个匹配的节点”VI 节点如图 13-89 所示。

（6）获取所有匹配的节点：返回节点输入的所有匹配 XPath 表达式的节点。“获取所有匹配的节点”VI 节点如图 13-90 所示。

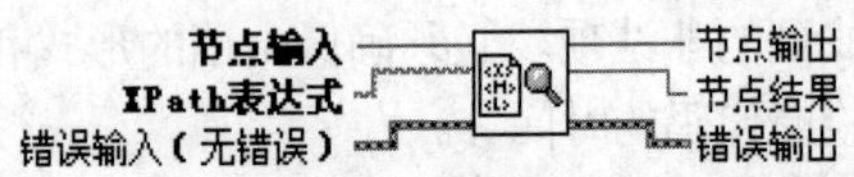

图 13-89　“获取第一个匹配的节点”VI 节点

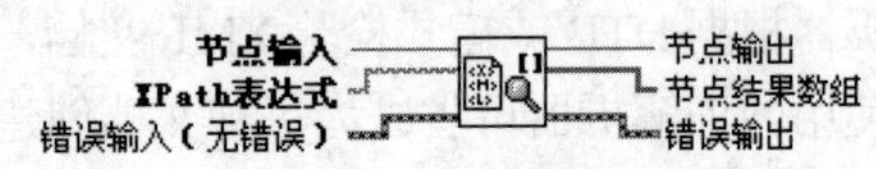

图 13-90　“获取所有匹配的节点”VI 节点

（7）获取下一个非文本同辈项：返回节点输入节点中第一个类型为 Text_Node 的同辈项。“获取下一个非文本同辈项”VI 节点如图 13-91 所示。

（8）获取第一个非文本子项：返回节点输入节点中第一个类型为 Text_Node 的子项。“获取第一个非文本子项”VI 节点如图 13-92 所示。

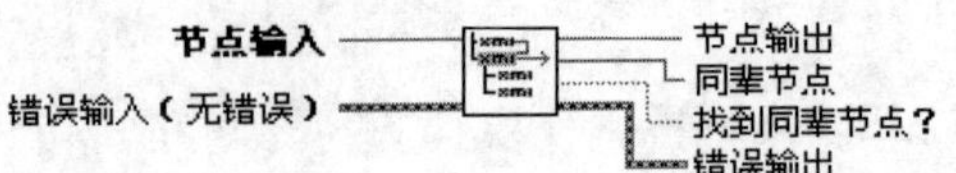

图 13-91　“获取下一个非文本同辈项”VI 节点

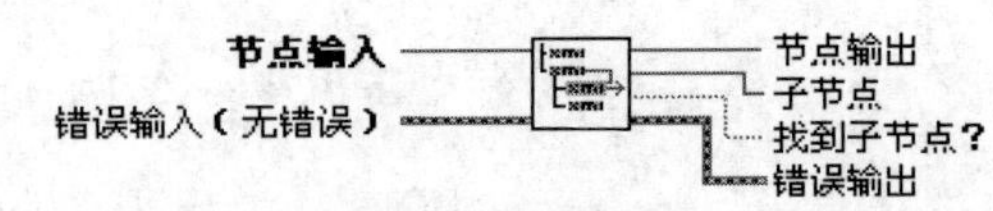

图 13-92　“获取第一个非文本子项”VI 节点

（9）获取节点文本内容：返回节点输入节点包含的 Text_Node 的子项。“获取节点文本内容”VI 节点如图 13-93 所示。

（10）加载：打开 XML 文件并配置 XML 解析器依据模式或 DTD（文档类型定义）对文件进行验证。“加载”VI 节点如图 13-94 所示。

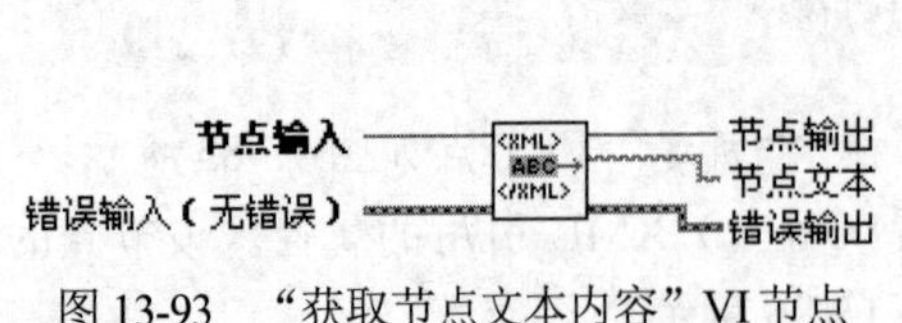

图 13-93　“获取节点文本内容”VI 节点

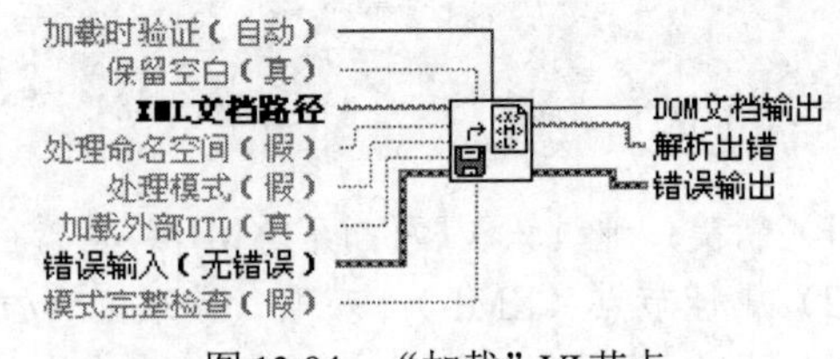

图 13-94　“加载”VI 节点

（11）保存：保存 XML 文档。“保存”VI 节点如图 13-95 所示。

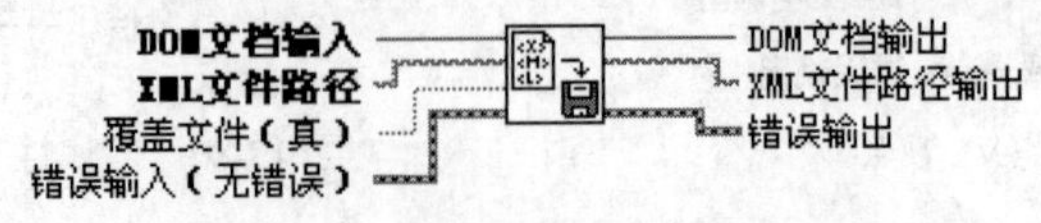

图 13-95　“保存”VI 节点

13.2.8 波形文件 I/O

“波形文件 I/O”选板上的函数用于从文件读取写入波形数据。“波形文件 I/O”子选板如图 13-96 所示。

1. 写入波形至文件

创建新文件或添加至现有文件，在文件中指定数量的记录，然后关闭文件，检查是否发生错误。“写入波形至文件”函数节点如图 13-97 所示。

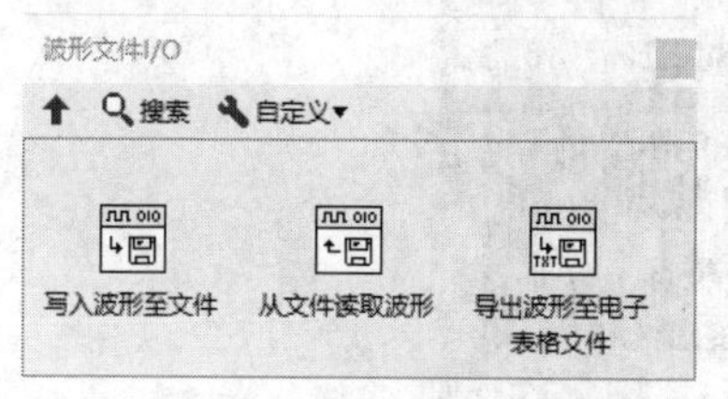

图 13-96 “波形文件 I/O”子选板

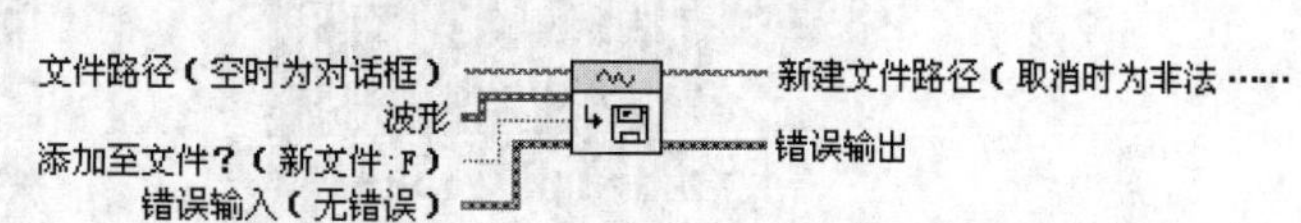

图 13-97 “写入波形至文件”函数节点

2. 从文件读取波形

打开使用写入波形至文件 VI 创建的文件，每次从文件中读取一条记录。该 VI 可返回记录中所有波形和记录中的第一波形，单独输出。“从文件读取波形”函数节点如图 13-98 所示。

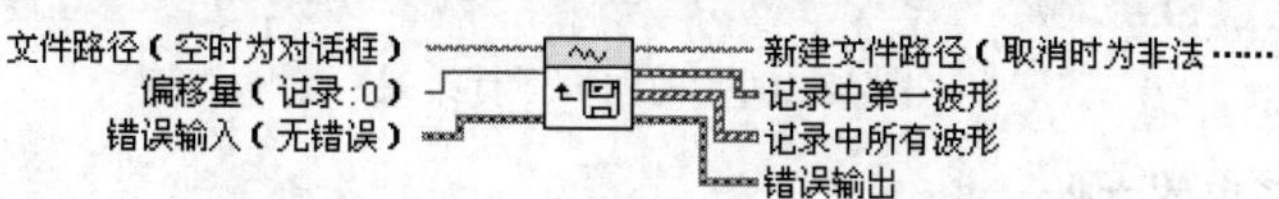

图 13-98 “从文件读取波形”函数节点

动手学——记录正弦波形数据

源文件：源文件\第 13 章\记录正弦波形数据\记录正弦波形数据.vi

本实例设计如图 13-99 所示的程序，记录正弦波形数据。

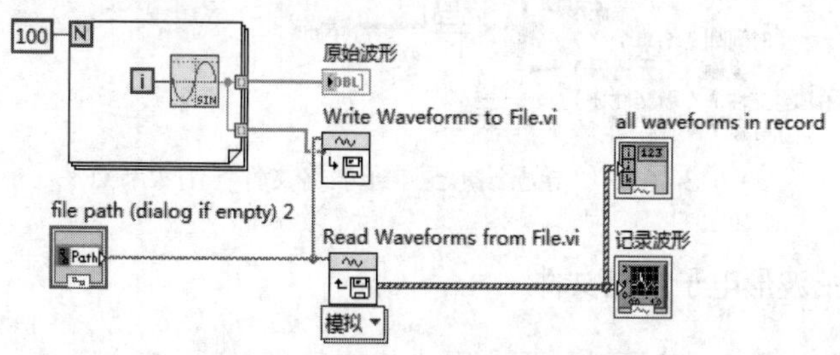

图 13-99 打开配置文件程序框图

【操作步骤】

（1）在“函数”选板上选择“编程”→“结构”→“For 循环”函数，拖动出适当大小的矩形框，在 For 循环总线接线端创建常量 100。

（2）在“函数”选板上选择“数学”→“初等与特殊函数”→“三角函数”→“正弦”函数，连接到循环次数输入端，创建正弦数据。

（3）在“编程”→“文件 I/O”→“波形文件 I/O”子选板中选择“写入波形至文件”“从文件读取波形”VI，将其放置在程序框图中。

（4）在“写入波形至文件”VI 上创建文件路径，在“从文件读取波形”VI 上创建“输出所有行”控件。

（5）打开前面板，在“控件”选板上选择“新式”→“图形”→“波形图”控件，创建“原始波形”与“记录波形”，分别连接到写入前与读取后数据，比较数据是否发生变化。

（6）在“文件路径”控件中单击“打开”按钮，打开配置文件路径。

（7）单击“运行”按钮，运行 VI，在前面板显示运行结果，如图 13-100 所示。

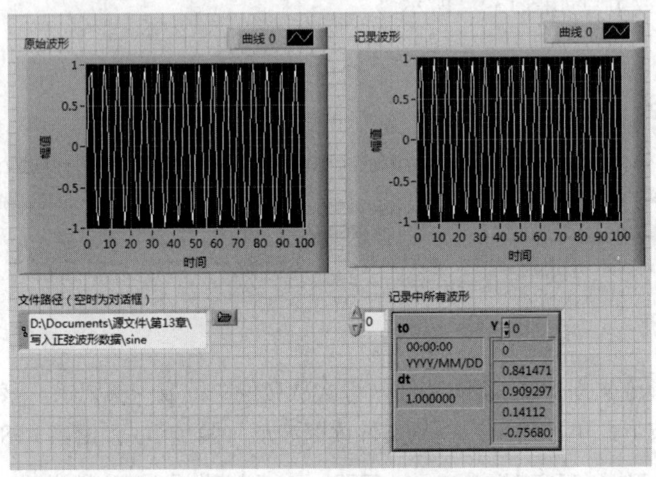

图 13-100 前面板运行结果

3. 导出波形至电子表格文件

使波形转换为文本字符串，然后使字符串写入新字节流文件或添加字符串至现有文件。“导出波形至电子表格文件”函数节点如图 13-101 所示。

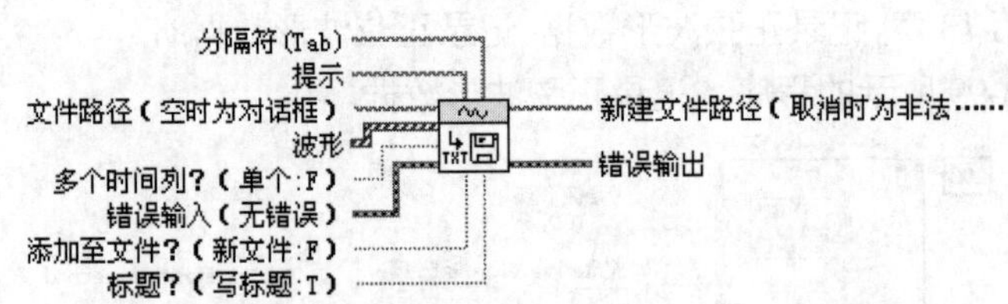

图 13-101 “导出波形至电子表格文件”函数节点

扫一扫，看视频

动手练——创建正弦波形电子表格文件

源文件：源文件\第 13 章\创建正弦波形电子表格文件\创建正弦波形电子表格文件.vi

本实例用于将创建的正弦数据转成电子表格文件输出，如图 13-102 所示。

思路点拨

（1）生成正弦波。

（2）写入波形文件。

（3）输出波形。

（4）转换文件格式。

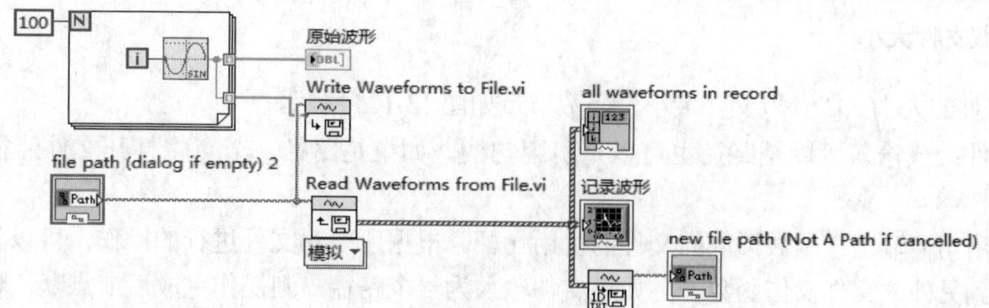

图 13-102 层叠移位寄存器的使用

13.2.9 高级文件函数

“文件 I/O”选板上的函数可控制单个文件 I/O 操作，这些函数可创建或打开文件，向文件读/写数据及关闭文件。上述 VI 可实现以下任务。

- 创建目录。
- 移动、复制或删除文件。
- 列出目录内容。
- 修改文件特性。
- 对路径进行操作。
- 使用高级文件 VI 和函数对文件、目录及路径进行操作。“高级文件函数”子选板如图 13-103 所示。

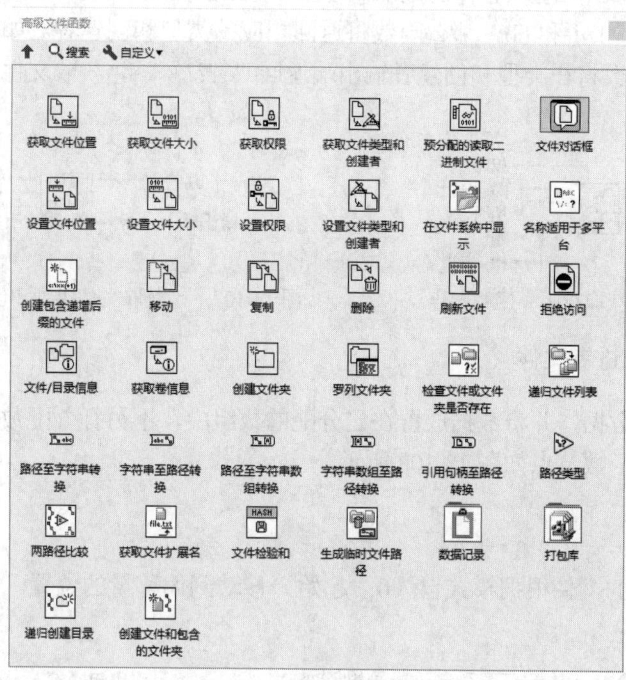

图 13-103 “高级文件函数”子选板

1. 获取文件位置

返回引用句柄指定的文件的相对位置。“获取文件位置”函数节点如图 13-104 所示。

2. 获取文件大小

返回文件的大小。“获取文件大小”函数节点如图 13-105 所示。

- 文件：该输入可以是路径也可以是引用句柄。如果是路径，节点将打开文件路径所指定的文件。
- 引用句柄输出：函数读取的文件的引用句柄。根据所要对文件进行的操作，可以将该输出连接到另外的文件操作函数上。如果文件输入为一个路径，则操作完成后节点默认将文件关闭。如果文件输入端输入一个引用句柄，或者如果将引用句柄输出连接到另一个函数节点，LabVIEW 认为文件仍在使用，直到使用关闭函数将其关闭。

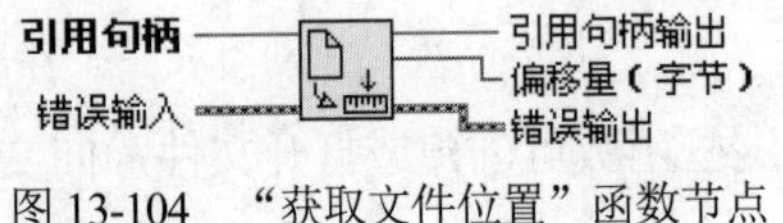

图 13-104 “获取文件位置”函数节点

图 13-105 “获取文件大小”函数节点

3. 获取权限

返回由路径指定文件或目录的所有者、组和权限。“获取权限”函数节点如图 13-106 所示。

- 权限：函数执行完成后输出将包含当前文件或目录的权限设置。
- 所有者：函数执行完成后输出将包含当前文件或目录的所有者设置。

4. 获取文件类型和创建者

获取由路径指定的文件的类型和创建者。类型和创建者有 4 种类型。如果指定文件名后有 LabVIEW 认可的字符，如.vi 和.llb，那么函数将返回相应的类型和创建者。如果指定文件包含未知的 LabVIEW 文件类型，函数将在类型和创建者输出端返回“????”。“获取文件类型和创建者”函数节点如图 13-107 所示。

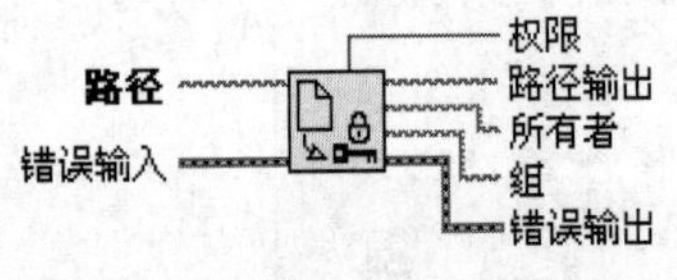

图 13-106 “获取权限”函数节点

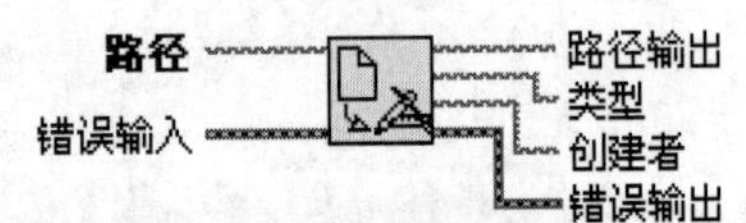

图 13-107 “获取文件类型和创建者”函数节点

5. 预分配的读取二进制文件

从文件读取二进制数据，并将数据放置在已分配的数组中，不另行分配数据的副本空间。“预分配的读取二进制文件”函数节点如图 13-108 所示。

6. 设置文件位置

将引用句柄所指定的文件根据模式自（0：起始）移动到偏移量的位置。“设置文件位置”函数节点如图 13-109 所示。

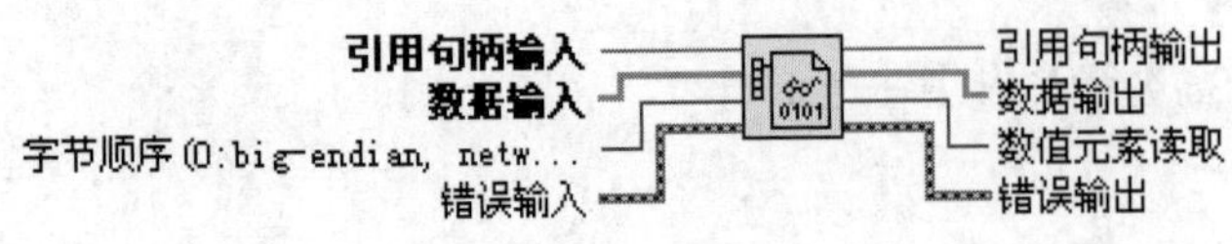

图 13-108 “预分配的读取二进制文件”函数节点

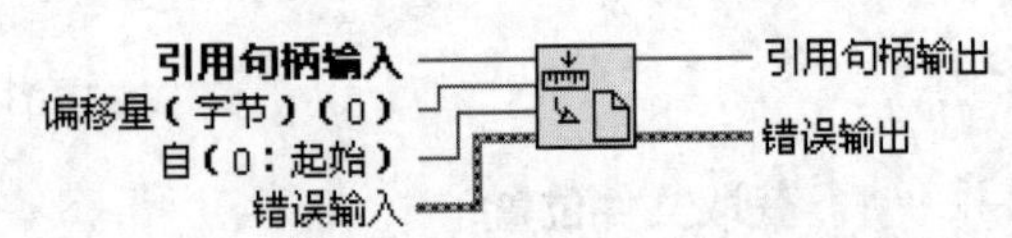

图 13-109 “设置文件位置”函数节点

7. 设置文件大小

将文件结束标记设置为文件起始处到文件结束位置的大小字节，从而设置文件的大小。该函数不可用于 LLB 中的文件。“设置文件大小”函数节点如图 13-110 所示。

8. 设置权限

设置由路径指定的文件或目录的所有者、组和权限。该函数不可用于 LLB 中的文件。“设置权限”函数节点如图 13-111 所示。

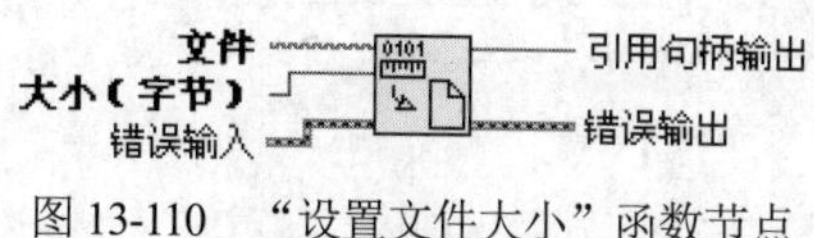

图 13-110　“设置文件大小”函数节点

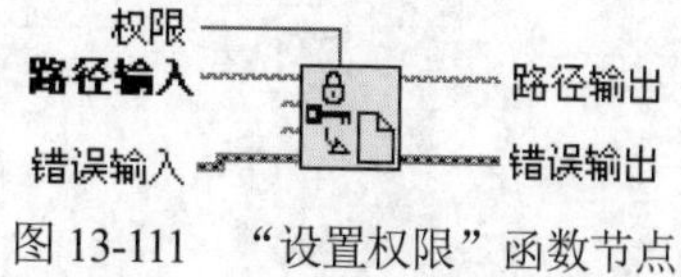

图 13-111　“设置权限”函数节点

9. 设置文件类型和创建者

设置由路径指定的文件类型和创建者。类型和创建者均为含有 4 个字符的字符串。该函数不可用于 LLB 中的文件。“设置文件类型和创建者”函数节点如图 13-112 所示。

10. 创建包含递增后缀的文件

如果文件已经存在，创建一个文件并在文件名的末尾添加递增后缀。如果文件不存在，VI 创建文件，但不在文件名的末尾添加递增的后缀。“创建包含递增后缀的文件”VI 节点如图 13-113 所示。

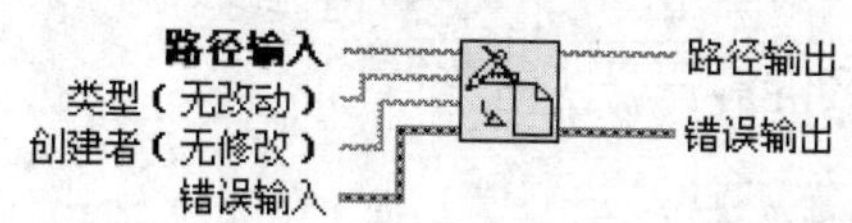

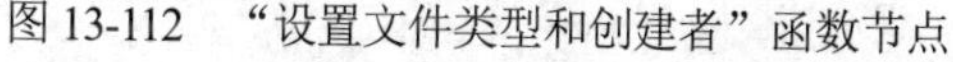
图 13-112　“设置文件类型和创建者”函数节点

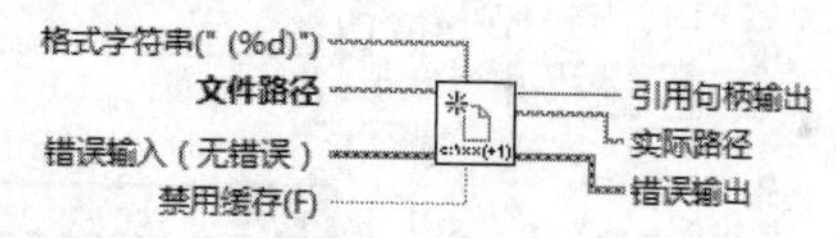

图 13-113　“创建包含递增后缀的文件”VI 节点

13.3　综合演练——二进制文件的字节顺序

扫一扫，看视频

源文件：源文件\ 第 13 章\ 二进制文件的字节顺序\ 二进制文件的字节顺序.vi

本实例演示用“读取二进制文件”函数读取不同类型和字节顺序的数据时需要考虑的参数。来源于不同文件（不同格式）的数据将显示在不同的图中。

绘制完成的前面板如图 13-114 所示，程序框图如图 13-115 所示。

【操作步骤】

(1) 新建一个 VI。

(2) 在“控件”选板中选择“银色”→“图形”→“波形图”，连续放置 4 个波形图，同时按照图 13-114 所示修改控件名称。

(3) 打开程序框图。

(4) 在“函数”选板中选择“编程”→“文件 I/O”→“创建路径”函数，创建“名称或相对路径”常量。

(5) 在“函数”选板中选择“编程”→“文件 I/O”→“文件常量”→“当前 VI 路径”函数，放置在“创建路径”函数“基路径”输入端。

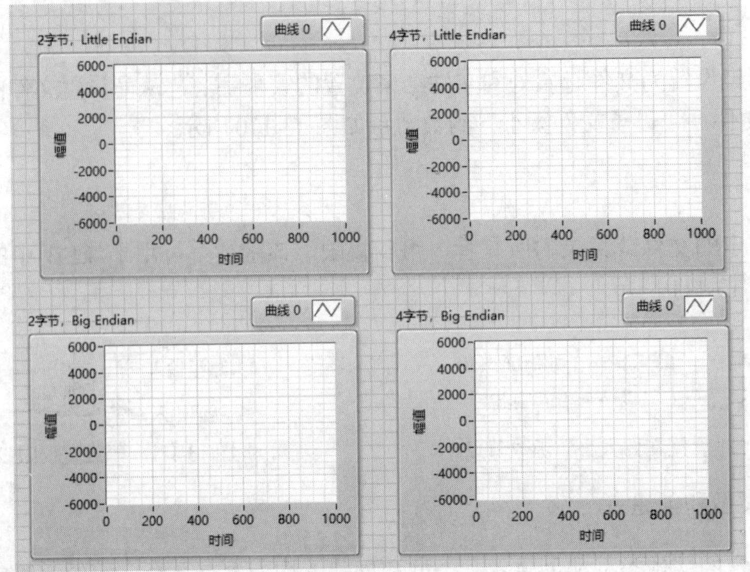

图 13-114　前面板

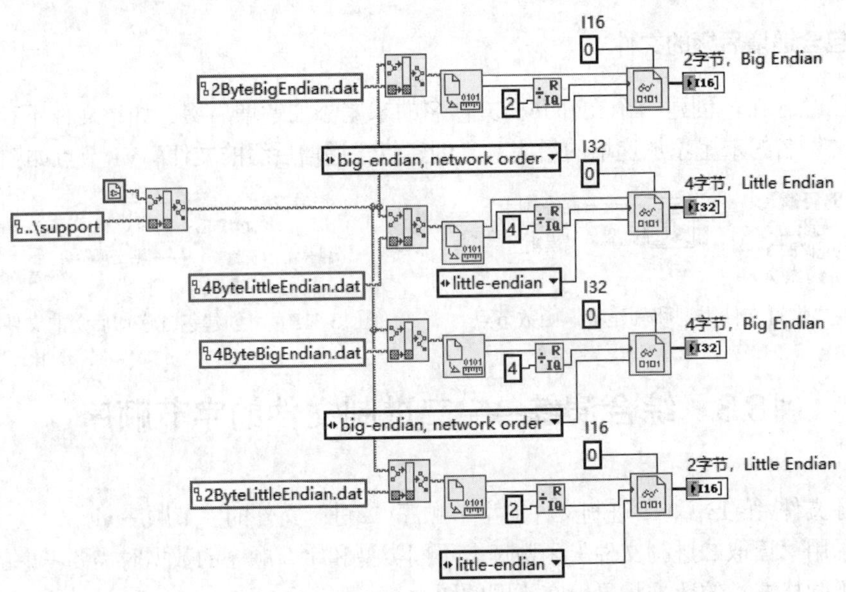

图 13-115　程序框图

（6）在“函数”选板中选择“编程”→“文件 I/O”→“文件常量”→“路径常量”函数，放置在“创建路径”函数“名称或相对路径”输入端，并添加路径，输入绝对路径，即文件名称。

（7）在“创建路径”函数添加的路径输出端继续连接下一级“创建路径”函数，并在“名称或相对路径”输入端创建路径常量，并添加绝对路径。

（8）在“函数”选板中选择“编程”→“文件 I/O”→“高级文件函数”→“获取文件大小”函数，获取在默认路径中得到的文件大小。

（9）在“编程”→“数值”子选板中选择“商与余数”函数，计算读取的文件数据，创建的数值常量表示法为 I64。

（10）在“函数”选板中选择“编程”→“文件 I/O”→“读取二进制文件”函数，创建字节顺序常量、对应的数据类型（I16 或 I32），读取经过四则运算的余数数据，输出到波形图中。

（11）同样的方法绘制另外 3 个不同字节的文件获取过程。

（12）将鼠标放置在函数及控件的输入/输出端口，鼠标变为连线状态，按照图 13-115 所示连接程序框图。

（13）单击“运行”按钮，运行程序，在 4 个输出波形图中显示输出结果，如图 13-116 所示。

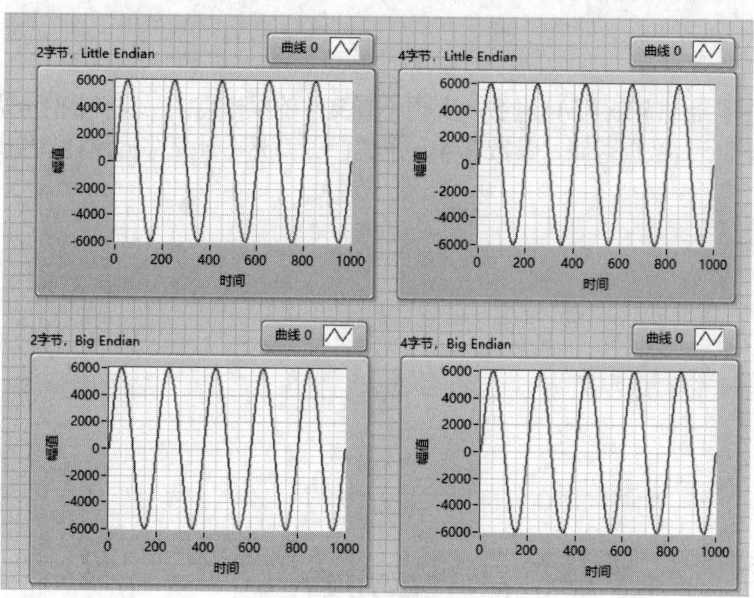

图 13-116　前面板运行结果

第 14 章　文件操作与管理

内容简介

LabVIEW 提供了强大的文件 I/O 函数以实现不同文件的操作需求，文件操作与管理是测试系统软件开发的重要组成部分，数据存储、参数输入、系统管理都离不开文件的建立、操作和维护。

内容要点

- 文件操作
- 文件管理
- 综合演练——编辑选中文件

案例效果

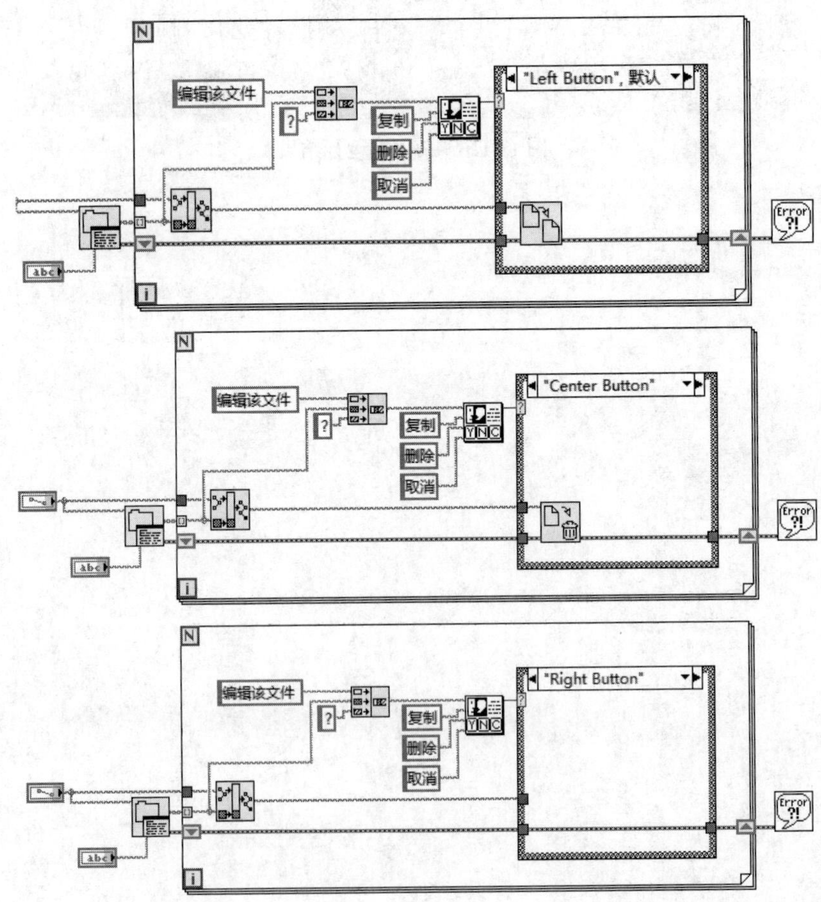

14.1 文 件 操 作

文件不可能直接进行操作，还需要进行基本的打开/关闭操作，进行高级的拆分路径等操作， 本节详细介绍文件的操作函数。

1. 打开/创建/替换文件

使用编程方式或对话框的交互方式打开一个存在的文件、创建一个新文件或替换一个已存在的文件。可以选择使用对话框的提示或使用默认文件名。“打开/创建/替换文件”函数节点图标及端口定义如图 14-1 所示。

2. 关闭文件

关闭一个引用句柄指定的打开的文件，并返回文件的路径及应用句柄。这个节点不管错误输入是否有错误信息输入，都要执行关闭文件的操作。所以，必须从错误输出中判断关闭文件操作是否成功。“关闭文件”函数节点图标及端口定义如图 14-2 所示。

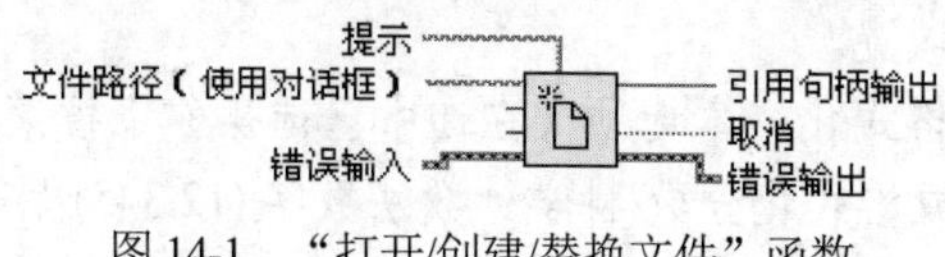

图 14-1 “打开/创建/替换文件”函数

引用句柄
错误输入
错误输出

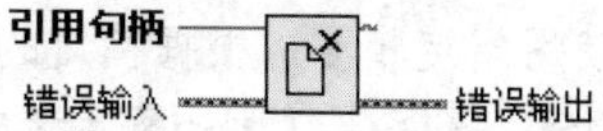

图 14-2 “关闭文件”函数

关闭文件要进行下列操作。

(1) 把文件写在缓冲区里的数据写入物理存储介质中。

(2) 更新文件列表的信息，如大小、最后更新日期等。

(3) 释放引用句柄。

3. 格式化写入文件

将字符串、数值、路径或布尔型数据格式化为文本格式并写入文本文件中。“格式化写入文件”函数节点图标及端口定义如图 14-3 所示。

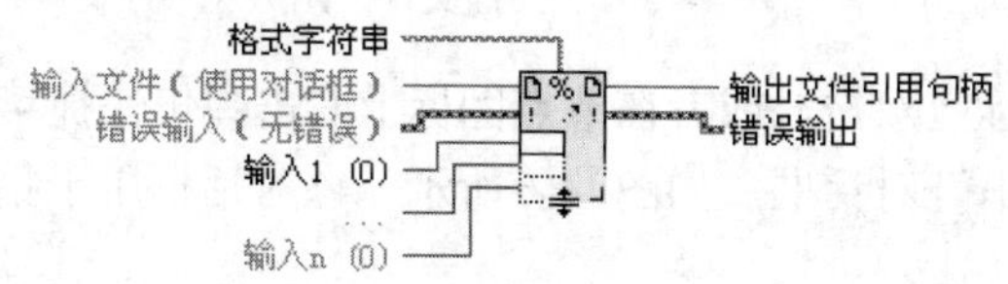

图 14-3 “格式化写入文件”函数

在“格式化写入文件”节点图标上双击，或者在节点图标上右击弹出快捷菜单，选择“编辑格式字符串”命令，弹出“编辑格式字符串”对话框，如图 14-4 所示。该对话框用于将数字转换为字符串。

该对话框包括以下部分。

(1) 当前格式顺序：表示将数字转换为字符串的已选操作格式。

(2) 添加新操作：将已选操作列表框中的一个操作添加到当前格式顺序列表框。

(3) 删除本操作：将选中的操作从当前格式顺序列表框中删除。

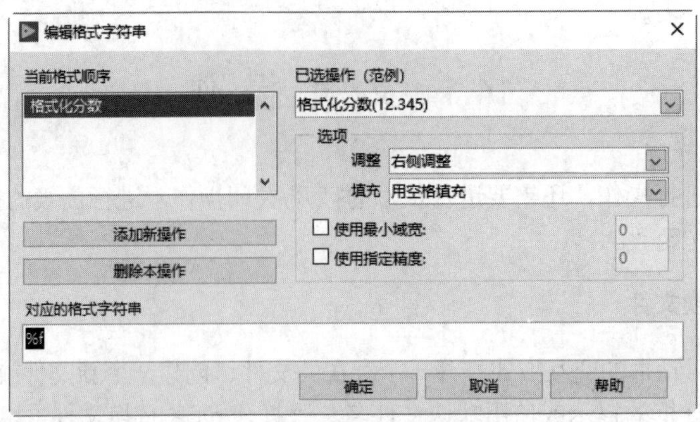

图 14-4 “编辑格式字符串”对话框

（4）对应的格式字符串：显示已选格式顺序或格式操作的格式字符串。该选项显示为只读。

（5）已选操作：列出可选的转换操作。

（6）选项：指定以下格式化选项。

- 调整：设置输出字符串为右侧调整或左侧调整。
- 填充：设置以空格或零对输出字符串进行填充。

（7）使用最小域宽：设置输出字符串的最小域宽。

（8）使用指定精度：根据指定的精度将数字格式化。本选项仅在选中已选操作下拉菜单的格式化分数 (12.345)、格式化科学计数法数字 (1.234E1) 或格式化分数/科学计数法数字 (12.345) 后才可用。

4. 扫描文件

在一个文件的文本中扫描字符串、数值、路径和布尔数据，将文本转换成一种数据类型，并返回引用句柄的副本及按顺序输出扫描到的数据。可以使用该函数节点读取文件中的所有文本。但是使用该函数节点不能指定扫描的起始点。“扫描文件”函数节点图标及端口定义如图 14-5 所示。

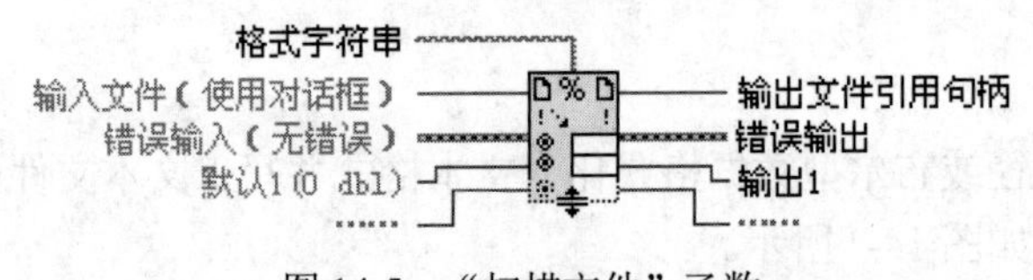

图 14-5 “扫描文件”函数

在“扫描文件”节点图标上双击，或者在节点图标上右击弹出快捷菜单，选择“编辑扫描字符串”命令，弹出“编辑扫描字符串”对话框，如图 14-6 所示。该对话框用于指定将输入的字符串转换为输出参数的方式。

该对话框包括以下部分。

（1）当前扫描顺序：表示已选的将数字转换为字符串的扫描操作。

（2）已选操作：列出可选的转换操作。

（3）添加新操作：将已选操作列表框中的一个操作添加到当前扫描顺序列表框。

（4）删除本操作：将选中的操作从当前扫描顺序列表框中删除。

（5）使用固定域宽：设置输出参数的固定域宽。

（6）对应的扫描字符串：显示已选扫描顺序或格式操作的格式字符串。该选项显示为只读。

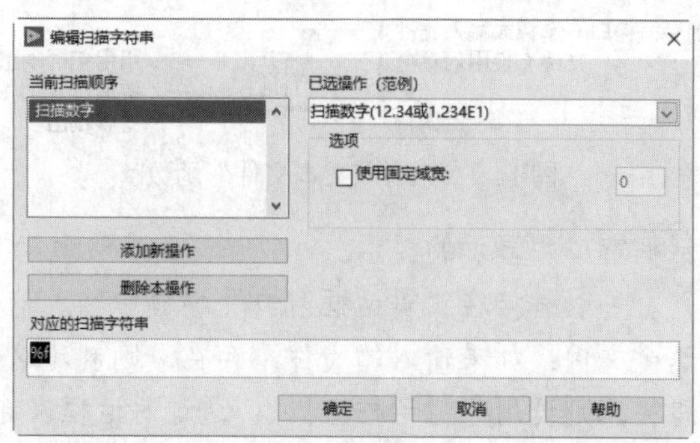

图 14-6 “编辑扫描字符串”对话框

5. 创建路径

“创建路径”函数用于在一个已经存在的基路径后添加一个字符串输入，构成一个新的路径名。“创建路径”函数节点图标及端口定义如图 14-7 所示。

在实际应用中，可以把基路径设置为工作目录，每次存取文件时就不用在路径输入控件中输入很长的一个目录名，只需输入相对路径或文件名即可。

6. 拆分路径

“拆分路径”函数用于把输入路径从最后一个反斜杠的位置分成两部分，分别从拆分的路径输出端和名称输出端口输出。因为一个路径的后面常常是一个文件名，所以这个节点可以用来把文件名从路径中分离出来。如果要写一个文件重命名的 VI，就可以使用这个节点。“拆分路径”函数节点图标及端口定义如图 14-8 所示。

图 14-7 “创建路径”函数节点　　图 14-8 “拆分路径”函数节点

14.2 文 件 管 理

本节介绍对不同类型的文件进行写入与读取操作函数。

14.2.1 文本文件

要将数据写入文本文件，必须将数据转化为字符串。由于大多数文字处理应用程序读取文本时并不要求格式化的文本，因此将文本写入文本文件无须进行格式化。如需将文本字符串写入文本文件，可用写入文本文件函数自动打开和关闭文件。

1. 写入文本文件

以字母的形式将一个字符串写入文件或按行的形式将一个字符串数组写入文件。如果将文件地址连接到对话框窗口输入端，在写之前 VI 将打开或创建一个文件，或者替换已有的文件。如果将引用句柄连接到文件输入端，将从当前文件位置开始写入内容。“写入文本文件”函数节点图标及端口定义如图 14-9 所示。

图 14-9 “写入文本文件”函数

（1）对话框窗口：在对话框窗口中显示的提示。

（2）文件：文件路径输入。可以直接在“对话框窗口”端口中输入一个文件路径和文件名，如果文件是已经存在的，则打开这个文件；如果输入的文件不存在，则创建这个新文件。如果“对话框窗口”端口的值为空或非法的路径，则调用“对话框窗口”，通过对话框来选择或输入文件。

2. 读取文本文件

从一个字节流文件中读取指定数目的字符或行。默认情况下读取文本文件函数读取文本文件中所有的字符。将一个整数输入计数输入端，指定从文本文件中读取以第一个字符为起始的多少个字符。在图标的右键快捷菜单中选择“读取行”命令，计数输入端输入的数字是所要读取的以第一行为起始的行数。如果计数输入端输入的值为-1，将读取文本文件中所有的字符和行。“读取文本文件”函数节点图标及端口定义如图 14-10 所示。

扫一扫，看视频

动手学——写入正弦数据

源文件：源文件\第 14 章\写入正弦数据\写入正弦数据.vi

本实例设置文本文件的写入，如图 14-11 所示。

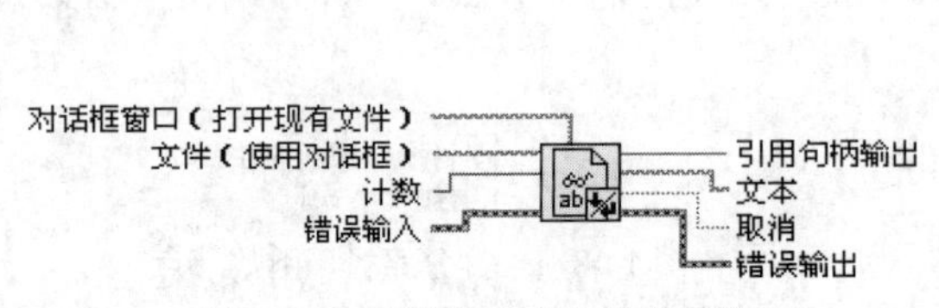

图 14-10 “读取文本文件”函数

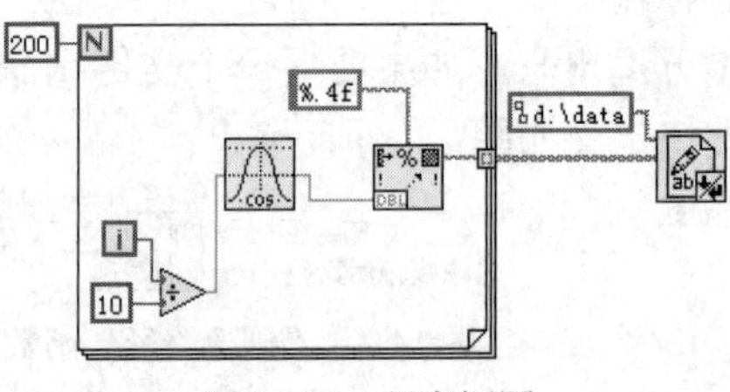

图 14-11 程序框图

【操作步骤】

（1）在“函数”选板上选择“编程”→“结构”→“For 循环”函数，拖动出适当大小的矩形框，在 For 循环总线接线端创建循环次数 200。

（2）在“函数”选板上选择“数学”→“初等与特殊函数”→“三角函数”→“余弦”函数，在 For 循环中用余弦函数产生余弦数据。

（3）在“函数”→“编程”→“字符串”子选板中选择“格式化写入字符串”函数，按照小数点后保留 4 位的精度将余弦数据转换为字符串。

（4）在“函数”→“编程”→“文件 I/O”子选板中选择“写入文本文件”函数，将转换为字符串后的数据，索引成为一个数组，一次性存储在 D 盘根目录下的 data 文件中。

（5）单击工具栏中的“整理程序框图”按钮，整理程序框图，如图 14-11 所示。

（6）单击“运行”按钮，运行 VI，可以发现在 D 盘根目录下生成了一个名为 data 的文件，使用 Windows 的记事本程序打开这个文件，可以发现记事本中记录了这 200 个余弦数据，每个数据的精度保证了小数点后有 4 位，如图 14-12 所示。

可以使用 Microsoft Excel 电子表格程序打开这个数据文件，绘图以观察波形，如图 14-13 所示，可以看到图中显示了数据的余弦波形。

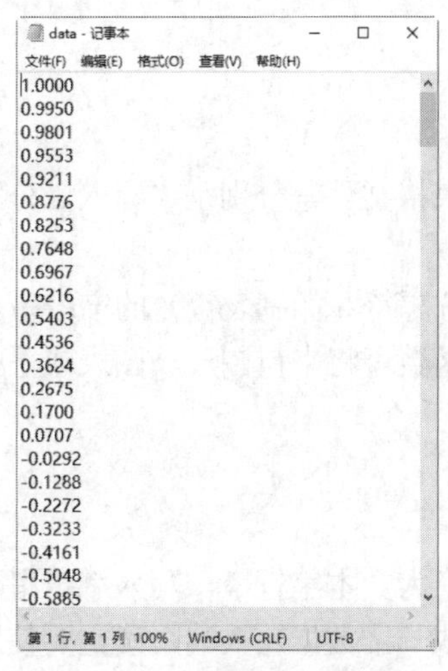

图 14-12 程序存储的余弦数据

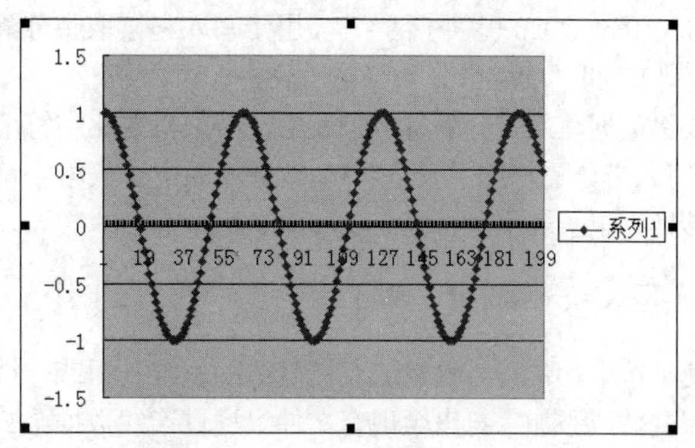

图 14-13 在 Microsoft Excel 中绘图

扫一扫，看视频

动手学——读取正弦数据

源文件：源文件\第 14 章\读取正弦数据.vi

本实例设置文本文件的读取，如图 14-14 所示。

【操作步骤】

(1) 在“函数”选板上选择“编程”→“结构”→“While 循环”函数，拖动出适当大小的矩形框，在 While 循环条件连线端创建“停止”输入控件。

(2) 在“函数”→“编程”→“文件 I/O”子选板中选择“读取文本文件”函数，从“文件”控件中读取路径下的数据，将读取的数据输出到“文本”控件中。

(3) 单击工具栏中的“整理程序框图”按钮，整理程序框图，如图 14-14 所示。

提示：

“读取文本文件”VI 有两个重要的输入数据端口，分别是文件和计数。两个数据端口分别用以表示读取文件的路径、文件读取数据的字节数（如果值为 -1，则表示一次读出所有数据）。

(4)“读取文本文件”VI 读取 D 盘根目录下的 data 文件，该文件中的数据由“写入正弦数据.vi”的程序存入，并将读取的结果在文本框中显示出来。

(5) 单击“运行”按钮，运行 VI，在前面板显示运行结果，程序的前面板及运行结果如图 14-15 所示。

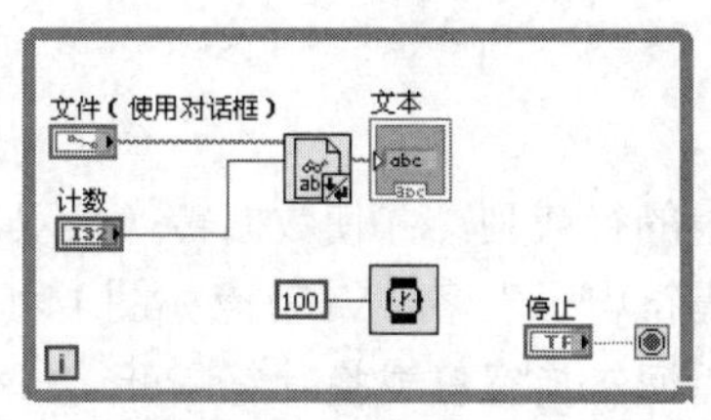

图 14-14 程序框图

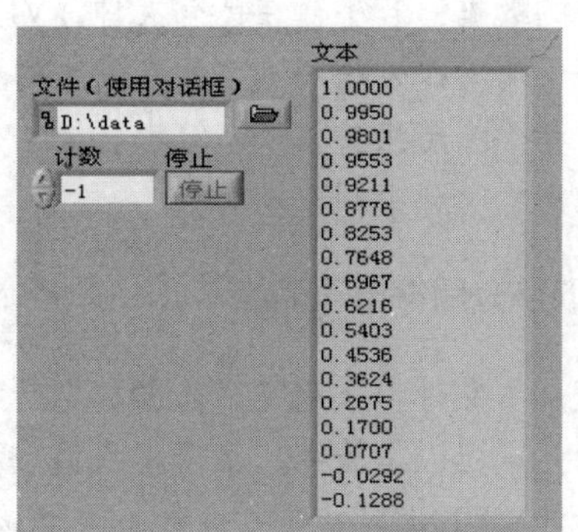

图 14-15 程序前面板

14.2.2　带分隔符电子表格文件

LabVIEW 2020 提供了两个 VI 用于写入和读取带分隔符电子表格文件，分别是“写入带分隔符电子表格”VI 和“读取带分隔符电子表格”VI。

要将数据写入带分隔符电子表格，必须格式化字符串为包含分隔符（如制表符）的字符串。

“写入带分隔符电子表格”VI 或数组至电子表格字符串转换函数可将来自图形、图表或采样的数据集转换为电子表格字符串。

1. 写入带分隔符电子表格

使字符串、带符号整数或双精度数的二维数组或一维数组转换为文本字符串，写入字符串至新的字节流文件或添加字符串至现有文件。通过连线数据至二维数据或一维数据输入端可确定要使用的多态实例，也可手动选择实例。

在写入之前创建或打开一个文件，写入后关闭该文件。该 VI 调用数组至电子表格字符串转换函数转换数据。“写入带分隔符电子表格”VI 的节点图标及端口定义如图 14-16 所示。

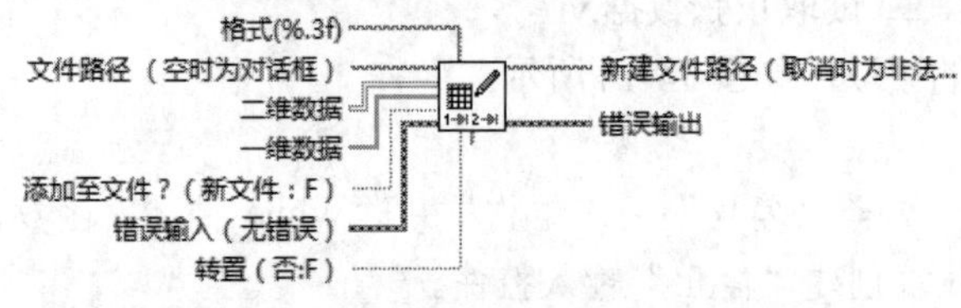

图 14-16　“写入带分隔符电子表格”VI

（1）格式：指定如何使数字转化为字符。如格式为%.3f（默认），VI 可创建包含数字的字符串，小数点后有 3 位数字。如格式为%d，VI 可使数据转换为整数，使用尽可能多的字符包含整个数字。如格式为%s，VI 可复制输入字符串。使用格式字符串语法。

（2）文件路径：表示文件的路径名。如文件路径为空（默认值）或为<非法路径>，VI 可显示用于选择文件的“文件”对话框。如在对话框内选择取消，可发生错误 43。

（3）二维数据：指定一维数据未连线或为空时，写入的数据。

（4）一维数据：指定输入不为空时要写入文件的数据。VI 在开始运算前可使一维数组转换为二维数组。

（5）添加至文件？：输入为 TRUE 时，添加数据至现有文件；为 FALSE（默认）时，VI 可替换已有文件中的数据；若不存在已有文件，VI 可创建新文件。

（6）错误输入：表明节点运行前发生的错误。该输入将提供标准错误输入功能。

（7）转置：指定将数据从字符串转换后是否进行转置。默认值为 FALSE。为 FALSE 时，对 VI 的每次调用都会在文件中创建新的行。

2. 读取带分隔符电子表格

在数值文本文件中从指定字符偏移量开始读取指定数量的行或列，并使数据转换为双精度的二维数组，数组元素可以是数字、字符串或整数。“读取带分隔符电子表格”VI 节点如图 14-17 所示。

（1）行数：VI 读取的最大行数。对于该 VI，一行使用回车换行符或换行符隔开；或到了文件尾部。如果输入小于 0，VI 读取整个文件。默认为-1。

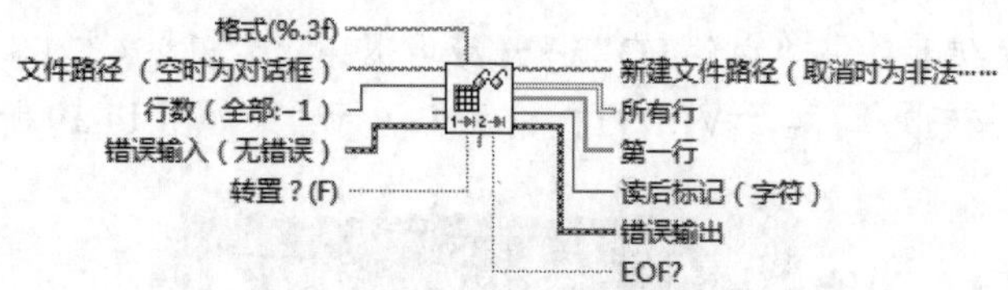

图 14-17 “读取带分隔符电子表格”VI 节点

（2）新建文件路径：返回文件的路径。

（3）所有行：是从文件读取的数据。

（4）第一行：是所有行数组中的第一行。可使用该输入使一行数据读入一维数组。

（5）读后标记：返回文件中读取操作终结字符后的字符（字节）。

（6）EOF?：如需读取的内容超出文件结尾，则值为 TRUE。

动手学——写入带分隔符电子表格文件

源文件：源文件\第 14 章\写入带分隔符电子表格文件.vi

本实例演示带分隔符电子表格数据的写入，如图 14-18 所示。

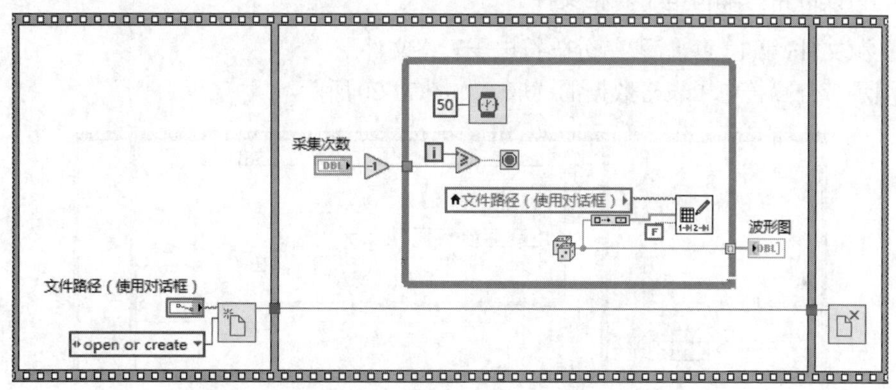

图 14-18 连续写入带分隔符电子表格文件程序框图

【操作步骤】

（1）在“函数”选板上选择“编程”→“结构”→“平铺式顺序结构”函数，创建 3 帧的结构。

（2）在“函数”→“编程”→“文件 I/O”子选板中选择“打开/创建/替换文件”VI，打开一个文件，它的操作端口设置为 open or create，即创建文件或打开已有文件。文件名的后缀并不重要，但习惯上常取 txt 或 dat。

（3）在“函数”选板上选择“编程”→“结构”→“While 循环”函数，拖动出适当大小的矩形框。

（4）在“函数”选板上选择“编程”→“数值”→“随机数”函数，在波形图中显示随机数数据，信号源是一个随机噪声。

（5）在“函数”选板上选择“编程”→“数组”→“创建数组”函数，创建所有元素为随机数的数组数据。

（6）在“函数”→“编程”→“文件 I/O”子选板中选择“写入带分隔符电子表格”函数，利用 While 循环将随机数数组数据写入带分隔符电子表格文件，输入路径端输入“文件路径”的局部变量。

（7）在“函数”选板上选择“编程”→“比较”→“大于等于？”函数，在循环中若“采集次数”控件数值减 1 后的数值大于等于循环次数，则循环结束。

（8）在“函数”→“编程”→“定时”子选板中选择“等待”函数，设置等待时间为 50ms。

（9）在“函数”→“编程”→“文件 I/O”子选板中选择“关闭文件”函数节点，关闭文件。

（10）单击“运行”按钮，运行 VI，VI 的前面板运行结果如图 14-19 所示。

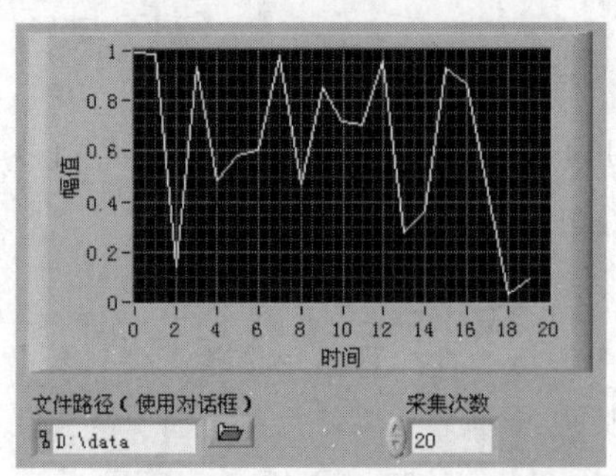

图 14-19　连续写入带分隔符电子表格文件前面板

可以使用 Windows 操作系统的文本编辑工具查看文件中的数据。从图中可以看出，数据共有一列 20 行，每一行对应一次数据采集，每次数据采集包含一个数据。

扫一扫，看视频

动手学——读取带分隔符电子表格文件

源文件：源文件\第 14 章\读取带分隔符电子表格文件.vi

本实例演示带分隔符电子表格数据的读取，如图 14-20 所示。

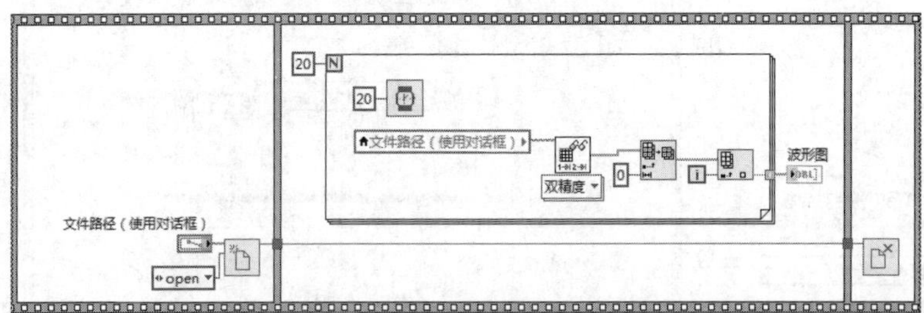

图 14-20　连续读取带分隔符电子表格文件程序框图

【操作步骤】

（1）在“函数”选板上选择“编程”→“结构”→“平铺式顺序结构”函数，创建 3 帧的结构。

（2）在“函数”→“编程”→“文件 I/O”子选板中选择“打开/创建/替换文件”VI，打开一个文件，它的操作端口设置为 open，即创建文件或打开已有文件。文件名的后缀并不重要，但习惯上常取 txt 或 dat。

（3）在“函数”选板上选择“编程”→“结构”→“For 循环”函数，拖动出适当大小的矩形框，在 For 循环总线接线端创建循环次数 20。

（4）在“函数”→“编程”→“文件 I/O”子选板中选择“读取带分隔符电子表格”函数，利用局部变量将“文件路径”中的数据写入电子表格文件。

（5）在“函数”选板上选择“编程”→“数组”→“数组子集”“索引数组”函数，将保存在文件中的数据逐个读出，如图 14-21 所示。将这些数据打包成数组送入波形图显示，显示到“波形图”控件中。

（6）在“函数”→“编程”→“定时”子选板中选择“等待”函数，设置等待时间为 20ms。

（7）在“函数”→“编程”→“文件 I/O”子选板中选择“关闭文件”函数节点，关闭文件。

（8）单击“运行”按钮，运行 VI，VI 的前面板运行结果如图 14-22 所示。

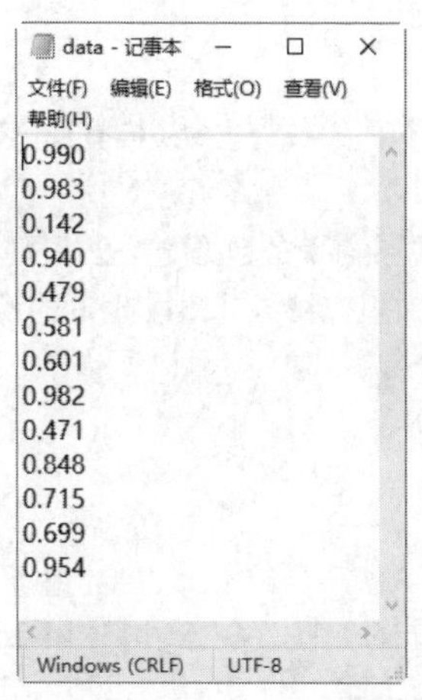

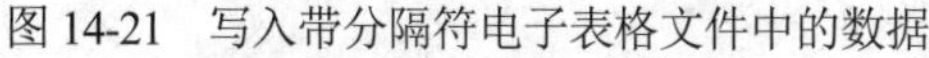
图 14-21 写入带分隔符电子表格文件中的数据

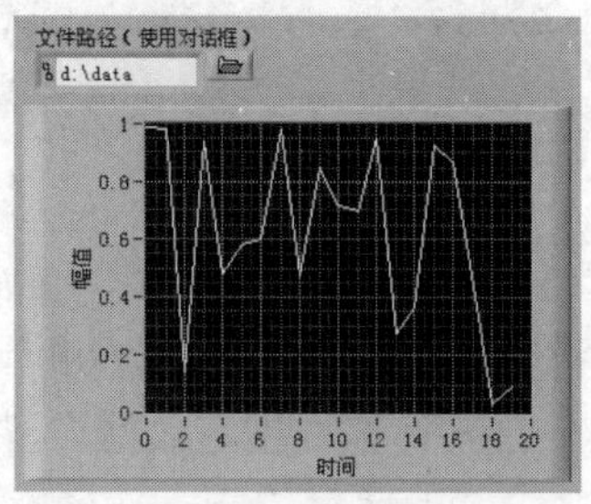

图 14-22 连续读取带分隔符电子表格文件程序前面板

14.2.3 数据记录文件的创建和读取

（1）启用前面板数据记录或使用数据记录函数采集数据并将数据写入文件，从而创建和读取数据记录文件。无须将数据记录文件中的数据按格式处理。但是，读取或写入数据记录文件时，必须首先指定数据类型。例如，采集带有时间和日期标识的温度读数时，将这些数据写入数据记录文件需要将该数据指定为包含一个数字和两个字符串的簇。

若读取一个带有时间和日期记录的温度读数文件，需将要读取的内容指定为包含一个数字和两个字符串的簇。

（2）数据记录文件中的记录可包含各种数据类型。数据类型由数据记录到文件的方式决定。LabVIEW 向数据记录文件写入数据的类型与写入数据记录文件函数创建的数据记录文件的数据类型一致。

在通过前面板数据记录创建的数据记录文件中，数据类型为由两个簇组成的簇。第一个簇包含时间标识，第二个簇包含前面板数据。时间标识中用 32 位无符号整数代表秒，16 位无符号整数代表毫秒，根据 LabVIEW 系统时间计时。前面板上数据簇中的数据类型与控件的 Tab 键顺序一一对应。

动手练——写入温度计数据

扫一扫，看视频

源文件：源文件\第 14 章\写入温度计数据.vi

记录文件在读/写时需要指定数据类型，程序前面板及程序框图如图 14-23 和图 14-24 所示。

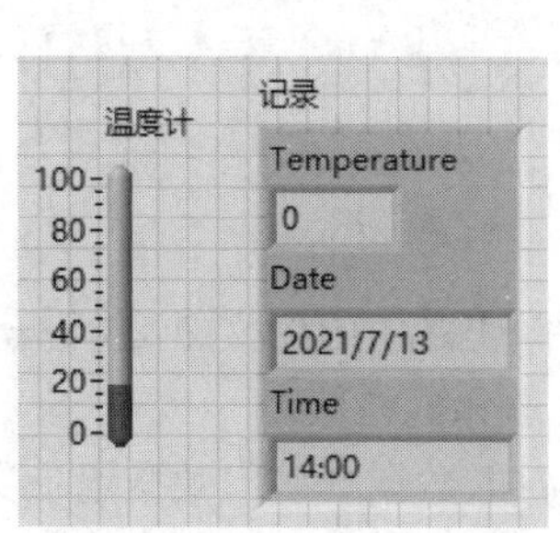

图 14-23 程序前面板

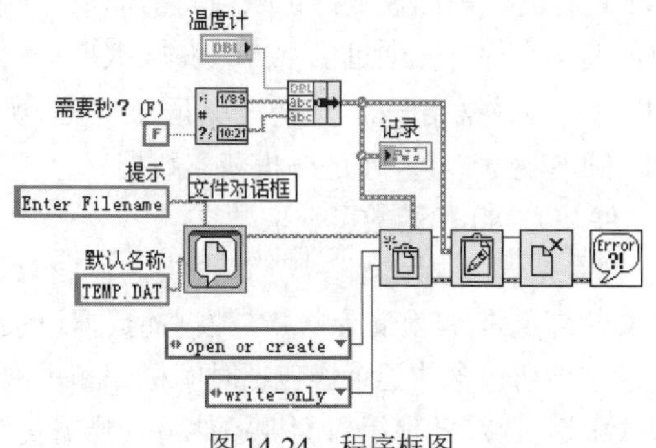

图 14-24 程序框图

思路点拨

（1）使用“文件对话框”VI 打开一个文件对话框，选择文件路径。使用“打开/创建/替换数据记录文件”函数将指定的文件打开或创建一个记录文件。创建记录文件时，必须指定数据类型，方法是将所需类型的数据连接到“打开/创建/替换数据记录文件”函数的记录类型输入端。指定的数据类型必须和需要存储的数据的类型相同。

（2）使用“写入数据记录文件”函数节点将数据写入数据记录文件。数据包含当前日期和时间的簇数据。

（3）使用“关闭文件”函数节点关闭数据文件。

扫一扫，看视频

动手练——读取温度计数据

源文件：源文件\第 14 章\读取温度计数据.vi

读取文件在读/写时需要指定数据类型，程序前面板及程序框图如图 14-25 和图 14-26 所示。

图 14-25　程序前面板

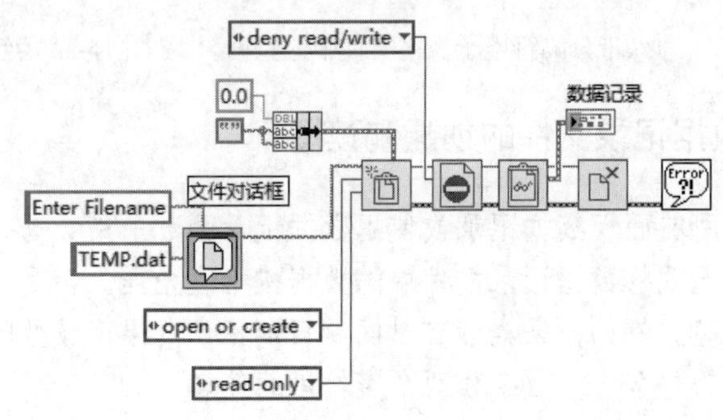

图 14-26　程序框图

思路点拨

（1）使用“文件对话框”VI 打开一个文件对话框，选择文件路径。使用“打开/创建/替换数据记录文件” 函数将指定的文件打开。

（2）使用“读取数据记录文件”函数将指定的数据记录文件打开。实例中打开的数据记录文件为图 14-27 中保存的记录数据。

（3）读取完毕，使用“关闭文件”函数节点关闭数据文件。

14.2.4　记录前面板数据

前面板数据记录可记录数据，并将这些数据用于其他 VI 和报表中。例如，先记录图形的数据，并将这些数据用于其他 VI 中的另一个图形中。

每次 VI 运行时，前面板数据记录会将前面板数据保存到一个单独的数据记录文件中，其格式为使用分隔符的文本文件。可通过以下方式获取数据。

- 使用与记录数据相同的 VI 通过交互方式获取数据。
- 将该 VI 作为子 VI 并通过编程获取数据。
- “文件 I/O”VI 和函数可获取数据。

每个 VI 都包括一个记录文件绑定，该绑定包含 LabVIEW 用于保存前面板数据的数据记录文件的位置。记录文件绑定是 VI 和记录该 VI 数据的数据记录文件之间联系的桥梁。

数据记录文件所包含的记录均包括时间标识和每次运行 VI 时的数据。访问数据记录文件时，通过在获取模式中运行 VI 并使用前面板控件可选择需查看的数据。在获取模式下运行 VI 时，前面板上部将包括一个数字控件，用于选择相应数据记录，如图 14-27 所示。

[0..0] 2021-7-20 11:10:57.766

图 14-27 数据获取工具栏

选择“操作”→“结束时记录”命令可启用自动数据记录功能。第一次记录 VI 的前面板数据时，LabVIEW 会提示为数据记录文件命名。以后每次运行该 VI 时，LabVIEW 都会记录每次运行 VI 的数据，并将新记录追加到该数据记录文件中。LabVIEW 将记录写入数据记录文件后将无法覆盖该记录。

选择“操作”→“数据记录”→“记录”命令可交互式记录数据。LabVIEW 会将数据立即追加到数据记录文件中。交互式记录数据可选择记录数据的时间。自动记录数据在每次运行 VI 时记录数据。

波形图表在使用前面板数据记录时每次仅记录一个数据点。如果将一个数组连接到该图表的显示控件，数据记录文件将包含该图表所显示数组的一个子集。

记录数据以后，选择“操作”→“数据记录”→“获取”可交互式查看数据。数据获取工具栏如图 14-27 所示。

高亮显示的数字表示正在查看的数据记录。方括号中的数字表明当前 VI 记录的范围。每次运行 VI 时均会保存一条记录。日期和时间表示所选记录的保存时间。单击递增或递减箭头可查看下一个或前一个记录。也可使用键盘上的向上和向下箭头键。

除数据获取工具栏外，前面板外观也会根据在工具栏中所选的记录而改变。例如，单击向上箭头并前移到另一个记录时，控件将显示保存数据时特定的记录数据。单击按钮退出获取模式，返回查看数据记录文件的 VI。

- 删除记录：在获取模式中，可删除特定记录。通过查看该记录并单击删除数据记录按钮，可将一个记录标记为删除。再次单击删除数据记录按钮，可恢复数据记录。在获取模式中选择“操作”→“数据记录”→“清除数据”命令可删除所有被标记为删除的记录。如单击按钮之前没有删除被标记的记录，则 LabVIEW 会提示删除这些已被标记的记录。
- 清除记录文件绑定：当记录或获取前面板数据时，通过记录文件绑定可将该 VI 与所使用的数据记录文件联系起来。一个 VI 可绑定两个或多个数据记录文件。这有助于测试和比较 VI 数据。例如，可将第一次和第二次运行 VI 时记录的数据进行比较。如需将多个数据记录文件与一个 VI 进行绑定，选择“操作”→“数据记录”→“清除记录文件绑定”命令，即可清除记录文件绑定。在启用自动记录或选择交互式记录数据的情况下再次运行 VI 时，LabVIEW 会提示指定数据记录文件。
- 修改记录文件绑定：选择“操作”→“数据记录”→“修改记录文件绑定”命令可修改记录文件绑定，从而可用其他数据记录文件保存或获取前面板数据。LabVIEW 会提示选择不同的记录文件或创建新文件。如需在 VI 中获取不同的数据或将该 VI 中的数据追加到其他数据记录文件中，可选择修改记录文件绑定。

可以通过编程获取前面板数据，子 VI 或“文件 I/O”VI 和函数可获取记录数据。

动手学——获取子 VI 前面板记录

扫一扫，看视频

源文件：源文件\第 14 章\获取子 VI 前面板记录.vi

本实例获取子 VI 前面板记录，如图 14-28 所示。

【操作步骤】

（1）在“函数”选板上选择“选择 VI”选项，将计算两数之积的“乘法计算.vi”作为子 VI 添加到程序框图中。

（2）在子 VI 上右击，从快捷菜单中选择“启用数据库访问”选项时，该子 VI 周围会出现黄色边框，如图 14-29 所示。

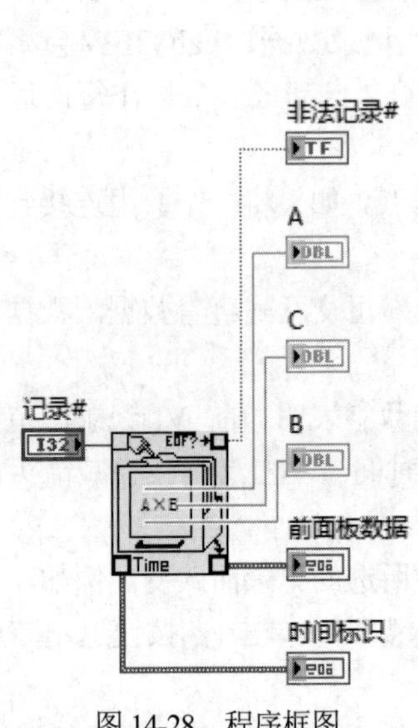

图 14-28　程序框图

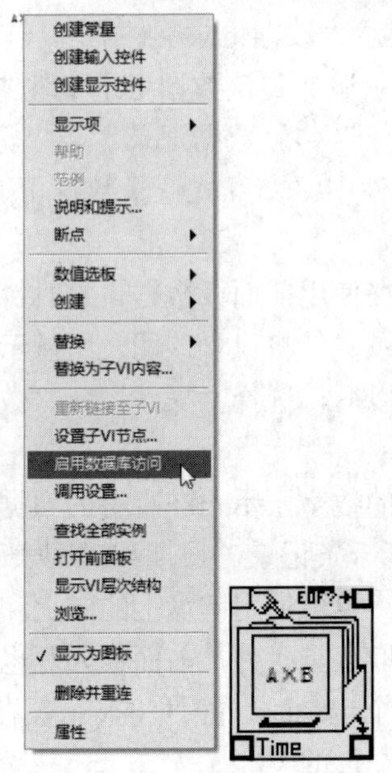

图 14-29　子 VI 启用数据库访问权限

（3）黄色边框像是一个存放文件的柜子，其中包含了可从数据记录文件访问数据的连线端，创建所有的输入/输出控件，如图 14-28 所示。

当该子 VI 启用数据库访问权限时，输入和输出实际上均为输出，并可返回记录数据。“记录#”表示所要查找的记录；“非法记录#”表示该记录号是否存在；“时间标识”表示创建记录的时间；而“前面板数据”是前面板对象簇。将前面板数据簇连接到解除捆绑函数可访问前面板对象的数据。

14.2.5　数据与 XML 格式间的相互转换

XML 是一种用标记描述数据的格式化标准。与 HTML 标记不同，XML 标记不会告诉浏览器如何按格式处理数据，而是使浏览器能识别数据。

例如，假定书商要在网上出售图书，库中的图书按以下标准进行分类。

- 书的类型（小说或非小说）。
- 标题。
- 作者。
- 出版商。
- 价格。
- 体裁。
- 摘要。
- 页数。

现可为每本书创建一个 XML 文件。书名为 Touring Germany's Great Cathedrals 的 XML 文件大致内

容如下：

```
<nonfiction>
<Title>Touring Germany's Great Cathedrals</Title>
<Author>Tony Walters</Author>
<Publisher>Douglas Drive Publishing</Publisher>
<Price US>$29.99</Price US>
<Genre>Travel</Genre>
<Genre>Architecture</Genre>
<Genre>History</Genre>
<Synopsis>This book fully illustrates twelve of Germany's most inspiring cathedrals with full-color photographs, scaled cross-sections, and time lines of their construction.</Synopsis>
<Pages>224</Pages>
</nonfiction>
```

同样，也可根据名称、值和类型对 LabVIEW 数据进行分类。可使用以下 XML 表示一个用户名称的字符串控件。

```
<String>
<Name>User Name</Name>
<Value>Reggie Harmon</Value>
</String>
```

将 LabVIEW 数据转换成 XML 格式需要格式化数据以便将数据保存到文件时，可从描述数据的标记方便地识别数值、名称和数据类型。例如，如图 14-30 所示，将一个温度值数组转换为 XML格式，并将这些数据保存到文本文件中，可通过查找用于表示每个温度的<Value>标记确定温度值。

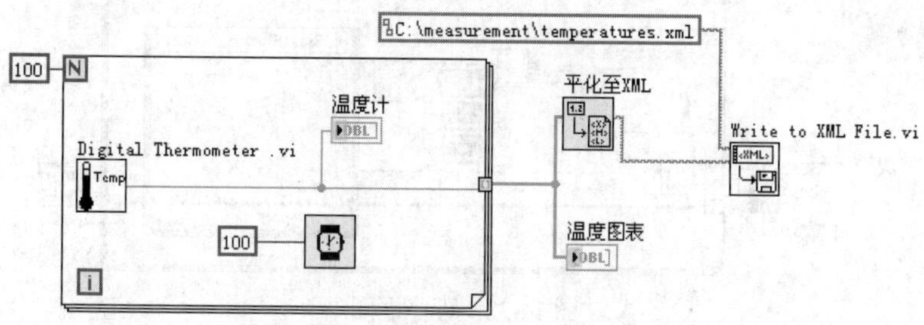

图 14-30　将一个温度值数组转换为 XML 格式

“平化至 XML”函数可将 LabVIEW 数据类型转换为 XML 格式。如图 14-31 所示，程序框图生成了 100 个模拟温度值，并将该温度数组绘制成图表，同时将数字数组转换为 XML 格式，最后将 XML 数据写入 temperatures.xml 文件中。

“从 XML 还原”函数可将 XML 格式的数据类型转换成 LabVIEW 数据类型。

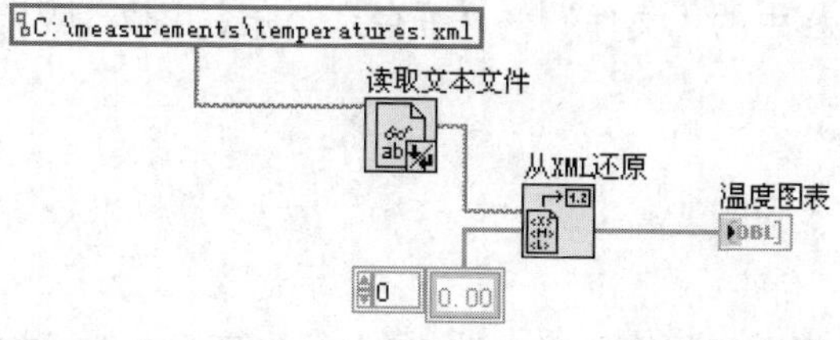

图 14-31　将 XML 格式的数据还原成温度值数组

扫一扫，看视频

14.3 综合演练——编辑选中文件

源文件：源文件\第 14 章\编辑选中文件\编辑选中文件.vi

本实例演示用“罗列文件夹”函数读取文件夹路径，对该文件夹下文件进行复制、删除操作。程序框图如图 14-32 所示。

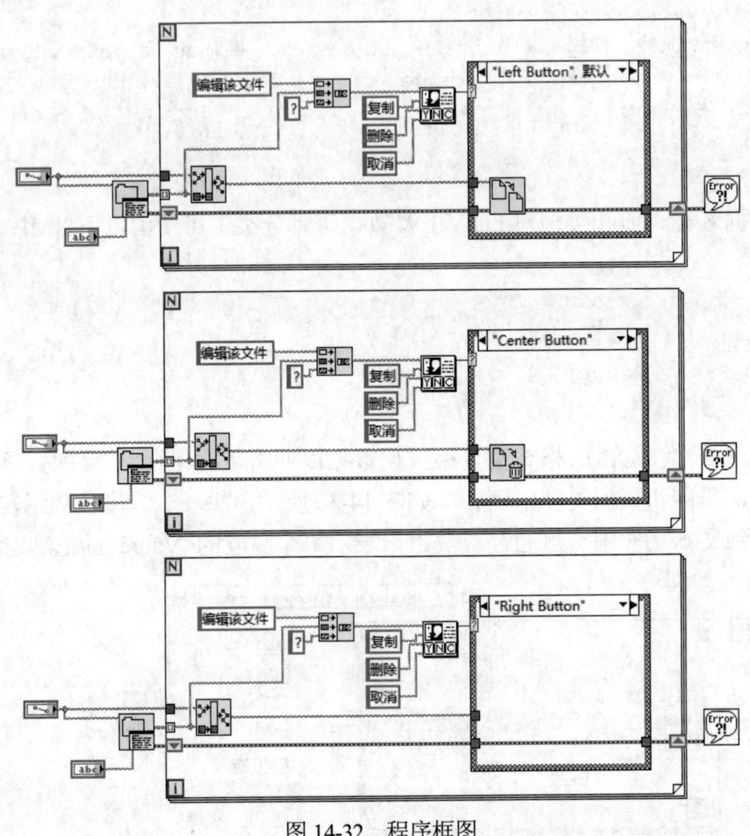

图 14-32　程序框图

【操作步骤】

1. 设置工作环境

（1）新建 VI。选择菜单栏中的“文件”→“新建 VI”命令，新建一个 VI，一个空白的 VI 包括前面板及程序框图。

（2）保存 VI。选择菜单栏中的“文件”→“另存为”命令，输入 VI 名称为“编辑选中文件”。

2. 设计程序框图

将程序框图置为当前。

（1）获取文件路径。

① 在“函数”选板上选择“编程”→“文件 I/O”→“高级文件函数”→“罗列文件夹”函数，在输入端创建“路径”“文件类型”输入控件。

② 在“函数”选板上选择“编程”→“结构”→“For 循环”，拖动鼠标，创建 For 循环。

③ 在“函数”选板上选择“编程”→“文件 I/O”→“创建路径”函数，在输入端将“路径”输入控件连接到“基路径”输入端，将“文件名”输出端连接到“名称或相对路径”输入端，获取选定文件路径，程序框图显示如图 14-33 所示。

（2）编辑显示对话框。

① 在“函数”选板上选择“编程”→“字符串”→“连接字符串”函数，在输入端连接文件夹名与“编辑该文件”“?”字符常量，将 3 组字符连在一起。

② 在“函数”选板上选择“编程”→“对话框与用户界面”→“三按钮对话框”函数，在“消息”输入端连接合并的字符串，创建 3 个按钮常量“复制”“删除”“取消”，程序运行过程中，显示在对话框中，程序框图显示如图 14-34 所示。

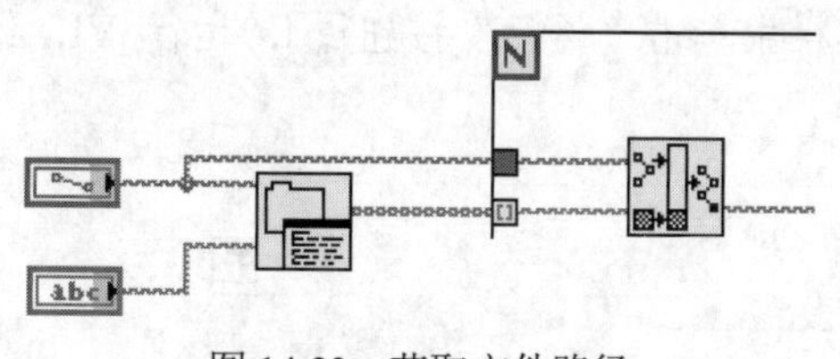

图 14-33　获取文件路径

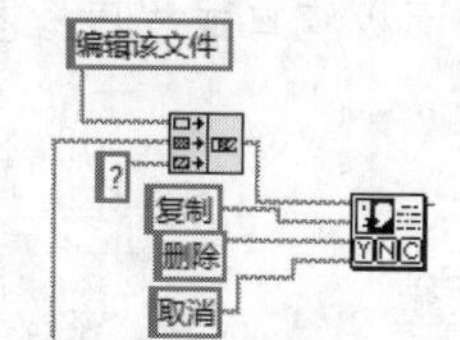

图 14-34　创建按钮常量

（3）设置编辑条件。

① 在“函数”选板上选择“编程”→“结构”→“条件结构”，拖动鼠标，在 For 循环内部创建条件结构。条件结构的选择器标签包括“真”“假”两种，右击，选择“在后面添加分支”命令，显示 3 种条件。

② 将按钮对话框的“哪个按钮”输出端连接到条件结构中的“分支选择器”端，分支选择器自动根据按钮转换标签名，如图 14-35 所示。根据按钮的显示选择执行哪个条件。

③ 选择“"Left Button"，默认”选项，在“函数”选板上选择“编程”→“文件 I/O”→“高级文件函数”→“复制”函数，如图 14-36 所示。

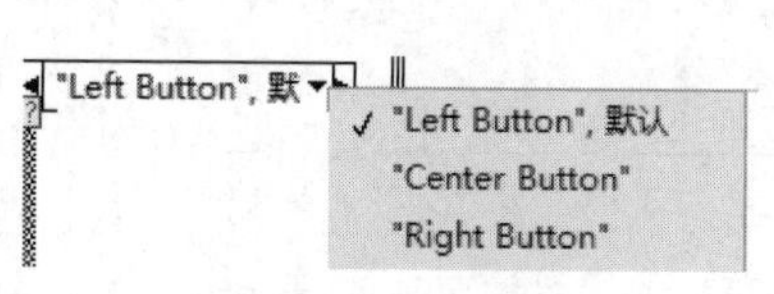

图 14-35　转换标签名

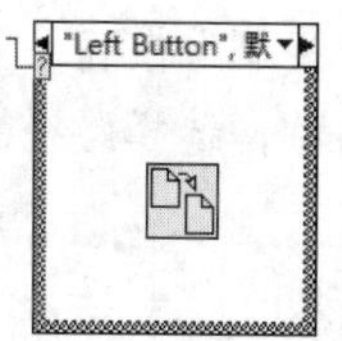

图 14-36　复制文件

④ 选择“"Center Button"”，在“函数”选板上选择“编程”→“文件 I/O”→“高级文件函数”→“删除”函数，如图 14-37 所示。

⑤ 选择“"Right Button"”，直接连接输入/输出端，如图 14-38 所示。

⑥ 在“函数”选板上选择“编程”→“对话框与用户界面”→“简易错误处理器”，连接输出错误。

⑦ 连接剩余程序框图，单击工具栏中的“整理程序框图”按钮，整理程序框图，结果如图 14-32 所示。

3. 显示程序框图

打开程序框图，在控件中输入路径与类型，在前面板中显示如图 14-39 所示。

图 14-37　删除文件

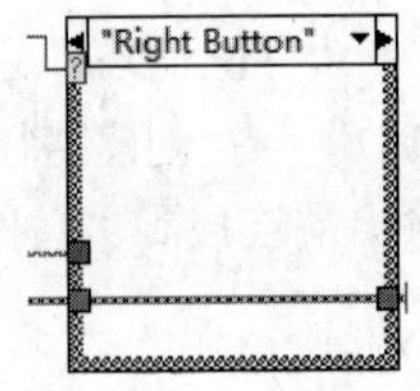

图 14-38　取消操作

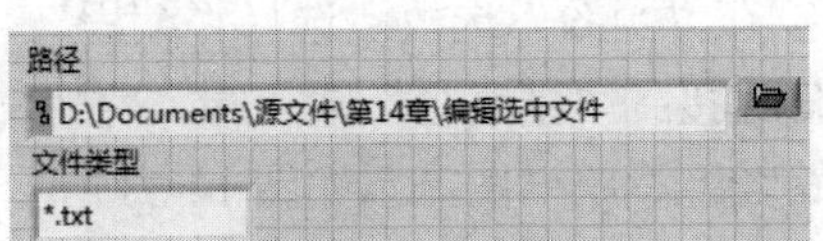

图 14-39　设计前面板

提示：

"路径"控件中只显示文件的路径，不包括文件名称，否则会出现警告。

4. 运行程序

（1）在前面板窗口或程序框图窗口的工具栏中单击"运行"按钮，运行 VI，结果如图 14-40 所示。

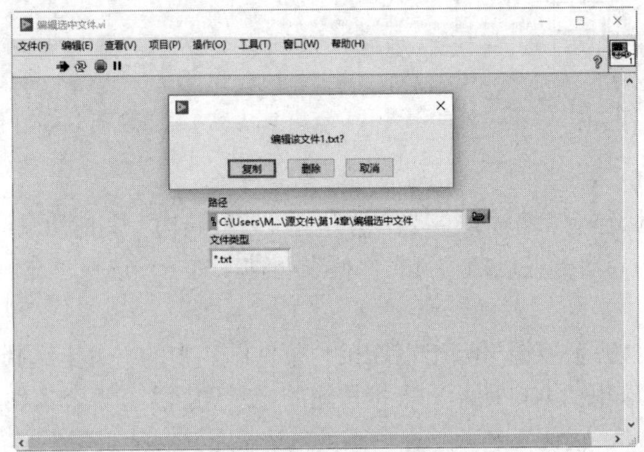

图 14-40　运行结果

（2）单击"复制"按钮，弹出如图 14-41 所示的"选择或输入需复制的终端文件路径"对话框，输入复制文件名称，选择路径，完成文件的复制。

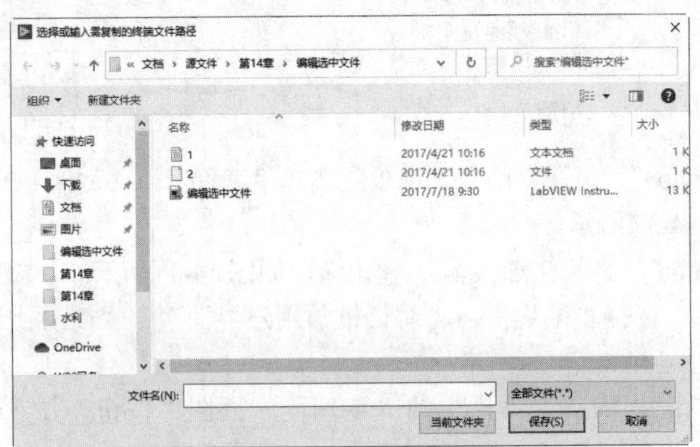

图 14-41　复制文件

（3）单击"删除"按钮，则直接删除选中的文件。

（4）单击"取消"按钮，关闭该对话框，不对选中文件执行任何操作，并返回程序框图。

第 15 章　高等数学

内容简介

高等数学是数学计算的一大分支，是数据计算必不可少的一步。这些函数的使用，极大地方便了相关数据的计算，使得用户使用 LabVIEW 进行数据分析、处理变得游刃有余。

内容要点

- 线性代数 VI
- 拟合 VI
- 内插与外推 VI
- 概率与统计 VI
- 最优化 VI
- 微分方程 VI
- 多项式 VI
- 综合演练——预测成本

案例效果

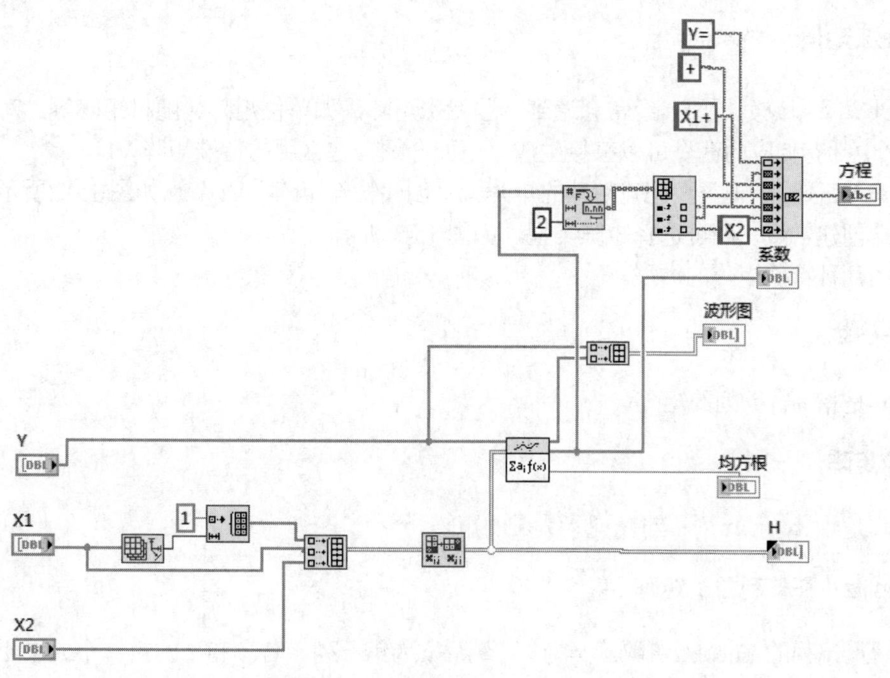

15.1 线性代数 VI

线性代数是工程数学的主要组成部分，其运算量非常大，LabVIEW 中有一些专门的 VI 可以进行线性代数方面的研究。线性代数 VI 用于进行矩阵相关的计算和分析，如图 15-1 所示。

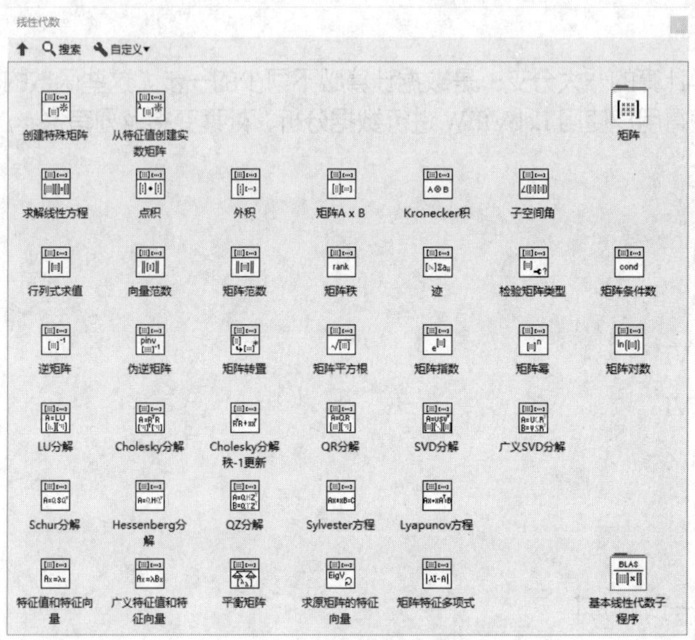

图 15-1 “线性代数”子选板

15.1.1 特殊矩阵

在工程计算及理论分析中，经常会遇到一些特殊矩阵，如单位矩阵、随机矩阵等。对于这些矩阵，在 LabVIEW 中都有相应的命令可以直接生成。下面介绍一些常用的特殊矩阵 VI。

特殊矩阵 VI 依据矩阵类型创建特殊的矩阵。“创建特殊矩阵”VI 节点如图 15-2 所示。在“矩阵类型”输入端创建常量，即可选择矩阵类型，如图 15-3 所示。

下面介绍几种特殊矩阵的类型。

1. 单位矩阵

单位矩阵是指 n 行 n 列的矩阵。

2. 对角矩阵

对角矩阵是指 nx 行 nx 列、对角元素为 x 的矩阵。

3. Toeplitz（托普利兹）矩阵

生成 nx 行 ny 列的 Toeplitz 矩阵，x 为第一行，y 为第一列。若 x 和 y 的第一个元素不同，则使用第一个 x 元素。

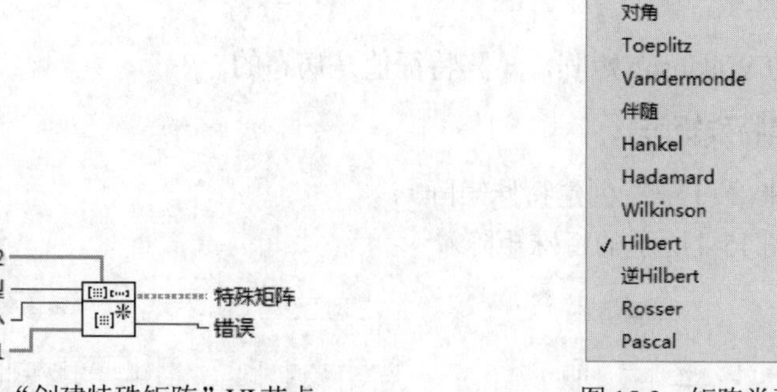

图 15-2 “创建特殊矩阵”VI 节点

图 15-3 矩阵类型

4. Vandermonde 矩阵

生成 nx 行 nx 列的 Vandermonde 矩阵，列是 x 的乘幂。Vandermonde 矩阵的元素为

$$b_{i,j} = x_i^{nx-j-1}$$
$$i, j = 0, \cdots, nx-1$$

5. 伴随矩阵

在 n 阶行列式中，把元素 a_{ij} 所在的第 i 行和第 j 列划去后，留下来的 n–1 阶行列式称为元素 a_{ij} 的余子式，记作 M_{ij}。

若 $A_{ij} = (-1)^{i+j} M_{ij}$，则 A_{ij} 称为元素 a_{ij} 的代数余子式。若

$$D = \begin{pmatrix} a_{11} & a_{12} & a_{13} & a_{14} \\ a_{21} & a_{22} & a_{23} & a_{24} \\ a_{31} & a_{32} & a_{33} & a_{34} \\ a_{41} & a_{42} & a_{43} & a_{44} \end{pmatrix}$$

则

$$M_{23} = \begin{pmatrix} a_{11} & a_{12} & a_{14} \\ a_{31} & a_{32} & a_{34} \\ a_{41} & a_{42} & a_{44} \end{pmatrix}，A_{23} = (-1)^{2+3} M_{23} = -M_{23}$$

最后将由代数余子式替换后的矩阵进行转置，得到 n 阶行列式 A 的伴随矩阵。

6. Hankel 矩阵

生成一个 nx 行 ny 列的 Hankel 矩阵，x 为第一列，y 为最后一行。如果 y 的第一个元素和 x 的最后一个元素不同，该 VI 使用最后一个 x 元素。

7. Hadamard 矩阵

生成 n 行 n 列 Hadamard 矩阵，矩阵成员为 1 和–1。所有的列或行彼此正交。矩阵大小必须为 2 的幂、2 的幂与 12 相乘或 2 的幂与 20 相乘。当 n 为 1 时，该 VI 返回空矩阵。

8. Wilkinson 矩阵

生成 n 行 n 列的 Wilkinson 矩阵，矩阵特征值是病态的。

扫一扫，看视频

动手学——创建特殊矩阵

源文件：源文件\ 第 15 章\ 创建特殊矩阵.vi

本实例创建如图 15-4 所示的特殊矩阵。

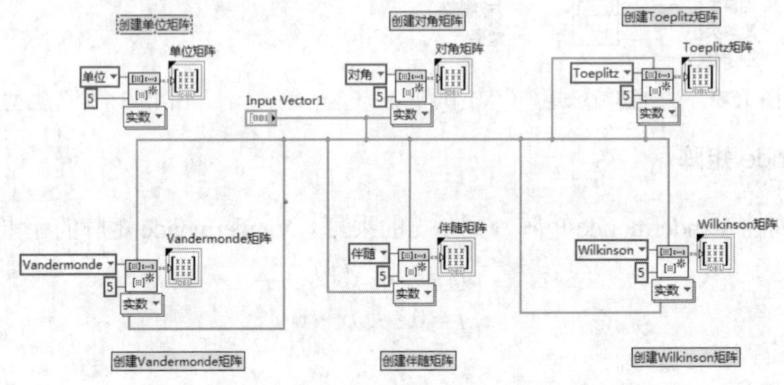

图 15-4　程序框图

【操作步骤】

（1）设置前面板。在“控件”选板上选择“新式”→“布局”→“选项卡”控件，默认该控件包含两个选项卡，右击选择“在后面添加选项卡”命令，创建包含 6 个选项卡的控件，如图 15-5 所示。

（2）创建矩阵函数。

① 打开程序框图，在“函数”选板上选择“数学”→“线性代数”→“创建特殊矩阵”VI。

② 放置 6 个函数，在“矩阵类型”输入端创建常量，分别设置“单位”“对角”、Toeplitz、Vandermonde、“伴随”、Wilkinson 选项，创建“单位矩阵”“对角矩阵”“Toeplitz 矩阵”“Vandermonde 矩阵”“伴随矩阵”“Wilkinson 矩阵”。

③ 分别在 VI 的“矩阵大小”输入端创建常量 5，在“向量 1”输入端创建输入控件，在“特殊矩阵”输出端创建输出矩阵，如图 15-4 所示。

④ 单击工具选板中的文本编辑按钮 A，将鼠标切换至文本编辑工具状态，鼠标变为状态，在程序空白处适当位置单击，根据需要输入文字。

⑤ 单击工具栏中的“整理程序框图”按钮，整理程序框图，如图 15-4 所示。

（3）双击控件，打开前面板，将对应的控件放置到选项卡中，在输入控件中输入初始值，如图 15-5 所示。

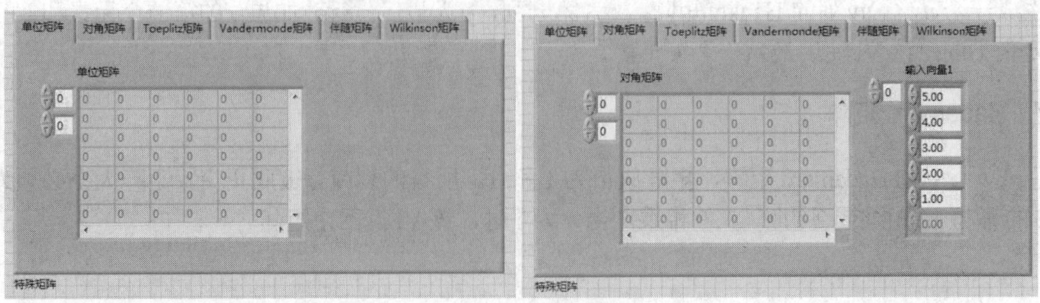

图 15-5　前面板设计

（4）运行程序。

在前面板窗口或程序框图窗口的工具栏中单击“运行”按钮，运行 VI，VI 居中显示，结果如图 15-6 所示。

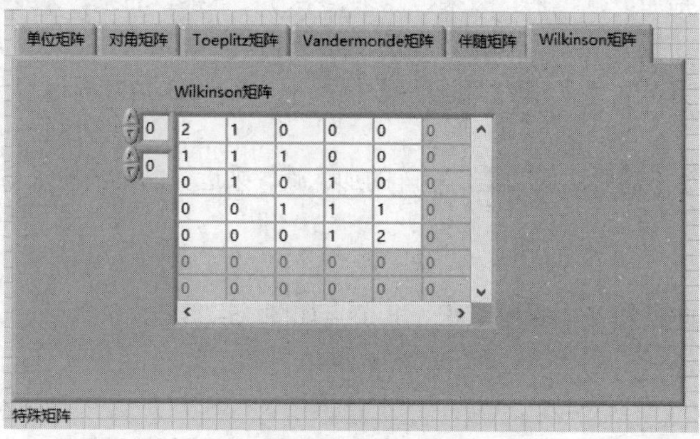

图 15-6　前面板运行结果

9. Hilbert（希尔伯特）矩阵

Hilbert 矩阵是一种数学变换矩阵，其中元素 $A(i,j)$=1(i+j−1)，i、j 分别为矩阵的行标和列标。即

$$[1,1/2,1/3,\cdots,1/n]$$
$$[1/2,1/3,1/4,\cdots,1/(n+1)]$$
$$[1/3,1/4,1/5,\cdots,1/(n+2)]$$
$$\cdots$$
$$[1/n,1/(n+1),1/(n+2),\cdots,1/(2n-1)]$$

若 Hilbert 矩阵中的任何一个元素发生一点变动，整个矩阵的行列式的值和逆矩阵的值都会发生巨大的变化。

10. 逆 Hilbert 矩阵

n 行 n 列的逆 Hilbert 矩阵。

11. Rosser 矩阵

生成 8 行 8 列的 Rosser 矩阵，矩阵的特征值是病态的。

12. Pascal（帕斯卡）矩阵

Pascal 矩阵是由杨辉三角形表组成的矩阵。杨辉三角形表是二次项 $(x+y)^n$ 展开后的系数随自然数 n 的增大组成的一个三角形表。

Pascal 矩阵的第 1 行元素和第 1 列元素都为 1，其余位置的元素是该元素的左边元素加其上一行对应位置元素的结果。即元素 $A_{i,j}=A_{i,j-1}+A_{i-1,j}$，其中 $A_{i,j}$ 表示第 i 行第 j 列上的元素。如

$$\begin{pmatrix} 1 & 1 & 1 \\ 1 & 2 & 3 \\ 1 & 3 & 6 \end{pmatrix}$$

15.1.2 矩阵的基本运算

矩阵的基本运算包括加、减、乘、数乘、点乘、乘方、左乘、右乘、求逆等。其中，加、减、乘与大家所学的线性代数中的定义是一样的，相应的运算符为“+”“-”“*”，而矩阵的除法运算分为左除和右除，相应运算符为“\”和“/”。一般情况下，X=A\B 是方程 A*X=B 的解，而 X=B/A 是方程 X*A=B 的解。

对于上述的四则运算，需要注意的是，矩阵的加、减、乘运算的维数要求与线性代数中的要求一致。

1. 点积

“点积”VI 计算 X 向量和 Y 向量的点积。其节点如图 15-7 所示。

2. 外积

“外积”VI 计算 X 向量和 Y 向量的外积。其节点如图 15-8 所示。

3. 矩阵 $A\times B$

“外积”VI 使两个矩阵或一个矩阵和一个向量相乘。其节点如图 15-9 所示。

扫一扫，看视频

动手练——矩阵四则运算

源文件：源文件\第 15 章\矩阵四则运算.vi

若 $A=\begin{pmatrix}1 & 3\\ 5 & 2\\ -1 & 0\end{pmatrix}$，$B=\begin{pmatrix}1 & 1\\ 3 & 0\\ 0 & -1\end{pmatrix}$，求 $-B$，$A-B$，$3*A$，$A*B$，如图 15-10 所示。

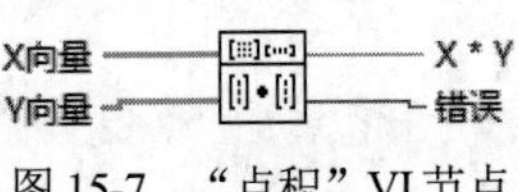

图 15-7 “点积”VI 节点

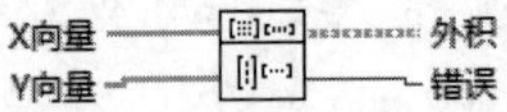

图 15-8 “外积”VI 节点 1

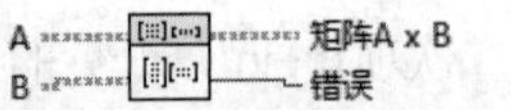

图 15-9 “外积”VI 节点 2

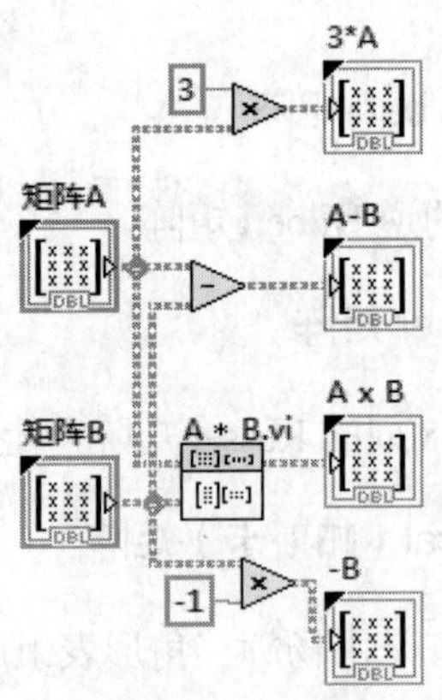

图 15-10 程序框图

思路点拨

（1）在前面板创建矩阵 A、B。

（2）使用算术符号计算矩阵。

4. 行列式求值

由 n^2 个数组成的数表 $\begin{pmatrix} a_{11} & a_{12} & \cdots & a_{1n} \\ a_{21} & a_{22} & \cdots & a_{2n} \\ \vdots & \vdots & & \vdots \\ a_{n1} & a_{n2} & \cdots & a_{nn} \end{pmatrix}$ 称为 n 阶行列式。同时，行列式还可以表达成 $(-1)^{t(j_1j_2\cdots j_n)}a_{1j_1}a_{2j_2}\cdots a_{nj_n}$ 项的代数和，其中，$j_1j_2\cdots j_n$ 是 $1, 2,\cdots, n$ 的一个排列，$t(j_1j_2\cdots j_n)$ 是排列 $j_1j_2\cdots j_n$ 是逆序数，即

$$\begin{pmatrix} a_{11} & a_{12} & \cdots & a_{1n} \\ a_{21} & a_{22} & \cdots & a_{2n} \\ \vdots & \vdots & & \vdots \\ a_{n1} & a_{n2} & \cdots & a_{nn} \end{pmatrix} = \sum (-1)^{t(j_1j_2\cdots j_n)}a_{1j_1}a_{2j_2}\cdots a_{nj_n}$$

“行列式求值” VI 用于计算输入矩阵的行列式。其节点如图 15-11 所示。

5. 逆矩阵

对于 n 阶方阵 $\boldsymbol{A}$，如果有 n 阶方阵 $\boldsymbol{B}$ 满足 $\boldsymbol{AB}=\boldsymbol{BA}=\boldsymbol{I}$，则称方阵 $\boldsymbol{A}$ 可逆，称方阵 $\boldsymbol{B}$ 为 $\boldsymbol{A}$ 的逆矩阵，记为 $\boldsymbol{A}^{-1}$。

逆矩阵的性质如下。

（1）若 $\boldsymbol{A}$ 可逆，则 $\boldsymbol{A}^{-1}$ 是唯一的。

（2）若 $\boldsymbol{A}$ 可逆，则 $\boldsymbol{A}^{-1}$ 也可逆，并且 $(\boldsymbol{A}^{-1})^{-1}=\boldsymbol{A}$。

（3）若 n 阶方阵 $\boldsymbol{A}$ 与 $\boldsymbol{B}$ 都可逆，则 $\boldsymbol{AB}$ 也可逆，且 $(\boldsymbol{AB})^{-1}=\boldsymbol{B}^{-1}\boldsymbol{A}^{-1}$。

（4）若 $\boldsymbol{A}$ 可逆，则 $|\boldsymbol{A}^{-1}|=|\boldsymbol{A}|^{-1}$。

我们把满足 $|\boldsymbol{A}|\neq 0$ 的方阵 $\boldsymbol{A}$ 称为非奇异的，否则就称为奇异的。“逆矩阵” VI 得到输入矩阵的逆矩阵，其节点图标如图 15-12 所示。

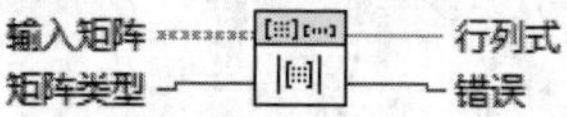

图 15-11 “行列式求值” VI 节点

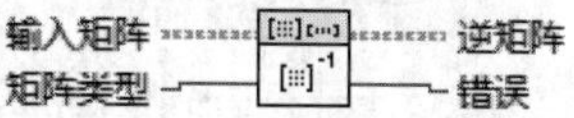

图 15-12 “逆矩阵” VI 节点

6. 矩阵转置

对于矩阵 $\boldsymbol{A}$，如果有矩阵 $\boldsymbol{B}$ 满足 $\boldsymbol{B}=\boldsymbol{A}(j,i)$，即 $\boldsymbol{B}(i,j)=\boldsymbol{A}(j,i)$，即 $\boldsymbol{B}$ 的第 i 行第 j 列元素是 $\boldsymbol{A}$ 的第 j 行第 i 列元素。简单来说，就是将矩阵 $\boldsymbol{A}$ 的行元素变成矩阵 $\boldsymbol{B}$ 的列元素，矩阵 $\boldsymbol{A}$ 的列元素变成矩阵 $\boldsymbol{B}$ 的行元素，则称矩阵 $\boldsymbol{B}$ 是矩阵 $\boldsymbol{A}$ 的转置矩阵，记为 $\boldsymbol{A}^{\mathrm{T}}=\boldsymbol{B}$。

$$\boldsymbol{D}=\begin{pmatrix} a_{11} & a_{12} & \cdots & a_{1n} \\ a_{21} & a_{22} & \cdots & a_{2n} \\ \vdots & \vdots & & \vdots \\ a_{n1} & a_{n2} & \cdots & a_{nn} \end{pmatrix},\ \boldsymbol{D}^{\mathrm{T}}=\begin{pmatrix} a_{11} & a_{21} & \cdots & a_{n1} \\ a_{12} & a_{22} & \cdots & a_{n2} \\ \vdots & \vdots & & \vdots \\ a_{1n} & a_{2n} & \cdots & a_{nn} \end{pmatrix}$$

矩阵转置满足下述运算规律。

（1）$(\boldsymbol{A}^{\mathrm{T}})^{\mathrm{T}}=\boldsymbol{A}$。

（2）$(\boldsymbol{A}+\boldsymbol{B}^{\mathrm{T}})=\boldsymbol{A}^{\mathrm{T}}+\boldsymbol{B}^{\mathrm{T}}$。

（3）$(\lambda\boldsymbol{A})^{\mathrm{T}}=\lambda\boldsymbol{A}^{\mathrm{T}}$（$\lambda$ 为常数）。

（4）$(\boldsymbol{AB})^{\mathrm{T}}=\boldsymbol{B}^{\mathrm{T}}\boldsymbol{A}^{\mathrm{T}}$。

“矩阵转置”VI用于转置输入矩阵。其节点如图15-13所示。

扫一扫，看视频

动手学——创建逆矩阵与转置矩阵

源文件：源文件\第15章\创建逆矩阵与转置矩阵.vi

本实例求六阶托普利兹矩阵与希尔伯特矩阵之积的逆矩阵与转置矩阵，如图15-14所示。

【操作步骤】

（1）打开程序框图，在“函数”选板中选择“数学”→“线性代数”→“创建特殊矩阵”VI。

（2）在“矩阵类型”输入端创建常量，设置Toeplitz、Hilbert选项，在VI的“矩阵大小”输入端创建常量6，创建输入向量1，创建六阶托普利兹矩阵与希尔伯特矩阵。

（3）在“函数”选板中选择“数学”→“线性代数”→“矩阵A×B”VI、“逆矩阵”VI、“矩阵转置”VI，在VI输出端创建输出矩阵。

（4）单击工具栏中的“整理程序框图”按钮，整理程序框图，如图15-14所示。

（5）双击控件，打开前面板，将对应的控件放置到选项卡中，在输入控件中输入初始值，如图15-15所示。

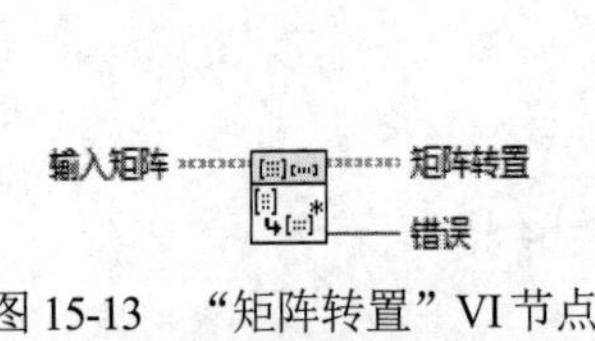

图15-13 “矩阵转置”VI节点

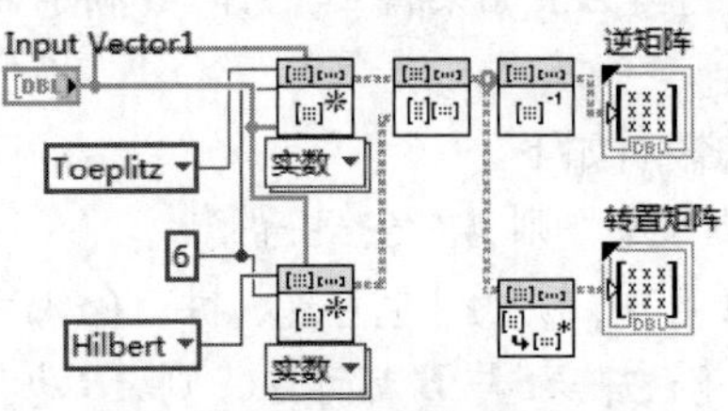

图15-14 程序框图

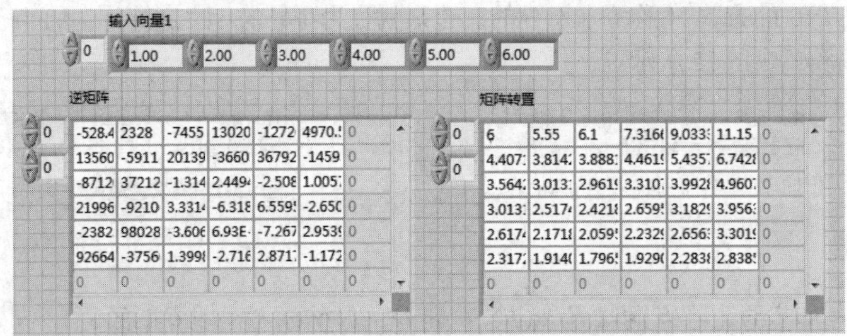

图15-15 前面板运行结果

7. 矩阵幂

$\boldsymbol{A}$是一个n阶矩阵，k是一个正整数，规定

$$\boldsymbol{A}^k=\underbrace{\boldsymbol{AA}\cdots\boldsymbol{A}}_{k个}$$

称为矩阵的幂。其中，k为正整数。

矩阵的幂运算是将矩阵中的每个元素进行乘方运算，即

$$\begin{pmatrix} \lambda_1 & 0 & \cdots & 0 \\ 0 & \lambda_2 & \cdots & 0 \\ \vdots & \vdots & \vdots & \vdots \\ 0 & 0 & \cdots & \lambda_n \end{pmatrix}^k = \begin{pmatrix} \lambda_1^k & 0 & \cdots & 0 \\ 0 & \lambda_2^k & \cdots & 0 \\ \vdots & \vdots & \vdots & \vdots \\ 0 & 0 & \cdots & \lambda_n^k \end{pmatrix}$$

在 MATLAB 中，幂运算就是在乘方符号“^”后面输入幂的次数。

对于单个 n 阶矩阵 $\boldsymbol{A}$ 有

$$\boldsymbol{A}^k \boldsymbol{A}^l = \boldsymbol{A}^{k+l}, (\boldsymbol{A}^k)^l = \boldsymbol{A}^{kl}$$

其中，k，l 为正整数。

“矩阵幂” VI 用于计算 x 向量和 y 向量的点积。其节点如图 15-16 所示。

动手练——矩阵求逆运算

扫一扫，看视频

源文件：源文件\第 15 章\矩阵求逆运算.vi

求矩阵 $\boldsymbol{A} = \begin{pmatrix} 1 & -1 & 2 \\ 0 & 1 & 6 \\ 2 & 3 & 4 \end{pmatrix}$ 的行列式值、逆矩阵、平方根与二次转置，其程序框图如图 15-17 所示。

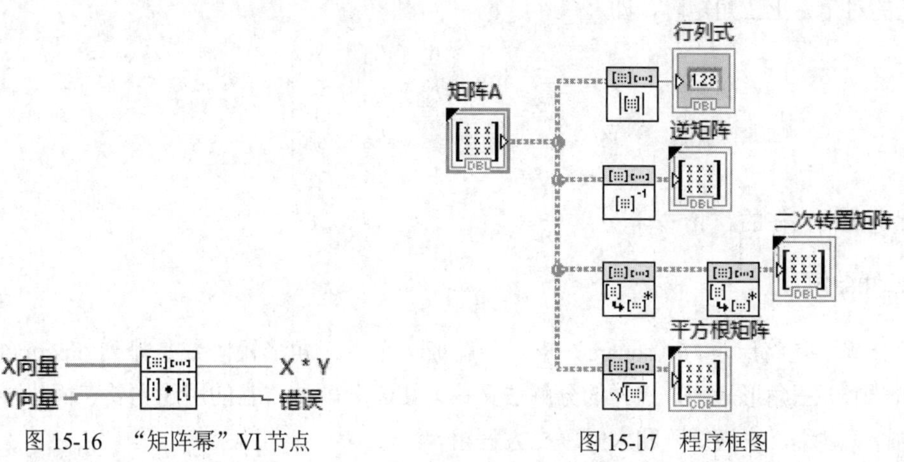

图 15-16 “矩阵幂” VI 节点

图 15-17 程序框图

思路点拨

（1）在前面板创建矩阵 $\boldsymbol{A}$。

（2）使用行列式求值 VI、逆矩阵 VI、平方根 VI、矩阵转置 VI 计算矩阵。

15.1.3 矩阵的分解

矩阵分解是矩阵分析的一个重要工具，如求矩阵的特征值和特征向量、求逆矩阵以及矩阵的秩等都要用到矩阵分解。在工程实际中，尤其是在电子信息理论和控制理论中，矩阵分析尤为重要。本小节主要讲述如何利用 MATLAB 来实现矩阵分析中常用的一些矩阵分解。

矩阵分解是将矩阵拆解为数个矩阵的乘积，可分为三角分解、满秩分解、QR 分解、Jordan 分解和 SVD（奇异值）分解等。

1. 奇异值分解

奇异值分解（Singular Value Decomposition, SVD）是另一种正交矩阵分解法，是最可靠的分解法，是现代数值分析（尤其是数值计算）的最基本和最重要的工具之一，因此在实际工程中有着广泛的应用。

2. 楚列斯基分解

楚列斯基（Cholesky）分解是专门针对对称正定矩阵的分解。设 $\boldsymbol{M}$ 是 n 阶方阵，如果对任何非零向量 z，都有 $z^{\mathrm{T}}\boldsymbol{M}z>0$（$z^{\mathrm{T}}$ 表示 z 的转置），就称 $\boldsymbol{M}$ 为正定矩阵。正定矩阵在合同变换下可化为标准型，即对角矩阵。所有特征值大于零的对称矩阵（或厄米矩阵）都是正定矩阵。正定矩阵的性质如下：

- 正定矩阵的特征值全为正。
- 正定矩阵的各阶顺序子式都为正。
- 正定矩阵等同于单位矩阵。
- 正定矩阵一定是非奇异且可逆的。

设 $A=(a_{ij})\in R^{n\times n}$ 是对称正定矩阵，$A=R^{\mathrm{T}}R$ 称为矩阵 A 的楚列斯基分解，其中，$R\in R^{n\times n}$ 是一个具有正的对角元上三角矩阵，即

$$R=\begin{pmatrix} r_{11} & r_{12} & r_{13} & r_{14} \\ & r_{22} & r_{23} & r_{24} \\ & & r_{33} & r_{34} \\ & & & r_{44} \end{pmatrix}$$

这种分解是唯一存在的。

3. 三角分解

三角分解法是将原正方（square）矩阵分解成一个上三角形矩阵或是排列（permuted）的上三角形矩阵和一个下三角形矩阵，这样的分解法又称为 LU 分解法。它的用途主要在简化一个大矩阵的行列式值的计算过程、求逆矩阵和求解联立方程组。

这种分解法所得到的上下三角形矩阵并非唯一，还可找到数个不同的一对上下三角形矩阵，这两个三角形矩阵相乘也会得到原矩阵。在解线性方程组、求矩阵的逆等计算中有着重要的作用。

4. $\mathrm{LDM^T}$ 与 $\mathrm{LDL^T}$ 分解

对于 n 阶方阵 $\boldsymbol{A}$，所谓的 $\mathrm{LDM^T}$ 分解就是将 $\boldsymbol{A}$ 分解为 3 个矩阵的乘积，其中，$\boldsymbol{L}$、$\boldsymbol{M}$ 是单位下三角矩阵，$\boldsymbol{D}$ 为对角矩阵。

事实上，这种分解是 LU 分解的一种变形，因此这种分解可以将 LU 分解稍作修改得到，也可以根据 3 个矩阵的特殊结构直接计算出来。

5. QR 分解

矩阵 $\boldsymbol{A}$ 的 QR 分解也叫正交三角分解，即将矩阵 $\boldsymbol{A}$ 表示成一个正交矩阵 $\boldsymbol{Q}$ 与一个上三角矩阵 $\boldsymbol{R}$ 的乘积形式。这种分解在工程中是应用最广泛的一种矩阵分解。

QR 分解法是将矩阵分解成一个正规正交矩阵与上三角形矩阵，所以称为 QR 分解法，与此正规正交矩阵的通用符号 Q 有关。

6. Hessenberg（海森伯格）分解

如果矩阵 $\boldsymbol{H}$ 的第一子对角线下元素都是 0，则 $\boldsymbol{H}$（或其转置形式）称为上（下）海森伯格矩阵。这种矩阵在零元素所占比例及分布上都接近三角矩阵，虽然它在特征值等性质方面不如三角矩阵那样简单，但在实际应用中，应用相似变换将一个矩阵转化为海森伯格矩阵是可行的，而转化为三角矩阵则不易实现；而且通过转化为海森伯格矩阵来处理矩阵计算问题能够大大节省计算量，因此在工程计算中，海森伯格分解也是常用的工具之一。

扫一扫，看视频

动手学——分解帕斯卡矩阵

源文件：源文件\第 15 章\分解帕斯卡矩阵.vi

本实例创建如图 15-18 所示的特殊矩阵。

【操作步骤】

（1）创建矩阵函数。

① 打开程序框图，在“函数”选板上选择“数学”→“线性代数”→“创建特殊矩阵”VI。

② 在“矩阵类型”输入端创建常量，设置 Pascal 选项，创建帕斯卡矩阵。

③ 分别在 VI 的“矩阵大小”输入端创建常量 4，创建四阶矩阵，如图 15-18 所示。

④ 在“函数”选板上选择“数学”→“线性代数”→“LU 分解”“Cholesky 分解”“QR 分解”“SVD 分解”“Hessenberg 分解”VI，分解创建的帕斯卡矩阵。

⑤ 单击工具选板中的文本编辑按钮A，将鼠标切换至文本编辑工具状态，鼠标变为▢状态，在程序空白处的适当位置单击，根据需要输入文字。

⑥ 在 VI 输出端创建分解显示控件，单击工具栏中的“整理程序框图”按钮，整理程序框图，如图 15-18 所示。

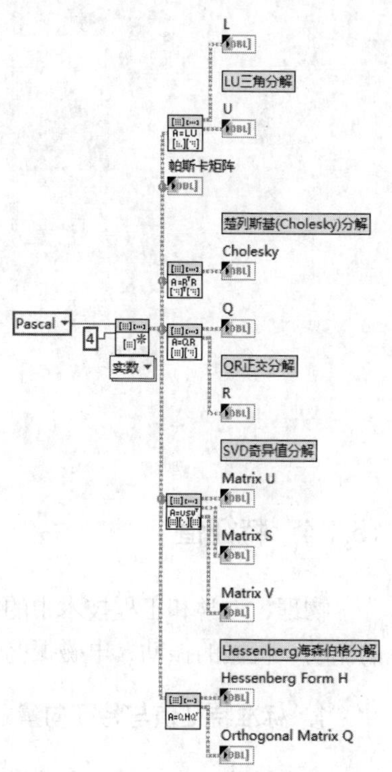

图 15-18　程序框图

（2）双击控件，打开前面板，将对应的控件放置到选项卡中，在输入控件中输入初始值，如图 15-19 所示。

（3）运行程序。

在前面板窗口或程序框图窗口的工具栏中单击“运行”按钮，运行 VI，VI 居中显示，结果如图 15-20 所示。

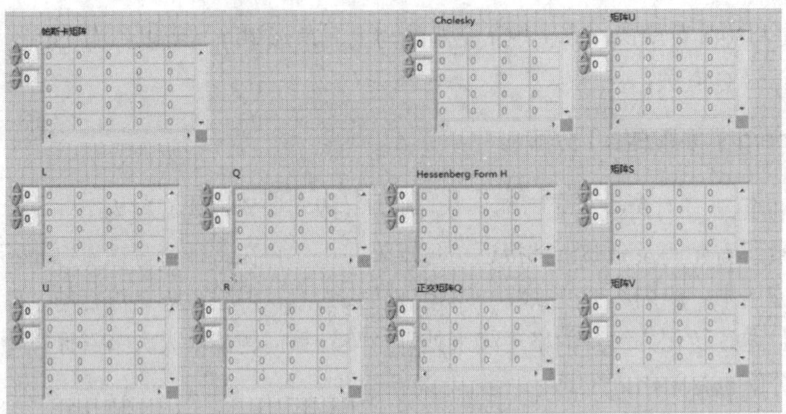

图 15-19　前面板设计

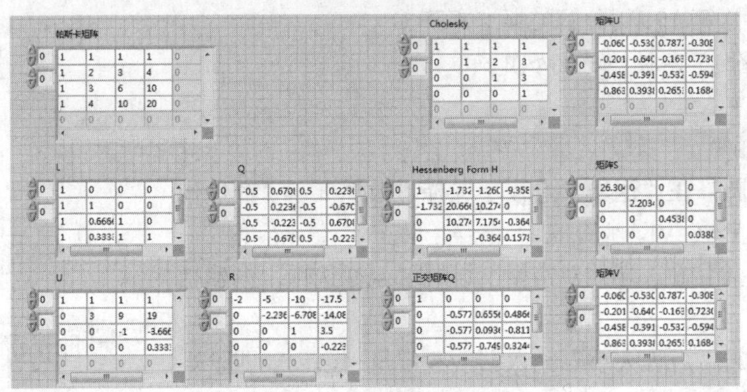

图 15-20　前面板运行结果

15.1.4　特征值

物理、力学和工程技术中的很多问题在数学上都归结为求矩阵的特征值问题，如振动问题（桥梁的振动、机械的振动、电磁振荡、地震引起的建筑物的振动等）、物理学中某些临界值的确定等。

1. 标准特征值与特征向量

对于矩阵 $\boldsymbol{A} \in R^{n \times n}$，多项式

$$f(\lambda) = \det(\lambda I - A)$$

称为 $\boldsymbol{A}$ 的特征多项式，它是关于 λ 的 n 次多项式。方程 $f(\lambda) = 0$ 的根称为矩阵 $\boldsymbol{A}$ 的特征值；设 λ 为 A 的一个特征值，则方程

$$(\lambda I - A)x = 0$$

的非零解（也即 $Ax = \lambda x$ 的非零解）x 称为矩阵 $\boldsymbol{A}$ 对应于特征值 λ 的特征向量。

在 LabVIEW 中，使用“从特征值创建特征向量”VI 进行求解，其节点如图 15-21 所示。

2. 广义特征值与特征向量

上面的特征值与特征向量问题都是在线性代数课程中所学的，在矩阵论中，还有广义特征值与特征向量的概念。求方程

$$Ax = \lambda Bx$$

的非零解（其中 $\boldsymbol{A}$、$\boldsymbol{B}$ 为同阶方阵），其中的 λ 值和向量 $\boldsymbol{x}$ 分别称为广义特征值和广义特征向量。

动手学——创建矩阵特征向量

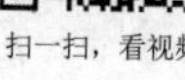

源文件：源文件\第 15 章\创建矩阵特征向量.vi

本实例设计如图 15-22 所示的求解矩阵特征向量的程序。

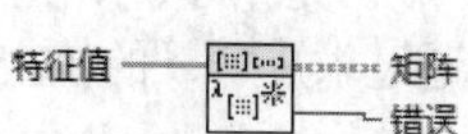

图 15-21 “从特征值创建特征向量”VI 节点

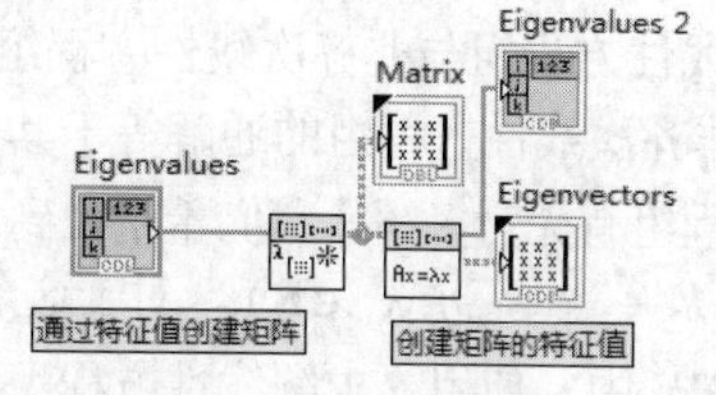

图 15-22 程序框图

【操作步骤】

（1）从“函数”选板中选择“数学”→“线性代数”→“从特征值创建实数矩阵”VI，在“特征值”输入端创建输入控件，通过输入的特征值创建矩阵。

（2）从“函数”选板中选择“数学”→“线性代数”→“特征值和特征向量”VI，在函数上右击选择“创建”→“显示控件”命令，自动创建特征值与特征向量控件。

（3）单击工具栏中的“整理程序框图”按钮，整理程序框图，如图 15-22 所示。

（4）在输入控件中输入初始值，单击“运行”按钮，运行 VI，在前面板显示运行结果，如图 15-23 所示。

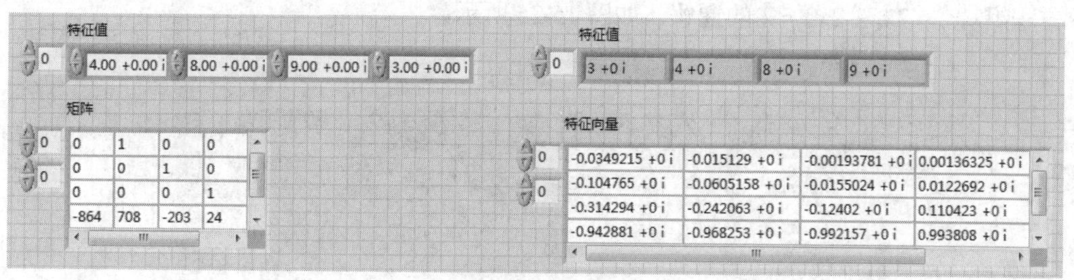

图 15-23 前面板运行结果

15.1.5 线性方程组

在线性代数中，求解线性方程组是一个基本内容，在实际应用中，许多工程问题都可以化为线性方程组的求解问题。本小节将讲述如何求解各种线性方程组。为了使读者能够更好地掌握本节内容，我们将本小节分为 4 部分：第一部分简单介绍一下线性方程组的基础知识；以后几节讲述求解线性方程组的几种方法。

对于线性方程组 $Ax = b$，其中，$A\in\boldsymbol{R}^{m\times n}$，$b\in\boldsymbol{R}^{m}$。若 $m = n$，我们称为恰定方程组；若 $m > n$，我们称为超定方程组；若 $m < n$，我们称为欠定方程组。若 $b = 0$，则相应的方程组称为齐次线性方程组；否则称为非齐次线性方程组。

对于齐次线性方程组解的个数有如下定理。

定理 1：设方程组系数矩阵 $\boldsymbol{A}$ 的秩为 r，则

（1）若 $r = n$，则齐次线性方程组有唯一解。

（2）若 $r<n$，则齐次线性方程组有无穷解。

对于非齐次线性方程组解的存在性有如下定理。

定理 2：设方程组系数矩阵 $\boldsymbol{A}$ 的秩为 r，增广矩阵 $[\boldsymbol{Ab}]$ 的秩为 s，则

（1）若 $r=s=n$，则非齐次线性方程组有唯一解。

（2）若 $r=s<n$，则非齐次线性方程组有无穷解。

（3）若 $r\neq s$，则非齐次线性方程组无解。

关于齐次线性方程组与非齐次线性方程组之间的关系有如下定理。

定理 3：非齐次线性方程组的通解等于其一个特解与对应齐次方程组的通解之和。

若线性方程组有无穷多解，我们希望找到一个基础解系 $\eta_1, \eta_2,\cdots, \eta_r$，以此来表示相应齐次方程组的通解：$k_1\eta_1 + k_2 h_2 + \cdots + k_r\eta_r (k_i \in \mathbf{R})$。对于这个基础解系，我们可以通过求矩阵 $\boldsymbol{A}$ 的核空间矩阵得到。

在 LabVIEW 中，使用“求解线性方程”函数用于求解线性方程组 $AX = Y$。连线至输入矩阵和右端项输入端的数据类型可确定要使用的多态实例，其节点如图 15-24 所示。

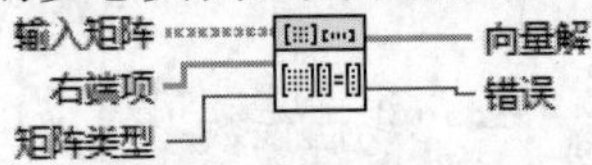

图 15-24 “求解线性方程”函数节点

扫一扫，看视频

动手练——求解线性方程组的通解

源文件：源文件\第 15 章\求解线性方程组的通解.vi

求方程组 $\begin{cases} x_1 + 2x_2 + 2x_3 = 1 \\ x_2 - 2x_3 - 2x_4 = 2 \\ x_1 + 3x_2 - 2x_4 = 3 \end{cases}$ 的通解，如图 15-25 所示。

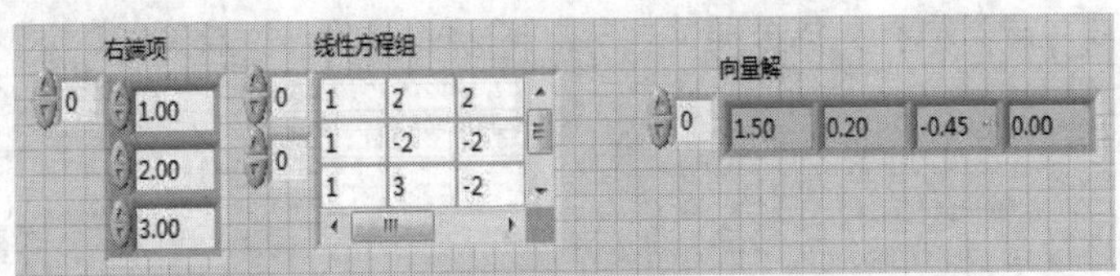

图 15-25 计算通解

思路点拨

（1）创建矩阵常量。

（2）使用“求解线性方程”函数。

（3）输入初始值。

（4）运行程序，得到如图 15-25 所示的结果。

15.2 拟 合 VI

所谓拟合，是指已知某函数的若干离散函数值 $\{f_1, f_2,\cdots, f_n\}$，通过调整该函数中若干待定系数 $f(\lambda_1, \lambda_2, \cdots, \lambda_n)$，使得该函数与已知点集的差别（最小二乘意义）最小。如果待定系数是线性，则称为线性拟合或者线性回归（主要在统计中），否则称为非线性拟合或者非线性回归。表达式也可以是分段函

数，这种情况下叫作样条拟合。

拟合以及插值还有逼近是数值分析的三大基础工具，通俗意义上它们的区别在于：拟合是已知点列，从整体上靠近它们；插值是已知点列并且完全经过点列；逼近是已知曲线，或者点列，通过逼近使得构造的函数无限靠近它们。

15.2.1 曲线拟合

曲线拟合（curve fitting）技术用于从一组数据中提取曲线参数或者系数，以得到这组数据的函数表达式。

通常，对于每种指定类型的曲线拟合，如果没有特殊说明，都存在两种 VI 可以使用。一种只返回数据，用于对数据的进一步操作；另一种不仅返回系数，还可以得到对应的拟合曲线和均方差（MSE）。

LabVIEW 的分析软件库提供了多种线性和非线性的曲线拟合算法，如线性拟合、指数拟合、通用多项式拟合、非线性 Levenberg-Marquardt 拟合等。

曲线拟合的实际应用很广泛。例如：

- 消除测量噪声。
- 填充丢失的采样点（如一个或者多个采样点丢失或者记录不正确）。
- 插值（对采样点之间的数据的估计，如在采样点之间的时间差距不够大时）。
- 外推（对采样范围之外的数据进行估计）。
- 数据的差分（如在需要知道采样点之间的偏移时，可以用一个多项式拟合离散数据， 而得到的多项式可能不同）。
- 数据的合成（如在需要找出曲线下面的区域，同时又只知道这个曲线的若干个离散采样点的时候）。
- 求解某个基于离散数据的对象的速度轨迹（一阶导数）和加速度轨迹（二阶导数）。

15.2.2 拟合函数

拟合 VI 用于进行曲线拟合的分析或回归运算，包含的函数如图 15-26 所示。

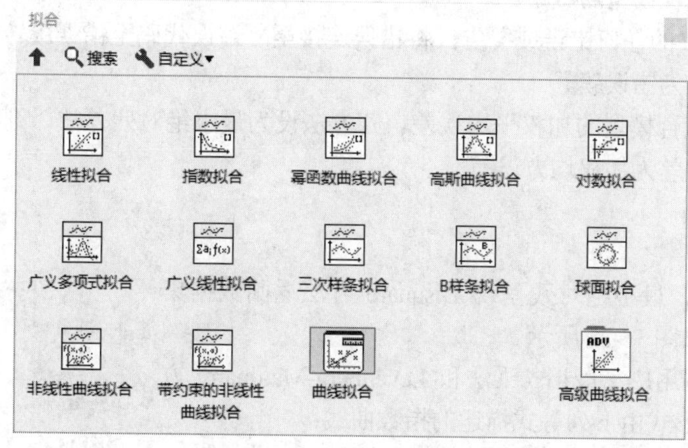

图 15-26 “拟合”子选板

1. 线性拟合

线性拟合 VI 表示通过最小二乘法、最小绝对残差或 Bisquare 方法返回数据集 (X, Y) 的线性拟合。

该 VI 通过循环调用广义最小二乘法和 Levenberg-Marquardt 方法使实验数据拟合为下列等式代表的直线方程一般式：

$$f = ax + b$$

其中，x 是输入序列 X；a 是斜率；b 是截距。该 VI 将得到观测点 (X, Y) 的最佳拟合 a 和 b 的值。

下列等式用于描述由线性拟合算法得到的线性曲线：

$$y[i] = ax[i] + b$$

该 VI 节点如图 15-27 所示。

各输入、输出端选项含义如下。

- Y：由因变值组成的数组。Y 的长度必须大于等于未知参数的元素个数。
- X：由自变量组成的数组。X 的元素数必须等于 Y 的元素数。

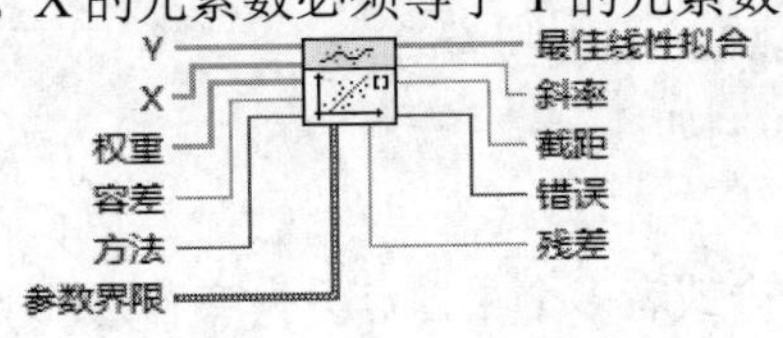

图 15-27 “线性拟合”VI 节点

- 权重：观测点 (X, Y) 的权重数组。权重的元素数必须等于 Y 的元素数。权重的元素必须不为 0。若权重中的某个元素小于 0，VI 将使用元素的绝对值。若权重未连线，VI 将把权重的所有元素设置为 1。
- 容差：确定使用最小绝对残差或 Bisquare 方法时，何时停止斜率和截距的迭代调整。对于最小绝对残差方法，若两次连续的交互之间残差的相对差小于容差，该 VI 将返回结果残差。
- 方法：指定拟合方法。
- 参数界限：包含斜率和截距的上下限。若知道特定参数的值，可设置参数的上下限为该值。
- 最佳线性拟合：返回拟合模型的 Y 值。
- 斜率：返回拟合模型的斜率。
- 截距：返回拟合模型的截距。
- 错误：返回 VI 的任何错误或警告。将错误连接至“错误代码至错误簇转换”VI，可将错误代码或警告转换为错误簇。
- 残差：返回拟合模型的加权平均误差。若方法设为最小绝对残差法，则残差为加权平均绝对误差；否则残差为加权均方误差。

2. 指数拟合

通过最小二乘法、最小绝对残差或 Bisquare 方法返回数据集 (X, Y) 的指数拟合，如图 15-28 所示。

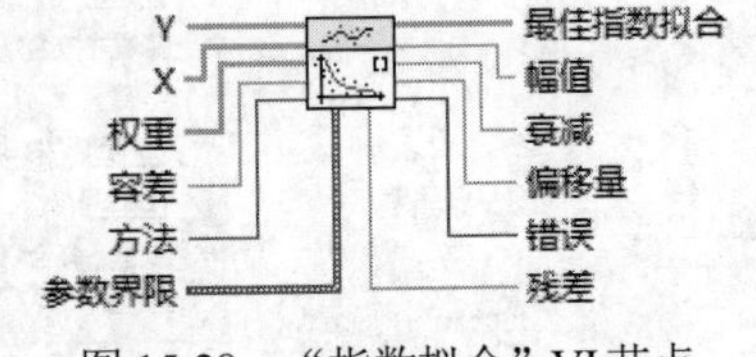

图 15-28 “指数拟合”VI 节点

该 VI 通过循环调用广义最小二乘法和 Levenberg-Marquardt 方法使数据拟合为通用形式由下列等式描述的指数曲线：

$$f = ae^{bx} + c$$

其中，x 是输入序列 X；a 是幅值；b 是衰减；c 是偏移量。VI 可查找最佳拟合观测 (X, Y) 的 a、b 和 c

的值。

下列等式用于描述由指数拟合算法得到的指数曲线：

$$y[i] = ae^{bx}[i] + c$$

15.3 内插与外推 VI

内插与外推 VI 可用于进行一维插值、二维插值、分段插值、多项式插值和一维傅立叶插值等，如图 15-29 所示。

1. 一维插值

通过选定的方法进行一维插值，方法由 X 和 Y 定义的查找表确定，该 VI 节点如图 15-30 所示。下面介绍各输入、输出端选项含义。

（1）方法：指定插值方法。

- 最近：选择与当前 xi 值最接近的 X 值对应的 Y 值。LabVIEW 在最近的数据点设置插值。
- 线性：设置连接 X 和 Y 数据点的线段上的点的插值。
- 样条：保证在数据点上 3 次插值多项式的一阶和二阶导数也是连续的。
- Cubic Hermite：保证 3 次插值多项式的一阶导数是连续的，设置端点的导数为特定值，可保持 Y 数据的形状和单调性。
- 拉格朗日：使用重心拉格朗日插值算法。

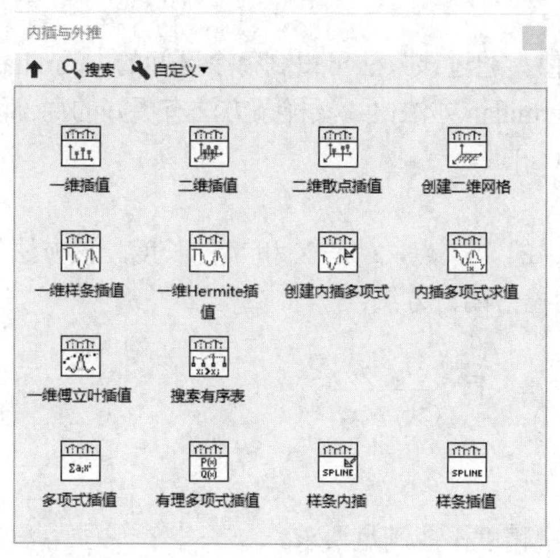

图 15-29 “内插与外推”子选板

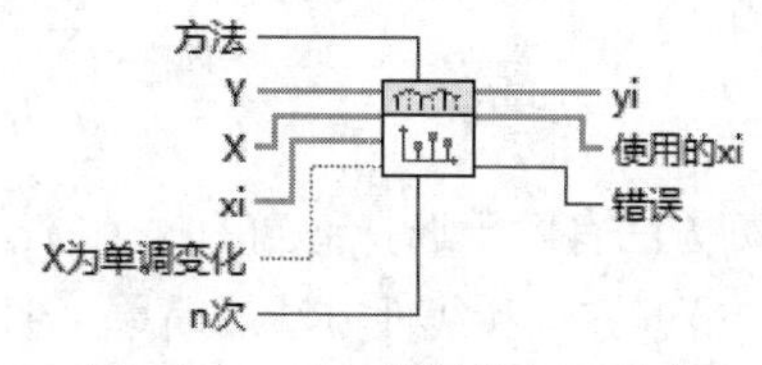

图 15-30 “一维插值”VI 节点

（2）Y：指定由因变量值组成的数组。

（3）X：指定由自变量值组成的数组。X 的长度必须等于 Y 的长度。

（4）xi：指定由自变量值组成的数组，LabVIEW 在这些自变量的位置计算插值 yi。

（5）X 为单调变化：指定 X 中的值是否随索引单调增加。若 X 为单调变化的值为 TRUE，插值算法可避免对 X 进行排序，也可避免重新对 Y 进行排序。若 X 为单调变化的值为 FALSE，VI 将按照升序排列输入数组 X 并对 Y 进行排序。

（6）n 次：确定插值 xi 的位置，得到当 xi 为空时，每个 Y 元素之间的插值。Y 元素之间的插值被重复 n 次。若 xi 输入端已连线，则该 VI 将忽略 n 次。

（7）yi：返回插值的输出数组，插值与 xi 自变量值相对应。

（8）使用的 xi：是因变量 yi 的插值待计算时，自变量值的一维数组。若 xi 为空，使用的 xi 返回 $(2n-1)*(N-1)+N$ 个点，$(2n-1)$ 个点均匀分布在 X 中相邻两个元素之间，n 是 X 的长度。若连线 xi 输入，VI 将忽略 n，使用的 xi 等于 xi。

（9）错误：返回 VI 的任何错误或警告。将错误连接至错误代码至错误簇转换 VI，可将错误代码或警告转换为错误簇。

该 VI 的输入为因变量 Y 和自变量 X，输出为与 xi 对应的插值 yi。该 VI 查找 X 中的每个 xi 值，并使用 X 的相对地址查找 Y 中同一相对地址的插值 yi。

该 VI 可提供以下 5 种不同的插值方法。

（1）最近方法。

该方法用于查找最接近 X 中 xi 的点，然后使对应的值分配给 Y 中的 yi。

（2）线性方法。

若 xi 在 X 中两个点 (x_j, x_{j+1}) 之间，该方法在连接 (x_j, x_{j+1}) 的线段间进行插值 yi。

（3）样条方法。

该方法为 3 次样条方法。通过该方法，VI 可得出相邻两点间隔的 3 阶多项式。多项式满足下列条件。

- 在 x_j 点的一阶和二阶导数连续。
- 多项式满足所有数据点。
- 起始点和末尾点的二阶导数为 0。

（4）Cubic Hermitian 方法。

3 次 Hermitian 样条方法是分段 3 次 Hermitian 插值。通过该方法可得到每个区间的 Hermitian 三阶多项式，且只有插值多项式的一阶导数连续。3 次 Hermitian 方法比 3 次样条方法有更好的局部属性。如更改数据点 x_j，对插值结果的影响在 $[x_{j-1}, x_j]$ 和 $[x_j, x_{j+1}]$。

（5）拉格朗日方法。

通过该方法可得到 $N-1$ 多项式，它满足 X 和 Y 中的 N 个点，N 是 X 和 Y 的长度。该方法是对牛顿多项式的重新表示，可避免计算差商。下列方程为拉格朗日方法：

$$yi_m = \sum_{j=0}^{N-1} c_j y_j \text{，其中 } c_j = \prod_{k=0,k\neq j}^{N-1} \frac{xi_m - x_k}{x_j - x_k}$$

下列方法有助于选择适当的插值方法。

- 最近方法和线性方法最简单，但在多数应用中精度不能满足要求。
- 样条方法返回的结果最平滑。
- 3 次 Hermitian 的局部属性优于样条方法和拉格朗日方法。
- 拉格朗日方法宜于应用但不适用于应用计算。与样条方法相比，拉格朗日方法得到的插值结果带有极限导数。

2. 多项式插值

给定点集 $(x[i], y[i])$，在 x 处对函数 f 进行内插或外插，$f(x[i]) = y[i]$，f 为任意函数，x 值为给定值。

VI 计算输出的插值 $P[n-1](x)$，$P[n-1]$ 是满足点 $n(x[i], y[i])$ 的阶数为 $n-1$ 的唯一多项式。该 VI 节点如图 15-31 所示。

3. 样条插值

返回 x 值的样条插值，给定 $(x[i], y[i])$ 和通过样条插值 VI 得到的二阶导数插值。点由输入数组 X 和 Y 确定。该 VI 节点如图 15-32 所示。

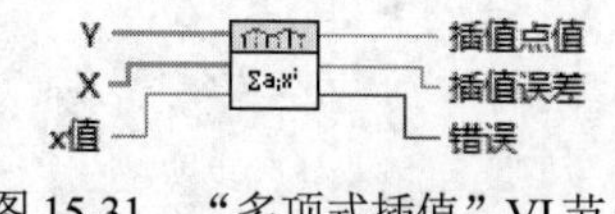

图 15-31　“多项式插值” VI 节点

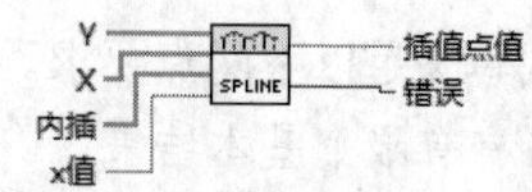

图 15-32　“样条插值” VI 节点

在区间 $[x_i, x_{i+1}]$，下列等式为输出插值 y。

$$y = Ay_i + By_{i+1} + Cy''_i + Dy''_{i+1}$$

其中，

$$A = \frac{x_{j+1} - x}{x_{j+1} - x_i}$$
$$B = 1 - A$$
$$C = \frac{1}{6}(A^3 - A)(x_{i+1} - x_i)^2$$
$$D = \frac{1}{6}(B^3 - B)(x_{i+1} - x_i)^2$$

15.4　概率与统计 VI

概率与统计的理论方法在技术领域的应用十分广泛，在信号的测试与处理中，它既可以控制整个过程，又可以提高信号的分辨率。

概率与统计 VI 用于执行概率、叙述性统计、方差分析和插值函数。其子选板中的函数如图 15-33 所示。

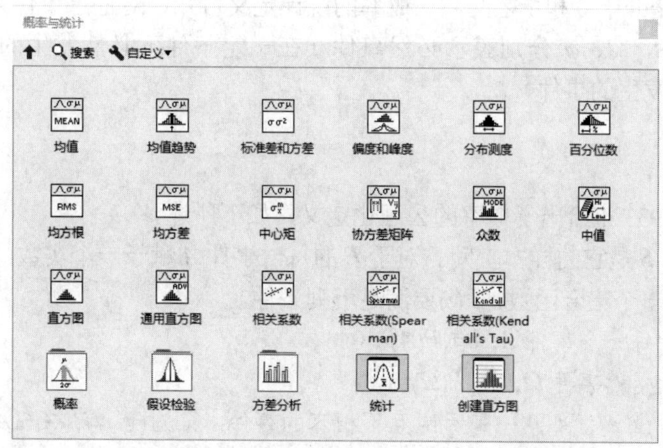

图 15-33 “概率与统计”子选板

概率（probability）一词来源于拉丁语 probabilitas，又可以解释为 probity，意思是“正直，诚实”。在欧洲，probity 用来表示法庭案例中证人证词的权威性，且通常与证人的声誉相关。与现代意义上的概率表示的含义——“可能性”不同。

1. 古典定义

如果一个试验满足以下两点要求。

（1）试验只有有限个基本结果。

（2）试验的每个基本结果出现的可能性是一样的。

这样的试验便是古典试验。

对于古典试验中的事件 A，它的概率定义为 $P(A)=\frac{m}{n}$。其中，n 表示该试验中所有可能出现的基本结果的总数目；m 表示事件 A 包含的试验基本结果数。这种定义概率的方法称为概率的古典定义。

2. 频率定义

随着人们遇到问题的复杂程度的增加，等可能性逐渐暴露出它的弱点，特别是对于同一事件，可以从不同的等可能性角度计算出不同的概率，从而产生了种种悖论。另外，随着经验的积累，人们逐渐认识到，在做大量重复试验时，随着试验次数的增加，一个事件出现的频率总在一个固定数的附近摆动，显示一定的稳定性。R.Von 米泽斯把这个固定数定义为该事件的概率，这就是概率的频率定义。从理论上讲，概率的频率定义是不够严谨的。

3. 统计定义

在一定条件下重复做 n 次试验，nA 为 n 次试验中事件 A 发生的次数，如果随着 n 逐渐增大，频率 nA/n 逐渐稳定在某一数值 p 附近，则数值 p 称为事件 A 在该条件下发生的概率，记作 $P(A)=p$。这个定义称为概率的统计定义。

在历史上，第一个对“当试验次数 n 逐渐增大，频率 nA 稳定在其概率 p 上”这一论断给以严格的意义和数学证明的是雅各布 • 伯努利（Jakob Bernoulli）。

从概率的统计定义可以看到，数值 p 就是在该条件下刻画事件 A 发生的可能性大小的一个数量指标。

由于频率 nA/n 总是介于 0 和 1 之间，从概率的统计定义可知，对任意事件 A，皆有 $0\leqslant P(A)\leqslant 1$，$P(\Omega)=1$，$P(\varphi)=0$。其中，$\Omega$、$\varphi$ 分别表示必然事件（在一定条件下必然发生的事件）和不可能事件（在一定条件下必然不发生的事件）。

4. 公理化定义

柯尔莫哥洛夫于 1933 年给出了概率的公理化定义，如下所述。

设 E 是随机试验，S 是它的样本空间。对于 E 的每一事件 A 赋予一个实数，记为 $P(A)$，称为事件 A 的概率。这里 $P(\cdot)$是一个集合函数，$P(\cdot)$要满足下列条件。

（1）非负性：对于每一个事件 A，有 $P(A)\geqslant 0$。

（2）规范性：对于必然事件 Ω，有 $P(\Omega)=1$。

（3）可列可加性：设 A_1，A_2，…是两两互不相容的事件，即对于 $i\neq j$，$A_i\cap A_j=\varphi$，$(i,j=1,2,\cdots)$，则

有 $P(A_1 \cup A_2 \cup \cdots) = P(A_1) + P(A_2) + \cdots$。

选择“概率”，弹出如图 15-34 所示的“概率”子选板，下面介绍两种概率函数。

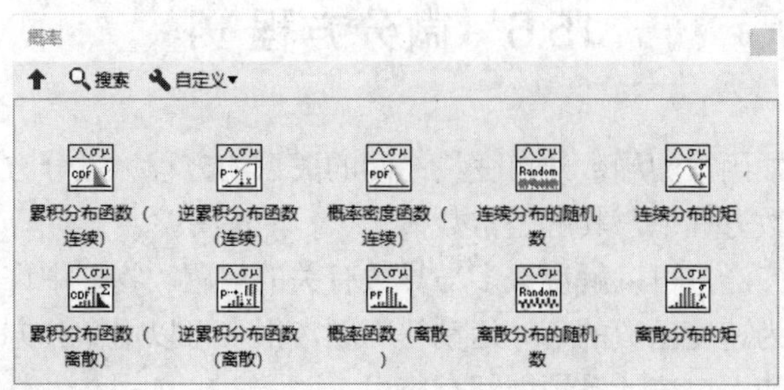

图 15-34 “概率”子选板

1. 累积分布函数（连续）

计算连续累积分布函数（CDF）或随机方差 X 的值小于等于 x 的概率，X 为选定分布的类型。必须手动选择所需多态实例，如图 15-35 所示。

2. 逆累积分布函数（连续）

该 VI 计算各种分布的连续逆累积分布函数，节点如图 15-36 所示。

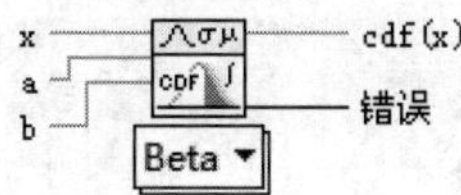

图 15-35 “累积分布函数（连续）”VI 节点

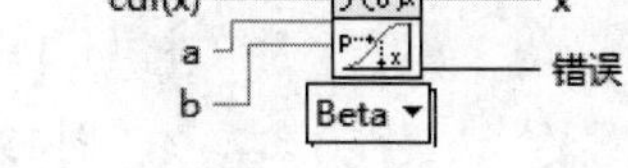

图 15-36 “逆累积分布函数（连续）”VI 节点

15.5 最优化 VI

最优化 VI 用于确定一维或 n 维实数的局部最大值和最小值，其子选板如图 15-37 所示。

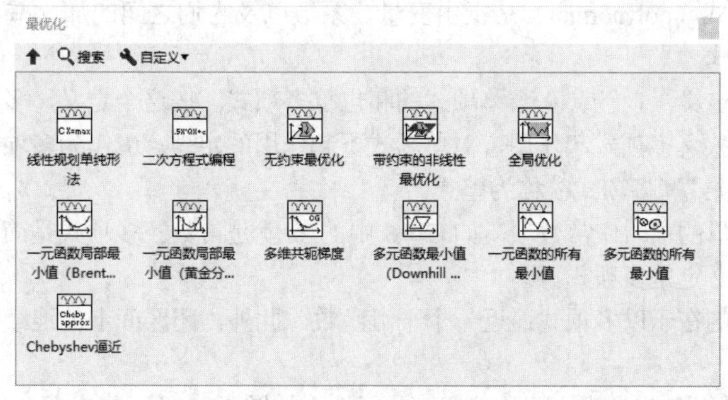

图 15-37 “最优化”子选板

最优化是一门应用相当广泛的学科，它讨论决策问题的最佳选择之特性，构造寻求最佳解的计算方法，研究这些计算方法的理论性质及实际计算表现。伴随着计算机的高速发展和优化计算方法的进步，规模越来越大的优化问题得到解决。因为最优化问题广泛见于经济计划、工程设计、生产管理、交通运输、国防等重要领域，它已受到政府部门、科研机构和产业部门的高度重视。

15.6 微分方程 VI

微分方程是指描述未知函数的导数与自变量之间的关系的方程。微分方程的解是一个符合方程的函数。而在初等数学的代数方程中，其解是常数值。

微分方程的应用十分广泛，可以解决许多与导数有关的问题。物理中许多涉及变力的运动学、动力学问题，如空气的阻力为速度函数的落体运动等问题，很多可以用微分方程求解。此外，微分方程在化学、工程学、经济学和人口统计等领域都有应用。

数学领域对微分方程的研究着重在几个不同的面向，但大多数都是关心微分方程的解。只有少数简单的微分方程可以求得解析解。不过即使没有找到其解析解，仍然可以确认其解的部分性质。在无法求得解析解时，可以利用数值分析的方式，利用计算机来找到其数值解。动力系统理论强调对于微分方程系统的量化分析，而许多数值方法可以计算微分方程的数值解，且有一定的准确度。

微分方程 VI 用于求解微分方程，其子选板如图 15-38 所示。

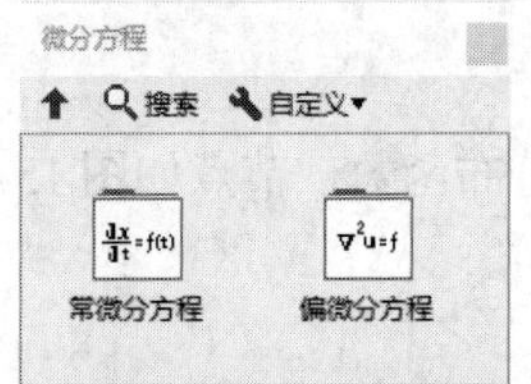

图 15-38 “微分方程”子选板

15.7 多项式 VI

由若干个单项式的和组成的代数式叫作多项式（减法中有：减一个数等于加上它的相反数）。多项式中每个单项式叫作多项式的项，这些单项式中的最高次数，就是这个多项式的次数。

在数学中，多项式（polynomial）是指由变量、系数以及它们之间的加、减、乘、幂运算（正整数次方）得到的表达式。

对于比较广义的定义，1 个或 0 个单项式的和也算多项式。按这个定义，多项式就是整式。实际上，还没有一个只对狭义多项式起作用，对单项式不起作用的定理。0 作为多项式时，次数定义为负无穷大（或 0）。单项式和多项式统称为整式。

多项式中不含字母的项叫作常数项，如 $5x+6$ 中的 6 就是常数。多项式是简单的连续函数，它是平滑的，它的微分也必定是多项式。

泰勒多项式的目的在于以多项式逼近一个平滑函数，此外，闭区间上的连续函数都可以写成多项式的均匀极限。

多项式 VI 用于进行多项式的计算和求解，其子选板如图 15-39 所示。

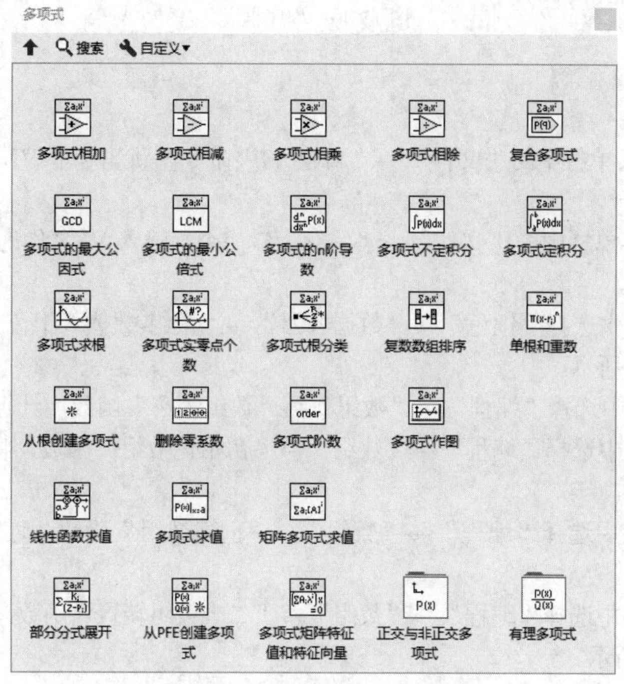

图 15-39　“多项式”子选板

15.8　综合演练——预测成本

扫一扫，看视频

源文件：源文件\ 第 15 章\ 预测成本.vi

本实例演示用广义线性拟合 VI 预测成本的方法。其程序框图如图 15-40 所示。

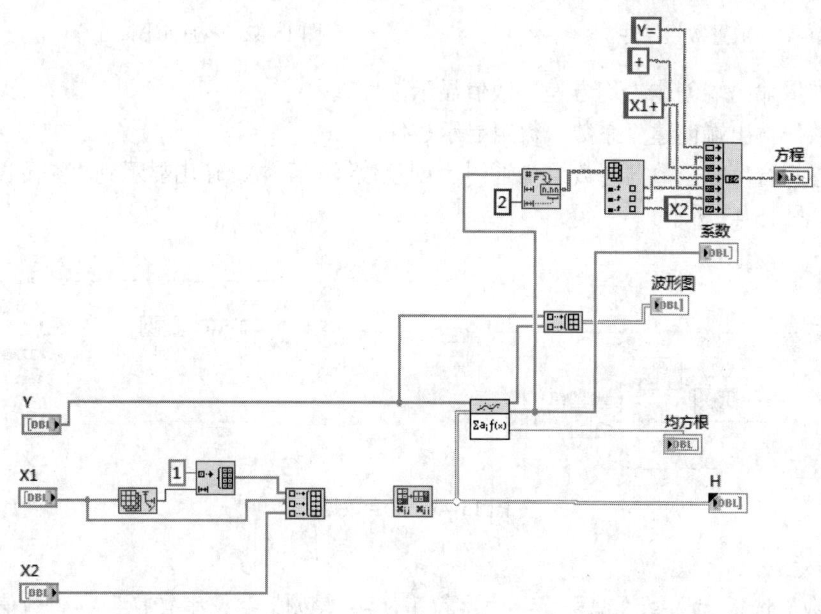

图 15-40　程序框图

【操作步骤】

（1）设置工作环境。

① 新建 VI。选择菜单栏中的“文件”→“新建 VI”命令，新建一个 VI，一个空白的 VI 包括前面板及程序框图。

② 保存 VI。选择菜单栏中的“文件”→“另存为”命令，输入 VI 名称为“预测成本”。

（2）构造 H 形矩阵。

① 在“控件”选板中选择“银色”→“数据容器”→“数组-数值（银色）”控件，放置 2 个数组 X1、X2，如图 15-41 所示。

② 在“函数”选板中选择“编程”→“数组”→“数组大小”函数，计算 X1 数组常数量。

③ 在“函数”选板中选择“编程”→“数组”→“初始化数组”函数，将 X1 元素个数设置为一维数组中的元素。

④ 在“函数”选板中选择“编程”→“数组”→“创建数组”函数，连接初始化后的数组、X1、X2，创建新数组。

⑤ 在“函数”选板中选择“编程”→“数组”→“二维数组转置”函数，输出转置新数组 H。程序框图显示如图 15-42 所示。

（3）拟合数据。

① 在“函数”选板上选择“数学”→“拟合”→“广义线性拟合”函数，在 Y、H 输入端连接数组，输出拟合数据。

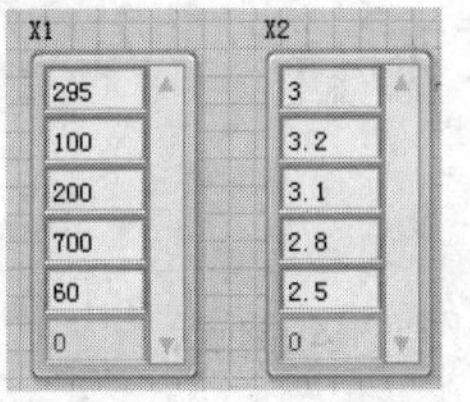

图 15-41　放置数组控件

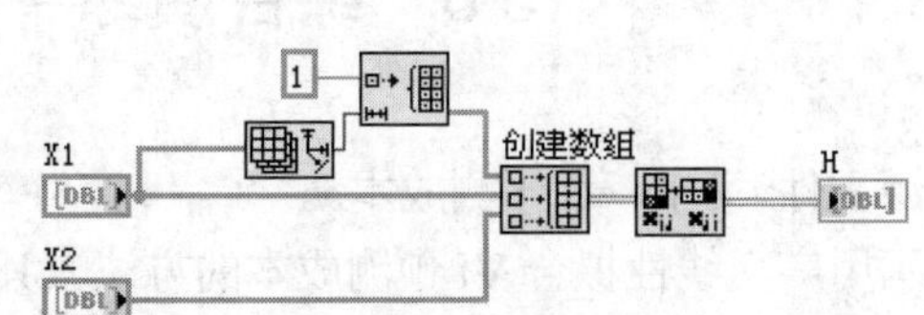

图 15-42　程序框图

② 在“残差”输出端创建“均方差”数值显示控件。

③ 在“系数”输出端创建“系数”数组显示控件。

④ 将“最佳拟合”输出数据与数组 Y 通过“创建数组”函数，输出显示到“波形图”显示控件上。程序设计如图 15-43 所示。

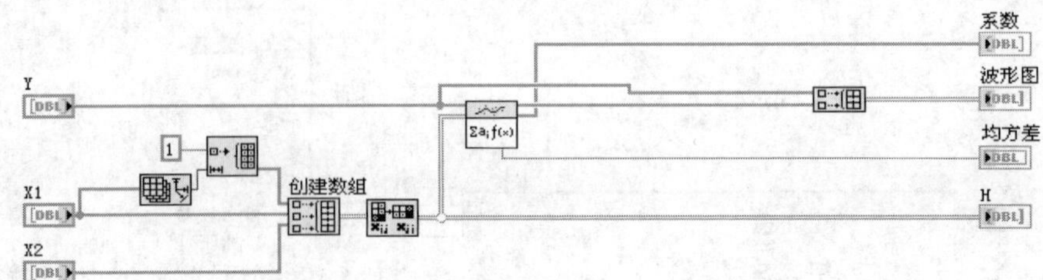

图 15-43　拟合数据

（4）显示方程。

① 在“函数”选板上选择“编程”→“字符串”→“数值/字符串转换”→“数值至小数字符串

转换”函数，设置精度值为 2，转换系数类型。

② 在“函数”选板上选择“编程”→“数组”→“索引数组”函数，输出转换后的系数中的元素 a、b、c。

③在“函数”选板上选择“编程”→“字符串”→“连接字符串”函数，根据索引输出的 3 个元素创建方程关系 $Y=a+bX_1+cX_2$，输出显示控件“方程”，显示结果。

程序框图、前面板显示如图 15-40 和图 15-44 所示。

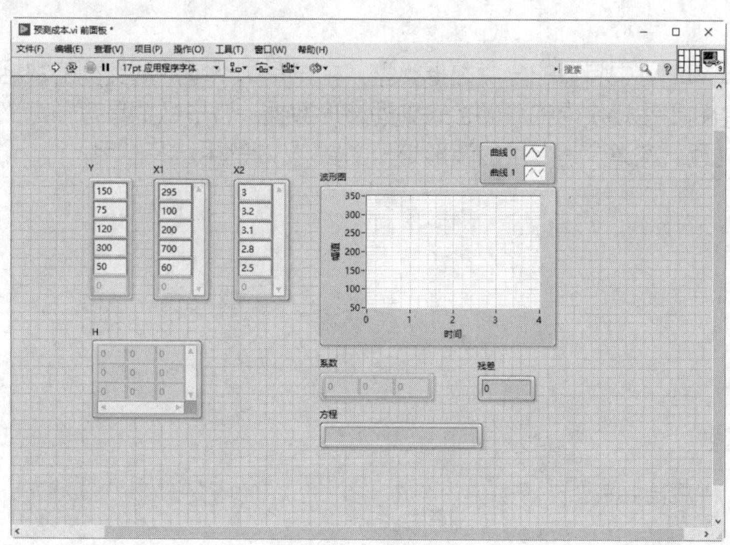

图 15-44 前面板

（5）运行程序。

在前面板窗口和程序框图窗口的工具栏中单击“运行”按钮，运行 VI 结果，如图 15-45 所示。

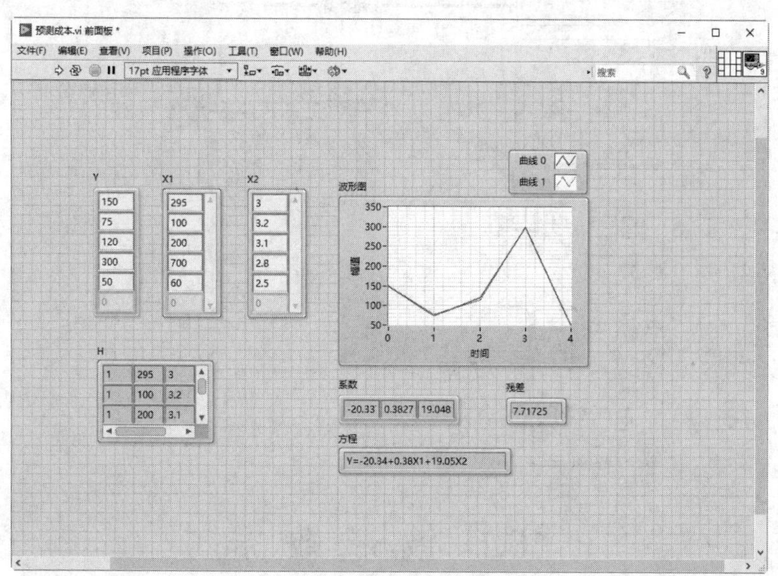

图 15-45 运行结果

第16章　波 形 运 算

内容简介

波形数据是 LabVIEW 中特有的一类数据类型，由一系列不同数据类型的数据组成，是一类特殊的簇，但是用户不能利用簇模块中的簇函数来处理波形数据，波形数据具有预定义的固定结构，只能使用专用的函数来处理，本章介绍专用的波形处理函数与 VI 的用法及应用。

内容要点

- 波形数据
- 波形生成
- 信号生成
- 基本波形函数
- 综合演练——混合信号图

案例效果

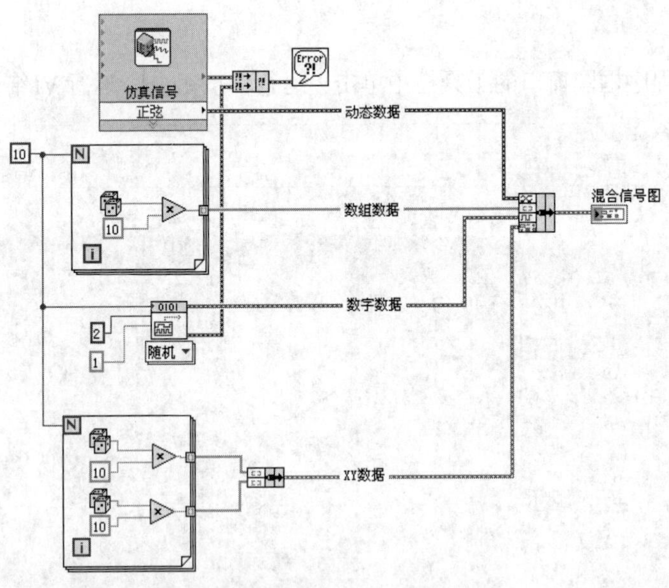

16.1　波 形 数 据

与其他基于文本的编程语言不同，在 LabVIEW 中有一类被称为波形数据的数据类型，这种数据类型更类似于“簇”的结构，由一系列不同数据类型的数据构成，但是波形数据具有与“簇”不同的特点，如簇中的捆绑和解除捆绑相当于波形中的创建波形和获取波形成分。

在具体介绍波形之前，先介绍变体和时间标识数据类型。

16.1.1 变体函数

变体数据类型位于程序框图的簇与变体的子选板中，任何数据类型都可以被转化为变体数据类型，然后为其添加属性，并在需要时转换回原来的数据类型。当需要独立于数据本身的类型对数据进行处理时，变体数据类型就成为很好的选择。

1. 转换为变体函数

转换为变体函数完成LabVIEW中任意类型的数据到变体数据的转换，也可以将ActiveX数据（在程序框图的互连接口的子选板中）转化为变体数据。其节点如图 16-1 所示。

2. 变体至数据类型转换函数

变体至数据类型转换函数是把变体数据类型转换为适当的 LabVIEW 数据类型。其节点如图 16-2 所示。变体输入参数为变体类型数据。类型输入参数为需要转换的目标数据类型的数据，只取其类型，具体值没有意义。数据输出参数为转换之后与类型输入有相同类型的数据。

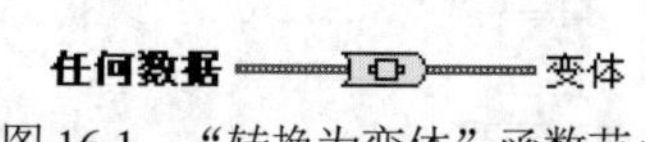

图 16-1 “转换为变体”函数节点

图 16-2 “变体至数据类型转换”函数节点

16.1.2 时间标识

时间标识常量可以在“函数”→“编程”→“定时”子选板中获得，时间标识输入控件和时间标识显示控件在“控件”→“数值”子选板中可以获得。如图16-3所示，左边为时间标识常量，中间为时间标识输入控件，右边为时间标识显示控件，中间的小图标为时间浏览按钮。

时间标识对象默认显示的时间值为 0。在时间标识输入控件上单击时间浏览按钮可以弹出“设置时间和日期”对话框，在这个对话框中可以手动修改时间和日期，如图 16-4 所示。

图 16-3 时间标识常量

图 16-4 “设置时间和日期”对话框

16.2 波形生成

波形数据可以由一些波形生成函数产生，可以作为数据采集后的数据进行显示和存储。

LabVIEW 提供了大量的波形生成节点，它们位于“函数”→“信号处理”→“波形生成”子选板中，如图 16-5 所示。使用这些波形生成函数可以生成不同类型的波形信号和合成波形信号。

图 16-5 “波形生成”子选板

16.2.1 基本函数发生器

产生并输出指定类型的波形。该 VI 会记住前一个波形的时间标识，并从前一个时间标识后面继续增加时间标识。它将根据信号类型、采样信息、占空比及频率的输入量来产生波形。“基本函数发生器”VI 节点如图 16-6 所示。

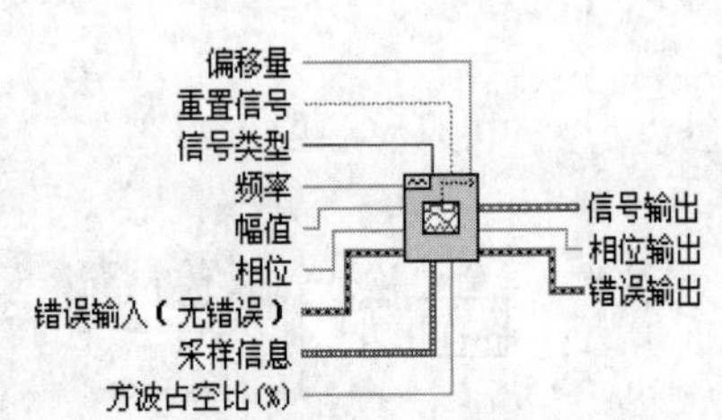

图 16-6 “基本函数发生器”VI 节点

- 偏移量：信号的直流偏移量。默认值为 0.0。
- 重置信号：如果该端口输入为 TRUE，将根据相位输入信息重置相位，并且将时间标识重置为 0。默认为 FALSE。
- 信号类型：所发生的信号波形的类型。包括正弦波、三角波、方波和锯齿波。
- 频率：产生信号的频率，以赫兹为单位。默认值为 10。
- 幅值：波形的幅值。幅值也是峰值电压。默认值为 1.0。

- 相位：波形的初始相位，以度为单位。默认值为 0。如果重置信号输入为 FALSE，VI 将忽略相位输入值。
- 采样信息：输入值为簇，包含了采样的信息。包括 Fs 和采样数。Fs 是以每秒采样的点数表示的采样率。默认值为 1000。采样数是指波形中所包含的采样点数。默认值为 1000。
- 方波占空比：在一个周期中高电平相对于低电平占的时间百分比。只有当信号类型输入端选择方波时，该端子才有效。默认值为 50。
- 信号输出：所产生的信号波形。
- 相位输出：波形的相位，以度为单位。

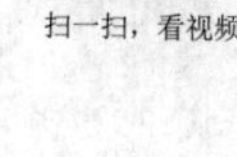

动手学——生成基本信号

源文件：源文件\第 16 章\生成基本信号.vi

本实例演示使用“基本函数发生器”VI 产生不同形式的信号波形，程序框图如图 16-7 所示。

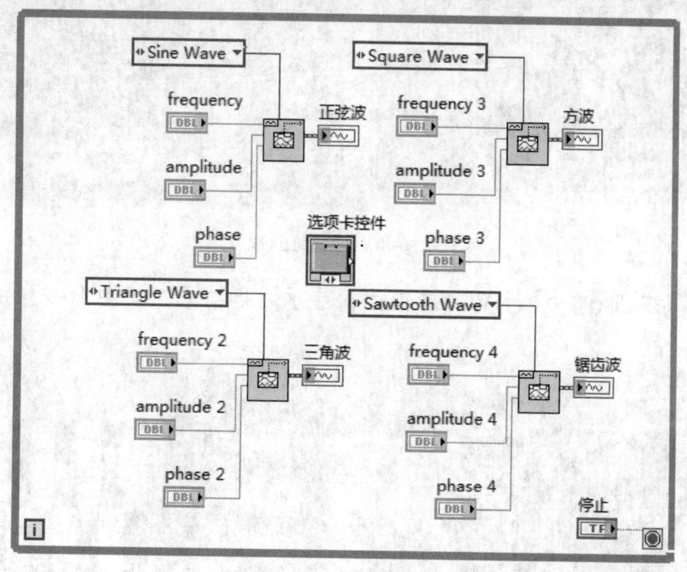

图 16-7　程序框图

【操作步骤】

（1）在“控件”选板上选择“新式”→“布局”→“选项卡”控件，默认该控件包含两个选项卡，右击选择“在后面添加选项卡”命令，创建包含 4 个选项卡的控件。

（2）在“函数”选板上选择“编程”→“结构”→“While 循环”函数，拖动出适当大小的矩形框，在 While 循环条件接线端创建停止输入控件。

（3）在“函数”选板上选择“信号处理”→“波形生成”→“基本函数发生器”VI，放置 4 个 VI 到循环内部。

（4）在“信号类型”输入端创建常量，分别设置输出 4 种波形，正弦波、方波、三角波和锯齿波，在对应的函数输入端创建频率、幅值和相位输入控件。

（5）打开前面板，在“控件”选板上选择“新式”→“图形”→“波形图”控件，创建“正弦波”“方波”“三角波”和“锯齿波”控件，如图 16-8 所示。

（6）将数据结果连接到波形图中，单击工具栏中的“整理程序框图”按钮，整理程序框图，如图 16-7 所示。

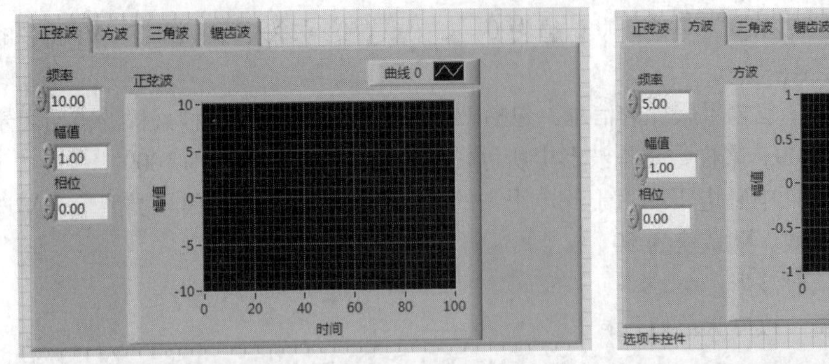

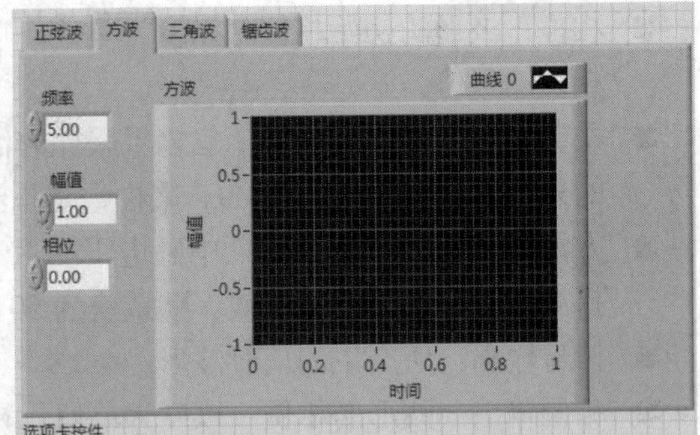

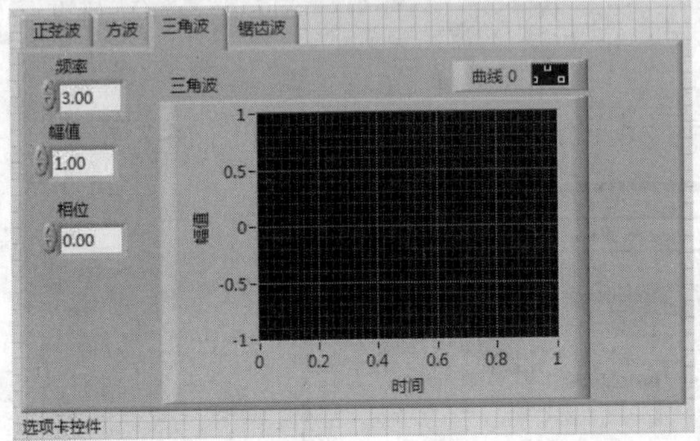

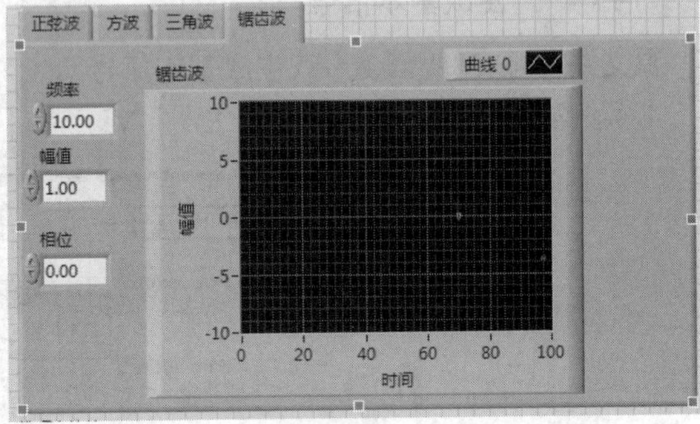

图 16-8　创建前面板

（7）单击“运行”按钮，运行 VI，在前面板显示运行结果，如图 16-9 所示。

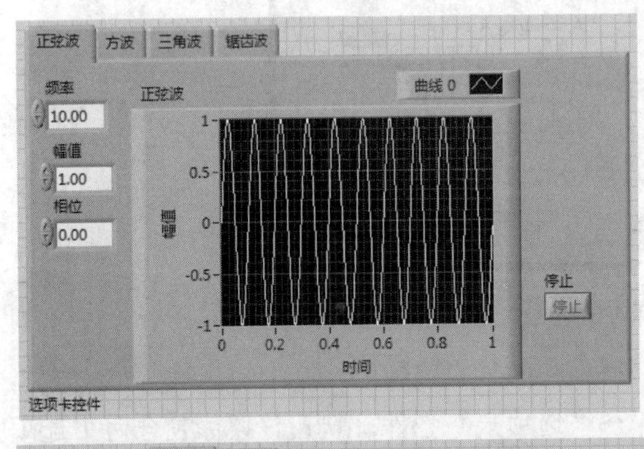

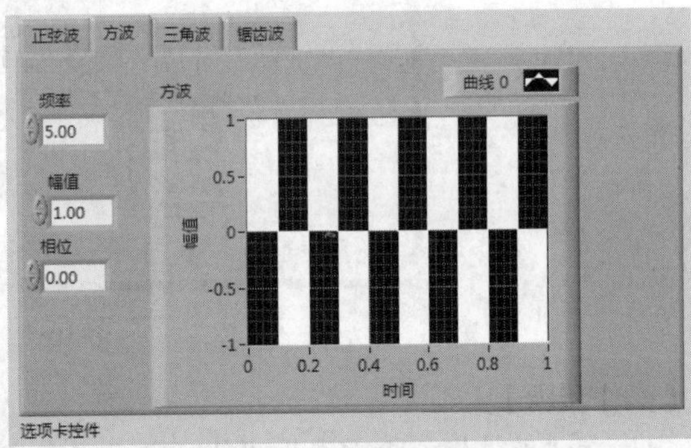

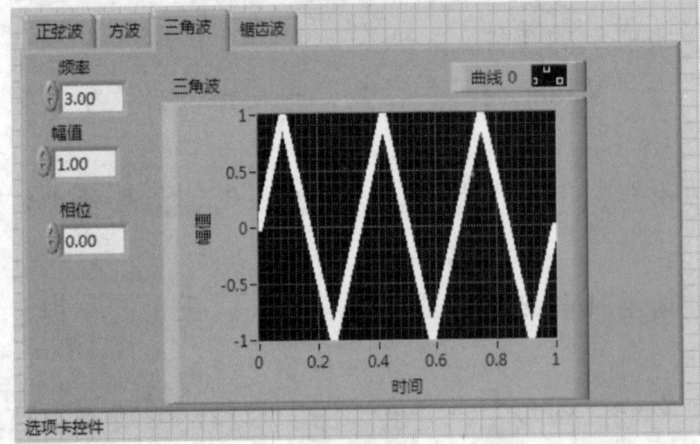

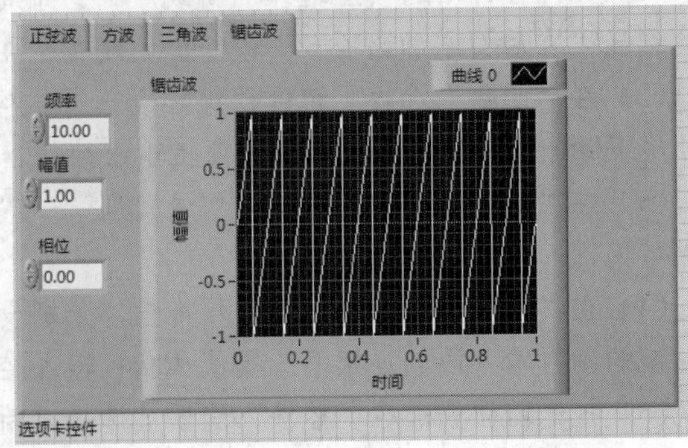

图 16-9　前面板运行结果

16.2.2 正弦波形

产生正弦信号波形。该 VI 是重入的，因此可用来仿真连续采集信号。如果重置信号输入端为 FALSE，接下来对 VI 的调用将产生下一个包含 *n* 个采样点的波形。如果重置信号输入端为 FALSE，该 VI 记忆当前 VI 的相位信息和时间标识，并据此来产生下一个波形的相关信息。“正弦波形”VI 的节点如图 16-10 所示。

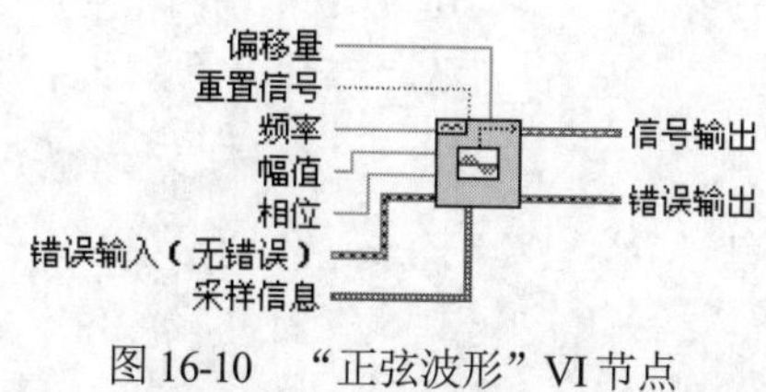

图 16-10 “正弦波形”VI 节点

16.2.3 公式波形

生成公式字符串所规定的波形信号。“公式波形”VI 节点如图 16-11 所示。

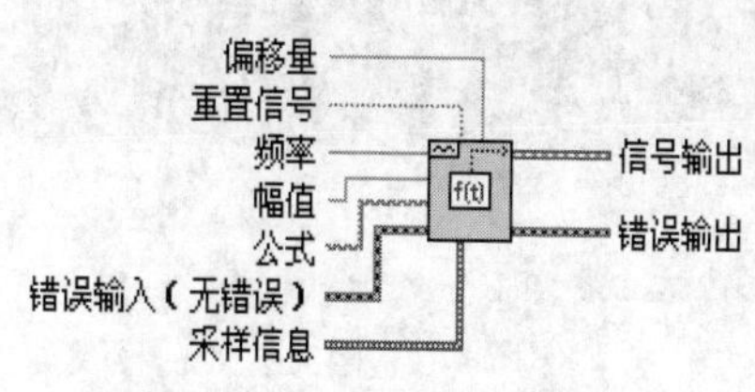

图 16-11 “公式波形”VI 节点

公式：用来产生信号输出波形。默认为 sin(w*t)*sin(2*Pi(1)×10)。表 16-1 中列出了已定义的变量名称。

表 16-1 “公式波形”VI 中定义的变量名称

变量名称	含　义
f	频率输入端输入的频率
a	幅值输入端输入的幅值
w	2*Pi**f*
n	到目前为止产生的样点数
t	已运行的秒数
Fs	采样信息端输入的 Fs，即采样频率

动手练——生成公式信号

源文件：源文件\第 16 章\生成公式信号.vi

本实例演示使用“公式波形”VI 产生不同形式的信号波形，如图 16-12 所示。

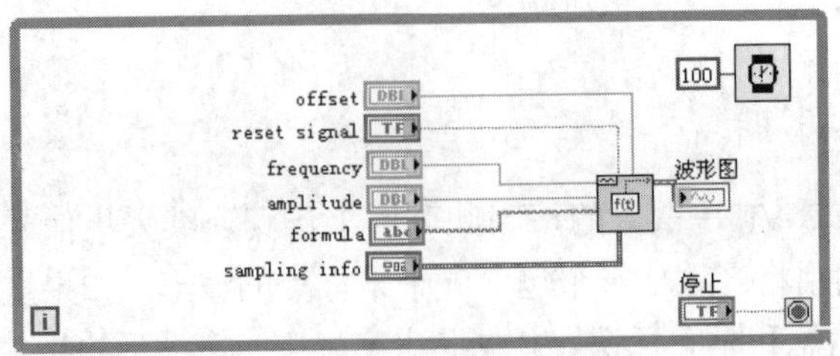

图 16-12　程序框图

思路点拨

（1）放置波形图绘制前面板。

（2）放置公式波形函数，绘制程序框图。

（3）输入如图 16-13 所示的公式。

（4）运行程序。

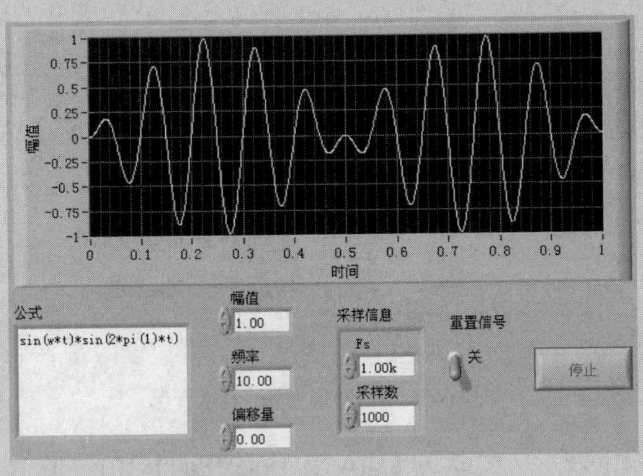

图 16-13　前面板

16.2.4　基本混合单频

产生多个正弦信号的叠加波形。所产生的信号的频率谱在特定频率处是脉冲而其他频率处是 0。根据频率和采样信息产生单频信号。单频信号的相位是随机的，它们的幅值相等。最后将这些单频信号进行合成。“基本混合单频”VI 节点如图 16-14 所示。

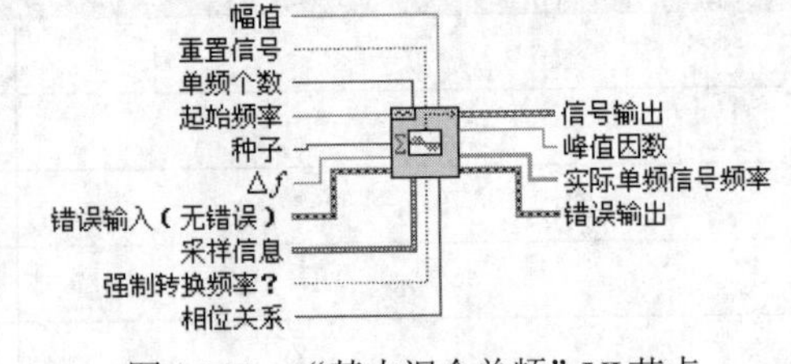

图 16-14　“基本混合单频”VI 节点

- 幅值：合成波形的幅值，是合成信号中幅值中绝对值的最大值。默认值为-1。将波形输出到模拟通道时，幅值的选择非常重要。如果硬件支持的最大幅值为 5V，那么应将幅值端口接 5。
- 重置信号：如果为 TRUE，将相位重置为相位输入端的相位值，并将时间标识重置为 0。默认为 FALSE。
- 单频个数：在输出波形中出现的单频的个数。
- 起始频率：产生的单频的最小频率。该频率必须为采样频率和采样数之比的整数倍。默认为 10。
- 种子：如果相位关系输入选择为线性，将忽略该输入值。
- Δf：两个单频之间频率的间隔幅度。Δf 必须是采样频率和采样数之比的整数倍。

- 采样信息：包含 Fs 和采样数，是一个簇数据类型。Fs 是以每秒采样的点数表示的采样率。默认为 1000。采样数是指波形中所包含的采样点数。默认为 1000。
- 强制转换频率？：如果该输入为 TRUE，特定单频的频率将被强制为最相近的 Fs/*n* 的整数倍。
- 相位关系：所有正弦单频的相位分布方式。该分布影响整个波形峰值与平均值的比。包括 random（随机）和 linear（线性）两种方式。随机方式，相位是从 0°～360°随机选择的。线性方式会给出最佳的峰值与均值比。
- 信号输出：产生的波形信号。
- 峰值因数：输出信号的峰值电压与平均值电压的比。
- 实际单频信号频率：如果强制频率转换为 TRUE，则输出强制转换频率后单频的频率。

动手练——生成混合信号

源文件：源文件\ 第 16 章\ 生成混合信号.vi

本实例演示使用“基本混合单频”VI 产生不同形式的信号波形，程序框图如图 16-15 所示。

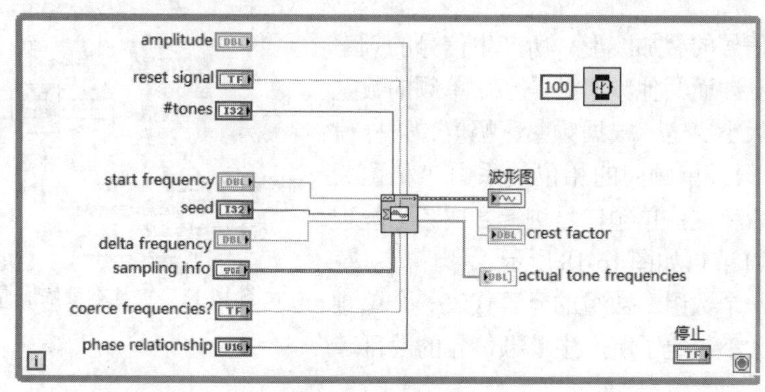

图 16-15　程序框图

思路点拨

本实例利用“基本混合单频”VI 对混合单频的各种参数进行调节，并输出必要信息。前面板如图 16-16 所示。

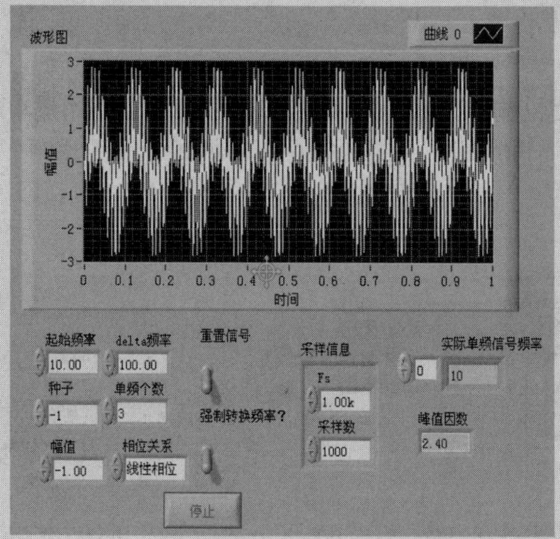

图 16-16　前面板运行结果

16.2.5 混合单频与噪声波形

产生一个包含正弦单频、噪声及直流分量的波形信号。“混合单频与噪声波形”VI 节点如图 16-17 所示。

噪声：所添加高斯噪声的 rms 水平。默认值为 0.0。

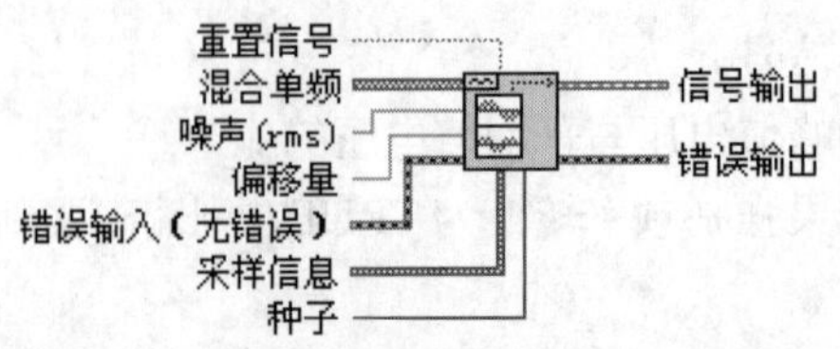

图 16-17 “混合单频与噪声波形”VI 节点

16.2.6 基本带幅值混合单频

产生多个正弦信号的叠加波形。所产生信号的频率谱在特定频率处是脉冲而其他频率处是 0。单频的数量由单频幅值数组的大小决定。根据频率、幅值、采样信息的输入值产生单频。单频间的相位关系由“相位关系”输入决定。最后将这些单频信号进行合成。“基本带幅值混合单频”VI 节点如图 16-18 所示。

单频幅值：是一个数组，数组的元素代表一个单频的幅值。该数组的大小决定了所产生单频信号的数目。

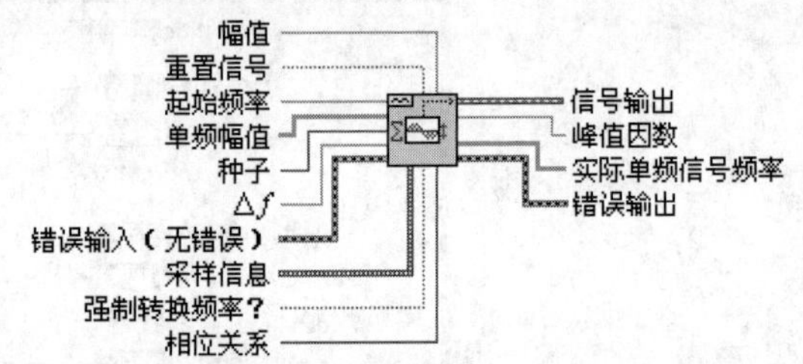

图 16-18 “基本带幅值混合单频”VI 节点

16.2.7 混合单频信号发生器

产生正弦单频信号的合成信号波形。所产生的信号的频率谱在特定频率处是脉冲而其他频率处是 0。单频的数量由单频频率、单频幅值及单频相位端口输入数组的大小决定。使用单频频率、单频幅值、单频相位端口输入的信息产生正弦单频。最后将这些单频信号进行合成。“混合单频信号发生器”VI 节点如图 16-19 所示。

LabVIEW 默认为单频相位输入端输入的是正弦信号的相位。如果单频相位输入的是余弦信号的相位，将单频相位输入信号加 90º 即可。图 16-20 所示的程序框图说明了怎样使用单频相位输入信息改变余弦相位。

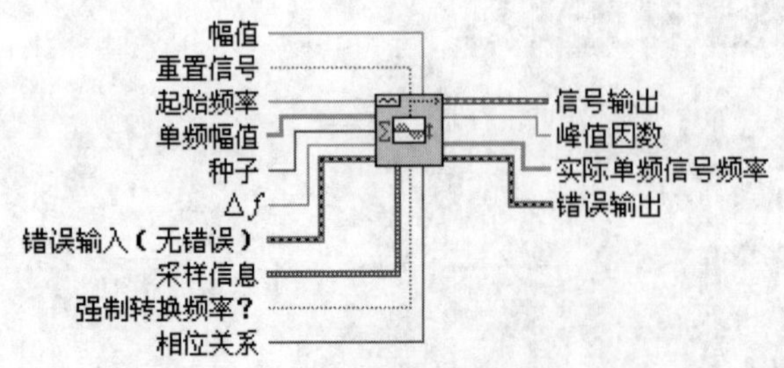

图 16-19 “混合单频信号发生器”VI 节点

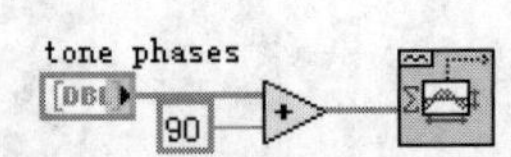

图 16-20 使用单频相位输入信息改变余弦相位

16.2.8 均匀白噪声波形

产生伪随机白噪声。“均匀白噪声波形”VI 节点如图 16-21 所示。

动手练——创建均匀白噪声波形

源文件：源文件\第 16 章\创建均匀白噪声波形.vi

本实例演示了“均匀白噪声波形”VI 的最基本的使用方法，程序框图如图 16-22 所示。

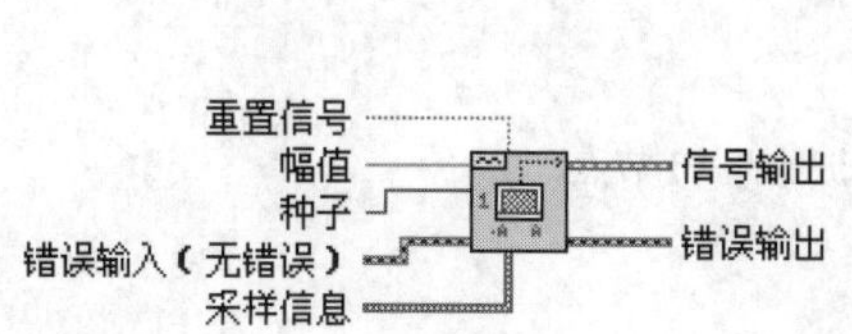

图 16-21 “均匀白噪声波形”VI 节点

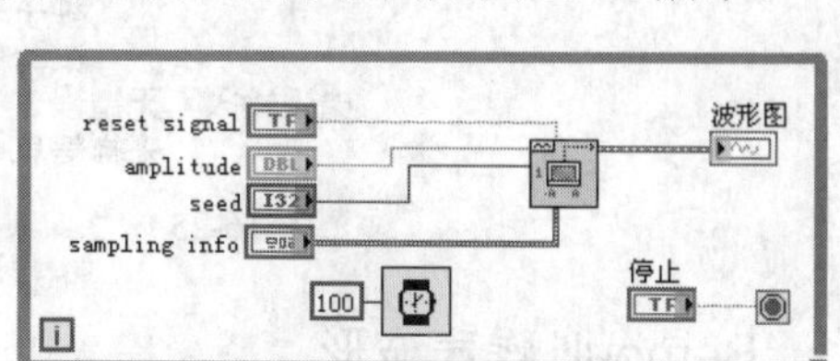

图 16-22 程序框图

思路点拨

本实例中可以对所产生的白噪声的相关参数进行调节，波形图中显示了所产生的白噪声波形信号。实例的前面板及程序框图如图 16-23 和图 16-22 所示。

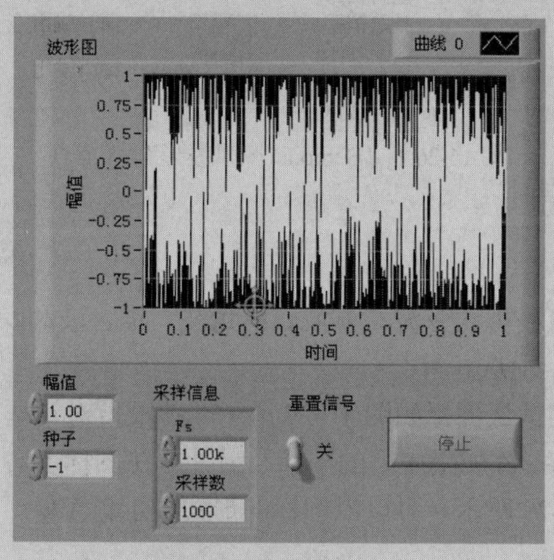

图 16-23 前面板运行结果

16.2.9 周期性随机噪声波形

输出数组包含了一整个周期的所有频率。每个频率成分的幅度谱由幅度谱输入决定，且相位是随机的。输出的数组也可以认为是具有相同幅值随机相位的正弦信号的叠加和。“周期性随机噪声波形”VI 节点如图 16-24 所示。

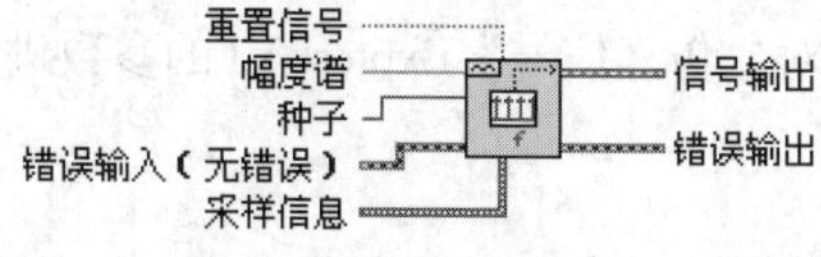

图 16-24 “周期性随机噪声波形”VI 节点

16.2.10 二项分布的噪声波形

“二项分布的噪声波形”VI 节点如图 16-25 所示。

- 试验概率：给定试验为 true（1）的概率。默认为 0.5。
- 试验：为一个输出信号元素所发生的试验的个数。默认为 1.0。

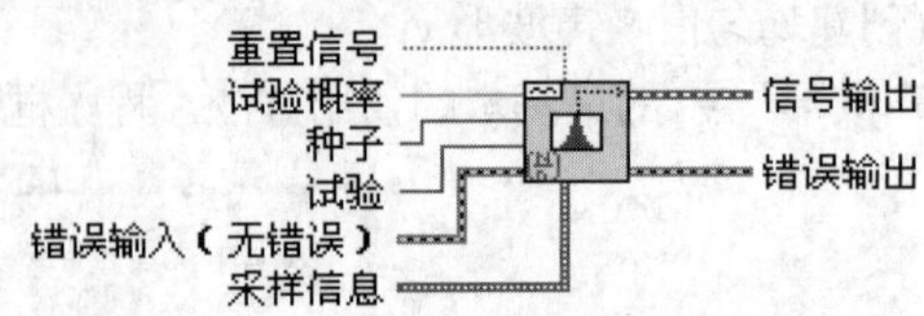

图 16-25 “二项分布的噪声波形”VI 节点

16.2.11 Bernoulli 噪声波形

产生伪随机 0～1 信号。信号输出的每一个元素经过取 1 概率的输入值运算。如果取 1 概率输入端的值为 0.7，那么信号输出的每一个元素将有 70%的概率为 1，有 30%的概率为 0。“Bernoulli 噪声波形”VI 节点如图 16-26 所示。

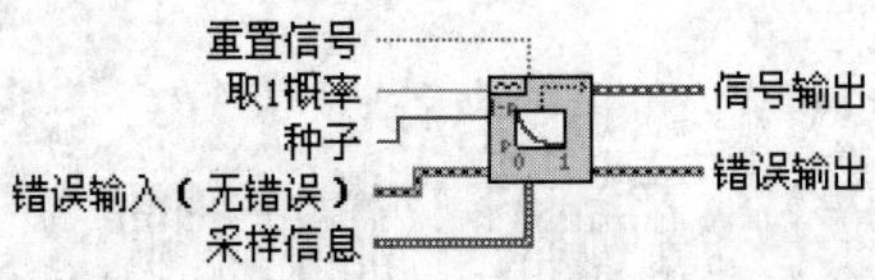

图 16-26 “Bernoulli 噪声波形”VI 节点

16.2.12 仿真信号

“仿真信号”Express VI 可模拟正弦波、方波、三角波、锯齿波和噪声。该 VI 还存在于“函数”选板 Express→“信号分析”子选板中。

“仿真信号”Express VI 的默认图标如图 16-27 所示。在配置对话框中选择默写选项后，其图标会发生变化。图 16-28 所示是选择添加噪声后的图标。另外，在图标上右击，在弹出的快捷菜单中选择“显示为图标”命令，如图 16-29 所示，可以以图标的形式显示该 VI。

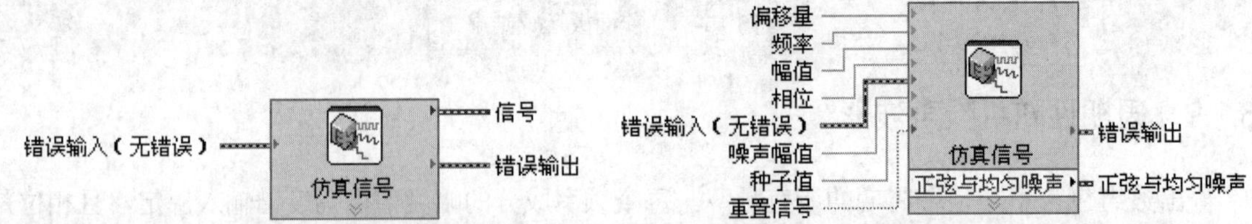

图 16-27 “仿真信号”Express VI 节点　　图 16-28 “仿真信号”Express VI 添加噪声后

将“仿真信号”Express VI 放置在程序框图上后，弹出如图 16-30 所示的“配置仿真信号[仿真信号]”对话框，在该对话框中可以对“仿真信号”Express VI 的参数进行配置。在“仿真信号”VI 的图标上双击也会弹出该配置对话框。

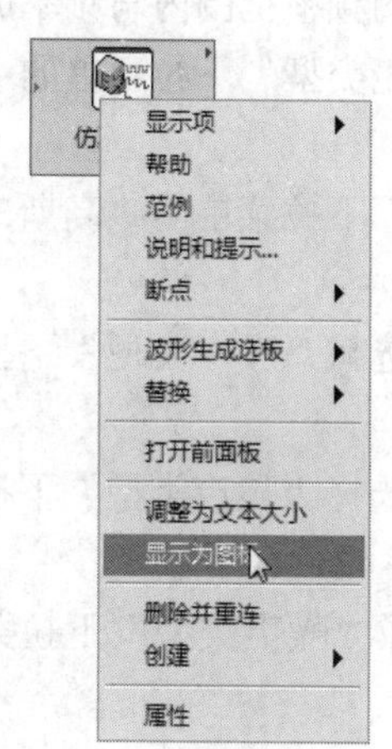

图 16-29 以图标形式显示仿真信号 VI

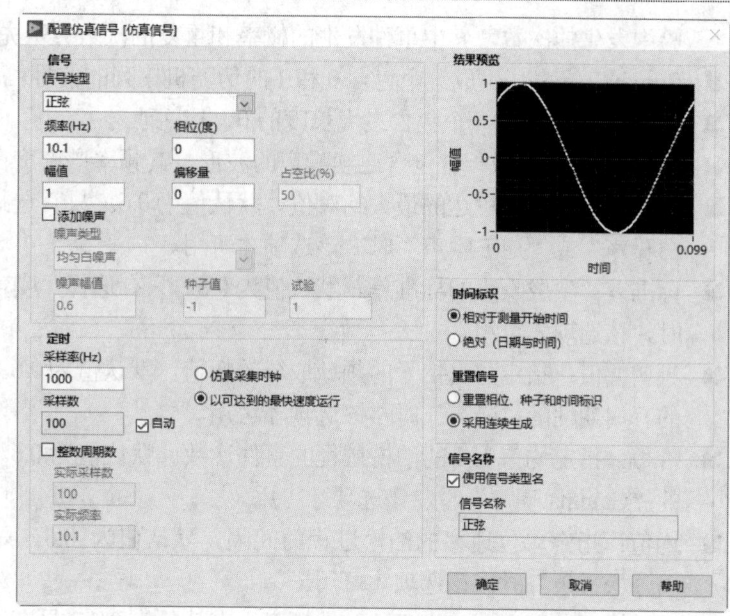

图 16-30 “配置仿真信号[仿真信号]”对话框

下面对“配置仿真信号[仿真信号]”对话框中的选项进行详细介绍。

1. 信号

下面介绍该选项组下包括的参数。

（1）信号类型：模拟的波形类别。可模拟正弦波、矩形波、锯齿波、三角波或噪声（直流）。

（2）频率（Hz）：以赫兹为单位的波形频率。默认值为 10.1。

（3）相位（度）：以度数为单位的波形初始相位。默认值为 0。

（4）幅值：波形的幅值。默认值为 1。

（5）偏移量：信号的直流偏移量。默认值为 0。

（6）占空比（%）：矩形波在一个周期内高位时间和低位时间的百分比。默认值为 50。

（7）添加噪声：向模拟波形添加噪声。

（8）噪声类型：指定向波形添加的噪声类型。只有勾选了“添加噪声”复选框，才可使用该选项。信号在设置过程中还可添加的噪声类型介绍如下。

- 均匀白噪声：生成一个包含均匀分布伪随机序列的信号，该序列值的范围是$[-a, a]$，a 为幅值的绝对值。
- 高斯白噪声：生成一个包含高斯分布伪随机序列的信号，该序列的统计分布图为$(\mu,\text{sigma})=(0,s)$，s 为标准差的绝对值。
- 周期性随机噪声：生成一个包含周期性随机噪声（PRN）的信号。
- Gamma 噪声：生成一个包含伪随机序列的信号，序列的值是一个均值为 1 的泊松过程中发生阶数次事件的等待时间。
- 泊松噪声：生成一个包含伪随机序列的信号，序列的值是一个速度为 1 的泊松过程在指定的时间均值中，离散事件发生的次数。
- 二项分布的噪声：生成一个包含二项分布伪随机序列的信号，其值即某个随机事件在重复实验中发生的次数，其中事件发生的概率和重复的次数会事先给定。

- Bernoulli 噪声：生成一个包含 0 和 1 的伪随机序列的信号。
- MLS 序列：生成一个包含最大长度的 0、1 序列。
- 逆 F 噪声：生成一个包含连续噪声的波形，其频率谱密度在指定的频率范围内与频率成反比。
- 噪声幅值：信号可达的最大绝对值。默认值为 0.6。只有选择“噪声类型”下拉菜单的“均匀白噪声”或“逆 F 噪声”时，该选项才可用。
- 标准差：生成噪声的标准差。默认值为 0.6。只有选择“噪声类型”下拉菜单的“高斯白噪声”时，该选项才可用。
- 频谱幅值：指定仿真信号的频域成分的幅值。默认值为 0.6。只有选择“噪声类型”下拉菜单的“周期性随机噪声”时，该选项才可用。
- 阶数：指定均值为 1 的泊松过程的事件次数。默认值为 0.6。只有选择“噪声类型”下拉菜单的“Gamma 噪声”时，该选项才可用。
- 均值：指定单位速率的泊松过程的间隔。默认值为 0.6。只有选择“噪声类型”下拉菜单的“泊松噪声”时，该选项才可用。
- 试验概率：某个试验为 TRUE 的概率。默认值为 0.6。只有选择“噪声类型”下拉菜单的“二项分布的噪声”时，该选项才可用。
- 取 1 概率：信号的一个给定元素为 TRUE 的概率。默认值为 0.6。只有选择“噪声类型”下拉菜单的“Bernoulli 噪声”时，该选项才可用。
- 多项式阶数：指定用于生成该信号的模 2 本原项式的阶数。默认值为 0.6。只有选择“噪声类型”下拉菜单的“MLS 序列”时，该选项才可用。
- 种子值：大于 0 时，可使噪声采样发生器更换种子值。默认值为–1。LabVIEW 为该重入 VI 的每个实例单独保存其内部的种子值状态。具体而言，若种子值小于等于 0，LabVIEW 将不对噪声发生器更换种子值，而噪声发生器将继续生成噪声的采样，作为之前噪声序列的延续。
- 指数：指定反 F 频谱形状的指数。默认值为 1。只有选择“噪声类型”下拉菜单的“逆 F 噪声”时，该选项才可用。

2. 定时

（1）采样率 (Hz)：每秒采样速率。默认值为 1000。

（2）采样数：信号的采样总数。默认值为 100。

（3）自动：将采样数设置为采样率（Hz）的 1/10。

（4）仿真采集时钟：仿真一个类似于实际采样率的采样率。

（5）以可达到的最快速度运行：在系统允许的条件下尽可能快地对信号进行仿真。

（6）整数周期数：设置最近频率和采样数，使波形包含整数个周期。

- 实际采样数：表示选择整数周期数时，波形中的实际采样数量。
- 实际频率：表示选择整数周期数时，波形的实际频率。

3. 时间标识

（1）相对于测量开始时间：显示数值对象从 0 起经过的小时、分钟及秒数。例如，十进制 100 等于相对时间 1:40。

（2）绝对（日期与时间）：显示数值对象从格林尼治标准时间 1904 年 1 月 1 日零点至今经过的秒数。

4. 重置信号

（1）重置相位、种子和时间标识：将相位重设为相位值，将时间标识重设为 0。种子值重设为-1。
（2）采用连续生成：对信号进行连续仿真。不重置相位、时间标识或种子值。

5. 信号名称

（1）使用信号类型名：使用默认信号名称。
（2）信号名称：勾选了“使用信号类型名”复选框后，显示默认的信号名称。

6. 结果预览

显示仿真信号的预览。
以上所述的绝大部分参数都可以在程序框图中进行设定。

动手练——生成带噪声仿真信号

源文件： 源文件\第 16 章\生成带噪声仿真信号.vi
本实例演示使用“仿真信号”Express VI 产生不同形式的信号波形，程序框图如图 16-31 所示。

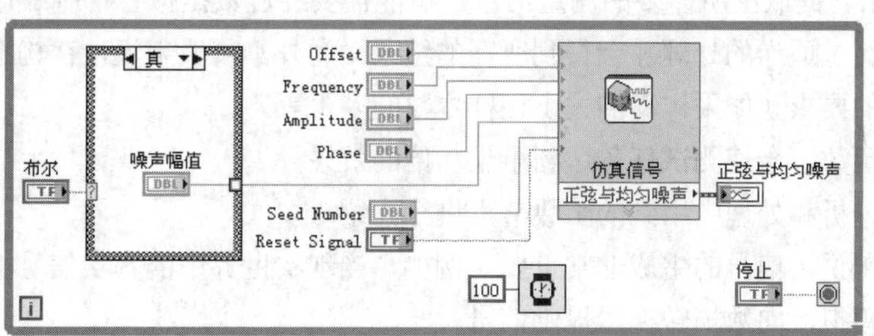

图 16-31　程序框图

思路点拨

放置“仿真信号”Express VI 产生一个正弦信号，可以对正弦信号的频率、幅值、相位进行调节；可以选择叠加白噪声；可以对白噪声的相关参数进行调节。波形图输出了仿真信号。本实例的前面板如图 16-32 所示。

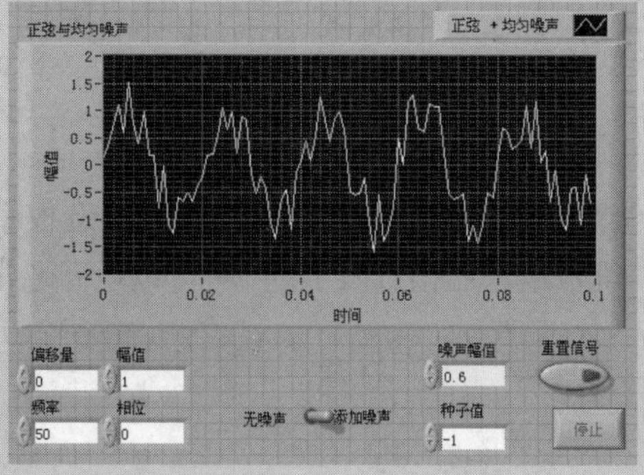

图 16-32　程序前面板

16.3 信号生成

目前，对于实时分析系统、高速浮点运算和数字信号处理已经变得越来越重要。这些系统被广泛应用到生物医学数据处理、语音识别、数字音频和图像处理等各种领域。数据分析的重要性在于，消除噪声干扰，纠正由于设备故障而遭到破坏的数据或者补偿环境影响。

1. 测量任务

用于信号分析和处理的虚拟仪器执行的典型测量任务如下。

（1）计算信号中存在的总的谐波失真。

（2）决定系统的脉冲响应或传递函数。

（3）估计系统的动态响应参数，如上升时间、超调量等。

（4）计算信号的幅频特性和相频特性。

（5）估计信号中含有的交流成分和直流成分。

所有这些任务都要求在数据采集的基础上进行信号处理。

由采集得到的测量信号是等时间间隔的离散数据序列，LabVIEW 提供了专门描述它们的数据类型——波形数据。由它提取出所需要的测量信息，可能需要经过数据拟合抑制噪声，减小测量误差，然后在频域或时域经过适当的处理才会得到所需的结果。另外，一般来说，在构造这个测量波形时已经包含了后续处理的要求（如采样率的大小、样本数的多少等）。

合理利用这些函数，会使测试任务达到事半功倍的效果。

下面对信号的分析和处理中用到的函数节点进行介绍。

对于任何测试来说，信号的生成非常重要。例如，当现实世界中的真实信号很难得到时，可以用仿真信号对其进行模拟，向数模转换器提供信号。

2. 测试信号

常用的测试信号包括正弦波、方波、三角波、锯齿波、各种噪声信号以及由多种正弦波合成的多频信号。

音频测试中最常见的是正弦波。正弦信号波形常用来判断系统的谐波失真度。合成正弦波信号广泛应用于测量互调失真或频率响应。

3. 信号生成函数

信号生成 VI 在“函数”→“信号处理”→“信号生成”子选板中，如图 16-33 所示。使用信号生成 VI 可以得到特定波形的一维数组。在该选板上的 VI 可以返回通常的 LabVIEW 错误代码或者特定的信号处理错误代码。

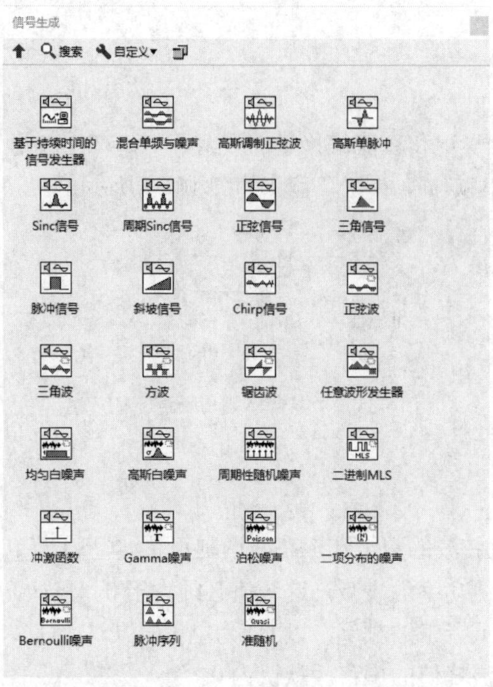

图 16-33 “信号生成”子选板

16.3.1 基于持续时间的信号发生器

产生信号类型所决定的信号。“基于持续时间的信号发生器”VI 节点如图 16-34 所示。信号频率的单位是 Hz/s（周期/秒），持续时间单位是 s。采样点数和持续时间决定了采样率，而采样率必须是信号频率的 2 倍（遵从乃奎斯特定律）。如果没有满足乃奎斯特定律，必须增加采样点数，或者减小持续时间，或者减小信号频率。

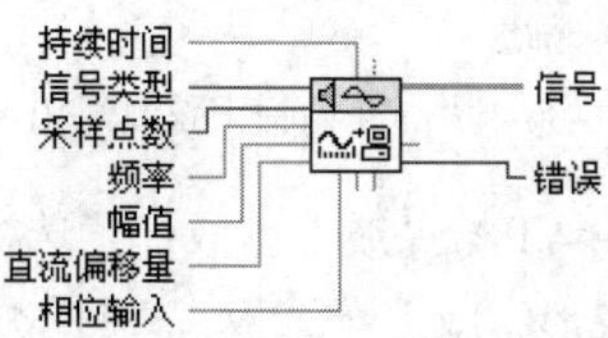

图 16-34 “基于持续时间的信号发生器”VI 节点

- 持续时间：以 s 为单位的输出信号的持续时间。默认为 1.0。
- 信号类型：产生信号的类型。包括 sine（正弦）信号、cosine（余弦）信号、triangle（三角）信号、square（方波）信号、saw tooth（锯齿波）信号、increasing ramp（上升斜坡）信号和 decreasing ramp（下降斜坡）信号。默认信号类型为 sine（正弦）信号。
- 采样点数：输出信号中采样点的数目。默认为 100。
- 频率：输出信号的频率，单位为 Hz。默认为 10。代表了 1s 内产生整周期波形的数目。
- 幅值：输出信号的幅值。默认为 1.0。
- 直流偏移量：输出信号的直流偏移量。默认为 0。
- 相位输入：输出信号的初始相位，以度为单位。默认为 0。
- 信号：产生的信号数组。

16.3.2 混合单频与噪声

产生一个包含正弦单频、噪声和直流偏移量的数组。与“产生波形”子选板中的“混合单频与噪声波形”VI 相类似。“混合单频与噪声”VI 节点如图 16-35 所示。

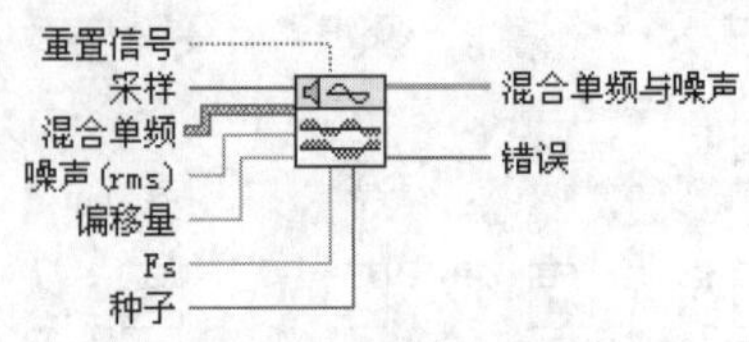

图 16-35 “混合单频与噪声”VI 节点

16.3.3 高斯调制正弦波

产生一个包含高斯调制正弦波的数组。“高斯调制正弦波”VI 节点如图 16-36 所示。

- 衰减：在中心频率两侧功率的衰减，这一值必须大于 0。默认为 6dB。
- 中心频率：中心频率或者载波频率，以 Hz 为单位。默认为 1。
- 延迟：高斯调制正弦波峰值的偏移。默认为 0。
- Δ*t*：采样间隔。采样间隔必须大于 0。如果采样间隔小于或等于 0，输出数组将被置为空数组，并且返回一个错误。默认为 0.1。
- 归一化带宽：该值与中心频率相乘，从而在功率谱的衰减（dB）处达到归一化。归一化带宽输入值必须大于 0。默认值为 0.15。

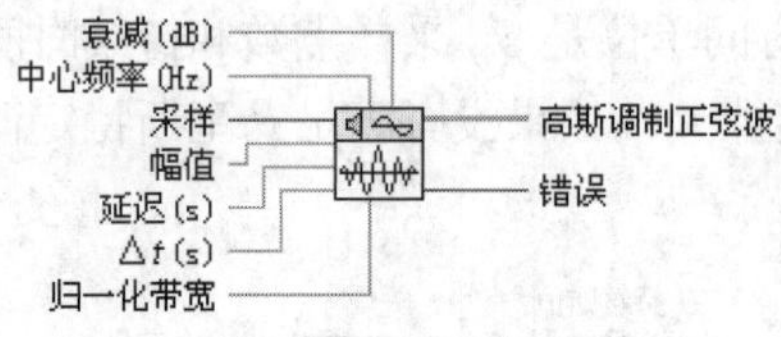

图 16-36 “高斯调制正弦波”VI 节点

- “信号生成”子选板中的其他 VI 与“波形生成”子选板中相应的 VI 的使用方法类似。关于它们的使用方法，请参见“波形生成”子选板中 VI 的介绍部分。

扫一扫，看视频

动手练——生成正弦信号

源文件：源文件\第 16 章\生成正弦信号.vi

本实例演示使用“基于持续时间的信号发生器”VI 产生不同形式的信号，程序框图如图 16-37 所示。

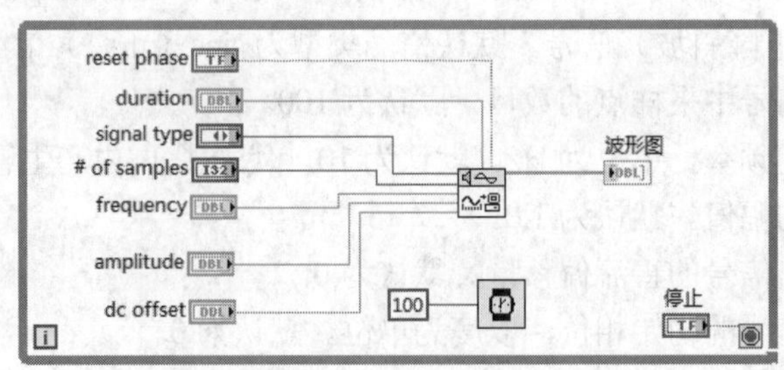

图 16-37 程序框图

思路点拨

“基于持续时间的信号发生器”VI 可以对所产生的信号的类型进行选择，对特定波形的参数进行调节，并将波形数组送入波形图进行显示。前面板如图 16-38 所示。

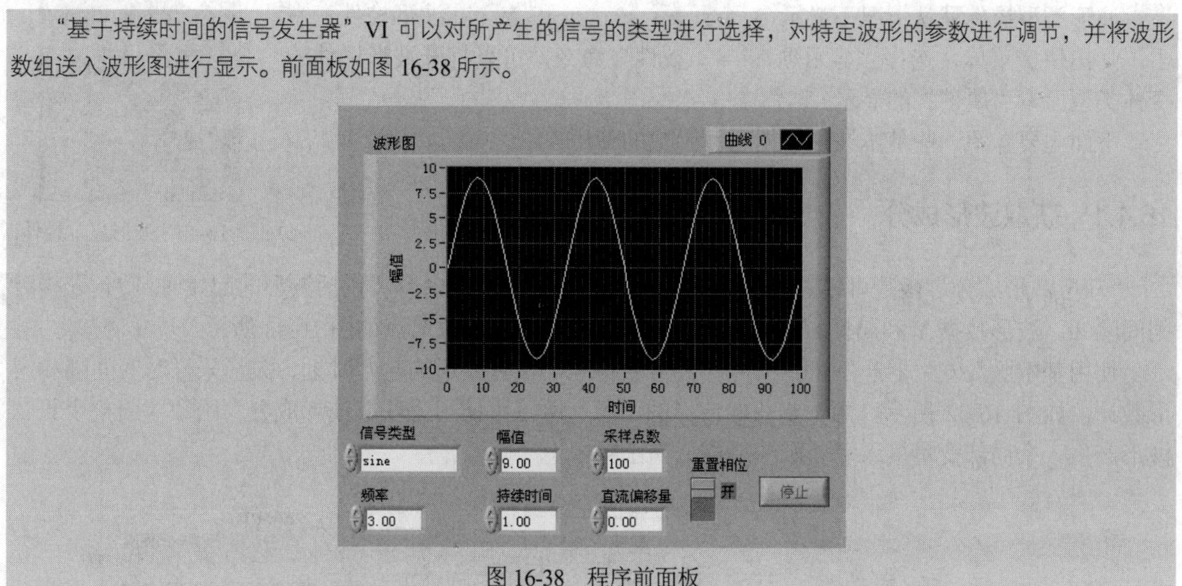

图 16-38 程序前面板

16.4 基本波形函数

波形数据是 LabVIEW 中特有的一类数据类型，由一系列不同数据类型的数据组成，是一类特殊的簇，但是用户不能利用簇模块中的簇函数来处理波形数据，波形数据具有预定义的固定结构，只能使用专用的函数来处理。例如，簇中的捆绑和解除捆绑相当于波形中的创建波形和获取波形成分。波形数据的引入，可以为测量数据的处理带来极大的方便。

在 LabVIEW 中，与处理波形数据相关的函数主要位于“函数”选板中的“编程”→“波形”子选板中，如图 16-39 所示。

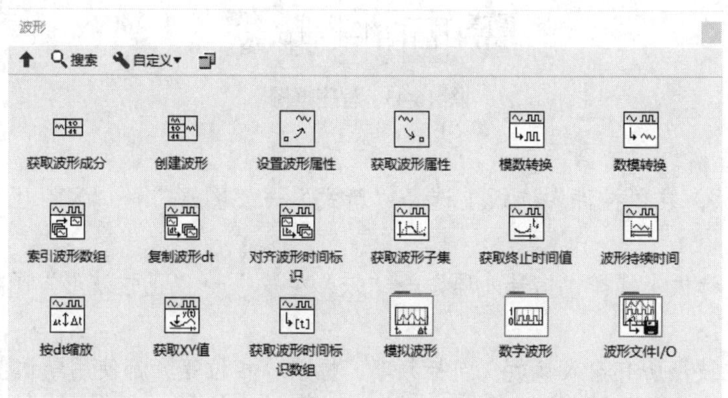

图 16-39 “波形”子选板

如图 16-40 所示，通常情况下，波形数据包含 4 个组成部分：t0 为一个时间标识类型，标识波形数据的时间起点；dt 为双精度浮点数据类型，标识波形相邻数据点之间的时间距离，以 s 为单位；Y 为双精度浮点数组，按照时间先后顺序给出整个波形的所有数据点；属性为变体类型，用于携带任意的属性信息。

波形类型控件默认情况下显示 3 个元素：t0、dt 和 Y。在波形控件上右击，弹出快捷菜单，选择“显示项”⟶“属性”命令，可以打开波形控件的变体类型元素“属性”的显示。

下面主要介绍一些基本波形数据运算函数的使用方法。

图 16-40　波形显示控件

16.4.1　获取波形成分

“获取波形成分”函数可以对一个已知波形获取其中的一些内容，包括波形的起始时刻 t、采样时间间隔 dt、波形数据 Y 和属性 attributes。“获取波形成分”函数节点如图 16-41 所示。

使用基本函数发生器产生正弦信号，并且获得这个正弦波形的起始时刻、波形采样时间间隔和波形数据，如图 16-42 所示。由于要获取波形的信息，所以可使用“获取波形成分”函数，由一个正弦波形产生一个局部变量接入“获取波形成分”函数中。

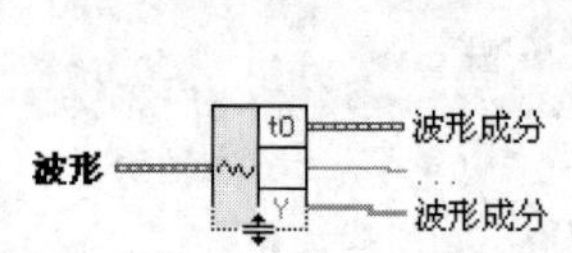

图 16-41　“获取波形成分”函数节点

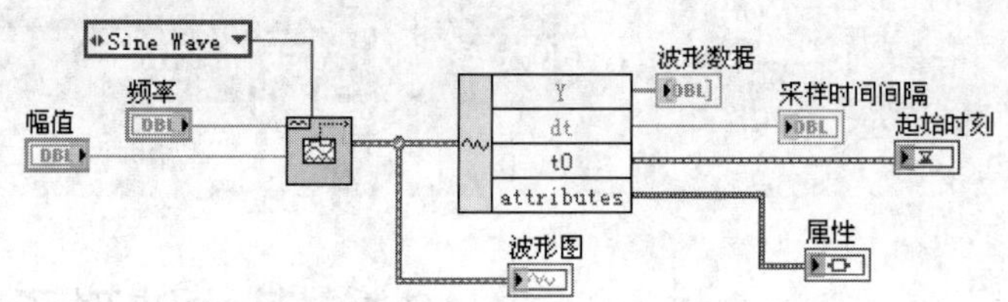

图 16-42　“获取波形成分”函数的使用的程序框图

扫一扫，看视频

动手学——绘制利萨育图形

源文件：源文件\第 16 章\绘制利萨育图形.vi

本实例演示两个正弦波形节点通过相位相差产生利萨育图形，程序框图如图 16-43 所示。

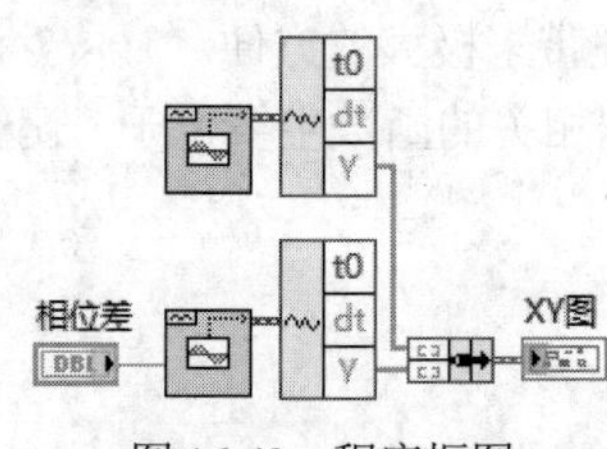

图 16-43　程序框图

【操作步骤】

（1）打开前面板，在“控件”选板上选择“新式”→“图形”→“XY 图”控件，创建图形显示控件。

（2）在“函数”选板上选择“信号处理”→“波形生成”→“正弦波形”函数，放置2个函数到程序框图中。

（3）第一个正弦波形所有输入参数（包括频率、幅值、相位等）都使用默认值，所以其初始位为0。第二个函数在“相位”输入端创建“相位差”输入控件，在前面板中默认创建的“相位差”控件是数值输入控件。

（4）右击选择“替换”→“转盘”控件，在控件上右击选择“显示”→“数值显示”命令，显示数值显示框，前面板设计结果如图 16-44 所示。

（5）在“函数”选板上选择“编程”→“波形”→“获取波形成分”函数，选择输出是 t0、dt 和 Y。

（6）在“函数”选板上选择“编程”→“簇、类与变体”→“捆绑”函数，分别提取出两个正弦波形各自的 Y 数组，然后再将它们捆绑在一起。

（7）将数据结果连接到 XY 图中，单击工具栏中的“整理程序框图”按钮，整理程序框图，如图 16-43 所示。

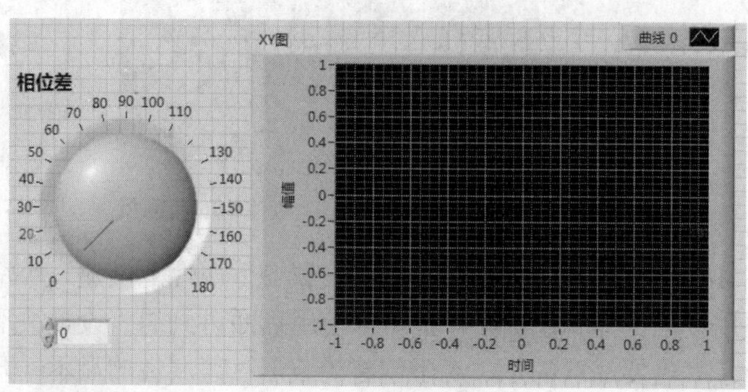

图 16-44　设计前面板

（8）单击“运行”按钮，运行 VI，根据不同的相位差，显示图形的变化，在前面板显示运行结果，如图 16-45 所示。

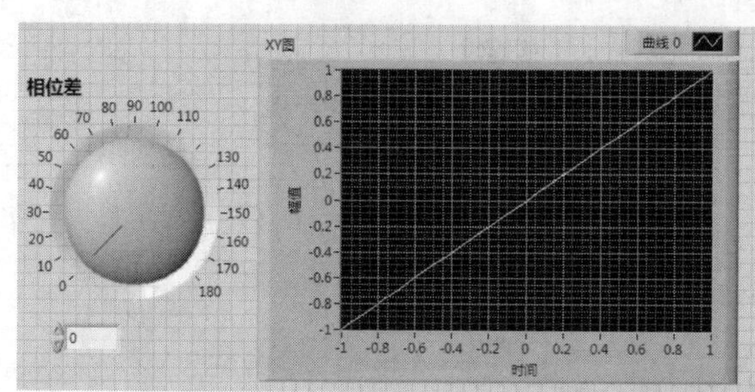

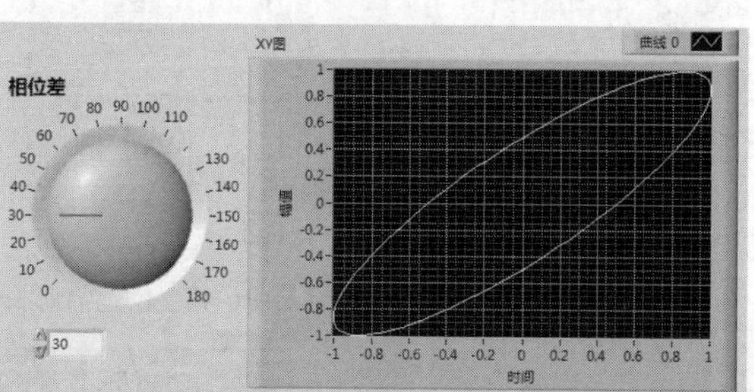

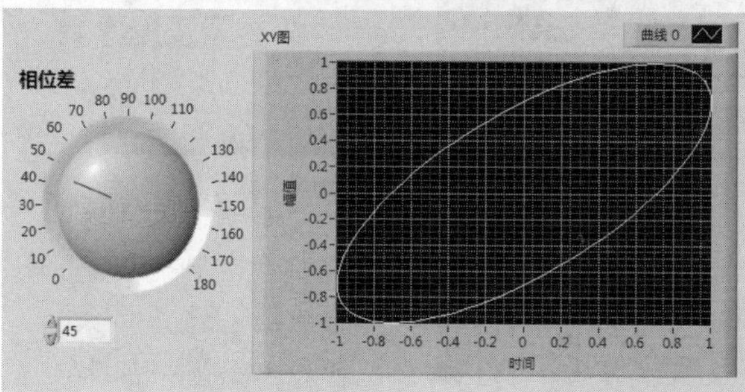

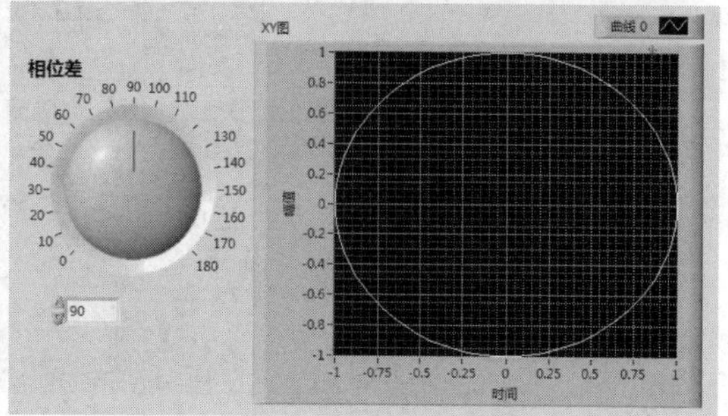

图 16-45　前面板运行结果

16.4.2　创建波形

“创建波形”函数用于建立或修改已有的波形，当上方的波形端口没有连接数据时，该函数创建一个新的波形数据。当波形端口连接了一个波形数据时，函数根据输入的值来修改这个波形数据中的值，并输出修改后的波形数据。“创建波形”函数节点如图 16-46 所示。

波形
波形成分
波形

图 16-46　“创建波形”函数节点

图 16-47 显示的是“获取波形属性”函数使用的前面板。

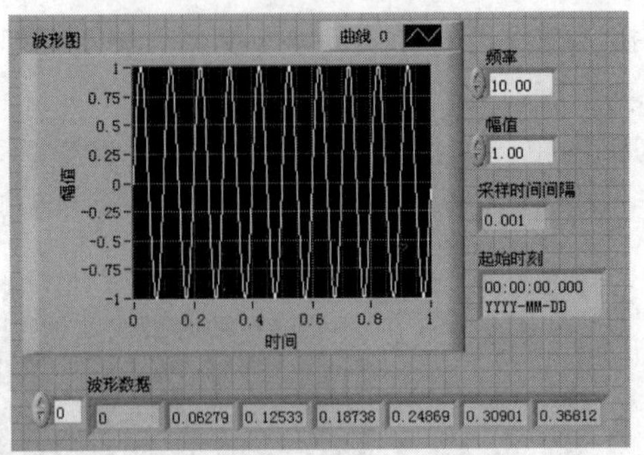

图 16-47 “获取波形属性”函数使用的前面板

具体程序框图如图 16-48 所示。注意要在第一个设置变体属性上创建一个空常量。当加入属性波形类型和长度时，需要用设置变体属性函数，也可以使用后面讲到的“设置波形属性”函数，其相应的前面板如图 16-49 所示。需要注意的是，对于创建的波形，其属性的显示一开始是隐藏的，在默认状态下只显示波形数据中的前 3 个元素（波形数据、初始时间、采样时间间隔），可以在前面板的输出波形上右击，从弹出的快捷菜单中选择显示项的属性。

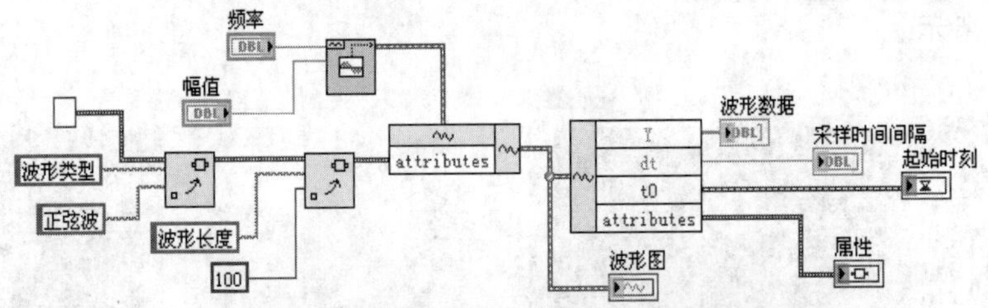

图 16-48 创建波形并获取波形成分的程序框图

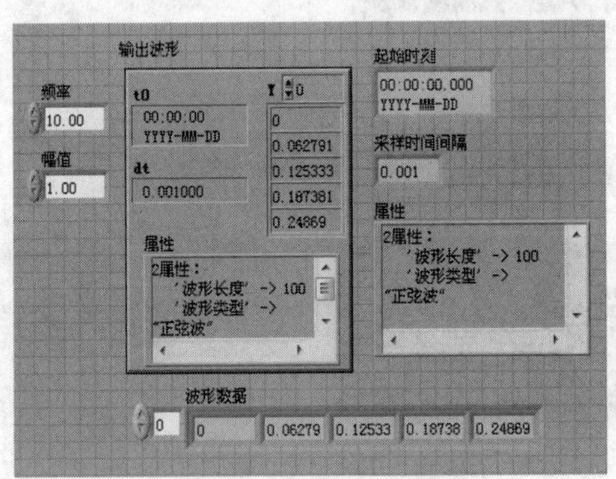

图 16-49 创建波形并获取波形成分的前面板

16.4.3 设置波形属性和获取波形属性

“设置波形属性”函数是为波形数据添加或修改属性的，该函数节点如图 16-50 所示。当“名称”输入端口指定的属性已经在波形数据的属性中存在时，函数将根据“值”端口的输入来修改这个属性。当“名称”输入端口指定的属性名称不存在时，函数将根据这个名称以及“值”端口输入的属性值为波形数据添加一个新的属性。

“获取波形属性”函数是从波形数据中获取属性名称和相应的属性值，在输入端的“名称”端口输入一个属性名称后，若函数找到了“名称”输入端口的属性名称，则从“值”端口返回该属性的属性值（在“值”端口创建显示控件），返回值的类型为变体型，需要用变体至数据函数将其转化为属性值所对应的数据类型之后，才可以进行使用和处理。“获取波形属性”函数节点如图 16-51 所示。

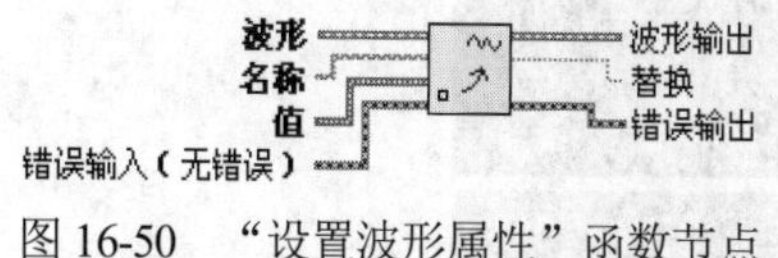

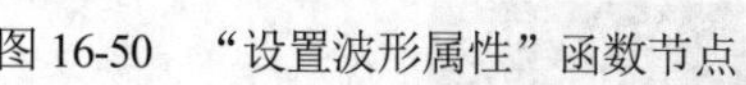

图 16-50　“设置波形属性”函数节点

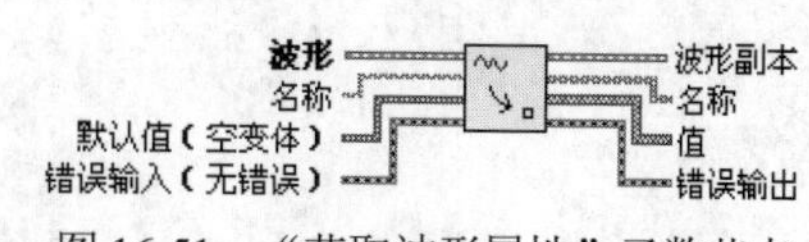

图 16-51　“获取波形属性”函数节点

16.4.4　索引波形数组

“索引波形数组”函数是从波形数据数组中取出由索引输入端口指定的波形数据。当从索引端口输入一个数字时，此时的功能与数组中的索引数组功能类似，即通过输入的数字即可索引到想得到的波形数据；当输入一个字符串时，索引函数按照波形数据的属性来搜索波形数据。“索引波形数组”函数节点如图 16-52 所示。

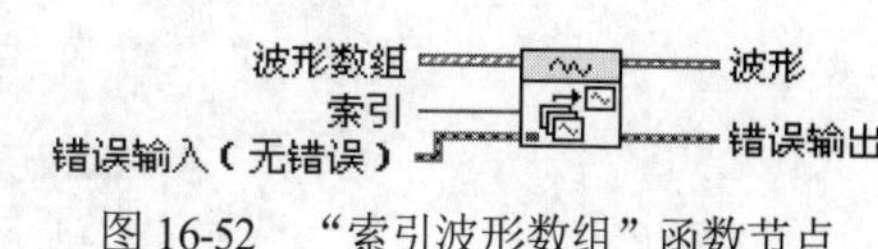

图 16-52　“索引波形数组”函数节点

16.4.5　获取波形子集

“获取波形子集”函数节点如图 16-53 所示。“起始采样/时间”端口用于指定子波形的起始位置；“持续期”端口用于指定子波形的长度；“开始/持续期格式”端口用于指定取出子波形时采用的模式，当选择相对时间模式时表示按照波形中数据的相对时间取出时间，当选择采样模式时按照数组的波形数据(Y)中的元素的索引取出数据。

如图 16-54 所示，采用相对时间模式对一个已知波形取其子集，注意要在输出的波形图的属性中选择“不忽略时间标识”。

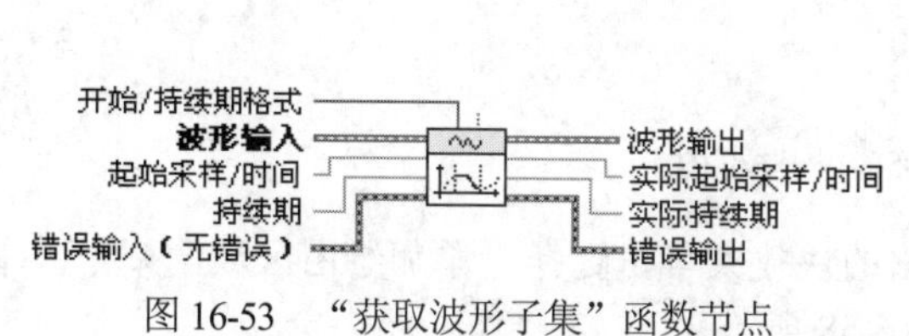

图 16-53　“获取波形子集”函数节点

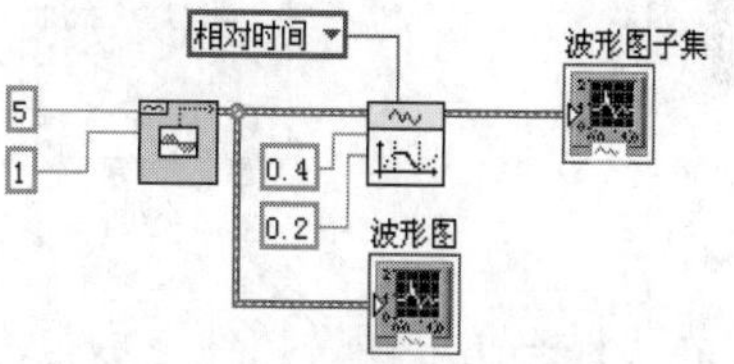

图 16-54　取已知波形的子集的程序框图

16.5　综合演练——混合信号图

扫一扫，看视频

源文件：源文件\第 16 章\混合信号图.vi

本实例演示使用数字波形发生器函数与仿真信号经过捆绑函数得到混合信号图的过程，显示控件如何在一个控件中显示多个信号。

绘制完成的前面板如图 16-55 所示，程序框图如图 16-56 所示。

【操作步骤】

（1）新建一个 VI。

（2）在“控件”选板中选择“银色”→“图形”→“混合信号图”控件，放置在前面板中，如图 16-57 所示。

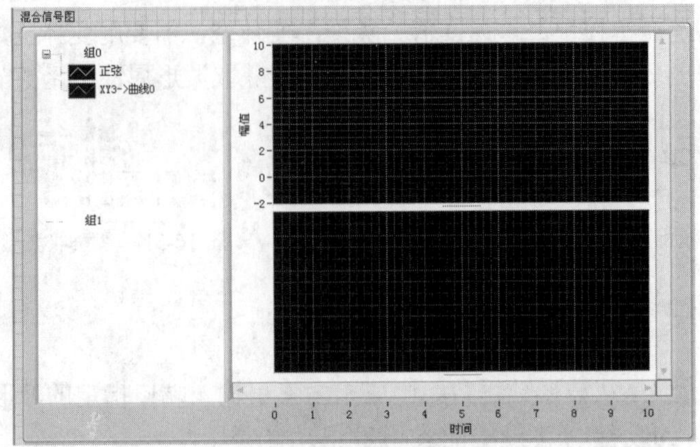

图 16-55　前面板显示效果

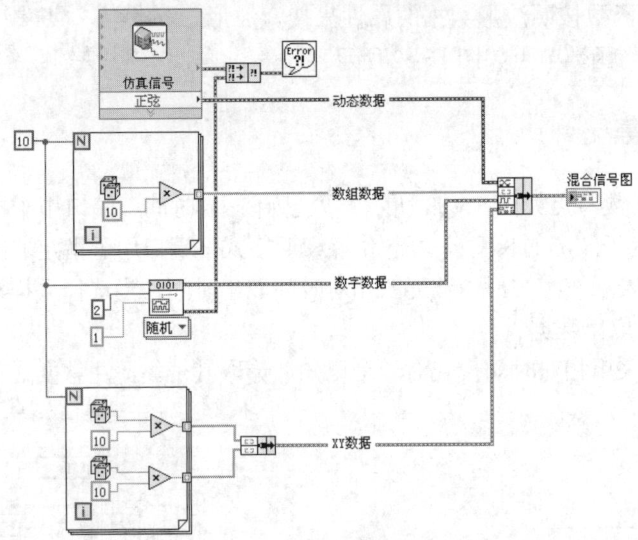

图 16-56　程序框图

（3）在“混合信号图”控件上右击，在弹出的快捷菜单中选择“添加绘图区域”命令，增加一个绘图区域，同时手动调整控件匹配，结果如图 16-58 所示。

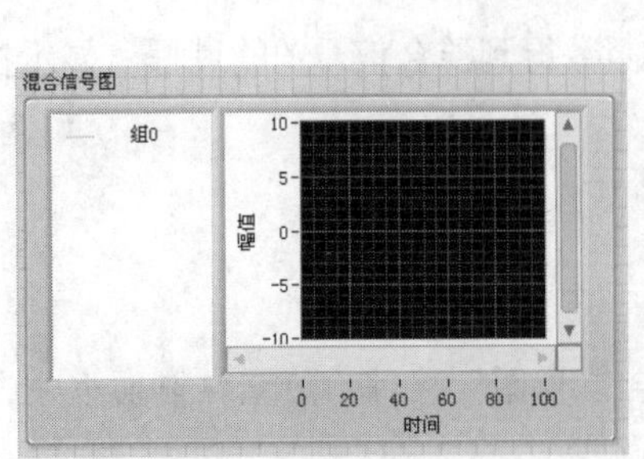

图 16-57　放置“混合信号图”

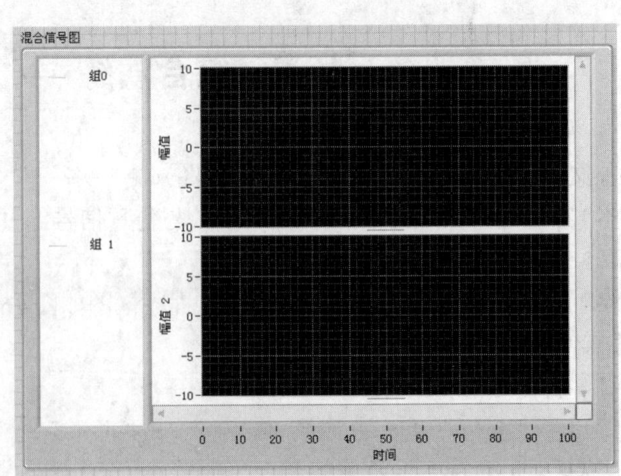

图 16-58　添加绘图区域

(4) 在“组 1”刻度上右击，选择如图 16-59 所示的刻度样式。然后依次修改图表中的标尺刻度值，结果如图 16-60 所示。

(5) 双击控件，打开程序框图。

(6) 在“函数”选板中选择“编程”→“簇、类与变体”→“捆绑”函数，将不同的数据类型（这些信号通常显示在不同的波形图控件中）进行捆绑。

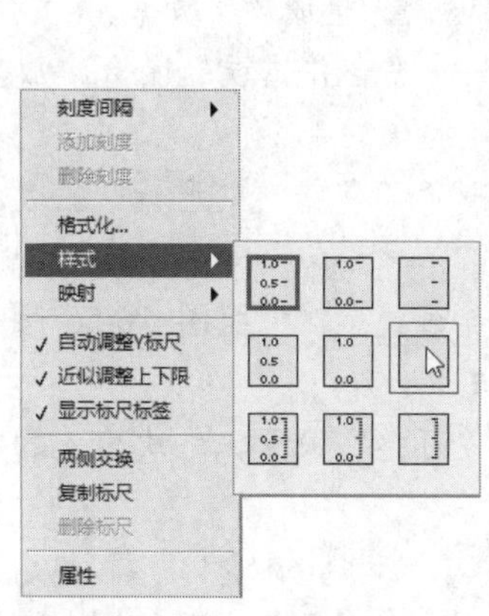

图 16-59　选择刻度样式

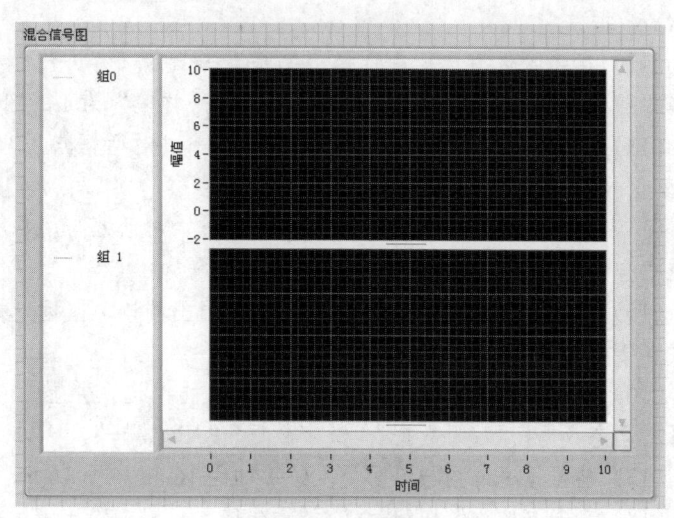

图 16-60　修改刻度

(7) 在“函数”选板中选择“编程”→“波形”→“模拟波形”→“波形生成”→“仿真信号”，放置在程序框图中，自动弹出“配置仿真信号[仿真信号]”对话框，设置“频率（Hz）”为 0.5，“采样率（Hz）”为 10，取消“采样数”右侧“自动”复选框的勾选，如图 16-61 所示。将仿真信号输出的动态数据连接到捆绑函数输入端。

(8) 新建循环次数为 10 的一个 For 循环。

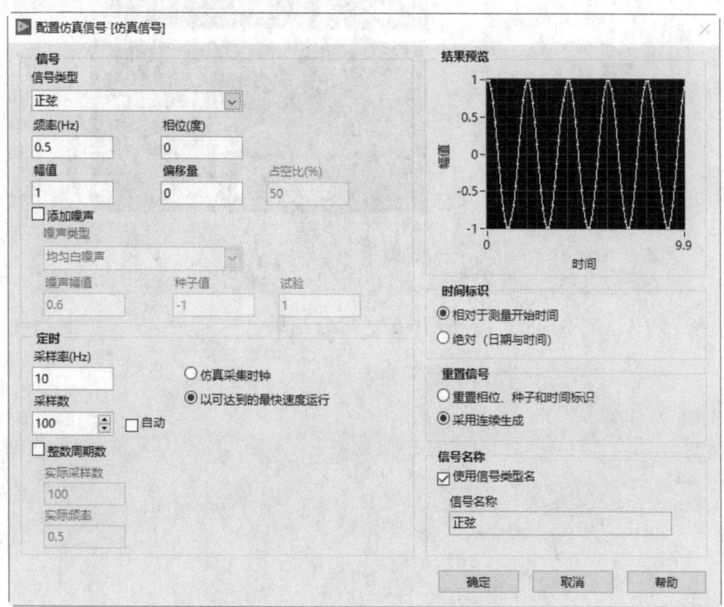

图 16-61　设置仿真信号参数

（9）在“编程”→“数值”子选板中选择集合运算符号“乘”函数，放置在 For 循环内部，生成数组数据。

（10）在“编程”→“数值”子选板中选择“随机数（0～1）”函数，创建随机数，放置在 For 循环内“乘”函数的输入端，同时在“乘”函数另一输入端创建常量 10。

（11）使用同样的方法创建包含两个随机数函数的For循环，并利用“捆绑”函数将两组数据合并成 XY 数据。

（12）在“函数”选板中选择“编程”→“波形”→“数字波形”→“数字波形发生器”VI，选择“随机”信号，创建“信号数”为 2，“采样率”为 1 的随机数字波形，生成数字数据。

（13）在“函数”选板中选择“编程”→“对话框与用户界面”→“合并错误”函数，放置在“仿真信号”与数字信号的错误输出端。

（14）在“函数”选板中选择“编程”→“对话框与用户界面”→“简单错误处理器”函数，放置在“合并错误”函数输出端。

（15）将鼠标放置在函数及控件的输入/输出端口，鼠标光标变为连线状态，按照图 16-56 所示的形式连接程序框图。

（16）在“捆绑”函数的输入端连线上右击，选择“显示项”→“标签”命令，依次输入的数据注释“动态数据”“数组数据”“数字数据”“XY 数据”。

（17）整理程序框图与前面板，结果如图 16-55 和图 16-56 所示。

（18）单击“运行”按钮，运行程序，可以在输出波形控件“混合信号图”中显示输出结果，如图 16-62 所示。

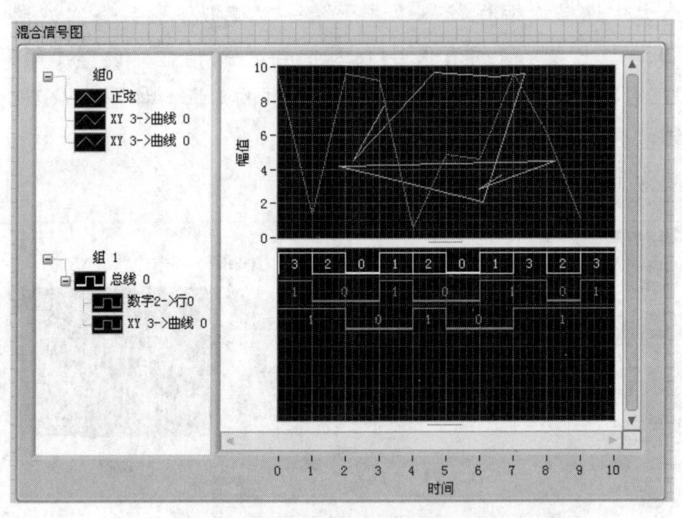

图 16-62　运行结果

第 17 章　信 号 处 理

内容简介

在虚拟测试系统中，信号的运算是重要的组成部分。信号通过生成、分析、输出，经过特定的分析，得到有用的信息，LabVIEW 为用户提供了非常丰富的信号发生工具，使用户使用 LabVIEW 进行信号发生、分析和处理变得游刃有余。

本章将主要介绍 LabVIEW 中波形调理、测量的函数节点及其使用方法。

内容要点

- 波形调理
- 波形测量
- 信号运算
- 窗
- 滤波器
- 谱分析
- 变换
- 逐点
- 综合演练——火车故障检测系统

案例效果

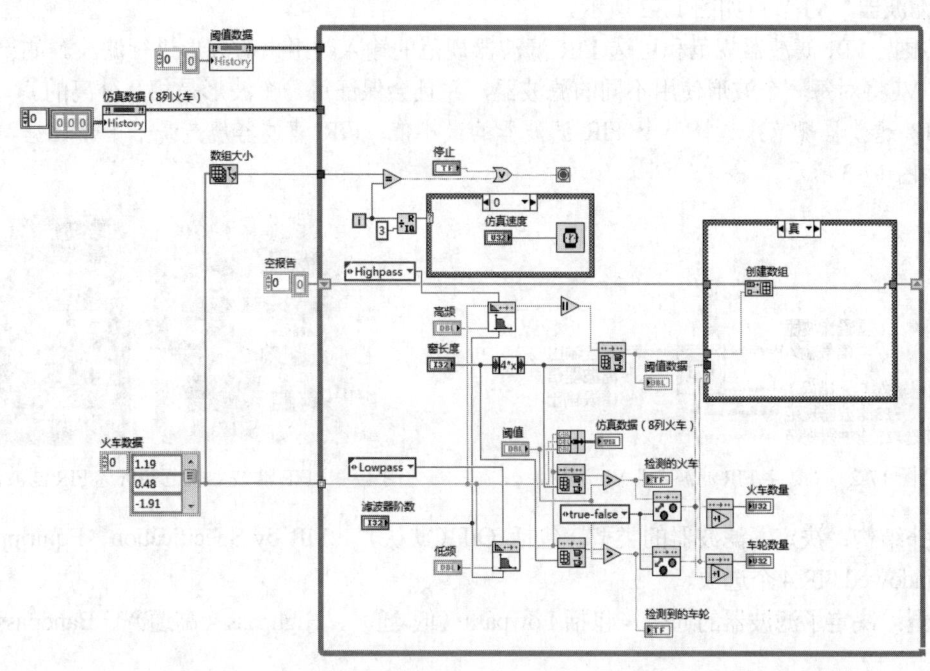

17.1 波形调理

波形调理主要用于对信号进行数字滤波和加窗处理。波形调理 VI 位于“函数”→“信号处理”→“波形调理”子选板中，如图 17-1 所示。

图 17-1 “波形调理”子选板

下面对“波形调理”子选板中包含的 VI 及其使用方法进行介绍。

17.1.1 数字 FIR 滤波器

数字 FIR 滤波器可以对单波形和多波形进行滤波。如果对多波形进行滤波，则 VI 将对每一个波形进行相同的滤波。信号输入端和 FIR 滤波器规范输入端的数据类型决定了使用哪一个 VI 多态实例。“数字 FIR 滤波器”VI 节点如图 17-2 所示。

该 VI 根据 FIR 滤波器规范和可选 FIR 滤波器规范的输入数组来对波形进行滤波。如果对多波形进行滤波，VI 将对每一个波形使用不同的滤波器，并且会保证每一个波形是相互分离的。

（1）FIR 滤波器规范：选择一个 FIR 滤波器的最小值。FIR 滤波器规范是一个簇数据类型，它所包含的量如图 17-3 所示。

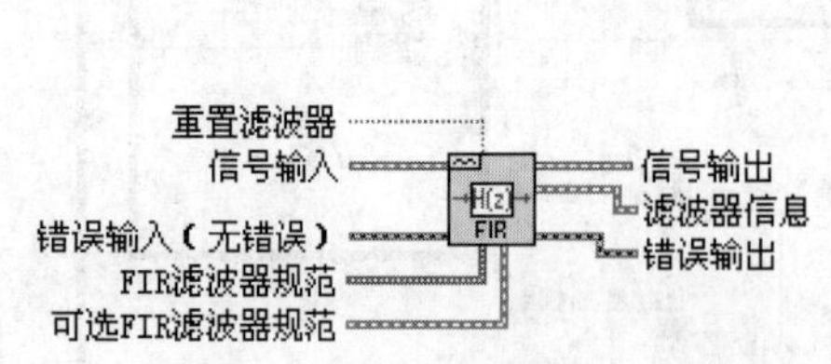

图 17-2 “数字 FIR 滤波器”VI 节点

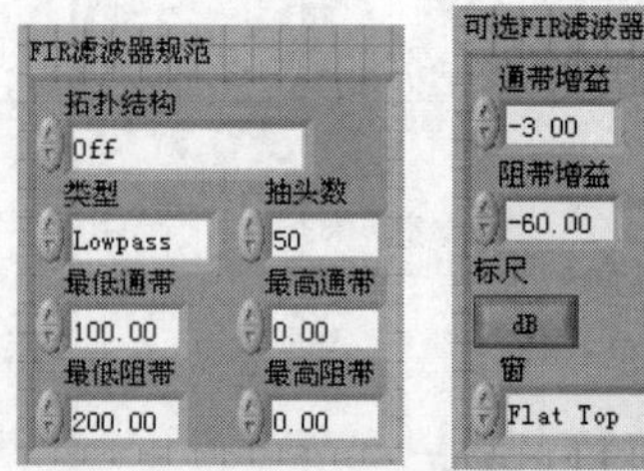

图 17-3 FIR 滤波器规范和可选 FIR 滤波器规范

- 拓扑结构：决定了滤波器的类型，包括 Off（默认）、FIR by Specification、Equiripple FIR 和 Windowed FIR 4 个选项。
- 类型：决定了滤波器的通带。包括 Lowpass（低 通）、Highpass（高通）、Bandpass（带通）

和 Bandstop（带阻）。

- 抽头数：FIR 滤波器的抽头的数量。默认为 50。
- 最低通带：两个通带频率中低的一个。默认为 100Hz。
- 最高通带：两个通带频率中高的一个。默认为 0。
- 最低阻带：两个阻带中低的一个。默认为 200Hz。
- 最高阻带：两个阻带中高的一个。默认为 0。

（2）可选 FIR 滤波器规范：用来设定 FIR 滤波器的可选的附加参数，是一个簇数据类型，如图 17-3 所示。

- 通带增益：通带频率的增益。可以是线性或对数来表示。默认为-3dB。
- 阻带增益：阻带频率的增益。可以是线性或对数来表示。默认为-60dB。
- 标尺：决定了通带增益和阻带增益的翻译方法。
- 窗：选择平滑窗的类型。平滑窗减小滤波器通带中的纹波，并改善阻带中滤波器衰减频率的能力。

动手学——对添加噪声的锯齿波信号进行数字滤波

源文件：源文件\第 17 章\对添加噪声的锯齿波信号进行数字滤波.vi

本实例演示如图 17-4 所示的对锯齿波信号进行数字滤波。

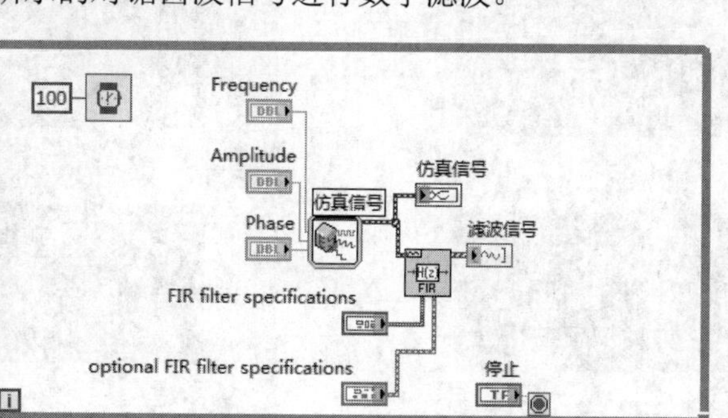

图 17-4　程序框图

【操作步骤】

（1）在“函数”选板上选择“编程”→“结构”→“While 循环”函数，拖动出适当大小的矩形框，在 While 循环的循环条件接线端创建“停止”输入控件。

（2）在“函数”选板上选择“信号处理”→“波形生成”→“仿真信号”函数，为锯齿波信号添加 Gamma 噪声，如图 17-5 所示。根据输入端的频率、幅值、相位控件，可以对波形的幅值、频率进行调节，也可以对 Gamma 噪声幅值进行调节。创建“仿真信号”显示控件。

（3）在“函数”选板上选择“信号处理”→“波形调理”→“数字 FIR 滤波器”VI，创建“FIR 滤波器规范”“可选 FIR 滤波器规范”输入控件，输出信号通过“数字 FIR 滤波器”VI 进行滤波。

（4）打开前面板，在“控件”选板上选择“新式”→“图形”→“波形图”控件，创建“滤波信号”显示控件。

（5）单击工具栏中的“整理程序框图”按钮，整理程序框图，结果如图 17-4 所示。

（6）打开前面板，设置“FIR 滤波器规范”“可选 FIR 滤波器规范”控件初始值。单击“运行”按钮，运行 VI，在前面板显示运行结果，如图 17-6 所示。当“拓扑结构”设置为 Off 时，滤波器被关闭，波形图中输出的是“仿真信号”VI 输出的信号波形，如图 17-7 所示。

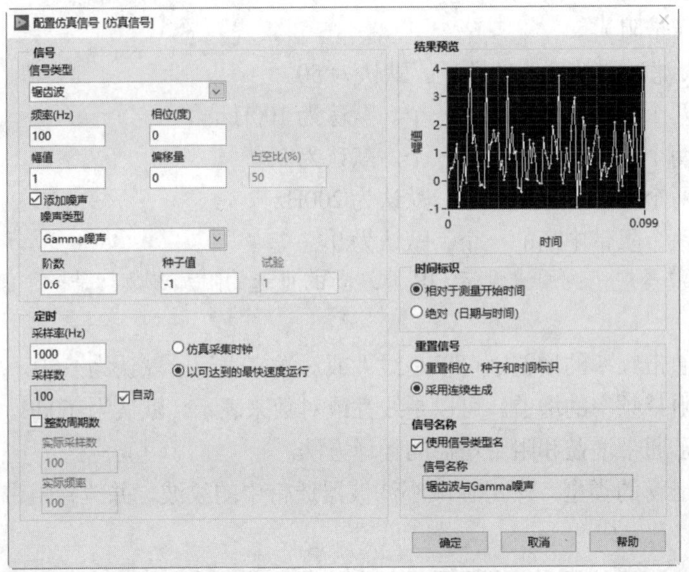

图 17-5　仿真信号参数设置

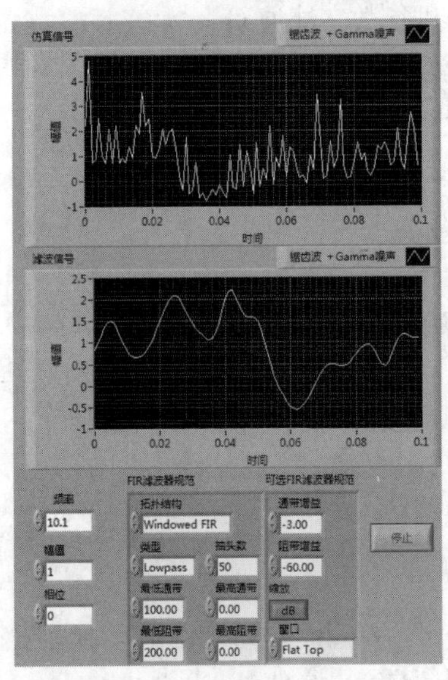

图 17-6　前面板运行结果 1

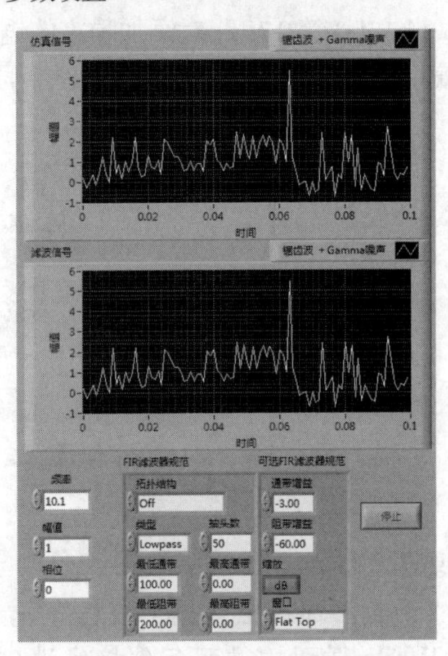

图 17-7　前面板运行结果 2

17.1.2　连续卷积（FIR）

将单个或多个信号和一个或多个具有状态信息的 kernel 相卷积，该节点可以连续调用。“连续卷积（FIR）”VI 节点如图 17-8 所示。

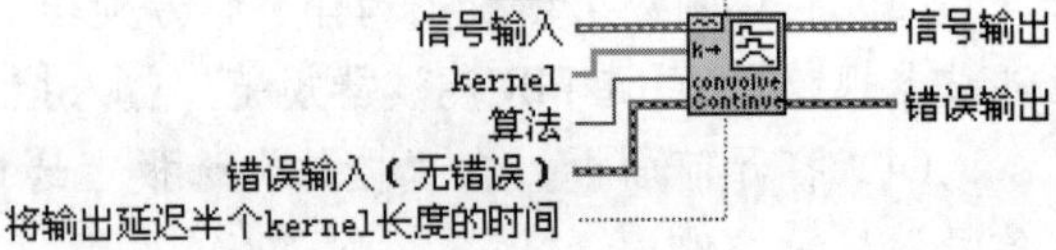

重置
信号输入
kernel
算法
错误输入（无错误）
将输出延迟半个kernel长度的时间
信号输出
错误输出

图 17-8　“连续卷积（FIR）”VI 节点

- 信号输入：输入要和 kernel 进行卷积的信号。
- kernel：与信号输入端输入的信号进行卷积的信号。
- 算法：选择计算卷积的方法。当算法选择为 direct 时，VI 使用直接的线性卷积进行计算。当算法选择 frequency domain（默认）时，VI 使用基于 FFT 的方法计算卷积。

- 将输出延迟半个 kernel 长度的时间：当该端口输入为 TRUE 时，将输出信号在时间上延迟半个 kernel 的长度。半个 kernel 长度是通过 0.5×N×dt 得到的。N 为 kernel 中元素的个数；dt 是输入信号的时间。

17.1.3 按窗函数缩放

将对输入的时域信号加窗。信号输入的类型不同将使用不同的多态实例。“按窗函数缩放”VI 节点如图 17-9 所示。

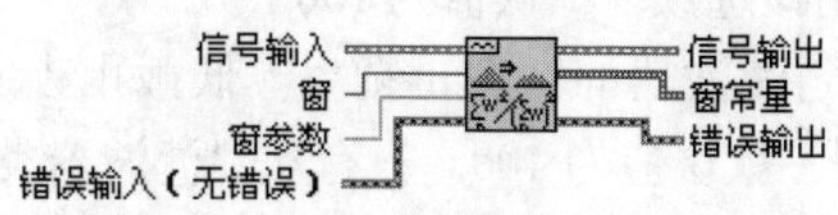

图 17-9 “按窗函数缩放”VI 节点

17.1.4 波形对齐（连续）

将波形按元素对齐，并返回对齐的波形。波形输入端输入的波形类型不同将用不同的多态 VI。“波形对齐（连续）”VI 节点如图 17-10 所示。

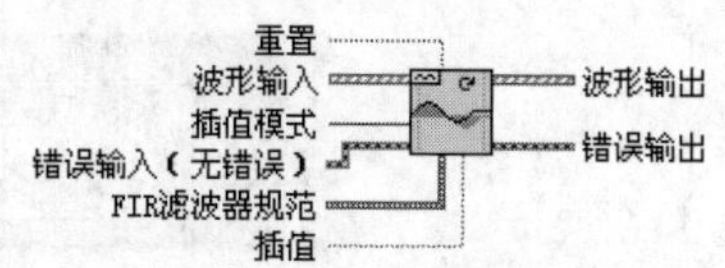

图 17-10 “波形对齐（连续）”VI 节点

17.1.5 波形对齐（单次）

使两个波形的元素对齐并返回对齐的波形。连线至波形输入端的数据类型可确定使用的多态实例。“波形对齐（单次）”VI 节点的初始图标如图 17-11 所示。

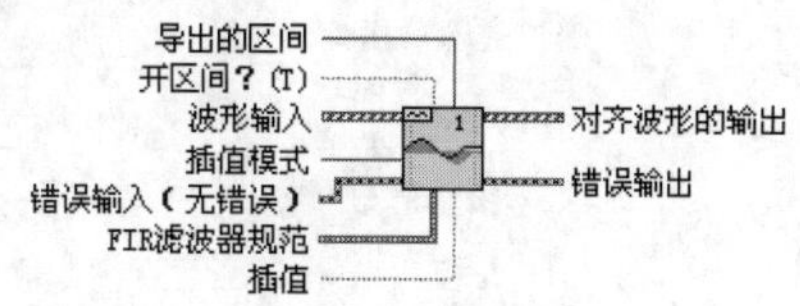

图 17-11 “波形对齐（单次）”VI 节点

17.1.6 滤波器

用于通过滤波器和窗对信号进行处理。在“函数”→Express→“信号分析”子选板中也包含该 VI。“滤波器”Express VI 节点的初始图标如图 17-12 所示。“滤波器”Express VI 也可以像其他 Express VI 一样对图标的显示样式进行改变。

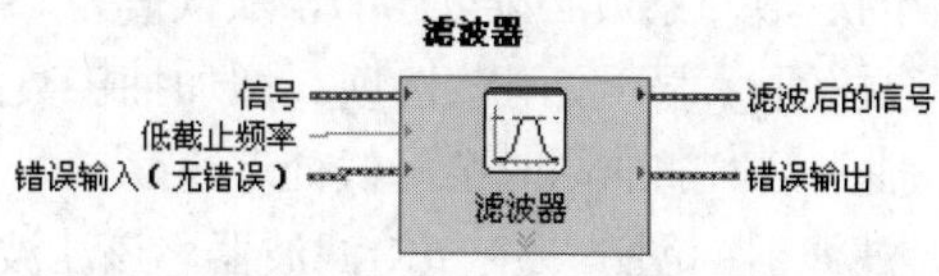

图 17-12 “滤波器”Express VI 节点

当将“滤波器”Express VI 放置在程序框图上时，弹出如图 17-13 所示的“配置滤波器[滤波器]”对话框。双击滤波器图标或者在右键快捷菜单中选择“属性”选项也会显示该配置对话框。

在该对话框中可以对“滤波器”Express VI 的参数进行配置。下面对对话框中的各选项进行介绍。

（1）滤波器类型。

在下列滤波器中指定使用的类型：低通、高通、带通、带阻和平滑。默认为低通。

（2）滤波器规范。

- 截止频率（Hz）：指定滤波器的截止频率。只有从“滤波器类型”下拉菜单中选择“低通”或“高通”时，才可使用该选项。默认值为 100。
- 低截止频率（Hz）：指定滤波器的低截止频率。低截止频率（Hz）必须比高截止频率（Hz）低，且符合 Nyquist 准则。默认值为 100。只有从“滤波器类型”下拉菜单中选择“带通”或“带阻”时，才可使用该选项。
- 高截止频率（Hz）：指定滤波器的高截止频率。高截止频率（Hz）必须比低截止频率（Hz）高，且符合 Nyquist 准则。默认值为 400。只有从“滤波器类型”下拉菜单中选择“带通”或“带阻”时，才可使用该选项。

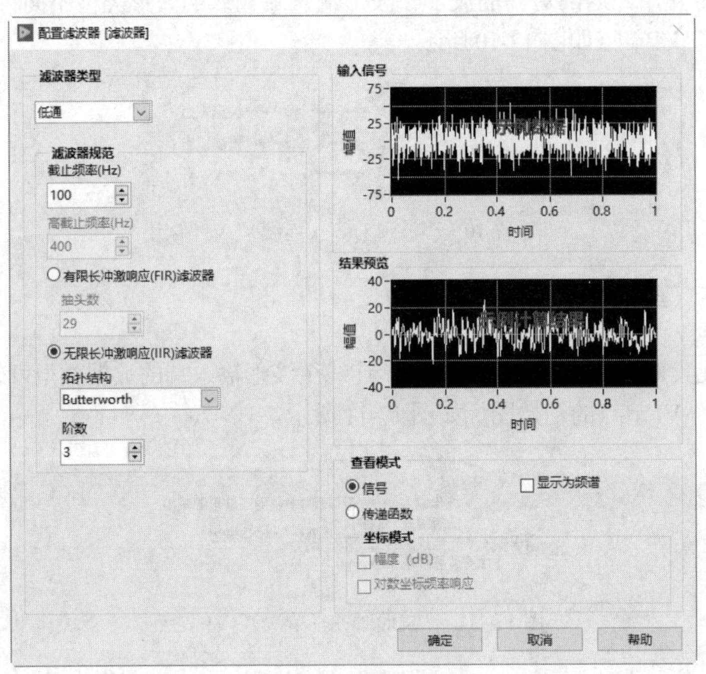

图 17-13 “配置滤波器[滤波器]”对话框

- 有限长冲激响应（FIR）滤波器：创建一个 FIR 滤波器，该滤波器仅依赖于当前和过去的输入。因为滤波器不依赖于过往输出，在有限时间内脉冲响应可衰减至零。因为 FIR 滤波器返回一个线性相位响应，所以 FIR 滤波器可用于需要线性相位响应的应用程序。
- 抽头数：指定 FIR 系数的总数，系数必须大于 0。默认值为 29。只有选中了“有限长冲激响应（FIR）滤波器”单选按钮，才可使用该选项。增加抽头数的值，可使带通和带阻之间的转化更加急剧。但是，抽头数增加的同时会降低处理速度。
- 无限长冲激响应（IIR）滤波器：创建一个 IIR 滤波器，该滤波器是带脉冲响应的数字滤波器，它的长度和持续时间在理论上是无穷的。

- 拓扑结构：确定滤波器的设计类型。可创建 Butterworth、Chebyshev、反 Chebyshev、椭圆或 Bessel 滤波器设计。只有选中了“无限长冲激响应（IIR）滤波器”单选按钮，才可使用该选项。默认为 Butterworth。
- 其他：IIR 滤波器的阶数必须大于 0。只有选中了“无限长冲激响应（IIR）滤波器”单选按钮，才可使用该选项。默认值为 3。阶数值的增加将使带通和带阻之间的转换更加急剧。但是，阶数值增加的同时，处理速度会降低，信号开始时的失真点数量也会增加。
- 移动平均：产生前向（FIR）系数。只有从“滤波器类型”下拉菜单中选择“平滑”时，才可使用该选项。
- 矩形：移动平均窗中的所有采样在计算每个平滑输出采样时有相同的权重。只有从“滤波器类型”下拉菜单中选择“平滑”，且选中“移动平均”选项时，才可使用该选项。
- 三角形：用于采样的移动加权窗为三角形，峰值出现在窗中间，两边对称斜向下降。只有从“滤波器类型”下拉菜单中选择“平滑”，且选中“移动平均”选项时，才可使用该选项。
- 半宽移动平均：指定采样中移动平均窗的宽度的一半。默认值为 1。若半宽移动平均为 M，则移动平均窗的全宽为 $N=1+2M$ 个采样。因此，全宽 N 总是奇数个采样。只有从“滤波器类型”下拉菜单中选择“平滑”，且选中“移动平均”选项时，才可使用该选项。
- 指数：产生首序 IIR 系数。只有从“滤波器类型”下拉菜单中选择“平滑”时，才可使用该选项。
- 指数平均的时间常量：指数加权滤波器的时间常量（秒）。默认值为 0.001。只有从“滤波器类型”下拉菜单中选择“平滑”，且选中“指数”选项时，才可使用该选项。

（3）输入信号：显示输入信号。若将数据连往 Express VI，然后运行，则“输入信号”将显示实际数据。若关闭后再打开 Express VI，则“输入信号”将显示采样数据，直到再次运行该 VI。

（4）结果预览：显示结果预览。若将数据连往 Express VI，然后运行，则“结果预览”将显示实际数据。若关闭后再打开 Express VI，则“结果预览”将显示采样数据，直到再次运行该 VI。

（5）查看模式。

- 信号：以实际信号形式显示滤波器响应。
- 显示为频谱：指定将滤波器的实际信号显示为频谱，或保留基于时间的显示方式。频率显示适用于查看滤波器如何影响信号的不同频率成分。默认状态下，按照基于时间的方式显示滤波器响应。只有选中“信号”单选按钮，才可使用该选项。
- 传递函数：以传递函数的形式显示滤波器响应。

（6）坐标模式。

- 幅度（dB）：以 dB 为单位显示滤波器的幅度响应。
- 对数坐标频率响应：在对数标尺中显示滤波器的频率响应。

（7）幅度响应：显示滤波器的幅度响应。只有将“查看模式”设置为“传递函数”，才可用该显示框。

（8）相位响应：显示滤波器的相位响应。只有将“查看模式”设置为“传递函数”，才可用该显示框。

扫一扫，看视频

动手学——对方波信号进行仿真滤波

源文件：源文件\第 17 章\对方波信号进行仿真滤波.vi

本实例对方波信号进行仿真滤波，程序框图如图 17-14 所示。

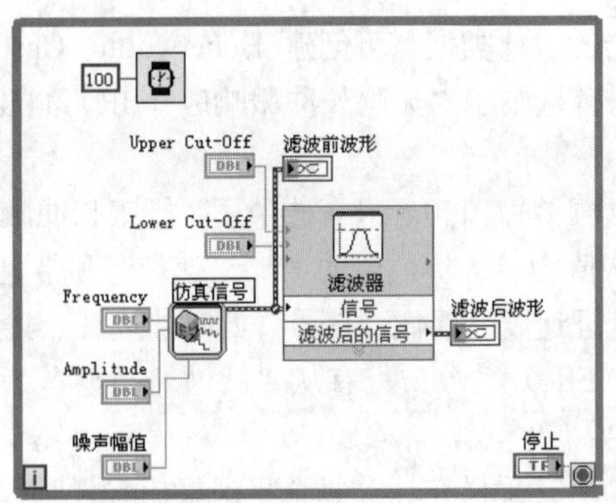

图 17-14　程序框图

【操作步骤】

（1）在“函数”选板上选择“编程”→“结构”→“While 循环”函数，拖动出适当大小的矩形框，在 While 循环的循环条件接线端创建“停止”输入控件。

（2）在“函数”选板上选择“信号处理”→“波形生成”→“仿真信号”函数，为方波信号添加 Gamma 噪声，通过仿真信号 VI 产生一个包含噪声信号的方波信号波形。

（3）在“函数”选板上选择“信号处理”→“波形调理”→“滤波器”函数，创建 FIR 输出信号，通过滤波器 VI 进行滤波。

（4）将滤波器 VI 配置为“带通”滤波器，低截止频率为 8Hz，高截止频率为 12Hz，如图 17-15 所示。当方波信号的频率在 8～12Hz 时，可以看到，能够达到很好的滤波效果。

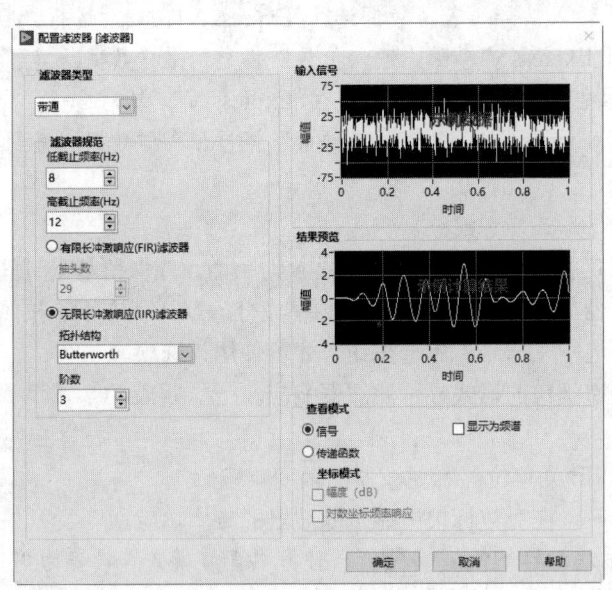

图 17-15　滤波器的配置

（5）打开前面板，在“控件”选板上选择“新式”→“图形”→“波形图”控件，创建“滤波信号”显示控件。

（6）单击工具栏中的“整理程序框图”按钮，整理程序框图，结果如图 17-14 所示。

（7）打开前面板，设置控件初始值。单击“运行”按钮，运行 VI，在前面板显示运行结果，如图 17-16 所示。

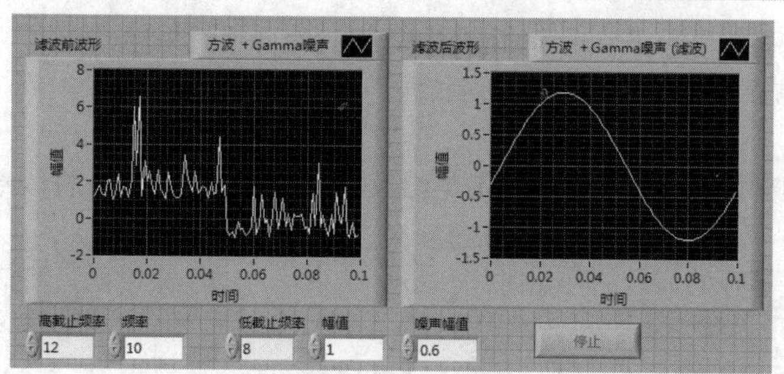

图 17-16 前面板

17.1.7 对齐和重采样

用于改变开始时间、对齐信号或改变时间间隔，对信号进行重新采样。该 Express VI 返回经调整的信号。“对齐和重采样”Express VI 节点的初始图标如图 17-17 所示。该 Express VI 的图标也可以像其他 Express VI 图标一样改变显示样式。

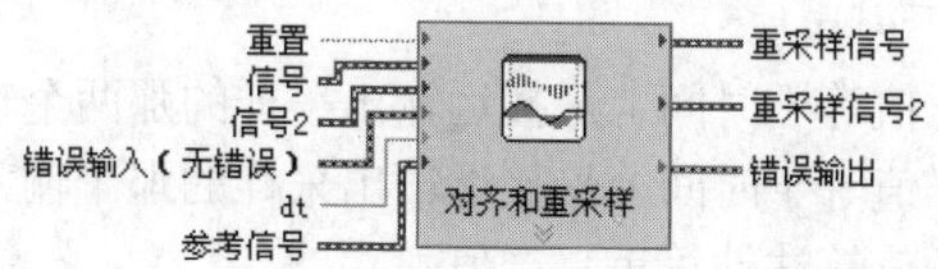

图 17-17 “对齐和重采样”Express VI 节点

将“对齐和重采样”Express VI放置在程序框图上后，将显示“配置对齐和重采样[对齐和重采样]”对话框。在该对话框中，可以对“对齐和重采样”Express VI 的各项参数进行设置和调整，如图 17-18 所示。

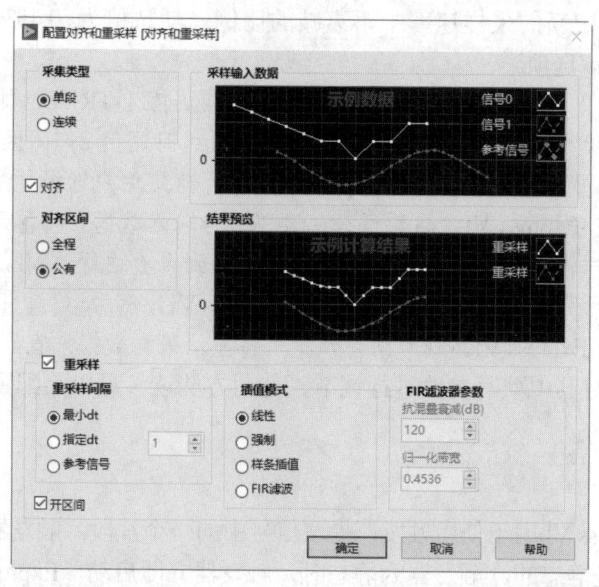

图 17-18 “配置对齐和重采样[对齐和重采样]”对话框

下面对该对话框中的各个选项进行介绍。

(1) 采集类型。

- 单段：每次循环分别进行对齐或重采样。

- 连续：将所有循环作为一个连续的信号段，进行对齐或重采样。

（2）对齐：对齐信号，使信号的开始时间相同。

（3）对齐区间。

- 全程：在最迟开始信号的起始处及最早结束信号的结尾处补零，将信号的开始时间和结束时间对齐。
- 公有：使用最迟开始信号的开始时间和最早结束信号的结束时间，将信号的开始时间和结束时间对齐。

（4）重采样：按照同样的采样间隔，对信号进行重新采样。

（5）重采样间隔。

- 最小 dt：取所有信号中最小的采样间隔，对所有信号重新采样。
- 指定 dt：按照用户指定的采样间隔，对所有信号重新采样。
- dt：由用户自定义的采样间隔。默认值为 1。
- 参考信号：按照参考信号的采样间隔，对所有信号重新采样。

（6）插值模式：重采样时，可能需要向信号添加点。插值模式控制 LabVIEW 如何计算新添加的数据点的幅值。插值模式包含下列选项。

- 线性：返回的输出采样值等于时间上最接近输出采样的那两个输入采样的线性插值。
- 强制：返回的输出采样值等于时间上最接近输出采样的那个输入采样的值。
- 样条插值：使用样条插值算法计算重采样值。
- FIR 滤波：使用 FIR 滤波器计算重采样值。

（7）FIR 滤波器参数。

- 抗混叠衰减（dB）：指定重新采样后混叠的信号分量的最小衰减水平。默认值为 120。只有选中“FIR 滤波”，才可使用该选项。
- 归一化带宽：指定新的采样速率中不衰减的比例。默认值为 0.4536。只有选择了“FIR 滤波”，才可使用该选项。

（8）开区间：指定输入信号属于开区间还是闭区间。默认值为 TRUE，即选中开区间。例如，假设一个输入信号 t0 = 0，dt = 1，Y = {0, 1, 2}。开区间返回最终时间值 2；闭区间返回最终时间值 3。

（9）采样输入数据：显示可用作参考的采样输入信号，确定用户选择的配置选项如何影响实际输入信号。若将数据连往该 Express VI，然后运行，则“采样输入数据”将显示实际数据。若关闭后再打开 Express VI，则“采样输入数据”将显示采样数据，直到再次运行该 VI。

（10）结果预览：显示测量预览。若将数据连往 Express VI，然后运行，则“结果预览”将显示实际数据。若关闭后再打开 Express VI，则“结果预览”将显示采样数据，直到再次运行该 VI。

VI 的输入端子可以对其中默写参数进行调节，使用方法请参见以上配置对话框中对选项的介绍。

17.1.8 触发与门限

“触发与门限”Express VI 用于使用触发，提取信号中的一个片段。触发器状态可基于开启或停止触发器的阈值，也可以是静态的。触发器为静态时，触发器立即启动，Express VI 返回预定数量的采样。“触发与门限”Express VI 节点的初始图标如图 17-19 所示。该 Express VI 的图标也可以像其他 Express VI 图标一样改变显示样式。

将“触发与门限”Express VI 放置在程序框图上后，将显示“配置触发与门限[触发与门限]”对话框。在该对话框中，可以对触发与门限 Express VI 的各项参数进行设置和调整，如图 17-20 所示。

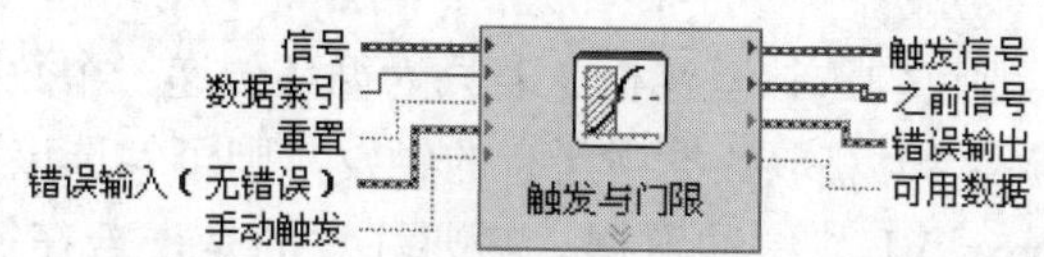

图 17-19 “触发与门限”Express VI 节点

下面对配置对话框中的各选项及其使用方法进行介绍。

（1）开始触发。

- 阈值：通过阈值指定开始触发的时间。
- 起始方向：指定开始采样的信号边缘。选项为“上升”“上升或下降”“下降”。只有选中“阈值”单选按钮时，该选项才可用。
- 起始电平：Express VI 开始采样前，信号在起始方向上必须到达的幅值。默认值为 0。只有选中“阈值”单选按钮时，该选项才可用。
- 之前采样：指定起始触发器返回前发生的采样数量。默认值为 0。只有选中“阈值”单选按钮时，该选项才可用。
- 即时：马上开始触发。信号开始时即开始触发。

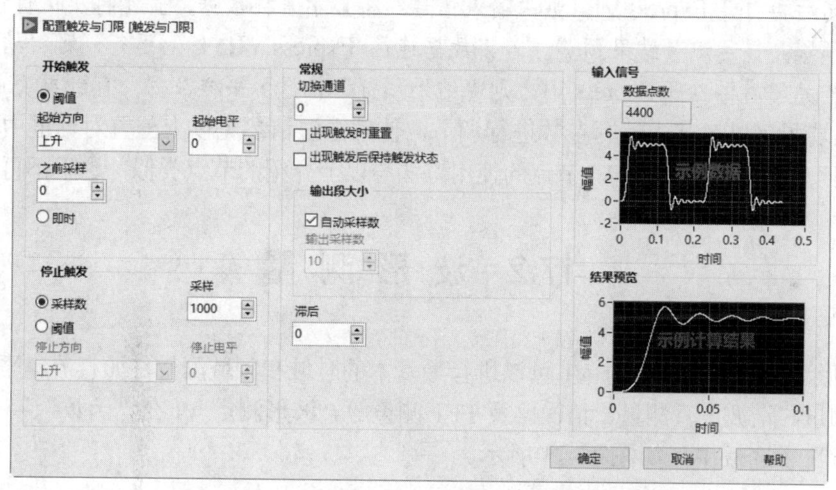

图 17-20 “配置触发与门限[触发与门限]”对话框

（2）停止触发。

- 采样数：当 Express VI 采集到采样中指定数目的采样时，停止触发。
- 采样：指定停止触发前采集的采样数目。默认值为 1000。
- 阈值：通过阈值指定停止触发的时间。
- 停止方向：指定停止采样的信号边缘。选项为“上升”“上升或下降”“下降”。只有选中“阈值”单选按钮时，该选项才可用。
- 停止电平：Express VI 开始采样前，信号在停止方向上必须到达的幅值。默认值为 0。只有选中“阈值”单选按钮时，该选项才可用。

（3）常规。

- 切换通道：若动态数据类型输入包含多个信号，指定要使用的通道。默认值为 0。
- 出现触发时重置：每次找到触发后均重置触发条件。若选中该选项，“触发与门限”Express VI 每次循环时，都不将数据存入缓冲区。若每次循环都有新数据集合，且只需找到与第一个触发点相关的数据，则可勾选该复选框。若只为循环传递一个数据集合，然后在循环中调用“触发与门限”Express VI 获取数据中所有的触发，则可勾选该复选框。若未选择该选项，“触发与门限”Express VI 将缓冲数据。需要注意的是，若在循环中调用“触发与门限”Express VI，且每个循环都有新数据，该操作将积存数据（因为每个数据集合包括若干触发点）。因为没有重置，来自各个循环的所有数据都进入缓冲区，方便查找所有触发。但是不可能找到所有的触发。

- 出现触发后保持触发状态：找到触发后保持触发状态。只有选中“开始触发”部分的“阈值”单选按钮时，该选项才可用。
- 滞后：指定检测到触发电平前，信号必须穿过起始电平或停止电平的量。默认值为 0。使用信号滞后，防止发生错误触发引起的噪声。对于上升缘起始方向或停止方向，检测到触发电平穿越之前，信号必须穿过的量为起始电平或停止电平减去滞后。对于下降缘起始方向或停止方向，检测到触发电平穿越之前，信号必须穿过的量为起始电平或停止电平加上滞后。

（4）输出段大小：指定每个输出段包括的采样数。默认值为 100。

（5）输入信号：显示输入信号。若将数据连往 Express VI，然后运行，则“输入信号”将显示实际数据。若关闭后再打开 Express VI，则“输入信号”将显示采样数据，直到再次运行该 VI。

（6）结果预览：显示测量结果预览。若将数据连往 Express VI，然后运行，则“结果预览”将显示实际数据。若关闭后再打开 Express VI，则“结果预览”将显示采样数据，直到再次运行该 VI。

VI 的输入端子可以对其中默写参数进行调节，使用方法请参见以上配置对话框中对选项的介绍。

“波形调理”子选板中的其他 VI 节点的使用方法与以上介绍的节点类似，这里不再赘述。

17.2 波形测量

使用“波形测量”子选板中的 VI 可以进行最基本的时域和频域测量，如直流、平均值、单频频率/幅值/相位测量、谐波失真测量、信噪比及 FFT 测量等。波形测量 VI 在“函数”→“信号处理”→“波形测量”子选板中，如图 17-21 所示。

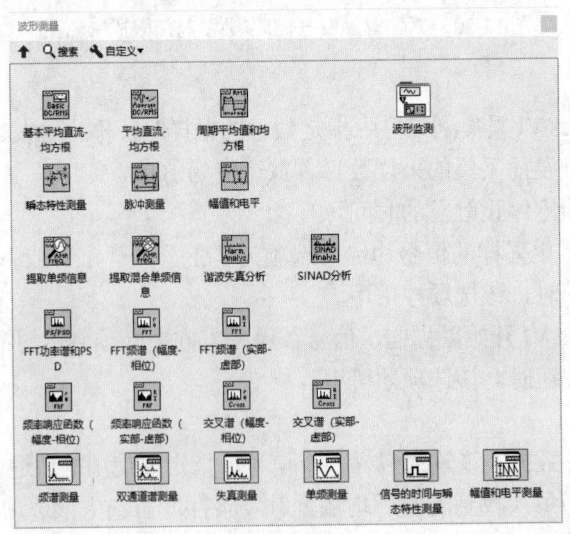

图 17-21 “波形测量”子选板

17.2.1 基本平均直流-均方根

从信号输入端输入一个波形或数组，对其加窗，根据平均类型输入端口的值计算加窗口信号的平均直流及均方根。信号输入端输入的信号类型不同，将使用不同的多态 VI 实例。“基本平均直流-均方根”VI 节点如图 17-22 所示。

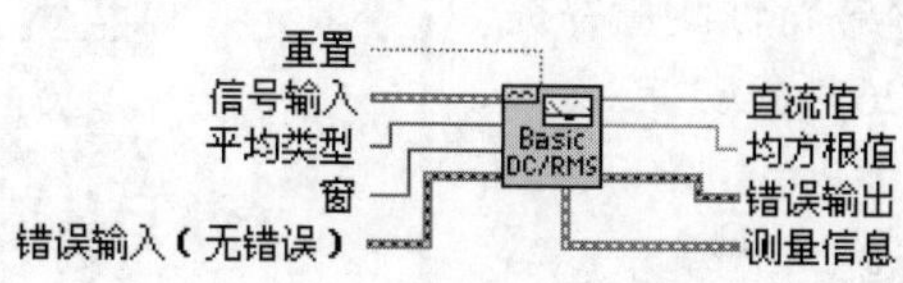

图 17-22 “基本平均直流 - 均方根”VI 节点

- 平均类型：在测量期间使用的平均类型。可以选择 Linear（线性）或 Exponential（指数）。
- 窗：在计算DC/RMS之前给信号加的窗。可以选择Rectangular（无窗）、Hanning或Low Side-lobe。

17.2.2 瞬态特性测量

输入一个波形或波形数组，测量其瞬态持续时间（上升时间或下降时间）、边沿斜率、前冲或过冲。信号输入端输入的信号的类型不同，将使用不同的多态 VI 实例。“瞬态特性测量”VI 节点如图 17-23 所示。

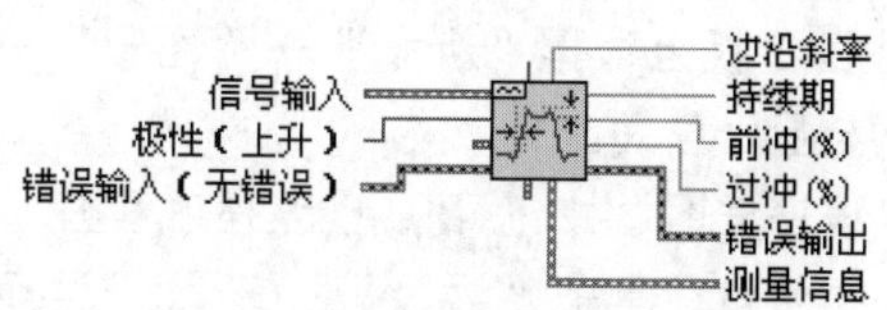

图 17-23 “瞬态特性测量”VI 节点

极性：瞬态信号的方向，上升或下降。默认为上升。

17.2.3 提取单频信息

输入信号进行检测，返回单频频率、幅值和相位信息。时间信号输入端输入的信号类型决定了使用的多态 VI 的实例。“提取单频信息”VI 节点如图 17-24 所示。

- 导出信号：选择导出的信号输出端输出的信号。选择项包括 none（无返回信号，用于快速运算）、input signal（输入信号）、detected signal（正弦单频）和 residual signal（残余信号）。
- 高级搜索：控制检测的频率范围、中心频率及带宽。使用该项缩小搜索的范围。该输入是一个簇数据类型，如图 17-25 所示。

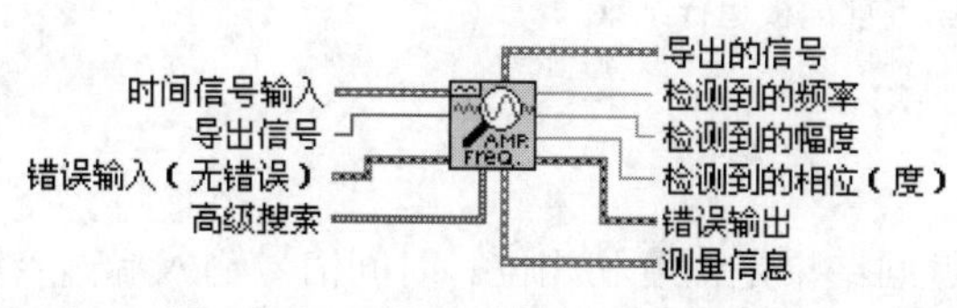

图 17-24 “提取单频信息”VI 节点

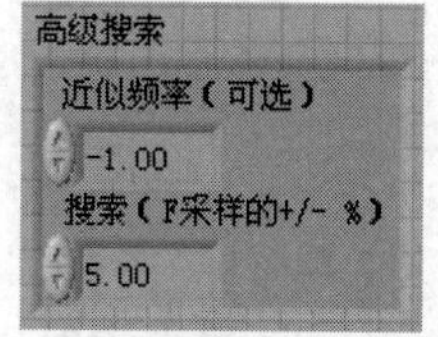

图 17-25 高级搜索

- 近似频率：在频域中搜索正弦单频时所使用的中心频率。
- 搜索：在频域中搜索正弦单频时所使用的频率宽度，是采样的百分比。

扫一扫，看视频

动手学——对正弦波信号进行测量

源文件：源文件\第17章\对正弦波信号进行测量.vi

本实例对正弦波信号进行瞬态特性测量并提取单频信息，程序框图如图17-26所示。

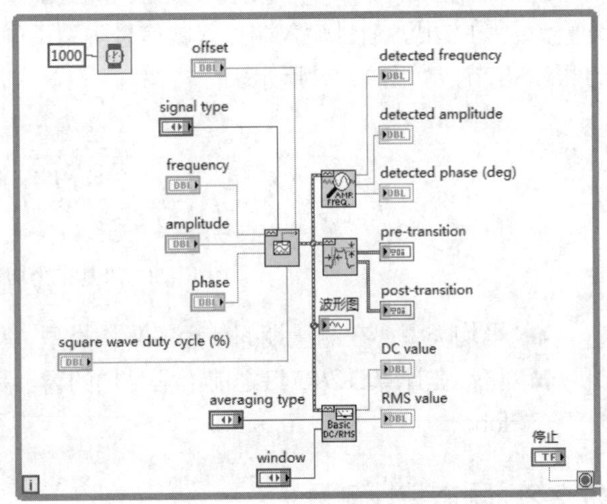

图 17-26　程序框图

【操作步骤】

（1）在“函数”选板上选择“编程”→“结构”→“While 循环”函数，拖动出适当大小的矩形框，在 While 循环的循环条件接线端创建“停止”输入控件。

（2）在“函数”选板上选择“信号处理”→“波形生成”→“基本函数发生器”函数，设置信号类型为正弦，通过频率、幅值、相位确定正弦信号波形。

（3）在“函数”选板上选择“信号处理”→“波形测量”→“瞬态特性测量”“提取单频信息”“基本平均直流-均方根”函数，对正弦信号进行测量，输出“前瞬态”与“后瞬态”显示控件，并显示检测到的频率、幅值、相位。

（4）打开前面板，在“控件”选板上选择“新式”→“图形”→“波形图”控件，创建“滤波信号”显示控件，设置曲线颜色与显示样式。

（5）单击工具栏中的“整理程序框图”按钮，整理程序框图，结果如图17-26所示。

（6）打开前面板，设置控件初始值。单击“运行”按钮，运行 VI，在前面板显示运行结果，如图17-27所示。

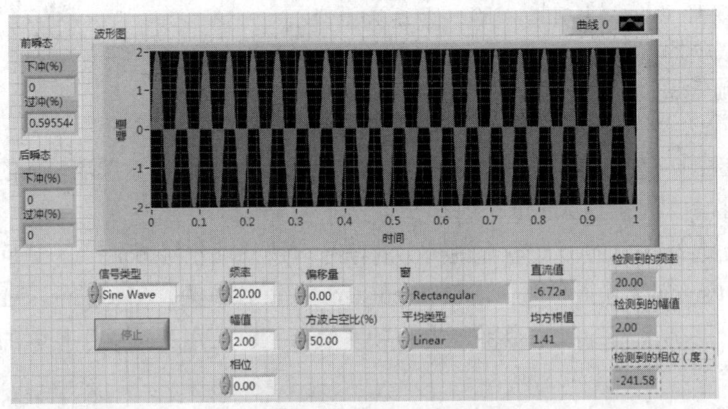

图 17-27　前面板运行结果

17.2.4　FFT 频谱（幅度-相位）

计算时间信号的 FFT 频谱。FFT 频谱的返回结果是幅度和相位。时间信号输入端输入信号的类型决定使用何种多态 VI 实例。“FFT 频谱（幅度-相位）”VI 节点如图17-28所示。

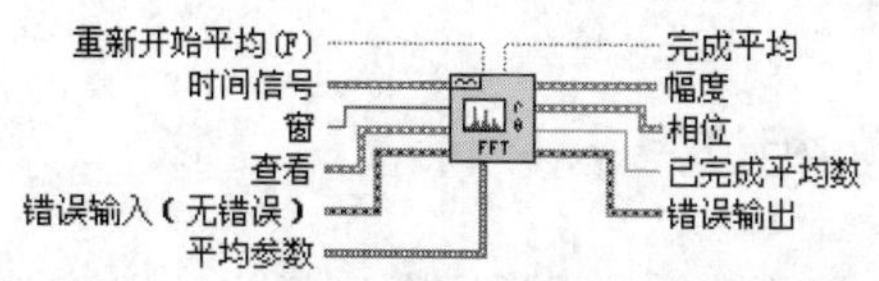

图 17-28 “FFT 频谱（幅度-相位）”VI 节点

（1）重新开始平均：如果重新开始平均过程时，需要选择该端。

（2）窗：所使用的时域窗。包括矩形窗、Hanning 窗（默认）、Hamming 窗、Blackman-Harris 窗、Exact Blackman 窗、Blackman 窗、Flat Top 窗、4 阶 Blackman-Harris 窗、7 阶 Blackman-Harris 窗、Low Sidelobe 窗、Blackman Nuttall 窗、三角窗、Bartlett-Hanning 窗、Bohman 窗、Parzen 窗、Welch 窗、Kaiser 窗、Dolph-Chebyshev 窗和高斯窗。

（3）查看：定义了该 VI 不同的结果怎样返回。输入量是一个簇数据类型，如图 17-29 所示。

- 显示为 dB：结果是否以分贝（dB）的形式表示。默认为 FALSE。
- 展开相位：是否将相位展开。默认为 FALSE。
- 转换为度：是否将输出相位结果的弧度表示转换为度表示。默认为 FALSE。说明默认情况下相位输出是以弧度来表示的。

（4）平均参数：是一个簇数据类型，定义了如何计算平均值，如图 17-30 所示。

- 平均模式：选择平均模式。包括 No averaging（默认）、Vector averaging、RMS averaging 和 Peak hold 4 个选择项。

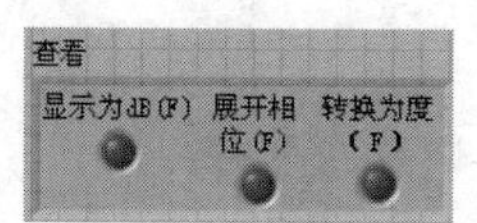

图 17-29 查看端口输入控件

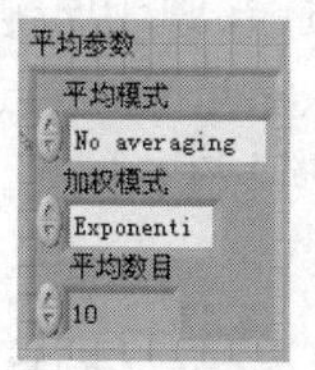

图 17-30 平均参数输入控件

- 加权模式：为 RMS averaging 和 Vector averaging 模式选择加权模式。包括 Linear（线性）模式和 Exponential（指数）模式（默认）。
- 平均数目：进行 RMS averaging 和 Vector averaging 平均时使用的平均数目。如果加权模式为 Exponential 模式，平均过程连续进行。如果加权模式为 Linear 模式，在所选择的平均数目被运算后，平均过程将停止。

动手练——分析频谱相位

扫一扫，看视频

源文件：源文件\第 17 章\分析频谱相位.vi

练习“FFT 频谱（幅度-相位）”VI 的使用，程序框图如图 17-31 所示。

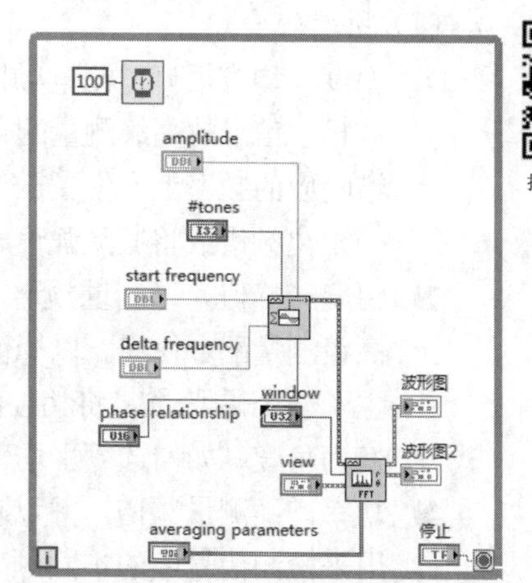

图 17-31 程序框图

思路点拨

（1）首先使用基本混合单频 VI 产生包含多个单频信号的混合信号，可以对该混合信号单频的数目、频率、相位关系等进行调节。

（2）将该混合信号输入“FFT 频谱（幅度-相位）”VI 的时间信号输入端，对混合信号的频率及相位信息进行分析。

（3）通过前面板的输入控件对分析过程中运算的参数进行调节。

17.2.5 频率响应函数（幅度-相位）

计算输入信号的频率响应及相关性。结果返回幅度相位及相关性。一般来说，时间信号 X 是激励，而时间信号 Y 是系统的响应。每一个时间信号对应一个单独的 FFT 模块，因此必须将每一个时间信号输入一个 VI 中。“频率响应函数（幅度-相位）”VI 节点如图 17-32 所示。

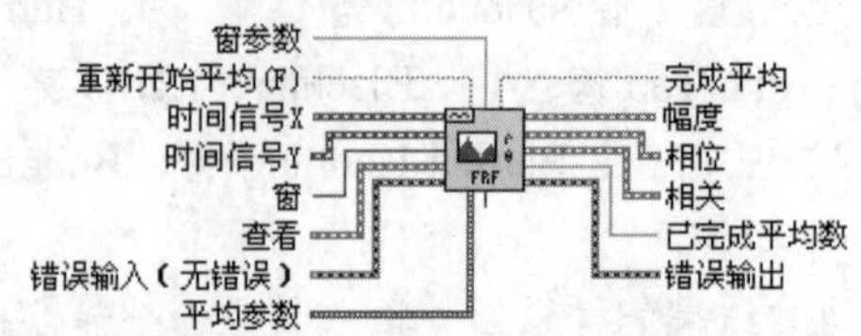

图 17-32 “频率响应函数（幅度-相位）”VI 节点

重新开始平均：VI 是否重新开始平均。如果重新开始平均输入为 TRUE，VI 将重新开始所选择的平均过程。如果重新开始平均输入为 FALSE，VI 将不重新开始所选择的平均过程。默认为 FALSE。当第一次调用该 VI 时，平均过程自动重新开始。

17.2.6 频谱测量

“频谱测量”Express VI 用于进行基于 FFT 的频谱测量，如信号的平均幅度频谱、功率谱、相位谱。“频谱测量”Express VI 节点的初始图标如图 17-33 所示。该 Express VI 的图标也可以像其他 Express VI 图标一样改变显示样式。

图 17-33 “频谱测量”Express VI 节点

“频谱测量”Express VI 放置在程序框图上后，将显示“配置频谱测量”对话框。在该对话框中，可以对“频谱测量”Express VI 的各项参数进行设置和调整，如图 17-34 所示。

下面对“配置频谱测量”对话框中的选项进行介绍。

(1) 所选测量。

- 幅度（均方根）：测量频谱，并以均方根（RMS）的形式显示结果。该测量通常与要求幅度和相位信息的高级测量配合使用。频谱的幅度以均方根测量。例如，幅值为 A 的正弦波在频谱响应的频率上产生了一个 0.707*A 的幅值。将相位分别设置为展开相位或转换为度，可展开相位频谱或将其从弧度转换为角度。如勾选“平均”复选框，经平均运算后相位输出为 0。
- 幅度（峰值）：测量频谱，并以峰值的形式显示结果。该测量通常与要求幅度和相位信息的高级测量配合使用。以峰值测量频谱幅度。例如，幅值为 A 的正弦波在频谱响应的频率上产生了一个幅值 A。将相位分别设置为展开相位或转换为度，可展开相位频谱或将其从弧度转换为角度。如勾选“平均”复选框，经平均运算后相位输出为 0。
- 功率谱：测量频谱，并以功率的形式显示结果。所有相位信息都在计算中丢失。该测量通常用来检测信号中的不同频率分量。虽然平均化计算功率频谱不会降低系统中的非期望噪声，但是平均计算提供了测试随机信号电平的可靠统计估计。

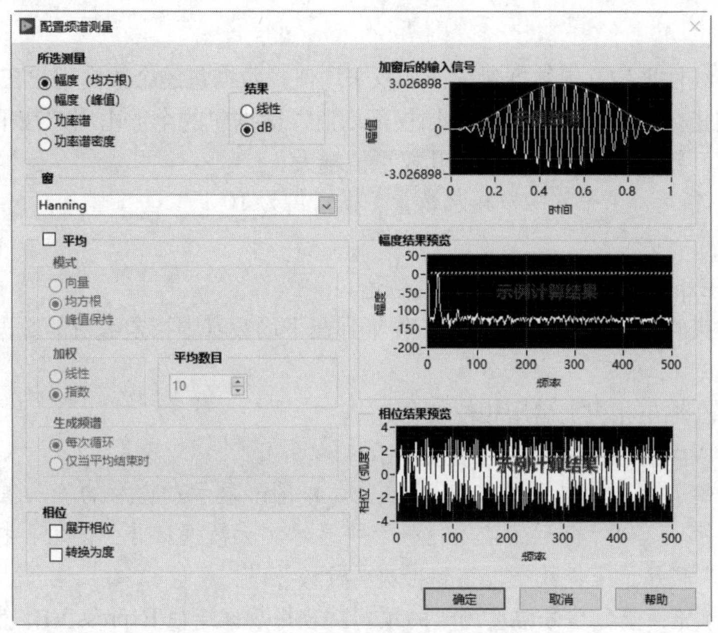

图 17-34 “配置频谱测量”对话框

- 功率谱密度：测量频谱，并以功率谱密度（PSD）的形式显示结果。将功率谱归一化可得到功率谱密度，其中各功率谱区间中的频率按照区间宽度进行归一化。通常使用这种测量检测信号的本底噪声，或特定频率范围内的功率。根据区间宽度归一化功率谱，使该测量独立于信号持续时间和样本数量。

（2）结果。

- 线性：以原单位返回结果。
- dB：以分贝（dB）为单位返回结果。

（3）窗。

- 无：不在信号上使用窗。
- Hanning：在信号上使用 Hanning 窗。
- Hamming：在信号上使用 Hamming 窗。
- Blackman-Harris：在信号上使用 Blackman-Harris 窗。
- Exact Blackman：在信号上使用 Exact Blackman 窗。
- Blackman：在信号上使用 Blackman 窗。
- Flat Top：在信号上使用 Flat Top 窗。
- 4 阶 Blackman-Harris：在信号上使用 4 阶 Blackman-Harris 窗。
- 7 阶 Blackman-Harris：在信号上使用 7 阶 Blackman-Harris 窗。
- Low Sidelobe：在信号上使用 Low Sidelobe 窗。

（4）平均：指定该 Express VI 是否计算平均值。

（5）模式。

- 向量：直接计算复数 FFT 频谱的平均值。向量平均从同步信号中消除噪声。
- 均方根：平均信号 FFT 频谱的能量或功率。
- 峰值保持：在每条频率线上单独求平均，将峰值电平从一个 FFT 记录保持到下一个。

（6）加权。

- 线性：指定线性平均，求数据包的非加权平均值，数据包的个数由用户在平均数目中指定。
- 指数：指定指数平均，求数据包的加权平均值，数据包的个数由用户在平均数目中指定。求指数平均时，数据包的时间越新，其权重值越大。

（7）平均数目：指定待求平均的数据包数量。默认值为 10。

（8）生成频谱。

- 每次循环：Express VI 每次循环后返回频谱。
- 仅当平均结束时：只有当 Express VI 收集到在平均数目中指定数目的数据包时，才返回频谱。

（9）相位。

- 展开相位：在输出相位上启用相位展开。
- 转换为度：以度为单位返回相位结果。

（10）加窗后的输入信号：显示通道 1 的信号。该图形显示加窗后的输入信号。若将数据连往 Express VI，然后运行，则“加窗后的输入信号”将显示实际数据。若关闭后再打开 Express VI，则“加窗后的输入信号”将显示采样数据，直到再次运行该 VI。

（11）幅度结果预览：显示信号幅度测量的预览。若将数据连往 Express VI，然后运行，则“幅度结果预览”将显示实际数据。若关闭后再打开 Express VI，则“幅度结果预览”将显示采样数据，直到再次运行该 VI。

（12）相位结果预览：显示信号相位测量的预览。若连线数据至 Express VI 后运行，相位结果预览可显示实际数据。若关闭后再打开 Express VI，相位结果预览可显示示例数据，直至再次运行 VI。

17.2.7 失真测量

“失真测量”Express VI 用于在信号上进行失真测量，如音频分析、总谐波失真（THD）、信号与噪声失真比（SINAD）。“失真测量”Express VI 节点的初始图标如图 17-35 所示。该 Express VI 的图标也可以像其他 Express VI 图标一样改变显示样式。

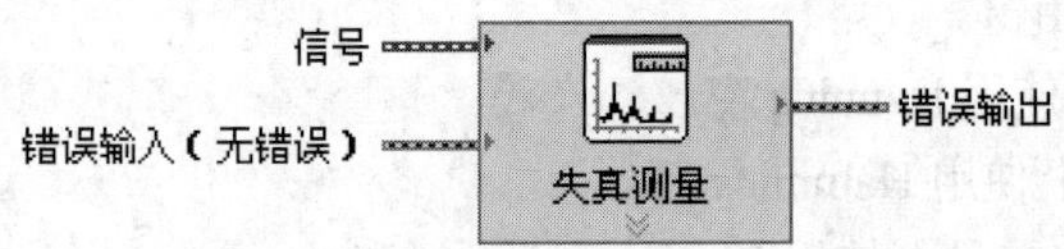

图 17-35 “失真测量”Express VI 节点

“失真测量”Express VI 放置在程序框图上后，将显示“配置失真测量[失真测量]”对话框。在该对话框中，可以对“失真测量”Express VI 的各项参数进行设置和调整，如图 17-36 所示。

下面对“配置失真测量[失真测量]”对话框中的各选项进行介绍。

（1）失真。

- SINAD（dB）：计算测得的信号与噪声失真比（SINAD）。信号与噪声失真比（SINAD）是信号 RMS 能量与信号 RMS 能量减去基波能量所得结果之比，单位为 dB。如需以 dB 为单位计算 THD 和噪声，可取消勾选 SINAD（dB）复选框。
- 总谐波失真：计算达到最高谐波时测量到的总谐波失真（包括最高谐波在内）。THD 是谐波的均方根总量与基频幅值之比。要将 THD 作为百分比使用，乘以 100 即可。
- 指定谐波电平：返回用户指定的谐波。

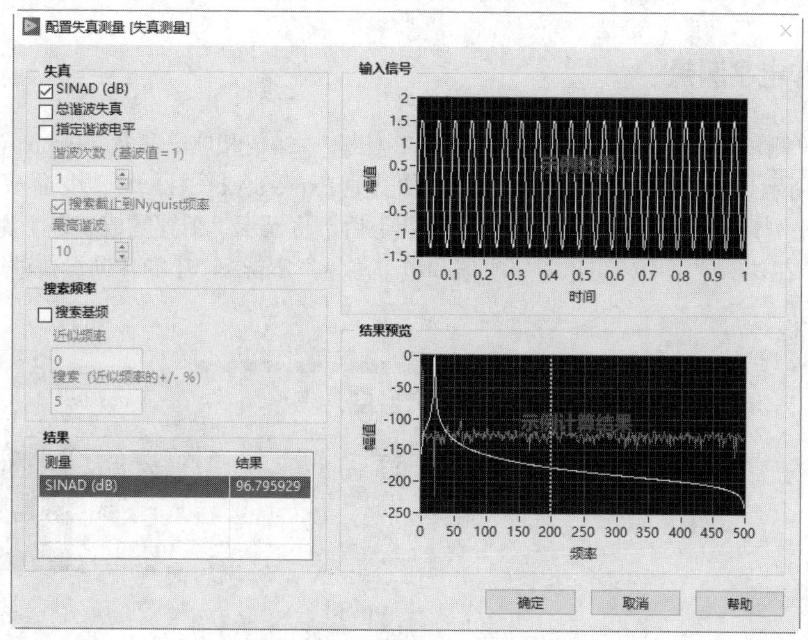

图 17-36“配置失真测量[失真测量]”对话框

- 谐波次数（基波值 =1）：指定要测量的谐波。只有勾选“指定谐波电平”复选框时，才可使用该选项。
- 搜索截止到 Nyquist 频率：指定在谐波搜索中仅包含低于 Nyquist 频率（采样频率的一半） 的频率。只有勾选了“总谐波失真”或“指定谐波电平”复选框时，才可使用该选项。取消勾选“搜索截止到 Nyquist 频率”复选框，则该 VI 继续搜索超出 Nyquist 频率的频域，更高的频率成分已根据下列方程混叠：aliased $f = Fs - (f \text{ modulo } Fs)$。其中，$Fs = 1/dt$ =采样频率。
- 最高谐波：控制最高谐波，包括基频、用于谐波分析。例如，对于 3 次谐波分析，将最高谐波设为 3，以测量基波、2 次谐波和 3 次谐波。只有勾选了“总谐波失真”或“指定谐波电平”复选框时，才可使用该选项。

（2）搜索频率。

- 搜索基频：控制频域搜索范围，指定中心频率和频率宽度，用于寻找信号的基频。
- 近似频率：用于在频域中搜索基频的中心频率。默认值为 0。如将近似频率设为–1，则该 Express VI 将使用幅值最大的频率作为基频。只有勾选了“搜索基频”复选框时，才可使用该选项。
- 搜索（近似频率的+/–%）：频带宽度，以采样频率的百分数表示，用于在频域中搜索基频。默认值为 5。只有勾选了“搜索基频”复选框时，才可使用该选项。

（3）结果：显示该 Express VI 所设定的测量以及测量结果。单击测量栏中列出的任何测量项，“结果预览”中将出现相应的数值或图表。

（4）输入信号：显示输入信号。若将数据连往 Express VI，然后运行，则“输入信号”将显示实际数据。若关闭后再打开 Express VI，则“输入信号”将显示采样数据，直到再次运行该 VI。

（5）结果预览：显示测量结果预览。若将数据连往 Express VI，然后运行，则“结果预览”将显示实际数据。若关闭后再打开 Express VI，则“结果预览”将显示采样数据，直到再次运行该 VI。

17.2.8 幅值和电平测量

“幅值和电平测量”Express VI 用于测量电平和电压。“幅值和电平测量”Express VI 节点的初始图标如图 17-37 所示。该 Express VI 的图标也可以像其他 Express VI 图标一样改变显示样式。

“幅值和电平测量”Express VI 放置在程序框图上后，将显示“配置幅值和电平测量[幅值和电平测量]”对话框。在该对话框中，可以对“幅值和电平测量”Express VI 的各项参数进行设置与调整，如图 17-38 所示。

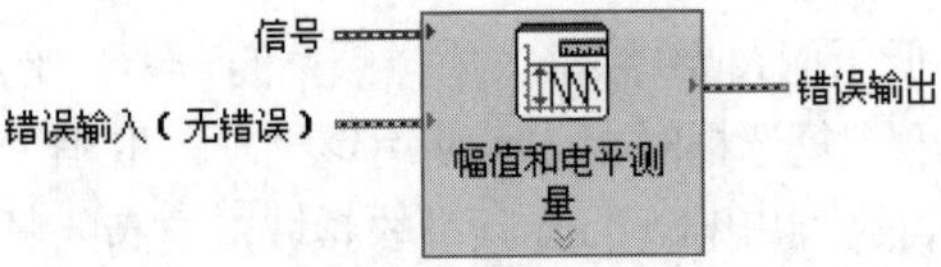

信号
错误输入（无错误）
错误输出
幅值和电平测量

图 17-37 “幅值和电平测量”Express VI 节点

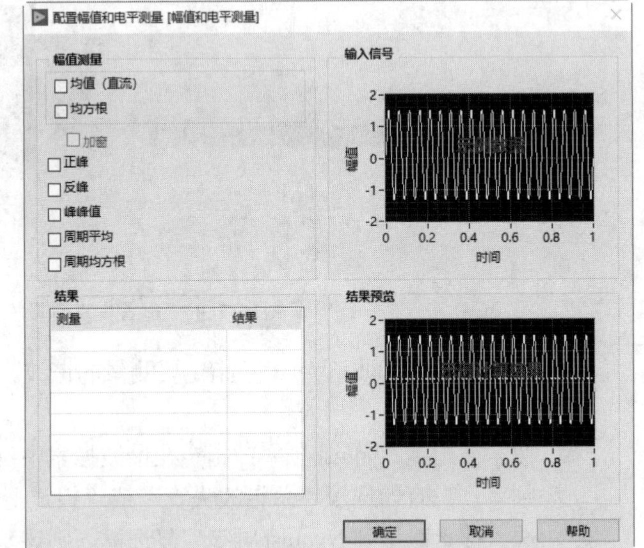

图 17-38 “配置幅值和电平测量[幅值和电平测量]”对话框

下面对“配置幅值和电平测量[幅值和电平测量]”对话框中的各选项进行介绍。

（1）幅值测量。

- 均值（直流）：采集信号的直流分量。
- 均方根：计算信号的均方根值。
- 加窗：给信号加一个平滑窗。只有勾选了“均值（直流）”或“均方根”复选框，才可使用该选项。平滑窗可用于缓和有效信号中的急剧变化。若能采集到整数个周期或对噪声谱进行分析，则通常不在信号上加窗。
- 正峰：测量信号中的最高正峰值。
- 反峰：测量信号中的最低负峰值。
- 峰峰值：测量信号最高正峰和最低负峰之间的差值。
- 周期平均：测量周期性输入信号一个完整周期的平均电平。
- 周期均方根：测量周期性输入信号一个完整周期的均方根值。

（2）结果：显示该 Express VI 所设定的测量以及测量结果。单击测量栏中列出的任何测量项，结果预览中将出现相应的数值或图表。

（3）输入信号：显示输入信号。如将数据连往 Express VI，然后运行，则“输入信号”将显示实际数据。如关闭后再打开 Express VI，则“输入信号”将显示采样数据，直到再次运行该 VI。

（4）结果预览：显示测量结果预览。如将数据连往 Express VI，然后运行，则“结果预览”将显示实际数据。如关闭后再打开 Express VI，则“结果预览”将显示采样数据，直到再次运行该 VI。

“波形调理”子选板中的其他 VI 节点的使用方法与以上介绍的节点类似，不再赘述。

17.3 信号运算

使用“信号运算”子选板中的 VI 对信号进行运算处理。信号运算 VI 在“函数”→“信号处理”→“信号运算”子选板中，如图 17-39 所示。

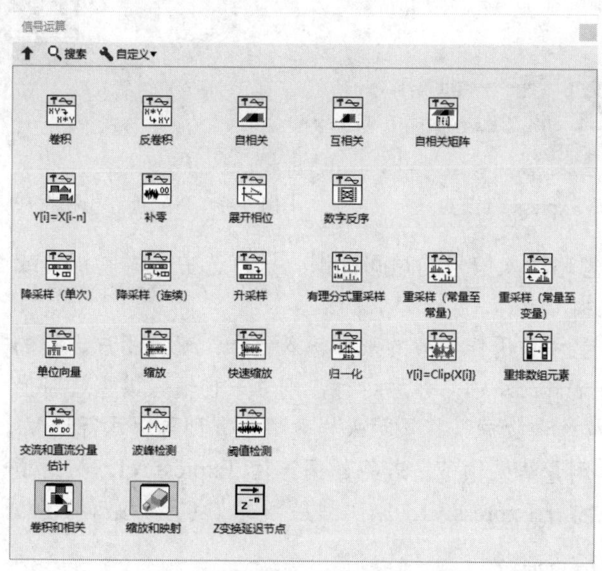

图 17-39 “信号运算”子选板

“信号运算”子选板上的 VI 节点的端口定义都比较简单，因此使用方法也比较简单，下面只对该选板中包含的两个 Express VI 进行介绍。

17.3.1 卷积和相关

“卷积和相关”Express VI 用于在输入信号上进行卷积和反卷积相关操作。“卷积和相关”Express VI 节点的初始图标如图 17-40 所示。该 Express VI 的图标也可以像其他 Express VI 图标一样改变显示样式。

“卷积和相关”Express VI 放置在程序框图上后，将显示“配置卷积和相关[卷积和相关]”对话框。在该对话框中，可以对“卷积和相关”Express VI 的各项参数进行设置与调整，如图 17-41 所示。

下面对“配置卷积和相关[卷积和相关]”对话框中的各选项进行介绍。

（1）信号处理。

- 卷积：计算输入信号的卷积。
- 反卷积：计算输入信号的反卷积。
- 自相关：计算输入信号的自相关。
- 互相关：计算输入信号的互相关。

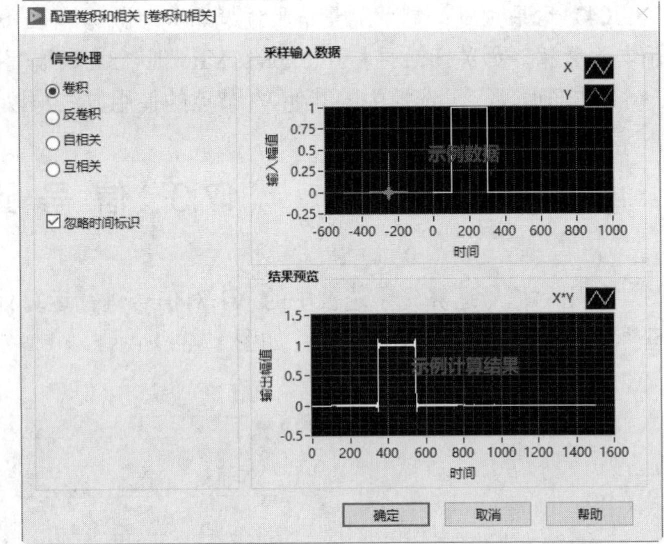

输入1
Y
错误输入（无错误）
卷积和相关
输出信号
错误输出

图 17-40 “卷积和相关”Express VI 节点

图 17-41 “配置卷积和相关[卷积和相关]”对话框

➘ 忽略时间标识：忽略输入信号的时间标识。只有选中了“卷积”或“反卷积”单选按钮，才可使用该选项。

（2）采样输入数据。显示可用作参考的采样输入信号，确定用户选择的配置选项如何影响实际输入信号。若将数据连往该 Express VI，然后运行，则“采样输入数据”将显示实际数据。若关闭后再打开 Express VI，则“采样输入数据”将显示采样数据，直到再次运行该 VI。

（3）结果预览。显示测量结果预览。若将数据连往 Express VI，然后运行，则“结果预览”将显示实际数据。若关闭后再打开 Express VI，则“结果预览”将显示采样数据，直到再次运行该 VI。

扫一扫，看视频

动手练——卷积运算信号波

源文件：源文件\第 17 章\卷积运算信号波.vi

练习“卷积和相关”Express VI 的使用，程序框图如图 17-42 所示。

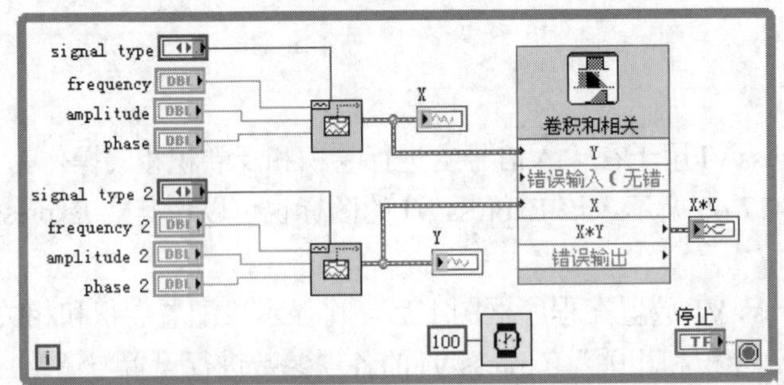

图 17-42 程序框图

思路点拨

（1）使用“基本函数发生器”VI 节点产生两个信号。这两个信号波形的类型、幅值、频率、相位等参数可调。

（2）将“卷积和相关”Express VI 配置为进行卷积运算。

（3）运行程序，前面板结果如图 17-43 所示。

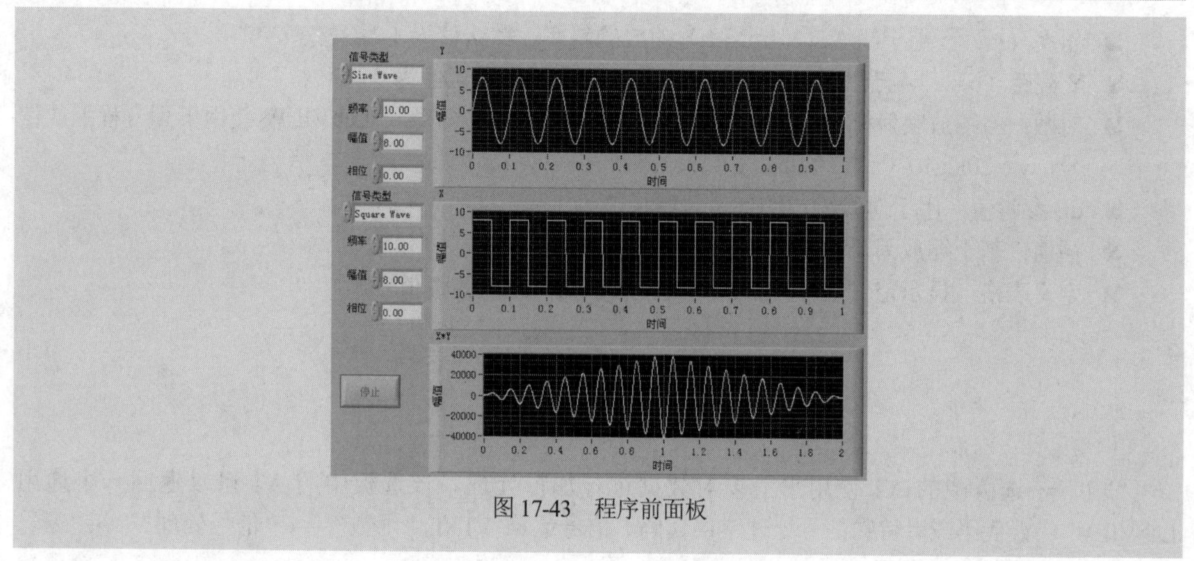

图 17-43　程序前面板

17.3.2　缩放和映射

“缩放和映射”Express VI 用于通过缩放和映射信号，改变信号的幅值。“缩放和映射”Express VI 节点的初始图标如图 17-44 所示。该 Express VI 的图标也可以像其他 Express VI 图标一样改变显示样式。

“缩放和映射”Express VI 放置在程序框图上后，将显示“配置缩放和映射[缩放和映射]”对话框。在该对话框中，可以对“缩放和映射”Express VI 的各项参数进行设置与调整，如图 17-45 所示。

信号
错误输入（无错误）
缩放和映射
缩放信号
错误输出

图 17-44　“缩放和映射”Express VI 节点

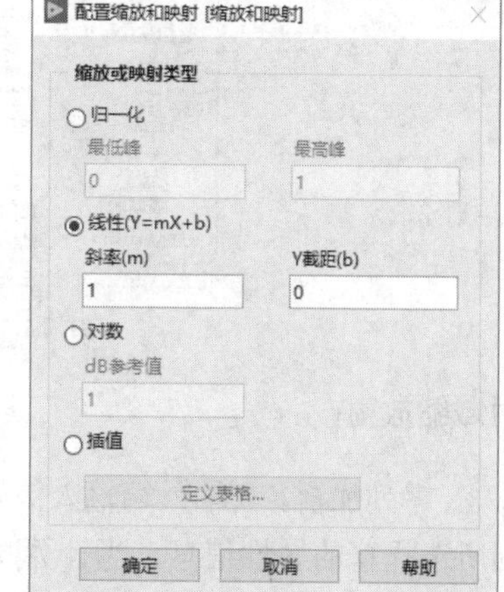

图 17-45　“配置缩放和映射[缩放和映射]”对话框

下面对“配置缩放和映射[缩放和映射]”对话框中的各选项进行介绍。

- 归一化：确定转换信号所需的缩放因子和偏移量，使信号的最大值出现在最高峰，最小值出现在最低峰。
- 最低峰：指定将信号归一化所用的最小值。默认值为 0。
- 最高峰：指定将信号归一化所用的最大值。默认值为 1。
- 线性（Y=mX+b）：将缩放映射模式设置为线性，基于直线缩放信号。

- 斜率（m）：用于线性（Y=mX+b）缩放的斜率。默认值为 1。
- Y 截距（b）：用于线性（Y=mX+b）缩放的截距。默认值为 0。
- 对数：将缩放映射模式设置为对数，基于参考分贝缩放信号。LabVIEW 使用下列方程缩放信号：y = 20log10（x/参考 db）。
- dB 参考值：用于对数缩放的参考。默认值为 1。
- 插值：基于缩放因子的线性插值表，用于缩放信号。
- 定义表格：显示定义信号对话框，定义用于插值缩放的数值表。

17.4 窗

"窗"子选板中的 VI 使用平滑窗对数据进行加窗处理。该选板中的 VI 可以返回一个通用 LabVIEW 错误代码或者特殊信号处理错误代码。信号运算 VI 在"函数"→"信号处理"→"窗"子选板中，如图 17-46 所示。

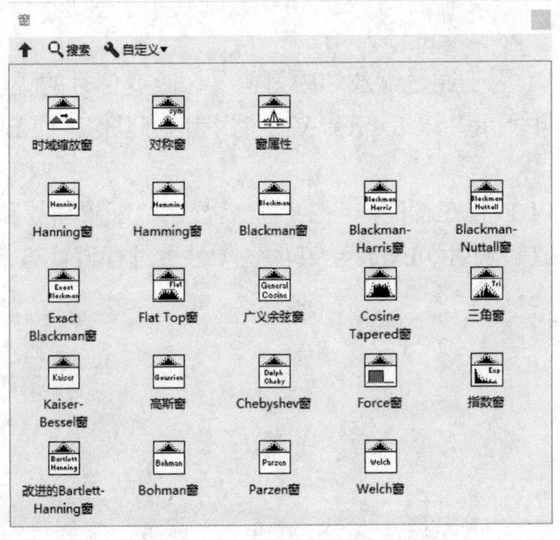

图 17-46 "窗"子选板

1. 时域缩放窗

对输入X序列加窗。X输入端输入信号的类型决定了节点所使用的多态VI实例。"时域缩放窗"VI 也返回所选择窗的属性信息。当计算功率谱时，这些信息是非常重要的。"时域缩放窗"VI 节点如图 17-47 所示。

2. 窗属性

计算窗的相干增益和等效噪声带宽。"窗属性"VI 节点如图 17-48 所示。

图 17-47 "时域缩放窗"VI 节点　　图 17-48 "窗属性"VI 节点

"窗"子选板中的 VI 节点都比较简单，其他 VI 节点这里不再展开讲解。

17.5 滤 波 器

使用滤波器 VI 进行 IIR、FIR 和非线性滤波。“滤波器”子选板上的 VI 可以返回一个通用 LabVIEW 错误代码或一个特定的信号处理代码。滤波器 VI 在“函数”→“信号处理”→“滤波器”子选板中，如图 17-49 所示。

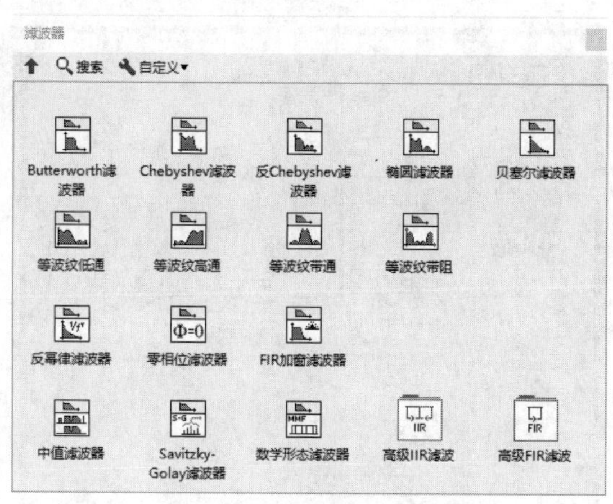

图 17-49 “滤波器”子选板

17.5.1 Butterworth 滤波器

通过调用“Butterworth 滤波器”VI 节点产生一个数字 Butterworth 滤波器。X 输入端输入信号的类型决定了节点所使用的多态 VI 实例。“Butterworth 滤波器”VI 节点如图 17-50 所示。

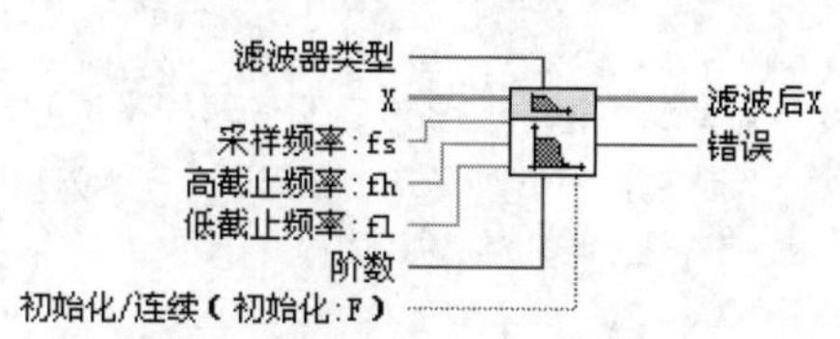

图 17-50 “Butterworth 滤波器”VI 节点

- 滤波器类型：对滤波器的通带进行选择。包括 Lowpass（低通）、Highpass（高通）、Bandpass（带通）和 Bandstop（带阻）4 种类型。
- 采样频率：采样频率必须高于 0。默认为 1.0。如果采样频率低于或等于 0，VI 将滤波后的 X 输出为一个空数组并且返回一个错误。
- 高截止频率：当滤波器为低通或高通滤波器时，VI 将忽略该参数。当滤波器为带通或带阻滤波器时，高截止频率必须大于低截止频率。
- 低截止频率：低截止频率，必须遵从乃奎斯特定律。默认值为 0.125。如果低截止频率低于或等于 0 或大于采样频率的一半，VI 将滤波后 X 设置为空数组并且返回一个错误。当滤波器选择为带通或带阻时，低截止频率必须小于高截止频率。
- 阶数：选择滤波器的阶数，该值必须大于 0。默认为 2。如果阶数小于或等于 0，VI 将滤波后的 X 输出为一个空数组并且返回一个错误。

- 初始化/连续：内部状态初始化控制。默认为 FALSE。第一次运行该 VI 或初始化/连续输入端口为 FALSE，LabVIEW 将内部状态初始化为 0。如果初始化/连续输入端为 TRUE，LabVIEW 初始化该 VI 的状态为最后调用 VI 实例的状态。

扫一扫，看视频

动手练——Butterworth 滤波器

源文件：源文件\第 17 章\Butterworth 滤波器.vi

本实例演示了“Butterworth 滤波器”VI 节点的基本使用方法。程序框图如图 17-51 所示。

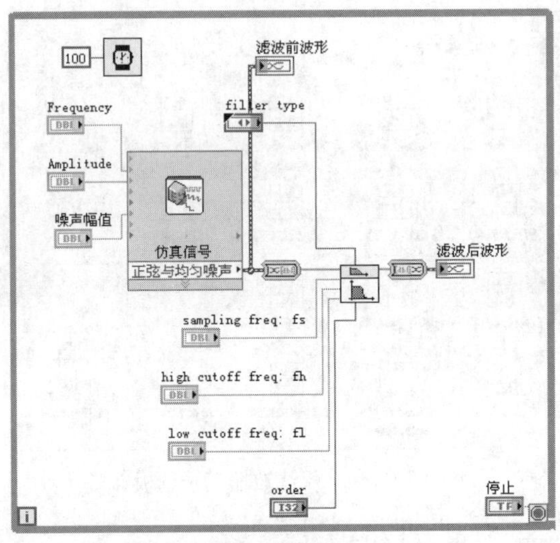

图 17-51　程序框图

思路点拨

（1）使用“仿真信号”Express VI 产生一个包含白噪声信号的正弦波形，该波形中正弦信号的频率、幅值可调，包含的白噪声信号的幅值可调。

（2）使用“Butterworth 滤波器”VI 节点对该波形进行滤波，滤波器的类型及其相关参数可调。

（3）使用“Lowpass（低通）”滤波器对波形进行滤波。可以看到效果比较理想。

（4）运行程序，前面板运行结果如图 17-52 所示。

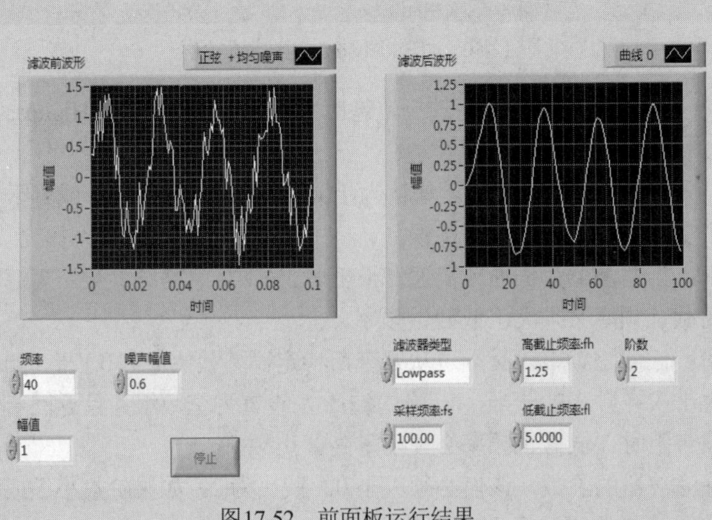

图17-52　前面板运行结果

17.5.2 Chebyshev 滤波器

调用“Chebyshev 滤波器”VI 节点会生成一个 Chebyshev 数字滤波器。X 输入端输入信号的类型决定了节点所使用的多态 VI 实例。“Chebyshev 滤波器”VI 节点如图 17-53 所示。

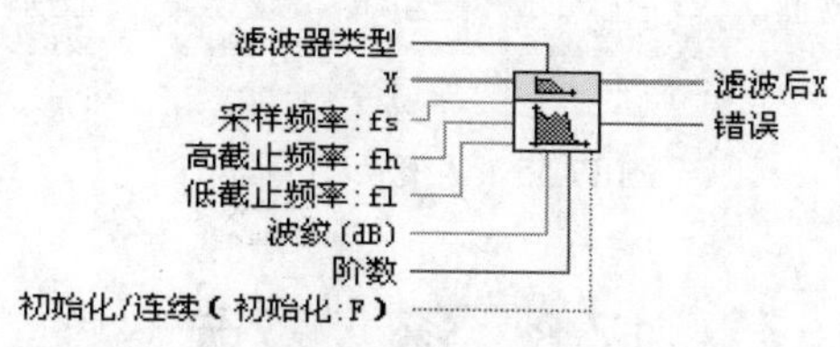

图 17-53 “Chebyshev 滤波器”VI 节点

波纹：通带中的波纹。波纹必须大于 0，并且以分贝的形式表示。默认为 0.1。如果波纹输入小于或等于 0，VI 将滤波后的 X 输出为一个空数组并且返回一个错误。

“滤波器”子选板中的其他 VI 节点同以上两个 VI 节点的用法类似，这里不再展开讲解。

17.6 谱 分 析

使用谱分析 VI 节点进行基于数组的谱分析。“谱分析”子选板上的 VI 可以返回一个通用 LabVIEW 错误代码或一个特定的信号处理代码。谱分析 VI 在“函数”→“信号处理”→“谱分析”子选板中，如图 17-54 所示。

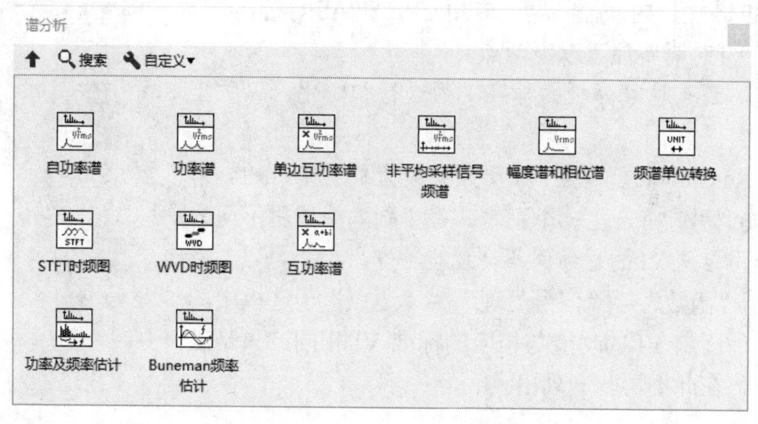

图 17-54 “谱分析”子选板

17.7 变 换

使用变换 VI 进行信号处理中常用的变换。基于 FFT 的 LabVIEW 变换 VI 使用不同的单位和标尺。“变换”子选板上的 VI 可以返回一个通用 LabVIEW 错误代码或一个特定的信号处理代码。变换 VI 在“函数”→“信号处理”→“变换”子选板中，如图 17-55 所示。“变换”子选板中的 VI 节点的使用方法都比较简单，单个节点的使用方法不再叙述。

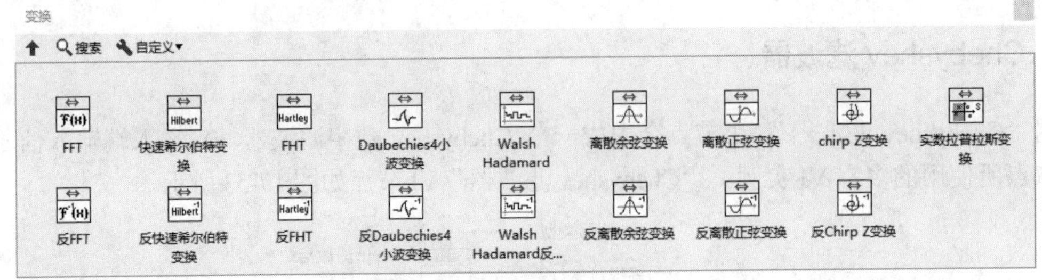

图 17-55 “变换”子选板

17.8 逐 点

传统的基于缓冲和数组的数据分析过程是缓冲区准备、数据分析、数据输出，分析是按数据块进行的。由于构建数据块需要时间，因此使用这种方法难以构建实时的系统。在逐点信号分析中，数据分析是针对每个数据点的，一个数据点接一个数据点连续进行，数据可以实现实时处理。使用逐点信号分析库能够跟踪和处理实时事件，分析可以与信号同步，直接与数据相连，数据丢失的可能性更小，编程更加容易，而且因为无须构建数组，所以对采样速率要求更低。

逐点信号分析具有非常广泛的应用前景。实时的数据采集和分析需要高效稳定的应用程序，逐点信号分析是高效稳定的，因为它与数据采集和分析是紧密相连的，因此它更适用于控制FPGA芯片、DSP芯片、内嵌控制器、专用CPU和ASIC等。

在使用逐点VI时需要注意以下两点。

（1）初始化。逐点信号分析的程序必须进行初始化，以防止前后设置发生冲突。

（2）重入（Re-entrant）。逐点VI必须被设置成可重入的。可重入VI在每次被调用时将产生一个副本，每个副本会使用不同的存储区，所以使用相同VI的程序间不会发生冲突。

逐点VI位于“函数”→“信号处理”→“逐点”子选板中，如图17-56所示。逐点VI的功能与相应的标准VI相同，只是工作方式有所差异，在此不再一一列出。

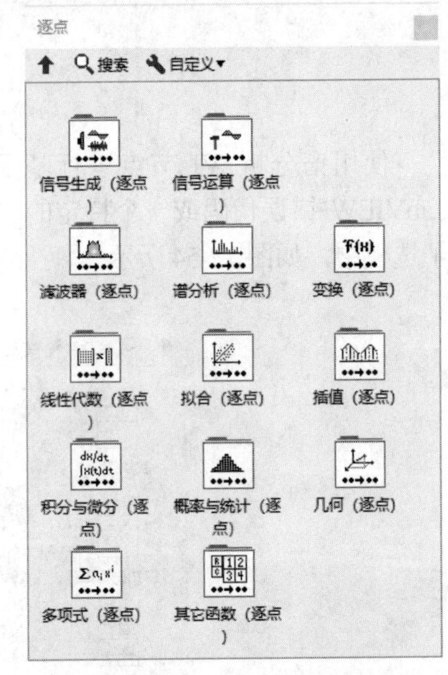

图 17-56 “逐点”子选板

17.9 综合演练——火车故障检测系统

扫一扫，看视频

源文件： 源文件\第17章\火车故障检测系统.vi

在本实例中，火车站的维护人员必须检测到火车上存在故障的车轮。当前的检测方式是由铁路工人使用锤子敲击车轮，通过听取车轮是否传出异常声响判定车轮是否存在问题。自动监控必须替代手动检测，因为手动检测速度过慢、容易出错且很难发现微小故障。自动解决方案也提供了动态检测功能，因为火车车轮在检测过程中可处于运转状态，而无须保持静止。逐点检测应用必须分别分析高频和低频组件。数组最大值与最小值（逐点）VI提取波形数据，该波形数据反映了每个车轮、火车末端及每个车轮末端的能量水平。程序框图如图 17-57 所示。

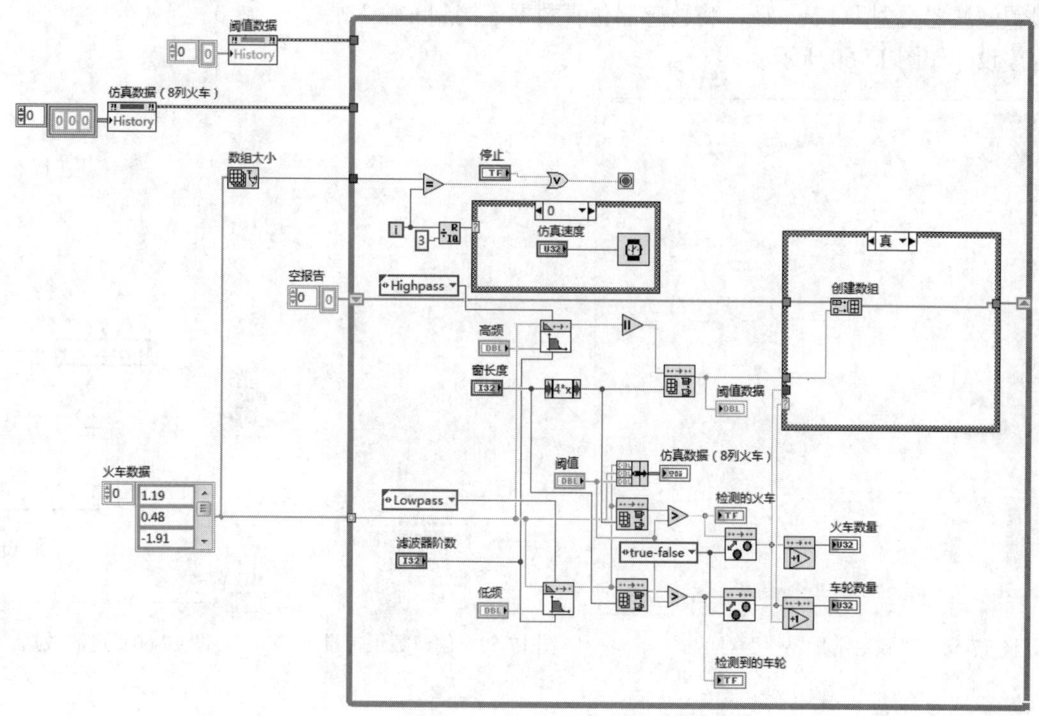

图 17-57　程序框图

【操作步骤】

（1）设置工作环境。

① 新建 VI。选择菜单栏中的“文件”→“新建 VI”命令，新建一个 VI，一个空白的 VI 包括前面板及程序框图。

② 保存 VI。选择菜单栏中的“文件”→“另存为”命令，输入 VI 名称为“火车故障检测系统”。

（2）设置传感器参数。

① 在“函数”选板上选择“编程”→“数组”→“数组常量”，“编程”→“数值”→“DBL 数值常量”，组合数组常量，右击选择“属性”命令，弹出“数值常量属性”对话框，如图 17-58 所示，勾选“显示水平滚动条”复选框，单击“确定”按钮，关闭对话框。

② 在数组索引框中输入 5，则显示 5 个数值，如图 17-59 所示，在该数组常量中设置传感器仿真数据。

（3）过滤数据。

① 在“函数”选板上选择“编程”→“结构”→“While 循环”函数，在该循环中检测火车车轮故障。

② 在“函数”选板上选择“信号处理”→“逐点”→“滤波器（逐点）”→“Butterworth 滤波器（逐点）”VI，创建两个逐点滤波。

➘ 高频滤波。

在“高截止频率”输入端创建“高频”输入控件，在“阶数”输入端创建“滤波器阶数”输入控件，设置滤波器类型为 Highpass，将传感器仿真数据连接到 x 输入端。

➘ 低频滤波。

在“低截止频率”输入端创建“低频”输入控件，“阶数”输入端连接到“滤波器阶数”输入控件，设置滤波器类型为 Lowpass，将传感器仿真数据连接到 x 输入端。

程序设计如图 17-60 所示。

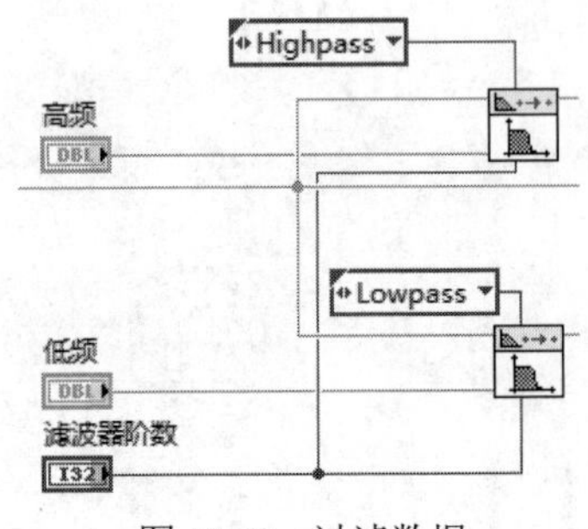

图 17-58　“数组常量属性”对话框　　图 17-59　创建数组常量　　图 17-60　过滤数据

（4）获取车轮最大频率。

① 在“函数”选板上选择“编程”→“数值”→“绝对值”函数，对高频滤波后的 x 取绝对值。

② 在“函数”选板上选择“信号处理”→“逐点”→“其他函数（逐点）”→“数组最大值与最小值（逐点）”VI，输出高频滤波结果。

③ 在“函数”选板上选择“编程”→“数值”→“表达式节点”函数，设置表达式为“4*x”，将输入控件“窗长度”进行计算后作为“采样数”连接到“数组最大值与最小值（逐点）”VI 输入端。

④ 输出“最大值”显示在“阈值数据”波形图中，如图 17-61 所示。

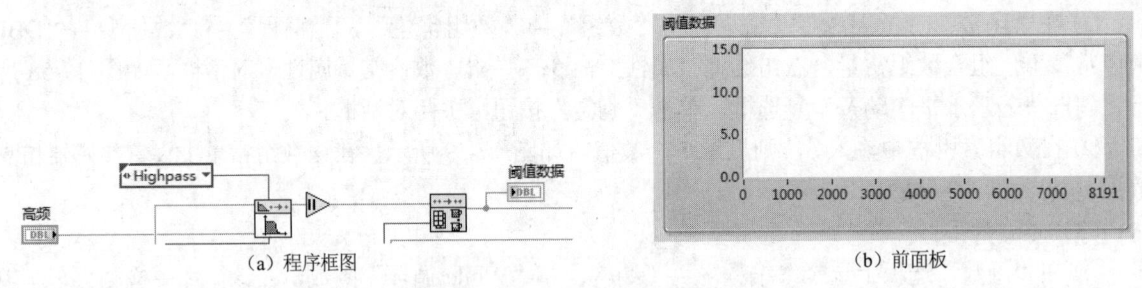

（a）程序框图　　（b）前面板

图 17-61　显示“阈值数据”控件

（5）检测数据峰值。

① 仿真数据。在“函数”选板上选择“编程”→“簇、类与变体”→“捆绑”函数，在输入端连接传感器仿真数据、低频滤波 x，“阈值”输入控件，组合“滤波”“原始数据”“阈值”，显示在“仿真数据（8 列火车）”显示控件中，如图 17-62 所示。

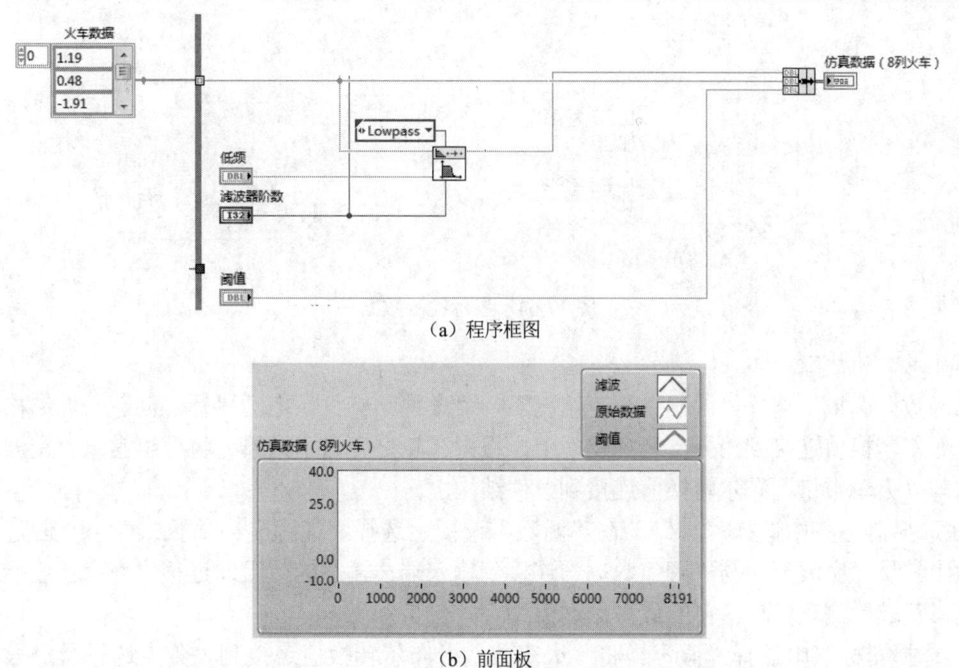

（a）程序框图

（b）前面板

图 17-62 生成仿真数据

② 检测火车。在“函数”选板上选择“信号处理”→“逐点”→“其他函数（逐点）”→“数组最大值与最小值（逐点）”VI，输入低频滤波 x，设置“采样数”为“表达式节点”输出值。将计算的“最大值”与输入的“阈值”进行“大于”函数计算，显示是否检测到火车，并将检测到的火车显示在输出控件上。

③ 检测车轮。在“函数”选板上选择“信号处理”→“逐点”→“其他函数（逐点）”→“数组最大值与最小值（逐点）”VI，输入低频滤波 x，设置“采样数”为“窗长度”输入值。将计算的“最大值”与输入的“阈值”进行“大于”函数计算，显示是否检测到车轮，并显示在输出控件上。程序框图显示如图 17-63 所示。

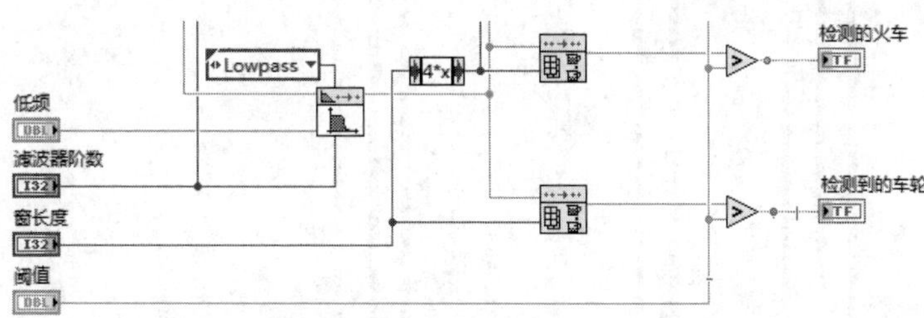

图 17-63 设置显示检测结果

（6）输出检测数据。

① 在“函数”选板上选择“信号处理”→“逐点”→“其他函数（逐点）”→“布尔值转换（逐点）”VI，分别转换将检测结果从布尔类型转换为数值类型，在“方向”输入端创建常量，设置参数为 true-false，转换成数值后，真值初始值为 0。

② 在“函数”选板上选择“信号处理”→“逐点”→“其他函数（逐点）”→“加 1（逐点）”VI，对转换数值加 1，并分别输出在“火车数量”与“车轮数量”控件上。前面板与程序框图显示如图 17-64 所示。

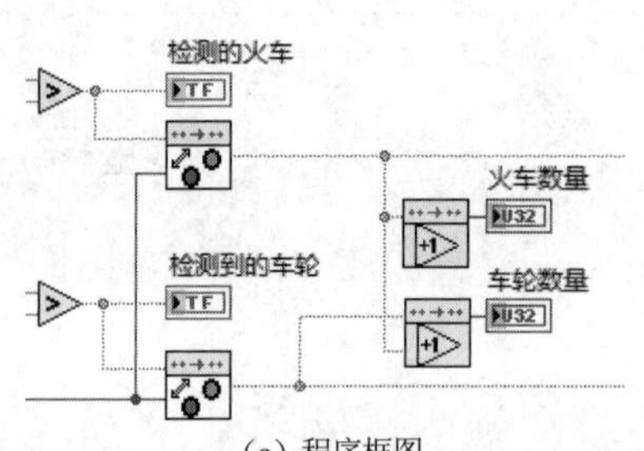

(a) 程序框图

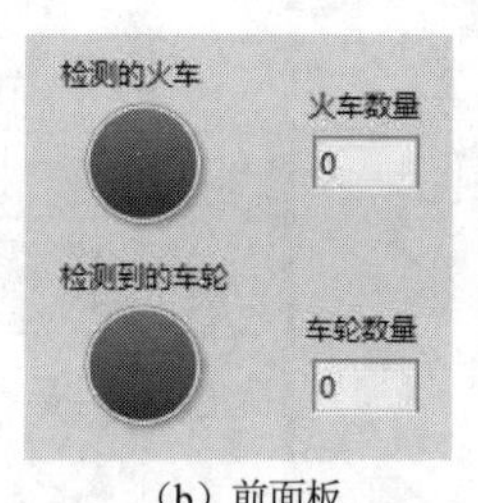

(b) 前面板

图 17-64　显示检测数据

（7）显示车轮故障。

在“函数”选板上选择“编程”→“结构”→“条件结构”，拖动鼠标，创建条件结构，将“车轮数量”布尔转换值连接到“分支选择器”上，根据车轮好坏显示结果。将数组常量“空波形”“阈值数据”与“火车数量”布尔转换值连接到条件结构上。

① 在选择器标签中选择“真”。在“函数”选板上选择“编程”→“数组”→“创建数组”函数，将数组常量“空波形”与“阈值数据”连接到输入端，输出的数组通过移位寄存器连接到循环结构边框上，获取检测车轮时，窗的最大振动值。

② 在选择器标签中选择“假”。将“火车数量”布尔转换值连接到“分支选择器”上，每检测到一辆火车，进行一轮新数据显示。在“函数”选板上选择“编程”→“结构”→“条件结构”，嵌套条件结构。

- 设置“真”条件。每检测到一辆新火车，显示最大值并重置为 0，清除旧数据，在“坏/好的车轮”显示控件上显示新火车车轮情况，如图 17-65 所示。
- 设置“假”条件。若没检测到新火车，则不刷新数据，继续监测数据，如图 17-66 所示。

（8）清除缓存图表数据。

① 创建图表控件“阈值数据”与“仿真数据”的属性节点“历史数据”，连接到“While 循环”上，根据循环清除这两个图表控件缓存数据，如图 17-67 所示。

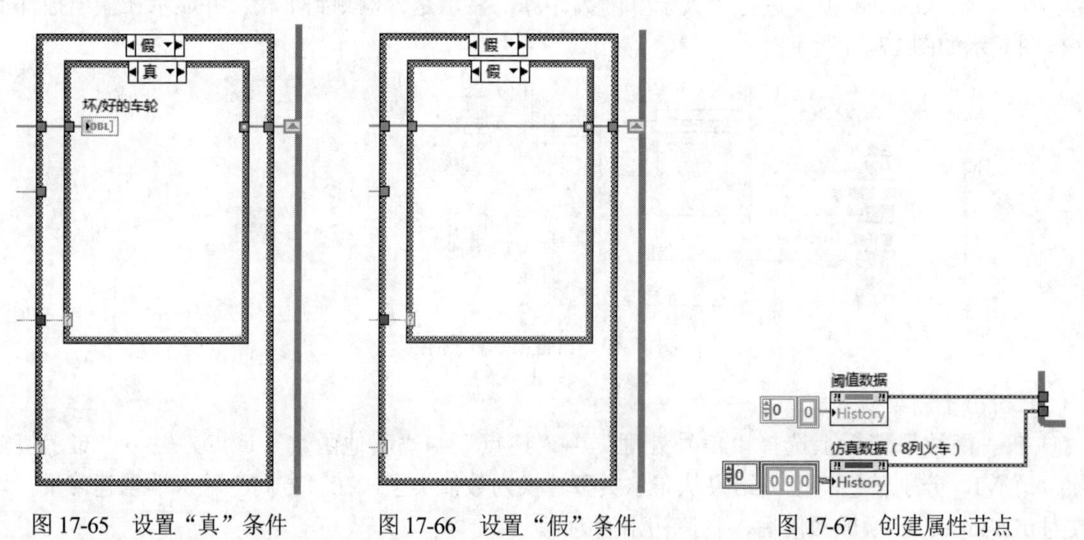

图 17-65　设置“真”条件　　图 17-66　设置“假”条件　　图 17-67　创建属性节点

② 在“函数”选板上选择“编程”→“数组”→“数组大小”函数，连接“火车数据”数组常量，统计该数组的大小，将结果连接到循环结构上。

若数组元素个数与循环次数相等或单击“停止”按钮，则循环结束，完成火车车轮故障检测。程序框图如图 17-68 所示。

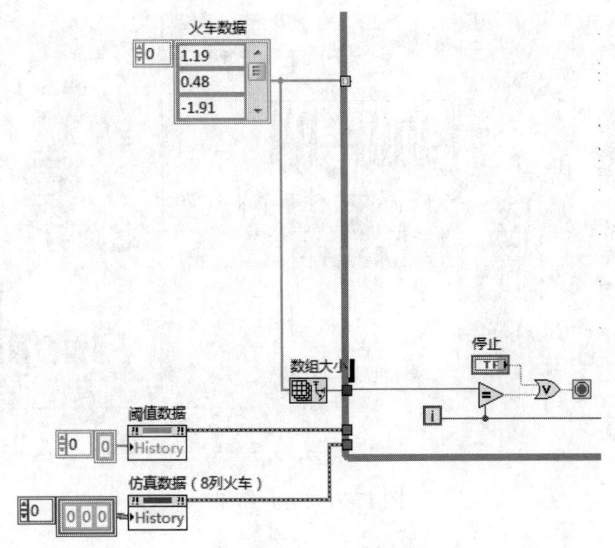

图 17-68 程序框图

（9）火车运行速度设置。

① 设置每 3 次循环使用等待减速，程序框图显示如图 17-69 所示。

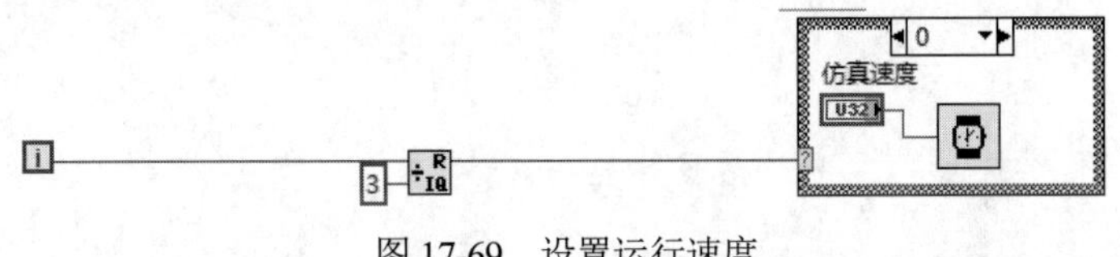

图 17-69 设置运行速度

② 单击工具栏中的“整理程序框图”按钮，整理程序框图，结果如图 17-57 所示。

③ 选择菜单栏中的“窗口”→“显示前面板”命令，打开其前面板，如图 17-70 所示。

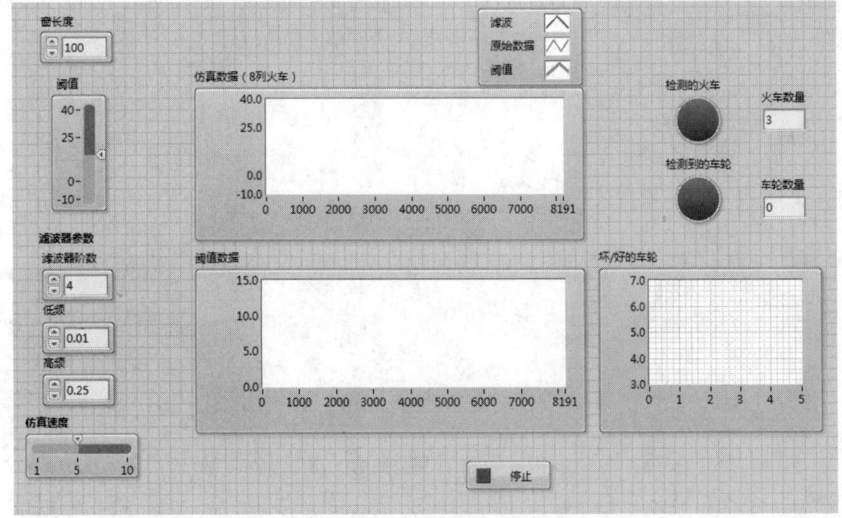

图 17-70 前面板设计结果

（10）运行程序。

在前面板窗口或程序框图窗口的工具栏中单击“运行”按钮，运行 VI，结果如图 17-71 所示。

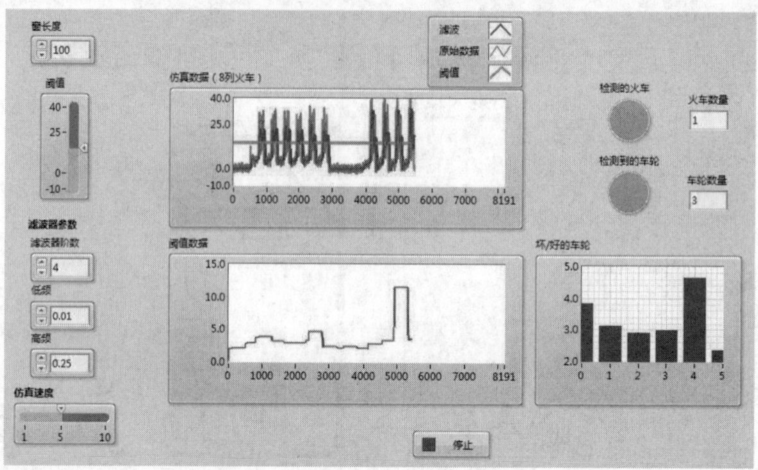

图 17-71　运行结果

第 18 章　网络与通信

内容简介

网络与通信是工业现场仪器或设备常用的通信方式，网络通信则是构建智能化分布式自动测试系统的基础。

本章将介绍使用 LabVIEW 进行串行通信与网络通信的特点与步骤；对 DataSocket 技术及其在 LabVIEW 中的使用方法和步骤进行了介绍。

内容要点

- 串行通信技术
- DataSocket 技术
- TCP 通信
- 综合演练——多路解调器

案例效果

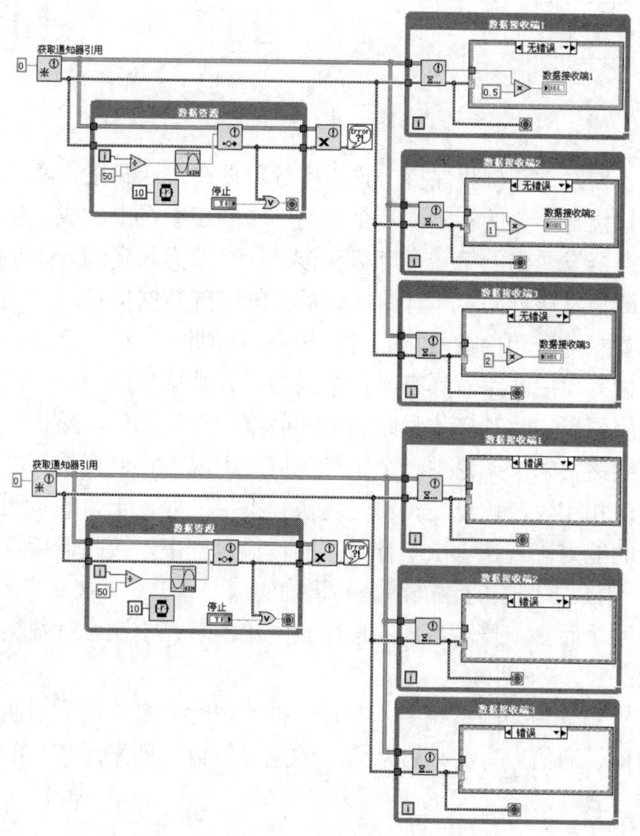

18.1 串行通信技术

串行通信是一种较早出现但目前仍较为常用的通信方式，早期的仪器、单片机等均使用串口与计算机进行通信，当然，目前也有不少仪器或芯片仍然使用串口与计算机进行通信，如PLC、Modem、OEM电路板等。本节将详细介绍如何在LabVIEW中进行串行通信。

18.1.1 串行通信简介

串行通信是指将构成字符的每个二进制数据位，依照一定的顺序逐位进行传输的通信方式。计算机或智能仪器中处理的数据是并行数据，因此在串行通信的发送端，需要把并行数据转换成串行数据后再传输；而在接收端，又需要把串行数据转换成并行数据再处理。数据的串并转换可以用软件和硬件两种方法来实现。硬件方法主要是使用移位寄存器。在时钟控制下，移位寄存器中的二进制数据可以顺序地逐位发送出去；同样在时钟控制下，接收进来的二进制数据，也可以在移位寄存器中装配成并行的数据字节。

根据时钟控制数据发送和接收的方式，可将串行通信分为同步通信和异步通信两种，这两种通信的示意图如图18-1所示。

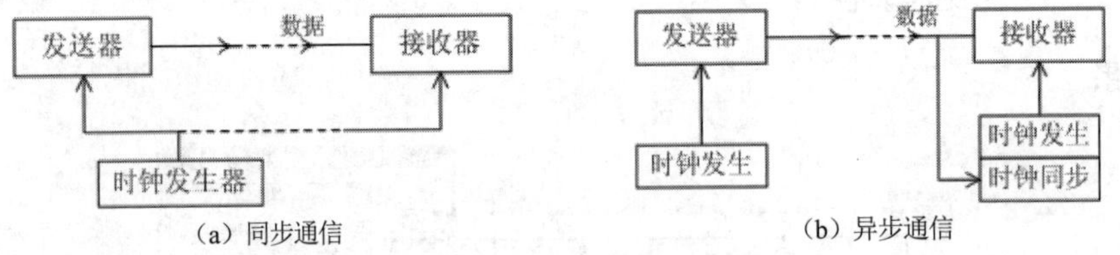

图18-1　串行通信方式

在同步通信中，为了使发送和接收保持一致，串行数据在发送和接收两端使用的时钟应同步。

通常，发送和接收移位寄存器的初始同步是使用一个同步字符来完成，当一次串行数据的同步传输开始时，发送移位寄存器发送出的第一个字符应该是一个双方约定的同步字符，接收器在时钟周期内识别该同步字符后，即与发送器同步，开始接收后续的有效数据信息。

在异步通信中，只要求发送和接收两端的时钟频率在短期内保持同步。通信时发送端先发送出一个初始定时位（称起始位），后面跟着具有一定格式的串行数据和停止位。接收端首先识别起始位，同步它的时钟，然后使用同步的时钟接收紧跟而来的数据位和停止位，停止位表示数据串的结束。一旦一个字符传输完毕，线路空闲。无论下一个字符在何时出现，它们将重新进行同步。

同步通信与异步通信相比较，优点是传输速度快。不足之处在于，同步通信的实用性将取决于发送器和接收器保持同步的能力，若在一次串行数据的传输过程中，接收器接收数据时，由于某种原因（如噪声等）漏掉一位，则余下接收的数据都是不正确的。

异步通信相对同步通信而言，传输数据的速度较慢，但若在一次串行数据传输的过程中出现错误，仅影响一个字节的数据。

目前，在微型计算机测量和控制系统中，串行数据的传输大多使用异步通信方式。

为了有效地进行通信，通信双方必须遵从统一的通信协议，即采用统一的数据传输格式、相同的传输速率、相同的纠错方式等。

异步通信协议规定每个数据以相同的位串形式传输，每个串行数据由起始位、数据位、奇偶校验位和停止位组成，串行数据的位串格式如图 18-2 所示。

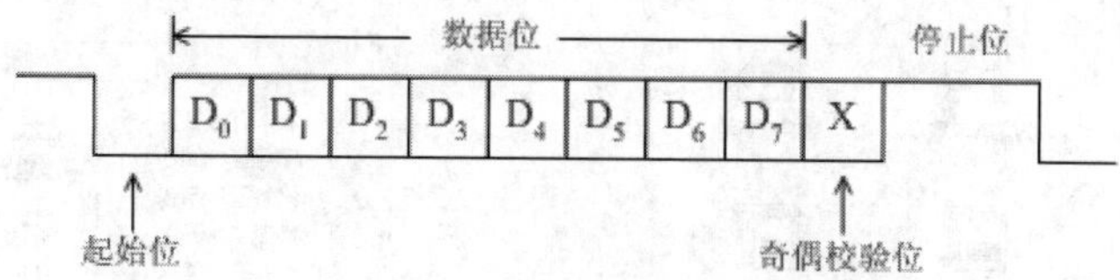

图 18-2　串行数据的位串格式

当通信线上没有数据传输时应处于逻辑“1”状态，表示线路空闲。

当发送设备要发送一个字符数据时，先发出一个逻辑“0”信号，占一位，这个逻辑低电平就是起始位。起始位的作用是协调同步，接收设备检测到这个逻辑低电平后，就开始准备接收后续数据位信号。

数据位信号的位数可以是 5 位、6 位、7 位或 8 位。一般为 7 位（ASCII 码）或 8 位。数据位从最低有效位开始逐位发送，依次顺序地发送到接收端的一位寄存器中，并转换为并行的数据字符。

奇偶校验位用于进行有限差错检测，占一位。通信双方需约定一致的奇偶校验方式，如果约定奇校验，那么组成数据和奇偶校验位的逻辑“1”的个数必须是奇数；如果约定偶校验，那么逻辑“1”的个数必须是偶数。通常奇偶校验功能的电路已集成在通信控制芯片中。

停止位用于标志一个数据的传输完毕，一般用高电平，可以是 1 位、1.5 位或 2 位。当接收设备收到停止位之后，通信线路就恢复到逻辑“1”状态，直至下一个字符数据起始位到来。

在异步通信中，接收和发送双方必须保持相同的传输速率，这样才能保证线路上传输的所有位信号都保持一致的信号持续时间。传输速率即波特率，它是以每秒传输的二进制位数来度量的，单位是比特/秒（bit/s）。规定的波特率有 50、75、110、150、300、600、1200、2400、4800、9600 和 19200 等几种。

总之，在异步串行通信中，通信双方必须持相同的传输波特率，并以每个字符数据的起始位来进行同步。同时，数据格式，即起始位、数据位、奇偶校验位和停止位的约定，在同一次传输过程中也要保持一致，这样才能保证成功地进行数据传输。

18.1.2　串行通信节点

LabVIEW 中用于串行通信的节点实际上是 VISA 节点，是为了方便用户使用 LabVIEW 将这些 VISA 节点单独组成一个子选板，包括 8 个节点，分别实现配置串口、串口写入、出口读取、关闭串口、检测串口缓冲区和设置串口缓冲区等。这些节点位于“函数”→“数据通信”→“协议”→“串口”子选板中，如图 18-3 所示。

串行通信节点的使用方法比较简单，且易于理解，下面对各节点的参数定义、用法及功能进行介绍。

1. VISA 配置串口

初始化配置串口。用该节点可以设置串口的波特率、数据位、停止位、奇偶校验位、缓存大小以及流控制等参数。其节点如图 18-4 所示。

- 启用终止符：串行设备做好识别终止符的准备。
- 终止符：通过调用终止符读取操作，从串行设备读取终止符后读取操作将终止。0xA 是换行符(\n)的十六进制表示。将消息字符串的终止符由回车(\r)改为 0xD。

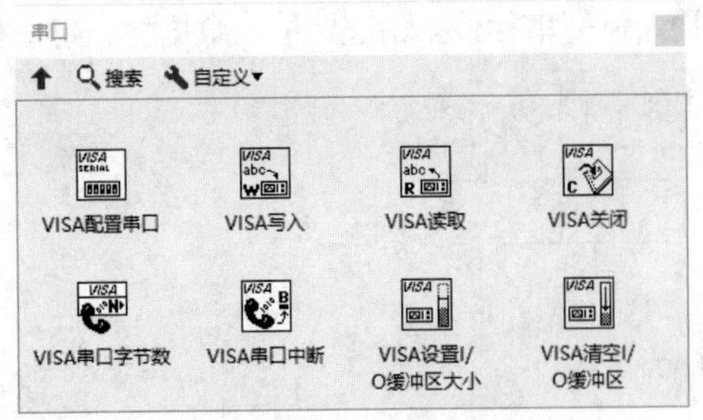

图 18-3　“串口”子选板

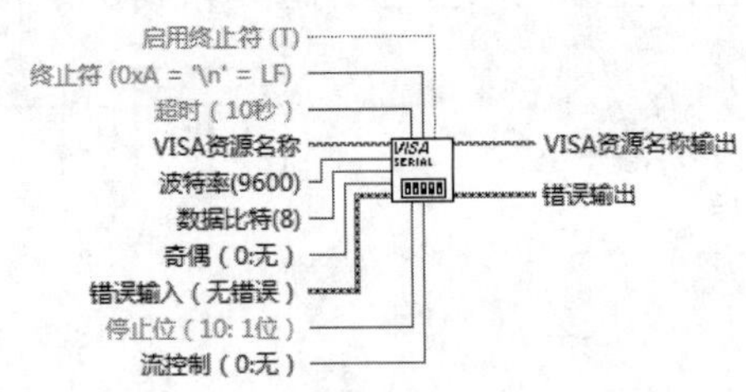

图 18-4　“VISA 配置串口”函数节点

- 超时：设置读取和写入操作的超时值。
- VISA 资源名称：指定了要打开的资源。该控件也指定了会话句柄和类。
- 波特率：传输率。默认值为 9600。
- 数据比特：输入数据的位数。数据比特的值介于 5～8 之间。默认值为 8。
- 奇偶：指定要传输或接收的每一帧所使用的奇偶校验。默认为无校验。
- 错误输入：表示 VI 或函数运行前发生的错误情况。默认为无错误。
- 停止位：指定用于表示帧结束的停止位的数量。10 表示停止位为 1 位，15 表示停止位为 1.5 位，20 表示停止位为 2 位。
- 流控制：设置传输机制使用的控制类型。
- VISA 资源名称输出：VISA 函数返回的 VISA 资源名称的一个副本。
- 错误输出：包含错误信息。如果错误输入表明在 VI 或函数运行前已出现错误，错误输出将包含相同的错误信息。否则，它表示 VI 或函数中产生的错误状态。

2. VISA 串口字节数

该函数用于返回指定串口的输入缓冲区的字节数。其节点如图 18-5 所示。

串口字节数属性用于指定该会话句柄使用的串口的当前可用字节数。

3. VISA 关闭

关闭 VISA 资源名称指定的设备会话句柄或事件对象。该函数采用特殊的错误 I/O 操作。无论前次操作是否产生错误，该函数都将关闭设备会话句柄。打开 VISA 会话句柄并完成操作后，应关闭该会话句柄。该函数可接收各个会话句柄类。“VISA 关闭”函数节点如图 18-6 所示。

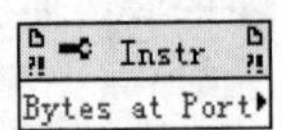

图 18-5　“VISA 串口字节数”函数节点

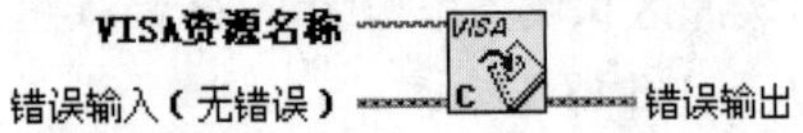

VISA资源名称
错误输入（无错误）
错误输出

图 18-6　“VISA 关闭”函数节点

4. VISA 读取

从 VISA 资源名称所指定的设备或接口中读取指定数量的字节，并将数据返回至读取缓冲区。根据不同的平台，数据传输可为同步或异步。右击节点并从快捷菜单中选择“同步 I/O 模式”→“同步”命令可同步读取数据。该操作仅当传输结束后才返回。“VISA 读取”函数节点如图 18-7 所示。

- 字节总数：包含要读取的字节数量。
- 读取缓冲区：包含从设备读取的数据。

- 返回数：包含实际读取的字节数量。

5. VISA 写入

将写入缓冲区的数据写入 VISA 资源名称指定的设备或接口。根据不同的平台，数据传输可为同步或异步。右击节点并从快捷菜单中选择“同步 I/O 模式”→“同步”命令可同步写入数据。该操作仅当传输结束后才返回。“VISA 写入”函数节点如图 18-8 所示。

图 18-7 “VISA”读取函数节点

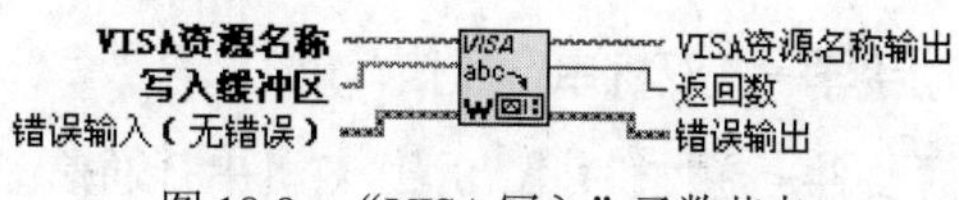

图 18-8 “VISA 写入”函数节点

- 写入缓冲区：包含要写入设备的数据。
- 返回数：包含实际写入的字节数量。

6. VISA 串口中断

发送指定端口上的中断。将指定的输出端口中断一段时间（至少 250ms），该时间由“持续时间”指定，单位为毫秒（ms）。“VISA 串口中断”函数节点如图 18-9 所示。

持续时间：中断的长度（ms）。VI 运行时，该值暂时覆盖 VISA Serial Settings: Break Length 属性的当前设置。此后，VI 将把其当前设置返回到初始值。默认值为 250ms。

7. VISA 设置 I/O 缓冲区大小

设置 I/O 缓冲区大小。如需设置串口缓冲区大小，须先运行 VISA 配置串口 VI。“VISA 设置 I/O 缓冲区大小”函数节点如图 18-10 所示。

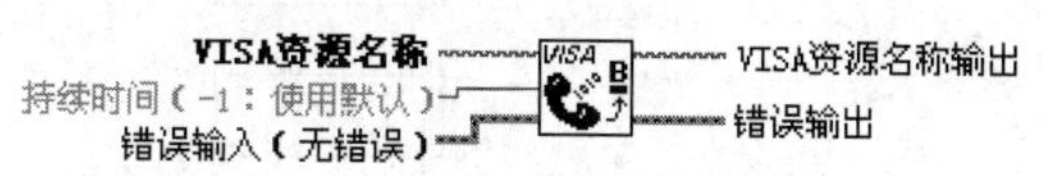

图 18-9 “VISA 串口中断”函数节点

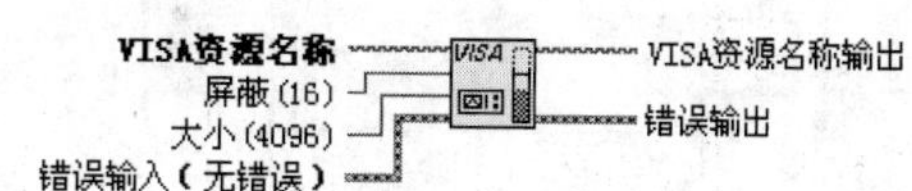

图 18-10 “VISA 设置 I/O 缓冲区大小”函数节点

- 屏蔽：指明要设置大小的缓冲区。屏蔽的有效值是 I/O 接收缓冲区（16）和 I/O 传输缓冲区（32）。添加屏蔽值可同时设置两个缓冲区的大小。
- 大小：指明 I/O 缓冲区的大小。大小应略大于要传输或接收的数据数量。若激活函数而没有指定缓冲区大小，VI 将设置默认值为 4096。若未激活函数，默认值将取决于 VISA 和操作系统。

8. VISA 清空 I/O 缓冲区

清空由屏蔽指定的 I/O 缓冲区。“VISA 清空 I/O 缓冲区”函数节点如图 18-11 所示。

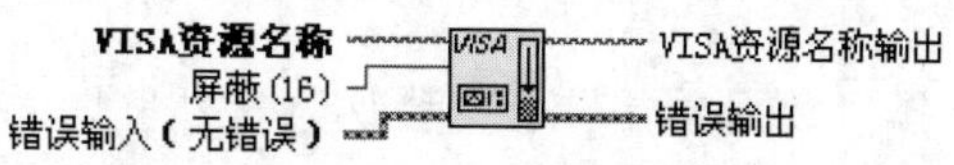

图 18-11 “VISA 清空 I/O 缓冲区”函数节点

屏蔽：指明要清空的缓冲区。按位合并缓冲区屏蔽可同时清空多个缓冲区。逻辑 OR，也称为 OR 或加，用于合并值。接收缓冲区和传输缓冲区分别只用一个屏蔽值，见表 18-1。

表 18-1　屏蔽值表

屏蔽值	十六进制代码	说　　明
16	0x10	清空接收缓冲区并放弃内容（与64相同）
32	0x20	通过将所有缓冲数据写入设备，清空传输缓冲区并放弃内容
64	0x40	清空接收缓冲区并放弃内容（设备不执行任何I/O）
128	0x80	清空传输缓冲区并放弃内容（设备不执行任何I/O）

扫一扫，看视频

动手学——双机串行通信

源文件：源文件\ 第 18 章\ 双机串行通信\ 串行通信服务器.vi、串行通信客户机.vi

本实例使用两台计算机进行通信，一台计算机作为服务器，通过串口向外发送数据；另一台计算机作为客户机，接收由服务器发送来的数据。两台计算机之间利用一条串口数据线连接起来，串口数据线两端的串口引脚的接线顺序如图 18-12 所示。

两台计算机之间的串行通信流程图如图 18-13 所示。

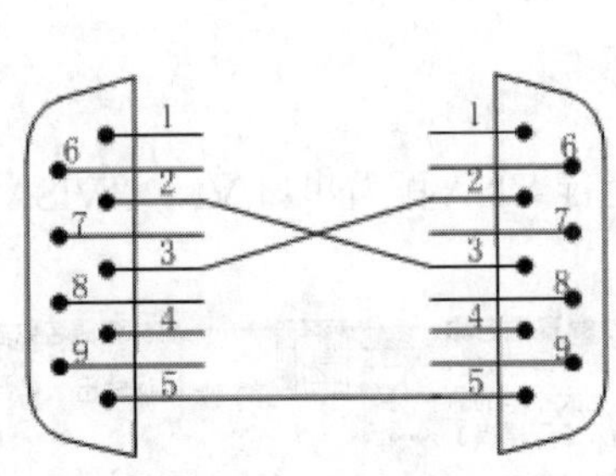

图 18-12　串口引脚的接线顺序

服务器
初始化串口
串口写入
数据
结束
客户机
初始化串口
检测串口输入缓存字节数
串口读取
结束

图 18-13　串行通信流程图

【操作步骤】

1. 设计串行通信服务器

（1）新建一个 VI，保存为“串行通信服务器.vi”。

（2）在“函数”选板上选择“数据通信”→“协议”→“串口”→“VISA 配置串口”函数，通过设置创建的串口的波特率、数据位、停止位、奇偶校验位、缓存大小以及流控制等输入控件，初始化配置串口。

（3）在“函数”选板上选择“数据通信”→“协议”→“串口”→“VISA 写入”函数，创建“写入缓冲区”输入控件写入端口信息。

（4）在“函数”选板上选择“数据通信”→“协议”→“串口”→“VISA 关闭”函数，关闭端口。

（5）单击工具栏中的“整理程序框图”按钮，整理程序框图，结果如图 18-14 所示。

（6）单击“运行”按钮，运行 VI，在前面板显示运行结果，如图 18-15 所示。

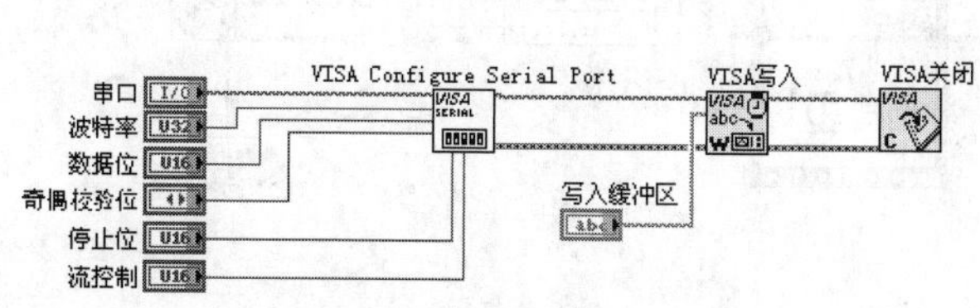

图 18-14 串行通信服务器程序框图

图 18-15 串行通信服务器程序前面板

2. 设计串行通信客户机

（1）新建一个 VI，保存为“串行通信客户机.vi”。

（2）在“函数”选板上选择“数据通信”→“协议”→“串口”→“VISA 配置串口”函数，通过设置创建的串口的波特率、数据位、停止位、奇偶校验位、缓存大小以及流控制等输入控件，初始化配置串口。

（3）在“函数”选板上选择“数据通信”→“协议”→“串口”→“VISA 读取”函数，创建“写入缓冲区”输入控件写入端口信息。

（4）在“函数”选板上选择“数据通信”→“协议”→“串口”→“VISA 读取”函数，创建“读取缓冲区”显示控件输出端口信息。

（5）在“函数”选板上选择“数据通信”→“协议”→“串口”→“VISA 关闭”函数，关闭端口。

（6）单击工具栏中的“整理程序框图”按钮，整理程序框图，结果如图 18-16 所示。

（7）单击“运行”按钮，运行 VI，在前面板显示运行结果，如图 18-17 所示。

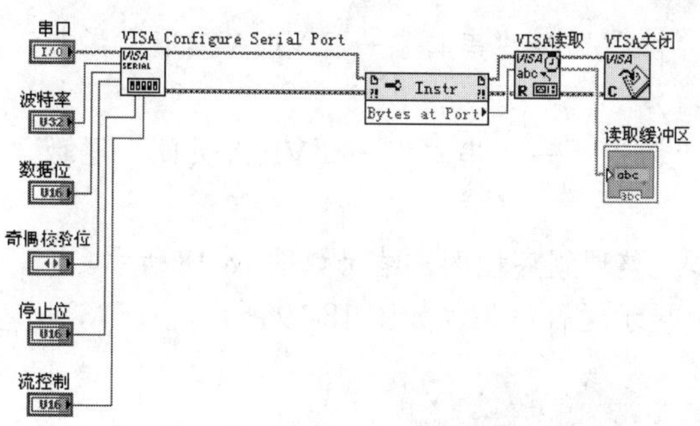

图 18-16 串行通信客户机程序框图

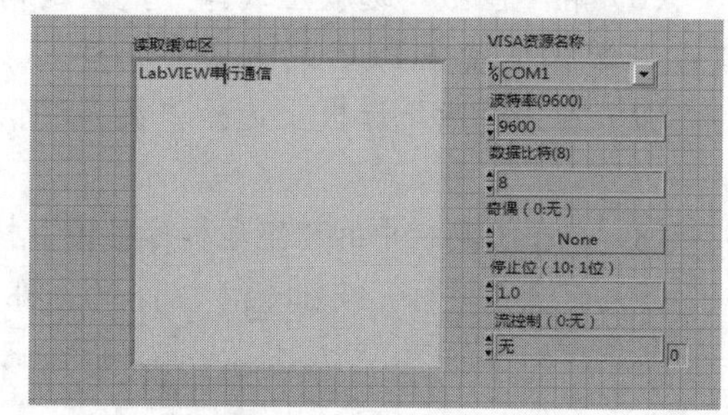

图 18-17 串行通信客户机程序前面板

扫一扫，看视频

动手学——与 PLC 进行串行通信

源文件：源文件\第 18 章\与 PLC 进行串行通信.vi

PLC（Programmable Logic Controller，可编程逻辑控制器），是一种成熟的工业控制技术，在工业控制领域得到了广泛的应用。PLC 利用串口与计算机进行通信，本实例以松下 FP0-C32 小型 PLC 进行串行通信为例，介绍在 LabVIEW 中如何使用串行通信功能实现与 PLC 的通信。PLC 与计算机之间通过一条串口数据线相连接。

本实例中，向 PLC 发送一条命令，将 PLC 中的 0 号寄存器 R0000 中的数据位置 1，并接收 PLC 返回的信息。发送的命令是“%01#WCSR0000123\r”，PLC 收到该命令后，返回响应字符串“%01#WC14\r”，如图 18-18 所示。

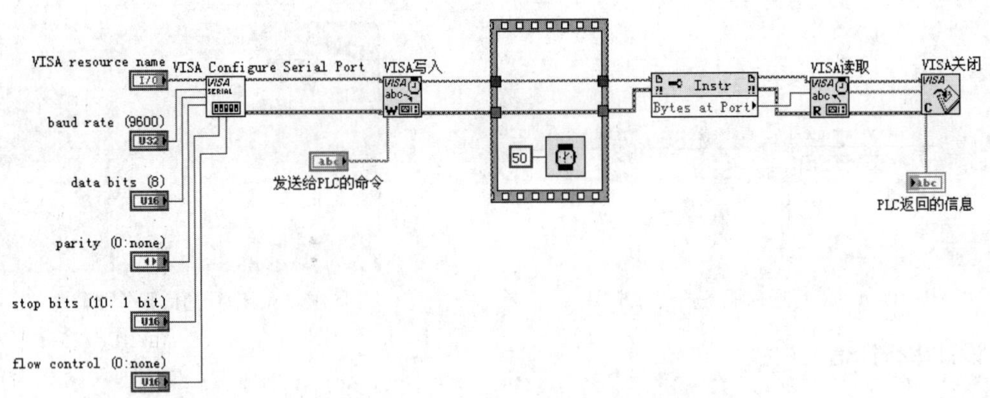

图 18-18　与 PLC 进行串行通信程序框图

【操作步骤】

（1）在“函数”选板上选择“数据通信”→“协议”→“串口”→“VISA 配置串口”函数，通过设置创建的串口的波特率、数据位、停止位、奇偶校验位、缓存大小以及流控制等输入控件，初始化串口，设置串口的通信参数与 PLC 的串行通信参数一致。

（2）在“函数”选板上选择“数据通信”→“协议”→“串口”→“VISA 写入”函数，创建“发送给 PLC 的命令”输入控件，向 PLC 中发送命令字符串“%01#WCSR0000123\r”。

（3）在“函数”选板上选择“编程”→“结构”→“平铺式顺序结构”函数，设置发送等待时间。

（4）在“函数”选板上选择“编程”→“定时”→“等待”函数，延时 50ms，等待 PLC 执行命令，并返回相应字符串。

（5）在“函数”选板上选择“数据通信”→“协议”→“串口”→“VISA 串口字节数”函数，创建“读取缓冲区”显示控件显示端口信息。

（6）在“函数”选板上选择“数据通信”→“协议”→“串口”→“VISA 读取”函数，从串口输入缓存中读出 PLC 的响应字符串。

（7）在“函数”选板上选择“数据通信”→“协议”→“串口”→“VISA 关闭”函数，关闭串口。

（8）单击工具栏中的“整理程序框图”按钮，整理程序框图，结果如图 18-18 所示。

（9）单击“运行”按钮，运行 VI，在前面板显示运行结果，如图 18-19 所示。

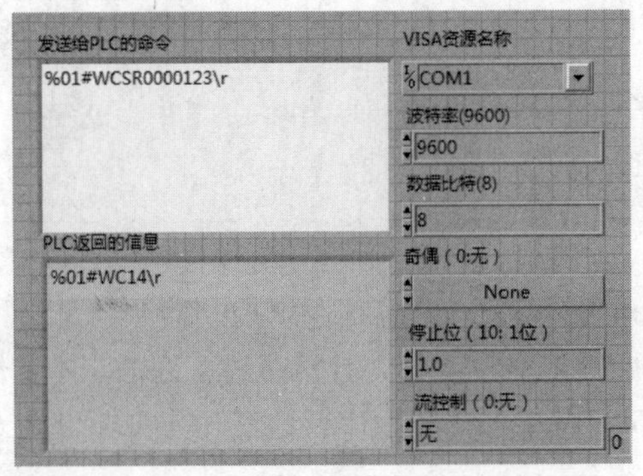

图 18-19　与 PLC 进行串行通信程序前面板

值得一提的是，PLC 在工业控制中具有举足轻重的地位，具有其他控制技术无法比拟的优势，而 LabVIEW 在测控软件方面也有其独到的优势，因此，利用 PLC 作为控制系统的硬件核心，利用

LabVIEW 开发控制系统软件，将二者结合起来发挥各自的优势，可以开发出一套功能强大的控制系统。建议该领域的用户在开发工业控制系统时，采用 PLC+LabVIEW 的方案。

另外，值得注意的是，串口只要初始化一次即可，要尽量避免重复初始化串口（除非改变其参数），否则有可能降低系统的运行效率。

注意：

当在 LabVIEW 中利用 VISA Configure Serial Port.vi 节点初始化了一个串口后，若在串行通信结束后没有利用 VISA Close 节点将该串口关闭，那么，只要没有退出 LabVIEW，LabVIEW 会一直占用该串口资源，其他外部的程序在此时是不能访问该串口的。

18.2 DataSocket 技术

DataSocket 技术是虚拟仪器网络应用中一项非常重要的技术，本节将对 DataSocket 的概念和在 LabVIEW 中的使用方法进行介绍。

18.2.1 DataSocket 技术简介

DataSocket 技术是 NI 公司推出的一项基于 TCP/IP 协议的新技术，DataSocket 面向测量和网络实时高速数据交换，可用于一台计算机内或者网络中多个应用程序之间的数据交换。虽然目前已经有 TCP/IP、DDE 等多种用于两个应用程序之间共享数据的技术，但这些技术都不是用于实时数据（Live Data）传输的。只有 DataSocket 是一项在测量和自动化应用中用于共享和发布实时数据的技术，如图 18-20 所示。

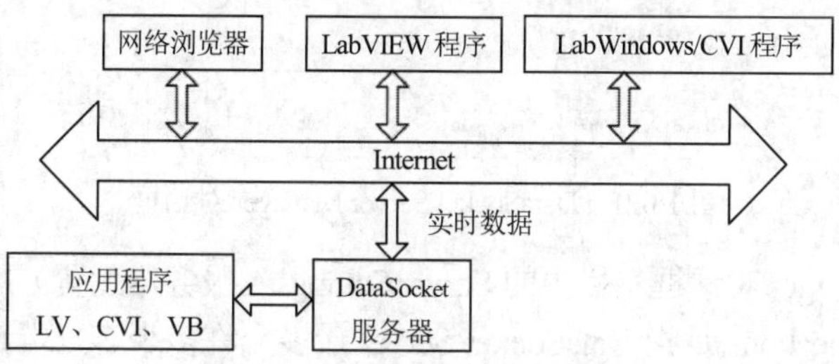

图 18-20 DataSocket 技术示意图

DataSocket 基于 Microsoft 的 COM 和 ActiveX 技术，源于 TCP/IP 协议并对其进行高度封装，面向测量和自动化应用，用于共享和发布实时数据，是一种易用的高性能数据交换编程接口。它能有效地支持本地计算机上不同应用程序对特定数据的同时应用，以及网络上不同计算机多个应用程序之间的数据交互，实现跨机器、跨语言、跨进程的实时数据共享。用户只需知道数据源和数据库收集需要交换的数据即可直接进行高层应用程序的开发，实现高速数据传输，而不必关心底层的实现细节，从而简化通信程序的编写过程，提高编程效率。

DataSocket 实际上是一个基于 URL 的单一的、一元化的末端用户 API，是一个独立于协议、独立于语言以及独立于操作系统的 API。DataSocket API 被制作成 ActiveX 控件、LabWindows 库和一些 LabVIEW VIs，用户可以在任何编辑环境中使用。

DataSocket 包括 DataSocket Server Manager、DataSocketServer 和 DataSocket 函数库三大部分，以

及 DSTP（DataSocket Transfer Protocol）协议、统一资源定位符 URL（Uniform Resource Locator）和文件格式等规程。DataSocket 遵循 TCP/IP 协议，并对底层编程进行高度封装，所提供的参数简单友好，只需设置 URL 即可用来在 Internet 中进行即时分送所需传输的数据。用户可以像使用 LabVIEW 中的其他数据类型一样使用 DataSocket 读/写字符串、整型数、布尔量及数组数据。DataSocket 提供了 3 种数据目标：file、DataSocket Server、OPC Server，因而可以支持多进程并发。这样，DataSocket 摒除了较为复杂的 TCP/IP 底层编程，克服了传输速率较慢的缺点，大大简化了在 Internet 中测控数据交换的编程。

1. DataSocket Server Manager

DataSocket Server Manager 是一个独立运行的程序，它的主要功能是设置 DataSocket Server 可连接的客户程序的最大数目和可创建的数据项的最大数目，创建用户组和用户，设置用户创建数据项（Data Item）和读/写数据项的权限。数据项实际上是 DataSocket Server 中的数据文件，未经授权的用户不能在 DataSocket Server 上创建或读/写数据项。

在安装了 LabVIEW 之后，可以选择 Windows 中的“开始”→National Instruments →DataSocket Server Manager 命令，运行 DataSocket Server Manager，如图 18-21 所示。

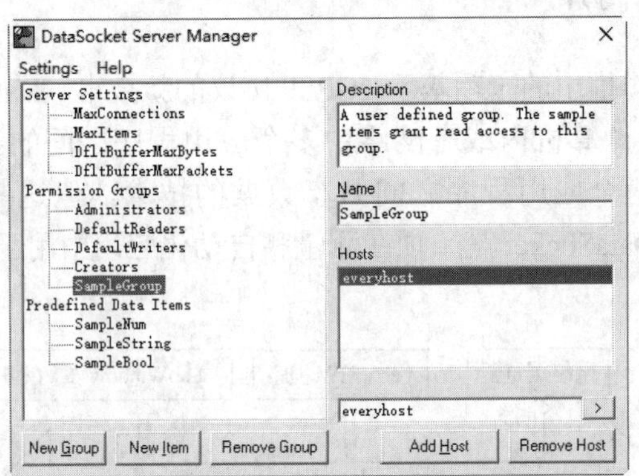

图 18-21　DataSocket Server Manager 对话框

DataSocket Server Manager 对话框左栏中的 Server Settings（服务器配置）用于设置与服务器性能有关的参数：参数 MaxConnections 是指 DataSocket Server 最多允许多少客户端连接到服务器端，默认值是 50；参数 MaxItems 用于设置服务器允许的数据项目的最大数量。

DataSocket Server Manager 对话框左栏中的 Permission Groups（许可组）是与安全有关的部分设置，Groups（组）是指用一个组名来代表一组 IP 地址的合集，以组为单位进行设置比较方便。DataSocket Server 共有 3 个内建组：DefaultReaders、DefaultWriters 和 Creators，这 3 个组分别代表了读、写以及创建数据项目的默认主机设置。可以通过 New Group 按钮来添加新的组。

DataSocket Server Manager 对话框左栏中的 Predefined Data Items（预定义的数据项目）中预先定义了一些用户可以直接使用的数据项目，并且可以设置每个数据项目的数据类型、默认值以及访问权限等属性。默认的数据项目共有 3 个：SampleNum、SampleString 和 SampleBool，用户可以通过 New Item 按钮添加新的数据项目。

2. DataSocket Server

DataSocket Server 也是一个独立运行的程序，它能为用户解决大部分网络通信方面的问题。它负责监管 DataSocket Server Manager 中所设定的各种权限和客户程序之间的数据交换。DataSocket Server 与测控应用程序可安装在同一台计算机上，也可以分装在不同计算机上。后一种方法可增加整个系统的安全性，因为两台计算机之间可用防火墙加以隔离。而且，DataSocket Server 程序不会占用测控计算机 CPU 的工作时间，测控应用程序可以运行得更快。DataSocket Server 运行后的对话框如图 18-22 所示。

在安装了 LabVIEW 之后，可以选择 Windows 中的“开始”→National Instruments→DataSocket Server 命令，运行 DataSocket Server。

在 LabVIEW 中进行 DataSocket 通信之前，必须首先运行 DataSocket Server。

3. DataSocket 函数库

DataSocket 函数库用于实现 DataSocket 通信。利用 DataSocket 发布数据需要 3 个要素：Publisher（发布器）、DataSocket Server 和 Subscriber（订阅器）。Publisher 利用 DataSocket API 将数据写入 DataSocket Server 中，而 Subscriber 利用 DataSocket API 从 DataSocket Server 中读取数据，如图 18-23 所示。Publisher 和 Subscriber 都是 DataSocket Server 的客户程序。这 3 个要素可以驻留在同一台计算机中。

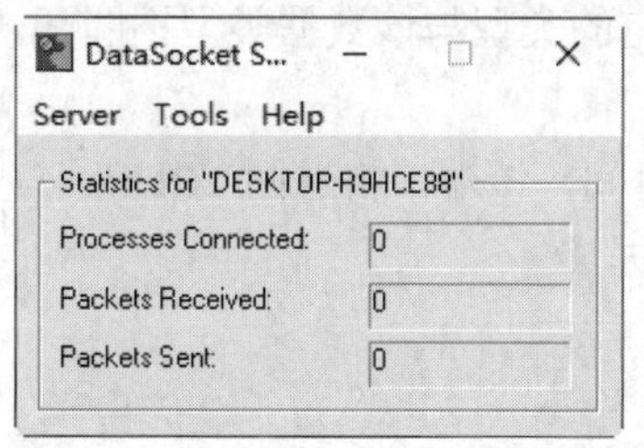

图 18-22 DataSocket Server 对话框

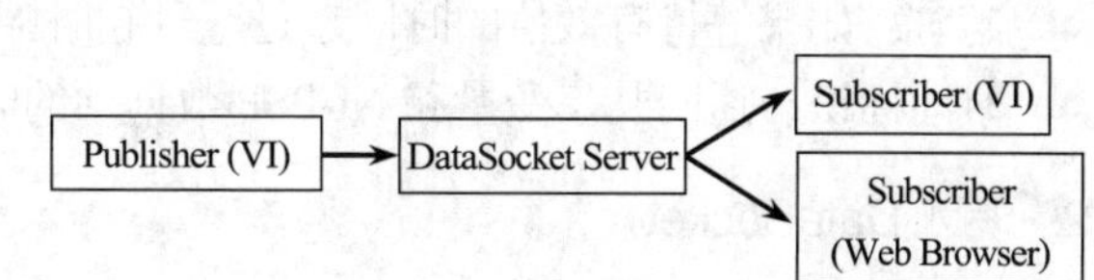

图 18-23 DataSocket 通信过程

18.2.2 DataSocket 节点简介

在 LabVIEW 中，利用 DataSocket 节点即可完成 DataSocket 通信。DataSocket 节点位于“函数”→“数据通信”→DataSocket 子选板中，如图 18-24 所示。

LabVIEW 将 DataSocket 函数库的功能高度集成到了 DataSocket 节点中，与 TCP/IP 节点相比，DataSocket 节点的使用方法更为简单和易于理解。

下面对 DataSocket 节点的参数定义及功能进行介绍。

1. 读取 DataSocket

从由连接输入端口指定的 URL 连接中读出数据。“读取 DataSocket”节点如图 18-25 所示。

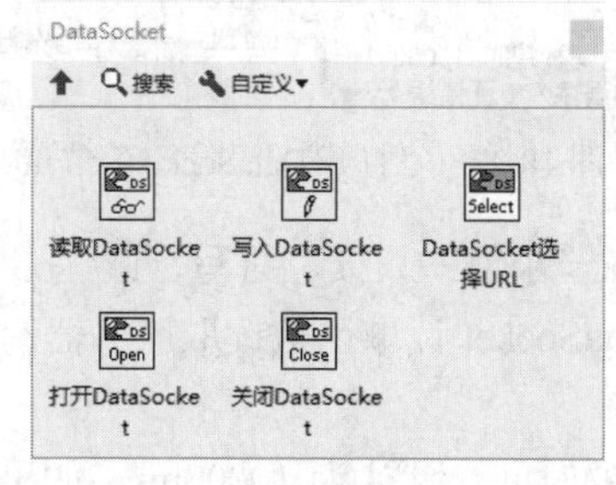

图 18-24 “DataSocket”子选板

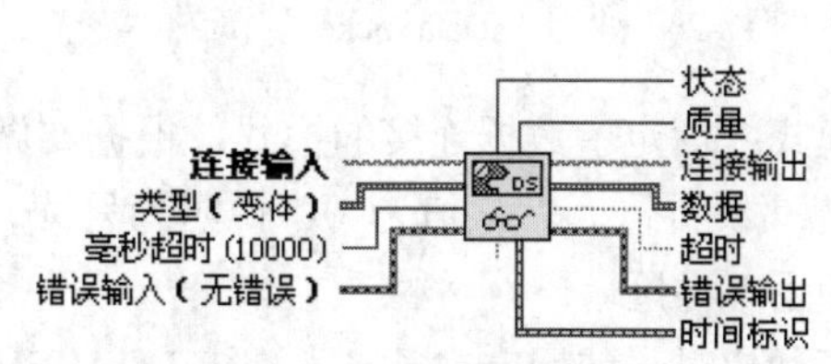

图 18-25 “读取 DataSocket”节点

- 连接输入：标明了读取数据的来源可以是一个 DataSocket URL 字符串，也可以是 DataSocket connection refnum（打开 DataSocket 节点返回的连接 ID）。
- 类型：标明了所要读取的数据的类型，并确定了该节点输出数据的类型。默认为变体类型，该类型可以是任何一种数据类型。把所需数据类型的数据连接到该端口来定义输出数据的类型。LabVIEW 会忽略输入数据的值。
- 毫秒超时：确定在连接输入缓冲区出现有效数据之前所等待的时间。如果 wait for updated value 端口输入为 FALSE 或连接输入为有效值，那么该端口输入的值会被忽略。默认输入为 10000ms。
- 状态：报告来自 PSP 服务器或 Field Point 控制器的警告或错误。如果第 31 个 bit 位为 1，状态标明是一个错误。其他情况下该端口输入是一个状态码。
- 质量：从共享变量或 NI Publish-Subscribe-Protocol 数据项中读取的数据的数据质量。该端口的输出数据可用来进行 VI 的调试。
- 连接输出：连接数据所指定数据源的一个副本。
- 数据：读取的结果。如果该函数多次输出，那么该端口将返回该函数最后一次读取的结果。如果在读取任何数据之前函数多次输出或者类型端口确定的类型与该数据类型不匹配，数据端口将返回 0、空值或无效值。
- 超时：如果等待有效值的时间超过毫秒超时端口规定的时间，该端口将返回 TRUE。
- 时间标识：返回共享变量和 NI-PSP 数据项的时间标识数据。

2. 写入 DataSocket

将数据写到由“连接输入”端口指定的 URL 连接中。数据可以是单个或数组形式的字符串、逻辑（布尔）量和数值量等多种类型。“写入 DataSocket”的节点图标及端口定义如图 18-26 所示。

- 连接输入：标识了要写入的数据项。连接输入端口可以是一个描述 URL 或共享变量的字符串。
- 数据：被写入的数据。该数据可以是 LabVIEW 支持的任何数据类型。
- 毫秒超时：规定了函数等待操作结束的时间。默认为 0，说明函数将不等待操作的结束。如果毫秒输入端口输入为-1，函数将一直等待直到操作完成。
- 超时：如果函数在毫秒超时端口规定的时间间隔内无错误地完成操作，该端口将返回 FALSE。如果毫秒超时端口输入为 0，超时端口将输出 FALSE。

3. 打开 DataSocket

打开一个用户指定 URL 的 DataSocket 连接。“打开 DataSocket”节点如图 18-27 所示。

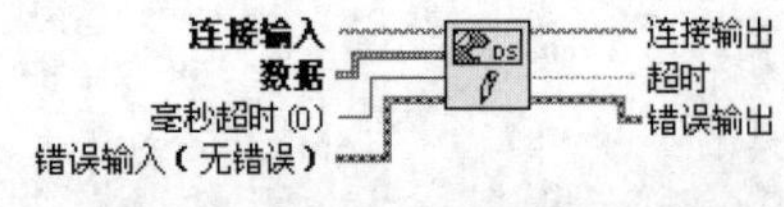

图 18-26　“写入 DataSocket”节点

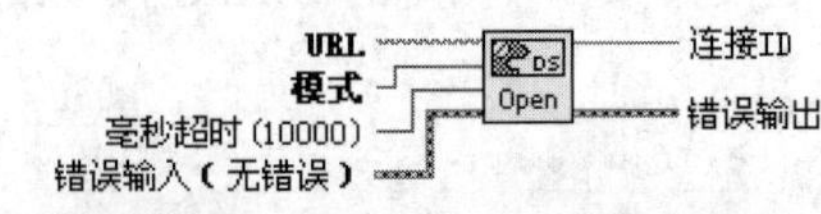

图 18-27　“打开 DataSocket”节点

- 模式：规定了数据连接的模式。根据要做的操作选择一个值：只读、只写、读/写、读缓冲区、读/写缓冲区。默认值为 0，说明为只读。当使用 DataSocket 读取函数读取服务器写的数据时使用缓冲区。
- 毫秒超时：使用 ms 规定了等待 LabVIEW 建立连接的时间。默认为 10000ms。如果该端口为

–1，函数将无限等待。如果输入为 0，LabVIEW 将不建立连接并返回一个错误。

4. 关闭 DataSocket

关闭一个 DataSocket 连接。“关闭 DataSocket”节点如图 18-28 所示。

- 毫秒超时：规定了函数等待操作完成的毫秒数。默认为 0，说明函数不等待操作的完成。该端口输入值为-1 时，函数将一直等待直到操作完成。
- 超时：如果函数在毫秒超时端口规定的时间间隔内无错误地完成操作，该端口将返回 FALSE。如果毫秒超时端口输入为 0，超时端口将输出 FALSE。

5. DataSocket 选择 URL

在节点的最后返回一个 URL 地址。“DataSocket 选择 URL”节点如图 18-29 所示。

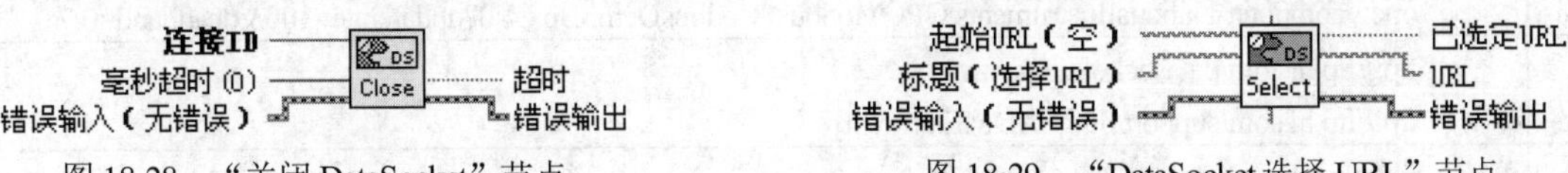

图 18-28 “关闭 DataSocket”节点　　图 18-29 “DataSocket 选择 URL”节点

- 起始 URL：指明打开对话框的 URL。起始 URL 可以是空白字符串、文件标识或完整的 URL。
- 标题：对话框的标题。
- 已选定 URL：如果选择了有效的数据源，该端口返回 TRUE。
- URL：输出所选择数据源的 URL。只有当已选定 URL 输出为 TRUE 时，该值才是有效的。

与 TCP/IP 通信一样，利用 DataSocket 进行通信时也需要先指定 URL，DataSocket 可用的 URL 共有以下 6 种。

（1）PSP：Windows 或 RT（实时）模块 NI 发布。订阅协议（PSP）是 NI 为实现本地计算机与网络间的数据传输而开发的技术。使用这个协议时，VI 与共享变量引擎通信。使用 PSP 协议可将共享变量与服务器或设备上的数据项相连接。用户需为数据项命名并把名称追加到 URL 的末尾。数据连接将通过这个名称从共享变量引擎找到某个特定的数据项。该协议也可用于使用前面板数据绑定的情况。而 fieldpoint 协议可作为 NI-PSP 协议的一个别名。

（2）DSTP：DataSocket 传输协议（DSTP）。使用该协议时，VI 将与 DataSocket 服务器通信。必须为数据提供一个命名标签并附加于 URL。数据连接按照这个命名标签寻找 DataSocket 服务器上某个特定的数据项。要使用该协议，必须运行 DataSocket 服务器。

（3）OPC：Windows 过程控制 OLE（OPC）。专门用于共享实时生产数据，如工业自动化操作中产生的数据。该协议须在运行 OPC 服务器时使用。

（4）FTP：Windows 文件传输协议（FTP）。用于指定从 FTP 服务器上读取数据的文件。使用 DataSocket 函数从 FTP 站点读取文本文件时，需要将“[text]”添加到 URL 的末尾。

（5）file：用于提供指向含有数据的本地文件或网络文件的连接。

（6）HTTP：用于提供指向含有数据的网页的链接。

表 18-2 中列举了上述 6 种协议下的 URL 应用实例。

表 18-2　URL 应用实例

URL	实　例
PSP	对于共享变量： psp://computer/library/shared_variable
	对于 NI-PSP 数据项，如服务器和设备数据项： psp://computer/process/data_item fieldpoint://host/FP/module/channel
	对于动态标签： psp://machine/system/mypoint，其中，mypoint是数据的命名标签
DSTP	dstp://servername.com/numeric，其中，numeric是数据的命名标签
OPC	opc:\National Instruments.OPCTest\item1 opc:\\computer\National Instruments.OPCModbus\Modbus Demo Box.4:0 opc:\\computer\NationalInstruments.OPCModbus\ModbusDemoBox.4:0?updaterate=100&deadband=0.7
FTP	ftp://ftp.ni.com/datasocket/ping.wav ftp://ftp.ni.com/support/00README.txt[text]
file	file:ping.wav file:c:\mydata\ping.wav file:\\computer\mydata\ping.wav
HTTP	http://ni.com

PSP、DSTP 和 OPC 协议的 URL 用于共享实时数据，因为这些协议能够更新远程和本地的输入控件及显示控件。FTP 和 file 协议的 URL 用于从文件中读取数据，因为这些协议无法更新远程和本地的输入控件及显示控件。

DataSocket VI 和函数可传递任何类型的 LabVIEW 数据。此外，DataSocket VI 和函数还可读/写以下数据。

- 原始文本：用于向字符串显示控件发送字符串。
- 制表符化文本：用于将数据写入数组，方式同电子表格。LabVIEW 把制表符化的文本当作数组数据处理。
- .wav 数据：使用 .wav 数据，将声音数据写入 VI 或函数。
- 变体数据：用于从另外一个应用程序读取数据，如 NI Measurement Studio 的 ActiveX 控件。

利用 DataSocket 节点进行通信的过程与利用 TCP 节点进行通信的过程相同。其操作步骤如下。

（1）利用“打开 DataSocket”节点打开一个 DataSocket 连接。

（2）利用“写入 DataSocket”节点和“读取 DataSocket”节点完成通信。

（3）利用“关闭 DataSocket”节点关闭这个 DataSocket 连接。

由于 DataSocket 功能的高度集成性，用户在进行 DataSocket 通信时，可以省略第（1）步和第（3）步，只利用“写入 DataSocket”节点和“读取 DataSocket”节点即可完成通信。

扫一扫，看视频

动手练——传递正弦波形信息

源文件：源文件\第 18 章\传递正弦波形信息\DataSocket 服务器.vi、DataSocket 客户机.vi

本实例将服务器 VI 中的正弦信息传递到客户机 VI 中，程序框图如图 18-30 和图 18-31 所示。

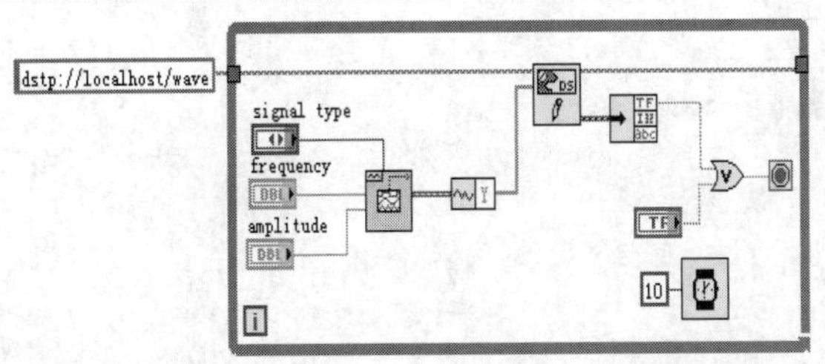

图 18-30 DataSocket 服务器 VI 程序框图

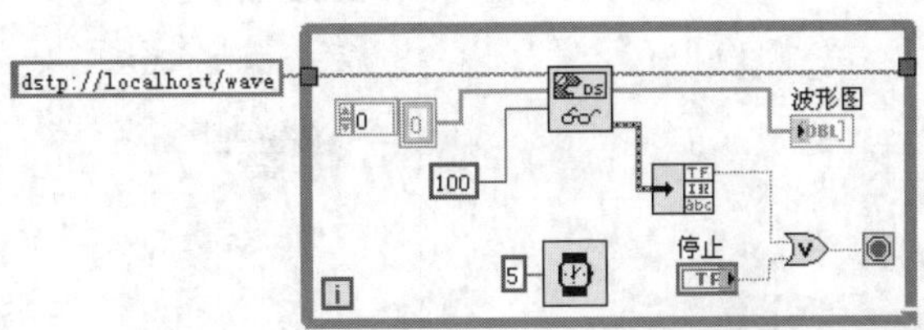

图 18-31 DataSocket 客户机 VI 程序框图

思路点拨

（1）服务器 VI 产生一个波形数组。

（2）利用“写入 DataSocket”节点将数据发布到 URL“dstp://localhost/wave”指定的位置中。

（3）服务器 VI 的前面板如图 18-32 所示。

（4）客户机 VI 利用“读取 DataSocket”节点将数据从 URL“dstp://localhost/wave”指定的位置读出。还原为原来的数据类型送到前面板窗口的波形图中显示。客户机 VI 的前面板如图 18-33 所示。

图 18-32 DataSocket 服务器 VI 前面板

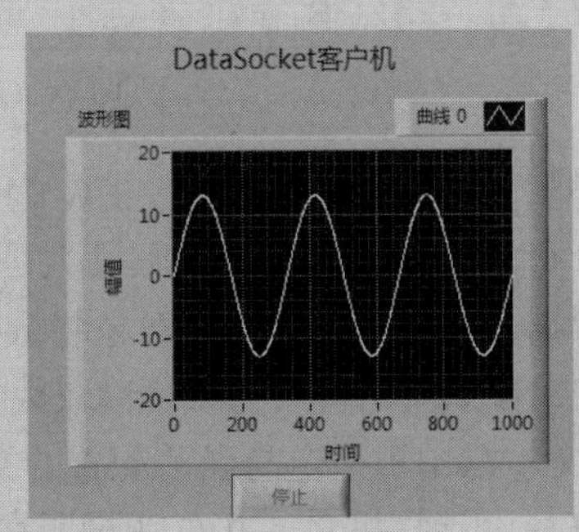

图 18-33 DataSocket 客户机 VI 前面板

注意：

在利用上述两个 VI 进行 DataSocket 通信之前，必须首先运行 DataSocket Server。

上面的例子利用 LabVIEW 提供的 DataSocket 节点完成 DataSocket 通信，这需要进行一些简单的编程。但是现在的 LabVIEW 版本中提供了另外一种更加简单的方法来完成 DataSocket 通信。

注意：

上面的例子中 IP 地址写的是 localhost，说明使用的是本机。当然也可以使用本机的 IP 地址。本实例中，服务器和客户机都是使用的本机。

在现在的 LabVIEW 版本中，所有的前面板对象都增加了一个叫作“数据绑定”的属性，如图 18-34 所示。

该属性选项卡用于将前面板对象绑定至网络发布项目项以及网络上的 PSP 数据项。

“数据绑定选择”下拉列表指定用于绑定对象的服务器。它包括 3 个选择项：“未绑定”“共享变量引擎（NI-PSP）”和 DataSocket。“未绑定”选择项说明指定对象未绑定至网络发布的项目项或 NI 发布-订阅协议（PSP）数据项。“共享变量引擎（NI-PSP）”选择项用于 Windows 通过共享变量引擎，将对象绑定至网络发布的项目项或网络上的 PSP 数据项。DataSocket 选择项用于通过 DataSocket 服务器、OPC 服务器、FTP 服务器或 Web 服务器，将对象绑定至一个网络上的数据项。

如需为对象创建或保存一个 URL，应创建一个共享变量而无须使用前面板 DataSocket 数据绑定。

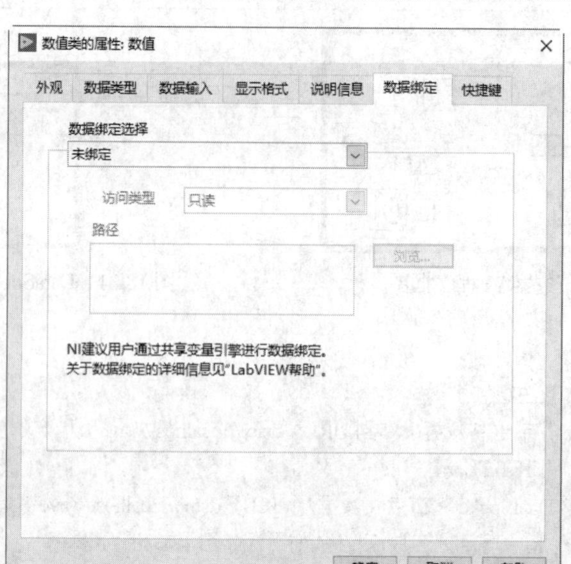

图 18-34　“数据绑定”选项卡

“访问类型”下拉列表指定 LabVIEW 为正在配置的对象设置的访问类型。包括 3 个选择项：“只读”“只写”和“读取/写入”。“只读”是指定对象从网络发布的项目读取数据，或从网络上的 PSP 数据项读取数据。“只写”是指定对象将数据写入网络发布的项目或网络上的 PSP 数据项。“读取/写入”是指定对象从网络发布的项目读取数据，向网络上的 PSP 数据项写入数据。

“路径”文本框用于指定与当前配置的共享变量绑定的共享变量或数据项的路径。活动项目中的共享变量的路径由计算机名、共享变量所在的项目库名，以及共享变量名组成，如 computer\library\shared_variable。单个项目或计算机的共享变量的路径由“\\”开头的 DNS 名或 IP 地址、共享变量所在的库名，以及共享变量名组成，如\\computer\library\shared_variable。其他项目的共享变量的路径由计算机名、共享变量所在的项目库名，以及共享变量名组成，如\\computer\library\shared_variable。NI-PSP 数据项的路径由计算机名、数据项所在的进程名，以及数据项名组成，如\\computer\process\data_item。

“浏览”按钮用于显示文件对话框，浏览并选择用于绑定对象的共享变量或数据项。在“数据绑定”选择域中所选的值决定了本按钮启动的对话框。

通过配置数据绑定属性，可以完成对前面板对象的 DataSocket 连接配置。这样不需要编程，这个前面板对象就可以直接进行 DataSocket 通信了。注意，如果为一个 LabVIEW 前面板对象设置了“数据绑定”属性，这个前面板对象的右上角就会出现一个小方框，用于显示该对象的 DataSocket 连接状态。当小方框为灰色时，表示该对象没有连接到 DataSocket Server 上；当小方框为绿色时，表示该对象已经连接到 DataSocket Server 上了。

18.3　TCP 通信

LabVIEW 提供了强大的网络通信功能，包括 TCP、UDP、DataSocket 等，其中基于 TCP 协议的通信方式是最为基本的网络通信方式，本节将详细介绍怎样在 LabVIEW 中实现基于 TCP 协议的网络通信。

18.3.1 TCP 协议简介

TCP 协议是 TCP/IP 协议中的一个子协议。TCP/IP 是 Transmission Control Protocol/Internet Protocol 的简写，中文译名为传输控制协议/互联协议，TCP/IP 协议是 Internet 最基本的协议。TCP/IP 协议是 20 世纪 70 年代中期美国国防部为其 ARPANET 广域网开发的网络体系结构和协议标准，以它为基础组件的 Internet 是目前国际上规模最大的计算机网络，Internet 的广泛使用，使得 TCP/IP 成了事实上的标准。TCP/IP 实际上是一个由不同层次上的多个协议组合而成的协议簇，共分为 4 层：链路层、网络层、传输层和应用层，如图 18-35 所示。从图中可以看出，TCP 协议是 TCP/IP 传输层中的协议，使用 IP 作为网络层协议。

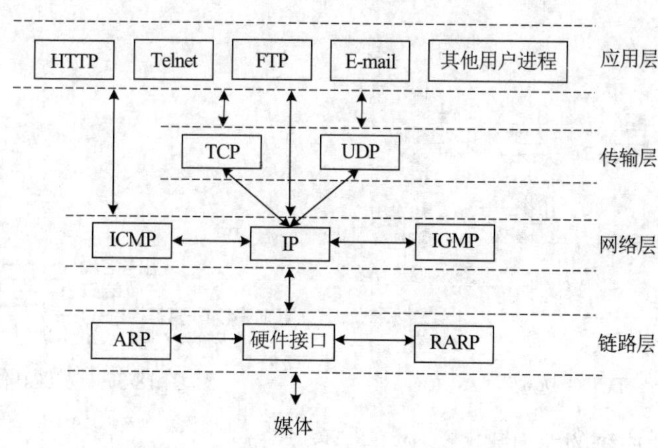

图 18-35　TCP/IP 协议簇层次图

TCP（Transmission Control Protocol，传输控制协议）协议使用不可靠的 IP 服务，提供一种面向连接的、可靠的传输层服务，面向连接是指在数据传输前就建立好了点到点的连接。大部分基于网络的软件都采用了 TCP 协议。TCP 采用比特流（数据被作为无结构的字节流）通信分段传送数据，主机交换数据必须建立一个会话。通过每个 TCP 传输的字段指定顺序号，以获得可靠性。如果一个分段被分解成几个小段，接收主机会知道是否所有小段都已收到。通过发送应答，用以确认别的主机收到了数据。对于发送的每一个小段，接收主机必须在一个指定的时间返回一个确认。如果发送者未收到确认，发送者会重新发送数据；如果收到的数据包损坏，接收主机会将其舍弃，因为确认未被发送，发送者会重新发送分段。

TCP 对话通过三次握手来初始化，目的是使数据段的发送和接收同步，告诉其他主机其一次可接收的数量，并建立虚连接。三次握手的过程如下。

第一步，初始化主机通过一个具有同步标志的置位数据端发出会话请求。

第二步，接收主机通过发回具有以下项目的数据段表示回复：同步标志置位、即将发送的数据段的起始字节的顺序号、应答并带有将收到的下一个数据段的字节顺序号。

第三步，请求主机再回送一个数据段，并带有确认顺序号和确认号。

在 LabVIEW 中可以利用 TCP 协议进行网络通信，并且，LabVIEW 对 TCP 协议的编程进行了高度集成，用户通过简单的编程就可以在 LabVIEW 中实现网络通信。

18.3.2 TCP 节点简介

在 LabVIEW 中，可以采用 TCP 节点实现局域网通信，TCP 节点在“函数”→“数据通信”→“协议”→TCP 子选板中，如图 18-36 所示。

下面对 TCP 节点及其用法进行介绍。

1. TCP 侦听

创建一个听者，并在指定的端口上等待 TCP 连接请求。该节点只能在作为服务器的计算机上使用。“TCP 侦听”节点如图 18-37 所示。

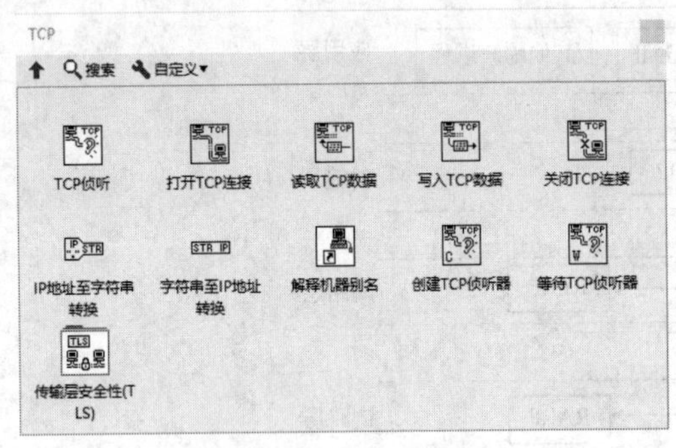

图 18-36 TCP 子选板

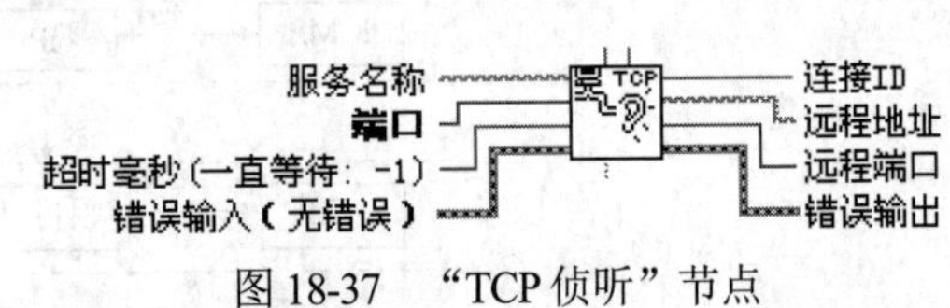

图 18-37 “TCP 侦听”节点

- 端口：所要听的连接的端口号。
- 超时毫秒：连接所要等待的毫秒数。如果在规定的时间内连接没有建立，该 VI 将结束并返回一个错误。默认值为–1，表明该 VI 将无限等待。
- 连接 ID：是一个唯一标识 TCP 连接的网络连接 refnum。客户机 VI 使用该标识来找到连接。
- 远程地址：与 TCP 连接协同工作的远程计算机的地址。
- 远程端口：使用该连接的远程系统的端口号。

2. 打开 TCP 连接

用指定的计算机名称和远程端口来打开一个 TCP 连接。该节点只能在作为客户机的计算机上使用。“打开 TCP 连接”节点如图 18-38 所示。

超时毫秒：在函数完成并返回一个错误之前所等待的毫秒数。默认值是 60000ms。如果是-1，则表明函数将无限等待。

3. 读取 TCP 数据

从指定的 TCP 连接中读取数据。“读取 TCP 数据”节点如图 18-39 所示。

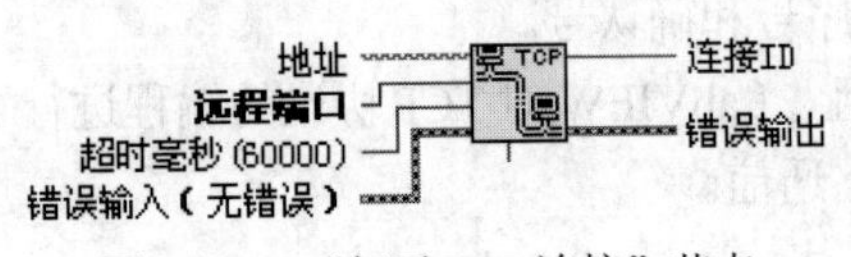

图 18-38 “打开 TCP 连接”节点

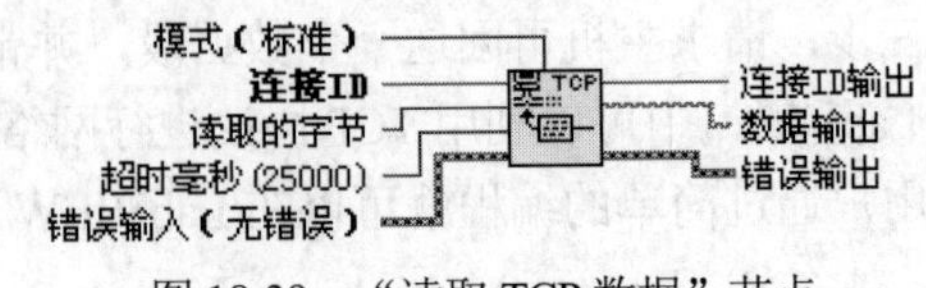

图 18-39 “读取 TCP 数据”节点

（1）模式：标明了读取操作的行为特性。

- 0：标准模式（默认），等待直到设定需要读取的字节全部读出或超时。返回读取的全部字节。如果读取的字节数少于所期望得到的字节数，将返回已经读取到的字节数并报告一个超时错误。
- 1：缓冲模式，等待直到设定需要读取的字节全部读出或超时。如果读取的字节数少于所期望得到的字节数，不返回任何字节并报告超时错误。
- 2：CRLF 模式，等待直到函数接收到 CR（Carriage Return）和 LF（Linefeed），否则发生超时。返回所接收到的所有字节及 CR 和 LF。如果函数没有接收到 CR 和 LF，不返回任何字节并报告超时错误。
- 3：立即模式，只要接收到字节便返回。只有当函数接收不到任何字节时才会发生超时。返回已经读取的字节。如果函数没有接收到任何字节，将返回一个超时错误。

（2）读取的字节：所要读取的字节数。可以使用以下方式来处理信息。

- 在数据之前放置长度固定的描述数据的信息。例如，可以是一个标识数据类型的数字，或说明数据长度的整型量。客户机和服务器都先接收 8 字节（每一个是一个 4 字节整数），把它们转换成两个整数，使用长度信息决定再次读取的数据包含多少字节。数据读取完成后，再次重复以上过程。该方法灵活性非常高，但是需要两次读取数据。实际上，如果所有数据是用一个写入函数写入的话，第二次读取操作会立即完成。
- 使每个数据具有相同的长度。如果所要发送的数据比确定的数据长度短，则按照事先确定的长度发送。这种方式效率非常高，因为它以偶尔发送无用数据为代价，使接收数据只读取一次就完成。
- 以严格的 ASCII 码为内容发送数据，每一段数据都以 carriage return 和 linefeed 作为结尾。如果读取函数的模式输入端连接了 CR 和 LF，那么直到读取到 CR 和 LF 时，函数才结束。对于该方法，如果数据中恰好包含了 CR 和 LF，那么将变得很麻烦，不过在很多 Internet 协议里，如 POP3、FTP 和 HTTP，这种方式的应用很普遍。

（3）超时毫秒：以毫秒为单位来确定一段时间，在所选择的读取模式下返回超时错误之前所要等待的最长时间。默认为 25000ms。如果为-1，表示将无限等待。

（4）连接 ID 输出：与连接 ID 的内容相同。

（5）数据输出：包含从 TCP 连接中读取的数据。

4. 写入 TCP 数据

通过数据输入端口将数据写入指定的 TCP 连接中。“写入 TCP 数据”节点如图 18-40 所示。

- 数据输入：包含要写入指定连接的数据。数据操作的方式请参见“读取 TCP 数据”部分的解释。
- 超时毫秒：函数在完成或返回超时错误之前将所有字节写入指定设备的一段时间，以毫秒为单位。默认为 25000ms。如果为–1，表示将无限等待。
- 写入的字节：VI 写入 TCP 连接的字节数。

5. 关闭 TCP 连接

关闭指定的 TCP 连接。“关闭 TCP 连接”节点如图 18-41 所示。

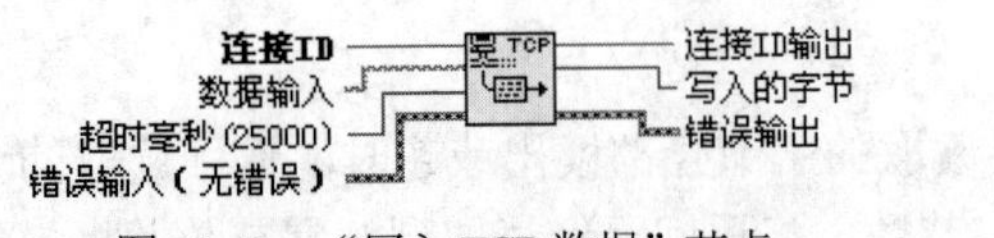

图 18-40 “写入 TCP 数据”节点

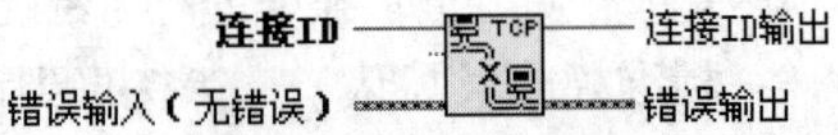

图 18-41 “关闭 TCP 连接”节点

6. 解释机器别名

返回使用网络和 VI 服务器函数的计算机的物理地址。“解释机器别名”节点如图 18-42 所示。

- 机器别名：计算机的别名。
- 网络识别：计算机的物理地址，如 IP 地址。

7. 创建 TCP 侦听器

创建一个 TCP 网络连接侦听器。如果将 0 接入输入端口，将动态选择一个操作系统使用的可用的 TCP 端口。“创建 TCP 侦听器”节点如图 18-43 所示。

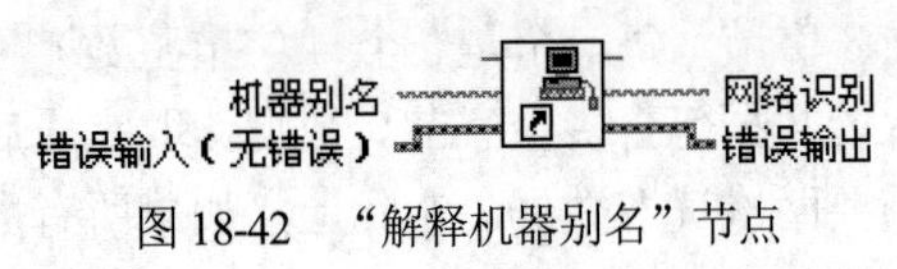

图 18-42 “解释机器别名”节点

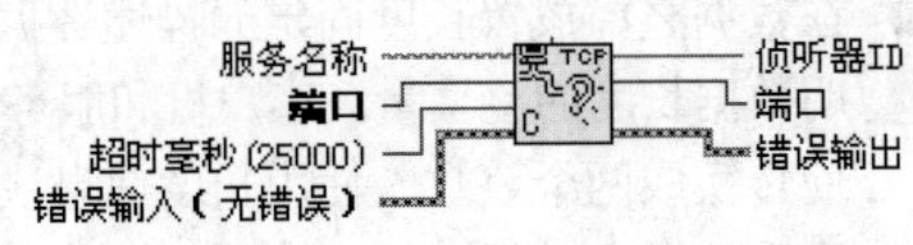

图 18-43 “创建 TCP 侦听器”节点

- 端口（输入）：所侦听连接的端口号。
- 侦听器 ID：能够唯一表示侦听器的网络连接标识。
- 端口（输出）：返回函数所使用的端口号。如果输入端口号不是 0，则输出端口号与输入端口号相同。如果输入端口号为 0，将动态选择一个可用的端口号。根据 IANA（The Internet Assigned Numbers Authority，互联网数字分配机构）的规定，可用的端口号范围是 49152～65535。最常用的端口号是 0～1023，已注册的端口号是 1024～49151。并非所有的操作系统都遵从 IANA 标准。例如，Windows 返回 1024～5000 之间的动态端口号。

8. 等待 TCP 侦听器

在指定的端口上等待 TCP 连接请求。“TCP 侦听”VI 就是“创建 TCP 侦听器”节点与本节点的综合使用。“等待 TCP 侦听器”节点如图 18-44 所示。

- 侦听器 ID 输入：一个能够唯一表明侦听器身份的网络连接标识。
- 超时毫秒：等待连接的毫秒数。如果在规定的时间内连接没有建立，函数将返回一个错误。默认值为–1，说明将无限等待。
- 侦听器 ID 输出：侦听器 ID 输入的一个副本。
- 连接 ID：TCP 连接的唯一的网络连接标识号。

9. IP 地址至字符串转换

将 IP 地址转换为计算机名称。“IP 地址至字符串转换”节点如图 18-45 所示。

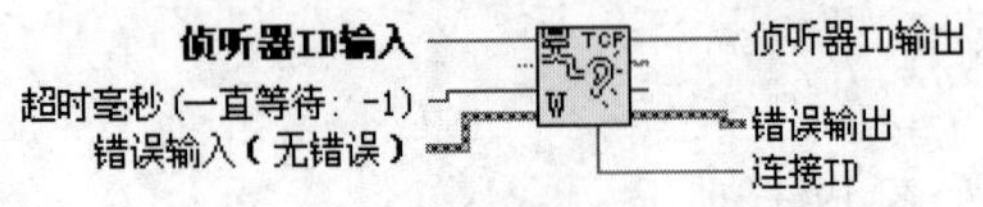

图 18-44 “等待 TCP 侦听器”节点

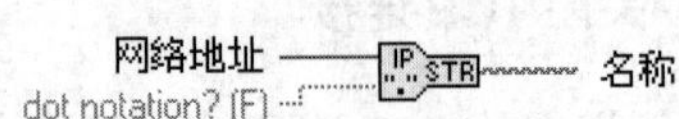

图 18-45 “IP 地址至字符串转换”节点

- 网络地址：想要转换的 IP 网络地址。
- dot notation?：说明输出的名称是否是点符号格式的。默认为 FALSE，说明返回的 IP 地址是 machinename.domain.com 格式的。如果选择 dot notation 格式，则返回的 IP 地址是 128.0.0.25 格式。
- 名称：与网络地址相等价的网络地址。

10. 字符串至 IP 地址转换

将计算机名称转换为 IP 地址。若不指定计算机名称，则节点输出当前计算机的 IP 地址。“字符串至 IP 地址转换”节点如图 18-46 所示。

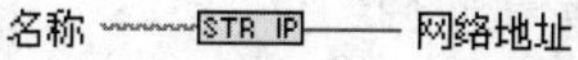

名称 STR IP 网络地址

图 18-46 “字符串至 IP 地址转换”节点

扫一扫，看视频

动手学——随机波形的局域传递

源文件：源文件\第 18 章\随机波形的局域传递\TCP 通信服务器.vi、TCP 通信客户机.vi

本实例演示由服务器产生一组随机波形，通过局域网送至客户机进行显示。双机通信流程图如图 18-47 所示。

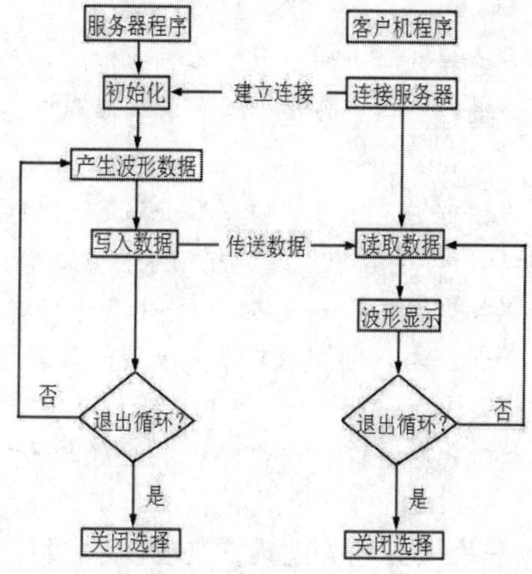

图 18-47 双机通信流程图

TCP 通信服务器和客户机的程序框图如图 18-48 和图 18-49 所示。

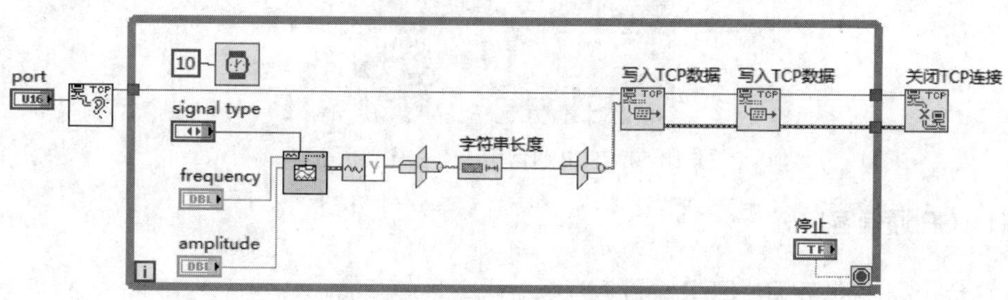

图 18-48 TCP 通信服务器程序框图

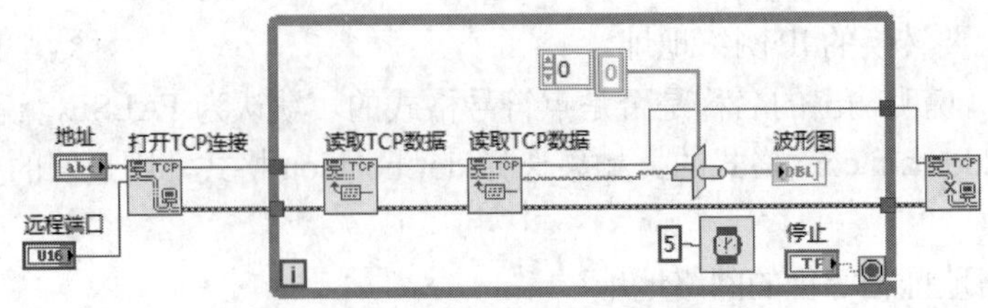

图 18-49　TCP 通信客户机程序框图

【操作步骤】

1. 设计 TCP 通信服务器

（1）新建一个 VI，保存为“TCP 通信服务器 .vi”。

（2）在“函数”选板上选择“编程”→“结构”→“While 循环”函数，拖动出适当大小的矩形框，在 While 循环的循环条件接线端创建循环控制控件。

（3）在“函数”选板上选择“信号处理”→“波形生成”→“基本函数发生器”函数，设置信号类型为正弦，通过频率、幅值确定正弦信号波形。

（4）在“函数”选板上选择“编程”→“波形”→“获取波形成分”函数，获取正弦波形信息。

（5）在“函数”选板上选择“编程”→“数值”→“数据操作”→“强制类型转换”函数，转换数据类型。

（6）在“函数”选板上选择“编程”→“字符串”→“字符串长度”函数，获取字符串长度。

（7）在“函数”选板上选择“编程”→“数值”→“数据操作”→“强制类型转换”函数，转换数据类型。

（8）在“函数”选板上选择“数据通信”→“协议”→TCP→“TCP 侦听”函数，指定网络端口，并用侦听 TCP 节点建立 TCP 侦听器，等待客户机的连接请求，这是初始化的过程。

（9）在“函数”选板上选择“数据通信”→“协议”→TCP→“写入 TCP 数据”函数，使用两个写入 TCP 数据节点来发送数据。第一个写入 TCP 数据节点发送的是波形数组的长度；第二个写入 TCP 数据节点发送的是波形数组的数据。

（10）在“函数”选板上选择“数据通信”→“协议”→TCP→“关闭 TCP 连接”函数，关闭端口。

（11）单击工具栏中的“整理程序框图”按钮，整理程序框图，结果如图 18-48 所示。

（12）单击“运行”按钮，运行 VI，在前面板显示运行结果，如图 18-50 所示。

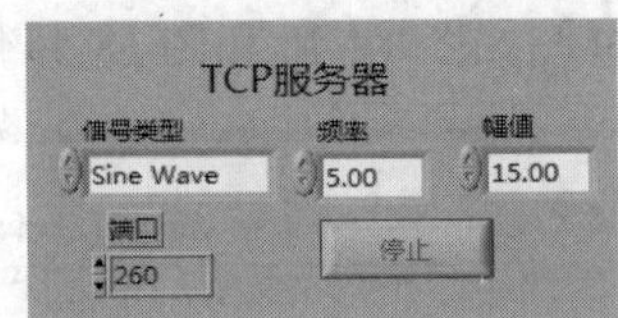

图 18-50　TCP 通信服务器程序前面板

2. 设计 TCP 通信客户机

（1）新建一个 VI，保存为“TCP 通信客户机 .vi”。

（2）在“函数”选板上选择“编程”→“结构”→“While 循环”函数，拖动出适当大小的矩形框，在 While 循环条件接线端创建循环控制控件。

（3）在“函数”选板上选择“数据通信”→“协议”→TCP→“打开 TCP 连接”函数，在指定的纸质网络端口，建立 TCP 连接。

（4）在“函数”选板上选择“数据通信”→“协议”→TCP→“读取 TCP 数据”函数，使用两个读取 TCP 数据节点读取服务器送来的波形数组数据。第一个节点读取波形数组数据的长度；第二个节点根据这个长度将波形数组的数据全部读出。

（5）在“函数”选板上选择“数据通信”→“协议”→TCP→“关闭 TCP 连接”函数，关闭端口。

（6）在“函数”选板上选择“编程”→“数值”→“数据操作”→“强制类型转换”函数，转换数据类型为数组。

（7）打开前面板，在“控件”选板上选择“新式”→“图形”→“波形图”控件，连接转换后的数组数据。

（8）单击工具栏中的“整理程序框图”按钮，整理程序框图，结果如图 18-49 所示。

（9）单击“运行”按钮，运行 VI，在前面板显示运行结果，如图 18-51 所示。

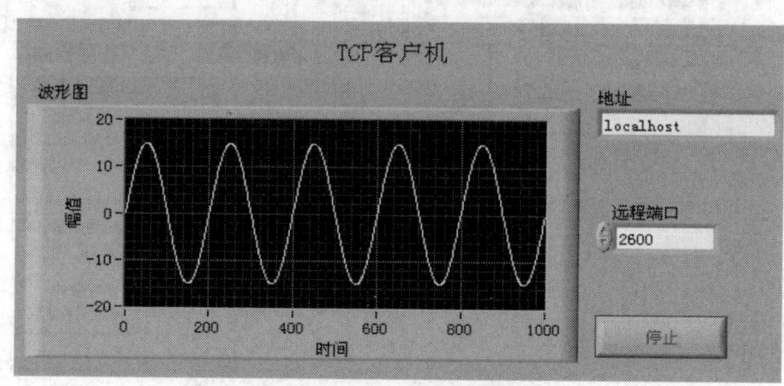

图 18-51　TCP 通信客户机程序前面板

与服务器程序框图相对应，客户机程序框图也采用 TCP 连接的方法，这种方法是 TCP/IP 通信中常用的方法，可以有效地发送和接收数据，并保证数据不丢失。建议用户在使用 TCP 节点进行双机通信时采用这种方法。

注意：

在用 TCP 节点进行通信时，需要在服务器程序框图中指定网络通信端口号，客户机也要指定相同的端口，才能与服务器之间进行正确的通信，如上例中的端口值为 2600。端口值由用户任意指定，只要服务器与客户机的端口保持一致即可。在一次通信连接建立后，就不能更改端口的值了。如果的确需要改变端口的值，则必须先断开连接，才能重新设置端口值。

还有一点值得注意的是，在客户机程序框图中首先要指定服务器的名称才能与服务器之间建立连接（服务器的名称是指计算机名）。若服务器和客户机程序在同一台计算机上同时运行，客户机程序框图中输入的服务器的名称可以是 localhost，也可以是这台计算机的计算机名，甚至可以是一个空字符串。

18.4　综合演练——多路解调器

扫一扫，看视频

源文件：源文件\第 18 章\多路解调器.vi

本实例演示使用等待通知函数实现多路解调器的作用。循环数据使用发送通知函数发送数据，并利用等待通知函数接收数据，最终显示在数据接收端图表中。

绘制完成的前面板如图 18-52 所示，程序框图如图 18-53 所示。

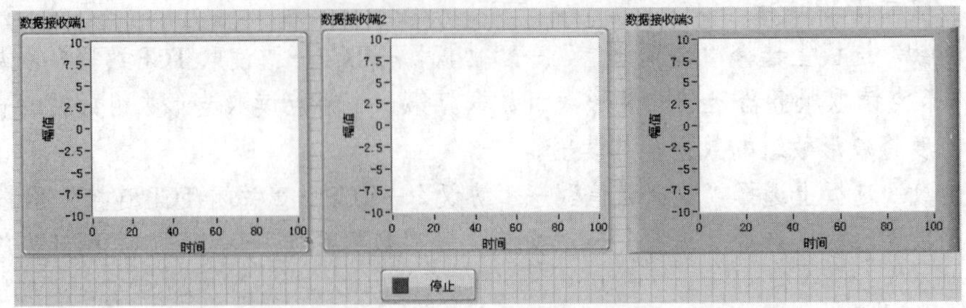

图 18-52　前面板

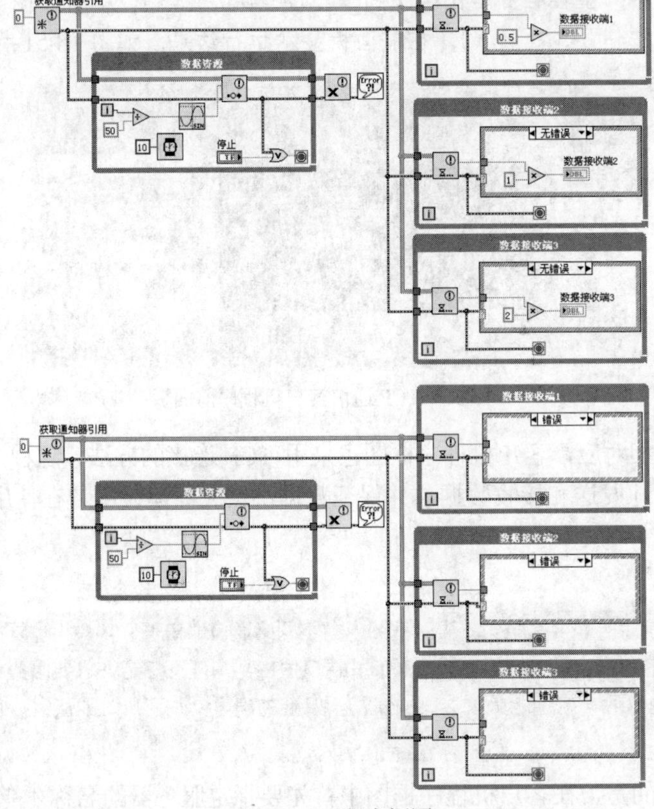

图 18-53　程序框图

【操作步骤】

（1）新建一个 VI，在“控件”选板上选择“银色”→“图形”→“波形图表”，连续放置 3 个控件，同时修改控件名称为“数据接收端 1”“数据接收端 2”和“数据接收端 3”。

（2）打开程序框图，新建一个 While 循环。

（3）在“函数”选板上选择“数学”→“初等与特殊函数”→“三角函数”→“正弦”函数，在 While 循环中用正弦函数产生正弦数据。

（4）在“函数”选板上选择“数据通信”→“同步”→“通知器操作”→“获取通知器引用”函数，创建为 0 的 DBL 常量并将其连接到“元素数据类型”输入端。

（5）在“编程”选板上选择“数值”→“除”函数，计算每个循环计数与DBL常量50相除。

（6）在“函数”选板上选择“数据通信”→“同步”→“通知器操作”→“发送通知”函数，接收正弦函数输出的数据，发送等待的通知。

（7）在“编程”选板上选择“布尔”→“或”函数，放置在While循环的“循环条件”输入端，同时将“停止按钮”连接到函数输入端。

（8）在“编程”选板上选择“定时”→“等待”函数，放置在While循环内并创建输入常量10。

（9）在“函数”选板上选择“数据通信”→“同步”→“通知器操作”→“释放通知器引用”函数，在循环外接收数据。

（10）在“编程”选板上选择“对话框与用户界面”→“简易错误处理器”VI，并将释放通知器引用后的错误数据连接到输入端。

（11）在While循环上添加“子程序框图标签”为“数据资源”。

（12）在程序框图新建一个“子程序框图标签”为“数据接收端1”的While循环。

（13）在“函数”选板上选择“数据通信”→“同步”→“通知器操作”→“等待通知”函数，在循环 内接收通知器输出数据。

（14）在While循环内创建条件结构循环。

（15）在“选择器标签”中将“真”“假”修改标签为“错误”“无错误”。

（16）在条件结构循环中选择“无错误”条件，在循环结构中放置“乘”函数（位于“编程”→“数值”选板中），同时创建常量0.5。

（17）在条件结构循环中选择“错误”条件，默认为空。

（18）使用同样的方法创建While循环“数据接收端2”和“数据接收端3”。

（19）将鼠标放置在函数及控件的输入/输出端口，鼠标变为连线状态，按照图 18-53 所示连接并整理程序框图。

（20）打开前面板，单击“运行”按钮，运行程序，可以在输出波形控件中显示输出结果，如图18-54所示。

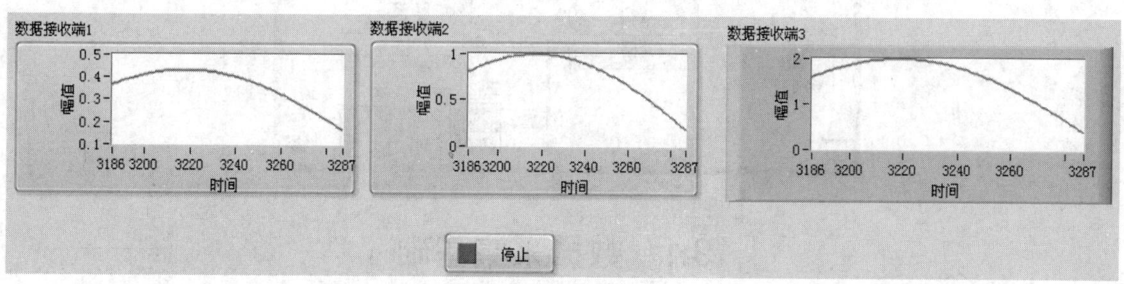

图18-54 运行结果

第 19 章　数 据 采 集

内容简介

仪器的产生源于检测，虚拟仪器的目的在于测试。NI 公司为 LabVIEW 用户提供了丰富的数据采集设备，最大限度地满足了各个领域的需要。数据采集（DAQ）的功能是 LabVIEW 的核心，使用 LabVIEW，必须掌握如何使用 DAQ。

LabVIEW 2020 具有强大的 DAQ 功能。本章首先介绍 DAQ 的基本知识；其次对 DAQmx 节点及其使用方法进行介绍；最后对数据采集中经常使用的 DAQ 助手进行简单介绍。

内容要点

- 数据采集基础
- 数据采集节点简介
- 综合演练——DAQ 助手的使用

案例效果

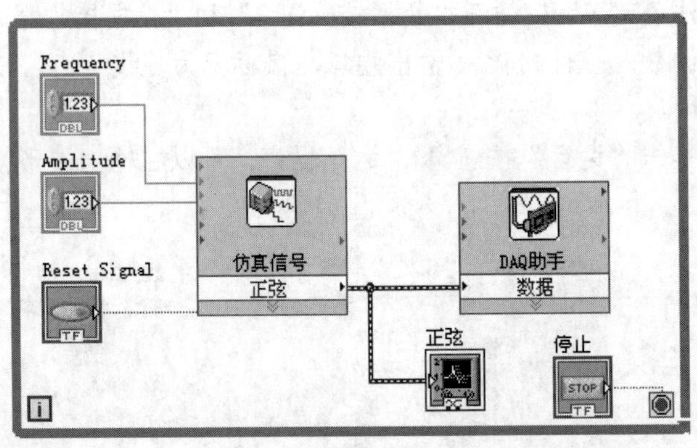

19.1　数据采集基础

随着计算机和总线技术的发展，基于 PC 的数据采集板卡产品得到广泛应用。一般而言，DAQ 板卡产品可以分为内插式板卡和外挂式板卡两类。内插式 DAQ 板卡包括基于 ISA、PCI、PXI/Compact PCI、PCMCIA 等各种计算机内总线的板卡；外挂式 DAQ 板卡则包括 USB、IEEE 1394、RS-232/RS-485 和并口板卡。内插式 DAQ 板卡速度快，但插拔不方便；外挂式 DAQ 板卡连接使用方便，但速度相对较慢。NI 公司最初以研制开发各种先进的 DAQ 产品成名，因此，丰富的 DAQ 产品支持和强大的 DAQ 编程功能一直是 LabVIEW 系统的显著特色之一，并且许多厂商也将 LabVIEW 驱动程序作为其 DAQ 产品的标准配置。另外，NI 公司还为没有 LabVIEW 驱动程序的 DAQ 产品提供了专门的驱动程序开发工具——LabWindows/CVI。

在学习 LabVIEW 所提供的功能强大的数据采集和分析软件以前，首先对数据采集系统的原理、构成进行了解是非常有必要的。因此，本节首先对 DAQ 系统进行了介绍；其次对 NI-DAQ 的安装及 NI-DAQ 节点中常用的参数进行了介绍。

19.1.1 DAQ 功能概述

典型的基于 PC 的 DAQ 系统框图如图 19-1 所示。它包括传感器、信号调理模块、数据采集硬件设备以及装有 DAQ 软件的 PC。

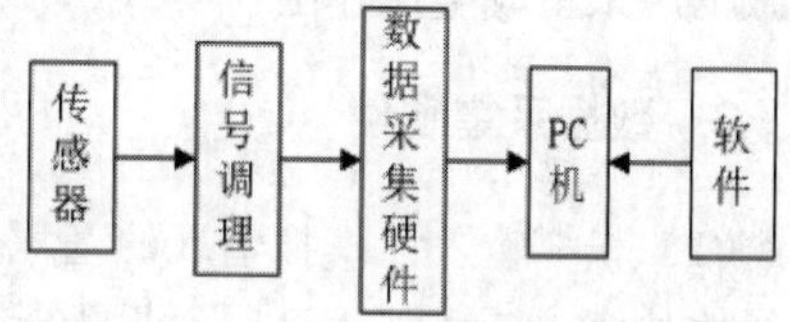

图 19-1　基于 PC 的 DAQ 系统

下面对数据采集系统的各个组成部分进行介绍，并介绍使用各组成部分的最重要的原则。

1. 个人计算机（PC）

数据采集系统所使用的计算机会极大地影响连续采集数据的最大速度，而当今的技术已可以使用 Pentium 和 Power PC 级的处理器，它们能结合更高性能的 PCI、PXI/Compact PCI 和 IEEE 1394（火线）总线以及传统的 ISA 总线和 USB 总线。PCI 总线和 USB 接口是目前绝大多数台式计算机的标准设备，而 ISA 总线已不再经常使用。随着 PCMCIA、USB 和 IEEE 1394 的出现，为基于桌面 PC 的数据采集系统提供了一种更为灵活的总线替代选择。对于使用 RS-232 或 RS-485 串口通信的远程数据采集应用，串口通信的速率常常会使数据吞吐量受到限制。在选择数据采集设备和总线方式时，请记住所选择的设备和总线所能支持的数据传输方式。

计算机的数据传送能力会极大地影响数据采集系统的性能。所有 PC 都具有可编程 I/O 和中断传送方式。目前，绝大多数个人计算机可以使用直接存储器访问（Direct Memory Access，DMA）传送方式，它使用专门的硬件把数据直接传送到计算机内存，从而提高了系统的数据吞吐量。采用这种方式后，处理器不需要控制数据的传送，因此，它就可以用来处理更复杂的工作。为了利用 DMA 或中断传送方式，选择的数据采集设备必须能支持这些传送类型。例如，PCI、ISA 和 IEEE 1394 设备可以支持 DMA 和中断传送方式，而 PCMCIA 和 USB 设备只能使用中断传送方式。所选用的数据传送方式会影响数据采集设备的数据吞吐量。

限制采集大量数据的因素常常是硬盘，磁盘的访问时间和硬盘的分区会极大地降低数据采集和存储到硬盘的最大速率。对于要求采集高频信号的系统，就需要为 PC 选择高速硬盘，从而保证有连续（非分区）的硬盘空间来保存数据。此外，要用专门的硬盘进行采集并且在把数据存储到磁盘时使用另一个独立的磁盘运行操作系统。

对于要实时处理高频信号的应用，需要用到 32 位的高速处理器以及相应的协处理器或专用的插入式处理器，如数字信号处理（DSP）板卡。然而，对于在 1s 内只需采集或换算一两次数据的应用系统而言，使用低端的 PC 就可以满足要求。

在满足短期目标的同时，要根据投资所能产生的长期回报的最大值来确定选用何种操作系统和计算机平台。影响选择的因素可能包括开发人员和最终用户的经验与要求、PC 的其他用途（现在和将来）、成本的限制以及在实现系统期间内可使用的各种计算机平台。

2. 传感器和信号调理

传感器感应物理现象并生成数据采集系统可测量的电信号。例如，热电偶、电阻式测温计

（RTD）、热敏电阻器和 IC 传感器可以把温度转变为模拟数字转换器（Analog-to-digital Converter，ADC）可测量的模拟信号。其他例子包括应力计、流速传感器、压力传感器，它们可以相应地测量应力、流速和压力。在所有这些情况下，传感器可以生成与它们所检测的物理量呈比例的电信号。

为了适合数据采集设备的输入范围，由传感器生成的电信号必须经过处理。为了更精确地测量信号，信号调理配件能放大低电压信号，并对信号进行隔离和滤波。此外，某些传感器需要有电压或电流激励源来生成电压输出。

3. 数据采集硬件

（1）模拟输入：模拟输入的基本考虑在模拟输入的技术说明中将给出关于数据采集产品的精度和功能的信息。基本技术说明适用于大部分数据采集产品，包括通道数目、采样速率、分辨率和输入范围等方面的信息。

（2）模拟输出：经常需要模拟输出电路来为数据采集系统提供激励源。数模转换器（DAC）的一些技术指标决定了所产生输出信号的质量-稳定时间、转换速率和输出分辨率。

（3）触发器：许多数据采集的应用过程需要基于一个外部事件来启动或停止一个数据采集的工作。数字触发使用外部数字脉冲来同步采集与电压生成。模拟触发主要用于模拟输入操作，当一个输入信号达到一个指定模拟电压值时，根据相应的变化方向来启动或停止数据采集的操作。

（4）RTSI 总线：NI 公司为数据采集产品开发了 RTSI 总线。RTSI 总线使用一种定制的门阵列和一条带形电缆，能在一块数据采集卡上的多个功能之间或者两块甚至多块数据采集卡之间发送定时信号和触发信号。通过 RTSI 总线，可以同步模数转换、数模转换、数字输入、数字输出和计数器/计时器的操作。例如，通过 RTSI 总线，两个输入板卡可以同时采集数据，同时第 3 个设备可以与该采样率同步产生波形输出。

（5）数字 I/O（DIO）：DIO 接口经常在 PC 数据采集系统中使用，它被用来控制过程、产生测试波形、与外围设备进行通信。在每一种情况下，最重要的参数有可应用的数字线的数目，在这些通路上能接收和提供数字数据的速率，以及通路的驱动能力。如果数字线被用来控制事件，如打开或关掉加热器、电动机或灯，由于上述设备并不能很快地响应，因此通常不采用高速输入/输出。

数字线的数量当然应该与需要被控制的过程数目相匹配。在上述的每一个例子中，需要打开或关掉设备的总电流必须小于设备的有效驱动电流。

（6）定时 I/O：计数器/定时器在许多应用中具有很重要的作用，包括对数字事件产生次数的计数、数字脉冲计时，以及产生方波和脉冲。通过 3 个计数器/计时器信号就可以实现所有上述应用——门、输入源和输出。门是指用来使计数器开始或停止工作的一个数字输入信号。输入源是一个数字输入，它的每次翻转都导致计数器的递增，因而提供计数器工作的时间基准。在输出线上输出数字方波和脉冲。

4. 软件

软件使 PC 和数据采集硬件形成了一个完整的数据采集、分析和显示系统。没有软件，数据采集硬件是毫无用处的——或者使用比较差的软件，数据采集硬件也几乎无法工作。大部分数据采集应用实例都使用了驱动软件。软件层中的驱动软件可以直接对数据采集硬件的寄存器编程，管理数据采集硬件的操作并把它和处理器中断，DMA 和内存这样的计算机资源结合在一起。驱动软件隐藏了复杂的硬件底层编程细节，为用户提供容易理解的接口。

随着数据采集硬件、计算机和软件复杂程度的增加，好的驱动软件就显得尤为重要。合适的驱动软件可以最佳地结合灵活性和高性能，同时还能极大地降低开发数据采集程序所需的时间。

为了开发出用于测量和控制的高质量数据采集系统，用户必须了解组成系统的各个部分。在所有数据采集系统的组成部分中，软件是最重要的。这是由于插入式数据采集设备没有显示功能，软件是用户和系统的唯一接口。软件提供了系统的所有信息，你也需要通过它来控制系统。软件把传感器、信号调理、数据采集硬件和分析硬件集成为一个完整的多功能数据采集系统。

19.1.2 安装 NI-DAQ

NI 公司官方提供了支持 LabVIEW 2020 的 DAQ 驱动程序。把 DAQ 卡与计算机连接后，就可以开始安装驱动程序了。

（1）将压缩包解压后，双击 Install，就会出现如图 19-2 所示的安装界面。

（2）选中“我接受上述许可协议”单选按钮，单击“下一步”按钮，进行安装，如图 19-3 所示。

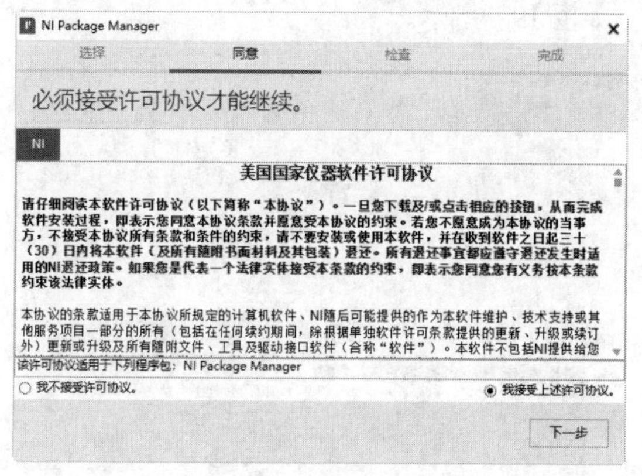

图 19-2 NI-DAQmx 安装界面（1）

图 19-3 NI-DAQmx 安装界面（2）

（3）单击“下一步”按钮，继续安装，如图 19-4 所示。

（4）单击“下一步”按钮，继续安装，如图 19-5 所示。

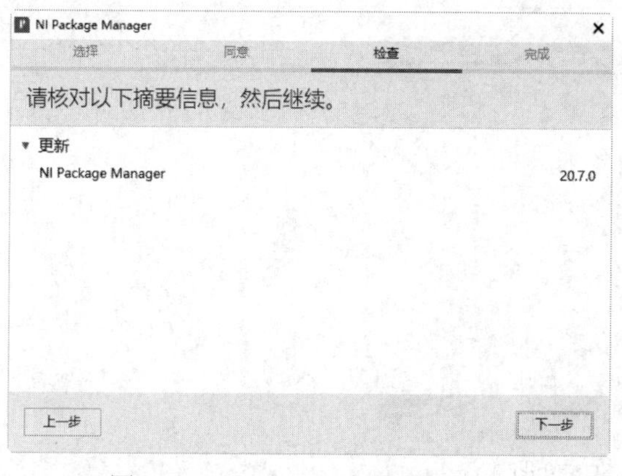

图 19-4 NI-DAQmx 安装界面（3）

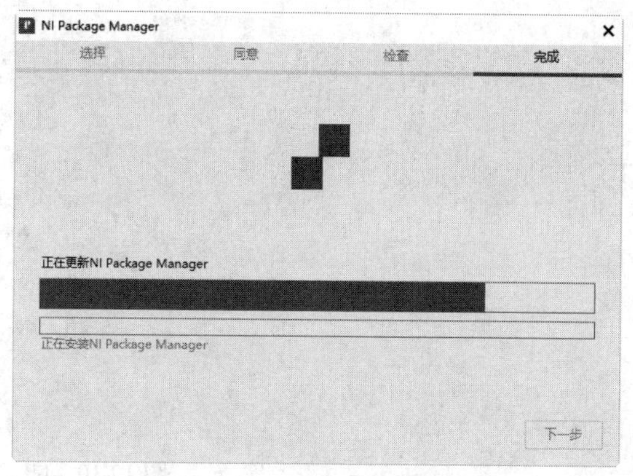

图 19-5 NI-DAQmx 安装界面（4）

（5）单击“选择全部”按钮，选中全部所有选项选中，单击“下一步”按钮，继续安装，如图 19-6 所示。

（6）单击“下一步”按钮，继续安装，如图 19-7 所示。

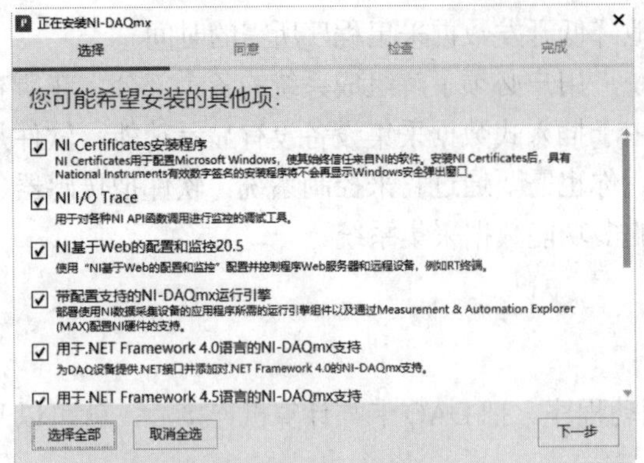

图 19-6　NI-DAQmx 安装界面（5）

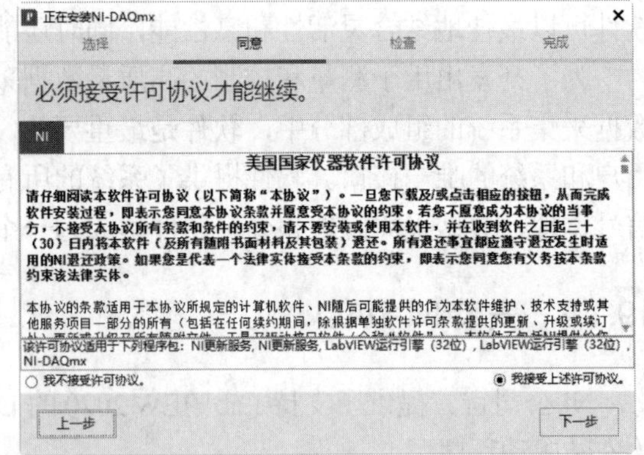

图 19-7　NI-DAQmx 安装界面（6）

（7）单击“下一步”按钮，继续安装，如图 19-8 所示。

（8）单击“下一步”按钮，最后出现安装进度条，如图 19-9 所示。

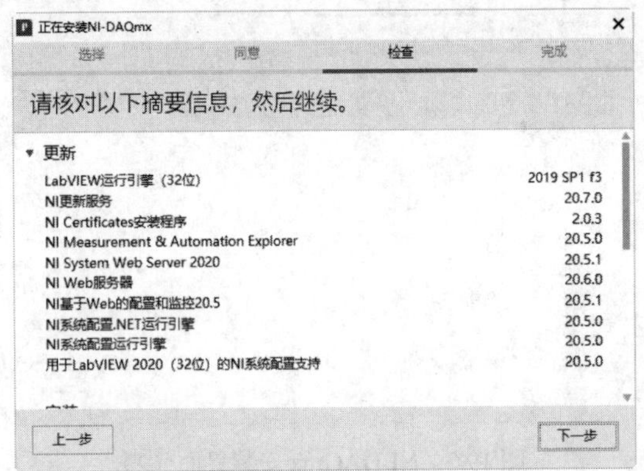

图 19-8　NI-DAQmx 安装界面（7）

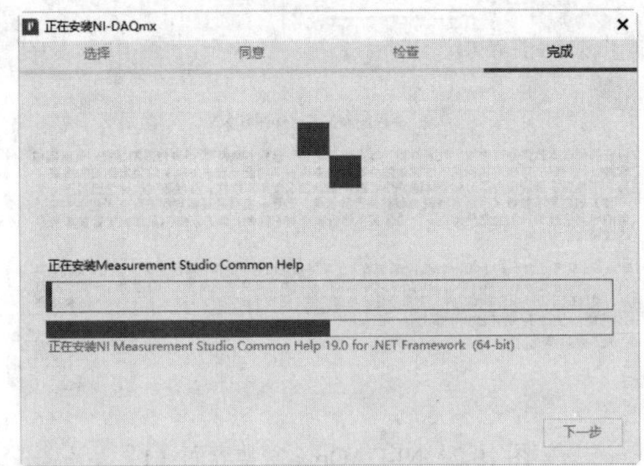

图 19-9　NI-DAQmx 安装界面（8）

（9）单击“立即重启”按钮，安装完成，如图 19-10 所示。

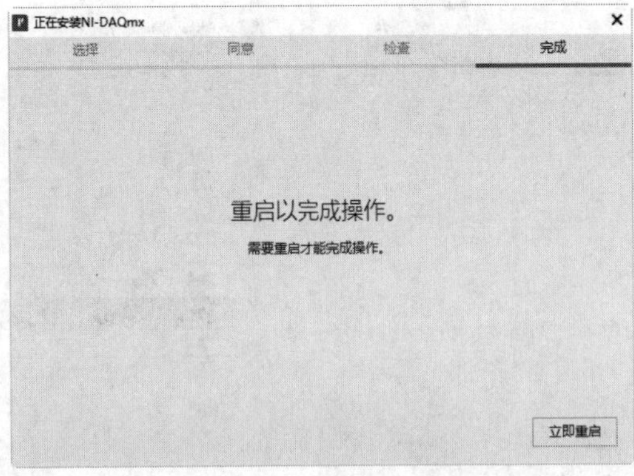

图 19-10　NI-DAQmx 安装界面（9）

19.1.3　安装设备和接口

选择“开始”→NI MAX 命令，将出现“我的系统–Measurement & Automation Explorer”窗口。从该窗口中可以看到现在的计算机所拥有的 NI 公司的硬件和软件的情况，如图 19-11 所示。

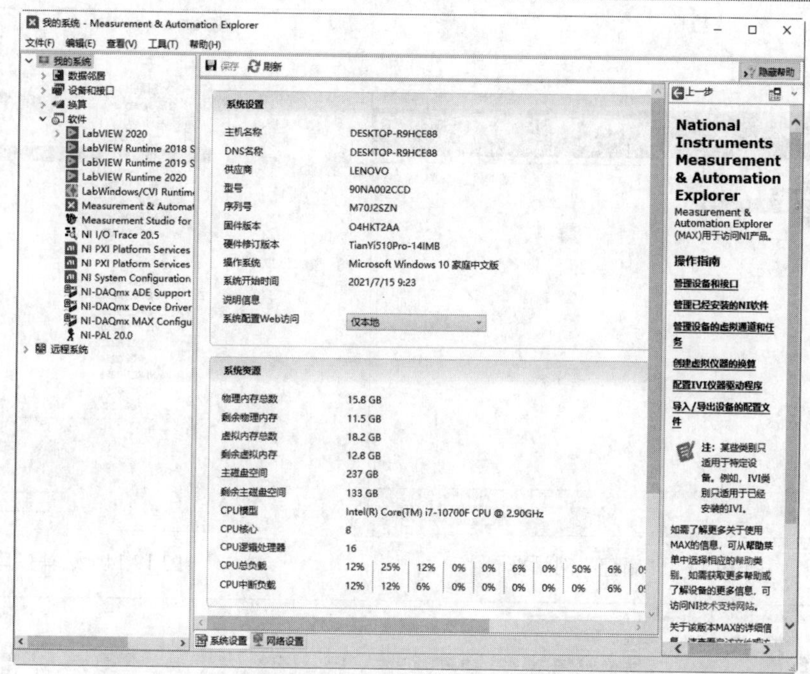

图 19-11 “我的系统 -Measurement & Automation Explorer”窗口

安装完成后，选择 PCI 接口，显示 DAQ“虚拟通道、物理通道”。在图 19-11 所示的窗口中，在“设备和接口”上右击选择“新建”命令，如图 19-12 所示。弹出“新建”对话框，选择“仿真 NI-DAQmx 设备或模块化仪器”选项，如图 19-13 所示。单击“完成”按钮，弹出“创建 NI-DAQmx 仿真设备”对话框。在该对话框中选择所需的接口型号，如图 19-14 所示。单击“确定”按钮，完成接口的选择，如图 19-15 所示。

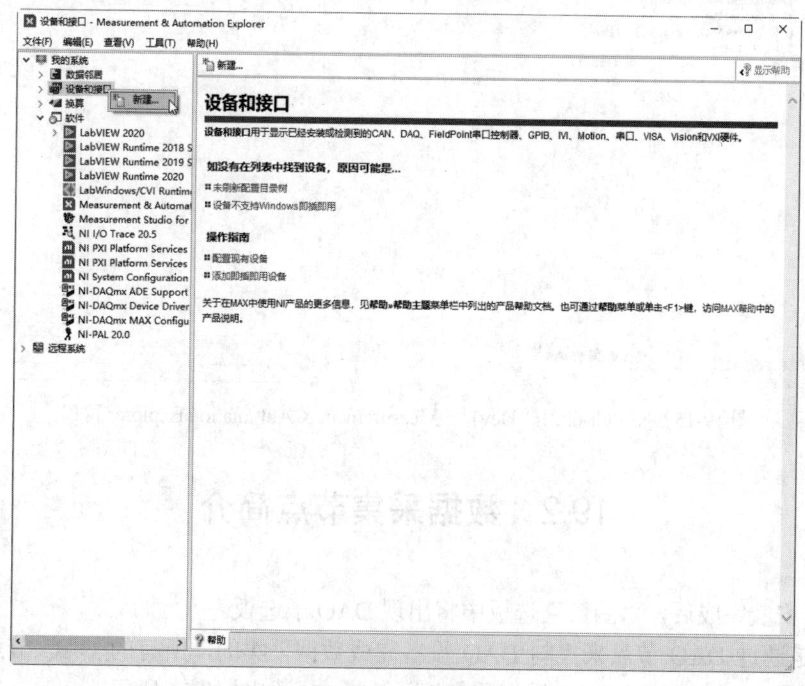

图 19-12 新建接口

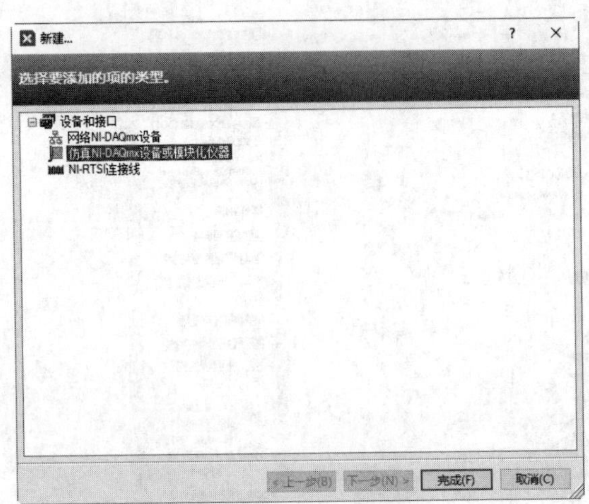

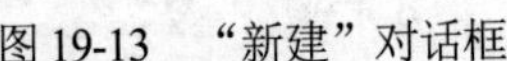
图 19-13 “新建”对话框

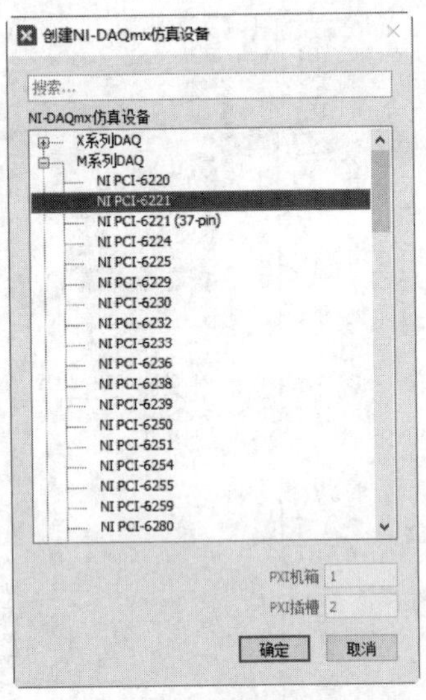

图 19-14 选择接口型号

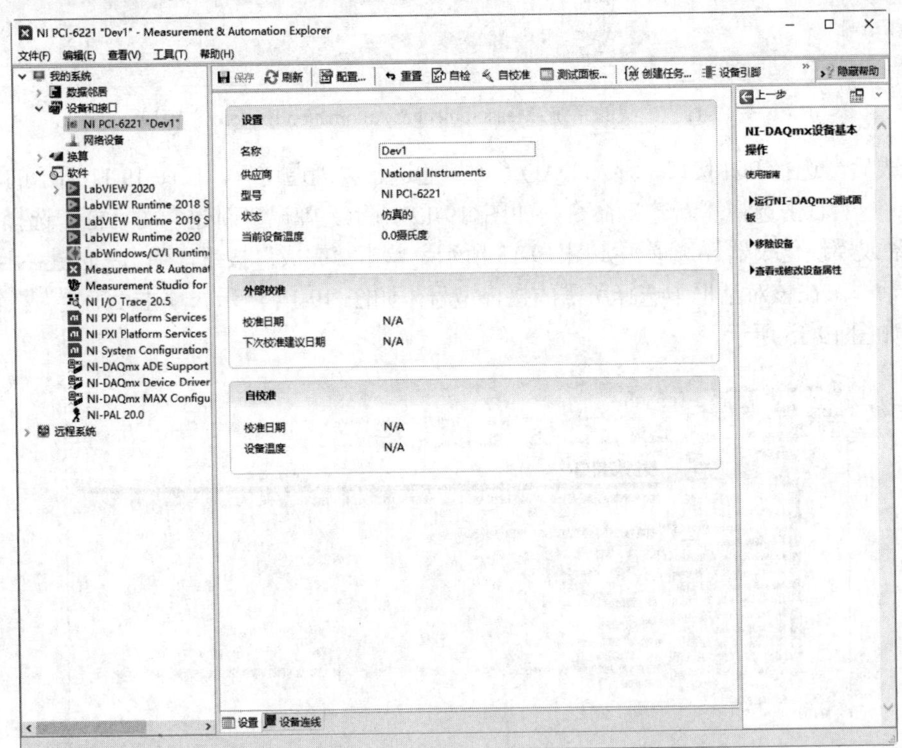

图 19-15 NI PCI-6221“Dev1”-Measurement & Automation Explorer 窗口

19.2 数据采集节点简介

NI-DAQmx 安装完成后，“函数”选板中将出现 DAQ 子选板。

LabVIEW 是通过 DAQ 节点来控制 DAQ 设备完成数据采集的，所有的 DAQ 节点都包含在“函数”选板的“测量 I/O”→“DAQmx- 数据采集”子选板中，如图 19-16 所示。

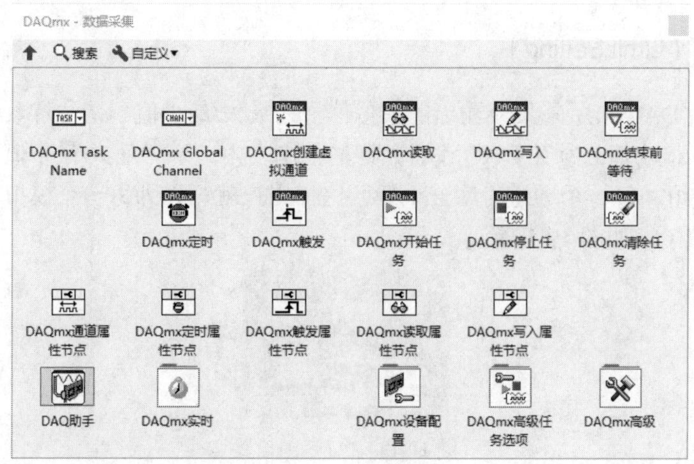

图 19-16 “DAQmx- 数据采集”子选板

19.2.1 DAQ 节点常用的参数简介

在详细介绍 DAQ 节点的功能之前，为使用户更加方便地学习和使用 DAQ 节点，有必要先介绍一些 LabVIEW 中通用的 DAQ 参数的定义。

1. 设备号和任务号（Device ID 和 Task ID）

输入端口 Device 是指在 DAQ 配置软件中分配给所用 DAQ 设备的编号，每一个 DAQ 设备都有一个唯一的编号与之对应。在使用工具 DAQ 节点配置 DAQ 设备时，这个编号可以由用户指定。输出参数 Task ID 是系统给特定的 I/O 操作分配的一个唯一的标识号，贯穿于以后 DAQ 操作的始终。

2. 通道（Channels）

在信号输入/输出时，每一个端口叫作一个 Channel。Channels 中所有指定的通道会形成一个通道组（Group）。VI 会按照 Channels 中所列出的通道顺序进行采集或输出数据的 DAQ 操作。

3. 通道命名（Channel Name Addressing）

要在 LabVIEW 中应用 DAQ 设备，必须实现对 DAQ 硬件进行配置，为了让 DAQ 设备的 I/O 通道的功能和意义更加直观地为用户所理解，用每个通道所对应的实际物理参数意义或名称来命名通道是一个理想的方法。在 LabVIEW 中配置 DAQ 设备的 I/O 通道时，可以在 Channels 中输入一定物理意义的名称来确定通道的地址。

用户在使用通道名称控制 DAQ 设备时，就不需要再连接 device、input limits 以及 input config 这些输入参数了，LabVIEW 会按照在 DAQ Channel Wizard 中的通道配置自动来配置这些参数。

4. 通道编号命名（Channel Number Addressing）

如果用户不使用通道名称来确定通道的地址，那么还可以在 Channels 中使用通道编号来确定通道的地址。可以将每个通道编号都作为一个数组中的元素；也可以将数个通道编号填入一个数组元素中，编号之间用逗号隔开；可以在一个数组元素中指定通道的范围，如 0:2，表示通道 0、1、2。

5. I/O 范围设置（Limit Setting）

Limit Setting 是指 DAQ 卡所采集或输出的模拟信号的最大/最小值。请注意，在使用模拟输入功能时，用户设定的最大/最小值必须在 DAQ 设备允许的范围之内。一对最大/最小值组成一个簇，多个这样的簇形成一个簇数组，每一个通道对应一个簇，这样用户就可以为每一个模拟输入或模拟输出通道单独指定最大/最小值了，如图 19-17 所示。

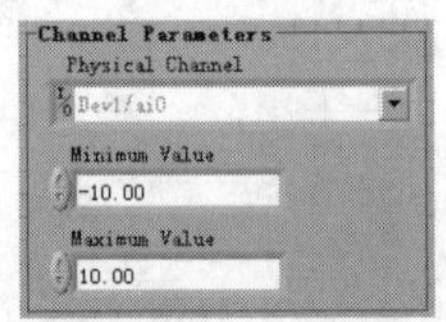

图 19-17　I/O 范围设置

按照通道设置，第一个设备的 AI0 通道的范围是-10～10。

在模拟信号的数据采集应用中，用户不仅需要设定信号的范围，还要设定 DAQ 设备的极性和范围。一个单极性范围只包含正值或只包含负值，而双极性范围可以同时包含正值和负值。用户可以根据自己的需要来设定 DAQ 设备的极性。

6. 组织二维数组中的数据

扫一扫，看视频

当用户在多个通道进行多次采集时，采集到的数据以二维数组的形式返回。

动手学——组织二维数组中的数据

源文件：源文件\第 19 章\组织二维数组中的数据.vi

本实例演示用户可以用两种方式组织二维数组中的数据，如图 19-18 所示。

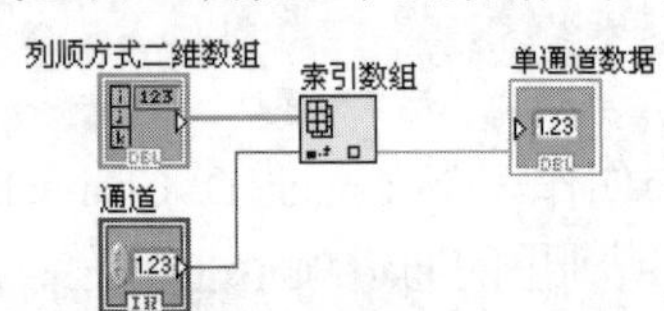

图 19-18　从二维数组中取出其中某一个通道的数据

【操作步骤】

（1）通过数组中的行（row）来组织数据。假如数组中包含了来自模拟输入通道中的数据，那么数组中的一行就代表一个通道中的数据，这种方式通常称为行顺方式（row major order）。当用户用一组嵌套 For 循环来产生一组数据时，内层的 For 循环每循环一次就产生二维数组中的一行数据。用这种方式构成的二维数组如图 19-19 所示。

（2）通过二维数组中的列（column）来组织数据。节点把从一个通道采集来的数据放到二维数组的一列中，这种组织数据的方式通常称为列顺方式（column major order），此时二维数组的构成如图 19-20 所示。

Channel 0　Scan 0

ch0, sc0	ch0, sc1	ch0, sc2	ch0, sc3
ch1, sc0	ch1, sc1	ch1, sc2	ch1, sc3
ch2, sc0	ch2, sc1	ch2, sc2	ch2, sc3
ch3, sc0	ch3, sc1	ch3, sc2	ch3, sc3

图 19-19　行顺方式组织数据

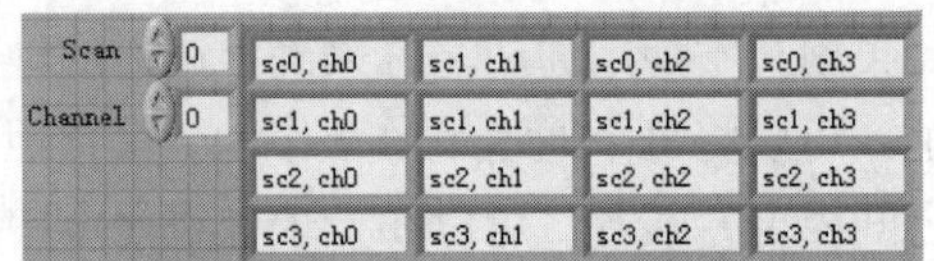

图 19-20　列顺方式组织数据

注意：

在图 19-19 和图 19-20 中出现了一个术语 Scan，称为扫描。一次扫描是指用户指定的一组通道按顺序进行一次数据采集。

从这个二维数组中取出其中某一个通道的数据，将数组中相对应的一列数据取出即可，如图 19-18 所示。

7. 扫描次数（Number of Scans to Acquire）

扫描次数是指在用户指定的一组通道进行数据采集的次数。

8. 采样点数（Number of Samples）

采样点数是指一个通道采样点的个数。

9. 扫描速率（Scan Rate）

扫描速率是指每秒完成一组指定通道数据采集的次数，它决定了在所有的通道中在一定时间内所进行数据采集次数的总和。

19.2.2 DAQmx 节点

完成DAQ安装后，在“函数”选板中显示DAQ节点函数，下面对常用的DAQmx节点进行介绍。

1. DAQmx 创建虚拟通道

“DAQmx 创建虚拟通道”函数创建了一个虚拟通道并且将它添加成一个任务。它也可以用来创建多个虚拟通道并将它们都添加至一个任务。如果没有指定一个任务，那么这个函数将创建一个任务。“DAQmx 创建虚拟通道”函数有许多的实例。这些实例对应于特定的虚拟通道所实现的测量或生成类型。其节点如图 19-21 所示。图 19-22 所示是 4 个不同的 DAQmx 创建虚拟通道 VI 实例的例程。

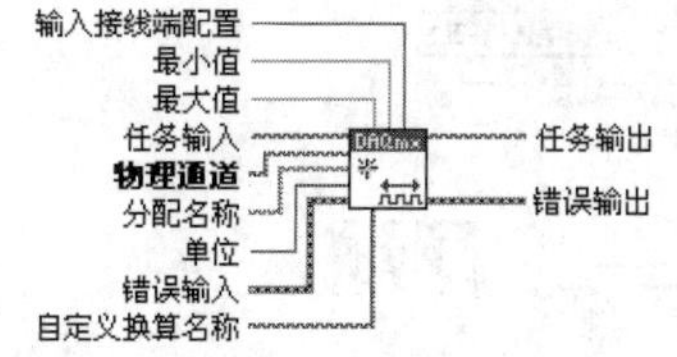

图 19-21 “DAQmx 创建虚拟通道”函数

图 19-22 DAQmx 创建的不同类型的虚拟通道

“DAQmx 创建虚拟通道”函数的输入随每个函数实例的不同而不同，但是，某些输入对大部分函数的实例是相同的。例如，一个输入需要用来指定虚拟通道将使用的物理通道（模拟输入和模拟输出）、线数（数字）或计数器。此外，模拟输入、模拟输出和计数器操作使用最小值和最大值输入来配置和优化基于信号最小和最大预估值的测量和生成。而且，一个自定义的刻度可以用于许多虚拟通道类型。在图 19-23 所示的 LabVIEW 程序框图中，DAQmx 创建虚拟通道 VI 用来创建一个热电偶虚拟通道。

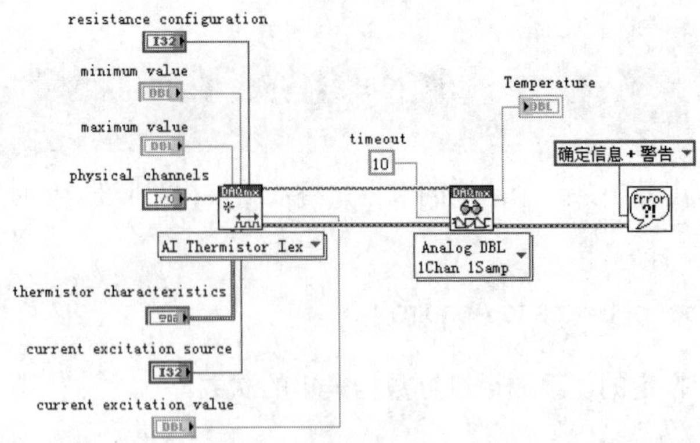

图 19-23　DAQmx 利用创建虚拟通道 VI 创建热电偶虚拟通道

2. DAQmx 清除任务

“DAQmx 清除任务”函数可以清除特定的任务。如果任务现在正在运行，那么这个函数首先中止任务然后释放掉它所有的资源。一旦一个任务被清除，那么它就不能被使用，除非重新创建它。因此，如果一个任务还会使用，那么“DAQmx 清除任务”函数就必须用来中止任务，而不是清除它。

“DAQmx 清除任务”函数节点如图 19-24 所示。

图 19-24　“DAQmx 清除任务”函数节点

扫一扫，看视频

对于连续的操作，DAQmx 清除任务必须用来结束真实的采集或生成。

动手学——二进制数组输出与清除任务

源文件：源文件\第 19 章\二进制数组输出与清除任务.vi

本实例介绍一个二进制数组不断输出直至等待循环退出和 DAQmx 清除任务 VI 执行，如图 19-25 所示。

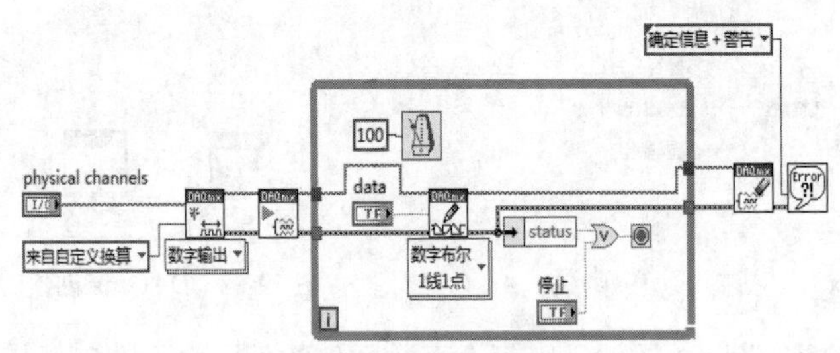

图 19-25　程序框图

【操作步骤】

（1）在“函数”选板上选择“测量 I/O”→“DAQmx-数据采集”→“DAQmx 创建虚拟通道”VI，设置选择器为“数字输出”，创建物理通道与“来自自定义换算”的线定义常量。

（2）在“函数”选板上选择“测量 I/O”→“DAQmx-数据采集”→“DAQmx 开始任务”VI，开始执行任务。

（3）在“函数”选板上选择“编程”→“结构”→“While 循环”函数，拖动出适当大小的矩形框，在 While 循环的循环条件接线端创建“停止”输入控件。

（4）选择“编程”→“定时”子选板中的“等待下一个整数倍毫秒”函数，输入定时时间为100ms。

（5）在“函数”选板上选择“测量I/O”→“DAQmx-数据采集”→“DAQmx写入”VI，写入数字单通道单采样布尔（1线）采样信息。

（6）在“函数”选板上选择“测量I/O”→“DAQmx-数据采集”→“DAQmx清除任务”VI，清除循环条件中的任务。

（7）在“编程”→“簇、类与变体”子选板中选择“按名称解除捆绑”函数，返回错误信息，连接到“或”函数输入端，与“停止”输入控件对比，连接到循环条件输出端。

（8）在“编程”→“对话框与用户界面”子选板中选择“简易错误处理器”函数，描述错误信息，弹出“确定信息+警告”对话框。

3. DAQmx读取

“DAQmx读取”函数需要从特定的采集任务中读取采样。这个函数的不同实例允许选择采集的类型（模拟、数字或计数器）、虚拟通道数、采样数和数据类型。其节点如图19-26所示。图19-27是4个不同的“DAQmx读取”函数实例的例程。

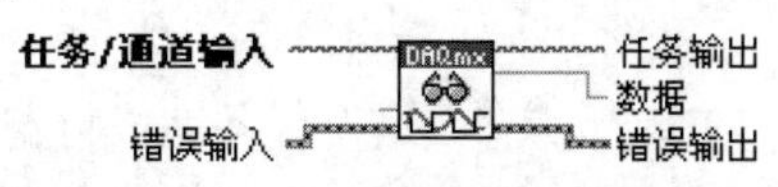

图19-26 “DAQmx读取”函数节点

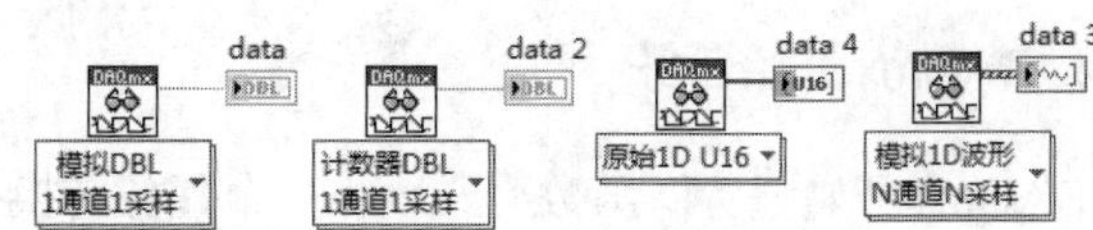

图19-27 不同“DAQmx读取”函数的实例

扫一扫，看视频

动手学——读取多个采样的DAQmx读取函数

源文件：源文件\第19章\读取多个采样的DAQmx读取函数.vi

本实例演示通过一个输入来指定在函数执行时读取数据的每通道采样数，如图19-28所示。

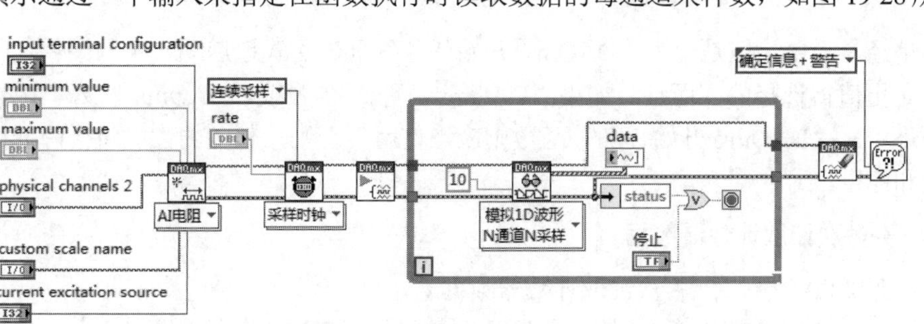

图19-28 程序框图

【操作步骤】

（1）在“函数”选板上选择“测量I/O”→“DAQmx-数据采集”→“DAQmx创建虚拟通道”VI，设置选择器为“模拟输入”-“电阻”，创建虚拟通道将使用的物理通道（模拟输入和模拟输出）、线数（数字）或计数器，确定输入任务。

（2）在“函数”选板上选择“测量I/O”→“DAQmx-数据采集”→“DAQmx定时”VI，设置执行任务的采样类型为“连续采样”，多态选择器为“采样时钟”，创建“速率”输入控件。

（3）在“函数”选板上选择“测量I/O”→“DAQmx-数据采集”→“DAQmx开始任务”VI，开始执行任务。

（4）在“函数”选板上选择“编程”→“结构”→“While 循环”函数，拖动出适当大小的矩形框，在 While 循环的循环条件连线端创建“停止”输入控件。

（5）在“函数”选板上选择“测量 I/O”→“DAQmx-数据采集”→“DAQmx 读取”VI，DAQmx 读取 VI 已经被配置成从多个模拟输入虚拟通道中读取多个采样并以波形的形式返回数据。而且，既然每通道采样数输入已经配置成常数 10，那么每次 VI 执行的时候它都会从每一个虚拟通道中读取 10 个采样。

（6）在“函数”选板上选择“测量 I/O”→“DAQmx-数据采集”→“DAQmx 清除任务”VI，清除循环条件中的任务。

（7）在“编程”→“簇、类与变体”子选板中选择“按名称解除捆绑”函数，返回错误信息，连接到“或”函数输入端，与“停止”输入控件对比，连接到循环条件输出端。

（8）在“编程”→“对话框与用户界面”子选板中选择“简易错误处理器”函数，描述错误信息，弹出“确定信息＋警告”对话框。

对于有限采集，通过将每通道采样数指定为-1，这个函数就等待采集完所有请求的采样数，然后读取这些采样。对于连续采集，将每通道采样数指定为-1 将使得这个函数在执行的时候读取所有现在保存在缓冲中可得的采样。

4. DAQmx 开始任务

“DAQmx 开始任务”函数显式地将一个任务转换到运行状态。在运行状态，这个任务完成特定的采集或生成。如果没有使用 DAQmx 开始任务函数，那么在 DAQmx 读取函数执行时，一个任务可以隐式地转换到运行状态，或者自动开始。其节点如图 19-29 所示。

图 19-29 “DAQmx 开始任务”函数节点

虽然不是经常需要，但是使用“DAQmx 开始任务”函数显式地启动一个与硬件定时相关的采集或生成任务是更值得选择的。而且，如果“DAQmx 读取”函数或“DAQmx 写入”函数将会执行多次，如在循环中，“DAQmx 开始任务”函数则应当使用。否则，任务的性能将会降低，因为它将会重复地启动和停止。

扫一扫，看视频

动手学——多次读取计数器数据

源文件：源文件\第 19 章\多次读取计数器数据.vi

本实例演示了使用“DAQmx 开始任务”函数需要执行多次以从计数器中读取数据，如图 19-30 所示。

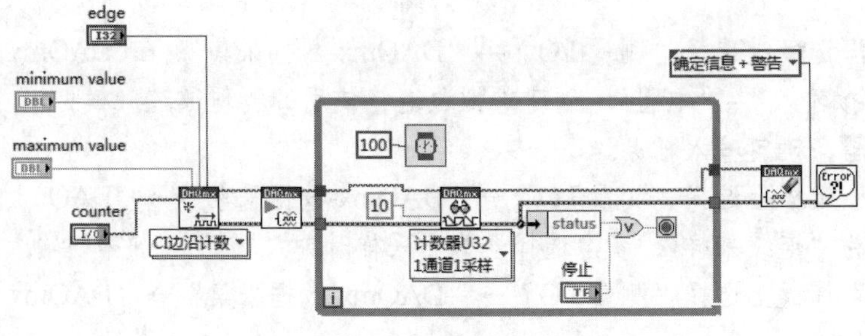

图 19-30 程序框图

【操作步骤】

(1) 在“函数”选板上选择“测量 I/O”→“DAQmx-数据采集”→“DAQmx 创建虚拟通道”VI，设置选择器为“计数器输入”-“两边沿间隔”，创建计数器、边沿值、最大值与最小值。

(2) 在“函数”选板上选择“测量 I/O”→“DAQmx-数据采集”→“DAQmx 开始任务”VI，开始执行任务。

(3) 在“函数”选板上选择“编程”→“结构”→“While 循环”函数，拖动出适当大小的矩形框，在 While 循环条件接线端创建“停止”输入控件。

(4) 选择“编程”→“定时”子选板中的“等待”函数，输入定时时间为 100ms。

(5) 在“函数”选板上选择“测量 I/O”→“DAQmx-数据采集”→“DAQmx 读取”VI，DAQmx 读取 VI 已经被配置成从计数器中单个模拟输入虚拟通道中读取单个采样并以 U32 的形式返回数据。而且，既然每通道采样数输入已经配置成常数 10，那么每次 VI 执行的时候它就会从每一个虚拟通道中读取 10 个采样。

(6) 在“函数”选板上选择“测量 I/O”→“DAQmx-数据采集”→“DAQmx 清除任务”VI，清除循环条件中的任务。

(7) 在“编程”→“簇、类与变体”子选板中选择“按名称解除捆绑”函数，返回错误信息，连接到“或”函数输入端，与“停止”输入控件对比，连接到循环条件输出端。

(8) 在“编程”→“对话框与用户界面”子选板中选择“简易错误处理器”函数，描述错误信息，弹出“确定信息＋警告”对话框。

扫一扫，看视频

动手练——输出单一模拟信号

源文件：源文件\第 19 章\输出单一模拟信号.vi

图 19-31 所示的 LabVIEW 程序框图演示了不需要使用“DAQmx 开始任务”函数的情形，因为模拟输出生成仅仅包含一个单一的、软件定时的采样。

思路点拨

(1) 使用“DAQmx 创建虚拟通道”VI 创建任务。
(2) 读取模拟输出生成仅仅包含一个单一的、软件定时的采样。
(3) 设置错误信息输出。

5. DAQmx 停止任务

任务经过该节点后将进入 DAQmx Start Task VI 节点之前的状态。

如果不使用“DAQmx 开始任务”和“DAQmx 停止任务”，而只是多次使用 DAQmx 读取或 DAQmx 写入，如在一个循环里，这将会严重降低应用程序的性能。其节点如图 19-32 所示。

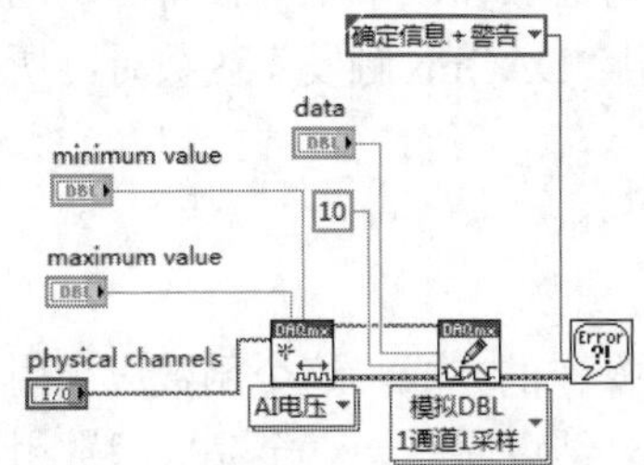

图 19-31　模拟输出一个单一的采样

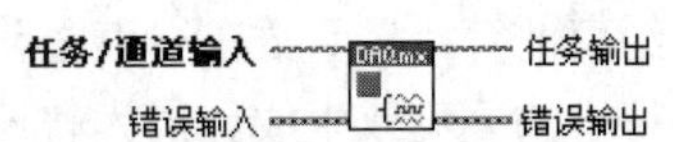

图 19-32　“DAQmx 停止任务”函数节点

6. DAQmx 定时

“DAQmx 定时”函数配置定时以用于硬件定时的数据采集操作。这包括指定操作是否连续或有限、为有限的操作选择用于采集或生成的采样数量，以及在需要时创建一个缓冲区。其节点如图 19-33 所示。

对于需要采样定时的操作（模拟输入、模拟输出和计数器），“DAQmx 定时”函数中的采样时钟实例设置了采样时钟的源（可以是一个内部或外部的源）和它的速率。采样时钟控制了采集或生成采样的速率。每一个时钟脉冲为每一个包含在任务中的虚拟通道初始化一个采样的采集或生成。

为了在数据采集应用程序中实现同步，如同触发信号必须在一个单一设备的不同功能区域或多个设备之间传递一样，定时信号也必须以同样的方式传递。DAQmx 也是自动地实现这个传递。所有有效的定时信号都可以作为 DAQmx 定时函数的源输入。例如，在如图 19-34 所示的“DAQmx 定时”函数中，设备的模拟输出采样时钟信号作为同一个设备模拟输入通道的采样时钟源，而无须完成任何显式的传递。

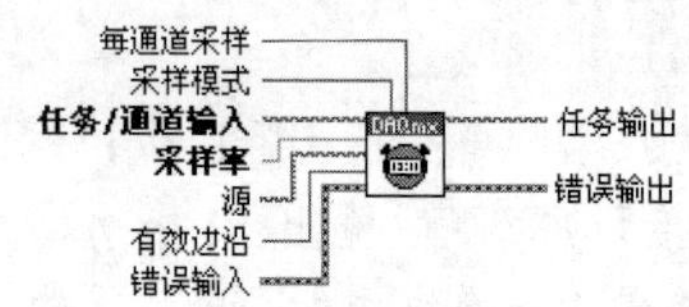

图 19-33 “DAQmx 定时”函数节点

图 19-34 模拟输出时钟作为模拟输入时钟源

大部分计数器操作不需要采样定时，因为被测量的信号提供了定时。“DAQmx 定时”函数的隐式实例应当用于这些应用程序。

某些数据采集设备支持将握手作为它们数字 I/O 操作的定时信号的方式。握手使用与外部设备之间请求和确认定时信号的交换来传输每一个采样。DAQmx 定时函数的握手实例为数字 I/O 操作配置握手定时。

7. DAQmx 触发

“DAQmx 触发”函数配置一个触发器来完成一个特定的动作。最为常用的动作是一个启动触发器（start trigger）和一个参考触发器（reference trigger）。启动触发器初始化一个采集或生成；参考触发器确定所采集的采样集中的位置，在那里前触发器（pre trigger）数据结束，而后触发器（post trigger）数据开始。这些触发器都可以配置成发生在数字边沿、模拟边沿或者当模拟信号进入或离开窗口。在 LabVIEW 程序框图中，利用 DAQmx 触发 VI，启动触发器和参考触发器都配置成发生在一个模拟输入操作的数字边沿。其节点如图 19-35 所示。

许多数据采集应用程序需要一个单一设备不同功能区域的同步（如模拟输出和计数器）。其他的则需要多个设备进行同步。为了达到这种同步性，触发信号必须在一个单一设备的不同功能区域和多个设备之间传递。DAQmx 自动地完成了这种传递。当使用“DAQmx 触发”函数时，所有有效的触发信号都可以作为函数的源输入。

8. DAQmx 结束前等待

“DAQmx 结束前等待”函数在结束之前等待数据采集操作的完成。这个函数应当用于保证在任务结束之前完成特定的采集或生成。最为普遍的是，DAQmx 结束前等待直至完成函数用于有限操作。一旦这个函数完成了执行，有限采集或生成就完成了，而且无须中断操作即可结束任务。此外，超时输入允许指定一个最大的等待时间。如果采集或生成不能在这段时间内完成，那么这个函数将退出而且会生成一个合适的错误信号。其节点如图 19-36 所示。

图 19-35 “DAQmx 触发”函数节点

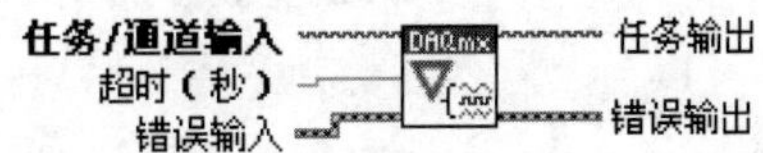

图 19-36 “DAQmx 结束前等待”函数节点

9. DAQmx 写入

“DAQmx 写入”函数将采样写入指定的生成任务中。这个函数的不同实例允许选择生成类型（模拟或数字）、虚拟通道数、采样数和数据类型。其节点如图 19-37 所示。

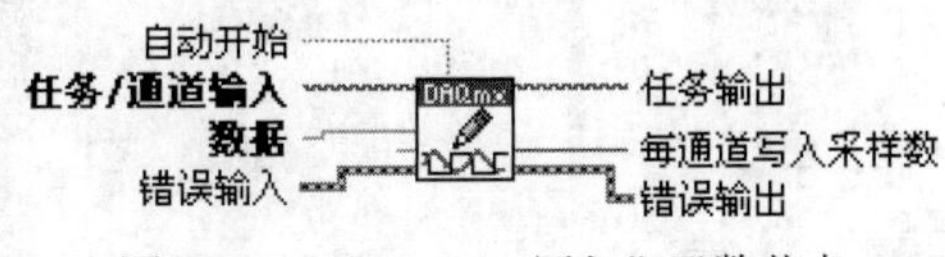

图 19-37 “DAQmx 写入”函数节点

每一个“DAQmx 写入”函数实例都有一个自启动输入来确定——如果还没有显式地启动，那么这个函数是否将隐式地启动任务。正如我们在“DAQmx 开始任务”部分所讨论的那样，“DAQmx 开始任务”函数应当用来显式地启动一个使用硬件定时的生成任务。

10. DAQmx 属性节点

DAQmx 属性节点提供了对所有与数据采集操作相关属性的访问，如图 19-38 所示。这些属性可以通过写入 DAQmx 属性节点来设置，而且当前的属性值可以从 DAQmx 属性节点中读取。在 LabVIEW 中，一个 DAQmx 属性节点可以用来写入多个属性或读取多个属性。例如，图 19-39 所示的 LabVIEW DAQmx 定时属性节点设置了采样时钟的源，然后读取采样时钟的源，最后设置采样时钟的有效边沿。

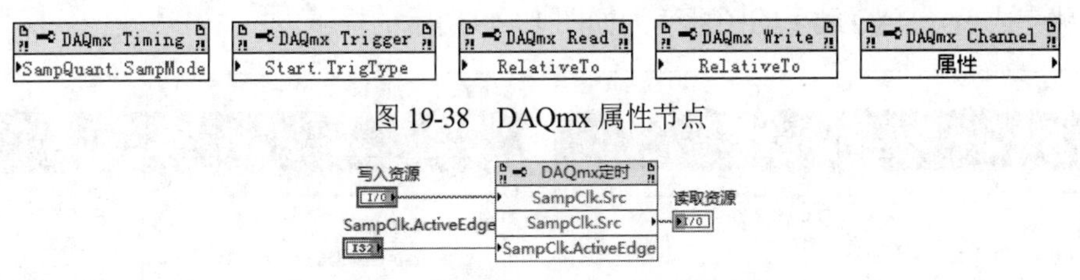

图 19-38 DAQmx 属性节点

图 19-39 DAQmx 定时属性节点的应用

许多属性可以使用前面讨论的 DAQmx 函数来设置。例如，采样时钟源和采样时钟有效边沿属性可以使用“DAQmx 定时”函数来设置。然而，一些相对不常用的属性只可以通过 DAQmx 属性节点来访问。

11. DAQ 助手

DAQ 助手是一个图形化的界面，用于交互式地创建、编辑和运行 DAQmx 虚拟通道和任务。一个 DAQmx 虚拟通道包括一个 DAQ 设备上的物理通道和对这个物理通道的配置信息，如输入范围和自定义缩放比例。一个 DAQmx 任务是虚拟通道、定时和触发信息，以及其他与采集或生成相关属性的组合。DAQ 助手配置完成一个应变测量。其节点图标如图 19-40 所示。

图 19-40 未配置前的 DAQ 助手图标

扫一扫，看视频

19.3　综合演练——DAQ 助手的使用

源文件：源文件\第 19 章\DAQ 助手的使用.vi

本实例演示使用 DAQ 助手。程序框图和前面板分别如图 19-41 和图 19-42 所示。

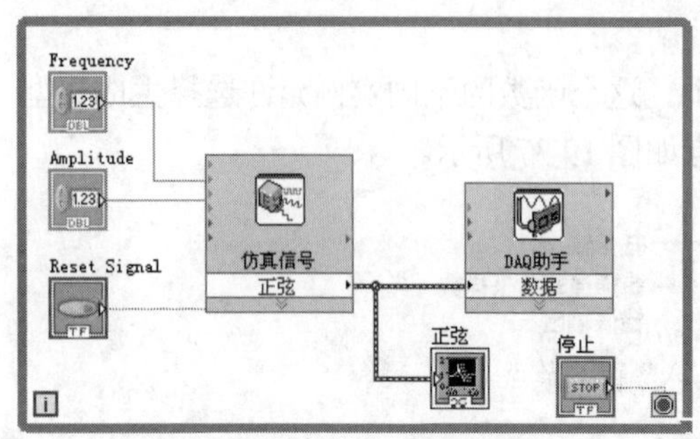

图 19-41　程序框图

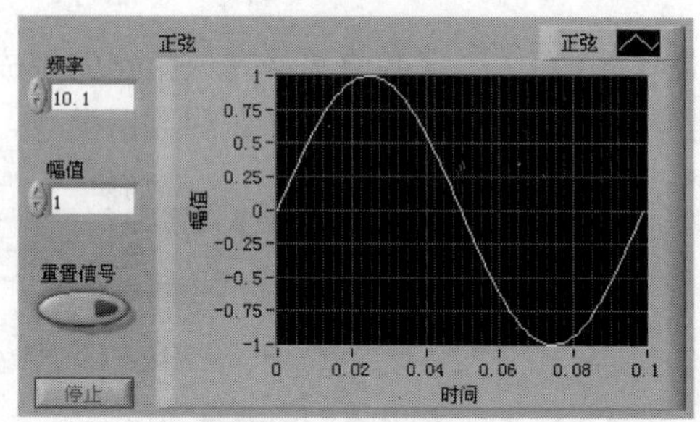

图 19-42　程序前面板

【操作步骤】

（1）打开 DAQ 助手。在“DAQmx-数据采集”子选板中选择“DAQ 助手”，放置一个“DAQ 助手”到程序框图上，系统会自动弹出如图 19-43 所示的“新建”对话框。

（2）设置 DAQ 参数。在 DAQ 节点上输出正弦波，下面介绍 DAQ 助手的配置方法。

① 选择“模拟输出”选项，如图 19-44 所示。

② 选择“电压”选项，用电压的变化来表示波形，系统弹出“物理”选项卡，如图 19-45 所示。

③ 选择 ao0，单击“完成”按钮，将弹出图 19-46 所示的“DAQ 助手”对话框，完成配置后，单击“确定”按钮，系统便开始对 DAQ 进行初始化，如图 19-47 所示。

④ 初始化完成后，DAQ 助手的图标变为如图 19-48 所示的样子。

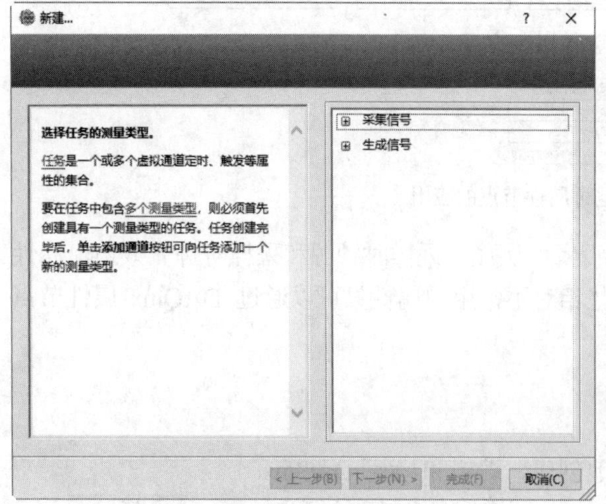

图 19-43　“新建”对话框

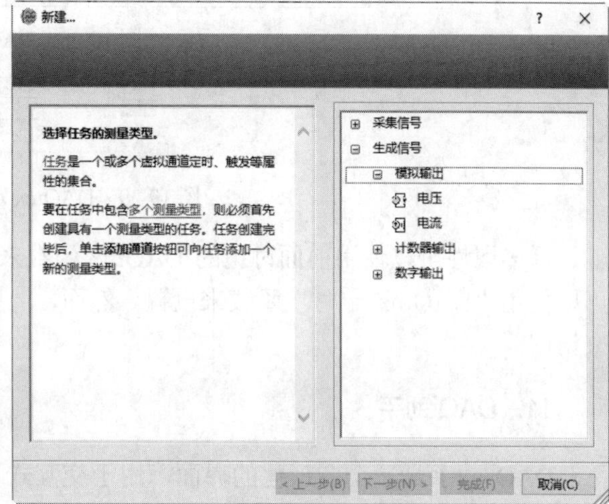

图 19-44　选择“模拟输出”选项

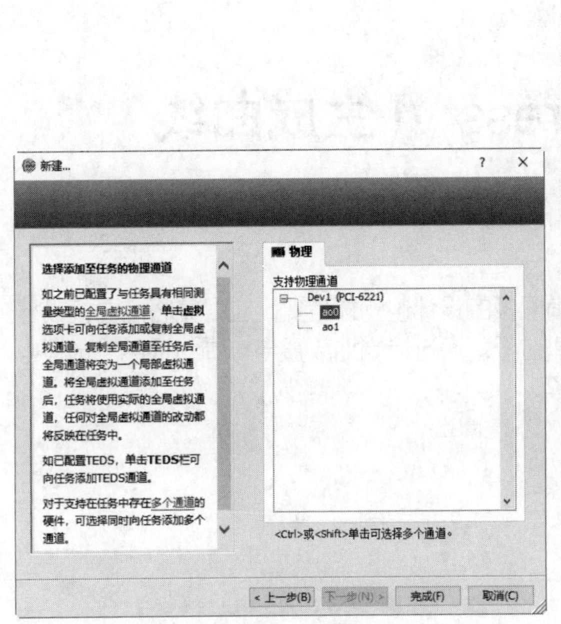

图 19-45 设备配置

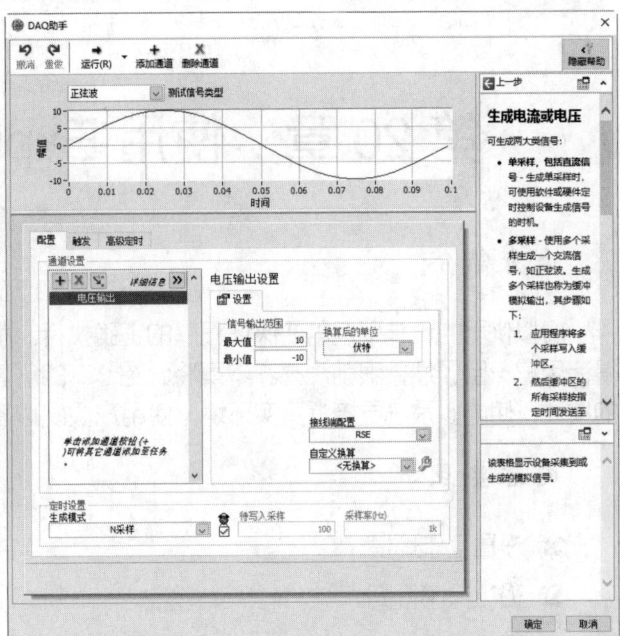

图 19-46 输出配置

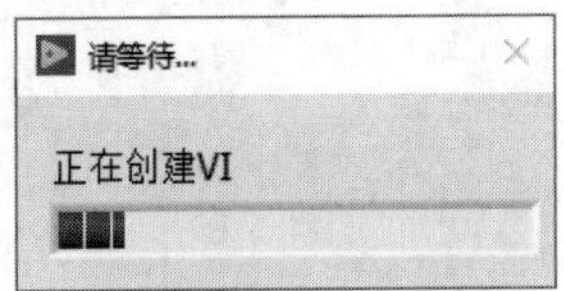

图 19-47 初始化 DAQ

图 19-48 初始化完成后的 DAQ 助手图标

至此，当我们向它输入信号的时候，DAQ 便可以向外输出我们输入的信号了。

（3）运行程序。利用"仿真信号"Express VI 产生正弦信号，并通过 DAQ 助手输出。程序框图和前面板分别如图 19-41 和图 19-42 所示。

第 20 章　使用 Express VI 生成曲线

内容简介

虚拟仪器的设计不但需要保证程序的正确执行，前面板的设计也同样重要，应尽量将前面板设计得让用户一目了然，眼前一亮。本章将介绍 VI 的创建过程，通过恰当地放置与布局“银色”选板中的控件，使虚拟系统更接近真实环境，使用户更易理解。

内容要点

- 设置工作环境
- 设计程序框图
- 运行程序

案例效果

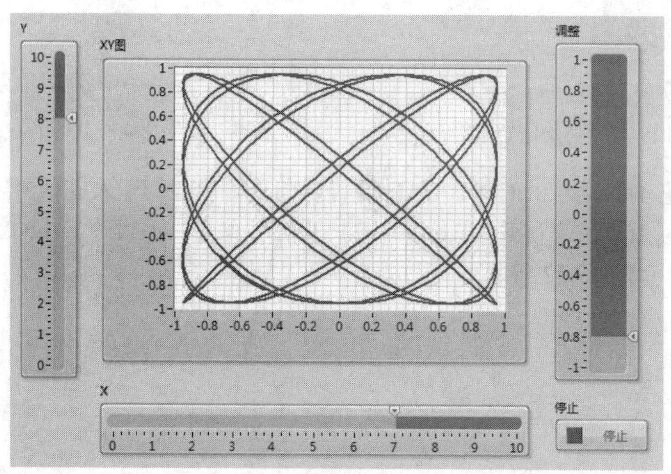

20.1　设置工作环境

源文件：源文件\第 20 章\使用 Express VI 生成曲线.vi

【操作步骤】

（1）新建 VI。选择菜单栏中的“文件”→“新建 VI”命令，新建一个 VI，一个空白的 VI 包括前面板及程序框图。

（2）保存 VI。选择菜单栏中的“文件”→“另存为”命令，输入 VI 名称为“使用 Express VI 生成曲线”。

（3）设置前面板。单击前面板，将前面板置为当前。右击打开“控件”选板，将选板拖动到一侧并固定“控件”选板。

（4）添加控件。

① 在“控件”选板上选择“银色”→“数值”→“垂直指针滑动杆”“水平指针滑动杆”控件。

② 在“控件”选板上选择 Express→“图形显示控件”→“Express XY 图”控件，如图 20-1 所示。

③ 选中水平、垂直指针滑动杆控件并右击，在弹出的快捷菜单中选择“标尺”→“样式”命令，弹出刻度样式表，选择如图 20-2 所示的样式，并适当调整控件外形大小。

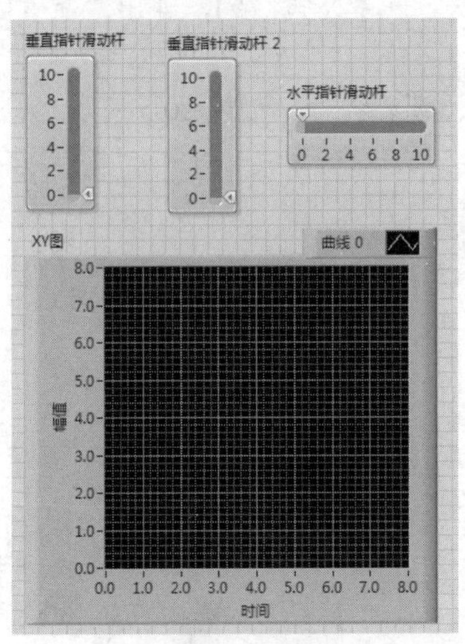

图 20-1　放置控件

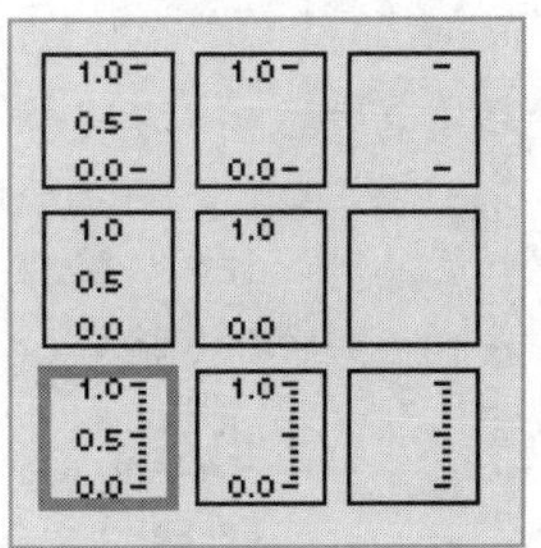

图 20-2　刻度样式表

④ 选择“XY 图”控件并右击，在弹出的快捷菜单中选择“替换”→“银色”→“图形”→“XY 图”，替换当前控件，前面板最终结果如图 20-3 所示。

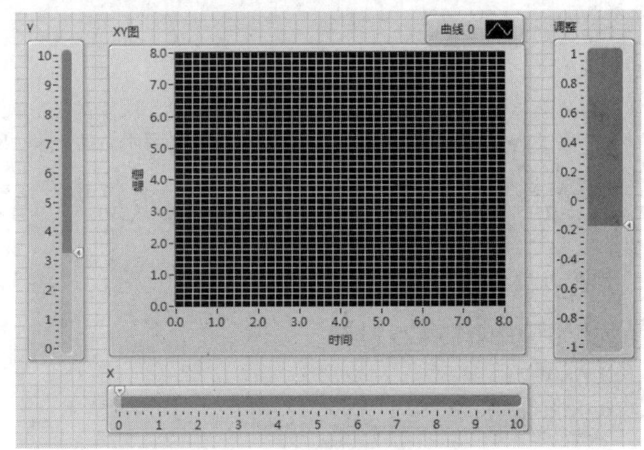

图 20-3　调整前面板

20.2　设计程序框图

选择菜单栏中的“窗口”→“显示程序框图”命令，或双击前面板中的任一输入/输出控件，将程序框图置为当前。

20.2.1 生成公式波形

【操作步骤】

（1）打开程序框图，在“函数”选板中选择“编程”→“结构”→“While 循环”函数，创建循环结构。

（2）在“函数”选板中选择 Express→“算术与比较”→“公式”VI，弹出“配置公式”对话框，如图 20-4 所示。

（3）调整“公式波形”VI 输入端与输出端，连接 X、调整控件，如图 20-5 所示。

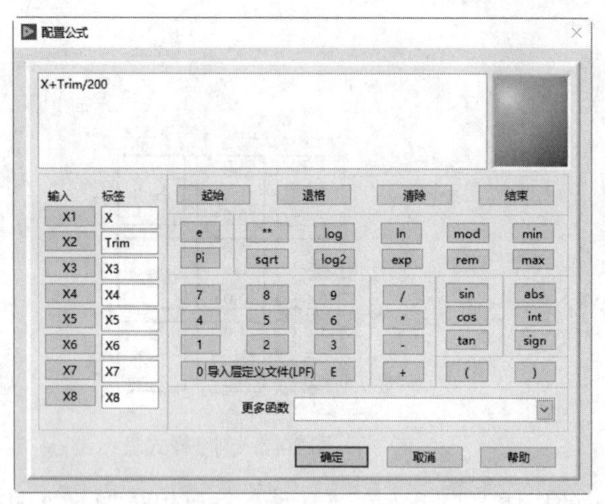

图 20-4 “配置公式”对话框

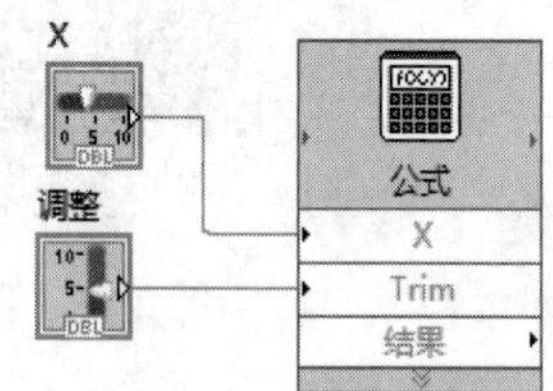

图 20-5 调整“公式波形”VI

20.2.2 创建仿真信号

【操作步骤】

（1）在“函数”选板中选择 Express→“输入”→“仿真信号”VI，将“仿真信号”Express VI 放置在程序框图中，这时 LabVIEW 将自动打开“配置仿真信号[仿真信号]”对话框。在该对话框中进行以下设置。

- 在“信号类型”下拉列表框中选择“正弦”信号。
- 在“频率（Hz）”一栏中将频率设为 1Hz。
- 在“幅值”一栏中输入 0.95。
- 在“采样数”一栏中输入 1000。
- 取消勾选“自动”复选框。

（2）在更改设置的时候，可以从右上角“结果预览”区域中观察当前设置的信号的波形。其他项保持默认设置，完成后的设置如图 20-6 所示。单击“确定”按钮，关闭对话框。

（3）按 Ctrl 键拖动仿真信号，复制仿真信号，双击仿真信号，修改频率为 10，其余参数保持默认设置，如图 20-7 所示。

（4）调整信号输入频率，结果如图 20-8 所示。

（5）在“函数”选板中选择“编程”→“对话框与用户界面”→“合并错误”函数，合并该仿真信号输出错误，并连接到“编程”→“对话框与用户界面”→“简易错误处理器”VI 输入端。

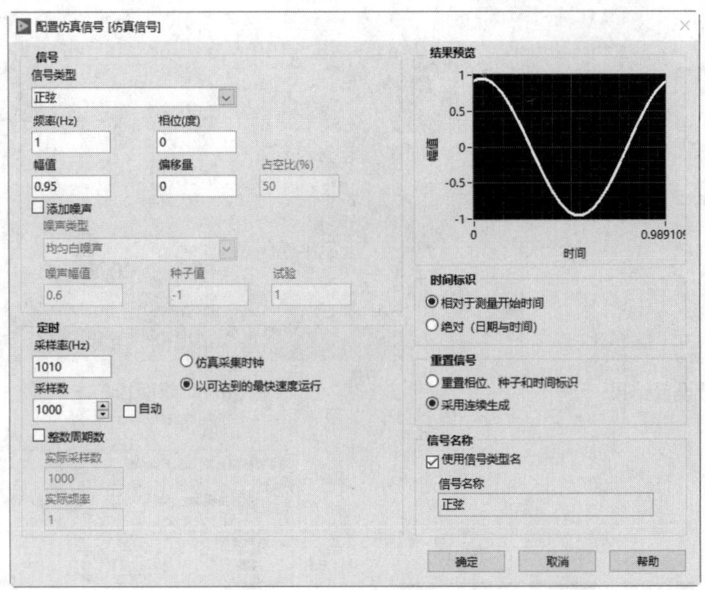

图 20-6 “配置仿真信号[仿真信号]”对话框

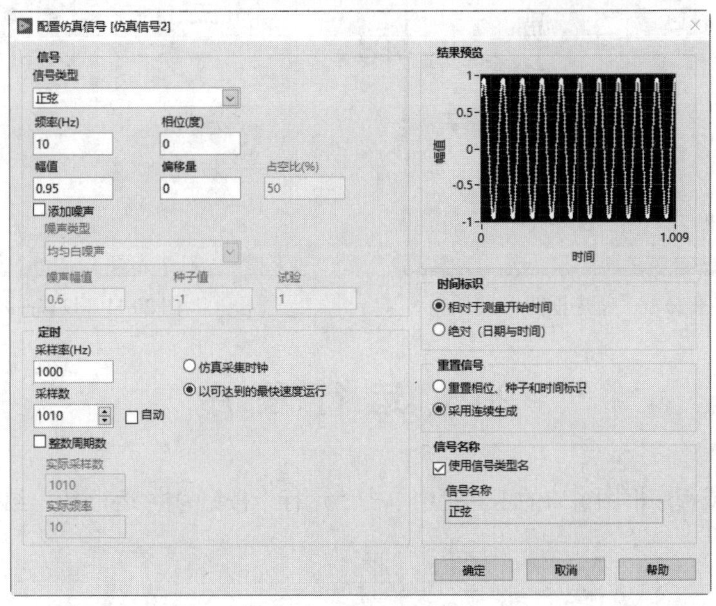

图 20-7 设置参数

（6）在“函数”选板中选择“编程”→“定时”→“等待”VI，创建常量 10。

（7）在循环条件输入端放置“或”函数，在该函数输入端连接创建的布尔输入控件与“创建 XY 图”错误输出端。在程序运行过程中，单击“停止”按钮或 VI 输出错误，停止程序运行。

（8）修改 X、Y 表示法为 I32。

（9）程序最终的前面板和程序框图如图 20-9 和图 20-10 所示。

（10）选择“XY 图”并右击，选择“属性”命令，弹出“图形属性：XY Graph（XY 图）”对话框，切换到“曲线”选项卡，设置曲线类型，如图 20-11 所示。

图 20-8　信号设置结果

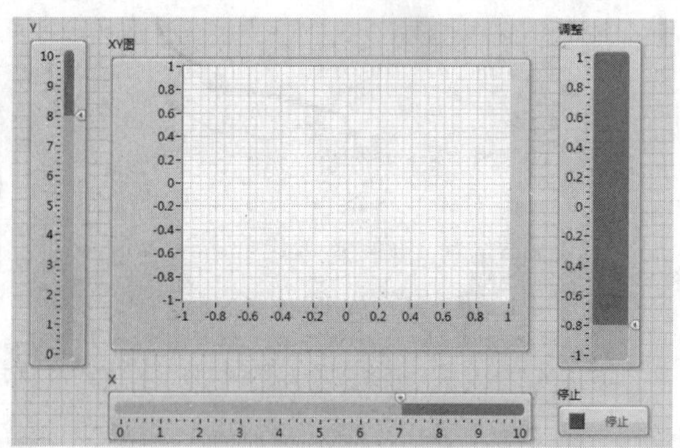

图 20-9　前面板

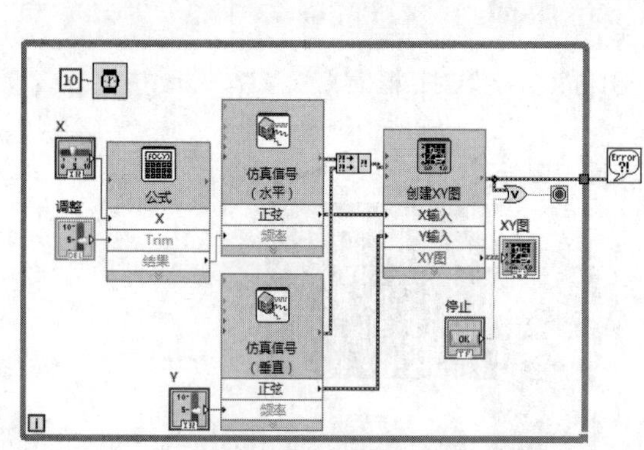

图 20-10　程序框图

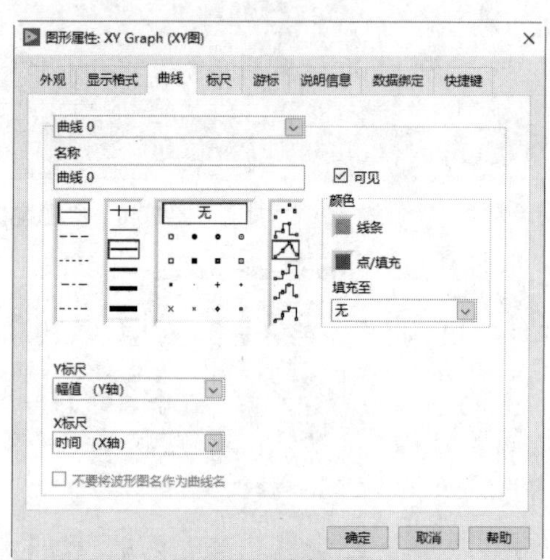

图 20-11　设置曲线类型

20.3　运 行 程 序

在前面板窗口或程序框图窗口的工具栏中单击“运行”按钮，运行 VI，结果如图 20-12 所示。

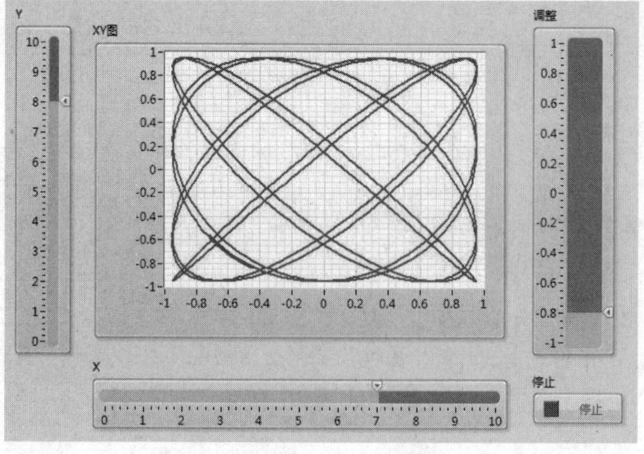

图 20-12　程序运行结果